“十二五”国家重点图书出版规划项目

CHINA WETLANDS RESOURCES
Master Volume

中国湿地资源

总 卷

◎ 国家林业局组织编写

中国林業出版社

图书在版编目（CIP）数据

中国湿地资源·总卷／国家林业局组织编写；马广仁分册主编．－北京：中国林业出版社，2015.12

“十二五”国家重点图书出版规划项目

ISBN 978-7-5038-8336-1

Ⅰ.①中… Ⅱ.①国… ②马… Ⅲ.① 湿地资源－研究－中国Ⅳ.① P942.078

中国版本图书馆 CIP 数据核字（2015）第 296623 号

审图号：GS（2016）88 号

总 策 划：金 旻

策划编辑：徐小英

主要编辑：徐小英 刘香瑞 李 伟

何 鹏 于界芬

美术编辑：赵 芳

出版发行 中国林业出版社（100009 北京西城区刘海胡同 7 号）

http://lycb.forestry.gov.cn

E-mail:forestbook@163.com 电话：(010)83143515、83143543

设计制作 北京天放自动化技术开发公司

北京捷艺轩彩印制版有限公司

印刷装订 北京中科印刷有限公司

版　　次 2015 年 12 月第 1 版

印　　次 2015 年 12 月第 1 次

开　　本 787mm × 1092mm 1/16

字　　数 855 千字

印　　张 33

定　　价 195.00 元

中国湿地资源系列图书
编撰工作领导小组

顾　问：陈宜瑜　李文华　刘兴土

组　长：张永利

副组长：马广仁

成　员：（按姓氏笔画排序）

王文宇　王忠武　王海洋　韦纯良　邓乃平　邓三龙
兰宏良　刘建武　刘艳玲　刘新池　李　兴　李三原
李永林　来景刚　吴　亚　张宗启　陆月星　陈则生
陈传进　陈俊光　林云举　呼　群　金　旻　金小麒
周光辉　降　初　孟　沙　侯新华　夏春胜　党晓勇
徐济德　奚克路　阎钢军　程中才　雷桂龙　蔡炳华
樊　辉

中国湿地资源系列图书
编撰工作领导小组办公室

主　任：马广仁

副主任：鲍达明　唐小平　熊智平　马洪兵

成　员：王福田　姬文元　刘　平　闫宏伟　李　忠　田亚玲
王志臣　张阳武　但新球　刘世好　王　侠　徐小英

《中国湿地资源·总卷》
编写组

主　　编：马广仁

副 主 编：鲍达明　唐小平　熊智平

编 著 者：吕宪国　田　昆　赵魁义　袁兴中　武海涛　马志军
曹春香　王志臣　王福田　姬文元　刘　平　张阳武
但新球　马洪兵　王　侠　周天元　刘增力　梁兵宽
孔　颖　刘世好　吴照柏　吴后建　谢　磊　燕国青

统　　稿：吕宪国　田　昆

主　　审：刘兴土

地图绘制：周天元　赵　春　李汉臣

总 序

湿地是地球表层系统的重要组成部分，是自然界最具生产力的生态系统和人类文明的发祥地之一。在联合国环境规划署（UNEP）委托世界自然保护联盟（IUCN）编制的《世界自然资源保护大纲》中，湿地与森林和海洋一起并称为全球三大生态系统。湿地具有类型多样、分布广泛的特点；湿地更重要的是还具有多种供给、调节、支持与文化服务功能，是人类重要的生存环境和资源资本。湿地与人类生产生活和社会经济发展息息相关。湿地的重要性受到世界各国和国际社会的普遍关注。早在1971年，国际社会就建立了全球第一个政府间多边环境公约，即《关于特别是作为水禽栖息地的国际重要湿地公约》（简称《湿地公约》）。同时，该公约也是全球最早针对单一生态系统保护的国际公约。1992年中国加入《湿地公约》，自此我国湿地保护事业进入了新的发展时期。

我国加入《湿地公约》后，在国家林业局设立了专门的湿地保护和履约机构，对内负责组织、协调、指导和监督全国湿地保护工作，对外负责《湿地公约》的履约工作。近年来，中国各级政府在湿地保护方面开展了大量卓有成效的工作，采取了一系列保护和合理利用湿地资源的措施，在湿地保护规划和重点工程建设、财政补贴政策制定实施、法规制度建设、保护体系建设、科研监测、宣传教育和国际合作等方面取得了长足进步。但我国湿地生态系统仍然面临着盲目围垦与改造、污染、水土流失、泥沙淤积、生物资源过度利用等多种因素的破坏和威胁，导致面积减少，生态功能下降，生物多样性丧失。因此，切实保护和合理利用湿地资源，既是保障生态安全和国土安全的当务之急，更是中国实施可持续发展战略势在必行的要务。

开展湿地资源调查，摸清湿地资源家底，把握湿地资源动态，是所有湿地保护工作的基础，也是履行《湿地公约》各项工作的根基。2009～2013年，在中央财政的支持下，国家林业局组织开展了第二次全国湿地资源调查工作。在此期间，我有幸作为第二次全国湿地资源调查专家技术委员会的主任委员，和其他专家一起全程参与了此次湿地资源调查的主要技术环节和成果鉴定。

我认为此次调查具有以下几个特点：一是，此次调查的湿地分类、界定标准、调查方法基本与《湿地公约》规定相接轨，使得调查数据符合《湿地公约》的要求，调查成果易于被国际认可，便于国际间的对比和交流。二是，制定了内容全面、方法科学、符合国际标准的统一技术规程《全国湿地资源调查技术规程（试行）》，进行了同标准、同口径的分期分批调查。三是，本次调查利用“3S”技术与现地验证相结合的技术方法，查清了全国范围内（未包括香港、澳门、台湾）8 公顷以上的湿地资源基本情况。四是，湿地调查分为一般调查和重点调查。重点调查包括，国际重要湿地、国家重要湿地、自然保护区（含自然保护小区）和湿地公园内的湿地以及其他特有、分布濒危物种和红树林等具有特殊保护价值的湿地。五是，组织保障有力。国家层面上，成立了第二次全国湿地资源调查领导小组、专家技术委员会、中央技术支撑单位和国家质量检查组；省级层面上，分别成立了湿地调查专职机构，组建了省级专业调查队伍。

需要指出的是，第二次全国湿地资源调查期间，我国湿地保护事业发展迅速。2009 年，中央启动了“湿地生态效益补偿试点”工作；2010 年开始，中央财政设立了湿地保护补助专项资金；2012 年，党的十八大将建设生态文明纳入中国特色社会主义事业“五位一体”总体布局，提出要“扩大森林、湖泊、湿地面积，保护生物多样性”。期间，国家林业局会同相关部门认真实施了《全国湿地保护工程实施规划 (2005 ～ 2010 年)》和《全国湿地保护工程“十二五”实施规划》。2013 年，国家林业局出台的《推进生态文明建设规划纲要》划定了湿地保护红线，到 2020 年中国湿地面积不少于 8 亿亩。2013 年，国家林业局出台了第一部国家层面的湿地保护部门规章《湿地保护管理规定》。应该说，历时 5 年的湿地资源调查与同期湿地保护事业的发展，是休戚相关，相互促进的。

第二次全国湿地资源调查取得了丰硕成果。在全球范围内，我国率先完成了《湿地公约》倡导的国家湿地资源调查，首次科学、系统地查明了《湿地公约》所定义的我国湿地资源情况。建立了完整的全国湿地资源空间数据库和属性数据库，掌握了近 10 年来湿地资源动态变化情况，建立了稳定的湿地资源调查专业队伍和专家团队，形成了较为完整的湿地资源调查监测技术规范，完成了全国湿地资源总报告、分省报告和多个专题报告，编制了系列成果图。调查成果达到国际先进水平。

党的十八大对建设生态文明作出了全面部署，强调把生态文明建设放在突出地位，融入经济建设、政治建设、文化建设、社会建设各方面和全过程。在全国第二次湿地资源调查成果的基础上，系统编著形成了中国湿地资源系列图书，为新时期我国湿地保护事业奠定了坚实基础。希望本系列图书能够为我国湿地工作者在开展湿地研究、保护与合理利用工作时提供参考和借鉴。

中国科学院院士 陈宜瑜

2015 年 9 月

前言

湿地资源调查是一项具有重大战略意义的国情资源调查，是推进国土空间规划和生态文明建设的重要基础性工作。调查成果为实施全国湿地保护工程、履行《湿地公约》和加强湿地保护管理提供了重要依据。

1995~2003 年，我国开展了首次全国湿地资源调查，初步掌握了单块面积 100 公顷以上各类湿地的面积、分布、保护和受威胁状况。随着我国近 10 年来经济社会的发展，特别是工业化和城镇化的快速推进，湿地资源状况发生了显著变化，原有调查成果已经难以满足新时期推进生态文明、建设美丽中国的需要。为此，国家林业局组织开展了第二次全国湿地资源调查。

第二次全国湿地资源调查工作于 2009 年启动，2013 年结束，历时 5 年。本次调查采用了《湿地公约》对湿地的定义。即湿地是指天然或人工的，永久性的或间歇性的沼泽地、泥炭地、水域地带，带有静止或流动、淡水或半咸水水体，包括低潮时水深不超过 6 米的海域。根据《湿地公约》定义，本次调查将我国湿地分成近海与海岸湿地、河流湿地、湖泊湿地、沼泽湿地和人工湿地 5 类。湿地调查范围为我国领土范围（未包括香港、澳门、台湾）内 8 公顷以上（含 8 公顷）湿地，及宽度 10 米以上、长度 5 公里以上的河流湿地。其中，近海与海岸湿地仅调查近海岛屿岸线范围湿地，不包括远海岛屿岸线范围湿地。

根据湿地的重要性、调查内容的不同，分为一般调查和重点调查。一般调查是指对所有符合调查范围要求的湿地斑块进行面积、湿地型、分布、植被类型、主要优势植物和保护管理状况等内容的调查。重点调查是指除对湿地斑块进行一般调查外，还要对其他湿地要素进行详查。这些要素包括：湿地自然环境、水环境、野生动物、野生植物及植被、保护管理、利用和受威胁状况等。重点调查湿地包括国际重要湿地、国家重要湿地、自然保护区、自然保护小区、湿地公园、省级特有湿地类型的湿地、特有珍稀保护物种分布的湿地、红树林湿地、10000 公顷以上的近海与海岸湿地、湖泊湿地和沼泽湿地及水库等重要湿地。

本次调查制定了《全国湿地资源调查技术规程（试行）》，全国统一标准、统一方法，保障了数据的准确、可比较；各省（自治区、直辖市）结合本省（自治区、直辖市）实际情况，分别制定了本省（自治区、直辖市）《第二次湿地资源调查实施细则》。据不完全统计，参与第二次全国湿地资源调查的省级及以上单位共计 203 个，直接参加湿地调查人员达 2.2 万人，本次调查运用“3S”技术与现地调查相结合的方法。

调查共区划湿地斑块 27.62 万块，区划湿地区 3391 个，重点调查湿地 1579 处，布设植物调查样方 72227 个，动物调查样带和样方 14044 个。获取湿地调查成果相关信息超过 2.6 亿条。本次调查制定了《第二次全国湿地资源调查检查验收办法及实施细则》，将质量检查贯穿全过程，对调查成果进行了严格把关。按照省级自查、中央技术支撑单位检查和国家调查成果质量检查三个环节，对各省的外业调查和调查成果进行了全面检查，湿地调查成果检查合格率达 100%。

通过本次湿地资源调查，掌握了调查范围内（未包括香港、澳门、台湾）符合国际《湿地公约》定义的各类湿地面积、分布和保护状况，建立了湿地资源遥感影像和基础数据库；掌握了国际重要湿地、国家重要湿地、自然保护区、湿地公园和其他重要湿地的生态状况、野生动植物资源、保护与利用、社会经济和受威胁状况等；掌握了近 10 年来 100 公顷以上湿地面积、保护状况和受威胁状况的动态变化情况；建立了稳定的湿地资源调查专业队伍和专家团队；形成了较为完整的湿地资源调查监测技术规范。

本书是第二次全国湿地调查的成果汇总，是一部对我国湿地资源状况及特点、形成与演化、保护与利用进行系统介绍的专著。在对我国湿地的形成及其演化进行分析的基础上，介绍了我国湿地类型、面积与分布，湿地动、植物资源及其生物多样性特点，分析评价了我国湿地资源现状，总结了我国湿地资源利用方式，分析了资源利用中存在的问题，提出了可持续利用的途径，介绍了我国湿地保护管理体系及其湿地保护管理成就，提出了我国湿地保护管理策略。

本书由国家林业局组织编写。全书共分为六篇十六章。第一篇由吕宪国负责编写；第二篇由鲍达明、王志臣负责编写；第三篇第一章由赵魁义负责编写，第二章由马志军负责编写，第三章由赵魁义、马志军负责编写；第四篇第一章、第二章由田昆负责编写，第三章由曹春香负责编写；第五篇由袁兴中负责编写；第六篇由武海涛负责编写。附录一由赵魁义负责整理；附录二由马志军负责整理。吕宪国、田昆负责对全书统稿。

《中国湿地资源 · 总卷》编辑委员会

2015 年 10 月

中国湿地资源分布图

地图制作：中国地图出版社

中国近海与海岸湿地资源分布图

地图制作：中国地图出版社

中国河流湿地资源分布图

地图制作：中国地图出版社

图 例

首 都
省级行政中心
地级市行政中心
其他居民点
国界、未定国界
省、自治区、直辖市界
特别行政区界
永久性河流
季节性或间歇性河流
洪泛平原湿地
喀斯特溶洞湿地

比例尺 1：22 500 000

说明：香港特别行政区、澳门特别行政区、台湾省湿地资料暂缺

南海诸岛 1：47 600 000

中国湖泊湿地资源分布图

地图制作：中国地图出版社

中国沼泽湿地资源分布图

地图制作：中国地图出版社

中国人工湿地资源分布图

地图制作：中国地图出版社

目　录

总　序
前　言

第一篇　中国湿地变迁

第一章　自然地理环境 …… (2)
　第一节　水热条件 …… (2)
　　一、降水对湿地形成的影响 …… (3)
　　二、温度对湿地形成的影响 …… (3)
　　三、温度、降水组合对湿地形成的影响 …… (3)
　第二节　地质条件 …… (4)
　　一、地质构造的影响 …… (4)
　　二、新构造运动的影响 …… (4)
　第三节　地形地貌 …… (5)
第二章　湿地形成与演化 …… (8)
　第一节　沼泽湿地的形成与演化 …… (8)
　　一、沼泽湿地的形成 …… (8)
　　二、沼泽湿地的演化 …… (11)
　第二节　湖泊湿地形成与演化 …… (13)
　　一、湖泊湿地的形成 …… (13)
　　二、我国各自然地理区域湖泊湿地的演化特征 …… (13)
　第三节　泥炭形成与积累 …… (14)
　　一、泥炭形成的条件 …… (15)
　　二、泥炭形成和积累过程 …… (15)
　第四节　河口湿地的形成与演化 …… (15)
　　一、河口湿地的形成 …… (16)
　　二、河口湿地的演化特征 …… (17)
　第五节　红树林湿地的形成与演化 …… (17)
　　一、粉砂淤泥质海岸的形成 …… (17)
　　二、红树植物群系生态序列的形成 …… (18)
　　三、红树林湿地的演化 …… (18)

第二篇 中国湿地类型

第一章 湿地类型与分区及其面积 …… (20)
第一节 湿地分类 …… (20)
一、湿地分类标准和发展概况 …… (20)
二、《湿地公约》分类系统 …… (22)
三、我国现行湿地分类系统 …… (24)
第二节 湿地类型与面积 …… (26)
一、湿地类型与面积概况 …… (26)
二、自然湿地类型与面积 …… (30)
三、人工湿地类型与面积 …… (32)
第三节 湿地分区与类型及面积 …… (32)
一、湿地分区概况 …… (33)
二、各区湿地类型与面积 …… (36)
第二章 湿地的分布 …… (39)
第一节 近海与海岸湿地分布 …… (40)
第二节 河流湿地分布 …… (42)
第三节 湖泊湿地分布 …… (43)
第四节 沼泽湿地分布 …… (43)
第五节 人工湿地分布 …… (44)

第三篇 中国湿地生物资源

第一章 中国湿地植物资源 …… (46)
第一节 湿地植物界定 …… (46)
第二节 湿地植物资源多样性 …… (47)
一、湿地植物多样性 …… (47)
二、湿地生态系统多样性 …… (48)
三、湿地植物遗传资源的保护 …… (61)
第三节 珍稀濒危湿地植物 …… (62)
第四节 特有湿地植物 …… (63)
第五节 生态学和生物学特性 …… (65)
一、形态结构的适应与演化 …… (65)
二、营养方式的适应与演化 …… (66)
三、繁殖方式的适应与演化 …… (67)
四、海岸盐生沼泽植物对盐渍化生境的适应与演化 …… (67)
第二章 湿地动物资源 …… (69)
第一节 湿地动物界定 …… (69)
第二节 湿地动物资源多样性 …… (69)

一、无脊椎动物类群 …… (69)
二、无脊椎动物分布 …… (72)
三、脊椎动物类群 …… (74)
第三节 珍稀濒危湿地动物 …… (89)
一、无脊椎动物 …… (90)
二、脊椎动物 …… (90)
第四节 特有湿地动物 …… (97)
一、鱼 类 …… (97)
二、两栖动物 …… (98)
三、爬行动物 …… (99)
四、鸟 类 …… (99)
五、哺乳动物 …… (100)
第五节 湿地动物生物生态学特征 …… (100)
第三章 湿地生物多样性特征 …… (102)
第一节 湿地生物多样性分布的不均一性 …… (102)
一、湿地植物 …… (102)
二、湿地动物 …… (103)
第二节 湿地生物多样性的丰富性与特有性 …… (110)
一、湿地植物 …… (110)
二、湿地动物 …… (110)
第三节 湿地生物多样性的脆弱性 …… (111)
一、湿地植物 …… (111)
二、湿地动物 …… (112)

第四篇 中国湿地资源评价

第一章 湿地资源特点 …… (118)
第一节 近海与海岸湿地资源特点 …… (118)
第二节 河流湿地资源特点 …… (120)
第三节 湖泊湿地资源特点 …… (122)
第四节 沼泽湿地资源特点 …… (126)
第五节 人工湿地资源特点 …… (134)
第二章 湿地资源保护与利用面临的主要问题 …… (137)
第一节 自然湿地面积萎缩或丧失 …… (137)
第二节 湿地生物多样性衰减 …… (140)
第三节 湿地功能退化 …… (141)
第四节 湿地资源保护与利用关系平衡的认识偏差 …… (144)
第三章 湿地生态系统评价 …… (146)
第一节 湿地生态系统评价指标体系 …… (146)

一、湿地生态系统评价指标体系逻辑结构分析 …… (146)
二、中国湿地生态系统健康、功能、价值评价指标体系构建流程与方法 …… (147)
三、中国湿地生态系统评价指标体系 …… (148)
第二节 湿地生态系统评价案例介绍 …… (157)
一、湖泊湿地生态系统评价案例 …… (157)
二、沼泽湿地生态系统评价案例 …… (161)
三、近海与海岸湿地生态系统评价案例 …… (165)
第三节 中国国际重要湿地生态系统评价 …… (169)

第五篇 中国湿地资源利用

第一章 湿地资源利用方式 …… (172)
第一节 湿地种植利用 …… (172)
一、观赏型湿地植物种植利用 …… (172)
二、食用型湿地植物种植利用 …… (177)
三、药用型湿地植物种植利用 …… (184)
四、环保型湿地植物种植利用 …… (187)
第二节 湿地养殖利用 …… (193)
一、淡水湿地塘养殖 …… (194)
二、滩涂湿地养殖 …… (197)
三、湿地养殖模式 …… (198)
第三节 湿地旅游利用 …… (199)
一、湿地旅游概述 …… (199)
二、湿地旅游资源分类 …… (199)
三、湿地旅游利用形式 …… (200)
四、湿地旅游产业发展对策 …… (201)
第四节 水资源利用 …… (202)
一、水源供给(水库) …… (202)
二、内河舟楫航运 …… (204)
三、水资源利用的生态智慧 …… (205)
第五节 湿地产品利用 …… (208)
一、湿地食用产品 …… (209)
二、湿地药用产品 …… (209)
三、湿地饮用产品 …… (210)
四、湿地编织品及工艺产品 …… (211)
五、泥 炭 …… (212)
第二章 湿地资源可持续利用 …… (214)
第一节 湿地资源利用存在的问题分析 …… (214)
一、存在的问题 …… (214)

二、原因分析 …………………………………………………………………… (215)
第二节 湿地资源合理利用基础…………………………………………………… (216)
一、湿地生态系统服务 ……………………………………………………… (216)
二、需求基础 …………………………………………………………………… (217)
三、资源基础 …………………………………………………………………… (218)
四、产业发展基础 ……………………………………………………………… (218)
第三节 湿地资源合理利用模式…………………………………………………… (219)
一、湿地农业 …………………………………………………………………… (219)
二、湿地花卉苗木产业 ………………………………………………………… (226)
三、湿地产品加工业 …………………………………………………………… (227)
四、综合性湿地产业 …………………………………………………………… (227)

第六篇 中国湿地保护与管理

第一章 中国湿地保护管理体系 ………………………………………………… (230)
第一节 中国湿地的法律地位…………………………………………………… (230)
一、国家层面湿地法律建设……………………………………………………… (230)
二、地方湿地法规建设 ………………………………………………………… (232)
三、国家层面湿地法规的积极进展……………………………………………… (233)
第二节 管理机构 ………………………………………………………………… (234)
一、国家层面湿地保护机构建设………………………………………………… (234)
二、地方湿地保护机构建设……………………………………………………… (234)
第三节 湿地保护体系 …………………………………………………………… (235)
一、湿地自然保护区 …………………………………………………………… (235)
二、湿地公园 …………………………………………………………………… (236)
三、湿地保护小区和其他保护方式……………………………………………… (236)
第四节 中国湿地管理特点 ……………………………………………………… (237)
一、综合协调管理和分部门实施管理相结合 ………………………………… (237)
二、条块结合 双重管理 ………………………………………………………… (238)
三、形式多样 分级管理 ………………………………………………………… (239)
第二章 中国湿地保护管理现状 ………………………………………………… (240)
第一节 重要湿地 ………………………………………………………………… (240)
一、国际重要湿地 ……………………………………………………………… (240)
二、国家重要湿地 ……………………………………………………………… (247)
第二节 湿地自然保护区 ………………………………………………………… (255)
一、保护区湿地保护面积 ……………………………………………………… (255)
二、保护区的区域分布与湿地保护……………………………………………… (257)
三、各省湿地自然保护区湿地保护面积 ……………………………………… (258)

第三节 湿地公园 …………………………………………………………………………………… (260)
一、湿地公园湿地保护面积 …………………………………………………………………………… (260)
二、湿地公园的区域分布与湿地保护 ………………………………………………………………… (260)
三、各省湿地公园湿地保护面积 ……………………………………………………………………… (261)
第四节 湿地保护小区和其他保护形式 ……………………………………………………………… (263)
一、保护小区和其他保护形式湿地保护面积 ………………………………………………………… (263)
二、保护小区和其他保护形式湿地区域分布 ………………………………………………………… (263)
三、全国湿地保护小区和其他保护形式湿地保护面积 ……………………………………………… (265)
第三章 湿地监测与数字化管理 ……………………………………………………………………… (267)
第一节 湿地监测建设 ………………………………………………………………………………… (267)
一、中国湿地监测体系建设历程概况 ………………………………………………………………… (267)
二、湿地资源调查 ……………………………………………………………………………………… (268)
三、湿地监测制度 ……………………………………………………………………………………… (271)
四、监测能力建设 ……………………………………………………………………………………… (273)
第二节 湿地资源数据库建设 ………………………………………………………………………… (274)
一、全国湿地资源数据库的构建 ……………………………………………………………………… (274)
二、"全国湿地资源管理信息系统"说明 ……………………………………………………………… (275)
三、中国湿地资源电子图集介绍 ……………………………………………………………………… (275)
四、其他相关湿地资源数据库 ………………………………………………………………………… (276)
第三节 湿地信息化管理平台建设 …………………………………………………………………… (277)
一、湿地监测网络平台 ………………………………………………………………………………… (277)
二、湿地野外观测台站网络 …………………………………………………………………………… (277)
第四章 湿地保护战略 ………………………………………………………………………………… (281)
第一节 湿地保护政策 ………………………………………………………………………………… (281)
一、国家层面政策概述 ………………………………………………………………………………… (281)
二、制定和实施国家湿地保护工程规划 ……………………………………………………………… (282)
三、湿地生态补偿制度 ………………………………………………………………………………… (282)
四、积极指定国际重要湿地，构建湿地保护体系，加强标准化建设 ……………………………… (282)
五、成立相关湿地科研等支撑机构 …………………………………………………………………… (283)
第二节 湿地分区保护 ………………………………………………………………………………… (284)
一、国家重点生态功能区 ……………………………………………………………………………… (284)
二、全国湿地保护工程八大湿地分区保护 …………………………………………………………… (299)
三、水资源分区湿地保护 ……………………………………………………………………………… (300)
第三节 湿地保护战略 ………………………………………………………………………………… (301)
附录一 全国湿地调查区域植物名录 ………………………………………………………………… (303)
附录二 全国湿地调查区域动物名录 ………………………………………………………………… (424)
附录三 全国重点调查湿地信息表 …………………………………………………………………… (448)
参考文献 ………………………………………………………………………………………………… (506)

第一篇

中国湿地变迁

第一章 自然地理环境

中国位于欧亚大陆东南部，太平洋西岸，西南与南亚次大陆接壤，具有十分复杂的自然地理环境。晚第三纪喜马拉雅运动以来，西部地区发生不等量抬升，形成不同高度的青藏高原和蒙新高原，导致我国地势自西向东呈明显下降趋势。我国湿地就是在复杂多样的自然环境下随着第四纪地质历史的演化形成的。

我国气候类型复杂多样。从纬度上看，南海诸岛、台湾南部、琼雷及云南南部为热带区，南岭山脉至秦岭及淮河以南为亚热带地区，秦岭淮河以北为温带区，大兴安岭北端，伊勒呼里山以北属于寒温带区；广大的青藏高原形成独特的高原气候区(白虎志、董文杰、马振锋，2004)，年均气温由南向北逐渐降低，从南海诸岛的25℃到黑龙江北部降至－5℃，南北相差30℃以上；青藏高原年均温在0℃以下，西北阿尔泰地区0～6℃。

中国年降水量由东南沿海向西北内陆逐渐减少，大致划分为5个降水带：台湾、福建、广东、浙江、江西、湖南、广西南部及西藏南部，年降水量>1600毫米，淮河、汉水以南的长江中下游地区及广西、贵州和四川大部，年降水量800～1600毫米，秦岭山地、黄土高原、东北平原及大小兴安岭山地、内蒙古高原东南缘及山东丘陵的广大地区，年降水量400～800毫米，内蒙古高原主体与青藏高原的东部草原带及天山、阿尔泰山山地带，年降水量200～600毫米，新疆、内蒙古西部、宁夏、甘肃、青海及西藏北部，年降水量<100毫米。水热条件的不同及配置影响着湿地的形成和演化，也决定着我国湿地的分布。

第一节 水热条件

气候因子对湿地形成的影响，主要表现为温度和降水对湿地生物和水分条件的影响。降水量与温度的不同组合形式是地表自然界景观千差万别的基础，也是导致湿地形成发育及不同生态特征的主导因素。不同的气候带有不同的湿地景观和湿地类型，是大尺度上湿地形成和性质的决定性因素之一。

一、降水对湿地形成的影响

气候条件决定了降水量的多少及其分布，而大气降水为湿地形成提供了根本的水源保障。降水丰富的地区，地表相对负地形区容易积水且积水量大，地下水位受到降水补给而上升使地下水埋藏浅，因而容易形成湿地且湿地面积大。相反，在干旱区，大气降水少，使得地下水埋藏深，靠降水补给的湿地很难形成；只有在相对高差较大的负地形区才能形成绿洲湿地，且个体面积小，或者依靠高山冰雪融水补给而在河道两侧形成条状分布的河流湿地。大气降水不仅能够直接为湿地供给水分，在地表的再分配作用对湿地形成作用更大，即，并不是降水少的区域就不能形成湿地，任何气候区都可以形成湿地。

不同区域降水量不同，且降水量在年内的季节分配也不同。降水在年内均匀分配和集中分布在年内某一时段的区域，所形成湿地的特征不同。比如热带雨林气候区因常年都有降水，低洼地常年都有积水而形成永久性湿地；干旱区域短暂的降水期只能维持较短时段的地表积水或土壤水饱和，形成暂时性或季节性湿地。

湿润程度通常以干燥度或湿润系数进行表示。根据年干燥度的分布，我国从东南向西北可将湿润程度划分为湿润、半湿润、半干旱和干旱 4 级。我国东北山地、东北平原、长江、黄河河源区、若尔盖高原、东南沿海、长江中下游平原等地湿润系数均在 1 左右，属于湿润半湿润区，沼泽在各类洼地中得到广泛发育，形成集中连片的沼泽分布区。干燥度大的地区，沼泽形成受到抑制。如我国内蒙古高原、黄土高原、青藏高原、天山山地、塔里木盆地、柴达木盆地等干旱半干旱区仅在局部水源补给十分丰富的地段有少量沼泽发育，且个体面积小，发育不典型。因受湿润程度小的大环境影响，该地段沼泽生态系统十分脆弱，发育的时间不长，有些在形成后不太长的时期内就终止发育(赵魁义等，1999)。

二、温度对湿地形成的影响

温度对湿地形成的影响主要表现在气温和土温两个方面。气温影响地表蒸发的过程和强度。气温高时，蒸发面上的饱和水汽压较大，饱和差大，就易于蒸发；气温低时，蒸发面上水汽压较小，饱和差小，就不易蒸发。如此，气温通过影响湿地水分的蒸散输出而对湿地形成产生影响。特别是在一些高纬度地区或高山地区，气温较低，蒸发量小，虽然水分输入少，但水分的输出更少，因而即便降水量不大也可形成湿地。另外，在高纬度地区和高山地区，由于温度低而形成冻土，冻土形成隔水层阻挡了水分的下渗，从而使区域地表积水形成湿地。另外，在有些冻土区域，由于冻土的融化而产生各种负地貌，这些负地貌积水形成湿地。

在不同温度条件下形成的湿地，由于温度及其季节变化的差异使得湿地植物的组成、生长繁殖状况、植物死亡后枯落物的分解速度与强度等方面不同，也控制了湿地物质沉积的速度。因此，在不同温度区内的湿地种类和特征都有明显的差异。

三、温度、降水组合对湿地形成的影响

在影响湿地形成、发育过程时，温度和降水是相互联系、相互制约的。总体而言，寒冷干燥、温暖干燥、炎热干燥地区内水热组合条件相对不利于湿地的形成，而寒冷湿润、温暖湿润水

热组合条件有利于湿地的形成和发育。如我国东北寒温带冷湿大陆性气候下的大小兴安岭、温带湿润和半湿润条件下的三江平原都发育了大量的泥炭沼泽或潜育沼泽。而同纬度带内寒温带冷干气候下的呼伦贝尔高原和温干气候下的松嫩平原湿地发育相对较少(赵魁义等，1999)。

总之，气候因素主要是通过影响湿地形成的水文条件而对湿地形成产生影响。然而，降水量的大小及区域温度的高低并不是决定湿地形成与分布的最主要因子，甚至有些湿地的形成可以不考虑气候因素，如海岸湿地和内陆盐碱湿地等。但是，不同气候区域湿地生态系统的特征主要受气候条件控制，各气候带内湿地的地带性特征都会通过气候因子的作用而表现出来。特别是气候因子对湿地植物群落演替和有机质积累起到了决定性的作用。

第二节
地质条件

地质构造是湿地形成的基础，它控制了湿地的空间分布格局。地质构造是地貌发育的基础，地壳运动造成的大规模褶皱、断裂等主要构造形态以及与之相伴的隆起和坳陷控制着地貌的主要发展方向和平面格局。晚近期新构造运动仍在间歇性相对沉陷，同时与近期火山活动区域也有联系，沉降区地势低洼是湿地形成的基础。

一、地质构造的影响

湿地形成所必需的相对负地形和汇水区及其分布是由地质构造控制的(吕宪国，2008)。大断裂带之间或两组断裂带之间往往有利于湿地形成、发育。因为断裂带之间容易形成断陷盆地，在盆地内多发育沉积平原，并在有利的新构造运动的配合下形成汇水条件，进而发育湿地。中国许多湿地集中分布区与断裂带发育有密切关系。例如，三江平原位于著名的郯庐断裂系向东北延伸的一组北东向深断裂之间，属于黑龙江中游盆地的一部分。它是一个典型的断陷盆地，被小兴安岭、老爷岭、太平岭及完达山包围，呈向东北延伸的不规则菱形盆地。在盆地内发育着大面积的沼泽(赵魁义等，1999)。另外，天山山地山体呈扇形逆冲上升，山区内分布有与山体走向一致的继承准断陷盆地。早更新世，博斯腾湖、哈密—吐鲁番坳陷面积比现今大，晚更新世以来各种断陷盆地逐渐缩小淤平。不断的沉降使地下水位上升，局部地表长期过湿，形成如今湿地。

由于不同地质构造区相对正负地形的特点不同，从而使得高原湿地、平原湿地、山区湿地及海岸湿地等各具特色。沿着地表各断裂带分布的河流湿地，海陆边缘地带的海岸湿地，平原上的湖沼湿地，山地的森林湿地等的特征都受到地质构造的影响。

二、新构造运动的影响

新构造运动制约湿地的形成主要表现在两个方面。其一，在于新构造运动所产生的断裂或节理是薄弱之处，抗地貌外营力风化剥蚀作用的能力差，容易演变为洼地，利于地表水分汇聚，为湿地发育提供有利的水文地貌条件；其二，新构造运动升降的幅度、速度、频率、升降的特征及形式等影响沉积物堆积和湿地形成。受地壳升降运动影响，不仅地表形态发生变化，地表和地下水文状况亦受影响，导致湿地形成的水源补给类型、补给量均有所改变，并直接关系到湿地的形成(赵魁义等，1999)。

首先，新构造运动缓慢下沉或保持相对稳定时，地面侵蚀减弱，堆积作用加强，这对湿地形成、发育最有利。如三江平原新构造运动表现为大面积继承性沉降，在整个平原区除乌尔虎力山、别拉音山等少数孤山、残丘外，其他大部分地区均地势低平，坡降小，地面切割微弱，河道蜿蜒曲折，河漫滩宽广，径流滞缓，加之地面组成均被第四纪松散的砂砾石、沙和黏土所覆盖，一般厚度为100~200米，最厚达284米，下渗困难，有利于沼泽的广泛发育(吕宪国，2008)。

其次，新构造运动下降速度较快的地区，堆积作用强烈，形成深厚的地表沉积盖层，不利于湿地的形成，甚至使已发育的湿地消亡。如华北平原自中新世与西部太行山北部燕山诸山体分离后，早更新世便持续下降，形成沉降不一的盆地，直到现代沉降仍在继续中。太行山、燕山山前平原第四系总厚度为200~350米，黄淮海平原厚200~450米，冀中坳陷强烈区达500米。由于该平原区下降幅度过快，沉积过程强烈，不利于湿地发育，因而湿地发育较少。并且该区近期新构造运动仍继续下沉，且幅度较大，原先发育的湿地也停止发育，多数被掩埋。

第三，新构造运动上升时，侵蚀加强，地下水位下降，地表自然疏干，不利于湿地的形成。如华南断块区晚第三纪以来总体微弱上升，西部升高约200~300米。这不利于该区湿地发育，仅有少量湿地形成于沟谷、河漫滩洼地之中，湿地个体面积小，分布零星(吕宪国，2008)。

第四，在一个区域内新构造运动的升降交错，影响湿地的形成和分布格局。青藏高原自新第三纪以来大面积、大幅度强烈隆起，但其间也有相对沉降区，形成许多较大的山原盆谷地，如高原东南的长江、黄河河源区、川西北高原中的若尔盖山原宽谷区，以及那曲山原宽谷区等。这些新构造运动下降区成为青藏高原湿地分布区。

总之，新构造运动制约着宏观正负地形的出现、水文的聚散流向和沉积物的汇集速度，直接影响湿地的形成、发育，是区域能否形成集中连片湿地的决定性因素，也是已发育的湿地能否持久发育的关键因素(赵魁义等，1999)。

另外，地壳运动的形式对湿地形成也起重要作用。如晚第三纪以来的地壳运动还伴随岩浆活动，其中最主要的表现为火山喷发和岩浆溢出。火山喷发形成的火山口，积水成湖，为湿地形成提供了十分有利的环境，如长白山区的小天池、赤池、龙湾等地湿地均是由火口湖、堰塞湖演变而来的。此外，我国吉林省辉南、柳河，云南省腾冲，内蒙古兴安盟的达尔滨湖，黑龙江省宁安市的牡丹江上游等地湿地都是发育于火山熔岩堰塞湖(赵魁义等，1999)。

第三节
地形地貌

地质构造、新构造运动主要控制宏观大区域湿地的形成和发育，而地形地貌对湿地形成、发育的影响更为直接。通常，负地貌成为区域的汇水中心，是湿地发育的最佳场所。不过，由于湿地形成、发育的复杂性，不同地貌类型、不同成因的地貌，对湿地的发生、发展的影响也存在差异，导致湿地发育程度相差极大。

流水地貌是最常见的地貌类型。通过流水的侵蚀和堆积作用，一般在山地、丘陵、台地区因水流的侵蚀形成沟谷低洼地貌或河谷平原，而在河流中下游的平原地区，则以沉积作用为主，形成阶地、河漫滩、废弃河道、牛轭湖洼地等。这些地貌类型都为相对负地形，有利于水分汇集和湿地的发育。例如，长白山地和小兴安岭地区，山脉与宽阔盆谷地的相间分布。在宽阔的盆谷地中，河流下切微弱，河曲发育，常形成较大面积沼泽。大兴安岭诸多河流呈树枝状水系，谷地宽广、平坦，比降小，曲流发育，也成为沼泽集中分布的区域。山区的河流进入平原，河漫滩更为宽广，河流弯曲系数更大。如嫩江中下游、第二松花江自舒兰市的法特出山进入平原和松花江干流的河漫滩都有沼泽的集中分布(刘兴土，2005；吕宪国，2004)。

沟谷洼地一般发育在山间盆地和低山丘陵，宽阔的沟谷可以获得潜水补给，也有地表径流的补给，而排水困难，极易发生湿地化过程。沟谷洼地一般是水流离开源头或上游而进入低山丘陵和山间盆地时，由于沟谷已发育到壮年期或老年期，沟谷不断被拓宽，水流分散，有的地区已经形成河床、河漫滩、阶地的分异，河漫滩上常有被遗弃的河道、牛轭湖和各类洼地，在上述地貌部位，使地表经常过湿或有薄层积水，因而湿地广泛发育。如大兴安岭、小兴安岭、长白山地、三江平原、长江中下游平原地区湿地均与沟谷洼地地貌有密切关系(刘兴土，2005；赵魁义等，1999)。

在山地、高原地貌区，存在面积不等的相对负地形，由于周围水源的不断补给，加上一定的隔水层也容易发育湿地。这些区域往往地表平坦，排水不畅，或有地下水出露，深厚的风化壳阻碍水分下渗，使地表水分过多或有积水，有利于湿地的发育，如横断山区、大、小兴安岭很多湿地就是此种类型。山地具有垂直地带性变化规律，随着海拔的变化，湿地形成发育的环境因素发生相应变化，也影响湿地的形成、发育以及湿地类型的分异，如长白山、大兴安岭等山地均表现出随海拔高度上升，湿地类型及其特征有规律地变化(赵魁义等，1999；吕宪国，2004)。

冻土地貌和冰川地貌也是湿地形成的有利地貌类型。大陆冰川退缩后，在原冰川发育区留下一系列的冰蚀、冰碛低洼地貌，这些地貌都是相对的负地形区，且在其底部往往堆积大量冰碛物，透水性差，形成隔水层，为湿地发育提供了良好条件。我国青藏高原、天山山地、阿尔泰山有些湿地就是发育在冰川地貌类型内。冻土地貌是高山区与寒温带湿地形成和演化的主要生态环境因素。冻土对湿地形成发育的影响主要表现在多年冻土层阻碍了冰雪融水的下渗，形成区域性的隔水层；多年冻土层抑制地表流水侵蚀与切割，使这些地区多发育宽浅的谷地；冻融作用又使地表形成冻融洼地，有些地方冻土融化后地表下陷形成热融湖。在这些谷地洼地、热融湖区经常有积水或土壤过湿，形成湿地。我国东北的大、小兴安岭地区、青藏高原湿地广泛发育均与冻土分布有密切关系。

滨海地貌也是湿地形成、发育的重要因素。淤泥质海岸的滨海平原和河口三角洲平原、岩岸的海湾、潟湖等地貌类型内有大面积湿地分布。滨海位于典型的水陆过渡地带，是海陆相互作用的交错带，由于潮汐、波浪和沿岸流的作用，地势相对低洼的区域周期性地受到海水淹没或地下水位周期性的上升或下降的影响，从而形成独特的湿地类型。如鸭绿江口滨海湿地地势低洼而平坦，长期以来海陆的变化形成三大地貌单元即湿地平原，滩涂河口沙洲和水下三角洲(刘兴土，2005)。

在我国热带、亚热带河口与海滨潮间带还发育红树林湿地。通常在海岸低平、隐蔽较好，水动力稳定，底质较细的滩地或有潮沟分布的海岸，红树林湿地发育较好。尤其在隐蔽的海岸，经常出现弧形曲折的港湾、台地溺谷、沙堤潟湖和河口三角洲平原等多种多样的海岸地貌类型。这些地貌类型区海岸线曲折、岛屿罗列，远离大洋风浪的直接袭击，利于红树植物生长；在海岸基岩为花岗岩或玄武岩的地貌区，其风化产物黏细，加之河流搬运均质分选堆积，形成平缓的软相海滩，有利于红树植物固定(赵魁义等，1999)。

第二章 湿地形成与演化

湿地的形成与演化是在区域气候、水文、地质地貌等自然因素的综合作用下完成的，因此，湿地的形成和发育过程具有明显的区域性特点。多样化的自然条件及不同因素的组合导致不同类型湿地的形成和发育。湿地的类型不同，湿地的发育过程也不尽相同。本章重点介绍沼泽湿地、泥炭地、河口湿地、湖泊湿地、红树林湿地的形成与演化特征。

第一节 沼泽湿地的形成与演化

一、沼泽湿地的形成

沼泽是地表陆域与水域双向生态演化过程的表现形式，按其自然形成过程分为陆地沼泽化和水域沼泽化两种方式。这两种形成过程是在区域气候、水文、地质地貌、植被等自然因素综合作用下完成的。

(一)陆地沼泽化

陆地沼泽化在温暖湿润区最容易发育。陆地沼泽化大致有 3 种成因：一是地下水位升高或溢出地面，或因地表低洼，洪水、冰雪融水及大气降水的汇集，使地表过湿或积水，土层通气状况恶化；二是因植物自然演替而引起成土过程中土壤养分的贫乏；三是人类活动影响，如过度放牧、修建水库及拦河坝引起潜水位提高，造成沼泽化。因此，陆地沼泽化，既可发生在草甸，也可发生在干谷、林地或永冻土地区(吕宪国，2008)。

1. 草甸沼泽化

分布在各种地貌类型的草甸，如河漫滩、阶地、坳沟、山间小盆地、平缓分水岭、缓坡地、扇缘洼地、冰蚀冰碛谷地及溶蚀洼地等，在有利的水热条件下，均可发生草甸泥炭沼泽化。草甸沼泽化的一个前提条件是地表相对负地形，土层经常有积水或过湿。

根据 B·P·威廉斯(Випьямс)生草化过程的理论，草甸的演化可以分 3 个阶段(时期)，即 3 类禾本科植物——根状茎、疏丛型与密丛型的 3 个演化阶段。这 3 个演化阶段就是沼泽发展的前奏。第一阶段，根状茎禾本科植物，需要土壤疏松和良好的通气状况及丰富的营养，死亡后的残体，在夏季借助于好气性细菌而迅速分解，秋冬季分解速度较慢或停止。翌年春天土层干燥，通气状况良好，但土层中的氧主要为根系所利用，使前一年的植物残体得不到进一步的分解。如此年复一年，植物残体和腐殖质在土壤中不断增加、通气状况恶化。由此，新生根状茎禾本科植物生长位置逐渐上移，土壤变得坚实，氧气更加稀少，使根状茎禾本科植物受到压抑而逐渐变得稀疏。经过进一步演化，就进入第二阶段，疏丛型草甸。

第二阶段，疏丛型禾本科植物的根状茎，需要大量的氧气，从土壤中的铁质层吸收丰富的矿质养分。有机残体继续积累，土壤的持水量也相应地增加，阻止空气进入土壤。另外，疏丛型禾本科植物的根，也因铁质层的灰分养料逐渐枯竭，逐渐不能适应，渐渐被密丛型禾本科植物所替代。第三阶段，是密丛型禾本科植物繁茂阶段，也是开始泥炭沼泽化的时期。该类植物具有极其发育的通气组织，使其能在矿质营养丰富的水流条件下生长。另外，由于它的分蘖节在地表上，并有输导空气的间隙及带有菌根的深根，可以生活在完全嫌气条件下。这样，活的分蘖节总是在老的分蘖节上生长，不至于被窒息而死亡，整个株丛就由一些辐射状的茎和叶形成一个个孤立的草丛，其基础部分就成为小草丘。此后，便进入到泥炭沼泽的发育时期。

按B・P・威廉斯的观点，草甸沼泽化是生草化过程的必然结果。实际上，在不同气候条件下，草甸泥炭沼泽化的形成、发育阶段和速度是不相同的，腐殖质的积累也不可能都产生同样的结果。生草化过程的理论，只是指出了草甸植被内因演替的一般方向和植被演替的基本规律，但不能包括一切地区和所有草甸带内所观察到的现象，而这一地带的主要特点是气候冷湿或温和湿润，降水量大于蒸发量。

2. 森林沼泽化

森林沼泽化开始时，是由林下残落物的不断积累和土壤灰化作用引起的。林下残落物包括枯枝落叶层和树皮，有时还有倒木。当森林的树冠郁闭度很大时，林下土壤表面就被这些残落物所覆盖。残落物层很疏松，不仅能保持大量的水分，而且拦蓄地表径流，使地表经常处于过度潮湿状态。残落物经过分解，大部分灰分元素变成矿物盐类。这些产物又溶于水，并随水分下渗，引起土层的灰化作用，形成灰化土，在土层下部出现淀积层、铁质层等。淀积层坚实不透水，成为隔水层。经残落物层不断下渗的水分，蓄积于淀积层之上使潜水位抬高，加重了土壤的湿度，逐渐变成嫌气环境，植物残体分解减慢，对泥炭沼泽化十分有利。

此后，森林开始自然稀疏，并逐渐过渡到自然稀疏期，这时在林下的枯枝落叶层上，开始生长绿藻，草本植物也繁茂起来。以后在稀疏的成年乔木林冠下，幼龄树苗成长起来，并形成第二层稠密的林冠，使光线难以透入地面，于是草本植物因缺乏光照而死亡。森林发展以后，再度自然稀疏，林下草本植物再次生长，森林再更新，如此反复演替。早期，草本植物在林下停留的时间很短，经过多次演替之后，草本植物占优势的时间变长，而且其残体在枯枝落叶层中，因潮湿、通气恶化及酸性增强，使分解变得十分缓慢，森林的自然更新也越来越困难。草本植物也由根状茎植物逐渐演化为密丛型植物，泥炭也逐渐积累起来，于是养分越来越贫乏，藓类植物开始发育。这样，原来大片的森林逐渐转化为沼泽湿地。

(二)水域沼泽化

这里的水域主要指陆地上的水域，包括各类湖泊、水库与河流。水域沼泽化是从岸边或湖底植物丛生开始的，但不是一切水域都能泥炭沼泽化。它需要的条件包括水深不大，波浪作用弱，透明度较好，水温适宜，含盐度低等(吕宪国，2008)。

1. 湖泊沼泽化

一般来说，大型湖泊不易发生沼泽化，中、小型湖泊、小型泡子最容易发生沼泽化。湖泊沼泽化过程又依湖滨及湖底地貌条件及形成过程差异分为3种。

(1)浅水缓岸湖沼泽化过程：湖泊岸坡较缓，湖水较浅且不流动或仅有微弱流动，波浪小，湖水光照条件好。在湖泊活动的初期，由地表径流和地下径流带入湖中和由湖岸冲刷下来的矿物质，以及由各种水流带入湖中的有机质同湖水中的浮游生物一起沉入湖底，形成一层具有少量有机质的黏土和砂的沉积层。在营养丰富的条件下，湖底开始生长大量低等藻类植物和微体动物，它们死亡后也堆积于湖底，逐渐形成腐泥层，并导致湖水开始逐渐被淤浅。

在湖底沉积的同时，湖滨地带植物也大量繁殖起来。因为水深不同，植物群落分布由湖岸向湖心呈有规律的变化(图1-2-1A)。在湖水深不足1米的地段为挺水植物带，如芦苇、香蒲等；水深在1~2米之间，则为浮叶(大型)植物带，如水芋、睡莲、眼子菜以及一些藻类等植物组成；在水深2~8米范围内，则为沉水植物带(或称微型植物带)。带内植物都生长在湖底，属于孢子藻类，如蓝绿藻等。

各带植物死亡后，沉积于湖底。由于湖底氧气不足，植物残体分解十分缓慢，在各植物带之下，逐渐积累起泥炭，湖泊也因此逐渐变浅。以上各植物带，也因湖水变浅，依次向湖心推进。最后整个湖泊被泥炭填满，原来的湖泊则变成泥炭沼泽。

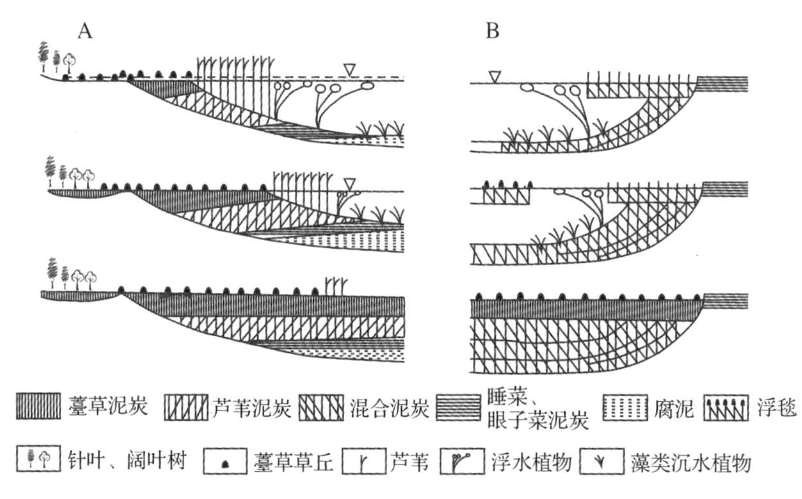

图1-2-1 湖泊泥炭沼泽化模式

(2)深水陡岸湖泥炭沼泽化过程：该类型常常发育在湖岸较陡，水深自湖岸到湖心变化迅速的湖泊里。由于漂浮植物在近岸的湖面大量繁殖，死亡后沉入湖底转化为泥炭，是一种自上而下的泥炭沼泽化过程。开始时在风浪小的湖边水面上，如湖湾处，长满了漂浮植物，并与湖岸相连。漂浮植物主要是蔓延在水面上的长根茎植物，如甜茅、睡菜、水芋及沼委陵菜等。这类长根茎植物的根茎交织成网，形成毯状漂浮在湖面上。风携带来的矿物质，也停积其上，养分逐渐丰富起来，其他植物随即侵入。以后，浮毯增厚、密度增大，又为薹草等植物生长提供了有利条件，浮毯逐年扩大、增厚，并向水中沉没，其下部死亡的植物残体，因重力作用，脱落下来沉入湖底，转化为泥炭，年年堆积，使湖底垫高，渐渐使浮毯与湖底泥炭相接，浮毯继续向湖心扩展，湖泊逐渐缩小变浅(图 1-2-1B)。最后整个湖盆被泥炭填满，湖泊演化为泥炭沼泽。

(3)复合型湖泊沼泽化：在湖岸地貌不对称的条件下，如一岸缓、一岸陡，湖水深浅不一，缓坡岸进行向心式湖泊沼泽化，陡坡岸则进行离心式湖泊沼泽化，最后变成复合一体的沼泽。二种沼泽化类型复合形成的沼泽比较多见。

2. 河流泥炭沼泽化

与湖泊相比，河流沼泽化比较困难。山区的河流或河流的上游，比降大，水流湍急，水位变化剧烈，植物难以生长，泥炭沼泽是不可能的。只有在平原地区或盆谷地中的中小河流，因河道迂回曲折，河床宽浅，水流平稳，岸、底植物丛生，进一步减缓流速，植物越来越茂盛，渐渐积累起泥炭，使河流沼泽化加速进行。该类沼泽化过程与浅水缓岸湖泥炭沼泽化过程相仿，只是它呈带状。一般在流速小的河段，河底开始生长水生植物，如眼子菜类和一些藻类。植物繁茂以后，又增加了河床的糙度，出现一些漂浮植物，如水芋、睡菜、沼委陵菜等。水中氧气不足，积累起泥炭，最后河道被泥炭填满而转化为泥炭沼泽。

二、沼泽湿地的演化

(一)沼泽的发展阶段

草甸、森林、河流、湖泊等不同途径形成沼泽以后，一般会经历从富营养，经中营养到贫营养的 3 个发育阶段，每个阶段的沼泽特征显著不同。富营养沼泽阶段，是指泥炭沼泽发展的初期，泥炭的积累不厚或尚未改变原来低洼地表形态，即泥炭沼泽表面较低洼，各种水源补给丰富，潜水位较高或地表有积水，因而溶于水中的矿物养分较丰富，泥炭多属中性或微碱性反应，植物群落也都是要求养分较多的植物。这一时期也称为低位沼泽阶段。此后，由于泥炭进一步积累，泥炭沼泽表面趋于平坦或中部轻微凸起，使地表水和地下水通过泥炭层时，水中的养分被吸收一部分，到达泥炭沼泽中部时，已减少了很多，潜水位也相应降低，营养状况也不如低位阶段丰富，泥炭层也变成中性或微酸性，植被则以中等养分植物为主，故称为中营养阶段或过渡阶段，亦称中位沼泽阶段。

贫营养沼泽阶段，是泥炭沼泽经过中位阶段以后，在泥炭沼泽内部出现了泥炭积累速度和养分状况的差异。在边缘部分因得到四周流入的水分较中部多，矿物质含量丰富、养分充足；中心部分则得不到地表水和地下水的补给，只有大气降水补给，所以，养分减少得很快，需要养分少的植物(贫营养植物)就首先出现在中心区。于是引起泥炭沼泽发展性质的根本变化，中心区泥炭沼泽增长速度也较边缘区快，于是中部渐渐隆起。中心区泥炭增长快的原因不是由于植物生长量多，而是因为植物死亡后分解得慢，特别是藓类植物抵抗分解能力强，因此，相对的比边缘泥炭积累快，从而使泥炭沼泽的中部高出周边，称高位沼泽阶段。

(二)沼泽的发育过程

沼泽的自然演替，一般有两种过程，一种是从富营养沼泽经中营养沼泽到贫营养沼泽的阶段完整的发育过程；另一种是发育阶段不全的发育过程，即是阶段缺失的发育过程。这两种过程在我国均可以见到。

1. 阶段完整的发育过程

沼泽3个发育阶段的完整连续发育，是在特定的条件下出现的，一般发生在过湿、低温和含盐量(如钙盐)低、酸性的化学地理环境中，对喜湿、耐低温、要求养分少的泥炭藓的生长有利，而且泥炭藓在酸性条件下，能分解大气降水中的矿物微尘，从中吸取营养物质，因此，沼泽能发育到贫营养阶段。目前在我国东北、华中、华南的部分山地区，可见到从森林、湖泊和草甸演变成沼泽以后的3种发育系列，每种发育系列的沼泽类型及其具体发育过程又有所不同。

(1)森林沼泽系列的发育过程：以东北山地森林沼泽系的发育过程为例，开始是林下出现喜湿植物密丛型薹草和浅根系植物灌丛桦等，随后是真藓类的提灯藓、镰刀藓侵入，这些植物死亡后逐渐形成泥炭，发育为富营养型的落叶松、灌丛桦、薹草沼泽。由于泥炭的不断增厚，加强了土壤的湿度和酸度，地下水补给逐渐减少，为贫营养植物生长创造了有利条件。薹草被棉花莎草代替，泥炭藓在适宜的条件下，大量生长，并形成了泥炭藓地被物，这时沼泽进入了中营养阶段，发育为落叶松、笃斯越橘、藓类沼泽。随着沼泽的继续发育，泥炭藓的种类、多度和盖度都逐渐增加，并形成藓丘。这时真藓减少，提灯藓、皱蒴藓逐渐消失，只有少数赤茎藓和金发藓。草本植物极少，在藓丘出现了贫营养捕虫植物茅膏菜，而落叶松生长极为不好，矮小，枯梢，最后森林消失，发育为贫营养阶段的落叶松、狭叶杜香、泥炭藓沼泽(疏林)以至泥炭藓沼泽。

(2)湖泊沼泽系列的发育过程：在兴安岭和长白山地可见到这种系列的发育过程，它和森林沼泽系列的发育阶段虽然一致，但每个阶段的沼泽类型不同。湖泊沼泽化以后，其发育过程是：从湖泊的水草丛生开始，首先形成的是富营养阶段的薹草沼泽或芦苇沼泽，随着沼泽的不断发育和具备泥炭藓生长的特定条件，此时泥炭藓大量侵入，形成地被物，沼泽就发育到中营养阶段，发育为薹草、泥炭藓沼泽。当泥炭藓大量增多以至占绝对优势，并形成藓丘，便进入贫营养阶段，发育成泥炭藓沼泽。

(3)草甸沼泽系列的发育过程：草甸沼泽系列的发育过程，与上述两种系列的沼泽类型又有不同。如湖北神农架地区的大九湖盆地沼泽，其发育过程是：从草甸沼泽化形成的富营养型灯心草、薹草沼泽开始，经中营养型灯心草、苔藓沼泽，发育到贫营养型刺子莞、泥炭藓沼泽。

2. 阶段不全的发育过程

沼泽的发育是个长期复杂的变化过程，与沼泽发育区自然条件密切相关。出于不同区域自然条件的影响，在现实中普遍存在的是阶段不全的发育过程，即沼泽的发育可从不同阶段开始，也可在不同阶段终止，某一阶段长期发育，而另一阶段缺失或重复出现，这在我国沼泽中是经常见到的一种发育过程。

首先，在我国不少地区，由不同途径形成沼泽以后、长期稳定在富营养沼泽阶段。如四川若尔盖山原沼泽，该区沼泽的泥炭厚度已达6米，目前仍是富营养沼泽，在这长期的发育过程中，虽然沼泽从一种类型演变到另一种类型，但都是富营养阶段的沼泽类型。泥炭也不断增厚，仍未发育到中营养阶段或贫营养阶段(郎惠卿，1983)。此外，在我国其他一些高原、平原等地区，也广泛存在着沼泽只在富营养阶段内发育。

其次，在某些山地区，沼泽的发育过程，不经过富营养沼泽阶段，开始就发育成中营养沼泽或贫营养沼泽以及从中营养阶段发育到贫营养阶段。如大兴安岭北部海拔1000米以上的地区，由于区域寒冷，有片状永久冻土的存在，土壤养分贫瘠以及有利的湿度、酸度等条件的影响，不适于薹草等富营养植物的生长，对泥炭藓和一些小灌木等贫营养植物的生长发育有利，所以该区一些地段上，开始阶段便是中营养沼泽或贫营养沼泽。

此外，由于人为活动的影响，沼泽发育阶段的缺失、中断现象，在我国一些地区也是存在的。

第二节 湖泊湿地形成与演化

一、湖泊湿地的形成

湖滨湿地是伴随着湖泊的形成、演化与消亡而不断形成与发育的，湖泊可以分为青年期、成年期、老年期和衰亡期。青年期即湖泊形成的初期，由于断裂活动较强，湖盆下陷较快，湖盆四周布满沉积物，这些沉积物主要是由山麓堆积与河流沉积组成的粗碎屑。成年期由于断裂下陷运动逐渐趋缓，入湖河流三角洲发育，湖盆坡度变缓，湖水变浅，沉积物以河流沉积物和湖泊沉积物为主，沉积物颗粒变细，水生植物、浮游生物大量繁殖。老年期，由于沉积物大量充填湖盆，沉积物以湖泊相沉积和沼泽相沉积为主，沉积作用大于下陷作用，水域进一步缩小和变浅，水生植物大量繁殖，沉积物中含有大量的植物根系和植物残体，最后湖泊演化为湿地。

湖滨湿地的形成和发育主要受潜水与洪水泛滥的影响。在湿润地区，当湖水上涨时，或积存泛滥水，或潜水位上升，水位接近地表，导致该区域长期积水或季节性积水；禾本科、莎草科及喜湿的木贼、芦苇、苔藓等植物得到很好的发育。在土壤处于嫌气分解条件下，植物残体的分解十分缓慢，泥炭堆积作用迅速进行，沼泽化发育也较快。在低水位时期，潜水位也相应降低，土壤通气状况转好，生物化学作用加强，使已经积累的有机质被分解，泥炭沼泽化速度减慢或中断发育。远湖滨湿地，受湖水影响较小，潜水位较低，湖滨草甸沼泽化则主要受植物演替规律的制约，一般难以形成沼泽。

二、我国各自然地理区域湖泊湿地的演化特征

(一)东部平原地区

中国东部平原位于中国大陆的第三台阶，地势低平多浅洼地。在末次冰盛期，海面大幅度下降，河流的侵蚀作用强烈，大部分湖盆被切开，湖水被疏干，主要为河流沉积。全新世初气候转暖、海面迅速回升，原先岸边一些地带曾有过湖泊发育，但随海面进一步上升它们又被海水所淹。全新世中期(距今7500~3000年前)，该区气候进入气候适宜期，丰沛的降水使华北平原及长江的中游地区湖面扩张，而长江流域下游地区在高海面影响下几乎没有湖泊形成。晚全新世(距今3000年前以来)，该区气候发生重大变化，结束了全新世大暖期，气候朝冷方向发展，华北平原的湖群显著收缩，并不断解体，形成一些互不连通的小湖。而长江中下游流域该期是湖泊的广泛发育时期。

(二)内蒙古高原蒙新地区

该区大部分处于东南季风的边缘地带，季风降水是影响本区湖泊演化的主导因素。总体而

言，该区湖泊在末次盛冰期均为低湖面，之后高湖面的开始却呈现西、北早，东、南晚的趋势。早全新世晚期本区湖面普遍下降。全新世中期该区气候适宜，东亚季风强盛，范围远远扩大，可达新疆、内蒙古中部一带。季风带来的丰富降水使本区湖面广泛升高，但是，其起始和结束时间也有差别，呈现本区东、南部湖泊开始早，结束较晚；西北部湖泊开始晚，结束早的格局。进入晚全新世，随着大暖期的结束，本区湖泊总体呈退缩、咸化的趋势。

（三）云贵高原地区

云贵高原地处西南季风区，季风消长是控制本区湖泊演化的一个重要因素。该区湖泊多为断陷湖泊，形成时代较早，大多在上新世末到第四纪初期。在距今 2 万 ~4 万年前，高原地区曾一度经历大湖阶段，滇池水面至少是现在的 3 倍。冰后期湖面较现今为高，但最近滇池研究表明，真正开始进入深湖阶段还是在距今 1 万年前之后。距今 4000 年前开始，滇池区气候干凉。当时湖面突然下降，持续到距今 2700 年前。距今 2700 ~ 1700 年前，湖面再度扩大。之后，气候渐干，汉唐时代，湖面萎缩，唐朝中期滇池水位降至最低，比现湖面低 3.0 米左右（苏守德，1985）。

（四）青藏高原地区

青藏高原是世界上海拔最高的地区，具有特殊的气候变化类型，同时也是我国湖泊密度最大的地区。在末次冰期的间冰段，青藏高原曾是一个大湖时期，多为淡水湖泊。到末次冰期的盛冰期，绝大多数湖泊都结束了早期间冰段的湖相沉积而处于干涸状况。冰后期气候转暖，降雨量增多，更主要的是冰川大量融化，湖水补给增加，形成一个高湖面时期，特别是在高原中部，中、西昆仑山地区尤为显著。此后，在大约距今 11500 ~ 10000 年前很多湖泊出现低湖面如色林错、松西错等，为新仙女木事件的反映。在全新世早期距今 11000 ~ 9000 年前，大部分湖泊已达到全新世的最大湖面，而且在藏南、藏北地区的东部和南部多数湖泊为外流湖。距今 9000 年前之后，有一短暂的气候寒冷时期，湖泊退缩。中全新世（距今 8000 ~ 3000 年前），气候适宜，大多数湖泊处于扩张阶段。晚全新世（距今 3000 年前以来），青藏高原各地湖泊普遍强烈退缩，湖面迅速下降，致使一些湖泊由一个统一的大湖分离成数个小湖。同时，该时期也是青藏高原重要的成盐期，除藏东外流湖和藏南部分刚封闭不久的内流湖为淡水湖外，大部分高原湖泊已成为咸水湖和盐湖，而藏北高原中部不少盐湖已进入盐湖发育的最后阶段——干盐湖。总之，青藏高原湖泊的演化基本与气候变化同步，即气候在温暖温润时期为高湖面阶段，而气候干冷则为低湖面阶段（赵魁义、王德斌、宋海远，1988；赵魁义，1988）。

第三节 泥炭形成与积累

泥炭又称草炭或泥煤，是未完全分解和已分解的有机残体（主要是植物残体）长期积累起来的物质。泥炭地的形成是由于地表的生物活动所造成的，生物死亡后的残体经过变质后，在各种各样的基底上形成生物岩（柴岫，1981）。在泥炭形成初期，表面低平，有多种水源补给形成低位泥炭，以生长需要无机盐分较多的薹草属、芦苇属植物为主，分解程度较高，氮和灰分元素含量较多，酸性不强。中部隆起，由大气降水补给的则为高位泥炭，以羊胡子草属、水藓属植物为主，分解程度较低，氮和灰分元素含量少，酸性较强，pH 值在 4 ~ 5 之间。介于二者之间为中位泥炭。

一、泥炭形成的条件

泥炭的形成和积累是各种自然因素综合作用的结果，尤其是水、热条件，因为水分和热量不仅决定植物的种类和生长量，而且制约着植物残体的分解强度。气候、地质、地貌和区域水文特征则通过影响水热条件间接制约泥炭的形成和发育。依据这些因素及目前世界泥炭分布规律的分析，最有利于泥炭形成、积累的地带是寒温带、温带湿润气候区及热带雨林区。另外，对于局部地区来说，新构造运动缓慢沉陷区、第四纪冰川作用过的地区、永冻土和地下水溢出带以及海岸、河、湖变迁的地区也是发育沼泽、积累泥炭的地区(柴岫，1981)。

我国泥炭地主要是全新世以来各个时期形成的。由于我国幅员辽阔，自然条件复杂而多样化，不同地区、不同时期泥炭形成的条件也有差异。至今一直有利于泥炭沼泽发育的地区位于东北寒温带、中温带湿润气候区和青藏高原以及西北高山半湿半干的高寒地区。这些地区具备利于泥炭发育的条件：气候温和湿润或冷湿，冰雪融水充足，土壤冻结时间长或有永冻层，多数地区第四纪冰川地貌发达，地面切割微弱，排水不畅。

二、泥炭形成和积累过程

吉林省哈尼泥炭地单层泥炭最大厚度9.5米，是典型的熔岩堰塞湖沼泽化过程，也是自全新世以来连续堆积的现在泥炭沼泽地，其上部至今仍在发育和堆积泥炭。以吉林省哈尼泥炭地为例，分析地层和孢粉后发现，中、晚更新世大椅子山期、南坪期火山活动产物从东部、北部圈闭了哈尼宽谷，低洼地积水成湖。随后，地壳持续稳定使陆源碎屑物质堆积，距今9000年前左右湖泊变浅，沼泽开始发育。全新世早期，即距今8700年前之后，泥炭开始积累。通过孢粉分析表明，薹草、蕨类、木贼、睡菜等花粉含量很高，说明沼泽处于低位发育阶段。中全新世前期(距今7500~5000年前)气候转暖偏干，小叶杜鹃、狭叶杜香、笃斯越橘、泥炭藓等逐渐扩展，导致局部地段堆积了近1.5米厚的中位泥炭层。距今6000~5000年前火山爆发，森林大火波及沼泽区，故在6.15~5米泥炭层中保存了微量火山灰。玄武熔岩流从西边堵塞了哈尼河谷，堵住了沼泽出水口，泥炭地进入第二次水分充足的富营养阶段。中全新世晚期(距今5000~2500年前)，以胡桃楸、栎、榆为主的针阔混交林发育，低位泥炭藓堆积。晚全新世(距今2800年前至今)气候比前期冷偏干，云杉、冷杉、樟子松、红松、偃松含量增高，阔叶树减少。近地表泥炭层中，薹草花粉减少，而杜鹃花科花粉及泥炭藓孢子开始出现，说明泥炭地进入中营养阶段，至今仍在堆积(马学慧，1982；马学慧、夏玉梅、王瑞山，1987)。

由此看出，泥炭堆积与区域性新构造运动及植物残体积累速率有关。当地壳下沉速度与植物残体堆积速度保持相对平衡时，盆地处于成沼阶段，泥炭开始积累；当地壳下降速度大于植物堆积速度时，盆地积水成湖，许多矿物质堆积，形成夹层；只有当地壳下沉速度与植物残体积累速度长期处于动态平衡时，才能形成厚层泥炭。另外，湿热、温湿、冷湿的气候有利于湿生植物的生长发育，为泥炭形成和积累提供物质来源。

第四节
河口湿地的形成与演化

河口湿地处于江河入海的海陆交界处，是两种截然不同的大生态系统在此强烈作用形成的高物质多样性和多功能的生态边缘区，也是由于河流、潮汐等作用面积仍在向海扩展或收缩的一种特殊湿地(王丽荣和赵焕庭, 2000；黄桂林、何平、侯盟，2006)。

一、河口湿地的形成

入海河口地区的水动力结构复杂，既有河流作用过程，又有海洋作用过程。河流进入河口地区，河流作用逐渐减弱，水面比降减小，并渐渐趋于零，水流变为惯性流。惯性流与周围海水水体相混合，水流展宽，并在侧向水体和底部阻力的作用下，流速急剧降低，从而导致泥沙的大量沉积。

径流和潮流结合而成的双向水流，是潮汐河口水动力的重要特征。两者互相接触、交替和叠加，造成河口区的流场十分复杂，局部地段往往出现流速的增大或减小的现象。但一般落潮流速大于涨潮流速，并有沿程向下减小的趋势。

河流注入海洋，两者因水体混合而引起含盐度、密度、生物和化学等一系列变化，影响到河口地区的水动力与沉积状况。

波浪对河口区岸滩既能产生侵蚀，也可发生堆积。它经常是形成河口沙体的重要因素之一，从而影响或改变着三角洲的结构和形态类型。如波浪作用造成滨外沙坝，给河口创造一个比较平静的环境，有利于泥沙的沉积；若波向线与岸线呈锐角相交时，产生的沿岸泥沙流常会促进河口沙嘴的生长与方向偏转。

河口地区是径流、潮流等各种动力作用的消能区，也是大量泥沙的堆积地区，故河口的演变，主要取决于河口泥沙的冲淤变化。它是随着河口边界条件和水动力特征为转移的，一般在涨、落潮流的动力平衡带附近，有利于泥沙堆积，若涨潮流速大于落潮流速，海域泥沙可输进口门；当落潮流速大于涨潮流速时，则河流泥沙可运出口门。

此外，在河口咸、淡水明显分层地段，在河口盐水楔的端部，不同流向、物理化学性质的水流相遇，亦常引起推移质、悬移质的沉积，以及胶体物质的沉积。若河口咸、淡水轻度混合，则两者之间没有明显的楔形界面，泥沙沉积于盐水侵入的上下限之间。若咸、淡水混合充分，则垂向断面上的盐度差别基本消失，平面上盐度向海逐渐增高，泥沙相应向口外扩散沉积。

一个完整的三角洲由陆上和水下两部分组成，根据其地貌部位的不同，自陆向海，一般将三角洲分为顶积层、前积层和底积层。在垂向层序上，它们从上向下依次叠复。从沉积相的角度，按照河口区水动力、沉积物和生物组合等特征的综合分析，通常将一个完整的三角洲沉积体系划分为3个部分：三角洲平原相、三角洲前缘相和前三角洲相。三角洲平原相为三角洲已出露水面的部分，与顶积层的水上部分相当。其向陆一侧从河流大量分汊的地方开始，与河流下游冲积平原相接；向海一侧以水边线与三角洲前缘相接。三角洲前缘相位于三角洲水下部分，上接三角洲平原相，下连前三角洲相，包括顶积层的水下部分和前积层的上部。河水、海水相互混合，泥沙大量沉积，形成了分流河床沙、水下天然堤、河口沙坝和席状沙等各种沙体。前三角洲相处在三角洲前缘相外侧向海地带，包括前积层下部和底积层，其沉积物多由河流输送来的悬移质沉积而成，主要由粉砂质黏土和黏土组成，富含有机质。

二、河口湿地的演化特征

在河流入海口处，由于河水受到海水的顶托，流速变缓，以悬移质的形式被河水搬运的细砂、粉砂和泥在河口处沉积下来。同时，由于海水中电解质与河水中溶解质的中和作用也会在河流入海口处形成化学沉积。由于沉积作用旺盛，在河流入海口处形成最年轻的陆地——河口三角洲。因泥沙堆积首先形成水下三角洲，随着泥沙不断的堆积，水下三角洲不断地淤高向水上三角洲发展，同时也向外海方向扩展。在三角洲发育的同时，三角洲湿地生态系统也随之发育和演替。由于三角洲不同部位的水文状况不同，生态系统的特征也不一样。一般从水下三角洲向水上三角洲方向，随着淹水深度和土壤水饱和程度的逐渐减小，湿地生态系统的类型发生有规律的更替。例如，黄河三角洲湿地生态系统自海向陆方向的更替序列为水下三角洲湿地→低潮滩湿地→潮间带下带光滩湿地→潮间带中带翅碱蓬沼泽→潮间带中上带柽柳林沼泽→潮间带上带芦苇沼泽。随着三角洲地区相对水位面的变化，黄河三角洲湿地生态系统的演替也遵循这一序列的模式。即当相对水位面下降时，湿地生态系统从水下三角洲湿地向潮间带上带芦苇沼泽湿地的方向演替。相反，当相对水位面上升时，湿地生态系统从潮间带上带芦苇沼泽向水下三角洲湿地的方向演替。

第五节 红树林湿地的形成与演化

红树林是生长在热带、亚热带低能海岸潮间带上部，受周期性潮水浸淹，主要以红树科植物为主体的常绿灌木或乔木组成的潮滩湿地木本生物群落。红树林湿地指生长红树林的潮滩区，是我国南方沿海省区特有的湿地类型。由于红树林主要形成于热带和亚热带淤泥沉积的滩涂或浅层的沙泥质海岸地带，因此，红树林湿地的形成首先是淤泥沉积的滩涂或浅层的沙泥质海岸地带的形成，然后才是红树林群落的形成。

一、粉砂淤泥质海岸的形成

粉砂淤泥质海岸主要分布在港湾、河口三角洲附近或潟湖内。其形成和发育需要有大量的细粒沉积物补给、一定幅度的潮差，还要有一平缓向海延伸的水下岸坡，使波浪在抵达潮间带时已大大消能。以平均高、低潮线为界，以上为潮上带，以下为潮下带。粉砂淤泥质海岸（亦称为潮滩（坪））主要位于潮间带。

潮滩沉积物一般多为粉砂、黏土和少量的细砂。涨潮后期当流速减小达到临界值时，悬浮物质开始沉降，但由于涨潮流尚有向岸的前进运动，悬浮质在沉降的同时还向岸作水平搬移，导致其实际沉积的位置要比开始沉降点靠向岸一段距离。悬浮质一旦在滩面上沉积下来，已沉降的颗粒难以再被冲走，因为退潮流达不到把它再冲刷起来的起动流。因此，由河流携带来的泥沙得以在海岸附近沉积，并使得沉积物分布序列自潮下带上部到高潮滩，物质由粗变细。

二、红树植物群系生态序列的形成

我国红树林大致分为红树群系、木榄群系、海莲群系、红海榄群系、角果木群系、秋茄群系、海桑群系和水椰群系等8个群系类型，由于不同群系的耐盐和耐水淹特性不同，尤其是受潮汐的影响，不同的红树植物群系生长在海滩的不同位置，呈与海岸平行的带状分布，例如，广东湛江地区红树林从外滩到内岸表生系列依次为：白骨壤→桐花树→秋茄→红海榄→角果木→海漆→卤蕨→老鼠簕→假茉莉→黄槿。

在河流、波浪和潮汐动力的综合作用下，河口海岸地区一旦有新生淤泥质潮滩，便为红树植物的生长创造了条件。因为潮滩的水淹、水动力及高盐的特殊环境，使其他植物很难适生。一般新生潮滩上的先锋群落以白骨壤或桐花树为单优种，群落类型简单，层次单一。红树林先锋群落的形成，大大地削弱了风浪对内缘的袭击，并进一步加速海滩淤泥的积累，使立地条件渐趋稳定，瘦瘠的土壤开始滩泥化并积累有机质，为适应静风和泥质生境的其他红树植物的定居提供了先决条件。之后，红树属、角果木属、秋茄属等植物迅速地占据优势地位，形成典型的红树林群落。典型红树林群落高度郁闭后，地上根系也极端致密，这制约其更新过程，土壤则进行着脱沼泽化和脱盐渍化过程，致使地下水位下降，地表变干变淡，潮淹次数减少，于是海莲、木榄及木果楝等适应红树林内缘生境的种类逐渐占优。随着潮滩不断向外扩展，上述过程也不断进行，当潮滩发育到一定程度时，自潮下带至潮上带的宽度足够，且潮滩上多样的生境为各种红树植物提供了适宜生境，各种红树植物群系就在各自的适生生境上发育，从而形成红树林湿地的生态序列。

三、红树林湿地的演化

红树群落的动态，一般认为它受到河口海岸的地貌影响，也受到海岸底质的影响。所以对红树群落的分布有两种说法：一是决定论；二是机缘论。

决定论是J. H. Davis根据美国佛罗里达红树分布的特点提出的，认为红树种类，一是按高程分带明显；二是红树林能捕获沉积物，海岸潮间带不断提高，而呈现不同种类的水平分布带，即先锋植物多分布于低潮区，经中潮区的过渡类群，以至高潮区的稳定性群落类群。例如：佛罗里达从先锋植物大红树到假红树。我国则多数是从先锋植物白骨壤、桐花树而至高潮区的红树科植物和一些半红树黄槿等。

机缘论是澳大利亚B. G. Thom在研究墨西哥的Tabasco的红树林时提出的。那里是Grijalva河和Usuma Cinta河的两河口的汇合处，在三角洲上有各种各样的地形，如潮沟、沟堤、滩背、潟湖等。不同的高度和不同的底质的条件下，红树群落的分布并不一定呈带状，与一般大面积沼泽的带状分布不同。红树属植物最下，白骨壤属最上，取决于原始地形分布的偶然性。即红树群落形成比地形滩地晚，又可能出现种类分布上的颠倒现象。这在我国也有此类现象，例如海桑群落在海南万宁出现在最外缘，而在文昌头宛则是高潮带内滩；又如白骨壤一般出现在外滩的低潮区，而在广西可分布到河口海湾的沙质滩地上。桐花树通常在泥滩上生长，而在广西钦州港岛群边缘的砾石滩上呈狭带状分布。这种现象在分析红树演化规律问题时应特别注意。但在研究红树与滩地发育关系上，在我国不少地区仍出现一定的带状分布。总之，两种理论并不是对立的，两种现象在我国都存在，应该因地而异进行分析。

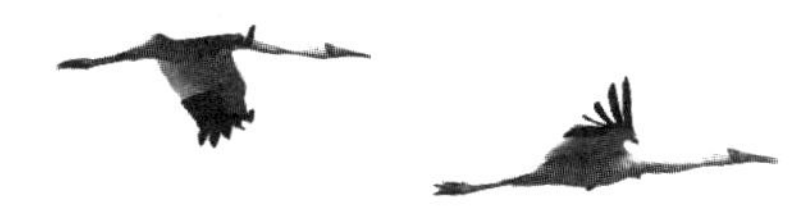

第二篇

中国湿地类型

第一章
湿地类型与分区及其面积

第一节 湿地分类

为了更好地研究、保护和利用湿地，湿地管理者和研究人员对湿地进行了分类。湿地分类主要是根据湿地结构、功能和特征对湿地进行归类。湿地分类建立在对湿地本质特征充分认识的基础上，是对湿地形成发育和湿地结构组成等共性特征的统一和差异性的区分。由于湿地自然属性的特殊性，兼有陆地和水体两种典型生态系统的特征，同时又不同于陆地或水体生态系统，具有明显的交错性、过渡性和复合性；湿地管理上，由于不同国家和地区的目的和针对性不同，具有明显的多目标性。不同国家和不同学者从不同学科角度和实际应用需求建立了不同的湿地分类系统。

一、湿地分类标准和发展概况

目前，国内外关于湿地的分类标准有许多种，但归纳起来大致有湿地单要素分类、湿地综合要素分类和湿地应用分类等三大类。《湿地公约》提出的广义湿地的分类系统，被国际社会和研究人员广泛使用。

(一)湿地单要素分类

早期湿地分类多依据湿地水文、植物、土壤和所处的地形地貌特征等单一要素进行分类。

(1)按照湿地水文条件的差异为基础进行湿地水文分类：如在20世纪50年代早期，美国鱼类和野生动物保护协会(美国鱼类和野生动物保护协会39号通报)为了满足美国湿地调查的需求，制定了湿地分类系统。该分类系统将湿地分为内陆淡水湿地、内陆咸水湿地、海岸淡水湿地和海岸咸水湿地四大类，再根据淹水深和淹水持续时间分为20种湿地类型。

(2)根据湿地的不同水源补给类型也可以进行湿地类型的划分：根据所处的地理位置和地形地貌条件，湿地补给水源包括大气降水、地下水和地表水等不同的补给方式或多种水源的综合补给。如20世纪初，欧洲和北美根据水源补给条件不同进行泥炭地类型的划分(Bellamy，1968；Moore 和 Bellamy，1974；Brinson，1993)。例如，根据水源补给类型，划分为大气降水补给沼泽和潜水补给沼泽。这一方法至今被普遍应用于泥炭地研究中。我国沼泽研究和分类中也非常重视水源补给方式和类型的划分。湖泊按照水文的变化可以分为恒定湖、消涨湖、间歇湖、游移湖和干涸湖；按泄水情况分为外流湖和内陆湖；按含盐量的多少又可分为咸水湖、淡水湖和盐湖；还可以按湖泊热状况，湖水上、下循环现象，湖水矿化度和湖水中的营养物质对湖泊进行分类。

(3)湿地植被是湿地发育阶段的敏感性指示指标，对湿地类型有较好的指示作用。我国对沼泽湿地的分类中，大多采用植被分类的方法。例如，藓类沼泽、草本沼泽、灌丛沼泽和森林沼泽的划分。区域和局域湿地划分中，也大多直接采用植物名来命名湿地类型，例如芦苇湿地、小叶章湿地、香蒲湿地等。

(4)湿地土壤是湿地的重要特征要素，也是湿地分类的重要依据。例如，中国科学院东北地理与农业生态研究所，根据我国沼泽土壤的实际特征，创新性的提出根据沼泽有无泥炭积累，把沼泽划分为泥炭沼泽和潜育沼泽(中国科学院长春地理研究所沼泽研究室，1983)。海岸湿地中，根据底质的不同，分为淤泥质海岸和砂砾质海岸。沿海滩涂划分为泥滩、沙滩、岩滩和生物滩等类型。

(5)湿地所处的地形和地貌也可以作为湿地的分类依据。例如，海岸湿地中，可划分为平原海岸湿地和山地丘陵海岸湿地。平原海岸又分为三角洲湿地和三角湾海岸湿地。按湖泊的成因和地形地貌，可分为构造湖、堰塞湖、岩溶湖、火山口湖和冰川湖等。

单要素指标的分类系统简单、明了，便于应用。但是，由于分类指标的限制，往往不能概括所有的湿地类型。目前，单要素指标分类法主要应用于湿地分类系统的低级(低单元)分类中，是对具体湿地名的划分。

(二)湿地综合要素分类

多要素的综合分类考虑到湿地生态系统的复杂性，利用不同等级指标，建立较复杂的分类系统，科学性强，能够全面揭示湿地的性质。湿地综合分类是根据湿地成因和发育过程、水源补给类型、水分特征、土壤或泥炭理化性质和湿地植被等综合指标拟定的分类系统。大尺度的湿地分类和基于资源调查为目的的湿地分类，都需要基于对多要素的综合分析，建立系统的不同等级的综合分类系统。

我国沼泽湿地综合分类系统探索和建立较早。郎惠卿等(1983)在《中国沼泽》一书中，首先将沼泽划分为富营养、中营养和贫营养沼泽型；然后根据沼泽植物群系和群丛划分沼泽组和沼泽体。刘兴土(1988)和马学慧、牛焕光(1991)也进行了富营养、中营养和贫营养沼泽的划分，然后根据沼泽植被的生态型划分半沼生、沼生和半水生3种沼泽亚类，最后按沼泽植物群系划分12个沼泽组。孙广友(1998)提出的综合分类，首先划分为淡水沼泽与盐碱沼泽，其次划分为泥炭沼泽与潜育沼泽，再次为草本、木本藓类沼泽，最后是沼泽体。

我国湖泊湿地众多，从海拔负155米的艾丁湖到海拔5000米以上的青藏高原分布的众多湖泊湿地。湖泊综合分类中，综合了水源补给方式、水文联系、发育成因、含盐量和水化学特征，进行分类系统的构建。

20世纪80年代以后，随着湿地概念的引入和对湿地认识的提升。根据湿地资源调查、研究、保护和管理的需求，建立了沼泽、河流、湖泊、海岸和人工湿地等综合湿地分类系统。

1992年我国成为《湿地公约》缔约国之前，主要参照美国内政部鱼类及野生动物管理局(Fish

and Wildlife Service, FWS)的湿地分类系统(Cowardin, 1979), 对我国湿地进行了综合分类。该分类系统将湿地划分为系统、类、亚类和型4级。将湿地分成五大系统，即海洋系统、河口系统、河流系统、湖泊系统和沼泽系统。1992年后，我国许多专家学者，在湿地分类方面除了依据我国湿地类型的实际情况以外，多参照《湿地公约》中的分类系统和标准，实现了分类系统与《湿地公约》分类系统接轨。例如，1997~1999年，在“辽河三角洲湿地资源的遥感监测”项目中，我国学者采用这种方法将辽河三角洲的湿地分为4级，22种类型。1995~2003年国家林业局组织的第一次全国湿地资源调查，制定湿地分类系统，将我国湿地分为滨海湿地、河流湿地、湖泊湿地、沼泽湿地和库塘湿地5个大类28个型。刘兴土(2005)根据《湿地公约》分类系统与东北湿地实际特征，综合考虑湿地的水文、土壤和优势植物特征，将东北自然湿地划分为6个大类，16个湿地型。

(三)湿地应用分类

应用分类主要是根据人类利用的需要对湿地进行分类。自然湿地和人工湿地的区分，就是从湿地的来源和应用角度来划分的。但自然湿地由于人类的开发利用，也有了类型的差异，因此产生了湿地应用角度的分类。例如，对湿地功能认识不足的大面积开发湿地阶段，我国将沼泽划分为轻度沼泽、中度沼泽和重度沼泽等，来表征沼泽地排水改良的难易程度，便于开发利用。目前，自然湿地仍然存在人工养殖的现象，使得原本相同的湖泊、海岸滩涂湿地，有了人工养殖型和天然型的区分。同样，平原沼泽区，由于人类的开发，使得原本相同的湿地，产生了垦殖湿地、放牧湿地、恢复湿地和自然湿地等不同的人为划分类型。

二、《湿地公约》分类系统

为保护全球湿地以及湿地资源，1971年2月2日来自18个国家的代表在伊朗拉姆萨尔共同签署了《湿地公约》，又称《拉姆萨尔公约》。《湿地公约》确定的国际重要湿地，是在生态学、植物学、动物学、湖沼学或水文学方面具有独特国际意义的湿地。《湿地公约》已经成为国际上重要的自然保护公约，受到各国政府的重视。

《湿地公约》从湿地保护与管理的角度出发，制订了湿地综合分类系统。该分类系统将全球多种多样的湿地整体划分为海洋/海岸湿地、内陆湿地和人工湿地3大类42型(表2-1-1)。该分类系统，标准清晰，界限分明，便于管理，被国际社会普遍采用。

表2-1-1 《湿地公约》的湿地类、型及划分标准

湿地类	湿地型	划分技术标准
海洋/海岸湿地	永久性浅海水域	多数情况下低潮时水位小于6米，包括海湾和海峡
	海草层	包括潮下藻类、海草、热带海草植物生长区
	珊瑚礁	珊瑚礁及其邻近水域
	岩石性海岸	包括近海岩石性岛屿、海边峭壁
	沙滩、砾石与卵石滩	包括滨海沙洲、海岬以及沙岛；沙丘及丘间沼泽
	河口水域	河口水域和河口三角洲水域

（续）

湿地类	湿地型	划分技术标准
海洋/海岸湿地	滩涂	潮间带泥滩、沙滩和海岸其他咸水沼泽
	盐沼	包括滨海盐沼、盐化草甸
	潮间带森林湿地	包括红树林沼泽和海岸淡水沼泽森林
	咸水、碱水潟湖	有通道与海水相连的咸水、碱水潟湖
	海岸淡水湖	包括淡水三角洲潟湖
	海滨岩溶洞穴水系	滨海岩溶洞穴
内陆湿地	永久性内陆三角洲	内陆河流三角洲
	永久性的河流	包括河流及其支流、溪流、瀑布
	时令河	季节性、间歇性、定期性的河流、溪流、小河
	湖泊	面积大于8公顷永久性淡水湖，包括大的牛轭湖。
	时令湖	大于8公顷的季节性、间歇性的淡水湖；包括漫滩湖泊
	盐湖	永久性的咸水、半咸水、碱水湖
	时令盐湖	季节性、间歇性的咸水、半咸水、碱水湖及其浅滩
	内陆盐沼	永久性的咸水、半咸水、碱水沼泽与泡沼
	时令碱、咸水盐沼	季节性、间歇性的咸水、半咸水、碱性沼泽、泡沼
	永久性的淡水草本沼泽、泡沼	草本沼泽及面积小于8公顷的泡沼，无泥炭积累，多数生长季节伴生浮水植物
	泛滥地	季节性、间歇性洪泛地，湿草甸和面积小于8公顷的泡沼
	草本泥炭地	无林泥炭地，包括藓类泥炭地和草本泥炭地
	高山湿地	包括高山草甸、融雪形成的暂时性水域
	苔原湿地	包括高山苔原、融雪形成的暂时性水域
	灌丛湿地	灌丛沼泽、灌丛为主的淡水沼泽，无泥炭积累
	淡水森林沼泽	包括淡水森林沼泽、季节泛滥森林沼泽、无泥炭积累的森林沼泽
	森林泥炭地	泥炭森林沼泽
	淡水泉及绿洲	
	地热湿地	温泉
	内陆岩溶洞穴水系	地下溶洞水系
人工湿地	水产池塘	例如鱼、虾养殖池塘
	水塘	包括农用池塘、储水池塘，一般面积小于8公顷
	灌溉地	包括灌溉渠系和稻田
	农用泛洪湿地	季节性泛滥的农用地，包括集约管理或放牧的草地
	盐田	晒盐池、采盐场等
	蓄水区	水库、拦河坝、堤坝形成的一般大于8公顷的集水区
	采掘区	积水取土坑、采矿地
	废水处理场所	污水场、处理池、氧化池等
	运河、排水渠	输水渠系
	地下输水系统	人工管护的岩溶洞穴水系等

三、我国现行湿地分类系统

依据《湿地公约》分类系统和标准，我国湿地管理部门和专家学者经过反复调查和研究，发展和完善我国湿地分类系统。在第二次全国湿地资源调查技术规程中，正式提出和制定了全国湿地综合分类系统。

该分类系统依据我国湿地实际情况，将《湿地公约》湿地分类体系进行了整合与归并，划分为近海与海岸湿地、河流湿地、湖泊湿地、沼泽湿地和人工湿地等 5 类 34 型，包括了《湿地公约》定义的所有湿地类型(表 2-1-2)。不同型的划分也制定了具体清晰的技术标准。

表 2-1-2　我国的湿地分类及划分标准

湿地类	湿地型	划分技术标准
近海与海岸湿地	浅海水域	浅海湿地中，湿地底部基质为无机部分组成，植被盖度 <30% 的区域，多数情况下低潮时水深小于 6 米。包括海湾、海峡
	潮下水生层	海洋潮下，湿地底部基质为有机部分组成，植被盖度≥30%，包括海草层、海草、热带海洋草地
	珊瑚礁	基质由珊瑚聚集生长而成的浅海湿地
	岩石海岸	底部基质 75% 以上是岩石和砾石，包括岩石性沿海岛屿、海岩峭壁
	沙石海滩	由砂质或沙石组成的，植被盖度 <30% 的疏松海滩
	淤泥质海滩	由淤泥质组成的植被盖度 <30% 的淤泥质海滩
	潮间盐水沼泽	潮间地带形成的植被盖度≥30% 的潮间沼泽，包括盐碱沼泽、盐水草地和海滩盐沼
	红树林	由红树植物为主组成的潮间沼泽
	河口水域	从近口段的潮区界(潮差为零)至口外海滨段的淡水舌锋缘之间的永久性水域
	三角洲/沙洲/沙岛	河口系统四周冲积的泥/沙滩、沙州、沙岛(包括水下部分)，植被盖度 <30%
	海岸性咸水湖	地处海滨区域有一个或多个狭窄水道与海相通的湖泊，包括海岸微咸水、咸水或盐水湖
	海岸性淡水湖	起源于潟湖，与海隔离后演化而成的淡水湖泊
河流湿地	永久性河流	常年有河水径流的河流，仅包括河床部分
	季节性或间歇性河流	一年中只有季节性(雨季)或间歇性有水径流的河流
	洪泛平原湿地	在丰水季节由洪水泛滥的河滩、河心洲、河谷、季节性泛滥的草地以及保持了常年或季节性被水浸润内陆三角洲所组成
	喀斯特溶洞湿地	喀斯特地貌下形成的溶洞集水区或地下河/溪
湖泊湿地	永久性淡水湖	由淡水组成的永久性湖泊
	永久性咸水湖	由微咸水/咸水/盐水组成的永久性湖泊
	季节性淡水湖	由淡水组成的季节性或间歇性淡水湖(泛滥平原湖)
	季节性咸水湖	由微咸水/咸水/盐水组成的季节性或间歇性湖泊

（续）

湿地类	湿地型	划分技术标准
沼泽湿地	藓类沼泽	发育在有机土壤上的、具有泥炭层的以苔藓植物为优势群落的沼泽
	草本沼泽	由水生和沼生的草本植物组成优势群落的淡水沼泽
	灌丛沼泽	以灌丛植物为优势群落的淡水沼泽
	森林沼泽	以乔木森林植物为优势群落的淡水沼泽
	内陆盐沼	受盐水影响，生长盐生植被的沼泽。以苏打为主的盐土，含盐量应 > 0.7%；以氯化物和硫酸盐为主的盐土，含盐量应分别大于1.0%、1.2%
	季节性咸水沼泽	受微咸水或咸水影响，只在部分季节维持浸湿或潮湿状况的沼泽
	沼泽化草甸	为典型草甸向沼泽植被的过渡类型，是在地势低洼、排水不畅、土壤过分潮湿、通透性不良等环境条件下发育起来的，包括分布在平原地区的沼泽化草甸以及高山和高原地区具有高寒性质的沼泽化草甸
	地热湿地	由地热矿泉水补给为主的沼泽
	淡水泉/绿洲湿地	由露头地下泉水补给为主的沼泽
人工湿地	库塘	为蓄水、发电、农业灌溉、城市景观、农村生活为主要目的而建造的，面积不小于8公顷的蓄水区
	运河/输水河	为输水或水运而建造的人工河流湿地，包括灌溉为主要目的的沟、渠
	水产养殖场	以水产养殖为主要目的而修建的人工湿地
	稻田/冬水田	能种植一季、两季、三季的水稻田，或者冬季蓄水或浸湿的农田
	盐田	为获取盐业资源而修建的晒盐场所或盐池，包括盐池、盐水泉

《湿地公约》的分类系统是以湿地特征进行的分类，我国现行湿地分类系统是在《湿地公约》分类系统基础上，综合考虑湿地成因和水文地理特征进行的分类。即在满足履行《湿地公约》的前提下，根据我国湿地实际情况和湿地保护管理需要，将《湿地公约》分类系统的河口水域划分为河口水域和三角洲/沙洲/沙岛，将海滨岩溶洞穴水系归并为岩石海岸；内陆湿地的永久性内陆三角洲归并为河流湿地的洪泛平原湿地和沼泽湿地的草本沼泽，将草本泥炭地、高山湿地、苔原湿地、森林泥炭地分别归并为藓类沼泽、草本沼泽、森林沼泽、沼泽化草甸及季节性湖泊，将泛滥地归并为河流湿地的洪泛平原湿地；内陆岩溶洞穴水系归并为喀斯特溶洞湿地；将人工湿地的水塘和蓄水区归并为库塘，将灌溉地进一步划分为稻田/冬水田和运河/输水河，将农用泛洪湿地归并为洪泛平原湿地，将采掘区归并为库塘，将地下输水系统归并为喀斯特溶洞湿地。

此分类系统，既和《湿地公约》分类体系相接轨，又立足我国湿地资源特征。湿地类型划分标准清晰、易于在野外识别，目前已在全国普遍应用。

全国尺度的湿地系统分类，有效满足了不同空间尺度和不同分类等级的湿地调查，实现了不同空间尺度和不同分类等级湿地调查数据无缝接轨，方便不同区域、不同分类等级的湿地调查数据汇总和应用。

第二节
湿地类型与面积

我国是全球湿地类型最齐全的国家之一，包括了近海与海岸湿地、河流湿地、湖泊湿地、沼泽湿地和人工湿地等5类34型，涵盖了《湿地公约》定义的所有湿地类型。

第二次全国湿地资源调查(2009~2013年)，按照技术规程制定的现行湿地分类系统，对我国国土范围内(未包含香港、澳门和台湾)面积8公顷以上(含8公顷)的所有湿地，及宽度10米以上、长度5公里以上的河流湿地进行了全面调查。

一、湿地类型与面积概况

(一)湿地面积比例

我国湿地总面积(包括香港、澳门和台湾的湿地面积)5360.26万公顷，湿地率5.58%。另据2011年中国统计年鉴，我国水稻田面积3005.70万公顷①。

本次调查范围内(未包括香港、澳门、台湾；本章后述所有数据除特殊标注外，都为本次调查范围的成果数据)，现有湿地总面积5342.06万公顷(表2-1-3)。其中，自然湿地面积4667.47万公顷，占湿地总面积的87.37%。

按湿地类统计，近海与海岸湿地579.59万公顷，河流湿地1055.21万公顷，湖泊湿地859.38万公顷，沼泽湿地2173.29万公顷，人工湿地674.59万公顷。全国各类湿地面积比例差异明显(图2-1-1)，其中沼泽湿地面积比例最大，占全国湿地总面积的40.68%，而近海与海岸湿地面积比例最小，仅为10.85%。

全国各省(自治区、直辖市)各类湿地的面积及湿地率各有差异。按湿地面积统计，排名前10位的省份有青海、西藏、内蒙古、黑龙江、新疆、江苏、广东、四川、山东和甘肃(湿地面积从大到小顺序排，下同)，且每省湿地面积均超过了150万公顷，其湿地面积之和占全国湿地总面积的74.00%；排名后10位的省份有云南、上海、海南、陕西、天津、贵州、宁夏、重庆、山西和北京，其湿地面积之和占全国湿地总面积的5.19%。

按湿地类统计，近海与海岸湿地分布在我国沿海的江苏、广东、山东、辽宁、浙江、福建、上海、广西、河北、海南和天津等11省(自治区、直辖市)；河流湿地主要分布在西藏、新疆、青海、黑龙江、内蒙古、四川、湖北、湖南、甘肃和河南等10省(自治区)，其面积之和占全国河流湿地的64.29%；湖泊湿地主要分布在西藏、青海、新疆、内蒙古、江苏、湖南、江西、安徽、黑龙江和湖北等10省(自治区)，其面积之和占全国湖泊湿地面积的94.68%；沼泽湿地主要分布在青海、内蒙古、黑龙江、西藏、新疆、甘肃、四川、吉林、河北和辽宁等10省(自治区)，其面积之和占全国沼泽湿地面积的98.39%；人工湿地主要分布在江苏、湖北、山东、广东、安

① 按《湿地公约》的湿地分类系统，水稻田属于人工湿地，本次没有进行调查，数据来源于2011年中国统计年鉴的稻谷播种面积。

徽、辽宁、新疆、浙江、河北和河南等10省(自治区)，其面积之和占全国人工湿地面积的66.15%。

表2-1-3　全国各类湿地面积统计表(公顷)

省(自治区、直辖市)	合　计	近海与海岸湿地	河流湿地	湖泊湿地	沼泽湿地	人工湿地	湿地率(%)
总　计	53420597.35	5795956.68	10552054.68	8593810.80	21732911.40	6745863.79	5.56
北京市	48071.64		22707.53	199.65	1246.61	23917.85	2.86
天津市	295550.22	104299.75	32264.05	3615.45	10935.76	144435.21	23.94
河北省	941919.44	231886.59	212483.62	26611.37	223630.05	247307.81	5.04
山西省	151936.76		96923.72	3130.96	8151.36	43730.72	0.97
内蒙古自治区	6010590.17		463705.14	566218.79	4848896.24	131770.00	5.08
辽宁省	1394764.62	713198.94	251446.41	2911.84	110098.79	317108.64	9.42
吉林省	997605.81		223500.46	112027.42	527415.56	134662.37	5.32
黑龙江省	5143364.93		733502.63	356015.59	3864320.78	189525.93	11.31
上海市	464583.37	386622.00	7241.46	5795.16	9289.20	55635.55	73.27
江苏省	2822762.66	1087533.34	296516.79	536672.22	28031.77	874008.54	27.51
浙江省	1110129.05	692523.36	141230.69	8793.24	743.54	266838.22	10.91
安徽省	1041801.65		309559.38	361134.72	42854.59	328252.96	7.46
福建省	871046.35	575633.94	135111.77	257.23	193.97	159849.44	7.18
江西省	910059.21		310747.09	374090.92	25827.10	199394.10	5.37
山东省	1737499.68	728508.30	257795.20	62628.82	54112.50	634454.86	11.07
河南省	627946.14		369005.50	6900.63	4867.32	247172.69	3.76
湖北省	1444994.93		450382.94	276919.87	36916.33	680775.79	7.77
湖南省	1019727.25		398399.40	385797.72	29287.54	206242.59	4.81
广东省	1753444.07	815098.49	337880.69	1534.81	3621.49	595308.59	9.76
广西壮族自治区	754270.07	258985.21	268939.88	6282.94	2354.35	217707.69	3.20
海南省	320026.39	201666.76	39755.05	556.91	43.68	78003.99	9.14
重庆市	207151.00		87289.76	263.49	62.01	119535.74	2.51
四川省	1747788.83		452289.00	37388.48	1175871.82	82239.53	3.61
贵州省	209726.85		138154.76	2517.70	10978.70	58075.69	1.19
云南省	563474.50		241847.51	118486.26	32212.10	170928.63	1.43
西藏自治区	6529028.94		1434563.27	3035200.41	2054255.03	5010.23	5.35
陕西省	308494.61		257591.35	7597.92	11034.16	32271.18	1.50
甘肃省	1693945.56		381678.33	15909.83	1244822.62	51534.78	3.73
青海省	8143562.19		885256.77	1470302.22	5645406.98	142596.22	11.27
宁夏回族自治区	207171.39		97904.89	33500.14	38067.84	37698.52	4.00
新疆维吾尔自治区	3948159.07		1216379.64	774548.09	1687361.61	269869.73	2.38

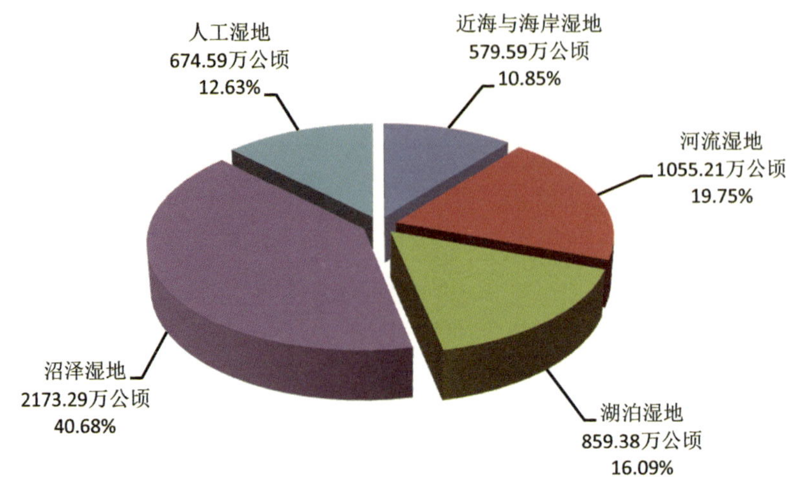

图 **2-1-1** 全国各类湿地面积比例示意图

按湿地率统计，全国平均湿地率为 5.56%，低于全国湿地率平均水平的省份有江西、西藏、吉林、内蒙古、河北、湖南、宁夏、河南、甘肃、四川、广西、北京、重庆、新疆、陕西、云南、贵州和山西等 18 省(自治区、直辖市)(顺序由高到低)；湿地率大于 20% 以上的省份有上海、江苏和天津等 3 省(直辖市)；其余 10 省湿地率大于全国平均水平，但小于 12%。

(二)湿地权属情况

我国湿地分为国有和集体两种权属类型。其中，国有湿地 4502.93 万公顷，占 84.29%；集体所有湿地 839.13 万公顷，占 15.71%。

在全国尺度内，不同湿地类型的湿地权属面积及比例不同(表 2-1-4)。整体而言，自然湿地中，国有湿地占比率较高，其中，近海与海岸湿地的国有占比率最高，达到 99.20%，集体权属仅占 0.80%。而人工湿地的集体权属率高达 43.93%，国有权属占 56.07%。

表 2-1-4 全国不同土地权属各类型湿地面积与比例

湿地类		国 有	集 体	合 计
总 计	面积(公顷)	45029294.58	8391302.77	53420597.35
	比例(%)	84.29	15.71	100
近海与海岸湿地	面积(公顷)	5749587.61	46369.07	5795956.68
	比例(%)	99.20	0.80	100
河流湿地	面积(公顷)	9615975.35	936079.33	10552054.68
	比例(%)	91.13	8.87	100
湖泊湿地	面积(公顷)	7754282.70	839528.10	8593810.80
	比例(%)	90.23	9.77	100
沼泽湿地	面积(公顷)	18126785.31	3606126.09	21732911.40
	比例(%)	83.41	16.59	100
人工湿地	面积(公顷)	3782663.61	2963200.18	6745863.79
	比例(%)	56.07	43.93	100

从全国各省湿地权属及比例情况分析表明，各省国有湿地占主导地位(表2-1-5)。国有湿地比例90%以上的省份有西藏、青海、新疆、陕西、甘肃、重庆、四川、海南、贵州、广西、山西、上海、宁夏和湖南等14省(自治区、直辖市)，其中西藏国有湿地比例达100%，青海国有湿地比例几乎达到了100%。

集体所有湿地比例超过30%以上的省份有吉林、天津、内蒙古、湖北、河北和河南等6省(自治区、直辖市)，其集体所有湿地面积之和占全国集体所有湿地总面积的50.79%。

表2-1-5　全国湿地权属情况统计

省(自治区、直辖市)	合　计	国　有		集体所有	
		面积(公顷)	比例(%)	面积(公顷)	比例(%)
总　计	53420597.35	45031508.71	84.30	8389088.64	15.70
北京市	48071.64	42220.43	87.83	5851.21	12.17
天津市	295550.22	164929.66	55.80	130620.56	44.20
河北省	941919.44	600454.96	63.75	341464.48	36.25
山西省	151936.76	140375.48	92.39	11561.28	7.61
内蒙古自治区	6010590.17	3412260.03	56.77	2598330.14	43.23
辽宁省	1394764.62	1231135.65	88.27	163628.97	11.73
吉林省	997605.81	533518.18	53.48	464087.63	46.52
黑龙江省	5143364.93	3862031.10	75.09	1281333.83	24.91
上海市	464583.37	429104.10	92.36	35479.27	7.64
江苏省	2822762.66	2204231.25	78.09	618531.41	21.91
浙江省	1110129.05	916555.00	82.56	193574.05	17.44
安徽省	1041801.65	736170.33	70.66	305631.32	29.34
福建省	871046.35	782892.48	89.88	88153.87	10.12
江西省	910059.21	655392.91	72.02	254666.30	27.98
山东省	1737499.68	1370875.33	78.90	366624.35	21.10
河南省	627946.14	428619.85	68.26	199326.29	31.74
湖北省	1444994.93	917518.62	63.50	527476.31	36.50
湖南省	1019727.25	938047.07	91.99	81680.18	8.01
广东省	1753444.07	1405261.60	80.14	348182.47	19.86
广西壮族自治区	754270.07	697926.98	92.53	56343.09	7.47
海南省	320026.39	305486.24	95.46	14540.15	4.54
重庆市	207151.00	200257.36	96.67	6893.64	3.33
四川省	1747788.83	1688913.98	96.63	58874.85	3.37
贵州省	209726.85	194621.80	92.80	15105.05	7.20
云南省	563474.50	503914.41	89.43	59560.09	10.57
西藏自治区	6529028.94	6529028.94	100		

（续）

省（自治区、直辖市）	合 计	国 有		集体所有	
		面积（公顷）	比例（%）	面积（公顷）	比例（%）
陕西省	308494.61	298936.00	96.90	9558.61	3.10
甘肃省	1693945.56	1639298.31	96.77	54647.25	3.23
青海省	8143562.19	8141566.46	99.98	1995.73	0.02
宁夏回族自治区	207171.39	190644.89	92.02	16526.50	7.98
新疆维吾尔自治区	3948159.07	3869319.31	98.00	78839.76	2.00

二、自然湿地类型与面积

我国自然湿地总面积4667.47万公顷，占湿地总面积的87.37%，自然湿地率[①]4.86%。按照我国湿地分类系统划分，自然湿地共包括4类29型。4大类湿地的面积分别为，近海与海岸湿地面积579.59万公顷，河流湿地面积1055.21万公顷，湖泊湿地面积859.38万公顷，沼泽湿地面积2173.29万公顷。各类自然湿地面积比例如图2-1-2，其中沼泽湿地面积所占比例最大，占自然湿地总面积的46.56%。

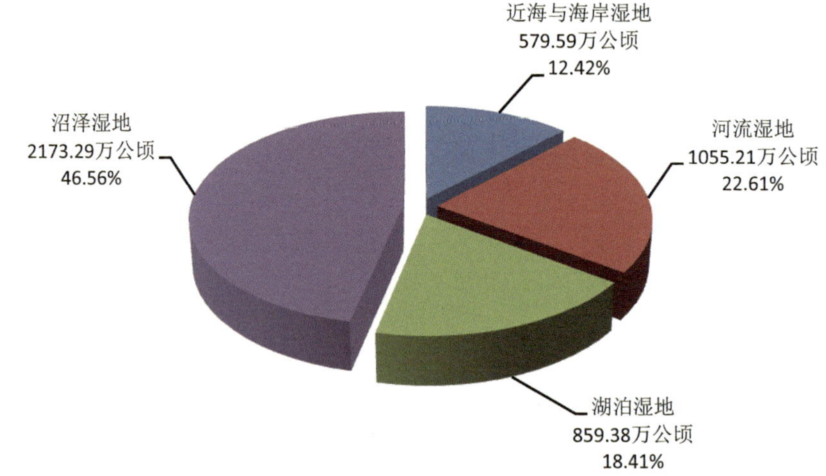

图**2-1-2** 各类自然湿地占自然湿地总面积的比例

调查统计表明，湿地面积最大的5型湿地为永久性河流、沼泽化草甸、草本沼泽、永久性咸水湖和永久性淡水湖，分别占调查湿地面积的13.31%、12.95%、12.14%、7.82%和7.43%；面积最小的5型湿地为喀斯特溶洞湿地、淡水泉/绿洲湿地、潮下水生层、藓类沼泽和珊瑚礁，5型湿地面积之和仅占调查湿地面积的0.02%。

4类自然湿地中，各型湿地面积及比例情况见表2-1-6。其中，近海与海岸湿地中，浅海水域为主体（59.21%），淤泥质海滩和河口水域所占近海与海岸湿地总面积的比例也超过10%。河流湿地中，以永久性河流为主体外（67.37%），洪泛平原湿地也占一定比例，达到22.08%。湖泊湿

① 自然湿地率为自然湿地面积占国土面积的比例。

地中，永久性咸水湖(48.60%)所占的比例稍大于永久性淡水湖的所占比例(46.17%)。沼泽湿地中，草本沼泽、沼泽化草甸、内陆盐沼和季节性咸水沼泽所占比例较高，4种型占沼泽湿地总面积的88.0%。

表2-1-6　各型湿地面积及比例一览表

湿地类	湿地型	湿地面积(公顷)	比例(%)
近海与海岸湿地	小　计	5795956.68	100
	浅海水域	3432007.88	59.21
	潮下水生层	1152.58	0.02
	珊瑚礁	6117.60	0.11
	岩石海岸	45461.92	0.78
	沙石海滩	187669.65	3.24
	淤泥质海滩	948981.56	16.37
	潮间盐水沼泽	101823.44	1.76
	红树林	34472.14	0.59
	河口水域	875452.84	15.10
	三角洲/沙洲/沙岛	127614.71	2.20
	海岸性咸水湖	27427.88	0.47
	海岸性淡水湖	7774.48	0.13
河流湿地	小　计	10552054.68	100
	永久性河流	7109157.31	67.37
	季节性或间歇性河流	1112371.06	10.54
	洪泛平原湿地	2330405.71	22.08
	喀斯特溶洞湿地	120.60	
湖泊湿地	小　计	8593810.80	100
	永久性淡水湖	3967533.47	46.17
	永久性咸水湖	4176708.08	48.60
	季节性淡水湖	149992.53	1.75
	季节性咸水湖	299576.72	3.49
沼泽湿地	小　计	21732911.40	100
	藓类沼泽	2126.22	0.01
	草本沼泽	6487851.31	29.85
	灌丛沼泽	876775.57	4.03
	森林沼泽	1721543.10	7.92
	内陆盐沼	3362721.97	15.47
	季节性咸水沼泽	2355239.36	10.84
	沼泽化草甸	6919372.35	31.84
	地热湿地	6782.40	0.03
	淡水泉/绿洲湿地	499.12	

自然湿地中，国有湿地占主导地位。国有自然湿地4124.88万公顷，占88.38%；集体所有自然湿地542.59万公顷，占11.62%。各类自然湿地的国有和集体所有面积及比例见表2-1-4。

三、人工湿地类型与面积

人工湿地总面积674.59万公顷，占湿地总面积的12.63%。人工湿地分为5型，除水稻田未进行调查外，其他4型湿地面积分别为：库塘309.13万公顷，运河/输水河89.22万公顷，水产养殖场219.57万公顷，盐田56.67万公顷。各型人工湿地面积比例如图2-1-3，库塘湿地面积所占比例最大，占到人工湿地总面积的45.82%。

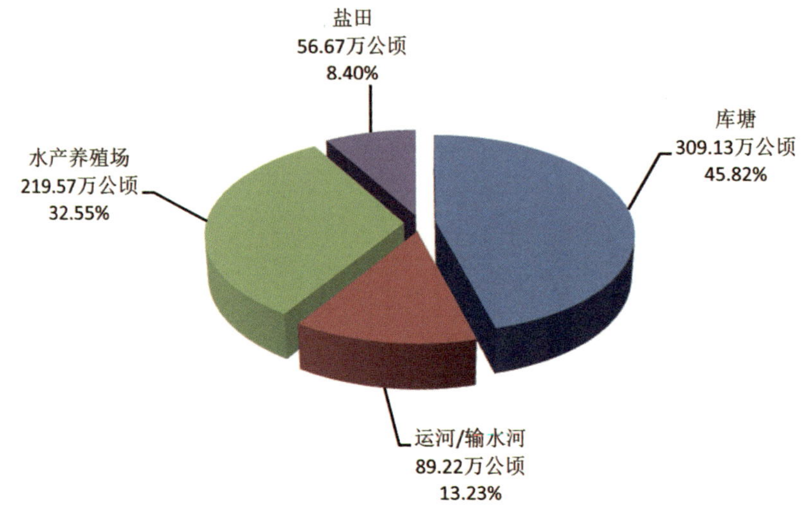

图**2-1-3** 各型人工湿地面积比例示意图

人工湿地权属中，国有湿地378.27万公顷，占56.07%；集体所有湿地296.32万公顷，占43.93%。全国范围内人工湿地的集体所有比例远高于自然湿地的集体所有权属。

就整体而言，我国湿地类型多，面积大，但人均湿地面积小。我国湿地总面积仅次于加拿大、俄罗斯和美国，位于世界第四位，亚洲第一位。但从湿地面积占国土面积比例看，我国湿地率仅为5.58%，远低于世界8.6%的平均水平。人均占有湿地仅为0.04公顷，仅是世界人均占有湿地面积的五分之一。

第三节 湿地分区与类型及面积

我国湿地具有分布广，区域差异显著的特点。我国从寒温带到热带、从平原到高原山区都有湿地分布，既显示出地带性规律，又有非地带性或地区性差异。一个地区往往有多种湿地类型分布，而一种湿地类型也同时分布多个地区。同时，中国湿地分布也有明显区域差异，在不同区域典型的湿地类型上表现比较突出。

根据全国湿地分布总体特点，考虑到不同区域明显的自然特征，尤其是与湿地形成有关的水文和地貌特征、湿地功能、保护和合理利用途径的相似性、行政区域和流域的连续性及实际的可操作性，结合我国湿地保护管理的实际需要，《全国湿地保护工程规划(2002～2030 年)》(2003 年 8 月国务院批复)将全国湿地资源区划为东北、黄河中下游、长江中下游、滨海、东南和南部、西南、西北干旱半干旱、青藏高原等八大湿地区(图 2-1-4)。

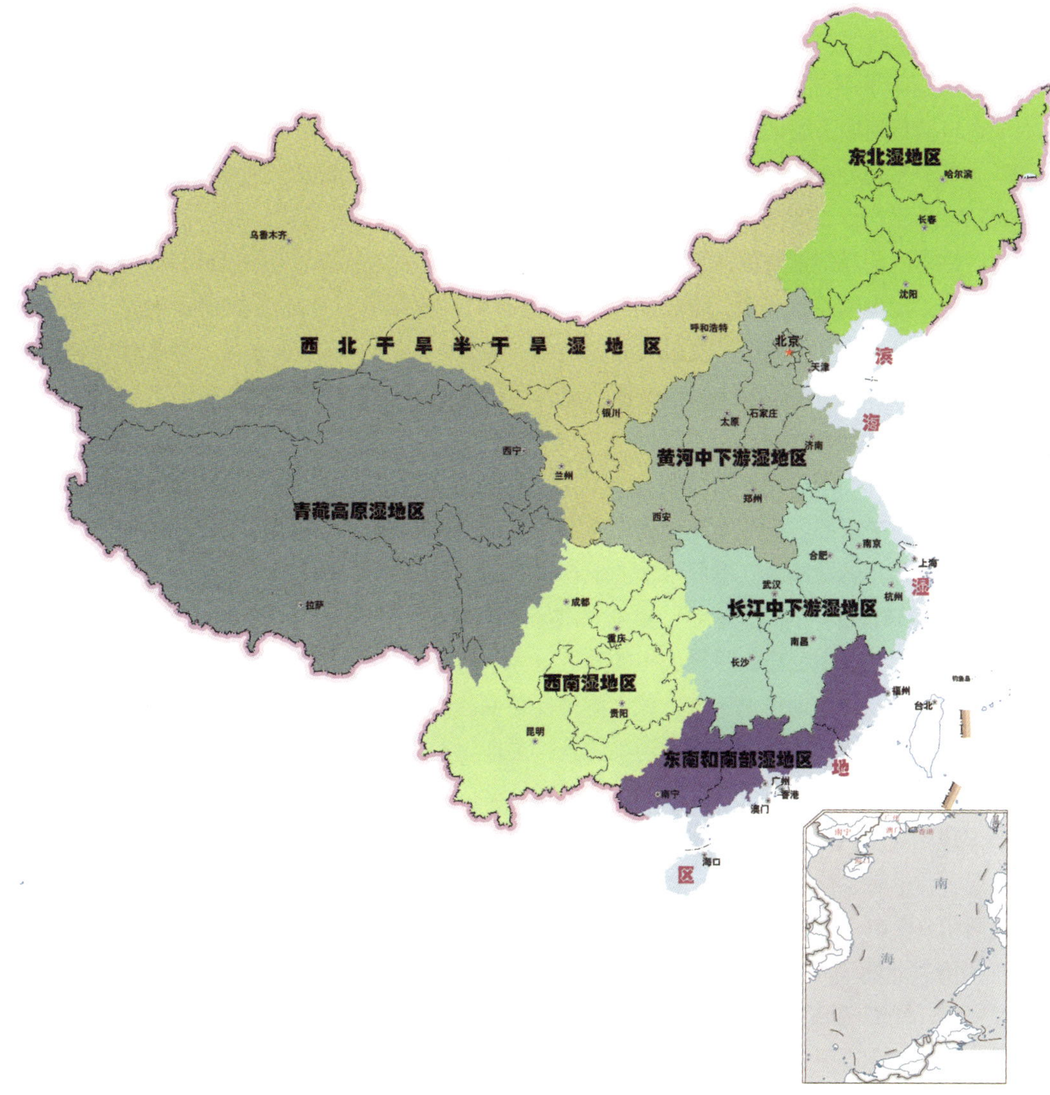

图 **2-1-4**　全国湿地分区示意图

一、湿地分区概况

(一)东北湿地区

该区包括黑龙江和辽河流域，行政范围涉及吉林和黑龙江全部，以及辽宁不临海的区域和内蒙古东北部。湿地类型以淡水沼泽和湖泊湿地为主，其次为河流和人工湿地。本区湿地面积

1021.73 万公顷，湿地率 8.30%。

三江平原、松嫩平原、辽河下游平原、大小兴安岭山地、长白山山地发育了大面积的沼泽，是我国淡水沼泽的集中分布区。其中三江(黑龙江、松花江、乌苏里江)平原是我国最大的平原沼泽区。湖泊主要有兴凯湖、查干泡、镜泊湖、五大连池、长白山天池等。松花江、辽河为本区的主要河流。松花湖为重要的人工湿地。东北湿地区是水禽尤其是雁鸭类和鹤类的重要繁殖地。该地区湿地面临的主要问题是大规模的农业开发，使天然沼泽湿地大面积减少；保护管理能力薄弱；对湿地资源的保护和利用缺乏统一规划和协调机制。

(二)黄河中下游湿地区

该区包括黄河中下游地区及海河流域，行政范围涉及北京、天津、河北、山西、山东、河南和陕西全部。天然湿地以河流为主，伴随分布着许多沼泽、河口水域、三角洲等湿地。本区湿地面积 227.59 万公顷，湿地率 2.66%。

黄河是本区沼泽地形成的主要水源。南四湖为华北最大淡水湖，白洋淀为著名沼泽化湖泊。另外，区内有大量的水利工程，包括水库、运河、引水河渠等，如北京的密云水库、京杭大运河、引滦工程等。该区湿地保护的最大问题是水资源缺乏，由于上游来水被大量截留，河流中下游地区严重缺水，黄河中下游主河道断流严重，海河流域的很多支流已断流多年。

(三)长江中下游湿地区

该区包括长江中下游地区及淮河流域，行政范围涉及上海、江苏、浙江、安徽和江西全部，以及湖北和湖南中东部。长江及其众多支流泛滥形成河网纵横，湖泊棋布，是我国淡水湖泊分布最集中和最具有代表性地区。本区湿地面积 613.77 万公顷，湿地率 7.58%。

鄱阳湖、洞庭湖、洪湖、太湖、巢湖和洪泽湖等是本区著名湖泊，水资源丰富，农业开发历史悠久，是人工湿地中稻田面积最集中的地区，为我国重要的粮、棉、油和水产基地，是一个巨大的自然—人工复合湿地生态系统。该区湿地保护面临的最大问题是围湖造田和城市化导致天然湿地面积减少，湿地功能减弱，水质污染严重，湿地生态环境退化。

(四)滨海湿地区

该区包括我国内陆沿海 10 个省(自治区、直辖市)的滨海地区和海南岛，行政范围涉及天津、河北、辽宁、上海、江苏、浙江、福建、山东、广东和广西的沿海县(市、区)以及海南全部。本区湿地面积 805.61 万公顷，湿地率 31.33%。

杭州湾以北的滨海湿地由环渤海滨海和江苏滨海湿地组成。黄河三角洲、辽河三角洲和丹东鸭绿江口是环渤海滨海重要湿地。另外，环渤海尚有大沽河湿地、莱州湾湿地、无棣滨海湿地、马棚口湿地、北大港湿地和北塘湿地。江苏滨海湿地主要由长江三角洲和黄河三角洲的一部分构成，包括盐城地区湿地、南通地区湿地和连云港地区湿地。该区湿地面临的主要问题是油田开采、盐田和农业开发以及基础设施建设对滨海湿地产生的威胁，浅海区域海水污染严重，赤潮频发。

杭州湾以南的滨海湿地以岩石性海岸为主。主要河口与海湾有钱塘江口—杭州湾、晋江口—泉州湾、珠江口河口湾和北部湾等。在海湾、河口的淤泥质海滩，分布有红树林湿地。该区的主要威胁是由于对湿地资源的不合理开发和过度利用导致红树林面积急剧下降，生态质量降低，导致海洋生物栖息繁殖地减少，生物多样性降低。

（五）东南和南部湿地区

该区包括珠江流域绝大部分、东南诸河流域、两广诸河流域的内陆湿地，行政范围涉及福建和广东全部，以及广西中东部。本区湿地面积 97.45 万公顷，湿地率 2.60%。

本区湿地类型主要为河流、水库，而内陆沼泽和湖泊湿地较少，主要湿地有珠江、澄碧河水库、龙滩水库湿地、新丰江水库、松涛水库等。湿地面临的主要问题是湿地泥沙淤积、水质污染严重，生物多样性减少。

（六）西南湿地区

该区主要为云贵高原，行政范围涉及重庆和贵州全部，以及云南大部、四川东部和湖北、湖南、广西西部。本区湿地面积 157.19 万公顷，湿地率 1.54%。

湿地主要分布在云南、贵州、四川省的高山与高原冰（雪）蚀湖盆、高原断陷湖盆、河谷盆地及山麓缓坡等地区。本区大中型湖泊众多，著名的有云南滇池、洱海、抚仙湖、泸沽湖和贵州的草海等。另有金沙江、南盘江、元江、澜沧江、怒江和独龙江 6 大水系，构成云贵高原湿地的基础。该区湿地保护存在的主要问题是一些靠近城市的高原湖泊有机污染严重，对湿地不合理开发导致湖泊水位下降，流域缺乏综合管理，湿地生态环境退化。

（七）西北干旱半干旱湿地区

该区包括内蒙古高原西部和新疆天山、阿尔泰山及准噶尔盆地、塔里木盆地，行政范围涉及宁夏全部，以及内蒙古西部、甘肃和新疆大部。本区湿地面积 628.91 万公顷，湿地率 2.60%。

本区湿地可分为两个部分：一是新疆山地干旱湿地区，主要分布在天山、阿尔泰山等北疆海拔 1000 米以上的山间盆地和谷地及山麓平原—冲积扇缘潜水溢出地带。塔里木河为内流区著名的大河，新疆博斯腾湖、天池为本区的主要湖泊，位于天山海拔 2400 米以上的巴音布鲁克湿地是大天鹅的重要繁殖区。二是内蒙古中西部、甘肃、宁夏的干旱湿地区，该区主要以黄河上游河流及沿岸湿地为主。乌梁素海、岱海等为本区的主要湖泊，多为咸水湖和半咸水湖，是迁徙水禽的重要繁殖地。该区湿地面临的最大问题是由于干旱和上游地区的截流导致湿地大面积萎缩和干涸，原有的一些重要湿地如罗布泊、居延海等早已消失，部分地区成为"尘暴"源，荒漠干旱区的生物多样性受到严重威胁。

（八）青藏高原湿地区

该区主要为青藏高原，行政范围涉及青海和西藏全部，以及四川西部、云南、新疆和甘肃局部。本区湿地区的湿地面积 1789.81 万公顷，湿地率 6.82%。

本区地势高亢，环境独特，高原散布着无数湖泊、沼泽，其中大部分分布在海拔 3500～5500 米之间。四川北部的若尔盖沼泽湿地是我国泥炭资源储量最大的泥炭沼泽区。该区的湖泊多为咸水湖，青海湖是我国最大的咸水湖，较大的湖泊还有纳木错、色林错、羊卓雍错等。我国几条著名的江河发源于本区，长江、黄河、怒江和雅鲁藏布江等河源区都是湿地集中分布区。该区湿地保护面临的主要问题是过度放牧，草场退化、荒漠化严重，湿地面积萎缩，湿地生态环境退化，功能减退。由于该区特殊的地理位置，该区湿地保护尤其是江河源区湿地的保护涉及到长江、黄河和澜沧江中下游地区甚至全国的生态安全。

二、各区湿地类型与面积

(一)各区湿地面积

调查统计表明，东北湿地区的湿地面积1021. 73 万公顷，占全国湿地总面积的19. 13%，湿地率8. 30%；黄河中下游湿地区的湿地面积227. 59 万公顷，占全国湿地总面积的4. 26%，湿地率2. 66%；长江中下游湿地区的湿地面积613. 77 万公顷，占全国湿地总面积的11. 49%，湿地率7. 58%；滨海湿地区的湿地面积805. 61 万公顷，占全国湿地总面积的15. 08%，湿地率31. 33%；东南和南部湿地区的湿地面积97. 45 万公顷，占全国湿地总面积的1. 82%，湿地率2. 60%；西南湿地区的湿地面积157. 19 万公顷，占全国湿地总面积的2. 94%，湿地率1. 54%；西北干旱半干旱湿地区的湿地面积628. 91 万公顷，占全国湿地总面积的11. 77%，湿地率2. 60%；青藏高原湿地区的湿地面积1789. 81 万公顷，占全国湿地总面积的33. 50%，湿地率6. 82%。

各区湿地面积所占全国湿地面积的比例和湿地率，如图2-1-5。我国湿地分区湿地面积比例，以青藏高原湿地区、东北湿地区和滨海湿地区所占比例较高；湿地率以滨海湿地率为最高，内陆区域以东北湿地区湿地率最高。东南和南部湿地区与西南湿地区的湿地面积比例和湿地率都不高。

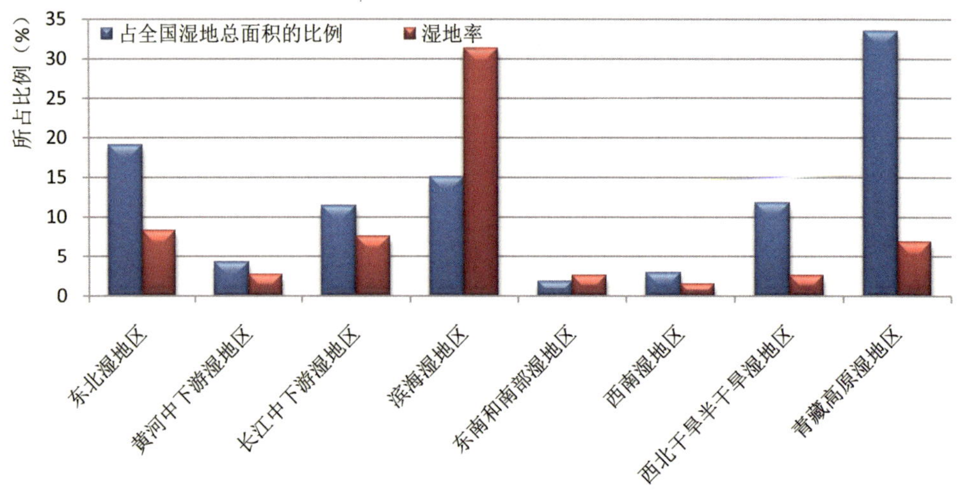

图**2-1-5** 各区湿地面积比例和湿地率示意图

(二)各区湿地权属情况

调查统计表明，东北湿地区的国有湿地面积780. 33 万公顷，集体所有湿地面积241. 40 万公顷；黄河中下游湿地区的国有湿地面积152. 13 万公顷，集体所有湿地面积75. 46 万公顷；长江中下游湿地区的国有湿地面积428. 58 万公顷，集体所有湿地面积185. 19 万公顷；滨海湿地区的国有湿地面积713. 67 万公顷，集体所有湿地面积91. 94 万公顷；东南和南部湿地区的国有湿地面积78. 11 万公顷，集体所有湿地面积19. 34 万公顷；西南湿地区的国有湿地面积144. 04 万公顷，集体所有湿地面积13. 15 万公顷；西北干旱半干旱湿地区的国有湿地面积418. 44 万公顷，集体所有湿地面积210. 47 万公顷；青藏高原湿地区的国有湿地面积1787. 85 万公顷，集体所有湿地面积1. 96 万公顷。

各区域的国有和集体所有湿地比例如图2-1-6。

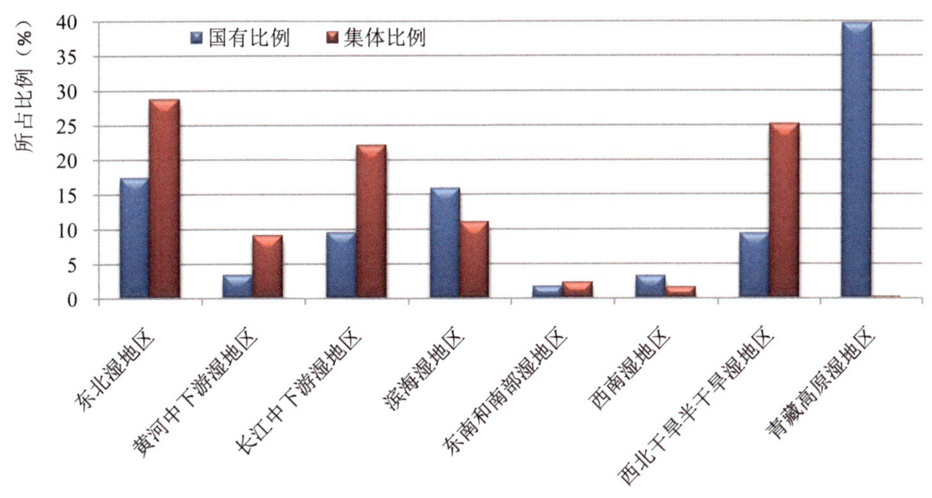

图 **2-1-6** 各区湿地权属情况示意图

(三)各区湿地类型及分布特点

我国地域辽阔，区域差异大，湿地类型多样。由于地理环境尤其是气候、水文的差异，我国湿地有着明显的区域分布特点：东部地区河流湿地多，东北部地区沼泽湿地多，而西部干旱地区湿地明显减少；长江中下游地区和青藏高原湖泊湿地多，青藏高原和西北部干旱地区又多为咸水湖和盐湖；滨海湿地分布于沿海 11 省份以及香港、澳门、台湾地区，而海南岛到福建北部的沿海地区分布着独特的红树林和亚热带及热带地区人工湿地。青藏高原具有世界海拔最高的大面积高原沼泽和湖群，形成独特的高寒湿地。各湿地区中不同类型湿地面积和所占本区域湿地总面积的比例，分别见表 2-1-7 和图 2-1-7。

表 2-1-7 各湿地区湿地分类面积(万公顷)

湿地区	湿地总面积	分类面积				
		近海与海岸湿地	河流湿地	湖泊湿地	沼泽湿地	人工湿地
总 计	5342.06	579.60	1055.21	859.38	2173.29	674.59
东北湿地区	1021.73	0.03	141.36	78.25	752.04	50.06
黄河中下游湿地区	227.59		117.36	11.04	24.93	74.26
长江中下游湿地区	613.77	10.37	174.81	194.80	15.95	217.85
滨海湿地区	805.61	568.10	38.88	0.16	17.10	181.38
东南和南部湿地区	97.45	1.10	52.31	0.56	0.46	43.03
西南湿地区	157.19		90.27	12.96	3.29	50.67
西北干旱半干旱湿地区	628.91		144.64	81.11	360.89	42.26
青藏高原湿地区	1789.81		295.59	480.50	998.65	15.07

按照调查数据统计，东北湿地区主要以沼泽湿地为主，占 73.60%；黄河中下游湿地区，以河流湿地和人工湿地为主，分别占 51.57% 和 32.63%；长江中下游湿地区，以河流湿地、湖泊湿

地和人工湿地为主体，分别为 28.48%、31.74% 和 35.49%；滨海湿地区，近海与海岸湿地占 70.52%；东南和南部湿地区，以河流湿地和人工湿地占主体，分别占 53.68% 和 44.15%；西南湿地区，也以河流湿地和人工湿地占主体，分别占 57.43% 和 32.24%；西北干旱半干旱湿地区，以沼泽湿地和河流湿地为主，分别占 57.3% 和 23.0%；青藏高原湿地区，以沼泽湿地和湖泊湿地为主，分别占 55.80% 和 26.85%。

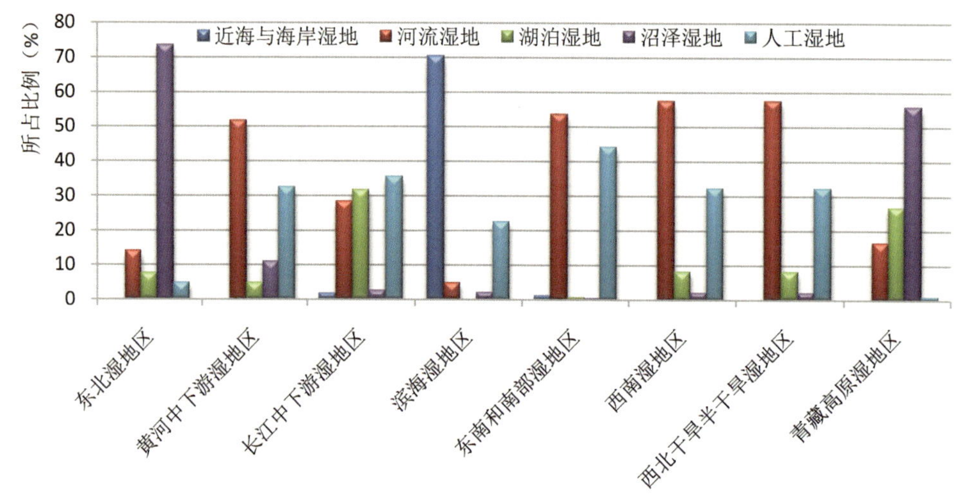

图 **2-1-7** 各区域湿地类型面积比例示意图

(四)湿地类型的集中分布特点

湿地的形成和发育，是地质、地形、地貌、水文、气候、植被和土壤等自然条件和人类活动影响的综合作用结果(赵魁义，1999；吕宪国，2008)。不同湿地类型的分布，根据其形成、发育和演化需要的自然地理综合条件，也表现出集中分布的特点。

调查结果显示，我国 80.55% 的沼泽湿地分布在东北湿地区和青藏高原湿地区；78.84% 的沼泽湿地分布于东北平原、大小兴安岭山区和青藏高原；72.90% 的盐沼分布于青藏高原上的柴达木盆地。78.58% 的湖泊湿地分布于长江中下游湿地区和青藏高原湿地区，其中有 42.01% 的湖泊湿地和 80.65% 的咸水湖分布在青藏高原上。河流湿地主要分布于青藏高原湿地区和长江中下游湿地区，以上两个湿地区占河流湿地的 44.58%。近海与海岸湿地主要分布于沿海 11 个省份的滨海湿地区，杭州湾以北多为沙质和淤泥质海滩，杭州湾以南多为岩石性海滩。调查的人工湿地 59.18% 以上分布于我国水利资源比较丰富的滨海湿地区和长江中下游湿地区。

第二章
湿地的分布

我国湿地分布广、类型丰富、面积大。我国湿地从寒温带到热带、从沿海到内陆、从平原到高原山区都有分布，湿地分布既显示出地带性特征，又有非地带性或地区性差异，湿地分布区域差异显著。另外，我国湿地分布还表现为一个地区有多种湿地类型分布和一种湿地类型分布多个地区的特点。

我国湿地按照气候带区分布统计，寒温带分布湿地面积 131.52 万公顷，占全国湿地面积的 2.46%；中温带分布湿地面积 1336.19 万公顷，占全国湿地面积的 25.01%；暖温带分布湿地面积 772.64 万公顷，占全国湿地面积的 14.46%；亚热带分布湿地面积 1231.48 万公顷，占全国湿地面积的 23.05%；热带分布湿地面积 76.71 万公顷，占全国湿地面积的 1.44%；青藏高原区分布湿地面积 1793.51 万公顷，占全国湿地面积的 33.58%。由此看出，我国湿地主要分布于青藏高原区，其次分布于中温带和亚热带(图 2-2-1)。

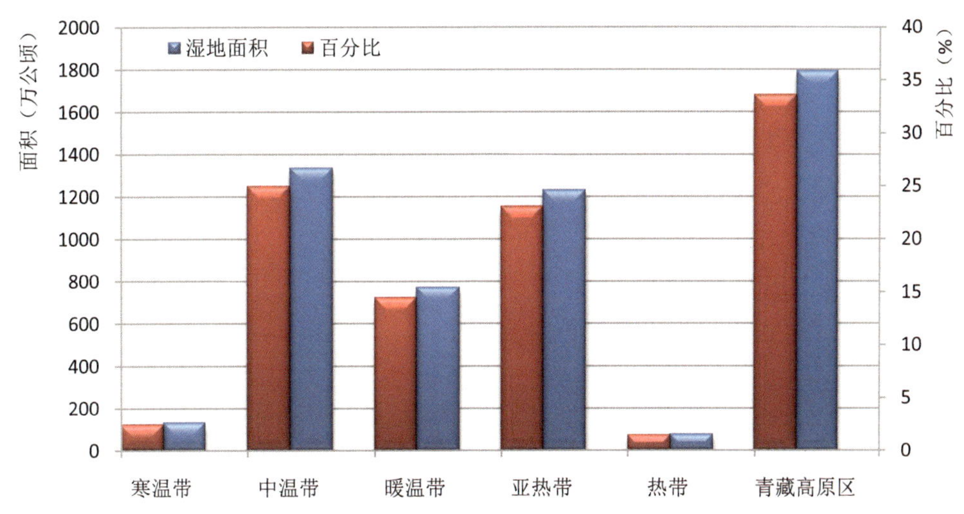

图 **2-2-1** 我国各气候带湿地分布面积和所占比例

从沿海到内陆湿地分布统计情况看，我国沿海湿地面积 579.59 万公顷，占全国湿地面积的 10.85%；内陆湿地面积 4762.47 万公顷，占全国湿地面积的 89.15%。

调查发现，我国湿地主要分布于海拔 500 米以下和 3000~5500 米之间，其中海拔 500 米以下湿地面积 2529.72 万公顷，占全国湿地面积的 47.35%；3000~5500 米之间的高山湿地面积

1472.14 万公顷，占全国湿地面积的 27.56%。

我国湿地分布的地带性规律和非地带性规律或区域性差异在我国东部沼泽湿地分布上表现最为突出。由于沼泽湿地形成和演变主要取决于水热条件，水热条件既受纬度地带性因素制约，也受海陆分布和地形等非地带性因素影响。因此，沼泽湿地在地理分布和湿地类型特征上，既显示出地带性规律，也显示出非地带性或区域性差异。

我国东部地势低平，气候湿润，降水充沛，地下水和地表水丰富，有利于沼泽湿地的发育。东部地区受纬度地带性的影响，沼泽湿地分布由北向南呈减少的趋势。东北山地和平原属寒温带和温带，气候比较冷湿，发育了多种类型沼泽湿地，几乎涵盖了我国沼泽湿地所有类型，沼泽湿地分布较广，东北及内蒙古东部沼泽湿地约占全国沼泽湿地总面积的 30% 以上，向南至暖温带、亚热带和热带，沼泽湿地迅速减少。

受垂直地带性的影响，山区沼泽湿地类型也有垂直分带现象。如长白山沼泽湿地类型可分为三带：500 米以下为薹草和芦苇沼泽；500～1200 米除分布有薹草沼泽外，主要是森林沼泽及藓类沼泽；2100 米以上则无沼泽发育。

分省（自治区、直辖市）来看，我国湿地主要分布在青海、西藏、内蒙古和黑龙江 4 省份，合计湿地面积 2582.65 万公顷，占全国湿地面积的 48.35%。从地势上看，我国湿地主要分布于三大密集区，一是东北平原区，湿地面积 398.07 万公顷，湿地率 11.43%。二是长江中下游平原区，湿地面积 467.70 万公顷，湿地率 7.92%。洞庭湖、鄱阳湖和太湖湿地分布最密集，其中洞庭湖湿地面积 110.18 万公顷，湿地率 4.94%；鄱阳湖湿地面积 86.60 万公顷，湿地率 5.37%；太湖湿地面积 96.28 万公顷，湿地率 10.95%。二是青藏高原，湿地面积 1789.81 万公顷，湿地率 6.39%。

调查统计发现，5 个湿地型（包括永久性河流、永久性淡水湖、草本沼泽、库塘、运河/输水河）在全国各省均有分布，11 个湿地型（除全国都有分布的 5 个湿地型外，另有季节性或间歇性河流、洪泛平原湿地、灌丛沼泽、森林沼泽、沼泽化草甸、水产养殖场）在各省出现频次在 50% 以上，19 个湿地型（除以上 11 个湿地型外，另有浅海水域、淤泥质海滩、河口水域、三角洲/沙洲/沙岛、永久性咸水湖、季节性淡水湖、季节性淡水湖、盐田）出现频次 30% 以上，仅有 1 个湿地型（为海岸性淡水湖）出现频次在 10% 以下（图 2-2-2）。

第一节
近海与海岸湿地分布

近海与海岸湿地分布于我国东部及南部沿海区域，自辽宁到广西的 11 个省（自治区、直辖市）和港澳台地区均有分布，主要分布在江苏（占 18.76%）、广东（占 14.06%）、山东（占 12.57%）、辽宁（占 12.31%）和浙江（占 11.95%），5 省合计近海与海岸湿地 403.68 万公顷，占全国近海与海岸湿地面积的 69.65%（表 2-2-1）。

我国近海与海岸湿地分布以杭州湾为界，分成杭州湾以北和杭州湾以南两部分。

杭州湾以北的海岸除山东半岛、辽东半岛的部分地区为岩石性海滩外，多为淤泥质海滩，由环渤海和江苏沿海的近海与海岸湿地组成。环渤海近海与海岸湿地有滦南湿地、凌河口湿地、辽

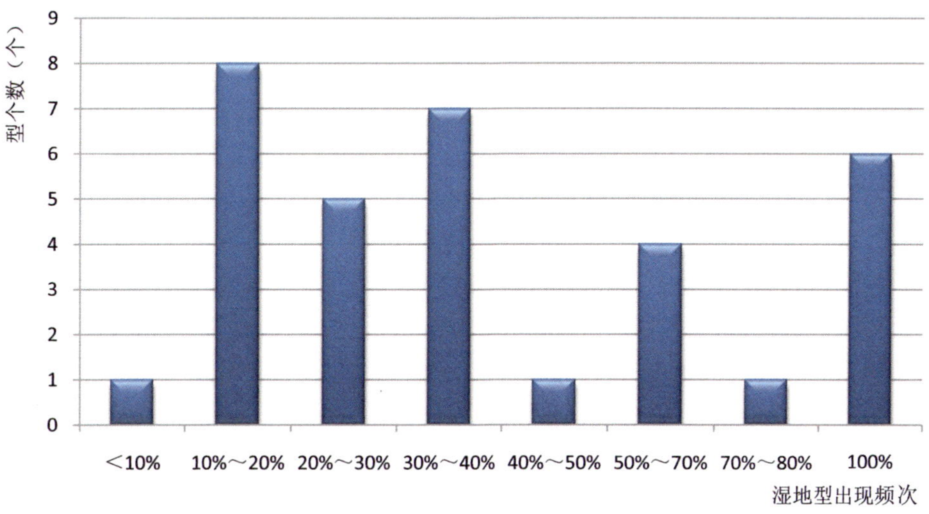

图 **2-2-2** 湿地型在各省出现频次统计

河三角洲湿地、黄河三角洲湿地、莱州湾湿地和北大港湿地等重要湿地组成；辽河三角洲集中分布了世界第二大苇田——盘锦苇田，芦苇沼泽湿地 6.06 万公顷。江苏沿海湿地主要由连云港、盐城和南通的近海与海岸湿地组成，海滩面积就达 47.50 万公顷。杭州湾以北淤泥质为主的海岸滩涂为迁徙鸟类提供了优良栖息生境，是大量迁徙鸟类重要的停歇地、繁殖地和重要的能量补给站，如辽河三角洲、黄河三角洲、江苏盐城沿海等。

表 2-2-1 沿海 11 省(自治区、直辖市)近海与海岸湿地面积统计表

省(自治区、直辖市)	近海与海岸湿地（万公顷）	比 例（%）	省(自治区、直辖市)	近海与海岸湿地（万公顷）	比 例（%）
天津市	10.43	1.80	福建省	57.56	9.93
河北省	23.19	4.00	山东省	72.85	12.57
辽宁省	71.32	12.31	广东省	81.51	14.06
上海市	38.66	6.67	广西壮族自治区	25.90	4.47
江苏省	108.75	18.76	海南省	20.17	3.48
浙江省	69.25	11.95	合 计	579.59	

调查统计结果显示，杭州湾以北的近海与海岸湿地 394.45 万公顷，占全国近海与海岸湿地的 68.06%。其中，淤泥质海滩 68.24 万公顷，占全国淤泥质海滩的 71.91%。

杭州湾以南的海岸以岩石性海滩为主，其主要河口及海湾有钱塘江—杭州湾、晋江口—泉州湾、珠江口河口湾和北部湾等。在海湾、河口的淤泥质海滩上分布有红树林，海南至福建北部沿海滩涂及台湾西海岸都有天然红树林分布。热带珊瑚礁主要分布在西沙和南沙群岛及台湾、海南沿海，其北缘可达北回归线附近。

调查统计结果显示，杭州湾以南的近海与海岸湿地 185.14 万公顷，占全国近海与海岸湿地的 31.94%。其中，岩石海岸 3.99 万公顷，占全国岩石海岸的 87.81%。

第二节 河流湿地分布

因受地理条件和气候因素的影响，我国河流湿地在地域上分布不均匀。绝大多数河流湿地分布在东部气候湿润多雨的季风区，西北内陆气候干旱少雨，河流较少，并有较大面积的无流区。按照河流是否直接或间接注入海洋划分，我国河流分为内流河和外流河，我国内外流河的分界线是从大兴安岭西麓起，沿东北—西南向，经阴山、贺兰山、祁连山、巴颜喀拉山、念青唐古拉山、冈底斯山，直到我国西端的国境。分界线以东以南都为外流河，我国外流区的河流湿地801.31万公顷，占全国河流湿地的71.94%，其中流入太平洋的河流湿地占全国河流湿地的68.79%，流入印度洋的占6.51%，流入北冰洋的占0.63%。分界线以西以北，除额尔齐斯河流入北冰洋外，均属内陆河，我国内流区河流湿地253.90万公顷，占全国河流湿地的24.06%。

我国八大主要江河干流的河流湿地面积为297.07万公顷，占全国河流湿地面积的28.15%。

长江干流的河流湿地116.34万公顷，占全国河流湿地面积的11.03%。其中，长江上游干流河流湿地66.07万公顷，占长江干流湿地的56.79%；长江中游干流河流湿地24.97万公顷，占长江干流湿地的21.46%；长江下游干流河流湿地25.30万公顷，占长江干流湿地的21.75%。

黄河干流的河流湿地78.56万公顷，占全国河流湿地面积的7.44%。其中，黄河上游干流河流湿地42.99万公顷，占黄河干流湿地的54.72%；黄河中游干流河流湿地16.11万公顷，占黄河干流湿地的20.51%；黄河下游干流河流湿地19.46万公顷，占黄河干流湿地的24.77%。

海河干流的河流湿地2.91万公顷，占全国河流湿地面积的0.28%；辽河干流的河流湿地8.91万公顷，占全国河流湿地面积的0.84%；淮河干流的河流湿地14.38万公顷，占全国河流湿地面积的1.36%；黑龙江干流的河流湿地18.07万公顷，占全国河流湿地面积的1.71%；珠江干流的河流湿地20.99万公顷，占全国河流湿地面积的1.99%；雅鲁藏布江干流的河流湿地36.91万公顷，占全国河流湿地面积的3.50%。

季节性河流主要分布在我国河流的内流区，季节性河流湿地67.71万公顷，占全国季节性河流湿地的60.87%。

洪泛平原湿地主要分布于我国干旱区，其洪泛平原湿地120.62万公顷，占全国洪泛平原湿地的51.76%。长江干流流经高原区、山地、盆地、山区和平原区，其中洪泛平原湿地主要分布于青藏高原河流源头区、四川盆地和长江中下游平原区，洪泛平原湿地面积22.58万公顷，占长江干流的洪泛平原湿地的74.86%。调查显示，长江干流河道与河漫滩最宽处位于上海市崇明县的入海口，宽度达180公里；最窄处在长江上游，位于云南省玉龙纳西族自治县龙蟠乡东北虎跳峡，不足50米宽。黄河干流洪泛平原湿地主要分布于河套地区和黄河平原区，洪泛平原湿地面积20.10万公顷，占黄河干流的洪泛平原湿地的73.83%。黄河湿地最宽处位于原阳县和中牟县交界的黄河，最宽处约8公里。黄河最窄处在陕西延安市宜川县和山西临汾市吉县界河壶口瀑布处，河宽约300米。

第三节
湖泊湿地分布

我国湖泊湿地主要集中分布于青藏高原和长江中下游平原，形成了东西两大密集湖泊群。其中，青藏高原湖泊湿地480.50万公顷，占全国湖泊湿地的55.91%；长江中下游平原湖泊湿地137.84万公顷，占全国湖泊湿地的16.04%。

我国淡水湖泊湿地集中分布于长江中下游平原，其淡水湖泊湿地137.84万公顷，占全国淡水湖泊的33.48%。

我国咸水湖主要在青藏高原、松嫩平原和内蒙古中东部浑善达克沙地以及呼伦贝尔草原，也就是集中分布在降雨量400毫米以下的干旱区。其中，青藏高原咸水湖湿地361.02万公顷，占全国咸水湖湿地的80.65%；松嫩平原咸水湖湿地21.51万公顷，占全国咸水湖湿地的4.80%；内蒙古中东部浑善达克沙地以及呼伦贝尔草原的咸水湖湿地32.09万公顷，占全国咸水湖湿地的7.17%。

我国季节性湖泊湿地主要分布在青藏高原、内蒙古中部浑善达克沙地和松嫩平原，其季节性湖泊湿地17.29万公顷，占全国季节性湖泊湿地的38.46%。其中青藏高原的季节性湖泊湿地中40.26%和松嫩平原的季节性湖泊湿地中30.81%为季节性淡水湖泊湿地，青藏高原的季节性湖泊湿地中59.74%、松嫩平原的季节性湖泊湿地中69.19%和内蒙古浑善达克沙地中的季节性湖泊湿地为季节性咸水湖泊湿地。

第四节
沼泽湿地分布

我国沼泽湿地主要集中分布于东北平原、大小兴安岭和青藏高原，形成了我国沼泽湿地三大密集分布区。其中，东北平原沼泽湿地237.03万公顷，占全国沼泽湿地的10.91%；大小兴安岭沼泽湿地438.17万公顷，占全国沼泽湿地的20.16%；青藏高原沼泽湿地998.65万公顷，占全国沼泽湿地的45.95%。东北平原中松嫩平原沼泽湿地173.15万公顷，占东北平原沼泽湿地的73.05%。

我国草本沼泽湿地主要分布于大小兴安岭、松嫩平原和西藏中部地区。其中，大小兴安岭草本沼泽湿地201.05万公顷，占全国草本沼泽湿地的30.99%，内蒙古东北大兴安岭地区是草本沼泽湿地集中分布区；松嫩平原草本沼泽湿地106.71万公顷，占全国草本沼泽湿地的16.43%；西藏中部草本沼泽湿地17.36万公顷，占全国草本沼泽湿地的2.68%。

森林沼泽主要分布于大小兴安岭地区，其森林沼泽湿地152.39万公顷，占全国森林沼泽湿地的88.58%。

内陆盐沼主要分布于青藏高原，其内陆盐沼237.78万公顷，占全国内陆盐沼的70.71%。其中，柴达木盆地分布内陆盐沼占其94.41%。因此可以说我国内陆盐沼湿地主要分布于青藏高原的柴达木盆地中。

季节性咸水沼泽主要分布于藏北高原、松嫩平原、内蒙古中部浑善达克沙地和甘肃疏勒河流域，其季节性咸水沼泽湿地之和为206.08万公顷，占全国季节性咸水沼泽湿地的87.50%。其中，15.69%分布于藏北高原，22.37%分布于松嫩平原，43.75%分布于内蒙古中部浑善达克沙地，18.18%分布于甘肃疏勒河流流域。

沼泽化草甸主要分布于三江源区、若尔盖地区、小兴安岭地区和祁连山南坡海西区域，其沼泽化草甸湿地之和为546.30万公顷，占全国沼泽化草甸的78.95%。其中，54.23%分布于三江源，19.13%分布于若尔盖，7.50%分布于小兴安岭和19.13%分布于祁连山。

地热湿地主要分布于西藏羌塘和内蒙古阿尔山地区，其地热湿地面积4077.38公顷，占全国地热湿地的60.12%。其中，42.44%分布于西藏羌塘地区，57.36%分布于内蒙古阿尔山地区。

第五节
人工湿地分布

我国人工湿地主要分布于我国水资源比较丰富的东部季风气候区，即东北地区、长江中下游地区、黄河中下游地区和东南沿海地区，该区域是我国人口分布密集区，也是我国工农业发展重要区域，我国人工湿地50%以上分布于该区。

库塘湿地主要集中分布于我国东南部低海拔地区，面积278.16万公顷，占全国库塘湿地89.98%，其中长江中下游地区库塘湿地81.55万公顷，占全国库塘湿地25.38%；西南部云贵川的库塘湿地49.16万公顷，占全国库塘湿地的15.90%；东北区域的库塘湿地43.96万公顷，占全国库塘湿地的14.22%；黄河中下游地区库塘湿地41.62万公顷，占全国库塘湿地的13.46%。

第三篇

中国湿地生物资源

第一章 中国湿地植物资源

第一节 湿地植物界定

根据植物的嗜水能力，将植物分成水生植物、沼生植物、湿生植物、两栖植物、中生植物和盐生植物等。目前要给湿地植物下一个确切的定义是比较困难的，主要原因是湿地植物类型比较复杂，就以水生植物为例，芦苇是典型的挺水植物，在湖滨、河漫滩、低湿地等有水的地方常常见到芦苇，它分布的非常广泛，几乎在全世界都能见到芦苇分布，其植株基部生于水中，中上部挺出水面，地下根状茎十分发达，根状茎里的气腔与茎、叶的气腔相通连，利于气体交换。东北菱是浮叶植物，根着生水底泥中，叶浮于水面，叶柄具海绵质气囊。有一种沉水植物苦草，雌雄异株，雄花浮出水面开放，雌花花梗甚长，将花托出水面，受精后螺旋状卷曲收入水中，果实在水中发育完成。

广东、广西和海南省等热带河口海岸，可以见到红树植物，像森林一样矗立在富含有机质、盐渍化的河口、海湾里，涨潮时，树干甚至整个树冠都被海水淹没；退潮时，又露出枝叶繁茂的植株。红树植物长期适应这种特殊的生境，其营养器官显示了与一般陆生植物所不同的形态、结构与功能。红树植物根生长在缺氧环境中，其皮层最显著的适应特征是其所占比例大，并具有通气组织，同时红树植物的支柱根、气生根、呼吸根和板状根等多种类型的根状异常次生结构；红树植物适应海滩盐渍环境，在叶表皮上还分化了各种各样的排水、泌盐的分泌结构等。

上述不同类型的水生植物，甚至热带海滨的红树植物都离不开“水”的生存环境，并且具有适应“水”的形态、结构和功能，这是比较容易界定的。困难的是湿生植物类型很复杂，两栖蓼生于水中者，茎漂浮，叶椭圆形，浮于水面；生于陆地者，茎直立，叶披针形，有变异，即可以划入湿地植物，也可以划入陆生植物。又比如野青茅属和拂子茅属的几种植物，以东北常见的小叶章为例，它可以整个生长季生于积水中，株高 1 米左右，在积水 20 厘米水中也可生长良好，开花结实；它亦可生于坡地、林间草地、路旁及沟边草地，无积水亦可生长。前面提到的芦苇也能生长在退化的盐渍化草甸、甚至干旱的沙地里，只是生长的状态不是很好，甚至不抽穗。盐生植物亦很复杂，界定盐生和非盐生植物就比较难，有的盐生植物是专一性的，只生长在盐土上，有的是兼性的，盐碱土和甜土中都能生长，盐生植物的抗盐机制、形态结构也不同。

综上所述，湿地植物可定义为：在深水(水深2米左右)、浅水或过湿的土壤生境中生长，具有与其生境相适应的形态结构和功能，正常完成其生活史的植物。

第二节 湿地植物资源多样性

一、湿地植物多样性

湿地植物多样性即湿地所有植物种类、种内遗传变异和它们的生存环境的总称。通常认为有三个层次，即物种多样性、生态系统多样性和遗传多样性。

根据第二次全国湿地资源调查统计，我国湿地调查区域的高等植物约有239科1255属4220种(包括变种、变型)；其中湿地植物约200科692属2315种，分别占全国高等植物科、属、种数的43.6%、18.7%和7.8%(表3-1-1)。其中：苔藓植物153种，隶属于68属，39科；蕨类植物96种，隶属于50属34科；裸子植物6种，隶属于4属2科；被子植物2060种，隶属于570属155科。

表3-1-1　中国湿地高等植物统计与全国的比较

	湿地科数	全国科数	湿地占全国(%)	湿地属数	全国属数	湿地占全国(%)	湿地种数	全国种数	湿地占全国(%)
苔藓植物	39	106	36.8	68	480	14.2	153	2200	6.9
蕨类植物	34	52	65.4	50	204	24.1	96	2600	3.7
裸子植物	2	10	20	4	34	11.8	6	190	3.2
被子植物	155	291	53.3	570	2940	19.4	2060	24568	8.4
合　计	200	459	43.6	692	3694	18.7	2315	29558	7.8

湿地植物所拥有的科数占全国高等植物总科数近半数表明，湿地植物种类丰富，植物区系成分复杂。这可能与湿地植被是一种非地带性植被类型，但具有地带性"烙印"有关。湿地植被发育于不同的植被地带，如苔原带、泰加林带、针阔叶混交林带、落叶阔叶林带、常绿阔叶林带、热带雨林带等都有湿地存在，这些湿地植物成分常常与当地的植物区系成分具有千丝万缕的联系，往往某些当地区系成分侵入沼泽，逐渐演变为湿地植物成分。

从湿地植物组成来看，被子植物为湿地植被的主体，占目前所记述的湿地植物总数的92%。其中种数最多的科是菊科(63属219种)、禾本科(77属205种)物种数超过200种；莎草科(17属119种)、毛茛科(18属115种)都是100种以上的科；玄参科(17属85种)、蓼科(7属83种)、伞形科(28属68种)、蔷薇科(14属63种)、唇形科(20属62种)、杨柳科(3属50种)都是50种以上的科(表3-1-2)。上述10科中约有湿地植物1069种，已占湿地植物总数近半(46%)，是构成湿地植被的重要组成成分。

表 3-1-2 中国湿地植物被子植物主要科、属、种统计

科	属	种
菊　科 Compositae	63	219
禾本科 Gramineae	77	205
莎草科 Cyperaceae	17	119
毛茛科 Ranunculaceae	18	115
玄参科 Scrophulariaceae	17	85
蓼　科 Polygonaceae	7	83
伞形科 Umbelliferae	28	68
蔷薇科 Rosaceae	14	63
唇形科 Labiatae	20	62
杨柳科 Salicaceae	3	50
龙胆科 Genttianaceae	10	47
豆　科 Leguminosae	24	45
藜　科 Chenopodiaceae	14	43
报春花科 Primulaceae	5	43
灯心草科 Juncaceae	2	39
虎耳草科 Saxifragaceae	7	29
百合科 Liliaceae	12	25
石竹科 Caryophyllaceae	9	25
十字花科 Cruciferae	8	24
茜草科 Rubiaceae	9	23

在沼泽植物中还有一群重要的盐生植物，盐生植物是植物界中的一个分支。盐生植物广泛存在于有花植物中，在94个目的有花植物中，38个目都有盐生植物(赵可夫、李法普，1999)。

沉水盐生植物有6个科，40余种，海滩盐生植物有8个科，12个属，说明盐生植物与海洋的关系十分密切。中国盐生植物约有423种，隶属66科199属，占世界盐生植物数量(1560种)的四分之一。盐生植物主要集中在禾本科、菊科、藜科等11科中。

二、湿地生态系统多样性

我国位于欧亚大陆东部，国土辽阔，气候与地貌类型多样，河流纵横，湖泊星罗棋布，海岸线长，植被区系复杂，湿地类型繁多，不仅具有欧亚—北美相似的湿地类型，还有青藏高原特有的湿地类型，湿地中物种丰富，具有丰富的动、植物资源。为了认识和保护湿地植物资源，保护湿地生态系统多样性，建立湿地植被分类系统和列出其植被类型是十分必要的。

(一)湿地植被分类单位与系统

(1)植被型组：植被型之上的辅助单位。由建群种生活型相近、生境相似的植物群落联合而

成的。如沼泽湿地、浅水植物湿地、海草湿地、盐沼等植被型组。

(2)植被型：是湿地植被分类系统的高级单位。根据建群种的生活型的异同而划分，如森林沼泽型、灌丛沼泽型、草丛沼泽型等植被型。

(3)亚型：是型的辅助单位。在类型复杂的植被型中，以优势种的形态或分类上亲缘相近来划分。如草丛沼泽型分为莎草沼泽亚型、禾草沼泽亚型和杂类草沼泽亚型。

(4)群系组：是植被型与群系间的辅助单位。以建群种亲缘关系相近，并在植物分类系统中为同一“属”的植物，群落外貌相似为依据，将相似的植物群系归纳为统一的群系组。

(5)群系：是湿地植被分类系统的中级单位。是以建群种或优势种相同的群丛或群丛组归纳而成的。根据建群种或优势种的“种名”命名(表3-1-3)。

(6)群丛组：为群系与群丛间的辅助单位。是将优势种和优势层片一致的植物群落归纳而成的。

(7)群丛：是分类的基本单位。为群落结构相同，各层优势种相同，群落外貌和生态环境一致的植物群落。

表3-1-3 中国湿地植被分类系统

植被型组	植被型	亚型	群系组	群系
浅水湿地植被	漂浮植物	满江红	满江红等	
	浮叶植物	莼菜	莼菜等	
	沉水植物	水毛茛	水毛茛等	
红树林植被	红树林植被	海榄雌	白骨壤等	
海草植被	海草	喜盐草	喜盐草等	
盐沼植被	灌丛盐沼	柽柳	刚毛柽柳等	
沼泽植被	草丛植被	莎草植被	薹草	毛薹草等
		禾草植被	芦苇	芦苇等
		杂类草植被	香蒲	香蒲等
	苔藓植被	藓类植被	泥炭藓	泥炭藓等
		苔类植被	地钱	地钱等
	灌丛植被	落叶阔叶灌丛	绣线菊	绣线菊等
		常绿阔叶灌丛	醉鱼草	醉鱼草等
	森林沼泽	针叶林	落叶松	兴安落叶松等
		阔叶林	赤杨	水冬瓜赤杨等

(二)湿地植被类型与分布

1. 浅水湿地植物群落

浅水湿地植物群落系指湖滨、河漫滩和泡沼中生长的水生植物群体。浅水湿地植物群落的分布，由于湖水、泡沼水深浅的不同，湖岸陡缓不同，水质和水温的差异，在不同湖沼中分布的界限和深度不同。即水生植物群落类型、带数及各带宽度均不一致。水生植物自岸边向水体带状分布的规律是：浮水植物、浮叶植物和沉水植物带。沉水植物一般可达水深 2 米，有些可分布到 6 米，水的透明度高，甚至可达 10 米以上。

（1）漂浮植物群落：特点是植物体漂浮于水面，根悬浮于水中，随着水流和风浪漂移在水面上。常常分布于挺水植被和浮叶植被的空隙之处，浮水植被的分布有较大的随意性。本次调查共记录 9 个群系（表 3-1-4）。

表 3-1-4 漂浮植物群落主要类型及其分布

群　　系	分布省（自治区、直辖市）
1. 粗梗水蕨群系（Form. *Ceratopteris pteridoides*）	湖北、江苏、安徽
2. 槐叶苹群系（Form. *Salvinia natans*）	安徽、湖南、黑龙江、吉林、辽宁、江西
3. 满江红群系（Form. *Azolla imbricata*）	贵州、四川、重庆、湖南、湖北、浙江、陕西、河南、安徽、江苏、山东、吉林、黑龙江、江西
4. 水鳖群系（Form. *Hydrocharis dubia*）	河北、河南、山东、江苏、安徽、湖北、江西、上海、浙江、云南、辽宁
5. 凤眼莲群系（Form. *Eichhornia crassipes*）	安徽、福建、广西、贵州、河北、湖南、江苏、江西、山东、四川、云南、浙江
6. 水禾群系（Form. *Hygroryza aristata*）	江西、浙江、广西
7. 大薸群系（Form. *Pistia stratiotes*）	云南、四川、广西、江西、福建、浙江
8. 浮萍群系（Form. *Lemna minor*）	全国各省份
9. 紫萍群系（Form. *Spirodela polyrrhiza*）	全国各省份

（2）浮叶植物群落：特点是根固着于水底泥土中，叶片浮于水面。与茎和叶挺出水面的挺水植物是不同的，由于叶浮于水面而名。共记录 14 个群系（表 3-1-5）。

表 3-1-5 浮叶植物群落主要类型及其分布

群系组	群　　系	分布省（自治区、直辖市）
一、莼菜	1. 莼菜群系（Form. *Brasenia schreberi*）	云南、四川、湖南、浙江
二、芡实	2. 芡实群系（Form. *Euryale ferox*）	安徽、河南、湖北、湖南、吉林、江苏、江西、山东、陕西、浙江
三、莲	3. 莲群系（Form. *Nelumbo nucifera*）	全国各省份
四、萍蓬草	4. 萍蓬草群系（Form. *Nuphar pumilum*）	河南、山东、江苏、湖南、江西、新疆
五、睡莲	5. 睡莲群系（Form. *Nymphaea tetragona*）	安徽、北京、河北、河南、湖北、湖南、吉林、江苏、内蒙古、山东、陕西、山西、新疆
六、菱	6. 菱群系（Form. *Trapa bispinosa*）	安徽、河北、河南、湖北、吉林、江苏、江西、内蒙古、山东、山西、上海、四川、浙江
	7. 四角刻叶菱群系（Form. *T. nicisa*）	安徽、湖北、湖南、江苏、江西、上海、云南、浙江

（续）

群系组	群　　系	分布省(自治区、直辖市)
六、菱	8. 丘角菱群系(Form. *T. japonica*)	安徽、山东、黑龙江、吉林、辽宁
	9. 细果野菱群系(Form. *T. maximowiczii*)	山东、安徽、江西、四川、云南、吉林、辽宁、黑龙江
	10. 欧菱群系(Form. *T. natans*)	河南
	11. 格菱群系(Form. *T. pseudoincisa*)	湖北、辽宁、吉林、黑龙江
	12. 四角菱群系(Form. *T. quadrispinosa*)	安徽、湖北
七、荇菜	13. 荇菜群系(Form. *Nymphoides peltatum*)	几遍全国各省份
	14. 水皮莲群系(Form. *N. cristatum*)	湖北、湖南、四川、江苏、福建、广东

(3)沉水植物群落：特点是根固着于水底泥土中，茎和叶沉于水面以下，叶薄而柔软或细裂，减少水流的阻力随波游动，又扩大叶吸收氧气和光的面积。本次调查共记录26个群系(表3-1-6)。

表3-1-6　沉水植物群落主要类型及其分布

群系组	群　　系	分布省(自治区、直辖市)
一、水毛茛	1. 水毛茛群系(Form. *Batrachium bungei*)	河北、甘肃、青海、四川、云南
二、金鱼藻	2. 金鱼藻群系(Form. *Ceratophyllum demersum*)	全国各省份
	3. 东北金鱼藻群系(Form. *C. manschuricum*)	吉林、辽宁、内蒙古
三、狐尾藻	4. 穗状狐尾藻群系(Form. *Myriophyllum spicatum*)	全国各省份
	5. 狐尾藻群系(Form. *M. verticillatum*)	全国各省份
四、狸藻	6. 黄花狸藻群系(Form. *Utricularia aurea*)	安徽、河南、湖北、湖南、浙江
五、黑藻	7. 黑藻群系(Form. *Hydrilla verticillata*)	全国各省份
	8. 罗氏轮叶黑藻群系(Form. *H. verticillata* var. *roxburghii*)	广西、陕西
六、水车前	9. 海菜花群系(Form. *Ottella acuminata*)	广西、云南、四川、海南、贵州
	10. 龙舌草群系(Form. *O. olismoides*)	湖北、吉林、江西、陕西、江苏
七、苦草	11. 苦草群系(Form. *Vallisneria natans*)	浙江、吉林、广西、江西、安徽、北京、云南、湖北
八、水蕹	12. 水蕹群系(Form. *Aponogeton lakhonensis*)	湖北、江西、福建、广西、海南
九、眼子菜	13. 菹草群系(Form. *Potamogeton crispus*)	全国各省份
	14. 眼子菜群系(Form. *P. distinctus*)	全国各省份
	15. 丝叶眼子菜群系(Form. *P. filiformis*)	新疆、四川
	16. 光叶眼子菜群系(Form. *P. lucens*)	贵州、江苏、山东、云南、黑龙江
	17. 微齿眼子菜群系(Form. *P. maackianus*)	江苏、山东、湖北、陕西、四川

（续）

群系组	群　　系	分布省(自治区、直辖市)
九、眼子菜	18. 竹叶眼子菜群系(Form. *P. malaianus*)	全国各省份
	19. 浮叶眼子菜群系(Form. *P. natans*)	甘肃、贵州、黑龙江、吉林、江苏、宁夏、陕西、四川、新疆
	20. 篦齿眼子菜群系(Form. *P. pectinatus*)	全国各省份
	21. 穿叶眼子菜群系(Form. *P. perfoliatus*)	甘肃、河北、河南、湖北、宁夏、山西、陕西、新疆、云南
	22. 小眼子菜群系(Form. *P. pusillus*)	甘肃、河北、河南、陕西、四川、重庆
十、川蔓藻	23. 川蔓藻群系(Form. *Ruppia maritima*)	辽宁、甘肃、广西、山东、浙江、新疆
十一、茨藻	24. 大茨藻群系(Form. *Najas marina*)	甘肃、河南、湖北、辽宁、山东、陕西、内蒙古、上海、天津
	25. 小茨藻群系(Form. *N. minor*)	安徽、湖北、湖南、河北、山东、山西、新疆、黑龙江、吉林、辽宁
十二、角果藻	26. 角果藻群系(Form. *Zannichillia palustris*)	河北、山东、四川、新疆、江苏等

2. 红树林植物群落

沼泽湿地是水体和陆地过渡形态的自然体，由于其生境独特，成就了一群“半水半陆”的特殊植物，红树林就是热带海岸潮间带的特殊植物。红树植物是热带业热带河口海岸潮间带的木本植物群落，即在海滩中生长并经常受到潮汐浸润和干湿交迭海滩上的木本植物，红树植物处在严酷而多变的生境，海滩既有短期的潮水和季节的节律，又有较长期的气候和海平面的变化。在这种残酷而又独特的生境长期影响下，红树植物形成了特化的形态结构以提高适应性，突出地面的呼吸根、支柱根和板状根，具有泌盐结构的叶片和特殊的繁殖方式——胎生等都是红树植物所特有的形态、结构和功能(表3-1-7)。

还有一类只有在洪潮时才受到潮水浸润而成为陆、海都可生长发育的两栖性植物称为“半红树”。

表3-1-7　红树植物群落主要类型及其分布

群系组	群　　系	分布省(自治区、直辖市、特别行政区)
红树植物群落		
一、卤蕨	1. 卤蕨群系(Form. *Acrostichum aureum*)	海南、广东、广西、香港、台湾、福建
	2. 尖瓣卤蕨群系(Form. *A. spiciosum*)	海南、广东、广西
二、木榄	3. 柱果木榄群系(Form. *Bruguiera cylindrica*)	海南
	4. 木榄群系(Form. *B. gymnorrhiza*)	河南、广东、广西、香港、台湾、福建
	5. 海莲群系(Form. *B. sexangula*)	海南
	6. 尖瓣海莲群系(Form. *B. sexangula* var. *rhynchopetala*)	海南
三、角果木	7. 角果木群系(Form. *Ceriops tagal*)	海南、广东、广西、香港、台湾

（续）

群系组	群　系	分布省（自治区、直辖市、特别行政区）
四、秋茄树	8. 秋茄树群系（Form. *Kandelia candel*）	海南、广东、广西、香港、澳门、台湾、福建
五、红树	9. 红树群系（Form. *Rhizophora apiculata*）	海南
	10. 红海兰群系（Form. *R. stylosa*）	海南、广东、广西、香港
	11. 红茄苳群系（Form. *R. mucronata*）	海南、台湾
六、老鼠簕	12. 小花老鼠簕群系（Form. *Acanthus ebracteatus*）	海南、广东
	13. 老鼠簕群系（Form. *A. ilicifolius*）	海南、广东、广西、香港、澳门、福建
	14. 厦门老鼠簕群系（Form. *A. ebracteatus* var. *xiamenensis*）	福建
七、榄李	15. 红榄李群系（Form. *Lumnitzera littorea*）	海南
	16. 榄李群系（Form. *L. racemosa*）	海南、广东、广西、香港、台湾、福建
八、海漆	17. 海漆群系（Form. *Excoecaria agallocha*）	海南、广东、广西、香港、台湾、福建
九、木果楝	18. 木果楝群系（Form. *Xylocarpus granatum*）	海南
十、蜡烛果	19. 桐花树群系（Form. *Aegiceras corniculatum*）	海南、广东、广西、香港、澳门、台湾、福建
十一、水椰	20. 水椰群系（Form. *Nypa fructicans*）	海南
十二、瓶花木	21. 瓶花木群系（Form. *Scyphiphora hydrophyllacea*）	海南
十三、海桑	22. 海桑群系（Form. *Sonneratia caseolaris*）	海南
	23. 杯萼海桑群系（Form. *S. alba*）	海南
十四、银叶树	24. 银叶树群系（Form. *Heritiera littoralis*）	海南、广东
十五、海榄雌	25. 海榄雌群系（Form. *Avicennia marina*）	海南、广东、广西、香港、澳门、台湾、福建
半红树植物群落		
十七、黄槿	27. 黄槿群系（Form. *Hibiscus tiliaceus*）	海南、广东、广西、香港、台湾、福建
十九、苦槛蓝	28. 苦槛蓝群系（Form. *Myoporum bontioides*）	海南、广东、广西、香港、台湾、福建
二十、阔苞菊	29. 阔苞菊群系（Form. *Pluchea indica*）	海南、广东、台湾
	30. 光梗阔苞菊群系（Form. *P. pteropoda*）	海南、广东、广西、香港、台湾、福建

3. 海草植物群落

海草是生活在热带和温带海域浅水中的单子叶植物，适应于浅水海岸的潮下带6米以上水深环境。海草具备以下机能以适应海生生活：①具备适应于盐介质的能力；②具有发达的支持系统，以抗拒波浪和潮汐；③具有在海水里完成正常生理活动以实现花粉释放和种子散布的能力；④在环境条件较为稳定的情况下，具备与其他海洋生物竞争的能力。本次调查共记录了6个群系（表3-1-8）。

表 3-1-8 海草群落主要类型及其分布

群　　系	分布省(自治区、直辖市)
1. 海菖蒲群系(Form. *Enhalus acoroides*)	海南
2. 喜盐草群系(Form. *Halophila hemperichii*)	广西
3. 泰来藻群系(Form. *Thalassia hemperichii*)	海南
4. 二药藻群系(Form. *Halodule unibervis*)	海南、广西
5. 矮大叶藻群系(Form. *Zostera japonica*)	河北
6. 大叶藻群系(Form. *Zostera marina*)	山东

4. 盐沼植物群落

我国北部沿海和内陆盐碱湖滨，地表积水或过湿的盐碱土上生长的植物群落，称为盐沼植被。多分布在内陆干旱、半干旱地区或滨海滩涂，按植物生活型和群落环境可分为灌丛盐沼和草丛盐沼 2 个植被型。灌丛盐沼是以肉质旱生型灌木为优势种组成的群落。常见于黄淮海平原、内蒙古高原、甘肃河西走廊、青海柴达木盆地和塔里木盆地等。上述地区具有明显的大陆性气候特征，降水少，蒸发强烈，为湖滨盐渍土的形成创造了有利条件，导致盐渍化的发展，为耐盐的湿生灌丛植物发生奠定了基础。草丛盐沼是由喜湿耐盐碱草本植物为优势种组成的群落。分布于内陆盐碱湖滨和滨海滩涂，地表为盐渍化沙质淤泥或近海三角洲地带等。本次调查中共记录了 15 个群系，1 ~ 6 群系为灌丛盐沼，7 ~ 15 群系为草丛盐沼(表 3-1-9)。

表 3-1-9 盐沼植物群落主要类型及其分布

群系组	群　　系	分布省(自治区、直辖市)
一、盐角草	1. 盐角草群系(Form. *Salicornia europaea*)	甘肃、河北、江苏、辽宁、青海、山东、山西、陕西、天津、新疆、浙江
二、柽柳	2. 柽柳群系(Form. *Tamarix chinensis*)	甘肃、河北、吉林、江苏、辽宁、内蒙古、宁夏、青海、山东、山西、陕西、天津
	3. 刚毛柽柳群系(Form，*T. hispida*)	新疆、青海、甘肃、宁夏、内蒙古
	4. 多花柽柳群系(Form. *T. hobenackeri*)	新疆、青海、甘肃、宁夏、内蒙古
	5. 细穗柽柳群系(Form. *T. leptostachys*)	新疆、青海、甘肃、宁夏、内蒙古
	6. 多枝柽柳群系(Form. *T. ramosissima*)	新疆、青海、甘肃、宁夏、内蒙古
三、碱蓬	7 南方碱蓬群系(Form. *Suaeda australis*)	福建、广西、浙江、广东、台湾
	8. 角果碱蓬群系(Form. *S. corniculata*)	河北、新疆、甘肃、黑龙江、吉林、辽宁、内蒙古
	9. 碱蓬群系(Form. *S. glauca*)	甘肃、河北、河南、黑龙江、吉林、辽宁、山东、山西、陕西、新疆、浙江
	10. 盐地碱蓬群系(Form. *S. salsa*)	甘肃、河北、江苏、辽宁、山东、宁夏、山西、陕西、上海、天津、浙江

（续）

群系组	群　　系	分布省（自治区、直辖市）
四、獐毛	11. 獐毛群系（Form. *Aeluropus sinensis*）	甘肃、河北、江苏、辽宁、山东、山西、陕西、天津
五、赖草	12. 毛穗赖草群系（Form. *Leymus paboanus*）	甘肃、新疆、青海
	13. 赖草群系（Form. *L. secalinus*）	甘肃、河北、内蒙古、宁夏、山西、青海、西藏
六、碱茅	14. 碱茅群系（Form. *Puccinellia distans*）	甘肃、河北、内蒙古、黑龙江、吉林、新疆、山东
	15. 星星草群系（Form. *P. tenuiflora*）	黑龙江、吉林、内蒙古、青海、天津、甘肃

5. 苔藓植物群落

苔藓类沼泽是指在地表过湿或有积水的地段上，由喜湿耐酸的苔藓类植物为优势种所组成的植物群落。藓类植物在地表形成很厚的藓类地被层，完全覆盖地面，甚至形成高出地表的泥炭藓丘，最终成为贫营养的泥炭藓沼泽。本次调查记录到 9 个群系（表 3-1-10）。

表 3-1-10　苔藓植物群落主要类型及其分布

群系组	群　　系	分布省（自治区、直辖市）
一、地钱	1. 地钱群系（Form. *Marchantia polymorpha*）	安徽、贵州、湖北、江西、重庆
二、泥炭藓	2. 尖叶泥炭藓群系（Form. *Sphagnum nemoreum*）	贵州、吉林、黑龙江、内蒙古
	3. 中位泥炭藓群系（Form. *S. mogellanicum* ）	黑龙江、吉林、云南、西藏
	4. 泥炭藓群系（Form. *S. palustre*）	贵州、湖北、湖南、吉林、黑龙江、江西、浙江
	5. 粗叶泥炭藓群系（Form. S. *squarrosum*）	黑龙江、吉林、内蒙古、云南
三、葫芦藓	6. 葫芦藓群系（Form. *Fonaria pygrometrica*）	河北、河南、江西、重庆
四、真藓	7. 真藓群系（Form. *Bryum argenteum*）	江西、黑龙江、吉林、辽宁
五、水藓	8. 水藓群系（Form. *Fontinalis antipyretica*）	内蒙古
六、金发藓	9. 大金发藓群系（Form. *Polytrichum commune*）	广西、贵州、河南、湖北、江西、黑龙江、重庆、内蒙古

6. 草本湿地植物群落主要类型及其分布

草丛沼泽湿地是草本植物组成的群落，是全国湿地植被中，类型最多，面积最大，分布最广的一种类型。本次调查共记录了 3 个植被亚型 107 个群系组 293 个群系。

（1）莎草沼泽：是以莎草科薹草属等植物为优势种所组成的群落，是我国沼泽的基本类型。从东北到华南，从内陆湖滨到青藏高原都有分布。东北地区的膨囊薹草、灰脉薹草、乌拉草，青藏高原的藏北嵩草、西藏嵩草都是密丛型薹草，形成草丘，俗称“踏头墩子”，又称“塔头甸子”；还有毛薹草、漂筏薹草等疏丛型薹草，是典型的“浮毡型”沼泽。本次调查共记录了 53 个群系，隶属于 12 个群系组（表 3-1-11）。

表 3-1-11 莎草沼泽主要植物群落及其分布

群系组	群 系	分布省(自治区、直辖市)
一、薹草	1. 瘤囊薹草群系(Form. *Carex schmidtii*)	黑龙江、吉林、内蒙古
	2. 毛薹草群系(Form. *C. lasiocarpa*)	黑龙江、吉林、辽宁、四川
	3. 黑褐薹草群系(Form. *C. atrofusca*)	安徽、甘肃、湖北、江苏、青海、四川、陕西
二、嵩草	4. 矮生嵩草群系(Form. *Kobresia humilis*)	甘肃、青海、四川、西藏
三、藨草	5. 藨草群系(Form. *Scirpus triqueter*)	几遍全国各省份
	6. 水葱群系(Form. *S. validus*)	几遍全国各省份
四、莎草	7. 香附子群系(Form. *Cyperus rotundus*)	安徽、福建、贵州、河北、湖北、湖南、江西、山东、山西、陕西、云南、浙江、重庆
五、水莎草	8. 水莎草群系(Form. *Juncellus serotinus*)	几遍全国各省份
六、荸荠	9. 荸荠群系(Form. *Heleocharis dulcis*)	辽宁、甘肃、重庆、湖北、湖南、浙江
七、羊胡子草	10. 羊胡子草群系(Form. *Eriophorum vaginatum*)	黑龙江、吉林、辽宁、内蒙古、新疆

(2)禾草沼泽：禾草沼泽是以禾本科植物为优势种所组成的群落，亦是我国沼泽中分布较广的类型。例如芦苇沼泽广泛分布于全国各地的湖泊、泡沼洼地、河漫滩、滨海滩涂和河口，北自黑龙江省三江平原，经辽河河口、洞庭湖和鄱阳湖、南至滇南南定河河谷；东从黄河河口，西到新疆博斯腾湖都能见到芦苇沼泽。本次湿地调查共记录到禾草沼泽 52 个群系组 78 个群系(表 3-1-12)。

表 3-1-12 禾草沼泽主要植物群落及其分布

群系组	群 系	分布省(自治区、直辖市)
一、菰	1. 菰群系(Form. *Zizania latifolia*)	全国各省份
二、芦苇	2. 芦苇群系(Form. *Phragmites australis*)	全国各省份
三、拂子茅	3. 拂子茅群系(Form. *Calamagrostis epigeios*)	全国各省份
四、野青茅	4. 小叶章群系(Form. *Deyeuxia angustifolia*)	黑龙江、吉林、辽宁
五、荻	5. 荻群系(Form. *Triarrhena sacchariflora*)	安徽、甘肃、河北、河南、湖北、江苏、江西、山东、山西、陕西、浙江、黑龙江、吉林、辽宁
六、稗	6. 稗群系(Form. *Echinochloa crusgalli*)	全国各省份
七、狗尾草	7. 狗尾草群系(Form. *Setaria viridis*)	全国各省份
八、米草	8. 大米草群系(Form. *Spartina anglica*)	引进种，在沿海广泛引种栽培
	9. 互花米草群系(Form. *S. alterniflora*)	引进种，在沿海广泛引种栽培

(3)杂类草沼泽：是莎草科和禾本科以外的草本植物为优势种所组成的群落，种类繁多，类型丰富，亦是我国沼泽中分布较广的类型。本次调查记录了分布相对较多的 43 个群系组 162 个群系(表 3-1-13)。

表 3-1-13 杂类草沼泽主要植物群落及其分布

群系组	群 系	分布省(自治区、直辖市)
一、蓼	1. 水蓼群系(Form. *Polygonum hydropiper*)	全国各省份
二、荞麦	2. 金荞麦群系(Form. *Fagopyrum dibotrys*)	广西、湖北、湖南、江西、浙江、重庆、广东
三、莲子草	3. 喜旱莲子草群系(Form. *Alternanthera philoxeroides*)	引进物种，多省栽培
四、大豆	4. 野大豆群系(Form. *Glycine soja*)	全国各省份
五、一枝黄花	5. 加拿大一枝黄花群系(Form. *Solidago canadensis*)	引进种，安徽、江苏、浙江
六、灯心草	6. 灯心草群系(Form. *Juncus effusus*)	全国各省份
七、菖蒲	7. 菖蒲群系(Form. *Acorus calamus*)	全国各省份
八、香蒲	8. 香蒲群系(Form. *Typha orientalis*)	全国各省份
	9. 水烛群系(Form. *T. angustifolia*)	全国各省份

7. 灌丛沼泽

灌木沼泽是指在过湿或多水生境中以灌木为优势种所组成的群落。我国的灌木沼泽分布较广，从大小兴安岭到海南岛，从东南沿海到青藏高原都可见到灌丛沼泽的分布。本次调查记录了2个植被亚型19个群系组57个群系(表3-1-14)。

表 3-1-14 灌丛沼泽主要植物群落及其分布

群系组	群 系	分布省(自治区、直辖市)
一、柳	1. 乌柳群系(Form. *Salix cheilophila*)	西藏、青海、甘肃、内蒙古、陕西、山西、河北
	2. 杞柳群系(Form. *S. integra*)	辽宁、吉林、黑龙江、河北、安徽、山东、江苏
	3. 细叶沼柳群系(Form. *S. rosmarinifolia*)	黑龙江、吉林、辽宁、内蒙古、河北、新疆
二、火棘	4. 火棘群系(Form. *Pyracantha fortuneana*)	贵州、四川、重庆、湖北、甘肃、云南、西藏
三、绣线菊	5. 绣线菊群系(Form. *Spiraea salicifolia*)	黑龙江、吉林、内蒙古、湖北
四、紫穗槐	6. 紫穗槐群系(Form. *Amorpha fruticosa*)	宁夏、山西、河北、山东、河南、安徽、浙江、黑龙江
五、杜香	7. 杜香群系(Form. *Ledum palustre*)	黑龙江、吉林、内蒙古
六、醉鱼草	8. 醉鱼草群系(Form. *Buddleja lindleyana*)	广西、贵州、湖北、江西、浙江、福建、甘肃、云南、西藏、广东

8. 森林沼泽

森林沼泽是指在地表过湿或积水的地段上，以湿生植物和沼生植物为主所组成的森林植物群落，其中林木生长受阻，多为“小老树”。我国的森林沼泽，比较集中的分布在大兴安岭、小兴安岭和长白山区，森林沼泽的木本植物以落叶松和黄花落叶松等为主，其实这些树种并非湿地或沼泽湿地物种，那么为什么称其为森林沼泽？关键是林下的沼泽环境，土壤是沼泽土或泥炭土，生长着典型的湿生和沼生植物。如典型的薹草属或泥炭藓属植物，被誉为沼泽湿地的“特征种”或“指示种”，莎草科玉簪薹草，泥炭藓属中位泥炭藓等，都是典型的沼泽植物—林下地被层的“指示种”表明其沼泽的特性。在这种沼泽环境中生长的落叶松林，一般呈稀疏分布，树木郁闭度低，树木矮小、枯梢、弯曲，不开花，不结果，生长发育不良。由于落叶松林下是沼泽环境(沼泽土和“指示种”)，所以称为森林沼泽。

森林沼泽根据叶片形态分为针叶沼泽林和阔叶沼泽林两个亚型。本次调查记录了 20 个群系组 35 个群系。

(1)针叶林沼泽：我国针叶林沼泽，除了东北的大兴安岭、小兴安岭和长白山地分布较广之外，陕西的秦岭太白山和西北山地海拔 2500 米以上的阴坡，亦有小面积零星分布。现将主要针叶林沼泽群系介绍如下(表 3-1-15)。

表 3-1-15 针叶林沼泽主要植物群落及其分布

群系组	群　　系	分布省(自治区、直辖市)
一、落叶松	1. 落叶松-瘤囊薹草群系(Form. *Larix gmelinii-Carex schmidtii*)	黑龙江、吉林、内蒙古
	2. 黄花落叶松-泥炭藓群系(Form. *L. olgensis Sphagnum* spp.)	吉林
	3. 西伯利亚落叶松群系(Form. *L. sibirica*)	新疆
二、松	4. 偃松群系(Form. *Pinus pumila*)	吉林
	5. 油松群系(Form. *P. tabuliformis*)	河北、山西
三、水杉	6. 水杉群系(Form. *Metasequoia glyptostroboides*)	湖北、四川

(2)阔叶林沼泽：主要分布在林区的沟谷、河滩或溪流边。本次调查共记录到 17 个群系组 29 个群系(表 3-1-16)。

表 3-1-16 阔叶林沼泽主要植物群落及其分布

群系组	群　　系	分布省(自治区、直辖市)
一、桤木	1. 桤木群系(Form. *Alnus cremastogyne*)	江西、陕西、甘肃
	2. 江南桤木群系(Form. *A. trabeculosa*)	江西、安徽、江苏、浙江、福建、湖北、湖南
	3. 辽东桤木群系(Form. *A. sibirica*)	黑龙江、吉林、辽宁、山东
二、枫杨	4. 枫杨群系(Form. *Pterocarya stenoptera*)	全国各省份(东北引种)
三、杨	5. 青杨群系(Form. *Populus cathayana*)	河北、山西、陕西、甘肃、青海、辽宁

(三)沼泽湿地生态系统的生产量

沼泽湿地生态系统中，能量流动开始于沼泽植物通过光合作用对太阳能的固定，植物所固定的太阳能或所制造的有机物质称为初级生产量或第一性生产量。净初级生产量可以全部或部分被异养生物所利用，转化为次级生产量(动物的肉、骨骼、皮毛等)；实际上，这个生态系统的净初级生产量将有部分流失到其他生态系统中去。

净初级生产量是生产者以上各营养级所需能量的唯一来源；以绿色植物为食的昆虫、鱼、虾、鸟类等草食动物，以及肉食动物等形成次级生产量的一般生产过程；最后，经过细菌和真菌等微生物对动植物尸体的分解过程，有机物经过分解最终成为矿物成分而进入再循环。沼泽生态系统特殊的水、热条件，其初级生产力高，能量积累快。研究表明，沼泽地每年每平方米生产9克蛋白质，是陆地生态系统的3.5倍，每年每平方米沼泽植物生产量是人工农业生态系统平均生产量的8倍(刘兴土等，2006)。

全国沼泽湿地约有资源植物2315种，依据目前了解的经济价值和用途，可划分为药用植物、食用植物、纤维植物、饲用植物、蜜源植物、鞣料植物、油脂植物、淀粉植物、芳香植物、染料植物、农药植物、观赏植物、环保植物与遗传资源植物等。

据本次调查统计，全国湿地总面积5342.06万公顷，各类湿地生态系统中草本沼泽(45.8%)、森林沼泽(34.7%)、沼泽化草甸(10.6%)、灌丛沼泽(8.6%)所占的比例表明，以草本植物为优势种的沼泽湿地类型是湿地生态系统的主体和基本成分。

1. 草丛沼泽的生产量

东北三省是全国沼泽湿地重点分布区，其中大兴安岭、小兴安岭、长白山区和三江平原为重中之重。东北大小兴安岭森林生态功能区、长白山森林生态功能区和三江平原湿地生态功能区的湿地总面积568.6万公顷，其中草本沼泽面积约284.66万公顷，占湿地总面积一半以上(表3-1-17)。

表3-1-17　东北生态功能区草本沼泽面积统计表

生态功能区	湿地总面积(万公顷)	草本沼泽面积(万公顷)	比例(%)
大小兴安岭	474.36	247.51	52.18
长白山	36.25	11.29	31.1
三江平原	57.99	25.86	44.6
合　计	568.6	284.66	50.1

草本沼泽中以莎草沼泽和禾草沼泽亚型为主。莎草沼泽中则以薹草属多种薹草为优势种占有较高的比例，以乌拉草-灰脉薹草沼泽为例，分析其植物资源的生产量。该类型在三江平原完达山以南，多见于穆棱河以北一带，完达山以北多见山间冲积扇、林间洼地、平原牛轭湖或各类洼地。土壤为腐殖质沼泽土、草甸沼泽土或泥炭沼泽土；地表积水，多变化。乌拉薹草和灰脉薹草为优势种，形成草丘，草丘高20~30厘米。群落伴生种有小白花地榆、小叶章、驴蹄草、毛水苏等。该群落中主要植物地上部分生产量见表3-1-18。

表3-1-18　乌拉草-灰脉薹草沼泽主要资源植物生产量

植物名称 生产量	用　途	鲜　重 (克)	风干重 (克)	株密度 (株/平方米)	单位面积蓄积量 (公斤/公顷)
乌拉草	纤维	0.63	0.44	391	1720.4
灰脉薹草	纤维	0.79	0.57	267	1521.9
小叶章	饲料	1.69	0.94	97	911.8

（续）

植物名称 生产量	用 途	鲜 重 （克）	风干重 （克）	株密度 （株/平方米）	单位面积蓄积量 （公斤/公顷）
小白花地榆	单宁	27	12.2	1	122
驴蹄草	药用	3.3	1.2	1	12
毛水苏	蜜源	2.5	1.9	2	38
合 计		35.91	17.25	759	4326.1

禾草沼泽中芦苇群系广泛分布于全国各地。长江流域各省，河流纵横，湖泊众多，芦苇广布；河北的白洋淀、内蒙古的乌梁素海、山东的黄河河口、辽宁的双台河口直到新疆的博斯腾湖都可见到大面积的芦苇分布；东北的松嫩平原，三江平原的挠力河、七星河、小兴凯湖河滨都有芦苇广泛分布。以三江平原七星河芦苇群落为例，地表常年积水，水深20厘米以上，pH值6.8~7.6；土壤为腐泥沼泽土。芦苇几成纯群落，常见的伴生种有菰、香蒲、狭叶甜茅、小狸藻等10余种。群落中主要植物地上部分生产量见表3-1-19。

表3-1-19 芦苇沼泽主要资源植物生产量

植物名称 生产量	用 途	鲜 重 （克）	风干重 （克）	株密度 （株/平方米）	单位面积蓄积量 （公斤/公顷）
芦苇	纤维	11.67	5.64	71	4025.27
狭叶甜茅	纤维	0.45	0.19	276	524.4
香蒲	纤维、药用	30	10	7	70
菰	纤维	25	7.5	3	30
合 计		67.12	23.33	375	4649.67

2. 红树林沼泽的生产量

红树林沼泽是指热带亚热带海岸潮间带的木本植物。主要分布在海南、广东、广西，受温暖洋流的影响，可以分布到福建和台湾，在最高潮边缘而具有水陆两栖现象。红树林是自然辅助供能的高生产率的生态系统，它具有高光合率、高呼吸率、高归还率的“三高”特点，是热带河口海湾生态系统重要的第一性生产量的贡献者。

红树林是人类不可多得的独特的自然资源。红树林为人类提供多种产品：药物、食物、香料、蜜源、饲料、建筑材料、工业原料以及单宁产品等；更重要的是红树林具有维护海岸生态平衡特殊的生态功能，它蕴藏着丰富的生物遗传资源和物种多样性。现以红树科秋茄树属秋茄树和木榄属海莲群落为例计算其生物生产量（表3-1-20）（中国湿地植被编辑委员会，1999）。

表 3-1-20　秋茄树群落和海莲群落的生产量

组　分	秋　茄　树		海　　莲	
	生物量(公斤/公顷)	百分比(%)	生物量(公斤/公顷)	百分比(%)
叶	5869	3.61	10623	2.53
花	—	—	334	0.08
果	256	0.16	666	0.16
幼枝	1087	0.67	4323	1.03
多年生枝	12756	7.84	48807	11.61
树干材	58069	35.71	151713	36.09
树干皮	12687	7.80	1701	4.05
枯枝	2475	1.52	2516	0.60
幼树	169	0.10	5092	1.21
地表呼吸根	—	—	7402	1.76
地上部小计	93368	57.41	248486	59.12
粗根(直径≥2 厘米)	41725	55.66	94900	22.58
中根(直径 0.5~2 厘米)	24112	14.83	6462	1.54
细根(直径≤0.5 厘米)	3420	2.10	7042	16.76
地下部小计	69257	42.59	171804	40.88
总　计	162625	100.00	420290	100

三、湿地植物遗传资源的保护

中国是世界上植物遗传多样性最丰富的国家之一。很多重要的农作物都起源于中国。水稻是世界最主要的粮食作物，中国是水稻的起源中心之一。由于中国地势、气候和土壤条件的复杂性，耕作历史悠久，在中国人民艰苦的创造性劳动中，培育了数以万计的适于不同地区栽培需要的地方品种，特别是水稻育种专家袁隆平利用一种野生稻培育出多个高产而优质的超级杂交稻，创造出亩产超千公斤的优良品种，为解决世界粮食短缺问题做出了重要贡献。

野生稻是典型的沼泽湿地植物，早在 1917 年已在广州发现，在广西、云南、海南、台湾等地的江河流域、平原区池塘、溪沟、藕塘、稻田、沼泽湿地皆可见到，有的是直接引种世界广泛栽培的，如稻在我国南方广泛栽培，野生稻主要有疣粒稻、药用稻和普通野生稻，这些野生稻都是宝贵的遗传资源，有关部门已搜集了野生稻的种质资源。

我国尚有丰富的湿地野生植物种质资源，如野大豆、芡实、笃斯越橘等都是重要的湿地野生资源植物，还有很多尚未被人类认知的湿地植物遗传资源，特别是在湿地面积萎缩、湿地功能退化的今天，摸清我国沼泽湿地野生植物种质资源家底十分必要。

21 世纪是湿地保护与恢复的世纪，目前国家大力支持湿地恢复、湿地可持续利用及湿地与全球变化、湿地生物多样性等科学热点研究，与此同时，应加强湿地植物种质资源研究，逐步建立和完善湿地植物种质资源库和动态数据库，可满足对沼泽湿地植物种质自然属性科学认知及掌握其消长信息和现实需求，有利于湿地生态学的科学发展，扩展湿地种子生物学、植物基因组学及保护生物学的研究。总之，湿地植物遗传资源是生物科学研究的重要基础，亦是人类生存和社会经济可持续发展的战略性资源之一，同样是人类不可多得的宝贵自然资源。

第三节 珍稀濒危湿地植物

湿地调查中记录到国家重点保护野生湿地植物 31 种，其中国家Ⅰ级保护植物 11 种，国家Ⅱ级保护植物 20 种(表 3-1-21)。

表 3-1-21 国家重点保护野生湿地植物

植 物 种 名	生长型	保护级别	分布省(自治区、直辖市)
1. 宽叶水韭 *Isoetes japonica*	蕨类	Ⅰ	云南、广东、贵州
2. 高寒水韭 *I. hypsophila*	蕨类	Ⅰ	云南、四川
3. 东方水韭 *I. orientalis*	蕨类	Ⅰ	浙江、贵州
4. 中华水韭 *I. sinensis*	蕨类	Ⅰ	广西、江苏、浙江、安徽
5. 台湾水韭 *I. taiwanensis*	蕨类	Ⅰ	台湾
6. 云贵水韭 *I. yunguiensis*	蕨类	Ⅰ	云南、贵州
7. 金毛狗 *Cibotium barometz*	蕨类	Ⅱ	福建、江西、贵州
8. 水蕨 *Ceratopteris thalictroides*	蕨类	Ⅱ	河南、湖北、江苏、浙江、江西
9. 粗梗水蕨 *C. pteridoides*	蕨类	Ⅱ	内蒙古、湖北
10. 中华桫椤 *Alsophila costularis*	蕨类	Ⅱ	云南
11. 黑桫椤 *A. podoohylla*	蕨类	Ⅱ	广西、江苏
12. 桫椤 *A. spinulosa*	蕨类	Ⅱ	贵州、江苏
13. 水松 *Glyptostrobus pensilis*	乔木	Ⅰ	江西、安徽、江苏
14. 水杉 *Metasequoia glyptostroboides*	乔木	Ⅰ	湖北、四川、安徽、贵州、河南、湖北
15. 钻天柳 *Chosenia arbutifolia*	乔木	Ⅱ	内蒙古、黑龙江、吉林、辽宁
16. 马尾树 *Rhoiptelea chiliantha*	乔木	Ⅱ	贵州、云南、广西
17. 金荞麦 *Fagopyrum dibotrys*	草本	Ⅱ	广西、贵州、湖北、湖南、江西、云南、浙江
18. 水青树 *Tetracentron sinense*	乔木	Ⅱ	湖北、云南、四川、贵州、湖南、陕西
19. 莼菜 *Brasenia schreberi*	草本	Ⅰ	湖南、江西、浙江、四川、云南、山东、内蒙古
20. 莲 *Nelumbo nucifera*	草本	Ⅱ	全国各省份
21. 野大豆 *Glycine soja*	草本	Ⅱ	全国各省份
22. 任豆 *Zenia insignis*	乔木	Ⅱ	贵州、广东、广西
23. 红椿 *Toona ciliata*	乔木	Ⅱ	浙江、福建、湖南、广东、广西、云南
24. 掌叶木 *Handeliodendron bodinieri*	乔木	Ⅰ	贵州、广西

（续）

植　物　种　名	生长型	保护级别	分布省（自治区、直辖市）
25. 四角刻叶菱 *Trapa incisa*	草本	Ⅱ	安徽、湖北、湖南、江苏、江西、浙江、山东、云南
26. 珊瑚菜 *Glehnia littoralis*	草本	Ⅱ	辽宁、浙江、山东、福建、台湾、广东
27. 浮叶慈姑 *Sagittaria natans*	草本	Ⅱ	内蒙古、新疆、黑龙江、吉林、辽宁
28. 沙芦草 *Agropyron mongolicum*	草本	Ⅱ	山西、陕西、内蒙古
29. 野生稻 *Oryza rufipogon*	草本	Ⅱ	湖南、广东、海南、广西、云南、台湾
30. 华山新麦草 *Psathyrostachys huashanica*	草本	Ⅰ	陕西
31. 中华结缕草 *Zoysia sinica*	草本	Ⅱ	辽宁、山东、上海、浙江、福建、贵州、台湾、广东

第四节 特有湿地植物

1. 特有水生蕨类植物

我国特有的6种水生蕨类植物，皆为水韭科水韭属古老的草本植物，国家Ⅰ级保护湿地植物。《中国植物红皮书》（傅立国，1992）记录2种，《中国植物志》（中国植物志编委会，2014）记录4种。这6种特有、濒危植物对于揭示中国水韭的起源和演化历史具有重要意义。

（1）高寒水韭：多年生水生小型蕨类，孑遗种。株高不足5厘米，根茎块状，2～3瓣裂；叶多汁，线形，长3～4.5厘米，宽1毫米，内有4个纵行气道围绕中肋，并分隔成多数气室；孢子囊生于叶基部，黄色，大孢子球状四面形，表面光滑无纹饰。应为我国水韭种类中较为原始种。仅见于云南西北、四川西南海拔4300米高山草甸积水沼泽湿地中。

（2）宽叶水韭：多年生水生草本，株高15～30厘米，根茎短而粗，肉质块状，三瓣，有多条须根；叶多数，丛生，线形，长20～30厘米，宽5～10毫米，基部向两侧扩大呈鞘状，腹部凹入，生长圆形孢子囊，植株外围的叶生大孢子囊。大孢子直径390～550微米，染色体$2n=66$。仅见于云南、贵州局部地区，个别小溪、沼泽地有少数残存，若不予以保护，将有灭绝的危险。

（3）东方水韭：水生蕨类植物，仅在浙江松阳县有极少分布，濒危程度等于或大于中华水韭。

（4）中华水韭：多年生沼生蕨类植物，濒危种，株高15～30厘米，根状茎肉质，块状，具多数二叉分歧的根，向上丛生多数向轴覆瓦状排列的叶，叶多汁，草质，线形，内具4个纵行气道围绕中肋，并有横隔膜分隔成多数气室，先端渐尖，基部广鞘状，凹入处生孢子囊，内有多数灰色粉末状的两面形小孢子。分布于长江流域下游局部地区，由于农业和养殖业的发展，环境变迁和水域消失，中华水韭在许多地方已不复存在。

（5）台湾水韭：根茎块状，二至四裂，上部扁平，下部圆柱状，尖端有气孔散布；叶开展，鲜绿色，线形，15～90叶一束，丛生于球茎顶，长7～25厘米，具空腔，仅具单脉；孢子囊于叶基部内侧，小孢子灰色，椭圆形，具小刺。仅见于台湾台北七星山的梦幻湖。具干湿双栖性，喜欢生长在浅水地。

(6)云贵水韭：多年生沉水蕨类草本，株高15~30厘米，根茎为肉质块茎，呈三瓣，基部有多条白色须根；叶多数，丛生，线形，半透明，绿色，长20~30厘米，宽5~10厘米，横切面三角状半圆2形，有薄膜隔为四纵行气道，内有2~4毫米的横向隔膜，叶基部两侧有膜质鞘状，上有三角形叶舌，凹入处生圆形孢子囊，外围叶生大孢子，球状四面型，表面具不规则的网状纹饰(网脊不平)，大孢子直径360~450微米；内部叶生小孢子囊，内生多数灰色粉末状小孢子。7~8月在叶基部着生孢子囊，至9~10月孢子成熟。本种仅分布于云南昆明、寻甸，贵州平坝。生于海拔1800~1900米的山沟溪流水中及流水的沼泽地。

2. 特有稻属濒危湿地植物

我国特有野生稻等3种草本植物，为禾本科稻属濒危湿地植物，都是培育水稻新品种的宝贵的种质资源。

(1)疣粒稻：多年生草本，具短根茎，株高30~70厘米，压扁，具5~9节，叶鞘无毛，短于节间；叶舌长1~2毫米，具叶耳；叶片线状披针形，长5~20厘米，宽6~20毫米；圆锥花序，直立，长3~12厘米，分枝2-5枚，上升，疏生小穗；孕性外稃无芒，表面具不规则小疣点；雄蕊6，柱头2；颖果长3~4毫米，花果期10至翌年2月。产广东、云南、海南、广西等，是培育水稻新品种的重要种质资源。

(2)药用稻：多年生水生草本，秆高1.5~3米，直径7~10毫米，具8~15节，基部生不定根。叶鞘长达40厘米，比节间长3倍以上；叶舌膜质，长4毫米；叶片宽大，长80厘米，宽30毫米；圆锥花序大型疏散，长30~50厘米，颖果扁平，红褐色，长3.2毫米，宽2毫米。产广东、海南、广西、云南等。可提供育种的遗传材料，丰富栽培稻的种质资源。

(3)野生稻：禾本科稻属多年生水生草本，渐危种，秆高150厘米，下部海绵质。叶鞘圆筒形，疏松，无毛；叶耳明显；叶舌发达，长17毫米；叶片线形，长40厘米，宽1厘米；圆锥花序长约20厘米，外稃顶端有芒并具明显关节，芒长5~20毫米，颖果长圆形。花果期4~5月和10~11月。野生稻是栽培水稻的原始近缘种，近年来收集作物的野生近缘种质移入栽培稻中，育成一系列新品种。主要分布我国广东、广西、云南、海南及台湾等地的池塘、溪沟、藕塘、稻田、沼泽等低湿地。

3. 其他特有湿地植物

(1)水松：水松为我国特有树种，是杉科水松属唯一树种，水松属在第三纪不仅种类多而且广布北半球，第四纪冰期后均已灭绝，仅残留水松1种，分布于我国南部。半常绿性乔木，高达25米，胸径0.6~1.2米；生于湿地环境者，树干基部膨大成柱槽状，柱槽高达70厘米，并有伸出水面的屈膝状呼吸根；树皮灰褐色，裂成不规则条片，内皮淡红褐色；枝稀疏，叶鳞形、线状钻形及线形；雌雄同株，球花单生枝顶；球果倒卵圆形，直立(中国植物志编委会，2014)。主要分布在广东珠江三角洲、福建中部及闽江下游，江西、四川和广西也有零星分布。

(2)水杉：水杉是北半球曾广布的优秀树种，现为杉科水杉属仅存的孑遗种，产于我国四川东部和湖北西北交界处。现已作为绿化树种在国内多处引种，国外约50余国家和地区引种栽培(傅立国，1992)。杉科水杉属喜光树种，世界上珍稀孑遗植物，我国特有树种。高达35~41.5

米，胸径 1.6～2.4 米；树皮灰褐色或深灰色，裂成条片状脱落，树干基部通常膨大和有纵棱；小枝对生或近对生，下垂。叶交互对生，排成羽状 2 列，线形，柔软，几无柄，通常长 1.3～2 厘米，宽1.5～2 厘米。雌雄同株，雄球花单生叶腋或苞腋，雌球花单生侧枝顶端；球果下垂，近球形，1.8～2.5 厘米，当年成熟。主要分布于湖北、四川、湖南三省交界的利川(湖北)、石柱(四川)、龙山(湖南)三县的局限地区，喜生土层深厚，湿润或稍有积水的地方。我国各地多处引种。

(3)海菜花：海菜花为我国特有湿地植物，水鳖科水车前属多年生水生植物。渐危种(傅立国，1992)。沉水草本。茎短缩，叶基生，叶形态大小变异很大，线形、披针形、卵形或广心形，全缘、波状或具微锯齿，叶脉 5～9 条，弧形；叶柄变异大，潜水中叶柄长 5～20 厘米，深水中长达 3 米；花单性，雌雄异株，花葶长短随水深而定，雌株含花多朵与雄株佛焰苞内雄花先后在水面开放，受粉后雌花沉入水底发育。分布于云南、四川、贵州、广西和海南等省份，水体比较清澈的湖泊、池塘、沟渠等有少量生存。

第五节
生态学和生物学特性

沼泽植物生长在地表经常过湿、季节性或常年积水的生境中，植物体常常基部没于水中，茎、叶大部分挺于水面之上，暴露在空气中。因此，沼泽植物具有水生和陆生植物的双重特性，是水生和陆生植物之间的过渡类型，有人称其为“两栖植物”。因而湿地植物具有适应这一特殊生境的生态特征。

一、形态结构的适应与演化

植物具有密丛型，无性繁殖能力强。密丛型是植物对过湿的土壤和乏氧环境的一种适应方式。这些密丛型湿地植物的根状茎短，植物的分蘖节位于地表，每年从分蘖节向上长出新的茎和叶，向下生长不定根，便于从地表获得营养，随着有机质或泥炭的不断堆积，其分蘖节不断上移，使植株免遭泥炭埋没；年复一年生长，形成了草丘—塔头，草丘直径 20～35 厘米，高一般在 30～50 厘米，最高可达 80 厘米。通常在草丘之间有积水。我国湿地中常见的密丛型植物有：乌拉薹草、灰脉薹草、臌囊薹草、羊胡子草、西藏嵩草、藏北嵩草等。

通气组织发达。许多湿地植物的根、根状茎和茎等都有气腔和通气组织，叶、茎和根部均有细胞间隙与气腔相通连，便于气体交换和满足各部分通气的需要。例如睡莲的地下根状茎十分发达，长达数米，在其地上茎、地下茎和不定根内都有通气组织，细胞间隙大，可以储藏空气(中国湿地植被编辑委员会，1999；图 3-1-1)。气腔的总面积通常比细胞的总面积大，气腔白天能聚积光合作用所产生的氧气，以供植物夜间呼吸用；夜间呼吸产生的二氧化碳，又排入气腔，气腔成为代谢过程中气体交换的储藏室。许多红树植物都有特殊的呼吸根，呈指状突出地面，高可达 20 厘米，呼吸根的外表有粗大的皮孔，便于通气，海绵状组织可以储存空气，亦是红树植物常受潮水浸淹的一种适应性。红树植物生长在海滨淤泥质土壤中，周期性受潮水冲积影响，使红树植物根具有特殊的生态适应特征。从主干侧向发出支柱跟、板状根，防止植株被潮水冲倒；从土中向地面生长笋状呼吸根，树枝上生长气生根，便于从地面空气中吸收氧气。

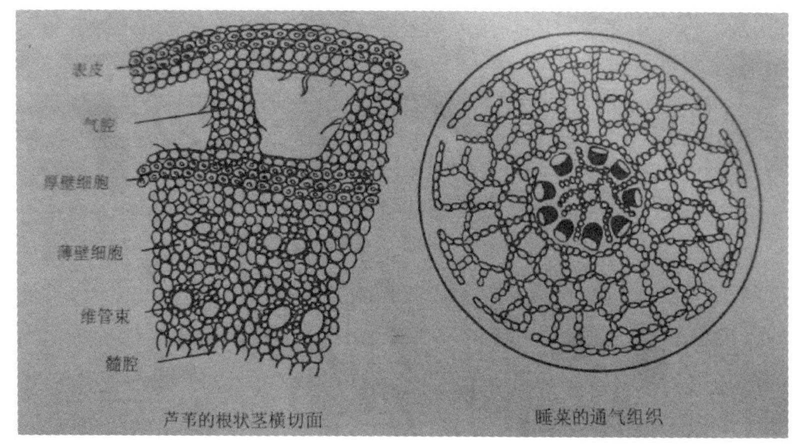

图 **3-1-1** 沼泽植物的通气组织

浮水叶片具有贮气组织，沉水茎叶柔软纤细。浮水植物的叶浮于水面，其叶片具有适于漂浮水面的特殊结构——海绵质气囊，以增加叶片水上浮力。如水鳖科水鳖属水鳖的叶片卵形、圆形或肾形，基部心形，在叶轴面中部有垫状贮气组织；菱科菱属格菱叶二型，浮水叶互生，叶片三角状菱形或广菱形，叶柄中上部膨大成海绵质气囊，被淡褐色短毛。浮水叶的气孔于叶的上表皮直接接触空气，利于气体交换；水中叶呈丝状，沉于水中，随波移动，称沉水叶（中国湿地植被编辑委员会，1999；图 3-1-2）。

图 **3-1-2** 格菱的异形叶
1. 浮水叶；2. 沉水叶

沉水植物生于水中，形成了水环境的特殊适应性。如沉水植物篦齿眼子菜，全株沉于水中，茎纤细，长 50～200 厘米，圆柱形，粗 0.5～1 毫米，叶狭线形，长 3～10 厘米，宽 1～2 毫米；苦草也是沉水草本植物，生于湖底，叶基生，线形，花小，佛焰苞管状，有丝状长柄，伸到水面，受精后，螺状卷曲，沉回水下发育。

某些植物具有持水功能。泥炭藓的叶具有特殊的形态和结构，其绿色细胞和透明细胞具有水孔，水从水孔进入叶内，像海绵一样吸收水并储存于细胞中，其吸水量大，保水性能强，其持水量是其体重的 10～30 倍。

二、营养方式的适应与演化

某些植物具有食虫的习性。在一些泥炭藓沼泽中，由于多年生长植物残体的长期积累，地表微隆起，无地下水补给，主要靠大气降水补给，无机养分极其贫乏。生长在这种生境中的植物不得不靠捕捉昆虫，通过消化动物蛋白质以补充氮、磷、钾等养分不足。圆叶茅膏菜就是一种食虫植物，叶基生呈莲座状，叶片近圆形，叶缘长出很多刚毛，当昆虫爬上叶面，被刚毛分泌的液体黏住，实际是一种消化酶，能消化虫体，吸收为养料（中国湿地植被编辑委员会，1999；图 3-1-3）。

猪笼草是另一种食虫植物。它的叶子中脉伸出呈卷须状，须端部生一囊状物——"猪笼"，型似奶瓶，瓶口能分泌蜜汁，引诱昆虫爬入，跌落瓶中，盖子就自动关上，用含有胃蛋白酶、胰蛋白酶等消化液来分解虫体。昆虫被消化和吸收后，成为植物的氮素来源(Jumaag H. Adam，Edy Muslim Abdul Halim Hasgim，et al.，2005；图 3-1-4)。

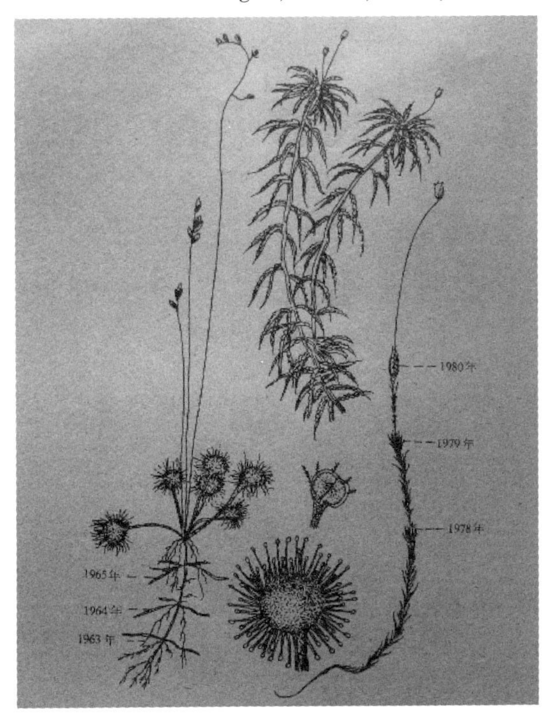

图 **3-1-3** 捕虫植物

1. 圆叶茅膏菜；2. 捕虫叶；3. 捕虫囊

图 **3-1-4** 猪笼草

有些淡水水生植物如狸藻、密花狸藻都是多年生水生食虫植物，全株柔软，茎枝变态成匍匐枝、假根和叶器，卵形捕虫囊通常多数，侧生于叶器裂片上，斜卵球形，侧扁，长 1~3 毫米，具短柄，口侧生，上唇具 2 条刚毛状附属物，便于"捕获"浮游生物。

三、繁殖方式的适应与演化

特殊繁殖方式——"胎生"。红树植物如秋茄果实圆柱形，种子无胚乳，果实未离母树即萌发，胚轴细长，圆柱形或棒形，上端细，下端粗，长 12~30 厘米，顶端尖而硬。当果实成熟坠落后便钻入淤泥中，数小时内就可扎根生长成为新植株。如幼苗下落正遇涨潮，就可被海流带走。由于幼苗包被的间隙含有空气，可漂浮海流之上，当漂浮到海滩上时，便扎根生长(林鹏，1997；图 3-1-5)。

四、海岸盐生沼泽植物对盐渍化生境的适应与演化

红树植物中有桐花树属、老鼠簕属、白骨壤属均具泌盐特性和相应的形态解剖构造。叶庆华等通过对桐花树叶片盐腺结构的显微研究将盐腺结构分为 5 个部分，分别为收集细胞、基细胞、

图 **3-1-5** 秋茄的胎生胚轴

分泌细胞、收集室和盐腺套(林鹏，1997；图3-1-6)。泌盐作用可以去除叶片中由于蒸腾作用而积累的过剩盐分。

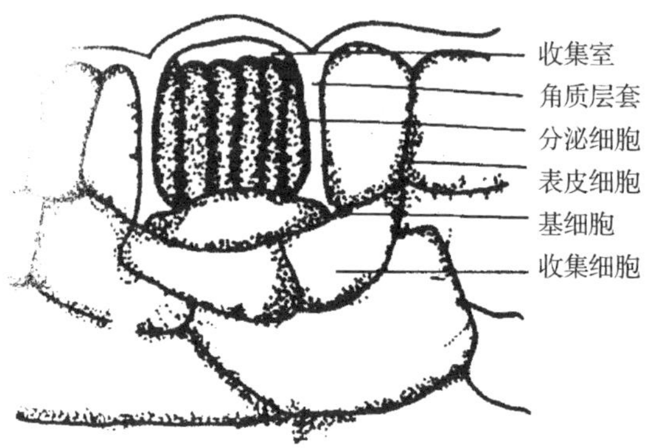

图 **3-1-6** 桐花树盐腺系统宽向纵切面图

第二章 湿地动物资源

第一节 湿地动物界定

湿地动物是湿地生态系统的重要组成部分，是湿地生态系统中最活跃、最引人注目的组成类群，在湿地的物质循环、能量流动和维持湿地生态系统稳定方面起着举足轻重的作用。关于湿地动物，目前还没有统一的界定。湿地鸟类是研究最多的湿地动物类群。在对湿地鸟类的定义方面，可分为两种范畴，一种是《湿地公约》所采纳的严格的“水鸟”的定义，它们生活史中的某一阶段依赖于湿地生活，并通过长期的进化它们在形态和行为上形成了适应湿地生活的特征。除了严格的水鸟类群之外，还有一些鸟类经常在湿地活动，它们的栖息地或食物与湿地有着密切的关系，如隼形目、鸮形目、鹃形目、雀形目等类群的一些鸟类，它们并未列入“水鸟”的范畴。但在很多研究工作中，这些非“水鸟”的鸟类也被归入“湿地鸟类”的类群。

本次调查主要针对野生动物，将“在生活史整个阶段或其中一个阶段，依赖、部分依赖或偏好于在湿地生态环境中栖息的动物”定义为湿地动物。

第二节 湿地动物资源多样性

一、无脊椎动物类群

在本次湿地调查中，全国共记录到湿地无脊椎动物 1703 种，隶属 9 门 19(1)纲 65 目 297 科。包括腔肠动物门 2 纲 3 目 3 科 3 种，环节动物门 3(1)纲 10 目 14 科 27 种，软体动物门 5 纲 31 目 184 科 1026 种，节肢动物门 5 纲 17 目 92 科 643 种，纽形动物门、帚虫动物门和棘皮动物门均为 1 纲 1 目1 科 1 种(表 3-2-1)。

表 3-2-1 本次调查记录的湿地无脊椎动物类群

类 群	纲 数	目 数	科 数	种 数
腔肠动物门	2	3	3	3
纽形动物门	1	1	1	1
环节动物门	3(1)	10	14	27
星虫动物门	1	1	1	1
软体动物门	5	31	184	1026
节肢动物门	5	17	92	643
帚虫动物门	1	1	1	1
棘皮动物门	1	1	1	1
合 计	19(1)	65	297	1703

(一)软体动物门

软体动物门是本次调查记录到的无脊椎动物种数最多的门，共记录到 1026 种，占调查无脊椎动物总数的 60.3%。包括多板纲、腹足纲、头足纲、双壳纲和掘足纲 5 纲，其中又以腹足纲 521 种和双壳纲 456 种为主体(表 3-2-2)。

表 3-2-2 本次调查记录的软体动物门类群

类 群	目 数	科 数	种 数
多板纲	2	5	12
腹足纲	13	114	521
头足纲	3	8	33
双壳纲	12	56	456
掘足纲	1	1	4
合 计	31	184	1026

【腹足纲】

腹足纲包括背楯目等 13 目 114 科 521 种，其中以中腹足目 46 科 262 种为最丰富，新腹足目 15 科 78 种次之(表 3-2-3)。在科级统计中，中腹足目的田螺科和觿螺科为种数最多的 2 个科，其中田螺科 54 种，觿螺科 31 种，超过 20 种的科有基眼目椎实螺科 26 种，中腹足目玉螺科 25 种，原始腹足马蹄螺科 20 种。

表 3-2-3 本次调查记录到的腹足纲类群

类 群	科 数	种 数
背楯目	4	5
柄眼目	5	7
肠纽目	1	8

（续）

类　群	科　数	种　数
裸鳃目	15	32
头楯目	8	17
基眼目	5	40
中腹足目	46	262
新腹足目	15	78
原始腹足目	8	52
异足目	1	2
无楯目	1	6
翼足目	2	3
有壳翼足目	3	9
合　计	114	521

【双壳纲】

双壳纲包括隔鳃目等 12 目 56 科 456 种，其中以帘蛤目 21 科 199 种为种类最多的目，其次为蚌目 5 科 87 种(表 3-2-4)。种类最多的科为蚌目蚌科，有 80 种；其次为帘蛤目帘蛤科，有 64 种；第三为帘蛤目樱蛤科，有 33 种。

表 3-2-4　本次调查记录到的双壳纲类群

类　群	科　数	种　数
隔鳃目	1	1
海螂目	5	28
帘蛤目	21	199
蚌目	5	87
蚶目	2	36
胡桃蛤目	2	9
魁蛤目	1	1
牡蛎目	2	18
笋螂目	3	7
贻贝目	4	35
珍珠贝目	9	33
莺蛤目	1	2
合　计	56	456

(二)节肢动物门

节肢动物门是本次调查记录到无脊椎动物种数第二多的门，共记录到 643 种，占调查无脊椎动物总数的 37.8%。包括软甲纲、甲壳纲、海蜘蛛纲、昆虫纲和鳃足纲 5 纲，其中又以软甲纲 5 目 67 科 568 种为绝对主体(表 3-2-5)。

表 3-2-5 本次调查记录到的节肢动物门各类群

类 群	目 数	科 数	种 数
软甲纲	5	67	568
甲壳纲	3	13	60
海蜘蛛纲	1	1	1
昆虫纲	7	10	13
鳃足纲	1	1	1
合 计	17	92	643

【软甲纲】

软甲纲共包括涟虫目、十足目、端足目、糠虾目和等足目等5个目。十足目有49科526种是软甲纲绝对的优势目(表3-2-6)。在十足目中，溪蟹科以99种位居本目第一大科，其次超过20种的科还有方蟹科40种、沙蟹科36种、匙指虾科34种、梭子蟹科34种、长臂虾科33种、对虾科30种和扇蟹科26种。以上8个科共计332种占十足目总种数的63.12%，构成十足目的主体，其余41科种数仅占十足目总种数的36.88%。

表 3-2-6 本次调查记录到的软甲纲类群

类 群	科 数	种 数
涟虫目	1	1
十足目	49	526
端足目	6	18
糠虾目	1	1
等足目	10	22
合 计	67	568

二、无脊椎动物分布

无脊椎动物是湿地动物的重要组成类群。本次调查中，无脊椎动物区域优势种或常见种以软体动物门种类最多，为195种；节肢动物门次之，为157种。其余动物门仅有环节动物门寡毛纲的异唇蚓(*Allolobophora* sp.)在山西运城湿地省级自然保护区，霍甫水丝蚓(*Limnodrilus hoffmeisteri*)在山西桑干河省级自然保护区、运城湿地省级自然保护区、淀山湖区、青草沙水库为常见种，其他种类均为稀有种或偶见种。

(一)软体动物门

软体动物中，在分布区内为优势种或常见种的除头足纲中国枪乌贼(*Loligo chinensis*)和曼氏无针乌贼(*Sepiella maindroni*)两种为浙江舟山群岛海岸湿地重点调查湿地的优势种外，其他均为双壳纲和腹足纲种类，其中双壳纲为119种，腹足纲为74种。

【腹足纲】

腹足纲动物主要是各种螺类，是我国重要的资源动物，同时也为鸟类等其他野生动物提供了大量的食物资源。本次调查中，在分布区为优势种或常见种的螺类约60余种。中华圆田螺(*Cipangopaludina cathayensis*)在重庆、浙江、云南、陕西、山西、山东、江西、江苏、湖北、河北、广西、甘肃、北京和安徽等14个省份的151处重点调查湿地有记录，在陕西、山西和重庆等3省份的65处重点调查湿地为优势种，在河北、江西、安徽和山东等4省份的56处重点调查湿地为常见种。

【双壳纲】

双壳纲动物主要是各种贝类，也是重要的资源动物。本次调查中，在分布区为优势种或常见种的贝类约为100余种。河蚬(*Corbicula fluminea*)为双壳纲分布最广泛的种类，其在重庆、浙江、云南、四川、上海、陕西、山东、江西、江苏、吉林、湖南、湖北、河南、广西、广东、甘肃、福建、北京和安徽等19个省份的255处重点调查湿地有记录，其中在福建和江西等2个省份的75处重点调查湿地为优势种，在安徽、广东、吉林、山东、陕西、重庆和湖南等7个省份的85处重点调查湿地为常见种。背角无齿蚌(*Anodonta woodiana*)分布在重庆、浙江、云南、四川、上海、山东、内蒙古、江西、江苏、吉林、湖南、湖北、河南、广西、甘肃、福建、北京和安徽等18个省份的222处重点调查湿地，其中在北京和山东等2个省份的30处重点调查湿地为优势种，在安徽、福建、湖南、吉林、重庆和江西等6个省份的107处重点调查湿地为常见种。分布较为广泛的贝类还有圆顶珠蚌(*Unio douglasiae*)、三角帆蚌(*Hyriopsis cumingii*)、褶纹冠蚌(*Cristaria plicata*)、剑状矛蚌(*Lanceolaria gladiola*)和湖沼股蛤(*Limnoperna lacustris*)，均在10个以上省份有分布，且在部分分布区为优势种或常见种。

(二)节肢动物门

节肢动物中，在分布区内为优势种或常见种的主要为软甲纲，其余还有甲壳纲白脊藤壶(*Balanus albicostatus*)等19种在部分分布区为优势种。昆虫纲仰泳蝽(*Back swimmer*)在山西的桑干河省级自然保护区，鳃足纲丰年虫(*Eubranchipus vernalis*)在山西的运城湿地省级自然保护区为优势种。

软甲纲中，除十足目外，等足目海蟑螂(*Ligia exotica*)、中华鱼怪(*Ichthyoxonus sinensis*)、日本圆柱水虱(*Cirolana japonensis*)和水栉水虱(*Asellus aquaticus*)在舟山群岛海岸湿地等为优势种或常见种。端足目钩虾(*Gammarus gammarid*)在重庆、云南、上海、河北和甘肃等5省份的25处重点调查湿地有分布，其中在重庆市的大洪湖等13处重点调查湿地为优势种。糠虾目新糠虾(*Neomysis* sp.)在河北唐海湿地和鸟类省级自然保护区和北戴河沿海湿地为优势种。

虾和蟹类主要为软甲纲十足目种类，本次调查中，在分布区内为优势种或常见种的十足纲种类有130种，其中长臂虾科18种，对虾科16种，这2个科的种类构成了虾类的主体，溪蟹科22种，方蟹科17种，梭子蟹科和沙蟹科均为12种，这4个科构成了蟹类的主体。

虾类中，日本沼虾(*Macrobrachium nipponensis*)分布最广泛，在重庆、浙江、云南、新疆、四川、上海、陕西、山西、山东、青海、宁夏、内蒙古、江西、江苏、吉林、湖南、湖北、河南、河北、贵州、福建、北京和安徽等23个省份的251处重点调查湿地均有分布，其中在宁夏、内蒙古、浙江和山东等4省份的37处重点调查湿地为优势种，在青海、福建、新疆、重庆、陕西、安徽、湖南和江西等9个省份的156处重点调查湿地为常见种。秀丽白虾(*Exopalaemon modestus*)分布在浙江、云南、新疆、上海、陕西、山东、宁夏、内蒙古、江西、江苏、吉林、湖南、湖北、河南、广西、福建和安徽等17个省份的131处重点调查湿地，其中在宁夏和山东等2个省份的13处重点调查湿地为优势种，在陕西、福建、吉林、安徽、湖南等5个省份的82处重点调查湿地为常见种。其他分布较广泛的虾类还有中华小长臂虾(*Palaemonetes sinensis*)和细足米虾(*Caridina nilotica*)。

蟹类中，中华绒螯蟹(*Eriocheir sinensis*)分布最为广泛，在浙江、新疆、上海、陕西、山东、青海、宁夏、内蒙古、辽宁、江西、江苏、湖南、湖北、河南、福建、北京和安徽等17个省份的191处重点调查湿地均有记录，其中在青海、宁夏、辽宁、新疆和陕西等5个省份的63处重点调查湿地为优势种，在浙江、山东和江西3个省份的68处重点调查湿地为常见种。三疣梭子蟹(*Portunus trituberculatus*)分布在浙江、上海、山东、辽宁、河北、海南和福建等7个省份的45处重点调查湿地中，其中在浙江、辽宁和福建等3个省份的32处重点调查湿地中为优势种。

三、脊椎动物类群

本次调查中，全国共记录到湿地脊椎动物2312种，隶属于5纲51目226科。其中鱼类25目200科1763种，占调查脊椎动物总种数的76.3%；两栖类3目11科215种，占9.3%；爬行类3目12科83种，占3.6%；鸟类13目33科231种，占10.0%；哺乳类7目10科20种，占0.9%(表3-2-7、图3-2-1)。

表3-2-7 本次调查记录的湿地脊椎动物类群

类 群	记录到的物种及类群数		
	目	科	种
鱼 类	25	200	1763
两栖类	3	11	215
爬行类	3	12	83
鸟 类	13	33	231
哺乳类	7	10	20
合 计	51	266	2312

(一)鱼 类

1. 种类组成

调查共记录到鱼类1763种，其中软骨鱼纲6目27科63种，占3.57%，硬骨鱼纲19目173科1700种，占96.43%，为鱼类组成的主体(表3-2-8)。

表3-2-8 本次调查记录的鱼类类群

鱼 类	目 数	科 数	种 数	种数所占比例(%)
软骨鱼纲	6	27	63	3.57
硬骨鱼纲	19	173	1700	96.43
合 计	25	200	1763	100

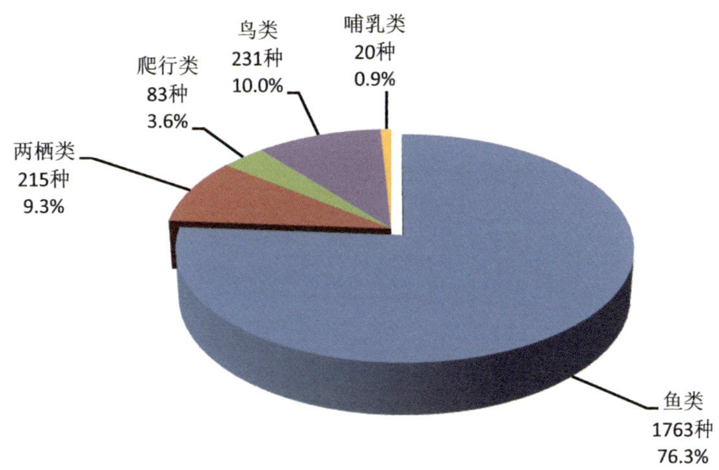

图 **3-2-1**　湿地调查记录到的脊椎动物类群组成及比例

【**软骨鱼纲**】

调查记录到鳐形目、鼠鲨目、六鳃鲨目、角鲨目、虎鲨目、电鳐目 6 个目 27 科 63 种。其中种类最多的鳐形目 11 科 28 种，占软骨鱼纲总种数的 44.44%，鼠鲨目 9 科 24 种，占 38.10%（表 3-2-9）。

表 3-2-9　本次调查记录到的软骨鱼纲类群

目	科　数	种　数	种数所占比例(%)
鳐形目	11	28	44.44
鼠鲨目	9	24	38.10
电鳐目	2	3	4.76
角鲨目	3	5	7.94
六鳃鲨目	1	1	1.59
虎鲨目	1	2	3.17
合　计	27	63	100

(1)鳐形目：在鳐形目种类中，记录到魟科鱼类 9 种，占该目总种数的 32.14%（表 3-2-10），9 种鱼类均为近海鱼类。其中，古氏魟(*Dasyatis kuhlii*)分布在广西北部湾北部浅海水域湿地等 4 处重点调查湿地；赤魟(*Dasyatis akajei*)分布在福建、广西、河北、江苏、辽宁和浙江等 6 省份的 41 处重点调查湿地；黄魟(*Dasyatis bennetti*)分布在福建、江苏和浙江等 3 省份的 25 处重点调查湿地；齐氏魟(*Dasyatis gerrardi*)仅分布在浙江舟山群岛海岸湿地 1 处重点调查湿地。

表 3-2-10 本次调查记录的鳐形目类群

类 群	种 数	比 例(%)
鲼科	2	7.14
蝠鲼科	1	3.57
魟科	9	32.14
团扇鳐科	2	7.14
燕魟科	3	10.71
鳐科	4	14.29
尖犁头鳐科	1	3.57
锯鳐科	1	3.57
犁头鳐科	3	10.71
鹞鲼科	1	3.57
圆犁头鳐科	1	3.57
合 计	28	100

(2)鼠鲨目：鼠鲨目 9 科 24 种中，真鲨科有 7 种，占鼠鲨目种数的 29.17%(表 3-2-11)，7 种鱼类均为近海鱼类。其中黑印真鲨(*Carcharhinus menisorrah*)分布在福建、河北、江苏和浙江等 4 省份的 15 处重点调查湿地；尖头斜齿鲨(*Scoliodon sorrakowah*)分布在福建、江苏、浙江 3 省份的 11 处重点调查湿地中；铅灰真鲨(*Carcharhinus plumbeus*)、尖吻鲨(*Rhizoprionodon acutus*)和侧条真鲨(*Carcharhinus limbatus*)仅分布在江苏的大丰麋鹿国家级自然保护区等 6 处重点调查湿地。

表 3-2-11 本次调查记录到的鼠鲨目类群

科	种 数	所占比例(%)
长尾鲨科	1	4.17
鲸鲨科	1	4.17
猫鲨科	4	16.67
鲭鲨科	1	4.17
双髻鲨科	2	8.33
须鲨科	2	8.33
真鲨科	7	29.17
皱唇鲨科	3	12.5
锥齿鲨科	3	12.5
合 计	24	100

【硬骨鱼纲】

硬骨鱼是本次调查记录到的鱼类的绝对主体，包括 19 目 173 科 1700 种，占调查记录鱼类种数的 96.15%。其中鲤形目和鲈形目鱼类是构成硬骨鱼类的主体，鲤形目鱼类包括 19 科 886 种，占硬骨鱼类的 52.12%，鲈形目鱼类包括 82 科 475 种，占 27.94%(表 3-2-12)。

表 3-2-12　本次调查记录到的硬骨鱼纲类群

目	科　数	种　数	种数所占比例(%)
鲤形目	19	886	52.12
鲈形目	82	475	27.94
鲱形目	15	88	5.18
鲟形目	2	4	0.24
合鳃鳝目	1	2	0.12
鳗鲡目	9	48	2.82
颌针鱼目	3	33	1.94
鲀形目	9	45	2.65
刺鱼目	5	13	0.76
鲻形目	4	22	1.29
鲟形目	2	9	0.53
鲽形目	8	48	2.82
鳕形目	4	8	0.47
灯笼鱼目	2	8	0.47
金眼鲷目	2	2	0.12
鮟鱇目	3	5	0.29
脂鲤目	1	2	0.12
海鲂目	1	1	0.06
海蛾鱼目	1	1	0.06
合　计	173	1700	100

(1)鲤形目：在鲤形目中，鲤科以 536 种占总种数的 60.50%，为绝对优势种；其次鳅科 164 种，占总种数的 18.51%(表 3-2-13)。这两个科全部为内陆鱼类。

表 3-2-13　本次调查记录到的鲤形目类群

科	种　数	所占比例(%)
北非鲶科	2	0.23
长臀鮠科	1	0.11
鲿科	38	4.29
钝头鮠科	7	0.79
海鲶科	4	0.45
胡子鲶科	3	0.34
鮰科	1	0.11
鲤科	536	60.50
粒鲶科	2	0.23
裸吻鱼科	1	0.11
鳗鲶科	2	0.23

（续）

科	种 数	所占比例(%)
鲶科	13	1.47
平鳍鳅科	59	6.66
鳅科	164	18.51
双孔鱼科	1	0.11
鮠科	1	0.11
胭脂鱼科	2	0.23
鲱科	47	5.3
鲇科	2	0.23
合 计	886	100

在鲤科鱼类中，鲤(*Cyprinus carpio*)分布在除西藏之外的我国大陆30个省份的747处重点调查湿地中，是分布最广泛的淡水鱼类。除鲤鱼外，我国的四大家鱼也是分布较广泛的鱼类，鳙(*Aristichthys nobilis*)、鲢(*Hypophtha lmichthys molitrix*)、草鱼(*Ctenopharyngodon idellus*)分布在除西藏、海南和甘肃之外的其他28个省份。此外，鲫(*Carassius auratus*)也是分布广泛的种类之一，除西藏和黑龙江外，全国29个省份都有记录。鲤科其他分布较广泛的种类还有：麦穗鱼(*Pseudorasbora parva*)分布在28个省份，鳘(*Hemiculter leucisculus*)、棒花鱼(*Abbottina rivularis*)分布在27省份，蛇鮈(*Saurogobio dabryi*)分布在24个省份，团头鲂(*Megalobrama amblycephala*)分布在23个省份，赤眼鳟(*Squaliobarbus curriculus*)分布在23个省份，马口鱼(*Opsariichthys bidens*)、花䱻(*Hemibarbus maculatus*)分布在22个省份，鳊(*Parabramis pekinensis*)分布在21个省份，宽鳍鱲(*Zacco platypus*)、银鲴(*Xenocypris argentea*)分布在20个省份，黑鳍鳈(*Sarcocheilichthys nigripinnis*)分布在19个省份，鳡(*Elopichthys bambusa*)、中华鳑鲏(*Rhodeus sinensis*)分布在18个省份。有293种仅分布在1个省份的1处或多处重点调查湿地中，成为区域性较强的种类。

在鳅科164种鱼类中，泥鳅(*Misgurnus anguillicaudatus*)是分布最为广泛的种类，在除青海、西藏、黑龙江之外的28个省份的643出重点调查湿地中均有分布。其次还有大鳞副泥鳅(*Paramisgurnus dabryanus*)分布在18个省份，中华花鳅(*Cobitis sinensis*)分布在12个省份，北方花鳅(*Cobitis granoci*)分布在11个省份。此外有106种仅分布在1个省份的1处或多处重点调查湿地中，成为区域性种类。

(2)鲈形目：在鲈形目82科475种鱼类中，鰕虎鱼科种类为79种，占鲈形目种类的16.63%，是鲈形目这个多科目中种类最多的科。其次为鮨科和鲹科各34种(表3-2-14)。

在鰕虎鱼科中，普栉鰕虎鱼(*Ctenogobius giurinus*)分布在安徽等13个省份的85处重点调查湿地中，是鰕虎鱼科分布省份最多的种类。子陵吻鰕虎鱼(*Rhinogobius giurinus*)分布在广西等11个省份的148处重点调查湿地中。此外还有31种仅分布在1个省份，有17种仅分布在1处重点调查湿地中。

表 3-2-14　本次调查记录到的鲈形目类群

科	种　数	所占比例(%)
鳢科	5	1.05
鲻科	34	7.16
斗鱼科	3	0.63
鰕虎鱼科	79	16.63
塘鳢科	18	3.79
刺鳅科	4	0.84
鲹科	34	7.16
鲷科	12	2.53
鲬科	8	1.68
鲳科	6	1.26
鲂鮄	11	2.32
拟鲈科	3	0.63
鳗鰕虎鱼科	2	0.42
隆头鱼科	5	1.05
鲉科	17	3.58
鳍科	3	0.63
银鲈科	6	1.26
带鱼科	5	1.05
长鲳科	2	0.42
大眼鲷科	3	0.63
鸡笼鲳科	2	0.42
无齿鲳科	1	0.21
眼镜鱼科	1	0.21
鯻科	5	1.05
松鲷科	1	0.21
螣科	2	0.42
鲈科	4	0.84
杜父鱼科	6	1.26
鲯鳅科	1	0.21
方头鱼科	2	0.42
绒皮鲉科	1	0.21
军曹鱼科	1	0.21
海鲫科	1	0.21
鳎科	7	1.47

（续）

科	种 数	所占比例(%)
南鲈科	1	0.21
发光鲷科	1	0.21
鲫科	2	0.42
双鳍鲳科	1	0.21
谐鱼科	1	0.21
石鲈科	9	1.89
笛鲷科	9	1.89
乌鲳科	1	0.21
石首鱼科	29	6.11
羊鱼科	9	1.89
毒鲉科	9	1.89
鲭科	13	2.74
天竺鲷科	13	2.74
鮨科	8	1.68
弹涂鱼科	5	1.05
丽鱼科	5	1.05
鲾科	15	3.16
双边鱼科	2	0.42
金线鱼科	3	0.63
篮子鱼科	2	0.42
蝴蝶鱼科	2	0.42
金钱鱼科	1	0.21
裸颊鲷科	1	0.21
须鳚科	4	0.84
赤刀鱼科	4	0.84
尖吻鲈科	1	0.21
攀鲈科	1	0.21
单鳍鱼科	1	0.21
白鲳科	2	0.42
雀鲷科	1	0.21
狮子鱼科	2	0.42
玉筋鱼科	1	0.21
绵鳚科	1	0.21
六线鱼科	2	0.42
石鲷科	2	0.42
鹰鱼翁科	1	0.21

（续）

科	种　数	所占比例(%)
蛇鲭科	1	0.21
棘鲬科	1	0.21
豹鲂鮄科	3	0.63
锥齿鲷科	1	0.21
刺尾鱼科	1	0.21
汤鲤科	1	0.21
眶棘鲈科	1	0.21
短鲬科	1	0.21
鳄齿鱼科	1	0.21
旗鱼科	1	0.21
合　计	475	100

2. 分布区域

在1579处重点调查湿地中记录到鱼类分布，有300种以上鱼类分布的有1处，为浙江舟山群岛海岸湿地，记录到606种鱼类；250～300种的有5处，为福建泉州湾湿地、福清湾湿地、长乐海蚌资源增殖保护区、厦门海洋珍稀物种国家级自然保护区、兴化湾湿地；200～249种的有9处，也均为福建的重点调查湿地，主要有湄洲湾湿地、平海湾湿地等；150～199种的有14处，包括福建沙埕港湿地等10处重点调查湿地，江苏启东长江口(北支)湿地省级自然保护区等3处重点调查湿地和江西赣江干流湿地；100～149种的有26处，包括福建围头湾湿地等9处重点调查湿地，广西北部湾北部浅海水域湿地等4处重点调查湿地，江苏盐城湿地珍禽国家级自然保护区等3处重点调查湿地，江西鄱阳湖等3处重点调查湿地，辽宁丹东鸭绿江口自然保护区等3处重点调查湿地，陕西汉江湿地等2处重点调查湿地，湖南凤滩水库和天津北大港；50～99种的有125处；49种以下的有1076处，其中仅记录到1种鱼类的有37处重点调查湿地(图3-2-2)。

图**3-2-2**　重点调查湿地鱼类种类统计

(二)两栖类

1. 种类组成

本次调查记录到两栖动物 215 种，包括蚓螈目 1 科 1 种，有尾目 3 科 31 种，无尾目 7 科 183 种。

2. 分 布

(1)蚓螈目。蚓螈目物种仅 1 种，即版纳鱼螈(*Ichthyophis bannanicus*)，仅在广西那林自然保护区和云南观音山自然保护区、纳板河流自然保护区、西双版纳自然保护区等 4 处出现，种群数量较少，属于偶见或稀有种。

(2)有尾目。有尾目物种 3 科 31 种，包括蝾螈科 14 种，小鲵科 16 种，隐鳃鲵科 1 种。

调查发现分布点相对较多的物种有东方蝾螈(*Cynops orientalis*)、黑斑肥螈(*Pachytriton brevipes*)、无斑肥螈(*Pachytriton labiatus*)、极北鲵(*Salamandrella keyserlingii*)、山溪鲵(*Batrachuperus pinchonii*)和西藏山溪鲵(*Batrachuperus tibetanus*)等。东方蝾螈在福建、河南、湖北、湖南、江苏、江西和浙江等 7 个省份的 46 处重点调查湿地有记录，为常见种；黑斑肥螈在福建、广西、江西和浙江等 4 省份的 29 处重点调查湿地有记录，为区域稀有种或偶见种；无斑肥螈在广西、贵州、湖南和浙江等 4 个省份的 24 处重点调查湿地有记录，为区域偶见种；极北鲵在黑龙江、辽宁和内蒙古等 3 个省份的 29 处重点调查湿地有记录，为区域偶见种；山溪鲵在甘肃、陕西、四川和云南等 4 省份的 16 处重点调查湿地有记录，在陕西分布区为常见种，其余分布区为偶见种。西藏山溪鲵在甘肃、青海、四川和西藏等 4 省份的 18 个重点调查湿地有记录，在西藏贡觉沼泽湿地为常见种，其余分布区为偶见种。此外，中国瘰螈(*Paramesotriton chinensis*)在浙江景宁望东垟高山湿地自然保护区等 3 处重点调查湿地为优势种，秦巴拟小鲵(*Pseudohynobius tsinpaensis*)在陕西安康瀛湖省级湿地自然保护区等 10 处重点调查湿地为常见种。

(3)无尾目。调查记录到无尾目物种 7 科 183 种，包括蛙科 76 种，姬蛙科 10 种，雨蛙科 7 种，树蛙科 31 种，蟾蜍科 10 种，角蟾科 45 种，铃蟾科 4 种。

无尾目动物中，中华蟾蜍(*Bufo gargarizans*)是分布广泛的物种，调查在 25 个省份的 671 处重点调查湿地中有记录，泽陆蛙(*Fejervarya multistriata*)在 21 个省份的 579 处重点调查湿地中有记录，其他分布省份在 10 个以上的物种还有中国林蛙(*Rana chensinensis*)、饰纹姬蛙(*Microhyla ornata*)、无斑雨蛙(*Hylaimmaculata*)、花背蟾蜍(*Bufo raddei*)、黑斑侧褶蛙(*Pelophylax nigromaculatus*)、沼水蛙(*Sylvirana guentheri*)、北方狭口蛙(*Kaloula borealis*)、小弧斑姬蛙(*Microhyla heymonsi*)、花臭蛙(*Odorrana schmackeri*)、粗皮姬蛙(*Microhyla butleri*)、金线侧褶蛙(*Pelophylax plancyi*)、华南湍蛙(*Amolops ricketti*)、黑眶蟾蜍(*Bufo melanostictus*)和斑腿泛树蛙(*Polypedates megacephalus*)。

在分布区或分布区域种群较大、比较常见的物种有 88 种，包括：雨蛙科华西雨蛙(*Hyla gongshanensis*)等 5 种，姬蛙科云南小峡口蛙(*Calluella yunnanensis*)等 9 种，树蛙科白斑小树蛙(*Philautus albopunctatus*)等 17 种，蛙科崇安湍蛙(*Amolops chunganensis*)等 37 种，蟾蜍科中华蟾蜍等 6 种，角蟾科短肢角蟾(*Megophrys brachykolos*)等 13 种。华西雨蛙在广西青龙山保护区等 17 处重点调查湿地为优势种，在云南哀牢山自然保护区等 57 处重点调查湿地为常见种。北方狭口蛙在北京、江苏、陕西和天津等 4 省份的 16 处重点调查湿地为常见种。斑腿泛树蛙在广西、贵州、湖南和云南等4省份的161处重点调查湿地为优势种，在江苏5处重点调查湿地为常见种。泽陆蛙在浙江、福建、广东、广西、贵州、湖南、上海和重庆等8省份的241处重点调查湿地为优势种，在安徽、湖北、江苏、西藏和云南等5个省份的182处重点调查湿地为常见种。宝兴齿蟾(*Oreolalax popei*)和宁陕齿突蟾(*Scutiger ningshanensis*)在陕西汉中朱鹮湿地自然保护区为常见种。东方铃蟾(*Bombina orientalis*)在山东昌邑柽柳林湿地公园、蓬莱平畅河湿地公园、枣庄月亮湾湿地公园为优势种，在北京怀沙怀九河自然保护区，吉林哈泥湿地、靖宇湿地，江苏白马湖和江苏溧阳市天目湖湿地自然保护区为常见种。

(三)爬行类

1. 种类组成

调查共记录到爬行动物236种，其中757处重点调查湿地记录到湿地爬行动物83种，包括龟鳖目5科23种，有鳞目6科59种，鳄目1科1种。

2. 分 布

(1)龟鳖目。调查记录到龟鳖目物种5科23种，其中包括鳖科5种，淡水龟科12种，海龟科4种，棱皮龟科1种，平胸龟科1种。

龟鳖目中分布较为广泛的为鳖(*Pelodiscus sinensis*)和乌龟(*Chinemys reevesii*)，其中鳖在重庆等24个省份的362处重点调查湿地均有发现，在浙江景宁望东垟自然保护区等13处重点调查湿地和广东海丰鸟类自然保护区为优势种，在陕西安康瀛湖省级湿地自然保护区等30处重点调查湿地、北京野鸭湖市级湿地自然保护区等6处重点调查湿地和江苏白马湖等43处重点调查湿地和广西大明山国家级自然保护区等37处重点调查湿地为常见种，在其余分布区为稀有种或偶见种。

乌龟在浙江等17个省份的203处重点调查湿地有记录。其中，在贵州大沙河省级自然保护区为优势种；在浙江景宁东垟高山湿地自然保护区等12处重点调查湿地，陕西洛南大鲵自然保护区、山东会宝岭水库等8处重点调查湿地，江苏高宝邵伯湖等39处重点调查湿地和广西大明山国家级自然保护区等11处重点调查湿地为常见种；其余分布区为稀有种或偶见种。

(2)有鳞目。调查记录到有鳞目物种6科59种，其中包括鳄蜥科1种，巨蜥科1种，鬣蜥科1种，石龙子科3种，眼镜蛇科11种，游蛇科42种。

有鳞目中分布较为广泛的主要为以下几种蛇类。赤链蛇(*Dinodon rufozonatum*)分布在重庆、浙江、云南、安徽、天津、陕西、山西、山东、江西、江苏、湖南、北京、湖北、黑龙江、河南、河北、贵州、广西和福建等19个省份的274处重点调查湿地中。其中，在广西的16处重点调查湿地为优势种；在重庆、浙江、安徽、天津、陕西、江西、江苏、湖南和北京等9个省份的191处重点调查湿地为常见种；其余分布区为稀有种或偶见种。

虎斑颈槽蛇(*Rhabdophis tigrinus*)分布在重庆、浙江、云南、天津、安徽、陕西、山西、山东、宁夏、江西、江苏、吉林、北京、湖北、黑龙江、河南、河北、贵州和福建等19个省份的265处重点调查湿地中。其中，在北京野鸭湖市级湿地自然保护区等6处重点调查湿地为优势种；在云南、天津、安徽、陕西、山西、江苏和吉林等6个省份的101处重点调查湿地为常见种；其余分布区为稀有种或偶见种。

乌梢蛇(*Zaocys dhumnades*)分布在重庆、浙江、天津、四川、陕西、山西、江苏、湖南、湖北、河南、贵州、广西、北京和福建等14个省份的281处重点调查湿地中。其中，在浙江、陕西和广西等3个省份的60处重点调查湿地中为优势种；在重庆、天津、江苏、湖南和福建等5个省份的97处重点调查湿地中为常见种；其余分布区为稀有种或偶见种。

锈链腹链蛇(*Amphiesma craspedogaster*)分布在浙江、云南、陕西、山西、江西、湖南、湖北、河南、贵州、广西和福建等11个省份的76处重点调查湿地中。其中，在广西壮族自治区的龟石水库湿地等7处重点调查湿地为优势种；其余分布区为稀有种或偶见种。

渔游蛇(*Xenochrophis piscator*)分布在浙江、云南、西藏、陕西、江西、湖南、海南、广西、广东和福建等10个省份的170处重点调查湿地中。其中，在广西的春秀—青龙山县级自然保护区等54个省份的重点调查湿地为优势种；在浙江、西藏、陕西、江西、湖南和福建等6个省份的92处重点调查湿地为优势种；其余分布区为稀有种或偶见种。

其他在超过100处重点调查湿地中记录到的种类还有中国水蛇(*Enhydris chinensis*)、银环蛇(*Bungarus multicinctus*)、乌华游蛇(*Sinonatrix percarinata*)、草腹链蛇(*Amphiesma stolatum*)和赤链华游蛇(*Sinonatrix annularis*)。

(3)鳄目。调查记录到鳄目物种1科1种，即扬子鳄(*Alligator sinensis*)，在安徽扬子鳄国家级自然保护区和浙江长兴扬子鳄自然保护区有记录。其中在安徽12个地点直接观察到50多条实体，另在7个地点发现有扬子鳄分布的证据，综合估计野生种群数量约为150条左右。安徽扬子鳄繁殖中心目前繁殖种群约有10000余条，浙江长兴扬子鳄自然保护区繁殖种群数量为3000余条，共计繁殖种群约13000余条。

(四)鸟 类

1. 种类组成

本次调查，共记录到鸟类772种，隶属21目75科。其中，记录到湿地鸟类13目33科231种。

在湿地鸟类中，鸻形目鸟类最多，为61种，占总种数的26.41%；雁形目鸟类40种，占17.32%；鹳形目和鸥形目鸟类均为29种，各占12.55%；鹤形目鸟类24种，占10.39%，其中涉禽和游禽占到了调查湿地鸟类的近80%(表3-2-15)。

表3-2-15 调查记录的湿地鸟类种类组成

序号	目名	科数	物种数	物种比例(%)
1	潜鸟目	1	3	1.30
2	䴙䴘目	1	5	2.16
3	鹱形目	1	1	0.43
4	鹈形目	3	6	2.60
5	鹳形目	3	29	12.55
6	雁形目	1	40	17.32
7	隼形目	2	5	2.16
8	鹤形目	2	24	10.39
9	鸻形目	8	61	26.41
10	鸥形目	5	29	12.55

（续）

序号	目名	科数	物种数	物种比例(%)
11	鸮形目	1	3	1.30
12	佛法僧目	1	5	2.16
13	雀形目	4	20	8.66
合　计		33	231	100

2. 分　布

本次调查，记录到湿地鸟类种数超过100种的有6处。其中，辽宁双台河口国家级自然保护区130种，辽阳双河市级自然保护区119种，丹东鸭绿江口湿地国家级自然保护区110种，大连庄河滨海湿地104种，本溪观音阁水库湿地101种；江苏如东沿海野生动物县级保护区100种。鸟类种数在90~99种的重点调查湿地有辽宁白石水库湿地县级自然保护区、江苏连云港近海与海岸湿地、辽宁葫芦岛狗河入海口湿地、辽宁蛇岛老铁山国家级自然保护区和瓦房店三台湿地5处；种数在80~89种的有8处；70~79种的有14处；60~69种的有15处；50~59种的有18处；40~49种的有32处；30~39种的有61处；20~29种的有97处；10~19种的有226处；10种以下的有852处(图3-2-3)。

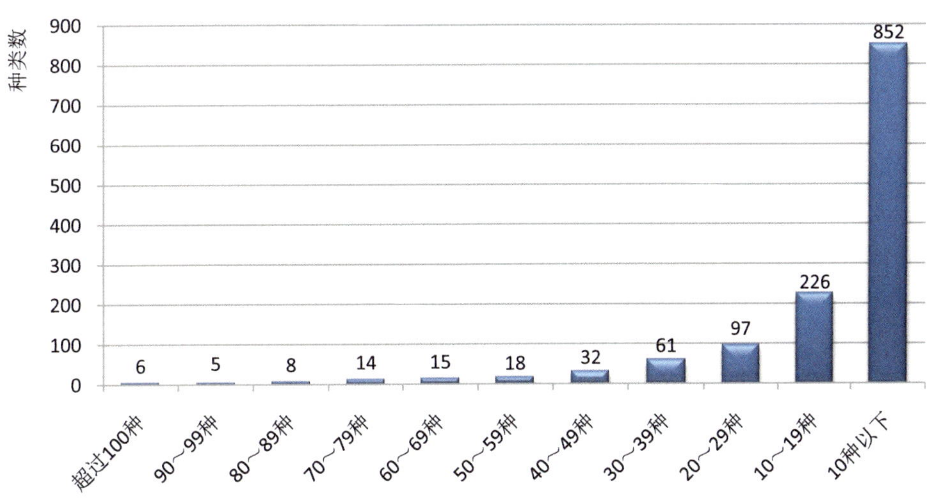

图**3-2-3**　重点调查湿地鸟类种数统计

调查记录到湿地鸟类总数1462483只。其中，超过5万只的重点调查湿地有2处，江苏如东沿海野生动物县级保护区记录到60393只；江苏连云港近海与海岸湿地记录到56968只。4万~5万只的2处，分别是山东长岛国家级自然保护区43657只；宁夏银川鸣翠湖国家湿地公园41954只。3万~4万只的2处，分别是江西鄱阳湖南矶湿地国家级自然保护区35269只；鄱阳湖34077只。2万~3万只的3处，分别是辽宁双台河口国家级自然保护区23530只，江苏石臼湖22178只，河南濮阳黄河湿地省级自然保护区21409只。1万~2万只的有18处，分别是西藏拉市海国际重要湿地、江西鄱阳湖国家级自然保护区、上海崇明东滩国际重要湿地、北京汉石桥市级湿地自然保护区、辽宁沈阳仙子湖自然保护区、云南泸沽湖国家重要湿地、上海长江口中华鲟自然保护区、上海崇明东滩鸟类国家级自然保护区、山东黄河三角洲国家级自然保护区、宁夏银川沙湖自然保护区、上海崇明岛周缘湿地、辽宁沈阳卧龙湖省级自然保护区、海南文昌七洲列岛湿地、云南昆明滇池、甘肃尕海则岔国家级自然保护区、河南黄河湿地国家级自然保护区、辽宁丹东鸭绿江口湿地国家级自然保护区、长兴岛和横沙岛周缘湿地。5000~10000 只的 48 处，1000~5000 只的 146 处，500~1000 只的 90 个，100~500 只的 288 处，100 只以下的 735 处(图 3-2-4)。

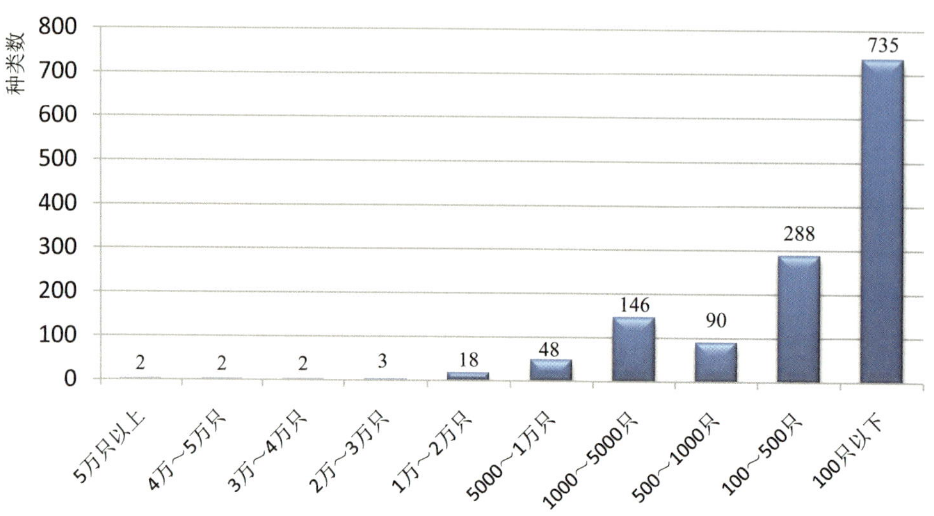

图 **3-2-4** 重点调查湿地鸟类数量统计

本次调查中，在国际重要湿地中记录到 163 种湿地鸟类，占调查记录到湿地鸟类种类的 70.56%，占我国湿地鸟类总种数的 49.85%。从数量上看，国际重要湿地记录到 135520 只湿地鸟类，占记录到鸟类总数量的 9.27%。

本次调查中，有 204 种湿地鸟类分布在 162 个国家重要湿地中，占本次调查记录到湿地鸟类的 88.31%，占我国湿地鸟类总种数 327 种的 62.39%。从数量上看，162 个国家重要湿地记录到 564653 只湿地鸟类，占记录到鸟类总数量 1462483 只的 38.61%。

3. 我国的鸟类迁徙路线

候鸟的分布区域一般是相对稳定的，有着相对固定的越冬地、繁殖地以及迁徙停歇地。在迁徙途中，鸟类要经过森林、草原、高山、大川、沙漠、岛屿和海滩，河流、山脉、山隘口或绿洲、湿地、海岸、海岛等明显的地貌特征可作为鸟类迁徙路线上的指示物，协助鸟类判断其所在的地理位置。往返于繁殖地和越冬地之间的迁徙个体或迁徙种群都有相对稳定的迁徙路线和迁徙停歇地，对于不同鸟类，这些迁徙路线和迁徙停歇地可能相同也可能不同。同一区域内许多鸟类的迁徙路线汇总在一起则形成了鸟类的迁徙通道。

我国是世界上鸟类资源最为丰富的国家之一。全世界共有鸟类 9700 多种，我国就有鸟类 1332 种，约占世界鸟类总数的 13.7%。其中有候鸟 600 多种，约占世界 3000 多种候鸟的 20%，迁徙鸟类数量约在 20 亿只以上，占世界候鸟类总数的 25% 左右。我国在地理位置上处于亚大地区候鸟南北、东西迁徙通道的较为关键的位置，起着中转站的作用，在全球的 8 条候鸟迁徙通道中，东亚—澳大利西亚、中亚—印度和东非—西亚这 3 条候鸟迁徙通道都与我国鸟类迁徙有密切关系。

（1）东亚—澳大利西亚迁徙路线。东亚—澳大利西亚迁徙路线是我国鸟类迁徙最重要的路线，涉及的候鸟大约500多种，种群数量达数千万只。该路线可以再细分成两条路线：①东部沿海路线。我国东北、华北的水鸟、猛禽、鸣禽等候鸟主要沿着这条路线迁飞到华东、华南地区以及东南亚越冬，红腹滨鹬（*Calidris canutus*）等小型涉禽甚至更远地飞到澳大利亚和新西兰及其附属岛屿。②中部路线，包括内蒙古东部、华北西部以及陕西省。候鸟主要沿着太行山、吕梁山越过秦岭、大巴山飞到四川以及华中、华南地区去越冬。

在本迁徙路线上，我国东部区域迁徙的水鸟有近300种，主要包括大部分雁鸭类以及鸻鹬类水鸟，是我国水鸟迁徙的主要区域。其中国家Ⅰ级保护鸟类有东方白鹳、丹顶鹤、白枕鹤、白头鹤、白鹤、中华秋沙鸭等；国家Ⅱ级保护鸟类有蓑羽鹤、大天鹅、黑脸琵鹭等。

本次调查共计在东部迁徙区域记录到湿地水鸟12目35科250种，其中国家Ⅰ级保护鸟类6目10科13种，国家Ⅱ级保护鸟类9目13科35种。国家Ⅰ级保护鸟类东方白鹳越冬期数量为3200余只；白鹤越冬期数量为1550只左右（图3-2-5）。

在本次调查的东线53个重点调查湿地中，共计调查到湿地水鸟9目24科191种，记录到的水鸟种数占东部迁徙通道水鸟种数的76.4%。

（2）中亚—印度迁徙路线。在干旱草原地带，包括内蒙古、甘肃、青海等省区的候鸟，主要沿青藏高原向南迁徙到达四川以及更南部的云贵高原，我国西藏地区的候鸟有一部分到印度去越冬。

中亚—印度迁徙路线是我国鸟类迁徙的重要路线，涉及候鸟约300种，数量约数百万只。主要特点是有高比例的高原鸟类。特色鸟类包括黑颈鹤（*Grus nigricollis*）、斑头雁（*Anser indicus*）、棕头鸥（*Larus brunnicephalus*）、鸬鹚以及多种猛禽等。

中亚路线上我国东部区域迁徙的水鸟有近200种，主要包括一些雁鸭类和部分猛禽。其中国家Ⅰ级保护鸟类有黑颈鹤、遗鸥等；国家Ⅱ级保护鸟类有白琵鹭、白额雁、疣鼻天鹅等。

本次调查共计在中部迁徙区域记录到湿地水鸟12目25科154种，其中国家Ⅰ级保护鸟类5目5科6种，国家Ⅱ级保护鸟类7目8科15种（图3-2-5）。

在本次调查中，中亚—印度路线的26个区域中，共计调查到湿地水鸟9目15科97种，记录到的水鸟种数占中部迁徙通道水鸟种数的62.99%。

在中部迁徙路线涉及的监测的4种重要水鸟中，国家Ⅰ级保护鸟类有2种，其余2种为濒危程度高或受国际关注度高的种类。

（3）东非—西亚迁徙路线。东非—西亚路线在我国仅涉及新疆维吾尔自治区。新疆鸟类有450多种，其中候鸟约300种。每年迁徙的鸟类数量庞大，总数量在数百万只。有很多西亚甚至欧洲地区的鸟类在本地区有分布。重要的候鸟包括大鸨、波斑鸨、黑鹳、白头硬尾鸭，多种猛禽等在本地繁殖。大红鹳迁徙时经过本地区。大苇莺、黄鹡鸰、黄喉蜂虎等许多雀形目鸟类繁殖过后飞到非洲越冬。

在东非—西亚路线中，我国西部区域迁徙的水鸟约有130种，大多数种类也广泛分布于国内其他区域。

本次调查共计在西部迁徙区域记录到湿地水鸟9目16科110种，其中国家Ⅰ级保护鸟类3目

3 科 3 种，国家Ⅱ级保护鸟类6 目8 科13 种(图3-2-5)。在涉及的5 个区域中，共计调查到湿地水鸟 8 目 13 科 86 种，记录到的水鸟种数占东部迁徙通道水鸟种数的 78.18%。

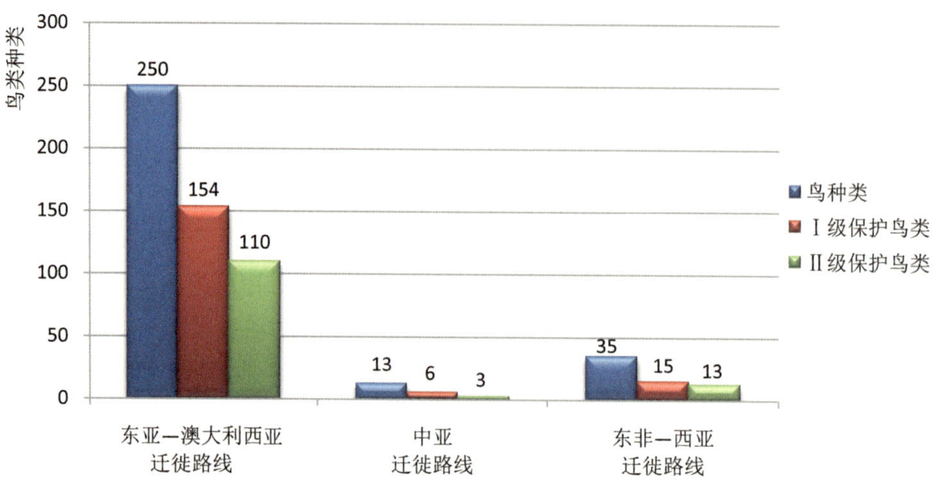

图 **3-2-5** 我国境内 **3** 条迁徙路线鸟类物种比较

(五)哺乳类

1. 种类组成

本次调查，共计发现哺乳动物296 种，隶属7 目10 科，其中记录到湿地哺乳动物20 种(表3-2-16)。

表 3-2-16 本次调查记录的湿地哺乳动物种类及记录频次

目	科	种	拉丁名	有记录的省份个数	有记录的调查湿地个数
翼手目	蝙蝠科	大足鼠耳蝠	*Myotis rickett*	3	16
食虫目	鼩鼱科	喜马拉雅水麝鼩	*Chimarrogale himalayica*	11	89
食虫目	鼩鼱科	四川水麝鼩	*Chimarrogale styani*	6	58
食虫目	鼩鼱科	蹼麝鼩	*Nectogale elegans*	5	42
食肉目	鼬科	江獭	*Lutra perspicillata*	1	8
食肉目	鼬科	水獭	*Lutra lutra*	25	270
食肉目	鼬科	小爪水獭	*Aonyx cinerea*	4	22
食肉目	鼬科	水貂	*Mustla vison*	2	10
偶蹄目	鹿科	水鹿	*Cervus unicolor*	6	27
偶蹄目	鹿科	麋鹿	*Elaphurus dividianus*	3	7
偶蹄目	鹿科	河麂	*Hydropotes inermis*	6	40
啮齿目	河狸科	河狸	*Castor fiber*	1	1
啮齿目	仓鼠科	水鼮	*Arvicola terrestris*	1	24
啮齿目	仓鼠科	麝鼠	*Ondatra zibethicus*	11	147

（续）

目	科	种	拉丁名	有记录的省份个数	有记录的调查湿地个数
啮齿目	仓鼠科	东方田鼠	*Microtus fortis*	8	104
啮齿目	仓鼠科	莫氏田鼠	*Microtus maximowiczii*	3	13
鳍脚目	海豹科	髯海豹	*Erignathus barbatus*	1	0
鲸目	白鳍豚科	白鳍豚	*Lipotes vexillifer*	2	5
鲸目	鼠海豚科	江豚	*Neophocaena phocaenoides*	7	28
鲸目	海豚科	中华白海豚	*Sousa chinensis*	2	29

2. 分　布

除水獭(*Lutra lutra*)分布较广外，其他分布较多的种类还有麝鼠(*Ondatra zibethicus*)、喜马拉雅水麝鼩(*Chimarrogale himalayica*)、东方田鼠(*Microtus fortis*)等种类。

麝鼠出现在11个省份的147处重点调查湿地中。其中，在宁夏为优势种，出现在哈巴湖国家级自然保护区等15处重点调查湿地；在江苏和黑龙江为常见种。

喜马拉雅水麝鼩也出现在11个省份的89处重点调查湿地中。其中，在湖南的凤滩水库湿地等4处重点调查湿地为常见种；在浙江有记录，但本次调查未发现。

东方田鼠记录较多，共在8个省份的104处重点调查湿地记录到。其中，在浙江的常山县同弓太公山鸟类自然保护区等6处重点调查湿地和湖南大通湖湖泊湿地等19处重点调查湿地为优势种。

水鼩出现在新疆阿尔泰山东南部湿地、阿尔泰山两河源头自然保护区等24处重点调查湿地。

第三节 珍稀濒危湿地动物

本次调查共记录到国家级重点保护动物91种，其中无脊椎动物1种，即软体动物门双壳纲蚌目蚌科佛耳丽蚌(*Lamprotula mantsuyi*)，为国家Ⅱ级保护动物。脊椎动物90种，占调查记录的脊椎动物物种总数的3.89%。其中，国家Ⅰ级保护动物种类有24种；国家Ⅱ级保护种类有66种(表3-2-17)。

表3-2-17　本次调查记录的各类群国家级重点保护动物种数

类　别	国家Ⅰ级	国家Ⅱ级	合　计
无脊椎动物	0	1	1
鱼类	4	9	13
两栖类	0	5	5
爬行类	4	8	12
鸟类	12	37	49
哺乳类	4	7	11
合　计	24	67	91

一、无脊椎动物

蚌目蚌科佛耳丽蚌是本次调查无脊椎动物中唯一记录到的国家Ⅱ级保护动物，其仅分布在广西左江佛耳丽蚌自治区级自然保护区1处重点调查湿地，为分布区稀有种。

二、脊椎动物

(一)鱼 类

硬骨鱼纲记录到国家级保护鱼类13种，其中国家Ⅰ级保护种类4种，国家Ⅱ级保护种类9种(表3-2-18)。

表3-2-18 硬骨鱼纲的国家重点保护动物

目	科	种	拉丁名	保护级别
鲤形目	鲤科	新疆大头鱼	*Aspiorhynchus laticeps*	国家Ⅰ级
鲟形目	匙吻鲟科	白鲟	*Psephurus gladius*	国家Ⅰ级
鲟形目	鲟科	中华鲟	*Acipenser sinensis*	国家Ⅰ级
鲟形目	鲟科	达氏鲟	*Acipenser dabryanus*	国家Ⅰ级
鲑形目	鲑科	秦岭细鳞鲑	*Brachymystax lenok tsinlingensis*	国家Ⅱ级
鲑形目	鲑科	四川哲罗鱼	*Hucho bleekeri*	国家Ⅱ级
鲤形目	鲤科	大头鲤	*Cyprinus pellegrini*	国家Ⅱ级
鲤形目	鲤科	滇池金线鲃	*Sinocyclocheilus grahami*	国家Ⅱ级
鲤形目	鲤科	大理裂腹鱼	*Schizothorax taliensis*	国家Ⅱ级
鲤形目	胭脂鱼科	胭脂鱼	*Myxocyprinus asiaticus*	国家Ⅱ级
鲈形目	杜父鱼科	松江鲈	*Trachidermus fasciatus*	国家Ⅱ级
鲈形目	石首鱼科	黄唇鱼	*Bahaba taipingensis*	国家Ⅱ级
鳗鲡目	鳗鲡科	花鳗鲡	*Anguilla marmorata*	国家Ⅱ级

硬骨鱼纲的保护物种一般分布较为狭窄，除胭脂鱼(*Myxocyprinus asiaticus*)分布在10个省份，中华鲟(*Acipenser sinensis*)沿长江分布在9个省份外，其余种类仅分布在不超过4个省份的范围内。

新疆大头鱼(*Aspiorhynchus laticeps*)仅分布在新疆的阿克苏湿地等14处重点调查湿地。白鲟(*Psephurus gladius*)分布在湖南、江苏、江西、浙江等4个省份的14处重点调查湿地。达氏鲟(*Acipenser dabryanus*)分布在河南、云南和浙江等3省份的4处重点调查湿地。

(二)两栖类

本次调查记录到国家Ⅱ级保护两栖类动物5种，即大鲵(*Andrias davidianus*)、细痣疣螈(*Tylototriton asperrimus*)、贵州疣螈(*Tylototriton eichowensis*)、红瘰疣螈(*Tylototriton shanjing*)和虎纹蛙(*Hoplobatrachus rugulosus*)，隶属2目3科(表3-2-19)。

表 3-2-19　两栖类的国家重点保护动物

目	科	种	拉丁名	保护级别
有尾目	隐鳃鲵科	大鲵	*Andrias davidianus*	国家Ⅱ级
有尾目	蝾螈科	细痣疣螈	*Tylototriton asperrimus*	国家Ⅱ级
有尾目	蝾螈科	贵州疣螈	*Tylototriton eichowensis*	国家Ⅱ级
有尾目	蝾螈科	红瘰疣螈	*Tylototriton shanjing*	国家Ⅱ级
无尾目	蛙科	虎纹蛙	*Hoplobatrachus rugulosus*	国家Ⅱ级

(1)大鲵出现在北京、甘肃、广东、广西、贵州、河北、河南、湖北、湖南、江西、宁夏、青海、山西、陕西、四川、浙江和重庆等17个省份的77处重点调查湿地中。其中，广西的大瑶山国家级自然保护区等23处重点调查湿地为当地稀有种；陕西安康瀛湖省级湿地自然保护区等12处重点调查湿地为当地常见种；河南丹江口水库区湿地等9处重点调查湿地，四川的柏林湖国家湿地公园等8处重点调查湿地，湖北的骡马河大鲵自然保护小区等5处重点调查湿地，江西的官山国家级自然保护区等4处重点调查湿地，甘肃的白水江国家级自然保护区等3处重点调查湿地，贵州的都柳江湿地等2处重点调查湿地，河北的平山冶河黑鹳觅食地自然保护小区等2处重点调查湿地，山西的历山国家级自然保护区等2处重点调查湿地，北京的拒马河市级水生野生动物自然保护区，广东的连南大鲵省级自然保护区，湖南的张家界大鲵国家级自然保护区，宁夏的沙湖自然保护区，青海的通天河保护分区，浙江的衢州乌溪江国家湿地公园，重庆的三峡水库湿地均为当地偶见种或稀有种。

(2)细痣疣螈在甘肃、广西、贵州和湖南的13处重点调查湿地有记录，种群较少，为偶见种或稀有种。

(3)贵州疣螈在贵州百里杜鹃省级自然保护区等7处重点调查湿地和云南乌蒙山省级自然保护区有记录，为稀有种或偶见种。

(4)红瘰疣螈在云南阿姆山省级自然保护区等33处重点调查湿地中有记录，为当地常见种，具有一定种群数量。

(5)虎纹蛙是无尾目唯一的国家重点保护物种，本次调查在安徽、福建、广东、广西、贵州、海南、河南、湖北、湖南、江西、云南和浙江等12个省份的221处重点调查湿地中有发现，其中在广西的66处重点调查湿地中种群数量较大，为区域优势种，其余分布区为稀有种或偶见种。

(三)爬行类

本次调查共记录到国家重点保护爬行动物12种，隶属3目7科。其中国家Ⅰ级保护物种有扬子鳄(*Alligator sinensis*)、鼋(*Pelochelys cantorii*)、鳄蜥(*Shinisaurus crocodilurus*)和圆鼻巨蜥(*Varanus salvator*)等4种；国家Ⅱ级保护物种有地龟(*Geoemyda spengleri*)、三线闭壳龟(*Cuora trifasciata*)、蠵龟(*Caretta caretta*)、海龟(*Chelonia mydas*)、玳瑁(*Eretmochelys imbricata*)、丽龟(*Lepidochelys olivacea*)、棱皮龟(*Dermochelys coriacea*)和山瑞龟(*Palea steindachneri*)等8种(表3-2-20)。

表 3-2-20 爬行纲中的国家重点保护物种

目	科	种	拉丁名	保护级别
鳄目	鼍科	扬子鳄	*Alligator sinensis*	国家Ⅰ级
龟鳖目	鳖科	鼋	*Pelochelys cantorii*	国家Ⅰ级
有鳞目	鳄蜥科	鳄蜥	*Shinisaurus crocodilurus*	国家Ⅰ级
有鳞目	巨蜥科	圆鼻巨蜥	*Varanus salvator*	国家Ⅰ级
龟鳖目	淡水龟科	地龟	*Geoemyda spengleri*	国家Ⅱ级
龟鳖目	淡水龟科	三线闭壳龟	*Cuora trifasciata*	国家Ⅱ级
龟鳖目	海龟科	蠵龟	*Caretta caretta*	国家Ⅱ级
龟鳖目	海龟科	海龟	*Chelonia mydas*	国家Ⅱ级
龟鳖目	海龟科	玳瑁	*Eretmochelys imbricata*	国家Ⅱ级
龟鳖目	海龟科	丽龟	*Lepidochelys olivacea*	国家Ⅱ级
龟鳖目	棱皮龟科	棱皮龟	*Dermochelys coriacea*	国家Ⅱ级
龟鳖目	鳖科	山瑞鳖	*Palea steindachneri*	国家Ⅱ级

(1)扬子鳄是中国的特有种，是世界上体型最细小的鳄鱼之一。它既是古老的，又是现在生存数量非常稀少、世界上濒临灭绝的爬行动物，具有早先恐龙类爬行动物的许多特征，对于研究古代爬行动物的兴衰和研究古地质学和生物进化，都有重要意义。本次调查在安徽扬子鳄国家级自然保护区观察到 50 多条实体，估计野生种群数量约为 150 条左右。

(2)鼋出现在云南、广西、广东、福建和浙江等 5 个省份的 22 处重点调查湿地中，整体种群较为稀有。在广西的 13 处重点调查湿地中为稀有种；在其余分布区为偶见种。

(3)鳄蜥是我国特有种，仅在广西有分布。本次调查在广西的大瑶山国家级自然保护区、姑婆山自治区级自然保护区、古修自治区级自然保护区、金秀老山自治区级自然保护区和七冲自治区级自然保护区 5 处重点调查湿地有记录。

(4)圆鼻巨蜥仅在云南记录到，其分布在昌宁澜沧江县级自然保护区等 17 处重点调查湿地，为偶见种。

(5)地龟仅分布在广西的大瑶山国家级自然保护区、架桥岭自治区级自然保护区、金秀老山自治区级自然保护区等 14 处重点调查湿地中，在分布区内为常见种。

(6)三线闭壳龟分布在广东的河源新丰江水库等 6 处重点调查湿地和广西的百色水利枢纽库区湿地等 8 处重点调查湿地中。其中，在广西的分布区为稀有种；在广东的分布区内为偶见种。

(7)蠵龟在江苏和福建有记录。其中，在江苏的盐城湿地珍禽国家级自然保护区等 6 处重点调查湿地为常见种；在福建的东山湾湿地等 23 处重点调查湿地为稀有种。

(8)海龟在浙江、江苏、广西、广东和福建等 5 个省份的 41 处重点调查湿地有记录。在福建东山湾湿地、诏安湾湿地、长乐海蚌资源增殖保护区和闽江河口国家湿地公园等 27 处重点调查湿地中为稀有种；在其他分布区为偶见种。

(9)玳瑁在浙江、江苏和福建等 3 个省份的 34 处重点调查湿地中有记录。其中，在江苏的大丰麋鹿、如东沿海、盐城湿地珍禽、启动长江口(北支)自然保护区及连云港近海与海岸湿地、盐城近海与海岸湿地 6 处重点调查湿地为常见种；在福建的福清兴化湾鸟类县级自然保护区等 26 处重点调查湿地为稀有种；在浙江的定海五峙山鸟类栖息和繁殖保护区、南麂列岛自然保护区湿地2处重点调查湿地为偶见种。

（10）丽龟在江苏、福建和浙江有分布，其中江苏的大丰麋鹿国家级自然保护区等5处重点调查湿地为常见种，在福建的泉州湾河口湿地省级自然保护区等27处重点调查湿地为稀有种，浙江为历史资料，偶见。

（11）棱皮龟在浙江、江苏、广东和福建等4个省份的35处重点调查湿地有记录。其中，在江苏的盐城近海与海岸带湿地、连云港近海与海岸带湿地、盐城湿地珍禽国家级自然保护区为常见种；在福建的九龙江河口湿地等26处重点调查湿地为稀有种；在浙江的定海五峙山鸟类栖息和繁殖保护区和广东的大亚湾海洋生态省级自然保护区和惠东港口海龟自然保护区等5处重点调查湿地为偶见种。

（12）山瑞鳖在云南和广西等2个省份的36处重点调查湿地有记录。其中，在广西的凤亭河水库湿地等25处重点调查湿地为常见种；在云南的观音山省级自然保护区、河口南溪河水生野生动物州级自然保护区、红河干流等11处重点调查湿地为偶见种。

(四)鸟　类

1. 重点保护鸟类种类与数量

在记录到的231种湿地鸟类中，有国家重点保护鸟类49种。其中，国家Ⅰ级保护鸟类12种；国家Ⅱ级保护鸟类37种（表3-2-21）。

表3-2-21　国家重点保护湿地鸟类名录

序号	目　名	科　名	种　名	拉丁名	保护等级
1	鹳形目	鹳科	东方白鹳	*Ciconia boyciana*	国家Ⅰ级
2	鹳形目	鹳科	黑鹳	*Ciconia nigra*	国家Ⅰ级
3	鹳形目	鹮科	朱鹮	*Nipponia nippon*	国家Ⅰ级
4	雁形目	鸭科	中华秋沙鸭	*Mergus squamatus*	国家Ⅰ级
5	隼形目	鹰科	玉带海雕	*Haliaeetus leucoryphus*	国家Ⅰ级
6	隼形目	鹰科	虎头海雕	*Haliaeetus pelagicus*	国家Ⅰ级
7	隼形目	鹰科	白尾海雕	*Haliaeetus albicilla*	国家Ⅰ级
8	鹤形目	鹤科	白鹤	*Grus leucogeranus*	国家Ⅰ级
9	鹤形目	鹤科	白头鹤	*Grus monacha*	国家Ⅰ级
10	鹤形目	鹤科	丹顶鹤	*Grus japonensis*	国家Ⅰ级
11	鹤形目	鹤科	黑颈鹤	*Grus nigricollis*	国家Ⅰ级
12	鸥形目	鸥科	遗鸥	*Larus relictus*	国家Ⅰ级
13	䴙䴘目	䴙䴘科	赤颈䴙䴘	*Podiceps grisegena*	国家Ⅱ级
14	䴙䴘目	䴙䴘科	角䴙䴘	*Podiceps auritus*	国家Ⅱ级
15	鹈形目	鸬鹚科	海鸬鹚	*Phalacrocorax*	国家Ⅱ级
16	鹈形目	鹈鹕科	白鹈鹕	*Pelecanus onocrotalus*	国家Ⅱ级
17	鹈形目	鹈鹕科	斑嘴鹈鹕	*Pelecanus philippensis*	国家Ⅱ级
18	鹳形目	鹮科	彩鹮	*Ibis leucocephalus*	国家Ⅱ级

（续）

序号	目 名	科 名	种 名	拉丁名	保护等级
19	鹳形目	鹮科	［黑头］白鹮	*Threskiornis melanocephalus*	国家Ⅱ级
20	鹳形目	鹮科	彩鹮	*Plegadis falcinellus*	国家Ⅱ级
21	鹳形目	鹮科	黑脸琵鹭	*Platalea minor*	国家Ⅱ级
22	鹳形目	鹮科	白琵鹭	*Platalea leucorodia*	国家Ⅱ级
23	鹳形目	鹭科	海南虎斑鳽	*Gorsachius magnificus*	国家Ⅱ级
24	鹳形目	鹭科	黄嘴白鹭	*Egretta eulophotes*	国家Ⅱ级
25	鹳形目	鹭科	小苇鳽	*Ixobrychus minutus*	国家Ⅱ级
26	鹳形目	鹭科	岩鹭	*Egretta sacra*	国家Ⅱ级
27	雁形目	鸭科	小天鹅	*Cygnus columbianus*	国家Ⅱ级
28	雁形目	鸭科	疣鼻天鹅	*Cygnus olor*	国家Ⅱ级
29	雁形目	鸭科	鸳鸯	*Aix galericulata*	国家Ⅱ级
30	雁形目	鸭科	红胸黑雁	*Branta ruficollis*	国家Ⅱ级
31	雁形目	鸭科	白额雁	*Anser albifrons*	国家Ⅱ级
32	雁形目	鸭科	大天鹅	*Cygnus cygnus*	国家Ⅱ级
33	隼形目	鹗科	鹗	*Pandion haliatus*	国家Ⅱ级
34	隼形目	鹰科	栗鸢	*Haliastur indus*	国家Ⅱ级
35	鹤形目	鹤科	白枕鹤	*Grus vipio*	国家Ⅱ级
36	鹤形目	鹤科	灰鹤	*Grus grus*	国家Ⅱ级
37	鹤形目	鹤科	蓑羽鹤	*Anthropoides virgo*	国家Ⅱ级
38	鹤形目	鹤科	沙丘鹤	*Grus canadensis*	国家Ⅱ级
39	鹤形目	秧鸡科	花田鸡	*Porzana exquisite*	国家Ⅱ级
40	鹤形目	秧鸡科	长脚秧鸡	*Crex crex*	国家Ⅱ级
41	鹤形目	秧鸡科	姬田鸡	*Porzana parva*	国家Ⅱ级
42	鸻形目	鹬科	小青脚鹬	*Tringa guttifer*	国家Ⅱ级
43	鸻形目	鹬科	小杓鹬	*Numenius minutus*	国家Ⅱ级
44	鸥形目	鸥科	小鸥	*Larus minutus*	国家Ⅱ级
45	鸥形目	燕鸥科	黑浮鸥	*Chlidonias niger*	国家Ⅱ级
46	鸥形目	燕鸥科	中华凤头燕鸥	*Thalasseus bernsteini*	国家Ⅱ级
47	鸮形目	鸱鸮科	褐渔鸮	*Ketupa zeylonensis*	国家Ⅱ级
48	鸮形目	鸱鸮科	黄脚渔鸮	*Ketupa flavipes*	国家Ⅱ级
49	鸮形目	鸱鸮科	毛腿渔鸮	*Ketupa blakistoni*	国家Ⅱ级

在49种保护鸟类中，除白鹈鹕(*Pelecanus onocrotalus*)和小鸥(*Larus minutus*)为新疆资料中的数据，野外调查没有发现实体外，其余47种均记录到了实体。主要保护鸟类调查情况见表3-2-22。

表 3-2-22 调查记录的保护鸟类数量

序号	目 名	科 名	种 名	拉丁名	越冬地调查数量(只)	繁殖地调查数量(只)	迁徙停歇地调查数量(只)
1	鹳形目	鹳科	东方白鹳	*Ciconia boyciana*	4086	2803	1412
2	鹳形目	鹳科	黑鹳	*Ciconia nigra*	215	653	276
3	鹳形目	鹮科	朱鹮	*Nipponia nippon*		1149	
4	雁形目	鸭科	中华秋沙鸭	*Mergus squamatus*	60	150	367
5	隼形目	鹰科	玉带海雕	*Haliaeetus leucoryphus*		2	3
6	隼形目	鹰科	虎头海雕	*Haliaeetus pelagicus*			2
7	隼形目	鹰科	白尾海雕	*Haliaeetus albicilla*	1		1
8	鹤形目	鹤科	白鹤	*Grus leucogeranus*	2361	245	693
9	鹤形目	鹤科	白头鹤	*Grus monacha*	1082	197	426
10	鹤形目	鹤科	丹顶鹤	*Grus japonensis*	22	351	1423
11	鹤形目	鹤科	黑颈鹤	*Grus nigricollis*	757	272	593
12	鸥形目	鸥科	遗鸥	*Larus relictus*	104	376	111
13	䴙䴘目	䴙䴘科	赤颈䴙䴘	*Podiceps grisegena*		8	46
14	䴙䴘目	䴙䴘科	角䴙䴘	*Podiceps auritus*	2	88	67
15	鹈形目	鸬鹚科	海鸬鹚	*Phalacrocorax*		34	15
16	鹈形目	鹈鹕科	斑嘴鹈鹕	*Pelecanus philippensis*		58	18
17	鹳形目	鹳科	彩鹳	*Ibis leucocephalus*	3		
18	鹳形目	鹮科	[黑头]白鹮	*Threskiornis melanocephalus*	14		390
19	鹳形目	鹮科	彩鹮	*Plegadis falcinellus*			2
20	鹳形目	鹮科	黑脸琵鹭	*Platalea minor*	92	25	111
21	鹳形目	鹮科	白琵鹭	*Platalea leucorodia*	3535	1440	4714
22	鹳形目	鹭科	海南虎斑鳽	*Gorsachius magnificus*	10	1	
23	鹳形目	鹭科	黄嘴白鹭	*Egretta eulophotes*	268	764	1167
24	鹳形目	鹭科	小苇鳽	*Ixobrychus minutus*	38	17	
25	鹳形目	鹭科	岩鹭	*Egretta sacra*	1	3	18
26	雁形目	鸭科	小天鹅	*Cygnus columbianus*	33926	84	2559
27	雁形目	鸭科	疣鼻天鹅	*Cygnus olor*	2	75	907
28	雁形目	鸭科	鸳鸯	*Aix galericulata*	426	1402	7127
29	雁形目	鸭科	红胸黑雁	*Branta ruficollis*	110		
30	雁形目	鸭科	白额雁	*Anser albifrons*	7020	2164	1848
31	雁形目	鸭科	大天鹅	*Cygnus cygnus*	4145	2333	1908
32	隼形目	鹗科	鹗	*Pandion haliatus*	33	91	117
33	隼形目	鹰科	栗鸢	*Haliastur indus*		5	
34	鹤形目	鹤科	白枕鹤	*Grus vipio*	9466	109	1005
35	鹤形目	鹤科	灰鹤	*Grus grus*	2998	1040	3533
36	鹤形目	鹤科	蓑羽鹤	*Anthropoides virgo*	4	690	1281
37	鹤形目	鹤科	沙丘鹤	*Grus canadensis*	33		
38	鹤形目	秧鸡科	花田鸡	*Porzana exquisite*	90		7

（续）

序号	目 名	科 名	种 名	拉丁名	越冬地调查数量(只)	繁殖地调查数量(只)	迁徙停歇地调查数量(只)
39	鹤形目	秧鸡科	长脚秧鸡	*Crex crex*		2	3
40	鹤形目	秧鸡科	姬田鸡	*Porzana parva*		509	329
41	鸻形目	鹬科	小青脚鹬	*Tringa guttifer*	97	534	533
42	鸻形目	鹬科	小杓鹬	*Numenius minutus*	53	2518	1458
43	鸥形目	燕鸥科	黑浮鸥	*Chlidonias niger*		4120	2
44	鸥形目	燕鸥科	中华凤头燕鸥	*Thalasseus bernsteini*	18		
45	鸮形目	鸱鸮科	褐渔鸮	*Ketupa zeylonensis*		1	
46	鸮形目	鸱鸮科	黄脚渔鸮	*Ketupa flavipes*	4	2	
47	鸮形目	鸱鸮科	毛腿渔鸮	*Ketupa blakistoni*		3	

在这些保护鸟类中，在国际重要湿地中记录到国家Ⅰ级保护鸟类7种，国家Ⅱ级保护鸟类20种，受保护鸟类种数占调查记录保护鸟类的55.10%，占国家重点保护湿地鸟类的42.19%。在国家重要湿地中记录到国家Ⅰ级保护鸟类10种，国家Ⅱ级保护鸟类32种，保护鸟类种数占调查记录保护鸟类49种的85.71%，占国家重点保护湿地鸟类64种的65.63%。说明国际重要湿地和国家重要湿地在湿地鸟类保护中起到了较大作用。

（五）哺乳类

在记录到的20种湿地哺乳动物中，国家级重点保护物种有11种，隶属4目7科。其中国家Ⅰ级保护动物有河狸(*Castor fiber*)、麋鹿(*Elaphurus dividianus*)、白鳍豚(*Lipotes vexillifer*)和中华白海豚(*Sousa chinensis*)等4种，国家Ⅱ级保护动物有河麂(*Hydropotes inermis*)、水鹿(*Cervus unicolor*)、江獭(*Lutra perspicillata*)、水獭(*Lutra lutra*)、小爪水獭(*Aonyx cinerea*)、髯海豹(*Erignathus barbatus*)和江豚(*Neophocaena phocaenoides*)等7种(表3-2-23)。

表3-2-23 调查记录到国家重点保护哺乳动物

序号	目	科	种	拉丁名	保护级别
1	食肉目	鼬科	江獭	*Lutra perspicillata*	国家Ⅱ级
2	食肉目	鼬科	水獭	*Lutra lutra*	国家Ⅱ级
3	食肉目	鼬科	小爪水獭	*Aonyx cinerea*	国家Ⅱ级
4	偶蹄目	鹿科	水鹿	*Cervus unicolor*	国家Ⅱ级
5	偶蹄目	鹿科	麋鹿	*Elaphurus dividianus*	国家Ⅰ级
6	偶蹄目	鹿科	河麂	*Hydropotes inermis*	国家Ⅱ级
7	啮齿目	河狸科	河狸	*Castor fiber*	国家Ⅰ级
8	鳍脚目	海豹科	髯海豹	*Erignathus barbatus*	国家Ⅱ级
9	鲸目	白鳍豚科	白鳍豚	*Lipotes vexillifer*	国家Ⅰ级
10	鲸目	鼠海豚科	江豚	*Neophocaena phocaenoides*	国家Ⅱ级
11	鲸目	海豚科	中华白海豚	*Sousa chinensis*	国家Ⅰ级

(1)麋鹿在湖北、湖南和江苏等3个省份的7处重点调查湿地中记录到。其中，在湖北石首麋鹿国家级自然保护区和江苏4处重点调查湿地为常见种；在湖南2处重点调查湿地为偶见种。

(2)河狸仅出现在新疆布尔根河狸自然保护区，为当地偶见种。

(3)中华白海豚出现在福建厦门海洋珍稀动物国家级自然保护区等24处重点调查湿地和广东的大亚湾海洋生态省级自然保护区等5处重点调查湿地。福建的24处重点调查湿地中较为常见；在广东的5处重点调查湿地为偶见种。

(4)水鹿在6个省份的27处重点调查湿地中有记录。其中，在云南哀牢山国家级自然保护区等15处，江西马头山国家级自然保护区等3处，广西九万山国家级自然保护区和福建棉花滩水库湿地等3处重点调查湿地为稀有种；在湖南韭菜岭山地湿地等3处和青海玛可河保护区，三江源自然保护区2处重点调查湿地为偶见种。

(5)河麂在福建、河南、湖南、江苏、江西和浙江等6个省份的40处重点调查湿地有记录。其中，在福建的东溪水库湿地等5处、江苏的盐城湿地珍禽国家级自然保护区等8处、江西的插旗洲湖等24处重点调查湿地为稀有种；在湖南的东洞庭湖国家级自然保护区等3处重点调查湿地为偶见种。

(6)江獭仅在云南记录到。出现在云南的高黎贡山国家级自然保护区、观音山省级自然保护区、红河干流、澜沧江干流、怒江干流、伊洛瓦底江干流、元江国家级自然保护区和珠江干流等8处重点调查湿地。

(7)小爪水獭出现在广西、四川、西藏和云南等4个省份的22处重点调查湿地。其中，在广西崇左白头叶猴自治区级自然保护区等6处和西藏察隅慈巴沟国家级自然保护区等3处重点调查湿地为常见种；在四川的海子山国家级自然保护区、亚丁国家级自然保护区和云南高黎贡山国家级自然保护区等11处重点调查湿地为稀有种。

(8)水獭在25个省份的270处重点调查湿地中均有记录，是分布最为广泛的湿地哺乳动物，在广西、江苏、陕西和西藏等4个省份的100处重点调查湿地为常见种。

(9)江豚出现在安徽、福建、湖北、湖南、江苏、江西和辽宁等7个省份的28处重点调查湿地中。其中，江苏的江宁铜井洲地湿地自然保护区等8处重点调查湿地较常见，在福建的东山湾湿地等9处和江西的鄱阳湖等3处重点调查湿地为稀有种；在安徽的长江干流安徽段、湖北的长江天鹅洲白鳍豚国家级自然保护区等2处，湖南的东洞庭湖国家级自然保护区等4处和辽宁的双台河口国家级自然保护区重点调查湿地为偶见种。

(10)髯海豹为浙江的历史资料记录，本次调查未发现。

第四节
特有湿地动物

一、鱼　类

鱼类的整个生活史过程在水体环境中完成，因此在许多调查湿地中都有鱼类的记录。本次调查共记录到鱼类1763种。其中，软骨鱼纲6目27科63种，占3.57%；硬骨鱼纲19目173科1700

种，占96.43%，成为鱼类主要组成类群。在这些记录到的湿地鱼类中，有许多为我国特有的鱼类，如鲤形目鲤科的金线鲃属鱼类为中国特有的类群，该类目下的许多种分布于许多不同类型的湿地中。从种类分布来看，我国西南地区的鱼类特有种较多，这可能是因为该地区的一些湖泊河流由于长期的地理隔离，通过长期的进化中形成了特有的鱼类类群。东部沿海地区由于与缺乏地理隔离，特有鱼类较少。

二、两栖动物

两栖类动物由于在生活史过程中还未完全摆脱对水的依赖，因此此类动物中很大一部分种类的分布与湿地生境密切相关。据资料统计，我国的两栖动物约有410种，其中281种为我国特有的种类。调查共记录到两栖动物215种，包括蚓螈目1科1种，有尾目3科31种，无尾目7科183种。我国特有的湿地两栖动物大多分布在我国的西南地区，如四川省、重庆市、云南省、贵州省、广西自治区、湖南省等省份；在安徽省、浙江省、福建省、广东省、湖北省、西藏自治区、江西省、甘肃省、陕西省等省份的调查湿地中也有分布，但种类相对较少。总体来看，我国特有的湿地两栖动物种类的空间分布具有不均匀的特征。在全国范围内，绝大多数种类仅分布在我国的南方地区。

在此次调查中，分布记录地点相对较多的特有湿地两栖类有尾目物种有东方蝾螈（*Cynops orientalis*）、黑斑肥螈（*Pachytriton brevipes*）、山溪鲵（*Batrachuperus pinchonii*）和西藏山溪鲵（*Batrachuperus tibetanus*）等种类。其中东方蝾螈在福建、河南、湖北、湖南、江苏、江西和浙江等7个省份的46处重点调查湿地有记录，为常见种。黑斑肥螈在福建、广西、江西和浙江等4省份的29处重点调查湿地有记录，为区域稀有种或偶见种。山溪鲵在甘肃、陕西、四川和云南等4省份的16处重点调查湿地有记录，在陕西分布区为常见种，其余分布区为偶见种。西藏山溪鲵在甘肃、青海、四川和西藏等4省份的18个重点调查湿地有记录，在西藏贡觉沼泽湿地为常见种，其余分布区为偶见种。此外，我国特有种类中国瘰螈（*Paramesotriton chinensis*）在浙江景宁望东垟高山湿地自然保护区等3处重点调查湿地为优势种；秦巴拟小鲵（*Pseudohynobius tsinpaensis*）在陕西安康瀛湖省级湿地自然保护区等10处重点调查湿地为常见种。

本次调查记录到无尾目物种7科183种，包括蛙科76种，姬蛙科10种，雨蛙科7种，树蛙科31种，蟾蜍科10种，角蟾科45种，铃蟾科4种。我国特有的湿地无尾目动物中，分布省份在10个以上的特有湿地物种主要有中国林蛙（*Rana chensinensis*）、无斑雨蛙（*Hyla immaculata*）、金线侧褶蛙（*Pelophylax plancyi*）和斑腿泛树蛙（*Polypedates megacephalus*）等种类。在分布区域种群较大、比较常见的无尾目物种有88种。其中包括我国特有的湿地无尾两栖类主要有雨蛙科华西雨蛙（*Hyla* gongshanensis）等5种。蟾蜍科中华蟾蜍等6种，以及华西雨蛙在广西春秀-青龙山保护区等17处重点调查湿地为优势种；在云南哀牢山自然保护区等57处重点调查湿地为常见种。斑腿泛树蛙在广西、贵州、湖南和云南等4省份的161处重点调查湿地为优势种；在江苏5处重点调查湿地为常见种。宝兴齿蟾（*Oreolalax popei*）和宁陕齿突蟾（*Scutiger ningshanensis*）在陕西汉中朱鹮湿地自然保护区为常见种。

三、爬行动物

我国特有湿地爬行动物主要隶属于蛇目游蛇科和眼镜蛇科、龟鳖目淡水龟科以及鳄目鼍科。爬行类动物因为在适应性进化上较为完善，逐渐减少了对环境的依赖，因此其分布区也相应地扩大。

我国特有的湿地爬行动物大多分布在我国的南方地区，其中分布区域最为广泛的为游蛇科的锈链腹链蛇(*Amphiesma craspedogaster*)，其分布在浙江、云南、陕西、山西、江西、湖南、湖北、河南、贵州、广西和福建等11个省份的76处重点调查湿地中。其中，在广西壮族自治区的龟石水库湿地等7处重点调查湿地为优势种，其余分布区为稀有种或偶见种。其次是该科的乌梢蛇(*Zaocys dhumnades*)，分布在重庆、浙江、天津、四川、陕西、山西、江苏、湖南、湖北、河南、贵州、广西、北京和福建等14个省份的281处重点调查湿地中。其中，在浙江、陕西和广西等3个省份的60处重点调查湿地中为优势种；在重庆、天津、江苏、湖南和福建等5个省份的97处重点调查湿地中为常见种；其余分布区为稀有种或偶见种。此外，该科的山溪后棱蛇(*Opisthotropis latouchii*)、环纹华游蛇(*Opisthotropis latouchii*)、淡灰海蛇(*Hydrophis ornatus*)、白眉腹链蛇(*Amphiesma boulengeri*)、坡普腹链蛇(*Amphiesma popei*)主要分布在我国长江以南地区，分布区较大。而棕网腹链蛇(*Amphiesma johannis*)、滇西蛇(*Amphiesma yunnanensis*)、粉链蛇(*Dinodon rosozonatum*)、挂墩后棱蛇(*Opisthotropis kuatunensis*)、福建后棱蛇(*Opisthotropis maxwelli*)、黑斑水蛇(*Enhydris bennettii*)、西藏温泉蛇(*Thermophis baileyi*)、白眶蛇(*Amphiesmoides ornaticeps*)、广西后棱蛇(*Opisthotropis guangxiensis*)虽然也主要分布在我国南方，但是分布区域却比较小。瓦屋山腹链蛇(*Amphiesma metusium*)、台北腹链蛇(*Amphiesma miyajimae*)、八线腹链蛇(*Amphiesma octolineatum*)、丽纹腹链蛇(*Amphiesma optatum*)、棕黑腹链蛇(*Amphiesma sauteri*)、香港后棱蛇(*Opisthotropis andersonii*)、台湾颈槽蛇(*Rhabdophis swinhonis*)、小头海蛇(*Hydrophis gracilis*)的分布区较小，主要分布在我国的东南地区。

在我国特有的湿地爬行动物中，龟鳖目淡水龟科动物种类较少，主要分布区在我国江苏省、安徽省、湖北省、广西壮族自治区、上海市、云南省、福建省、贵州省、海南省等省份。分布最为广泛的为大头乌龟(*Chinemys megalocephala*)，主要在我国长江中下游地区，其次为艾氏拟水龟(*Mauremys iversoni*)、周氏闭壳龟(*Cuora zhoui*)、潘氏闭壳龟(*Cuora pani*)、百色闭壳龟(*Cuora mccordi*)，其主要分布在广西、云南、福建等部分省份。分布区域最小的种类为金头闭壳龟(*Cuora aurocapitata*)、云南闭壳龟(*Cuora yunnanensis*)、拟眼斑龟(*Sacalia pseudocellata*)，仅分布在我国南方的部分省份。

我国特有的爬行动物中，鳄目鼍科的扬子鳄(*Alligator sinensis*)仅分布在我国的长江中下游地区。

四、鸟 类

鸟类具有飞行能力，这使得其可以在较大的空间范围活动。大部分湿地鸟类为候鸟，它们每年在相隔数千公里甚至上万公里的繁殖地和越冬地之间迁徙。在本次调查记录到的231种湿地鸟类中，没有仅在我国分布的特有鸟类。

五、哺乳动物

本次调查，共计发现哺乳动物296种，隶属7目10科，其中记录到湿地哺乳动物20种，而属于我国特有的湿地哺乳动物却很少，主要有分布于山东、江苏、浙江、安徽、云南、福建等省份的大足鼠耳蝠(*Myotis rickett*)、分布于陕西、甘肃、四川、贵州、云南、西藏等省份的蹼麝鼩(*Nectogale elegans*)以及分布于洞庭湖及长江中下游的白鳍豚(*Lipotes vexillifer*)等。

第五节 湿地动物生物生态学特征

尽管不同类群的湿地动物在亲缘关系方面的差异在形态、生理、生态等方面有较大的差异，但由于适应于湿地这一特殊的生活环境，它们在形态特征和生活习性方面具有很多相似之处。例如鱼类和两栖动物和部分爬行动物可以呼吸水中的氧气；在湿地生活的爬行动物、鸟类和哺乳动物可以在水下停留较长的时间；一些湿地动物适应于水体的游泳生活，四肢的形态发生了变化，如特化成桨状或鳍状；湿地生活的恒温动物具有防水的羽毛或毛发，并有较厚的脂肪层，具有保持体温的功能。

下面以水鸟为例来探讨适应湿地的动物的生物生态学特征。

根据生态习性的差异，水鸟分为涉禽和游禽两大类。作为涉水生活的涉禽，它们一般具有腿长、喙长和颈长的“三长”特征，腿长适合于在浅水水域中行走，较长的喙部和颈部适合于它们捕食浅水中或基质中的食物。由于涉禽不善于游泳，因此它们在湿地的活动范围与其腿部的长度有关。在滨海湿地，在涨潮的时候常可以看到不同大小的涉禽在距离水线不同的区域活动：小型涉禽在潮水还没有淹没的区域活动；中型涉禽可以在水线附近活动；而大型涉禽则可以在已经被水淹没的区域活动。在湖泊湿地，也常可以见到小型的涉禽在湖滩上觅食，而大型的涉禽则可以在一定深度的浅水水域觅食。除了“三长”的特征，大部分涉禽的趾也较长，这可以增加受力面积，适合于在被水浸泡的松软基质(如沼泽、泥滩等)上行走而不陷下去。

游禽适应于游泳或潜水生活的习性，形态也发生了一系列的变化。大部分游禽的外趾间具有发达的脚蹼，这可以增加划水时的受力面积从而增加推力。此外，适应于游泳或潜水生活，游禽的腿部较短，且在身体的位置后移，如鸊鷉，这样便于划水。但后移的腿部不适合行走，因此它们很少在陆地活动。

由于游禽长期在水中活动，其羽毛的防水功能则显得特别重要。游禽具有发达的尾脂腺，它们常常用喙部将尾脂腺分泌的油脂涂抹在羽毛上，以保证羽毛不被水浸湿。游禽的绒羽非常发达，可以起到隔温和保暖的作用，这使得它们在寒冷的天气也可以保持体温。

水鸟的食物类型多种多样，如水中或基质中的鱼、贝、螺、蟹、蠕虫以及水生植物的叶片、种子、根茎等。为了获取不同的食物，水鸟的喙部形态发生了很大的变化。鹭和鹳的喙部长且粗壮，适合于啄取水中的鱼类；杓鹬的喙部长且弯曲，适合于捕食基质中的螃蟹等底栖动物；琵鹭的喙部前端呈水平的铲状，适合于它们在水中通过左右的摆动来获取水中的鱼类；滨鹬类的喙部前端膨大并具有触觉感受器，当喙部插入基质中的时候，可以感受到基质中来自不同方向的压力以及微小的振动，从而准确确定底栖动物的位置。秋沙鸭、鲣鸟等的喙部前端呈钩状，且边缘具有齿状突起，适合于捕捉鱼类。一些雁类的喙部边缘也有齿状突起，这适合于它们取食植物的叶片，齿状突起具有切割的作用。

适应于获取不同的食物，水鸟的觅食行为也是多种多样的。环颈鸻在觅食时快速奔走，这是因为它们主要捕食在地表活动的小型蟹类，而环颈鸻的喙部较短，需要在蟹钻到洞穴之前将其捕捉到，一旦蟹钻到洞穴中，环颈鸻就毫无办法了。另外，环颈鸻在觅食时一般分散开来单独活动，这也是避免个体之间的互相干扰。滨鹬类用细长的喙取食埋藏在基质中的底栖动物，个体之间的觅食活动不仅不会互相干扰，而且可以互相分享觅食地的食物资源信息，因此它们常集大群觅食。瓣蹼鹬在觅食的时候常常在水面打转，从而形成水流的漩涡，将一些在水下活动的水生无脊椎动物带到水面便于觅食。翻石鹬在觅食的时候，用粗壮的喙部翻动石块来获取躲藏在石块下的无脊椎动物。这种特殊的觅食方式也使得翻石鹬的颈部肌肉非常发达。一些鹭类在捕食鱼类的时候会在水中长时间站立等待时机，一旦发现猎物则迅速用强壮的喙部猛啄下去。鹈鹕具有一个宽大的喉囊，喉囊像一个大铲子，觅食时可将鱼和水一起收入囊中，然后把喉囊里的水挤出来，将鱼吞入腹中。一些雁鸭类的游禽如灰雁在觅食较深水域的水生植物时会呈倒立的姿势，将头部深深埋入水中，尾部保留在水面上。

第三章
湿地生物多样性特征

第一节
湿地生物多样性分布的不均一性

一、湿地植物

湿地植物多样性即所有湿地植物种类、种内遗传变异和它们的生存环境的总称。湿地植物多样性的丰富程度通常直接以某地区某类型的物种数来表示。种的密度是单位面积的种数，也可以称为种的多样性。世界上不同地区植物区系密度是不同的。我国是气候复杂的国家，植物区系比较丰富，种的密度为0.0028种/平方公里。湿地植物多样性是在湿地所占面积范围内统计出来的，根据第二次全国湿地资源调查报告统计结果：湿地面积5342.06万公顷，湿地高等植物种类约2315种。根据我国湿地面积计算湿地植物种的密度为0.0043种/平方公里。已经接近植物区系最丰富的巴西(0.0046种/平方公里)，超过我国植物种的密度。表明我国湿地植物种的多样性是比较丰富的。

目前的湿地面积仅占我国陆地总面积的5.5%，而且在全国分布不平衡，有的省份相对多一些，有的省份则较少。

黑龙江省湿地资源是比较丰富的，是湿地植物多样性丰富地区。从我国湿地植被分区来看，这里是著名的“东北山地、平原森林沼泽和草丛沼泽区”，下辖“三江平原薹草沼泽亚区”，是沼泽湿地比较集中分布的区域，被誉为湿地生物多样性“关键地区”。三江平原薹草沼泽亚区由黑龙江、松花江和乌苏里江冲击的低平原与穆棱-兴凯湖冲击、湖积形成的低平原组成。完达山由东向西横亘中部，北面为三江平原，南面为穆棱-兴凯平原，最低的抚远三角洲仅高出海平面34米，构成低平原为主体的地貌类型，有一级阶地和高、低河漫滩，还有少量残丘和孤山零星分布在平原中。黑龙江省沼泽湿地面积目前约有386万公顷(1949年534万公顷)，是我国高纬度低海拔沼泽面积最大、分布最广、最集中的地区之一。以草本沼泽为主，主要沼泽类型有：瞰囊薹草、毛薹草、灰脉薹草、漂筏薹草、蕉草、狭叶甜茅、小叶章、芦苇、菰等，还有沼泽灌丛：柴桦、细叶沼柳、越橘柳、绣线菊等。根据20世纪末的调查资料，本区约有湿地植物近2000种，洪河湿地自然保护区湿地植物为1012种，如果按这里的湿地植物种数计算本区的种的密度，将要高出全国湿地植物种的平均密度若干倍，这里无疑是湿地植物极丰富区。

青藏高原是我国另一个沼泽湿地分布比较集中的地区，冷湿的环境条件有利于沼泽湿地广泛发育。青海省的湿地率(11.27%)，也是比较高的地区，同时亦是湿地植物多样性比较丰富的地区。这里是青藏高原草丛沼泽区，下辖“青东南、川西北青藏高原嵩草-薹草沼泽亚区”，位于青藏高原东部、唐古拉山以北，黄河源头、长江源头山麓以东，包括青海东南高原、川西北高原等。黄河源区沼泽分布在海拔4200米，长江源区沼泽分布在4500米左右，川西北若尔盖高原沼泽分布区3400米左右。

川西北若尔盖是我国著名的高原沼泽区，是沼泽湿地类型最多，面积最大的高原沼泽湿地分布区。该区位于川西北高原的北部，四周被海拔4000米的高山环绕为一个完整的山原。南北长200公里，东西宽100公里，海拔高3400~3500米之间。区内沼泽湿地分布广、面积大，在平坦宽阔的河滩和阶地，在特殊的无流宽谷和伏流宽谷以及湖群洼地等平坦低洼处都有湿地分布，区内约有沼泽湿地40万公顷，其中泥炭沼泽占一半以上，泥炭层一般1~3米，最厚可达10米，泥炭总储量为76亿立方米。区内以草本沼泽湿地为主，主要沼泽类型有：藏嵩草、高山嵩草、矮生嵩草、华扁穗草、木里薹草、毛薹草、青藏薹草、无脉薹草、发草、卵花甜茅 、葱状灯心草等。但是，值得注意的是本区存在我国特有的水生濒危蕨类植物高寒水韭，是仅存本区和云南西北部4300米沼泽湿地的孑遗物种。

除上述典型区外，还有大兴安岭、小兴安岭林区、长白山林区、三江源区等都是沼泽湿地比较集中的分布区，同时亦是湿地植物多样性比较丰富的地区。上述地区共同特点是：冷湿的气候，多年冻土带的存在，适度的降水，蒸发能力弱，有利于沼泽湿地形成，湿地植物比较丰富。

松嫩-蒙新沼泽区，处于北温带，即我国北部和西北部干旱和半干旱带，由松嫩平原、内蒙古高原、黄土高原和西北塔里木等三大盆地组成。包括新疆、内蒙古等多个省(自治区)，这里气候干旱，年降水稀少，多沙漠，沼泽分布稀疏，沼泽类型单调。西北沙漠盆地沼泽亚区，这里指天山两侧的塔里木盆地和准噶尔盆地，为我国最大的两个沙漠区，气候异常干旱，年降水量150毫米左右，沙漠区中心不足25毫米，年平均气温8℃左右。这里只能在内陆水系塔里木河流域和博斯腾湖湖滨见到芦苇沼泽，另外，只能在内陆河的河滩洼地见到零星的薹草沼泽，其他地方根本见不到沼泽湿地。所以，这些地区沼泽湿地极其稀少，湿地植物多样性就很低。

另外，在农业比较发达区，人口密集分布区，如华北平原等，原有的沼泽湿地已被开垦为耕地，沼泽湿地率很低，湿地植物多样性也比较低。

二、湿地动物

在本次湿地动物资源调查中，湿地动物总体的物种多样性程度很高，但在不同的地域或空间上物种分布表现出了较高的不均一性。物种多样性分布的不均一不仅反映了湿地生物栖息地生态系统多样性的分布不均一，同时也导致了湿地动物遗传多样性的分布不均。

在25个重点生态功能区的湿地中，鱼纲动物物种在川滇森林及生物多样性生态功能区的分布最广泛，调查到了319种鱼类分布；其次为秦巴生物多样性生态功能区，调查到了225种鱼类。在一些其他的生态功能区，鱼纲物种的数量很少，如阴山北麓草原生态功能区仅6种，使得湿地动物物种多样性分布的不均一性表现更为突出。

本次调查中，一些地区未统计鱼类物种的总种数，如三峡库区水土保持生态功能区、海南岛中部山区热带雨林生态功能区、桂黔滇喀斯特石漠化防止生态功能区等(图 3-3-1)。

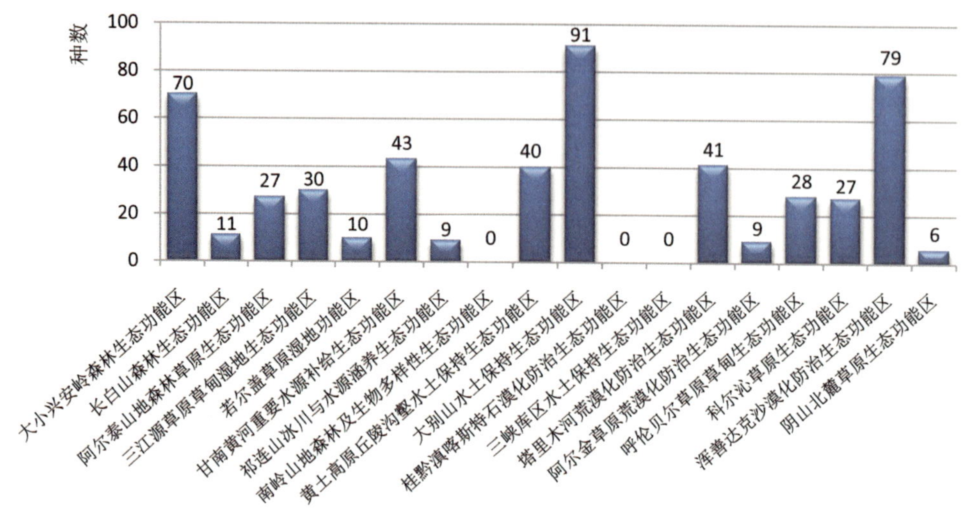

图 **3-3-1** 鱼纲动物在不同重点生态功能区的物种种类分布

两栖纲动物的生活史比较脆弱，对其生活的环境条件要求较多，而由于不同生态功能区具有很强的环境条件差异，因此很多两栖动物物种分布的不均一性十分显著。例如在川滇森林及生物多样性生态功能区以及秦巴生物多样性生态功能区调查到的两栖类分别有 88 和 53 种，而在阴山北麓以及三江源草原草甸湿地生态功能区等一些地区仅有 1 种。

本次调查中，未得到部分地区的两栖类生物物种总数，例如桂黔滇喀斯特石漠化防止生态功能区和三峡库区水土保持生态功能区等(图 3-3-2)。

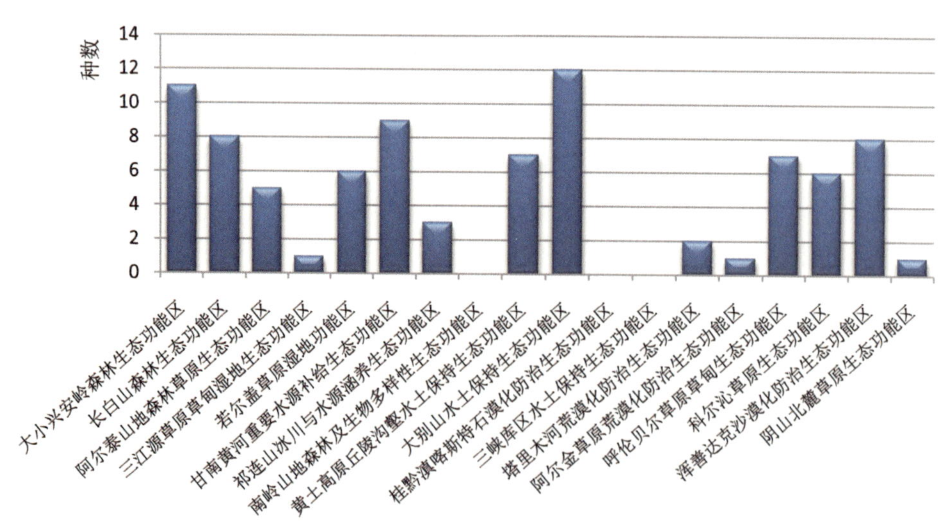

图 **3-3-2** 两栖纲动物在不同重点生态功能区的种类分布

在本次调查中，爬行类动物物种多样性在不同的生态功能区上的分布也有着很大的差异。在川滇森林及生物多样性生态功能区中记录到的爬行动物有 63 种，在秦巴生物多样性生态功能区记录到 36 种，在大别山水土保持生态功能区和黄土高原丘陵沟壑水土保持生态功能区分别调查到 20 种和 16 种。这些地区是湿地爬行动物的主要分布区。而在其他区域分布的种类较少。

本次调查未获得一些地区的爬行动物资料，如桂黔滇喀斯特石漠化防止生态功能区、三江源草原草甸湿地生态功能区、甘南黄河重要水源补给生态功能区、南岭山地森林及生物多样性生态功能区、三峡库区水土保持生态功能区、阿尔金草原荒漠化防治生态功能区、阴山北麓草原生态功能区、藏东南高原边缘森林生态功能区、藏西北羌塘高原荒漠生态功能区、武陵山区生物多样性及水土保持生态功能区、海南岛中部山区热带雨林生态功能区(图 3-3-3)。

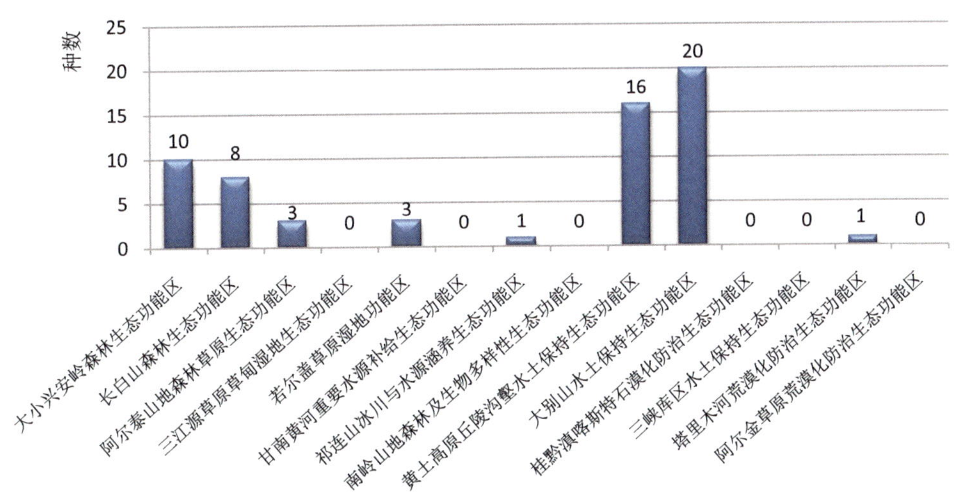

图 **3-3-3**　爬行纲动物在不同重点生态功能区的分布

鸟纲动物在很多的生态功能区内都有丰富的种类分布。其中在秦巴生物多样性生态功能区和大别山水土保持生态功能区鸟纲物种分布最广泛，分别为 218 和 193 种，是我国鸟类种类最为丰富的地区。由于鸟类具有飞翔和一定范围迁徙的能力，因此鸟类在各个生态功能区均有分布，但这些生态区内包含的鸟类的物种总数却有着较大的差异。总体上看，生态功能区生境多样性程度越高，鸟类物种越多。

本次调查中，未记录藏东南高原边缘森林生态功能区以及海南岛中部山区热带雨林生态功能区的鸟类物种总数(图 3-3-4)。

调查结果表明，秦巴生物多样性生态功能区和川滇森林及生物多样性生态功能区是湿地哺乳种类最为丰富的区域；科尔沁草原生态功能区和大兴安岭、小兴安岭森林生态功能区湿地哺乳类物种种类也较为丰富；其余生态功能区哺乳类种类则相对较少。各个生态区在哺乳类动物物种整体上的分布表现较大的差异和不均一性。

本次调查未获得一些地区的湿地哺乳动物的统计数据，如桂黔滇喀斯特石漠化防止生态功能区、南岭山地森林及生物多样性生态功能区、三峡库区水土保持生态功能区、阴山北麓草原生态功能区、藏东南高原边缘森林生态功能区、藏西北羌塘高原荒漠生态功能区、武陵山区生物多样性及水土保持生态功能区、海南岛中部山区热带雨林生态功能区(图 3-3-5)。

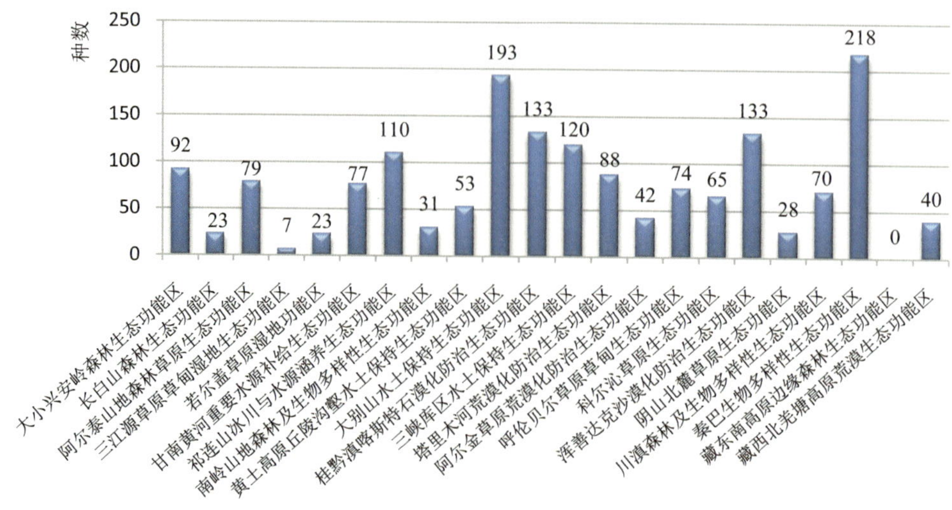

图 **3-3-4** 鸟纲动物在不同重点生态功能区的分布

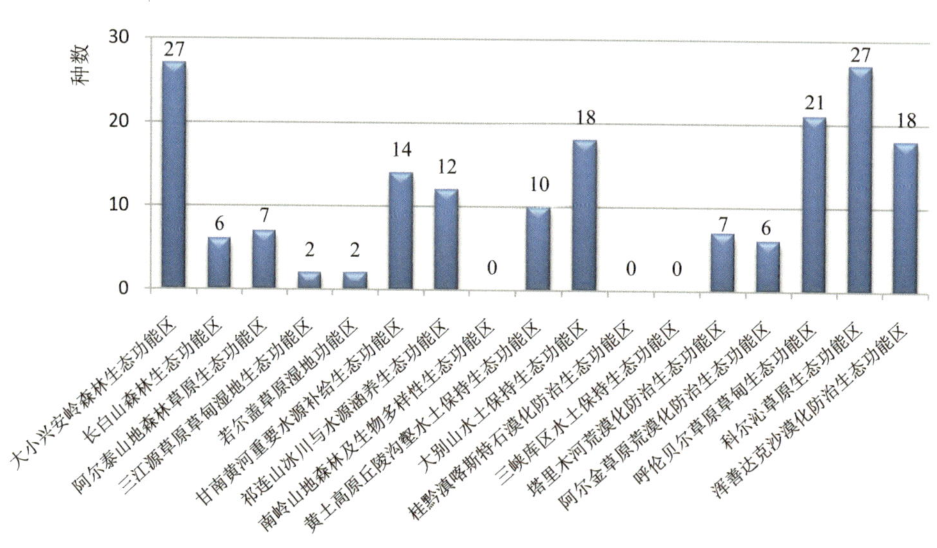

图 **3-3-5** 哺乳纲动物在不同重点生态功能区的分布

本次调查的 10 个重点区域的动物调查结果显示，这些区域中脊椎动物的物种分布也存在着较大的不均一性。总的来看，鸟纲动物的分布较脊椎动物门其他的 4 个纲相对较均一，而其他纲的脊椎动物在地理区域的分布上存在着明显的不均一性。青藏高原脊椎动物的物种总数比其他 9 个区域多，是我国生态功能分区中脊椎动物分布最广泛的地区。

本次调查未得到云贵高原、江汉平原、珠江三角洲的鱼类总物种数的统计数据。根据获得的统计数据，青藏高原上的鱼类物种数在这 10 个调查区中达到最多，为 332 种，其次是辽河三角洲区域，达到了 112 种，其余区域差异较小。可以明显地看出，在 10 个重点调查区域鱼纲动物物种多样性的分布也具有较大的不均一性(图 3-3-6)。

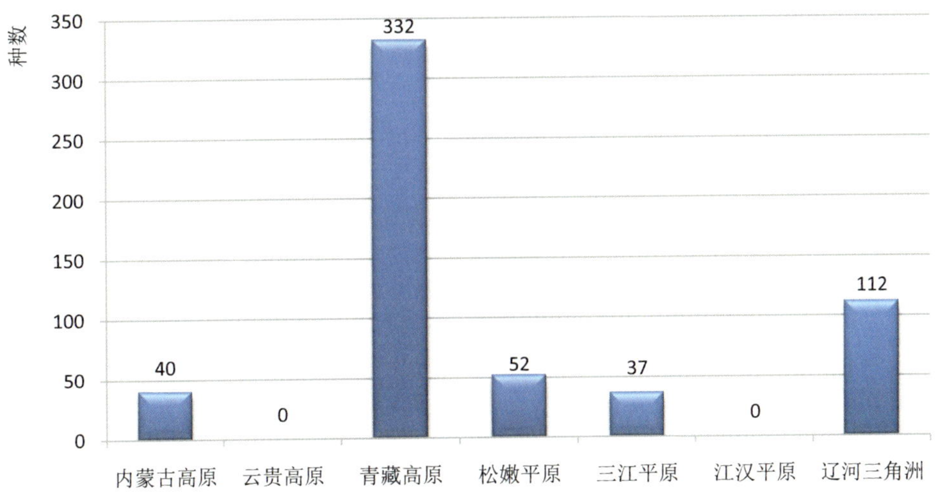

图 **3-3-6** 本次调查部分重点区域鱼纲动物的分布

本次调查未得到云贵高原、江汉平原、珠江三角洲的两栖类总物种数的统计数据。根据获得的调查数据，在青藏高原地区两栖类动物物种数达94种，是我国两栖类物种最丰富的地区。这些地区的物种统计数据不仅反映了各地两栖类物种的多样性，也反映了青藏高原上两栖类物种生境的多样性以及所有物种所携带的遗传多样性(图3-3-7)。

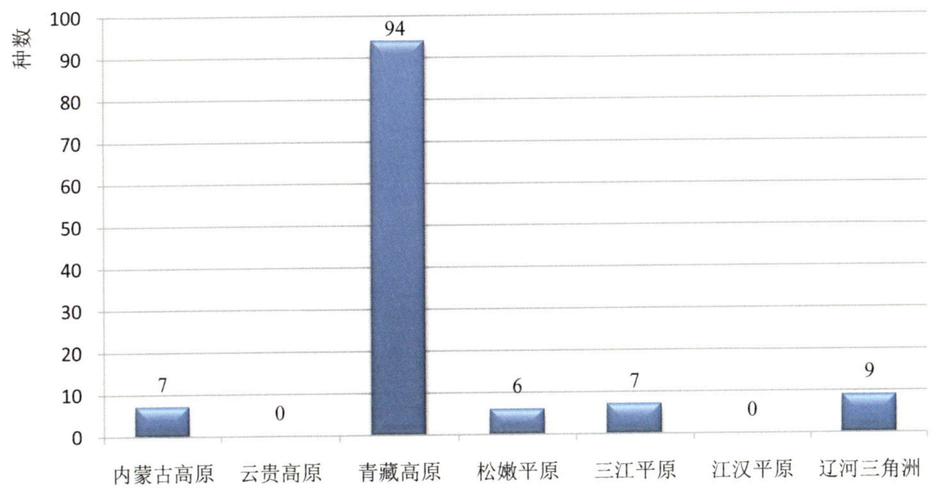

图 **3-3-7** 本次调查部分重点区域两栖纲动物的分布

本次调查未得到云贵高原、江汉平原、辽河三角洲、珠江三角洲4个区域的爬行类总物种数的统计数据。在10个调查区域中，青藏高原上的爬行类物种总数仍然显著地高于其他9个调查区域。而其他区域爬行类动物物种总数差异较小，但相互间也存在着一定的物种分布不均一性(图3-3-8)。

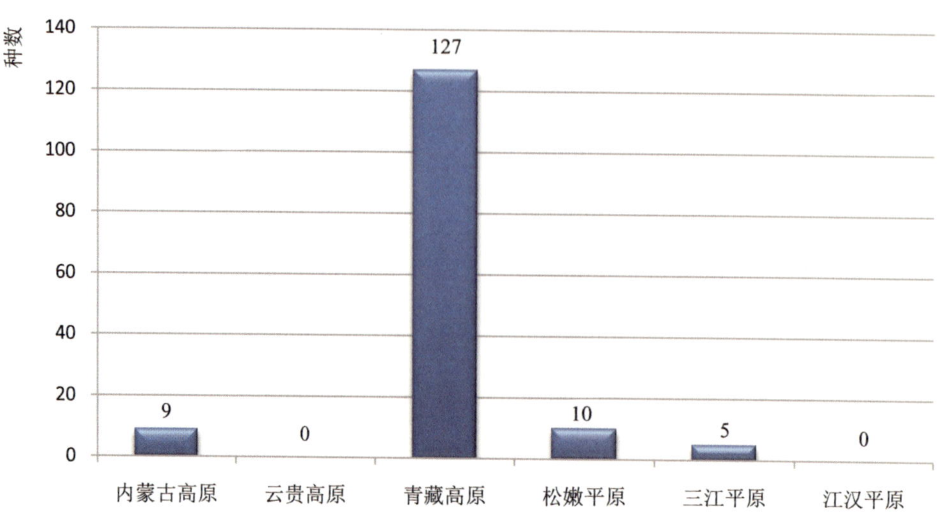

图 **3-3-8** 本次调查部分重点区域爬行纲动物分布不均一性

本次调查云贵高原鸟类物种数最多，达到了 303 种，而三江平原区域的鸟类物种数最少(37 种)，各个地区间鸟类物种多样性的分布不均，但相比于脊椎动物门其他 4 纲，鸟纲动物显示了相对均一的物种分布格局(图 3-3-9)。

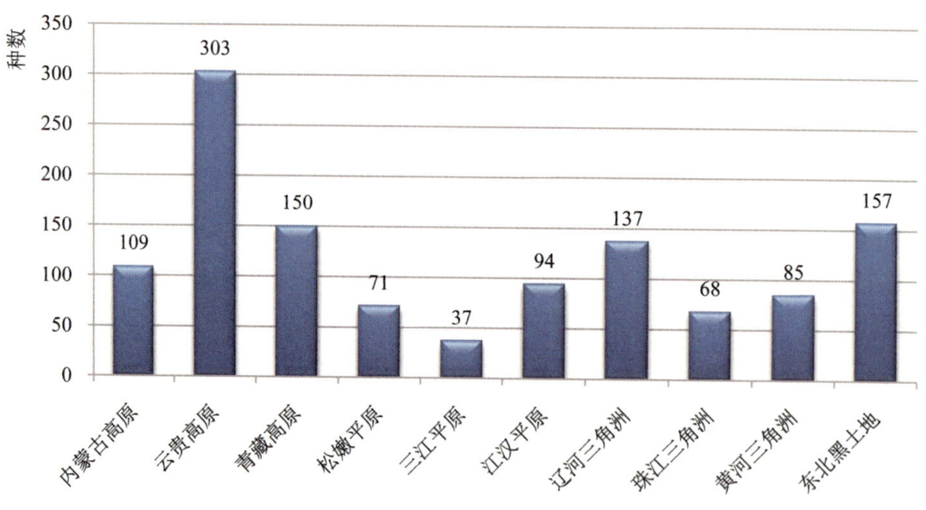

图 **3-3-9** 本次调查部分重点区域鸟纲动物分布不均一性

本次调查未得到云贵高原、江汉平原、珠江三角洲 3 个区域的哺乳类总物种数的统计数据(图中未显示具体数据)。在调查的区域中，青藏高原地区哺乳类种类最丰富，达到了 158 种，而东北黑土区和内蒙古高原地区分别达到了 43 种和 39 种而分别位居第二和第三，因此各区域间哺乳类物种的分布差异也很大，显示了较强的湿地动物物种多样性分布不均一性(图 3-3-10)。

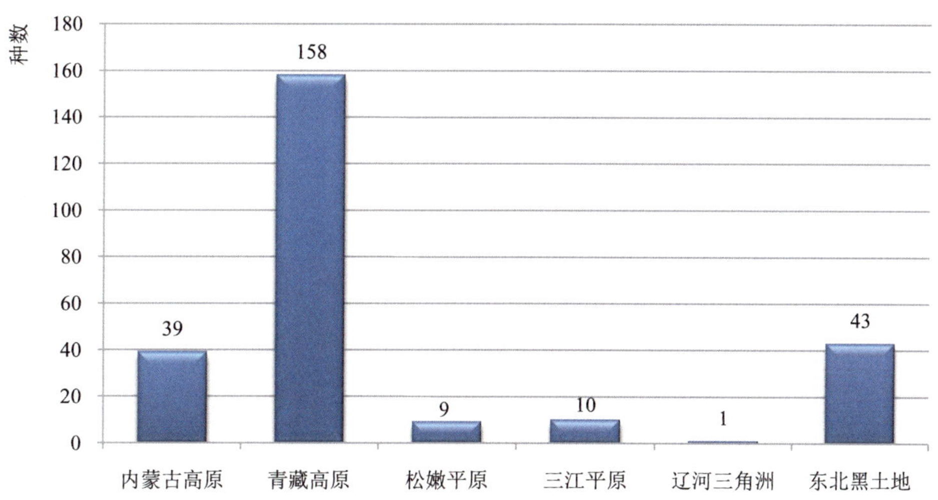

图 **3-3-10**　本次调查部分重点区域哺乳纲动物分布不均一性

本次对我国主要江河干流湿地的脊椎动物物种总数统计中，珠江干流区域、淮河干流区域、雅鲁藏布江干流湿地仅有鸟类的物种统计数据，其他流域的脊椎动物种数都得到了完整统计。根据调查数据可知，长江干流湿地脊椎动物物种分布最多，其他区域中脊椎动物门各纲动物总数以及各纲中各个物种的总数都显示了极大的分布不均一性。根据脊椎动物各纲分布的不均一性和物种多样性可以推测各纲动物生境的多样性以及所有物种的遗传多样性程度十分高，这也说明我国的主要江河干流湿地是巨大的生物资源宝库(图 3-3-11)。

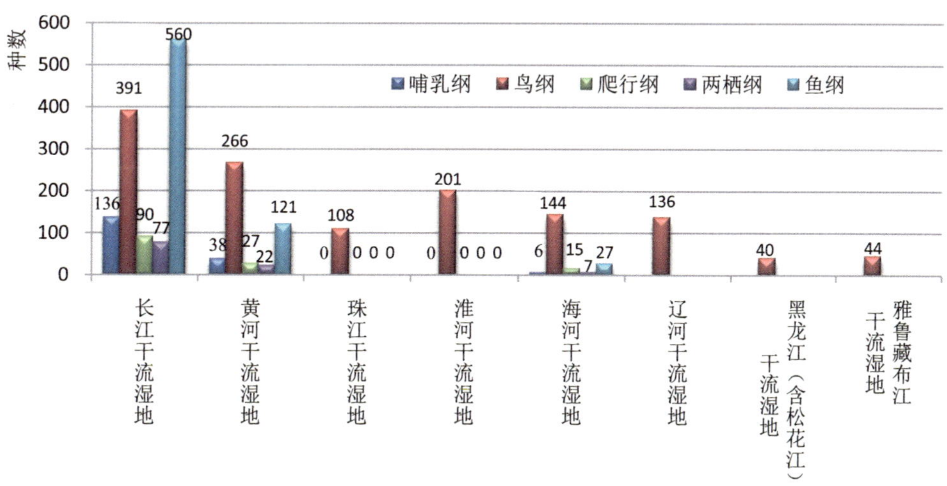

图 **3-3-11**　主要江河干流湿地动物种类分布

第二节
湿地生物多样性的丰富性与特有性

一、湿地植物

我国是湿地生物多样性比较丰富的国家。根据本次湿地资源调查，调查区域内约有湿地高等植物2315种，隶属692属200科，分别占全国高等植物种、属、科数的7.8%、18.7%和43.7%。尽管本次调查涵盖全国主要湿地分布区，但是，由于我国地域广袤，地形复杂，而且湿地分布极其广泛，甚至人迹罕至之处，都有可能存在湿地和湿地植物，本次调查尚未到达之处，有所遗漏，在所难免。同时，由于湿地植物调查有个识别问题，因此，本次调查将湿地调查区内所有植物都记录在册(约4220种)，名录中包括了一部分非湿地植物(见附录一)。

沼泽湿地是水体和陆地过渡形态的自然体，由于其生境独特，成就了一群“半水半陆”的特殊植物——红树林就是热带海岸潮间带的特殊植物。红树植物是热带亚热带河口海岸沼泽地的木本植物群落，即在海滩中生长并经常受到潮汐浸润和干湿交迭的潮间带上的木本植物，红树植物处在严酷而多变的生境中，海滩既有短期的潮水和季节的节律，又有较长期的气候和海平面的变化。在这种残酷而又独特的生境长期影响下，红树植物形成了特化的形态结构以提高适应性，突出地面的呼吸根、支柱根和板状根，具有泌盐结构的叶片和特殊的繁殖方式——胎生等都是红树植物所特有的形态、结构和功能。

还有一类只有在洪潮时才受到潮水浸润而成为陆、海都可生长发育的两栖性植物称为“半红树”。

水韭科水韭属植物约70种，我国特产6种，宽叶水韭、高寒水韭、东方水韭、中华水韭、台湾水韭、云贵水韭都是珍稀的孑遗蕨类水生植物，野生种群迅速衰减，均被列为国家Ⅰ级保护物种。

高寒水韭等多生长在云南、贵州、四川等高山高原沼泽湿地中，地处高寒边远山区，远离人类活动干扰，历经低温等古老环境因素的胁迫，拥有特殊的生态适应性和孤立的系统地位，经历了一系列复杂的演化路线而发展至今。长江流域的中华水韭由于受到日益增强的人为干扰，通过喷施农田常用除草剂，过量的化肥施用等使中华水韭生存环境、发生变化，可能是导致水韭属濒危的原因之一。

水松是杉科水松属半常绿性乔木，水杉是杉科水杉属半常绿性乔木，都是世界上珍稀孑遗植物，我国特有树种。都是生于湿地环境、树高25米以上的高大乔木树种。

二、湿地动物

湿地孕育着丰富的生物多样性。尽管本次调查涵盖全国主要的湿地分布区域，但一些地区对某些生物类群缺乏调查。本次调查记录到湿地无脊椎动物1703种，隶属9门19(1)纲65目297科，记录到湿地脊椎动物2312种，隶属于5纲51目226科。

湿地生态系统中所蕴含的大量营养物是支持生物多样性的重要保障。例如，在滨海盐沼湿地，每日的潮汐作用带来了丰富的营养盐，使盐沼生态系统成为地球上单位面积生产力最高的生态系统之一，大量的滩涂植物为滩涂动物提供了食物和隐蔽场所。湿地常处于水饱和状态，由于厌氧条件下的分解作用缓慢，有利于营养物的保持和积累，从而使得湿地能够支持大量的初级生产者和消费者。

湿地生物多样性的特有性表现为两个方面。一方面，由于适应湿地这一特殊的生态系统类型，湿地生物与在其他栖息地类型上活动的生物表现出不同的生物学和生态学特征。很多湿地具有大量的湿地特有种。例如，在湿地生活的水鸟以及一些只在盐沼湿地繁殖的盐沼鸟类。这些鸟类通过适应性进化形成了独特的特征，如涉水生活的涉禽具有喙长、颈长、腿长的特征，游泳生活的游禽具有发达的蹼和尾脂腺等结构。

另一方面，由于不同的河流、湖泊等湿地类型在空间分布上缺少连通性，从而造成了地理隔离，这导致一些扩散能力弱的湿地动物的分布局限于某一个区域的湿地，从而形成了当地的特有种。这种情况在西南地区较为常见。这些地区特有的鱼类和两栖动物种类丰富。而鸟类由于具有飞行能力，其扩散能力较强，因此缺少特有种。从整个国家的尺度来考虑，没有 1 种仅分布于我国的特有水鸟种类。

第三节 湿地生物多样性的脆弱性

一、湿地植物

湿地植物发育于水体与陆地过渡地带的水成土壤上，具有独特的水文过程而构成独特的湿地生态系统。水是湿地的决定因素，没有水，就没有湿地。水，是湿地的命脉，亦是湿地的“脆弱性”所在。人类社会的发展离不开湿地，随着人类社会进步，人口的增长、经济发展的压力、粮食需求的压力、水利工程的建设、基础设施建设、水产品的需求等等与湿地的存在和发展产生矛盾，湿地在人类强大需求面前，只能为人类作出“奉献”。

黑龙江省三江平原是我国著名的沼泽湿地集中分布区，1949 年沼泽湿地面积为 534.4 万公顷。随着人口的增长和国家对粮豆的需求，加上某些集体和个人利益的驱动，三江平原出现了 3 次开发高潮。到了 1990 年仅剩 197.7 万公顷，减少了近 2/3；到了 20 世纪 90 年代末湿地面积只剩 113 万公顷(孙广友、张文芳等，1988)。根据本次湿地调查统计，自然湿地面积为 55.51 万公顷，50 年间共开垦湿地 478.89 万公顷，三江平原湿地率由 80% 降至 11.69%。

20 世纪 50～70 年代，长江中下游地区，掀起围垦热潮，围湖造田使湖泊面积和数量急剧减少，而减少部分多为湖滨沼泽湿地。以五大湖为例，其中，洞庭湖围垦 1700 平方公里，鄱阳湖 1466.9 平方公里，太湖 528.5 平方公里，洪泽湖 220.4 平方公里，巢湖 62.0 平方公里。湖北素有“千湖之省”的美誉，20 世纪 50 年代有湖泊 1066 个，总面积 8300 平方公里，目前仅存 309 个，总面积缩小为 2656 平方公里。经过几十年的围垦，全国湖滨造田面积 130 万公顷，因围垦而消失的湖泊近1000个。

四川省若尔盖高原沼泽区——红军长征经过的“草地”，原有沼泽湿地46万公顷，20世纪50年代开始开沟排水，疏干沼泽辟为牧场，排水疏干沼泽20万公顷；20世纪80年代以后，过度放牧问题开始抬头，90年代已相当严重，以红原县和若尔盖县为例，两县分别超载73万和81万羊单位。沼泽排水疏干已使地上植被发生变化，叠加过度放牧使优质牧草过度采食，劣质草呈优势，草丛低矮，产草量过低，草场退化(刘兴土等，2002)。

近几十年来，在全球气候变化和人类活动影响的作用下，我国湿地资源受到比较严重的冲击和伤害，湿地生物多样性受到沉重打击。根据中国科学院遥感与数字地球研究所30年间(1978～2008)研究，我国湿地面积呈持续减少趋势，30年间湿地总面积减少10.1万平方公里(牛振国等，2012)。我国的自然湿地面积仅占国土面积3.77%，远低于世界平均水平。

21世纪被喻为湿地保护与恢复的世纪。我国的湿地不能再减少了，为了保护湿地及其湿地生物多样性，要建立湿地“无净损失”国家目标。在全国禁止开垦沼泽湿地，若基础设施建设必须占用天然沼泽湿地，务必经过严格的生态与环境影响评价和实行天然沼泽湿地用途转化许可证制度，并异地重建面积和功能相当的沼泽湿地，实行天然沼泽湿地“零损失”制度。在实现“无净损失”目标的基础上，再考虑逐年逐步净增沼泽湿地的目标，以应对“地球上第六次生物大灭绝时期”的挑战。

二、湿地动物

由于湿地动物的整个生活史过程或生活史中的某一个过程需要依赖湿地生活，湿地生态系统的变化对湿地动物有着强烈的影响。例如在湿地生活的两栖动物，它们的皮肤具有很强的通透性，无论是水体还是土壤中的污染物都有可能通过渗透作用进入两栖动物的体内。正因为此，随着全球湿地环境的不断恶化，两栖动物是目前受胁程度最高的脊椎动物类群。

湿地也是受人类活动直接或间接影响最大的生态系统类型。而湿地生物对湿地的依赖性也使得湿地生物在湿地环境变化过程中表现出了很大的脆弱性。例如，一些大型水利工程的建设改变了湿地的水文特征，甚至导致江湖阻隔，这使得一些鱼类的洄游途径被切断，从而难以完成后代繁衍的任务；我国沿海地区滨海湿地的过度围垦使得滩涂湿地面积大大减少，造成一些鸟类迁徙过程中无法找到能量补给地，从而影响其迁徙活动，导致种群数量下降。另外，气候变化导致降水量的分布发生变化，一些河流的支流径流量减少甚至干涸，导致依赖湿地的动物难以生存。

下面以本次调查获得的我国鸟类3条迁徙路线的受胁状况，探讨湿地动物多样性的脆弱性。

(一) 东亚—澳大利西亚迁徙路线

东亚—澳大利西亚迁徙路线主要位于我国鸟类迁徙路线的东部。从整体情况看，53个调查湿地受重度威胁的湿地有5个，占调查湿地数量的9.43%，包括湖南南洞庭湖省级自然保护区、湖南西洞庭湖省级自然保护区、河北滦河河口湿地、河北唐海湿地和鸟类省级自然保护区、辽宁沈阳獾子洞水库湿地，受威胁面积共计2.28万公顷。其中，受轻度威胁的湿地有35个，占66.04%；未受到威胁的湿地有13个，占24.53%。

从对湿地的威胁因子出现频度上看，污染是对湿地威胁最普遍的因子，53个调查湿地中有24个湿地受到了污染威胁，影响面积约37.97万公顷。从1980年开始，福清湾湿地和福建漳江口红树林国家级自然保护区就受到污染影响，目前受威胁面积分别为0.17万公顷和0.15万公顷，导致海水水质降低，生物多样性降低。受污染面积最大的是内蒙古达赉湖国家级自然保护区，受污染面积达10.24万公顷。

围垦是对湿地威胁较大的另一个因子，有20个湿地受到围垦影响，围垦在我国开始较早，从调查的53个湿地来看，从20世纪50年代开始至今，不断有湿地受到围垦影响，围垦造成20个湿地9.25万公顷面积丧失，其中黄河三角洲国家级自然保护区是受围垦影响最大的湿地，受围垦面积达1.05万公顷，围垦导致湿地面积减少，植被遭到破坏，湿地净化水的功能下降，湿地生境破碎化，人为活动加剧。

第三个重要因子是外来物种入侵，共影响了15个湿地，影响从20世纪60年代开始，到本世纪有加剧趋势，其中影响面积最大的是江苏盐城湿地珍禽国家级自然保护区，造成2.50万公顷湿地受到影响，导致部分本土物种丧失，此外，较为严重的外来物种还有喜旱莲子草、互花米草等，如喜旱莲子草在河南黄河湿地国家级自然保护区的沟汊、库塘分布较广，侵占了本地植物的营养空间，在其分布区内本地植物种类和数量锐减、消失，导致湿地生物多样性减少。九段沙湿地国家级自然保护区互花米草入境面积占盐沼植被总面积的47.45%（威胁等级重度：外来物种入侵面积>10%）（黄华梅，2009），侵占大量栖息地，对本土植物生长扩散构成威胁，减少了鸟类和其他动物的食物来源。

其他对湿地威胁较大的因子还有过度捕捞、基建和城市化、泥沙淤积。非法狩猎和水利负面影响也对湿地造成了一定影响。此外，还有沙化、盐碱化、过度放牧和森林过度采伐等因子（图3-3-12）。

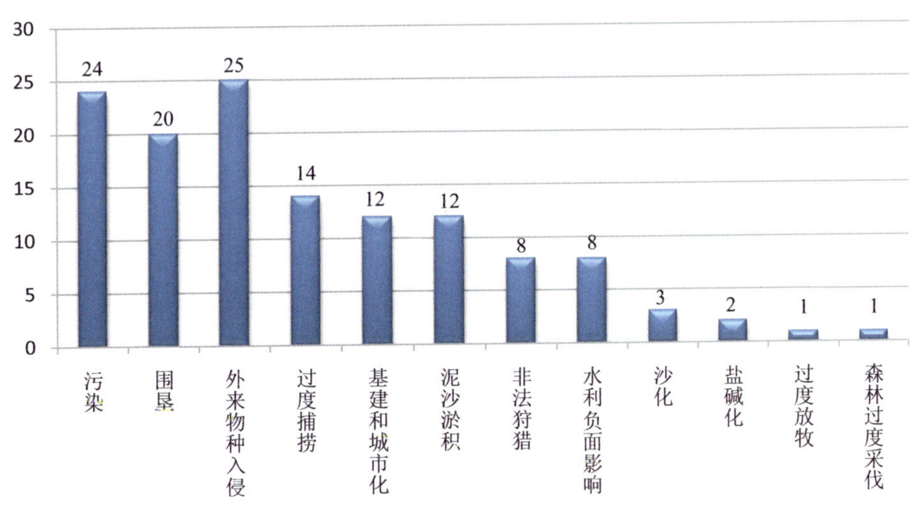

图3-3-12　东部迁徙路线53个调查湿地威胁因子频次分布图

总体上，湿地水鸟东部迁徙路线上湿地受到的威胁程度为轻度，但个别区域仍然受到较大威胁，需要根据不同威胁因子采取针对性保护措施，加大保护力度，将对湿地的威胁降到最低。

(二)中亚—印度迁徙路线

中亚—印度迁徙路线主要位于我国鸟类迁徙路线的中部。从整体看，26 个调查湿地受重度威胁的湿地有 4 个，占调查湿地数量的 12.50%，包括陕西神木红碱淖自然保护区、西藏纳帕海重点调查湿地、青海青海湖自然保护区、贵州草海国家级自然保护区，受威胁面积共计 0.80 万公顷。其中，受轻度威胁的湿地有 13 个，占 54.17%；未受到威胁(安全)的湿地有 9 个，占 33.33%。

从对湿地的威胁因子出现频度上看，过度放牧是对湿地威胁最普遍的因子。26 个调查湿地中有 12 个湿地受到了过度放牧威胁。从 1950 年开始，张掖市国家湿地公园就受到过度放牧影响，受影响面积 2.00 万公顷。同时期，青海扎陵湖-鄂陵湖自然保护分区也受到过度放牧影响。2000~2005 年，西藏自治区和云南省的湿地受到过度放牧影响比较明显，在调查湿地中 9 个均受到过度放牧影响，面积 0.34 万公顷。过度放牧导致天然草场退化、植被退化、水位降低，有些成为沙尘源，湿地退化，生物多样性减少，生态系统稳定性降低。

鸟类中部迁徙通道上，对湿地威胁较大的另一个因子主要是人为活动造成的其他威胁，从 20 世纪 90 年代开始，到本世纪初较为严重，主要是旅游垃圾、生活垃圾和人为活动影响，影响面积约为 0.20 万公顷，影响主要造成垃圾、污水排放、水质下降，野生动物活动受扰和外来生物入侵等后果。

第三个重要因子是盐碱化，共影响了 7 个湿地，这些湿地由于补水减少，湿地盐碱化程度加剧。如甘肃敦煌西湖国家级自然保护区由于长期盐碱化影响，湿地影响面积 2.00 万公顷，造成植被和生物减少；内蒙古鄂尔多斯遗鸥国家级自然保护区从 2003 年来水量减少后，湿地盐碱化影响面积 0.7 万公顷，导致湿地减少。

污染和沙化也是威胁中部迁徙通道湿地的 2 个普遍因子，均影响了 6 块湿地。如陕西黄河湿地自然保护区从 20 世纪 80 年代开始，由于污染造成 0.25 万公顷湿地受到影响，造成湿地植被面积减少，部分湿地植物种数量减少，湿地动物栖息地生态环境遭到破坏，水质降低；内蒙古乌梁素海自治区级自然保护区在 1989 后由于污染造成富营养严重，已影响了 6.00 万公顷湿地。沙化也是降雨较小区域对湿地威胁严重的因子之一，如甘肃敦煌西湖国家级自然保护区由于沙化影响湿地 2.00 万公顷，沙化的结果直接导致湿地面积萎缩，功能得不到发挥。

其他威胁因子还有外来物种入侵影响 4 个调查区域，基建和城市化、水利负面影响了 3 个调查区域，影响 2 个调查区域的影响因子有围垦和泥沙淤积，过度捕捞仅影响青海湖 1 个调查区域。

总体来看，湿地水鸟中部迁徙路线上湿地受到的威胁程度为轻度，但受威胁重度区域湿地面临威胁非常严重，如不加强保护，这些湿地有可能在近年严重萎缩；此外，各威胁因子相互作用，容易引起恶性循环，应加强综合治理，特别是在湿地区域开展人为开发、水利工程等活动时，应开展客观、科学的评价和论证，首先保证人为活动不对湿地造成更大破坏和影响(图 3-3-13)。

(三)东非—西亚迁徙路线

东亚—西亚迁徙路线主要位于我国鸟类迁徙路线的西部。从鸟类西部迁徙路线整体情况看，5 个调查湿地受威胁程度均为轻度，受威胁面积共计 1.38 万公顷，占 5 个调查湿地总面积的 2.70%，说明在西部迁徙路线上，湿地水鸟栖息地受到的威胁相对较小，生态功能发挥较好。

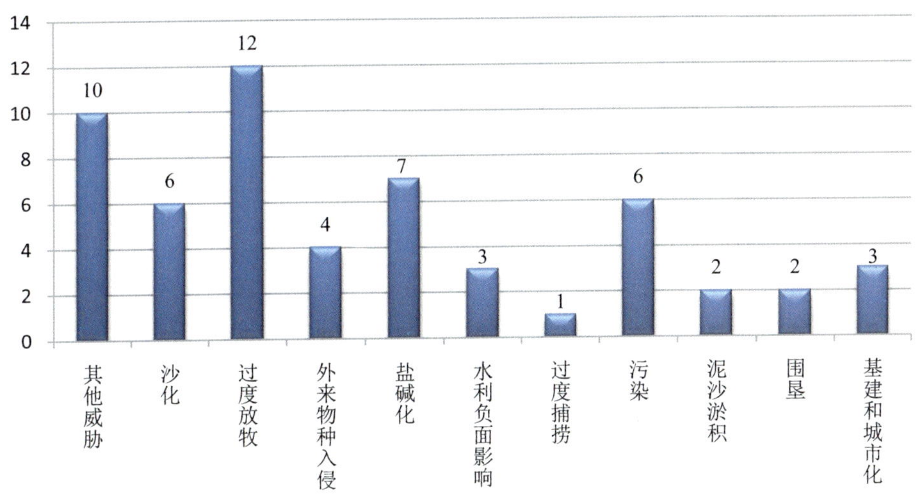

图 **3-3-13**　中亚—印度迁徙路线 **26** 个调查湿地威胁因子频次分布图

从对湿地的威胁因子出现频度上看，过度放牧是水鸟西部迁徙路线上对湿地造成威胁的最主要因子，在 5 个调查湿地中影响除了新疆艾比湖湿地之外的 4 个湿地。从 20 世纪 80 年代开始，新疆赛里木湖湿地就受到过度放牧影响，目前，过度放牧 4 个湿地影响面积约为 0.70 万公顷，导致了草场沙化和植被退化，湿地生态功能受到影响。

围垦、污染、沙化和采挖是水鸟迁徙路线另外 4 个主要因子，均影响了 2 个湿地。如新疆艾比湖湿地和博斯腾湖湿地在 20 世纪八九十年代经过围垦导致湿地面积减少，其中艾比湖湿地减少 0.50 万公顷，博斯腾湖湿地围垦导致湿地面积减少 0.05 万公顷；而农业废水和生活废水排放是导致湿地水质下降的主要原因，如新疆巴里坤湖湿地和博斯腾湖湿地在 2000 年开始，由于农业废水和生活废水排放加剧，导致湿地水位和水质下降。目前，这 2 个湿地营养状况均为富营养，而巴里坤湿地水质已经达到Ⅴ类水；沙化影响了艾比湖湿地国家级自然保护区和赛里木湖国家湿地公园，由于艾比湖区域常年风力较大，生态环境容易受到沙化影响，其他的人为生产活动也容易导致地表植被遭到破坏，地下沙层裸露，沙区一旦形成，呈不断扩大趋势，从而导致沙化面积扩大、环境恶化，湿地面积缩小、质量下降；在新疆巴音布鲁克国家级自然保护区，当地居民过度采挖雪莲、紫草等，导致植被被破坏，生态环境恶化，采挖同样影响了赛里木湖国家湿地公园。

此外，从 20 世纪 80 年代加剧的盐碱化导致巴里坤湖湿地 1200 公顷的湿地受到影响，湖水矿化程度增高，湖面萎缩，植物盖度降低，水质下降。

从威胁因子的整体看，西部迁徙路线受到的威胁主要来自农业生产活动，这是由于新疆维吾尔自治区是我国粮食主生产区之一，近年来的现代化、高效农业活动更加加剧了农业排污对湿地的影响(图 3-3-14)。

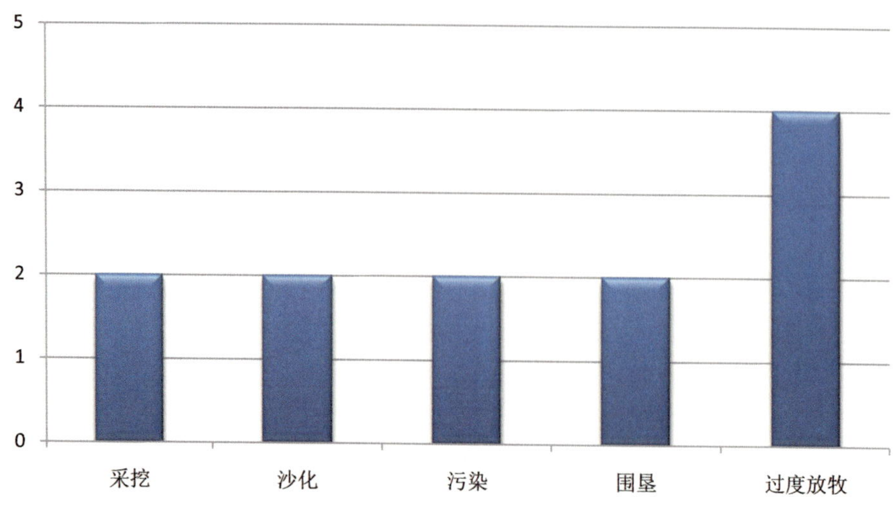

图 **3-3-14** 西部迁徙路线 **5** 个调查湿地威胁因子频次分布

第四篇

中国湿地资源评价

第一章
湿地资源特点

我国湿地资源总量大，分布辽阔，区域差异明显，生物多样性丰富，湿地类型齐全，包括了《湿地公约》定义的所有湿地类型，并拥有世界独特的高原湿地类型，青藏高原湿地被誉为“亚洲水塔”。同时，我国湿地面积较大，排名亚洲第一，世界第四，仅次于加拿大、俄罗斯和美国，形成自然湿地为主体，人工湿地占一定比例的分布格局，且沼泽湿地面积占主导地位，但我国湿地率仅5.58%，远低于世界8.60%的平均水平，为世界人均湿地面积的五分之一，而且，受保护湿地面积相对较低，仅占全国湿地面积的43.51%。

我国湿地资源的另一显著特点是生态服务功能突出，在生物多样性保育中发挥着重要作用，涵养水源和净化水质功能也十分显著，所储存的淡水、泥炭、生物物种及其遗传基因和水能资源，以及所拥有的景观、历史文化价值等，是我国人民生存及经济发展的重要物质基础和环境资源，是国家淡水安全的生态保障。

第三个特点是生态系统脆弱，受威胁程度和保护压力较大。按照第二次全国湿地资源调查的分析结果，我国的湿地资源质量尚可。湿地生态状况总体上处于中等水平，其中生态状况评级为“好”的湿地占湿地总面积的15%，评级为“中”的占53%，评级为“差”的占32%。而污染的影响面积和破坏程度最大，且处于高发态势，地表水水质达到国家地表水环境质量标准(GB3838—2002)Ⅰ类的仅占18.90%，Ⅱ类的占30.66%，Ⅲ类占34.20%，Ⅳ的占10.82%，Ⅴ类(含劣Ⅴ类)占5.41%。此外，许多自然湿地转变为人工湿地，结构特征与水文过程改变，生态系统服务功能下降，且涉及资源利用部门较多，湿地利用强度远高于其他生态系统。

第一节
近海与海岸湿地资源特点

我国大陆海岸线曲折漫长，蜿蜒呈弧形向东南突出，北起中朝交界的鸭绿江口，经辽宁、河北、天津、山东、江苏、上海、浙江、福建、广东、海南、广西等11个省(自治区、直辖市)，南至中越边界上的北仑河口，全长1.80万公里，沿岸分布有浅海水域、潮下水生层、珊瑚礁、岩石海岸、砂石海滩、淤泥质海滩、潮间盐水沼泽、红树林、河口水域、三角洲/沙洲/沙岛、海岸性咸水湖和海岸性淡水湖共12型湿地，总面积579.59万公顷，占到全国湿地面积的10.85%，其中浅海水域湿地型面积较大，占近海与海岸湿地的59.21%，其次为淤泥质海滩和河口水域湿地型，分别占该湿地类的16.37%和15.10%，而生物海岸中的珊瑚礁湿地型和红树林湿地型仅分别占该类湿地的0.11%和0.59%。

杭州湾以北主要为淤泥质海滩，代表性湿地有环渤海的河北滦南滨海湿地、凌河口湿地，辽宁辽河三角洲湿地，山东黄河三角洲湿地、莱州湾湿地，天津北大港湿地，以及江苏沿海连云港、盐城和南通等的湿地。以南主要为岩石性海滩，其主要河口及海湾有浙江的钱塘江—杭州湾、福建的晋江口—泉州湾、广东的珠江口河口湾和广西的北部湾等。

在我国近海与海岸湿地类型中，芦苇沼泽是分布最为广泛的草本盐沼类型，辽河三角洲盘锦湿地的芦苇沼泽面积近6.06万公顷，仅次于罗马尼亚多瑙河三角洲苇田，为世界第二大芦苇沼泽。历史上环渤海地区曾经是世界上芦苇沼泽分布最集中的地区，面积超过10万公顷，也是世界第一大苇田。天津汉沽、塘沽及大港的芦苇沼泽曾经位居全国第二，黄河口、长江口、江苏滨海均有较大面积分布，芦苇沼泽的最南缘可分布至深圳和香港米埔。遗憾的是，大面积油田开发和围垦导致了芦苇沼泽的迅速萎缩和破碎化。潮间盐水沼泽的另一重要类型——碱蓬沼泽，广泛分布在我国北方滨海地区，仅辽宁双台河口的碱蓬面积一度达到2000公顷，形成极为壮观的“红地毯”，但各种人为活动干扰影响下，面积也在不断萎缩。海三棱藨草沼泽是分布在江苏、浙江、河北等地潮间带的特有草本沼泽类型，目前，主要分布在长江口诸岛及杭州湾南岸滩涂，受入侵物种危害较大。此外，目前广泛分布的入侵物种互花米草已成为优势群落，对近海与海岸湿地生物多样性带来严重威胁。

近海与海岸湿地类型中的珊瑚礁主要分布在西沙和南沙群岛及台湾、海南沿海，其北缘可达北回归线附近，构成复杂的珊瑚礁生态系统，为鱼类，底栖动物、藻类提供了多样的生态位，成为海洋中生产力水平最高、生物多样性最高的生态系统之一，被称为“海洋中的热带雨林”。南沙群岛是我国最大的珊瑚礁分布海域，此外，西沙群岛、东沙群岛、中沙群岛也有广泛分布，但缺乏研究。红树林是热带海岸潮滩上由红树科植物为主组成的木本植物群落，由于温暖洋流的影响，可分布到亚热带(林光辉、林鹏，2010)，是近海与海岸湿地中一类具有极高生态效益的湿地型，是鱼类、底栖生物的重要生境，以及鸟类觅食、栖息和繁殖场所。红树林大部分分布在亚热带南缘，以广东、广西和海南为集中分布地，从海南南端至福建福鼎南北纬32°之间的滨海区域均有分布，由于沿海人类经济活动干扰较大，不仅分布面积小，且多为次生林，成小乔木或灌丛状，除广东、广西、海南、香港的红树林自然保护区外，其余岸段均呈零星或小片状分布，普遍具有结构单一，幼林化特点。

从我国5类湿地来看，近海与海岸湿地与其他类型湿地显著不同的是水位波动特征明显(何文珊，2008)，均经受海水、海浪和潮汐的影响(安树青，2003)，加之淡水的注入，咸淡水的不同混合模式，以及人类与海相处的数千年历史，呈现了面积比例虽小，但功能地位重要的特点。近海与海岸湿地面积仅占全国湿地面积的10.85%，甚至低于人工湿地面积比例，为5类湿地中面积比例最低的湿地类，但该类湿地为许多生物提供了不可替代的生境，孕育了丰富的生物多样性和许多特有生物，同时又是我国人口集中分布区域赖以生存的基本保障和经济发展的基础资源。

近海与海岸湿地的第二个特点是易于利用，人为干扰强烈，保护压力大。在该类湿地中，浅海水域湿地型、淤泥质海滩、河口水域湿地型占绝对优势，这 3 种易于利用的湿地型面积超过 90%。大面积比例的浅海湿地为滨海围垦利用提供了便利条件，淤泥质海滩和河口是生物多样性富集区，同时也是人类经济活动最为频繁的区域，保护与利用矛盾极为突出。红树林是生物多样性的富集区及滨海城市的重要生态屏障，珊瑚礁同红树林一样都是典型的，能与热带雨林相提并论的，极具生物多样性的高生产力生态系统，但所占面积比例较小，生态功能发挥空间有限，潮下水生层的重要性与珊瑚礁和红树林一样，是被忽视的重要海洋生境。

近海与海岸湿地的第三个特点是受威胁程度在 5 类湿地中相对较大，其受到保护的面积仅占全国受保护湿地面积的 5.98%，而人口膨胀、城市扩张、经济快速发展带来的对近海与海岸湿地围垦和基础设施建设需求利用，是该类湿地面临的最大威胁。

近海与海岸湿地的第四个特点是外来物种入侵严重。近海与海岸湿地中的许多湿地类型不仅是鱼类洄游产卵的重要通道和育肥场所，而且是迁徙鸟类重要的补食、停歇生境，但有害物种入侵严重，特别是互花米草挤占了本土湿地植被的生态空间，对底栖动物和鸟类种群带来不利影响，同时也给滩涂养殖等带来直接经济损失。

第二节
河流湿地资源特点①

我国由于地形复杂，河流湿地数量众多，且源远流长。全国流域面积在 100 平方公里以上的河流有 5 万余条；1000 平方公里以上的河流有 1580 余条；大于 10000 平方公里的有 79 条。长江、黄河、松花江、珠江、辽河、淮河、海河为我国七大河流，其中，长江和黄河分别为世界第三和第五大河。此外，流经和发源于我国的湄公河、黑龙江，也都在世界最长的十大河流之列。我国陆地面积约与欧洲及美国相近，但河流湿地数量，尤其是大江大河的数量却远高于欧洲和美国，甚至面积为我国两倍多的北美洲，长度超过 1000 公里的大河数量也只有我国的 2/3。此外，除了众多的天然河流外，我国还有许多人工开凿的河流，如京杭大运河、红旗渠、灵渠等。

长江是我国河流湿地中最重要的永久性河流湿地型，全长 6300 公里，仅次于非洲的尼罗河和南美洲的亚马孙河，长江从唐古拉山主峰发源，干流流经青海、西藏、四川、云南、重庆、湖北、湖南、江西、安徽、江苏、上海等 11 个省(自治区、直辖市)，沿途接纳了源自甘肃、陕西、贵州、河南、浙江、广西、福建、广东等 8 个省(自治区、直辖市)的 700 余条支流，流域面积超过 180 万平方公里，占中国国土面积的 18.8%。

黄河为我国第二大河，全长 5464 公里，发源于青藏高原巴颜喀拉山北麓的约古宗列盆地，流经青海、四川、甘肃、宁夏、内蒙古、山西、陕西、河南、山东等 9 个省(自治区)，沿途汇集了 1000 多条支流，流域面积 79.5 万平方公里。黄河是举世闻名的多沙河流，含沙量极大，年输沙量 16 亿吨，平均含沙量达 35 公斤。此外，黄河下游段是地上“悬河”，两岸几乎所有河流都无法汇入。

---

① 该节部分河流数据引自《中国河湖大典》。

淮河是我国亚热带湿润区和暖温带半湿润区的重要地理分界线，发源于河南与湖北交界处的桐柏山，自西向东，流经河南、安徽和江苏，干流全长1000公里，流域面积26万平方公里。

海河发源于太行山和燕山地区，流经山西、内蒙古、河南、山东、河北、北京、天津等7省(自治区、直辖市)，其干流起自天津三岔河，东至大沽口入海，长度仅73公里，但却接纳了上游北运河、永定河、大清河、子牙河、南运河五大支流和300多条较大支流，构成了华北最大的水系，流域面积31.8万平方公里。

珠江是我国第四大河，为西江、北江、东江和三角洲河网组成的水系，干流总长2215.8公里，流经云南、贵州、湖南、江西、广西、广东以及香港、澳门等8省(自治区、特别行政区)。珠江水系河流众多，集水面积在1万平方公里以上的河流有8条，1000平方公里以上的河流有49条，流域面积45.26万平方公里。

松花江全长1927公里，流域面积约为54.5平方公里，流经吉林、黑龙江两省。其主要支流有嫩江、呼兰河、牡丹江、汤旺河等。

辽河干流河谷开阔，河道迂回曲折，全长1430公里，流域面积22.94平方公里，流经内蒙古、辽宁两省(自治区)，沿途接纳了招苏台河、清河、秀水河等支流。

塔里木河全长2137公里，位于我国最大的塔里木盆地，是我国最大的内流河。由阿克苏河、叶尔羌河及和田河3条支流组成，阿克苏河为主要补给源。

河流湿地是地表重要的输水通道，是地表水文生态过程的重要驱动力。我国河流湿地面积占全国湿地面积的19.75%，包括永久性河流、季节性或间歇性河流、洪泛平原湿地、喀斯特溶洞4种湿地型。其中，永久性河流湿地型占该类湿地面积的67.37%，为河流湿地类面积最大的湿地，洪泛平原湿地主要分布在平原地区或中下游，以及河床及河湾；季节性或间歇性河流湿地主要分布在上游地区；喀斯特溶洞湿地主要分布在南方和西南石灰岩地区。

河流湿地储存了丰富的淡水资源，特别是由我国青藏高原、云贵高原、天山、阿尔泰山发育的长江、黄河、雅鲁藏布江(布拉马普特拉河)、珠江、红河、湄公河、萨尔温江、伊洛瓦底江、伊犁河、额尔齐斯河(鄂毕河)、印度河等大江大河，为亚洲约30亿人提供淡水资源，不仅是联系国内东西部，也是联系亚洲国家的重要经济、文化纽带，是流域生存和发展的命脉。

我国河流湿地的特点之一是以外流河为主，国际河流众多，水能资源丰富，保护与利用矛盾突出，保护压力较大。我国水能蕴藏量约有6.8亿千瓦，相当于美国的5倍多，占全世界水能蕴藏总量的1/10左右，为世界首位。但水能资源分布悬殊，南方和西部水能资源丰富，北方和东部较少，且水能资源利用强度较大。水坝数量为世界第一，大量水坝导致河流水文过程受阻，生态问题突出。

河流湿地的第二个特点是资源分布不均，河网密度地区差异明显。我国的河流湿地虽多，因受地形、气候因素的影响，在地区上分布很不均匀。占全国面积2/3的河流都分布在东、南部外流区域内，河流水量约占全国河流水量的95%以上。这里受季风气候的影响，水流以降雨补给为主，降水充沛，为水系的发育提供了有利条件，河流密布而长。一级河流主要发育和分布在高原地区，且多数河流为出境河流。其中西北和藏北高原内陆地区受干旱气候影响，降水稀少，蒸发较大，水流补给主要来自高山冰雪融水，水系不发育，河网密度小，多在0.1公里/平方公里以下，不少地区接近于零或等于零。地势低平的松嫩平原、辽河平原和华北平原，甚至出现无流区。东北和华北平原的河网密度为0.05公里/平方公里，东部地区河网密度一般在0.1公里/平方公里以上，南方则超过0.5公里/平方公里，长江和珠江三角洲，河网密度可达2公里/平方公里，最大达6公里/平方公里。北方的山地和丘陵区，河网密度在0.2~0.7公里/平方公里。

河流湿地的第三个特点是水量充沛，径流量大，随季节变化而年内分配不均。我国年平均降水总量约6亿多立方米，约有44%形成径流，总量达27000亿立方米，占世界河川总径流量的6.6%，仅次于巴西、俄罗斯，居世界第三位。其中，长江径流量最为丰富，占我国河流湿地径流量的36%左右，相当于20条黄河。我国河流湿地水量虽然丰沛，但季节更替而呈现明显变化，其总的变化格局是夏季水量集中，冬季水量稀少。

第四个特点是高原地区河流湿地集水区狭长，补给方式复杂，切割深、落差大、水流湍急，浮游生物和鱼类丰富，河滩湿地不发育，湿地植物较少，但干扰相对较小，水质优良。平原区河流湿地资源丰富，水网密布，水生生物发育，但干扰强度较大，水质污染严重。

第三节 湖泊湿地资源特点①

我国的湖泊湿地资源丰富，大大小小的湖泊有2万多个，湖泊总面积859.38万公顷，占我国湿地总面积的16.09%，包括永久性淡水湖、永久性咸水湖、季节性淡水湖和季节性咸水湖4种湿地型。其中，永久性咸水湖和永久性淡水湖是湖泊湿地的主体，分别占该类湿地面积的48.60%和46.17%。

我国面积大于500平方公里的大型湖泊湿地较少，大多数为小型湖泊。青海湖是我国面积最大的永久性咸水湖湿地，鄱阳湖是我国面积最大的永久性淡水湖湿地。我国湖泊湿地受水量补给条件的影响较大，西北部多为咸水湖或盐湖，东南部绝大部分为淡水湖泊湿地。数量基本与降水量的分布趋势一致，西北部湖泊湿地面积为东南部的1.3倍，储水量为东南部的2.5倍，其中，淡水贮量外流湖为内流湖的4.5倍。我国湖泊湿地主要集中分布在青藏高原湖区、东部平原湖区、蒙新湖区、东北山地湖区和平原湖区、云贵高原湖区等5个湖泊湿地区域。青海湖、鄱阳湖、洞庭湖、太湖、洪泽湖、呼伦湖、纳木错、博斯腾湖、南四湖、巢湖为我国十大湖泊湿地。

青藏高原是世界上海拔最高的高原湖区，是我国湖泊面积广、分布稠密的地区，湖泊湿地面积480.50万公顷，占全国湖泊总面积的55.91%，湖面海拔多在4000米以上。藏北高原的喀顺错，湖面海拔5556米，是我国目前已知地势最高的湖泊。青藏高原湖区拥有世界上最高且数量最多的高原湖泊群，仅西藏就有湖泊2000多个，约占全国湖泊湿地总面积的1/3。青海和西藏是我国湖泊分布最为集中、面积最大的省(自治区)，绝大多数属内流湖，除东部及南部有部分外流湖为淡水湖外，即藏东南淡水湖，藏南淡水与咸水湖，其他多为内陆咸水湖或盐湖。永久性咸水湖是青藏高原湖区湖泊湿地的主体，面积占到青藏高原湖泊湿地面积的74.51%。这些湖水都较深。区内分布有青海湖、纳木错、色林错、羊卓雍错、鄂陵湖、扎陵湖及班公错等较大的湖泊湿地。

① 本节部分湖泊数据引自《中国河湖大典》。

东部平原湖区。东部平原湖区湿地面积占我国湖泊湿地面积的23.76%，虽不到青藏高原湖泊湿地面积的一半，却是我国湖泊湿地尤其是淡水湖泊湿地分布最集中和最具代表性的地区，包括长江中下游平原及三角洲平原、淮河中下游平原、黄河和海河中下游平原以及京杭大运河沿岸的湖泊湿地。这里地势低平，气候温暖，降水丰沛，河网交织，湖泊密布，我国著名的五大淡水湖湿地——鄱阳湖、洞庭湖、太湖、洪泽湖、巢湖都分布在东部平原湖区。

蒙新湖区。蒙新湖区湖泊面积为98.05万公顷(主要包括内蒙古高原和新疆除青藏高原部分的湖泊湿地面积。其中，新疆未纳入青藏高原部分的湖泊湿地面积为52.02万公顷)，占全国湖泊湿地面积的11.41%。蒙新湖区降水量稀少，多为内陆咸水湖和盐湖，不少湖泊成为内盆地汇水中心，有的则是河流的尾闾湖。由于汇入湖泊的水量不稳定，水面时大时小，湖形多变，如索果诺尔、玛纳斯湖等，当入湖水量入不敷出时，极易导致湖泊消亡或成为盐湖或矿湖，如干涸的新疆罗布泊和台特马湖，以及产盐的内蒙古吉兰泰盐池。但也有一些湖泊与大河相连，水量补给充足，不仅湖形固定，而且为淡水湖泊，如博斯腾湖、乌梁素海等。该区较大的湖泊有呼伦湖、博斯腾湖、赛里木湖、布伦托湖(乌伦古湖)及贝尔湖(中、蒙界湖)等。新疆吐鲁番盆地的艾丁湖，水深不足1米，位于海平面以下155米，是我国地势最低的湖泊。

东北山地湖区和平原湖区。东北山地湖区和平原湖区包括大、小兴安岭和长白山系的高山、中山、低山和丘陵山地湖区，以及辽阔的松辽大平原和渤海凹陷平原湖区，为我国的寒温带和温带湿润、半湿润地区。该区以冷湿的森林和草甸为主，湖泊湿地水浅面积小，数量不多，湖泊湿地总面积47.09万公顷，占我国湖泊湿地面积的5.48%。主要有镜泊湖、五大连池、扎龙湖、白头山天池等。

云贵高原湖区。云贵高原为我国淡水湖泊分布较多的地区之一，湖泊面积12.10万公顷，占全国湖泊湿地面积的1.41%。区内的湖泊均为淡水湖，集中在滇中和滇西北地区，除抚仙湖、泸沽湖、阳宗海及程海等湖泊为湖盆坡度较大、湖岸线平直的深水湖外，其他各湖均系湖盆平缓、岸线弯曲的浅水湖泊，如滇池、洱海、抚仙湖、泸沽湖、程海、草海等。云贵高原气候温暖，湖水冬季不结冰，是我国唯一不冰冻的湖区。

青海湖是我国第一大内陆湖泊，也是我国最大的咸水湖，含盐量1.25%，环湖周长360多公里。湖面东西约104公里，南北约62公里，略呈椭圆形，是一处断陷湖。湖盆边缘多以断裂与周围山体相接，形成闭合的地理环境。青海湖国家级自然保护区管理局2012年的监测数据表明，青海湖面积已达4564.03平方公里，并呈逐年扩大趋势。青海湖湿地是斑头雁、棕头鸥、鱼鸥、鸬鹚、凤头潜鸭、赤麻鸭、普通秋沙鸭、鹊鸭、白眼潜鸭、斑嘴鸭、针尾鸭、大天鹅、蓑羽鹤、黑颈鹤等鸟类的重要生境，也是青海裸鲤和硬刺条鳅、隆头条鳅等特有鱼类的繁殖场所。

鄱阳湖是我国最大的淡水湖泊湿地，也是长江唯一通江的两个吞吐性淡水湖泊之一，由地壳陷落而成。湖区形似葫芦，南北173公里，东西最宽处达74公里，平均宽16.9公里，湖岸线长1200公里，平均水深8.4米，最深25.1米，容积约276亿立方米。平水位(14~15米)时湖水面积3283平方公里，高水位(20米)时为4125平方公里以上，低水位(12米)时仅500平方公里。每年流入长江的水量超过黄河、淮河、海河三河水量的总和。鄱阳湖是一个季节性湖泊，最重要的生态服务功能有两点：一是对生物多样性的保护，其不仅是我国最大的白鹤越冬地，白鳍豚、江豚、中华鲟等的生存空间，而且是世界上最大的鸟类保护区；再就是调蓄洪水，鄱阳湖多年平均可削减洪水流量14400立方米/秒(朱琳等，2004)，其生态地位极为重要。

洞庭湖是我国五大淡水湖之一，同鄱阳湖一样，同为长江通江的吞吐性淡水湖泊。洞庭湖由东洞庭湖、南洞庭湖(万子湖、横岭湖)、西洞庭湖(目平湖)、大通湖、漉湖等湖泊组成。北有3个出水口与长江相通，南有湘江、资水、沅江、澧水4条河流汇入。历史上洞庭湖曾是中国第一大淡水湖，由于围湖造田，以及泥沙淤积，洞庭湖面积由最大时的约6000平方公里骤减到20世纪80年代的2625平方公里，近年来的退耕还湿使洞庭湖面积恢复到了3968平方公里。洞庭湖为燕山运动期间断陷所形成，就像一个巨大的调节水库，储蓄了湖南四水的水量并起着吞吐长江洪水的作用。

太湖为我国第三大淡水湖，湖面2000多平方公里，有大小岛屿48个，山峰72座。太湖山水相依，有苕溪、荆溪两大水系汇入太湖，生物多样性丰富，是江苏、浙江、上海、安徽重要的生态环境资源和物质基础。

洪泽湖为我国第四大淡水湖，发育在淮河中游的冲积平原上，是“南水北调”工程东线部分的过水通道。在正常水位12.5米时，水面面积为1597平方公里，洪泽湖是一个浅水型湖泊，水深一般在4米以内，平均水深1.9米，最大水深5.5米，容积30.4亿立方米。湖泊长度65公里，平均宽度24.4公里，汛期或大水年份水位可达15.5米，面积扩大到3500平方公里。原是断陷后泄水不畅的洼地，潴水成许多小湖，黄河改道后，部分黄河水倒灌入淮，淮河流量增加，将小湖连成一片。现今的洪泽湖则是在洪泽湖大堤重修后形成的人工湖。全湖由成子湖湾、溧河湖湾、淮河湖湾三大湖湾组成，有淮河、濉河、汴河和安河、怀洪新河、池河、新汴河、徐洪河、团结河、张福河等河流注入。其中，淮河水量占入湖水量的70%以上，并由三河闸和苏北灌溉总渠分泄入长江。

呼伦湖也称呼伦池、达赉湖，是内蒙古第一大湖。为构造成因的半咸水湖，旧时与海拉尔河相通，现已断流成为内陆湖。湖长93公里，最大宽度为41公里，平均宽度为32公里，周长为447公里。当湖水位在545.33米时，湖面积为2339平方公里，平均水深为5.7米，最大水深8米左右，蓄水量为138.5亿立方米，为不规则斜长方形。入湖河流有蒙古国流入的克鲁伦河和从南面中蒙边境上贝尔湖流入的乌尔逊河，并有出露的30余处泉眼涌出的大量地下水补给，湖水最终泄入额尔古纳河。呼伦湖是中国北方地区重要的鸟类栖息地和东部内陆鸟类迁徙的重要通道，是240多种鸟类，尤其是白鹤、丹顶鹤、白枕鹤等5种鹤类的生境，以及许多鱼类的栖息、繁衍场所，在维持生物多样性和丰富的生物资源方面发挥着巨大作用，在区域环境保护中具有特殊的地位。

纳木错是我国第三大咸水湖，为断陷构造湖，湖面面积1940平方公里，湖面海拔4718米，东西长70多公里，南北宽30多公里，近似长方形，纳木错最深处超过33米，蓄水量768亿立方米。纳木错有罗萨河、打尔古藏布、查哈苏太河等河流注入。纳木错同时还是圣湖，是高原极为重要的牧场。湖中盛产高原细鳞鱼和无鳞鱼类，是裂腹鱼和条鳅的繁殖场所，许多鸟类的繁殖地和野驴、野牦牛等动物的栖息地。

博斯腾湖是位于焉耆盆地的一个山间陷落湖，主要补给水源是开都河，同时又是孔雀河的源头，是我国西部最大的内陆淡水吞吐湖，现今已演变成一个微咸水湖泊。湖面海拔1048米，东西长55公里，南北宽25公里，略呈三角形，面积1228平方公里，平均水深9米，最深17米，其中大湖面积约988平方公里，蓄水量99亿立方米，小湖面积240平方公里。是塔里木裂腹鱼、扁吻鱼(新疆大头鱼)等国家Ⅰ级保护鱼类和长头鱼等特有鱼类的重要生境。

南四湖是微山湖、昭阳湖、独山湖、南阳湖等4个相连湖的总称，为山东省最大的淡水湖，水源补给主要来自流域内的53条河川径流。南四湖湖盆呈浅平形，湖水不深，一般情况下，大部分湖区水深不足1米，最深处水深3米左右，湖面狭长，中部较窄，南北长约126公里，东西宽约5~25公里，湖面面积1266平方公里。水利枢纽工程的大坝将全湖分为上、下两级，上级湖湖底高程32.5米，正常蓄水位34.5米，湖面面积602平方公里，设计洪水位36.5米，相应容积23.1亿立方米。下级湖底高程31.0米，正常蓄水位32.5米，湖面面积664平方公里，设计洪水位36.0米，相应容积30.78亿立方米。

巢湖是一断陷湖，东西长54.5公里，南北平均宽15.1公里，湖岸线最长181多公里。最大水域面积约825平方公里，最大容积48.10亿立方米，最大深度0.98~7.98米。湖水主要靠地面径流补给，有河流35条。其中较大的河流有杭埠河、白石天河、派河、南淝河、烔炀河、柘皋河、兆河等，从南、西、北三面汇入湖内。入湖河流呈向心状分布，河流源近流短，区内地势起伏不平，表现为山溪性河流的特性。巢湖历史上是一通江浅水湖泊，加之具有大面积的沼岸草滩和水生植物，为洄游及半洄游性鱼类提供了良好的产卵繁殖与育肥场所，也为定居性鱼类创造了适宜的栖息条件，水产资源丰富。修建了裕溪闸和巢湖闸后，人为切断了巢湖的通江河道，江湖隔绝，切断了鱼类的洄游通道和长江鱼苗倒灌入湖的机会，加之围垦等人为干扰，导致生物多样性衰减。

我国湖泊湿地特点之一是成因复杂，并受多种地质成因和人类活动共同作用。青藏高原湖区湖泊山地多系构造运动和冰川作用的冰蚀盆、洼地积水或冰碛物壅塞而形成的构造湖和冰川湖，也有因泥石流阻塞河道而形成的堰塞湖，降雨和冰雪融水为主要补给形式，但补给小于蒸发，湖泊干化明显，人类活动影响较小。东部平原湖区湖泊湿地为河床演变与海岸线变迁而形成，多为河成湖。而沿海平原与低地中的一些湖泊则是古潟湖的遗迹，河湖关系密切，水源补给丰沛，但大中型湖泊淤积严重，人类活动对湖泊水量水质影响严重。蒙新湖区大多为构造成因湖泊和洼地积水湖泊，黑河以西多构造湖，以东多小型风蚀湖，亦有部分构造湖。补给为降雨与冰雪融水，但人为干扰影响入湖水量强烈，且湖泊蒸发剧烈，湖泊咸化、旱化严重。东北山地和平原湖区湖泊湿地的形成与地壳沉陷、火山喷发、地势低洼、排水不畅和河流摆动有关，大多为洼地积水、河成湖或火山堰塞、火口湖，水源补给比较丰富，湖水封冻期较长，人类活动对部分湖泊水量水质影响较大。云贵高原湖泊湿地多为断裂陷落形成的构造湖，也有像异龙湖、威宁草海等溶蚀湖。降雨为主要水源补给方式，水资源年际变化小，人类活动对湖泊水量水质影响强烈。

我国湖泊湿地的另一特点是分布广泛，特征差异明显。地理分布上的这种差异取决于水源补给条件，外流区以淡水湖为主，内流区以咸水湖和盐湖为主。山地区(包括高原和丘陵)的湖泊湿地具有面山—湖岸—湖滨—湖盆结构特征，处于相对封闭的湿地环境，水体置换周期长，生态系统脆弱，特有物种比例较高。平原和中下游地区的湖泊湿地具有大江大河水源补给，为开放型湖泊湿地，是迁徙鸟类重要的补食地和停歇地。该区人口稠密，利用强度较大，水体污染严重。发育在东北平原的湖泊湿地具有面积小、湖盆坡降平缓，现代沉积物深厚，湖水浅和矿化度高等特点。发育在沙漠地区的湖泊多为季节性湖泊，具有面积小、湖水浅、补给水量少、蒸发强烈，湖水矿化度高的特点。

我国湖泊湿地的第三个特点是湖泊的分布没有地带性规律可循，也不受海拔的限制，凡是地面上排水不良的洼地都可以潴水，发育成湖泊。但大多数湖泊湿地水位因降水季节分配不匀而年变幅大。且多数湖泊为水深在 4 米以下的浅水型湖泊。

第四节 沼泽湿地资源特点①

我国沼泽湿地分布广泛，资源丰富，总面积达到 2173.29 公顷，占我国湿地面积的 40.68%，是我国湿地资源的主体，包括藓类沼泽、草本沼泽、灌丛沼泽、森林沼泽、内陆盐沼、季节性咸水沼泽、沼泽化草甸、地热湿地、淡水泉/绿洲湿地 9 个湿地型。但我国地貌条件复杂，自然地理环境差异十分明显，水热条件因区域而异，所以，我国沼泽湿地及其在空间上的分布具有广泛性与不平衡性特点。

沼泽的形成是各种自然地理因素综合作用的结果，尤其是水热条件起着至关重要的作用，自然地理环境诸因素，如地理位置、气候、地貌与地表物质组成都是影响水热条件的重要因素。我国自然地理条件复杂多样，为沼泽发育提供了丰富的地貌和水热条件。因此，从南到北，从沿海到内陆，从平原到高原、从丘陵到山地均有沼泽分布，只是各省(自治区、直辖市)沼泽分布的数量多少存在差异。其中，青海、黑龙江、吉林等省沼泽湿地资源相对较多；而西藏、内蒙古、河北、浙江、江苏、山东等省(自治区)沼泽相对较少；宁夏、贵州、云南、山西、河南、海南、台湾等分布零星，为沼泽最为稀少的省(自治区)。

在寒温带湿润、半湿润的东北最北部地区，是我国沼泽最集中分布的地区之一，亦是我国沼泽分布纬度最高的沼泽区。该区地处大兴安岭山地，冬季严寒而漫长，夏季温暖湿润而短促，为我国最冷的地区之一。1 月平均气温 -30 ~ -24℃，7 月平均气温在 18℃以下，年平均降水量为 450 毫米，湿润系数均大于 1°，为我国唯一的一块寒温带森林沼泽集中分布区。独特的地理位置，复杂的自然环境，广泛发育的冻土及新构造运动特征使本区沼泽的发育、沼泽生态特征均明显有别于其他沼泽区。

寒温带的大兴安岭地区沼泽主要发育在山间坳沟、河谷、缓坡坡麓、河漫滩、冰蚀凹地、箱形谷地、热融凹地、热融湖、热融沉陷等地貌部位上。局部的山地斜坡、平坦分水岭也有少量沼泽发育，沼泽分布十分广泛，尤其在大兴安岭北部阿穆尔河、盘古河、老槽河、绰尔河与倭勒根河流域谷地沼泽分布尤为集中。

寒温带沼泽地带性的突出特征是耐贫瘠营养环境的泥炭藓沼泽发育，这是我国此类型沼泽分布最多、发育最为典型的地区，主要沼泽有泥炭藓沼泽、落叶松—偃松—泥炭藓沼泽、落叶松—细叶杜香—泥炭藓沼泽、落叶松—笃斯越橘—藓类沼泽、毛果薹草—泥炭藓沼泽、丛桦—笃斯越橘—泥炭藓沼泽、丛桦—泥炭藓沼泽、丛桦—羊胡子草沼泽等。其中落叶松—偃松—泥炭藓沼泽

① 本节内容引编自赵魁义《中国沼泽志》。

是我国寒温带山地特有的沼泽类型，仅分布在大兴安岭北部海拔1100米和南部1500米以上山地阴坡和半阴坡。此外，还有毛果薹草沼泽、漂筏薹草沼泽、乌拉薹草—小叶章沼泽、薹草—小叶章沼泽、丛桦—薹草沼泽、落叶松—薹草沼泽、落叶松—丛桦—薹草沼泽等。

寒温带藓类沼泽形成途径主要是森林沼泽化和冻土沼泽化，其次为湖泊沼泽化，其他类型沼泽多起源于河流沼泽化、湖泊沼泽化和草甸沼泽化。一些面积较大的沼泽体多由两个及两个以上类型沼泽化过程复合形成。冻土沼泽化是我国东部寒温带所特有的沼泽化过程，也是东北山地大多数藓类沼泽起源的主要途径。寒温带地区气温低，即使在夏季，冻土表层解冻也很浅，一般在地表下20厘米以内。冬季又全部冻结，冻结时间长达7~8个月，冻土厚度一般可达70~80米，有些地区甚至超过100米。冻土层阻碍春季融雪水及夏季降水下渗，造成地表过湿，滋生一些湿生、沼生植物，开始沼泽化过程。因地温低，且地表水分过多，不利于沼泽植物残体分解，形成并堆积泥炭。泥炭的导热率小，阻碍地表热量传导入泥炭下层，这又导致冻土层进一步加厚。低温冷湿的环境促进地表有机残体的积累，植物生长所需的营养成分不能释放，使土壤表层日趋贫瘠。因此，适应于土壤养分贫乏的泥炭藓大量生长，逐渐发育成贫营养沼泽，即传统沼泽形成发育理论所论述的沼泽发育的最高阶段。

寒温带沼泽发育过程也独具特色。按照传统的沼泽发育理论，沼泽发育应循序渐进地从富营养沼泽阶段开始，经中营养沼泽阶段最后发展至贫营养沼泽阶段。尽管这个理论并不完全适用于中国沼泽的发育过程，其正确性与应用的范围还有待于进一步商榷，但寒温带沼泽发育过程能正确反映沼泽发育自然规律。大兴安岭地区及小兴安岭北部一些沼泽，如阿木尔林业局的长缨林场北6.5公里沼泽，漠河县图强林业局中心苗圃沼泽，红星林业局汤北林场沼泽，汤洪岭林场更新山沼泽，其发育过程均显示出传统的沼泽发育规律。沼泽剖面泥炭植物残体组成十分清楚地再现了沼泽的这一发育过程。黑龙江省漠河县漠霍公路边沼泽底层泥炭是由木本、草本植物残体组成，而且以薹草残体占优势，说明沼泽处在富营养阶段；中层以薹草和木本残体为主，并发现许多泥炭藓和金发藓以及棉花莎草残体，表明沼泽营养条件已开始趋于贫瘠，处在中营养沼泽阶段；上层植物残体除以泥炭藓占优势外，还有喜湿耐酸的小灌木狭叶杜香残体和少量薹草和棉花莎草残体，说明沼泽已发展成为贫营养沼泽。

寒温带沼泽生态特征亦与其他地带有所区别。寒温带沼泽植被多为木本与藓类植物，木本植物以乔木兴安落叶松、偃松，灌木柴桦、油桦和小灌木狭叶杜香、笃斯越橘为主，落叶松长势不好，多数沼泽的落叶松几乎消失，偶尔可见到濒于死亡的“小老头松”和已枯死的落叶松“杆”。藓类植物主要有泥炭藓、中位泥炭藓、尖叶泥炭藓、锈色泥炭藓、白齿泥炭藓、沼泽皱蒴藓和金发藓等，有较多的喜贫瘠土壤的沼生和湿生植物。

寒温带沼泽水源补给类型中，大气降水成分占较大比重，有些沼泽以大气降水为主要补给水源，地表径流也是补给水源之一，来自河流泛滥水、湖水补给相对较少。沼泽水化学类型多为$Cl \cdot SO_4$—$Mg \cdot Na$和$Cl \cdot HCO_3$—$Na \cdot Mg$型水。在坡麓缓坡处，沼泽地表一般无积水，经踩压可见水从泥炭层中流出。在河谷内、河漫滩、阶地上发育的沼泽一般有薄层积水，深度不超过25厘米，且多为季节性积水，沼泽由地表水和地下水补给。由于藓类沼泽多形成藓丘，地表水文网呈放射状。草本沼泽则多为向心状水文网。

沼泽土壤类型多为泥炭土、泥炭沼泽土，pH值低，一般3.5~5.0，有机质含量高，可达

75%~90%。多数沼泽矿物质营养十分贫乏，氮、磷、钾含量少，泥炭分解弱，泥炭厚度较小，一般不超过1.5米，剖面上部往往有活泥炭藓层。分布在河漫滩、阶地、河谷内的沼泽湿地，土壤泥炭层较薄，甚至无泥炭积累，发育为泥炭沼泽土或草甸沼泽土。与山地坡麓、坳沟处发育的沼泽相比，pH值较高，介于6.5~7.0之间，有机质含量一般在30%~50%。土壤中矿质含量较高，氮、磷、钾含量相对较多。

寒温带沼泽代表性微地貌类型为泥炭藓丘和冻胀泥炭丘，这是寒温带沼泽在特殊气候条件下生物和冻融作用所致。

中温带、暖温带湿润、半湿润地区也是中国沼泽强烈发育地区。该区沼泽集中分布在小兴安岭、长白山地、三江平原和辽河平原及辽河口三角洲地带的河漫滩、牛轭湖、古河道、阶地上的洼地、宽浅沟谷和坳沟、熔岩台地等地貌部位。此外，在熔岩堰塞湖、火口湖、热融湖、山地缓坡及平坦分水岭地带也有少量沼泽发育。

本带沼泽类型最为多样，是我国沼泽类型最多的地带之一。在山地，大兴安岭、小兴安岭、长白山地发育了泥炭藓沼泽、落叶松—细叶杜香—泥炭藓沼泽、落叶松—笃斯越橘—藓类沼泽、落叶松—丛桦—薹草沼泽、丛桦—薹草沼泽；平原主要为毛果薹草沼泽、乌拉薹草—小叶章沼泽、薹草—芦苇沼泽、芦苇沼泽、甜茅沼泽、漂筏薹草沼泽。其中三江平原为我国草本沼泽中最大的薹草沼泽区，典型沼泽类型为毛果薹草沼泽和薹草—小叶章沼泽。

中温带沼泽主要发育河流沼泽化、湖泊沼泽化、森林沼泽化及草甸沼泽化。沼泽个体面积大，且多由几个起源复合而成。平原沼泽以河流、湖泊和草甸沼泽化为主，山地沼泽以森林沼泽化居多。

除小兴安岭北部与长白山海拔1200米以上山地，部分沼泽发育呈贫营养沼泽阶段外，中温带沼泽发育过程大多停留在富营养阶段，尽管一些富营养沼泽形成于距今1万年前，但是它们仍处在富营养阶段，没有向中营养、贫营养沼泽阶段发展演替。如三江平原沼泽以毛果薹草沼泽、薹草—小叶章沼泽为主，仅在小兴凯湖附近的局部地段受局地自然环境条件影响，发现有薹草—泥炭藓沼泽，表明其属于富营养沼泽与中营养沼泽过渡性质的沼泽类型。松嫩平原沼泽以芦苇沼泽、各类薹草沼泽占优势，也为典型的富营养沼泽。在辽河平原，沼泽分布零星，也多为各类薹草沼泽和芦苇沼泽，均属典型的富营养沼泽。

小兴安岭北部、长白山海拔1200米以上地区也发育了贫营养沼泽类型。主要为落叶松—狭叶杜香—泥炭藓沼泽、泥炭藓沼泽。中营养类型沼泽为落叶松—笃斯越橘—泥炭藓沼泽。发育在小兴安岭的伊春市红星林业局汤北林场20支线沼泽，经沼泽剖面孢粉分析，以及泥炭植物残体分析，表明其发育经历了落叶松—薹草富营养沼泽、落叶松—薹草—泥炭藓中营养沼泽、落叶松—狭叶杜香—泥炭藓和泥炭藓贫营养沼泽3个阶段。长白山部分高海拔地区的沼泽湿地的发育也经历了从富营养沼泽阶段开始，经中营养沼泽阶段，最后发展到贫营养沼泽阶段的发育过程。

小兴安岭北部位于邻近寒温带的中温带地区，地理位置位于北纬45°50′~50°10′之间，海拔高程500~800米，沼泽主要分布在北部。由于纬度较高，气候寒冷，有岛状多年冻土分布，该区环境条件与寒温带环境条件近似。另外，从世界沼泽分布规律上看，小兴安岭正处在欧亚大陆贫营养沼泽带的南缘，因而部分沼泽发育经历了富营养、中营养和贫营养沼泽3个发育阶段。

在长白山地区，由火口湖发育而形成的沼泽中，有的也经历了富营养、中营养和贫营养沼泽3个发育阶段，这是受山地海拔高度升高，环境条件变化，山地沼泽垂直地带性制约所致。

中温带沼泽沼泽植被类型最多，具有如下生态特征。其中，多种薹草为该带主要沼泽植被类型，三江平原沼泽区最具代表性和典型性。三江平原沼泽区水源补给以地表径流、河湖泛滥水补给为主，以地下水、大气降水补给为辅。在小兴安岭及长白山熔岩台地上、平坦分水岭及坡地上的沼泽，以大气降水补给为主，地表径流补给为辅。发育在沟谷及冲积扇、洪积扇缘的沼泽多为地下水补给。三江平原沼泽湿地水文网多为向心状水文网，沼泽土壤类型则复杂多样，为我国沼泽土壤、泥炭土壤类型最为齐全的沼泽区之一。主要土壤类型为泥炭土、泥炭沼泽土、淤泥沼泽土、腐殖质沼泽土、草甸沼泽土和盐化草甸沼泽土。除发育在小兴安岭、长白山地某些地段的个别泥炭土、泥炭沼泽土外，大部分沼泽土矿物质养分含量十分丰富，氮、磷、钾含量较高，有机质含量较寒温带低，沼泽土、泥炭土 pH 值则较高，一般6.5~8.0，泥炭分解度较大，泥炭沼泽的泥炭层深厚，最厚可达9米，但该区很多沼泽无泥炭积累，仅有薄薄的一层草根层。

中温带沼泽代表性微地貌类型属于地表水生物型，以浅洼地、斑点状草丘为主，且该类微地貌最为典型；其次还有仅见于大兴安岭南部、小兴安岭和长白山地的冻融生物型微地貌泥炭藓丘。

暖温带包括辽宁南部和华北平原北部的黄淮海平原北部地区。本带沼泽湿地面积明显减少，沼泽类型较单调。主要分布在大辽河平原、辽河三角洲，华北坝上高原部分地区有少量沼泽湿地发育。相对而言，辽河三角洲为本带沼泽最集中分布区。本带沼泽地带性分布的突出特征，是绝大部分沼泽为无泥炭沼泽，泥炭沼泽面积极少，且在不同自然地理单元的沼泽发育地貌部位差异较大。

辽南地区沼泽湿地主要分布在滨海冲积、海积平原的淤泥质海岸带的滩涂。主要在大辽河、双台子河河口三角洲滨海低洼地及大辽河河漫滩，鸭绿江口辽东山地丘陵南缘冲积-海积平原的滨海洼地。华北平原沼泽湿地主要分布在湖群洼地、冲积平原、扇缘洼地、牛轭湖、坝上高原及环渤海湾南部的三角洲平原等地区。本带沼泽地带性分布的突出特征为沼泽分布集中，沼泽类型单调，且多为无泥炭沼泽。从空间上，自滨海向内陆有规律地分布，依次为滨海盐沼、河口与海水交互作用的半咸水沼泽和河口三角洲的淡水沼泽。全部沼泽都属于富营养沼泽。主要为芦苇沼泽，其次有三棱草沼泽、蒲草沼泽和碱蓬-芦苇沼泽。本带沼泽的特色在于滨海沼泽化。在滨海潮间带，潮水作用反潮滩泥沙由低滩达到高滩，同时河水带来的泥沙不断沉积，滩面逐渐淤高，较高部分受雨水淋溶，表层盐分减少，先有耐盐的微生物活动，继而耐盐的喜水植物侵入。起初，植物种类比较单一，生成一团团草丛，零散分布，然后逐渐连成一片，形成沼泽。期间常因海水倒灌或河流泛滥，沼泽形成过程中断，水退之后滨海沼泽化重新开始并反复进行。长有植物的潮滩增强消波耗能作用，加速泥沙沉积，潮滩向海推进，滩面继续抬高。在平均高潮位以上，海滩受淡水淋溶，表层逐渐淡化，出现多种耐盐喜水植物，有的出现泥炭累积，发育了海滨沼泽。除此而外，湖泊沼泽化也是华北平原北部沼泽形成的主要过程之一，白洋淀湖泊沼泽化过程明显，主要沼泽类型为芦苇。

如果中温带沼泽还带有寒温带沼泽发育痕迹的话，在中国温带沼泽中，暖温带沼泽发育最具代表性。其沼泽发育的共同特点是，所有沼泽均为富营养沼泽。从埋藏泥炭孢粉，以及植物残体分析揭示的沼泽发育过程看，沼泽始终处在富营养沼泽阶段，尽管暖温带最古老的沼泽发育历史已长达距今1070年前±710年，由于本区气候为暖温带季风气候，夏季气候炎热，植物残体分解迅速，沼泽中很难堆积成厚层泥炭，因而该区也就不存在滋生贫营养沼泽的环境。另外，从全世界沼泽分布上看，以泥炭藓为主的贫营养沼泽均分布在7月平均气温20℃等值线，湿润系数≥1.0的区域，而本区不具备上述条件，沼泽发育必然处在富营养阶段。

暖温带沼泽生态特征与其他自然带沼泽亦有明显的差异。从植物群落组成上看，暖温带主要沼泽植物群落为芦苇、碱蓬、盐地碱蓬、獐毛-芦苇、海蓬子群落等，植物群落优势种、建群种单一，淡水植被类型少，盐沼植被类型较多。沼泽水源补给以地表径流，湖泊、河流泛滥水，潮汐水补给为主。其中滨海沼泽以河水、潮汐水及二者混合补给为主；内陆淡水沼泽则以湖水补给占绝对优势。补给水化学类型差异极大。如发育在双台子河与饶阳河交汇处的滨海沼泽即芦苇沼泽水样含盐量0.29%，沉积物盐度为0.20%。沼泽土壤类型多为淤泥沼泽土、腐殖质沼泽土、草甸沼泽土、泥炭沼泽土和滨海盐化沼泽土。滨海盐化沼泽土与淡水沼泽土理化性质差异极大，以低有机质含量、高盐度、高pH值为特征。以辽东湾为例，据11个土壤样品分析测试结果统计，有机质含量介于1.1%~3.27%之间，盐度在0.05%~4.3%范围内，pH值变化范围为8.38~8.64。淡水沼泽的各类沼泽土以有机质含量高，pH值低为特征。如东港市大孤山乡邹家屯泥炭沼泽土(埋藏)的有机质含量57.92%，pH值6.1，纯灰分12.72%。

暖温带沼泽代表性微地貌类型为地表水生物型浅洼地、斑点状低草丘和较平坦倾斜的坡地，尤其是后者为滨海沼泽的典型微地貌景观。

位于淮河以南，亚热带湿润、半湿润气候条件的华北平原南部和长江中下游地区是我国古代沼泽分布丰富区，由于数千年垦殖，大量天然沼泽已变为水田。目前沼泽仅见于湖滨、河漫滩。沼泽分布与发育的特点是类型单调，凡芦苇沼泽集中发育带，多为无泥炭沼泽。

亚热带沼泽集中发育的地貌主要是湖群洼地。华北平原南部沼泽湿地除主要分布在湖群洼地外，还分布在冲积平原洼地，冲、洪积扇缘洼地、扇间洼地、山麓平原与冲积平原之间的洼地以及一些牛轭湖中。长江中下游的河道迂回曲折，滩地宽广，发育了许多湖泊、旧河道和港汊。长江三角洲平原河道纵横密布，湖泊洼地广布，沿海尚有一批潟湖发育，这些地貌部位成为亚热带沼泽发育的场所。

亚热带地区沼泽类型远较寒温带、中温带和暖温带少。常见类别只有集中连片的芦苇沼泽和零散分布的薹草沼泽、菖蒲沼泽、茭笋沼泽、灯心草-薹草沼泽。其中灯心草-薹草沼泽是亚热带具有地带性特征的沼泽类型。沼泽类型分布多以湖泊为中心，为环带状分布，自湖心向湖滨依次为沉水植物带、茭笋和芦苇为代表的挺水随物带。一些大型湖泊湖滨广泛发育芦苇沼泽，以洞庭湖面积最大，此外在鄱阳湖、太湖的湖滨也有大片芦苇沼泽，在浅水洼塘和湖、河边有小面积的灯心草-薹草沼泽分布。

亚热带沼泽形成途径主要为湖泊沼泽化，其次为河流沼泽化和滨海沼泽化。在大湖区的周围地区偶尔也有草甸沼泽化过程，多与湖泊沼泽化形成的沼泽连成一个较大复合沼泽体。亚热带沼泽发育过程也是长期处于沼泽发育初期阶段。即各类沼泽均长期处在富营养沼泽阶段。对已停止发育的埋藏沼泽泥炭进行植物残体分析证实，亚热带沼泽在数千年(发育时间长达4000~6000年)发育过程中从未发展成中营养沼泽或贫营养沼泽。

亚热带沼泽的主要生态特征为：沼泽植物群落组成简单，建群种、优势种均为芦苇，群落覆盖度大，可达90%，有时成为单优势种纯群落。亚热带沼泽可以称为亚热带内芦苇沼泽带。芦苇沼泽中伴生植物种类相对较少，主要有荻、茭笋，其次为飘拂草、东方香蒲、荆三棱、莲、芡实、水烛、弯囊薹草等。芦苇沼泽人为干扰较重，年复一年被收割，作为造纸工业原料或人造棉、丝的原料，亚热带已成为我国最大的芦苇产区及造纸工业原料基地。

亚热带沼泽水源补给多以湖泊水及地表径流补给为主，其次为地下水和大气降水。沼泽水季节变化较大，主要受汛期影响及长江等大河吞吐湖水水文特性的影响。亚热带沼泽土壤多属于淤泥沼泽土和腐殖质沼泽土，泥炭化过程不明显，多数沼泽土剖面表层仅存有草根层，个别剖面有很薄的泥炭化层。土体构型多为 A ~ G；有机质含量普遍较低，一般在30%以下，pH 值一般在6.0 ~ 7.0 之间。全氮、全磷含量低，全钾含量较高，沼泽土表层土质黏重，多属于重黏土。

沼泽微地貌类型亦十分简单，地表水生物型浅洼地微地貌占优势，沼泽地表坡度小、低平，仅在个别地方也可见草丘。

亚热带湿润气候条件下的江南丘陵和云贵高原受丘陵与高原地貌条件制约，沼泽分布零散，沼泽体面积较小，沼泽总面积少，仅在一些山间沟谷、盆地及湖滨洼地可见沼泽发育。沼泽仍以富营养沼泽为主，分布较广。主要沼泽类型为藓类沼泽、薹草-灯心草沼泽、芦苇沼泽、卡开芦苇沼泽、华克拉莎-拟合睫藓沼泽、华克拉莎沼泽和江南桤木沼泽。由于受山地地形及高度的影响，在山地达到一定海拔高度的环境条件下，在个别山间盆地，各类洼地也发育了少量中营养和贫营养沼泽，且在秦巴山地、汉中盆地、四川盆地中营养沼泽相对数量较多。中营养沼泽主要有薹草-泥炭藓沼泽、太白落叶松-藓类沼泽；贫营养沼泽主要为华刺子莞-泥炭藓沼泽和泥炭藓沼泽。但应该指出，中营养、贫营养沼泽的发育程度均较轻，其表现为泥炭层较薄，泥炭藓尚未形成较高大的藓丘，泥炭土壤营养物质贫瘠程度尚不如寒温带同类沼泽。

我国热带范围不大，自汕头起，包括经北江下游、梧州、南宁、西双版纳、瑞丽盈江一线以南，以及台湾岛和海南诸岛范围。在热带湿润气候条件下，发育了具有热带特殊自然环境特征的热带沼泽，主要分布在山间宽谷、丘陵的沟谷和河谷、滨海平原地带的沙滩、泥滩地带。本带属热带季风气候分布区，高温多雨，热量丰富，全年日平均温度≥10℃的天数在300 天以上，年平均降水量在1600 ~ 2000 毫米，不少地方甚至超过2300 毫米，光热资源极有利于沼泽植物生长，强烈的高温气候条件也使沼泽植物残体容易被微生物分解。但在地下水位高，地表有季节性或常年积水的区域，易发生沼泽化过程。

热带区域沼泽湿地发育主要源自河流沼泽化、湖泊沼泽化和滨海沼泽化，少部分沼泽起源于森林沼泽化。热带沼泽类型既简单又复杂。沼泽类型简单主要是指淡水沼泽类型少，而且都是富营养沼泽。主要有卡开芦苇沼泽、岗松-鳞子莎沼泽和绿穗薹草沼泽以及芦苇-雀稗沼泽，此外还有荸荠-水皮莲-小茨藻沼泽，其中卡开芦苇沼泽是热带所特有的芦苇沼泽。所谓沼泽类型复杂系指本带发育了代表热带沼泽特征的红树林沼泽。世界红树林沼泽集中分布在南北回归线之间的范围内，尽管红树林沼泽属于热带、亚热带海岸潮间带的一种特殊森林沼泽类型，但在我国热带，发育比较典型，分布也相对集中，种类也较丰富。香港米埔，海南东寨港、后水湾、马袅港、红牌港、澄道港，广西铁山港-丹兜海、白龙港、西村港等地都为我国红树林沼泽集中分布区。

热带沼泽发育过程亦具有北亚热带、暖温带沼泽发育的特点，即沼泽长期保持在富营养沼泽阶段。从现在沼泽植物群落的特点，沼泽发育各阶段的生态特征均表明热带沼泽一直处在富营养环境条件下。

热带沼泽自身特有的生态特征极为明显，沼泽植被组成简单，代表性建群种是卡开芦苇、岗松、鳞子莎、绿穗薹草，伴生植物常见的是莎草科、禾本科、田葱科、茅膏菜科、鞘叶草科，以及一些热带亚洲特有的猪笼草科、水玉簪科和桃金娘科植物。在同一海域的滩涂上，有高、中、低潮滩之分，不同类型潮滩上红树林沼泽的类型也有所差异，不同地区红树树种分布的生态系列也不完全一样。一般低潮滩带是红树林先锋植物种类侵移定居的地带，这里常出现的种类如白骨壤、桐花树、海桑、秋茄等；中潮滩带红树林生长繁茂，这一带主要是红树科植物，如红海榄、红树、盐角草、秋茄等；高潮滩带是红树林带向陆地过渡的地带，有木榄、秋茄生长，有 10 种半红树类植物，如玉蕊和黄槿等。

红树林在特殊的生境条件下繁衍生长，形成了一种与环境相适应的独特外貌和结构。林冠密集，林下特殊的气生根、板状根、支柱根和呼吸根发达，盘根错节，具有防风浪、护岸，促淤造陆、保护环境的功能和维护沿海自然生态平衡的作用。

热带沼泽土壤类型较多，淡水沼泽土壤分布少，面积小，主要为泥炭土、泥炭沼泽土和腐泥沼泽土。红树林沼泽土壤类型主要为滨海盐土、草甸滨海盐质黏土、潮滩盐土、潮滩黏质盐土和潮滩盐渍沙土，共同特点是土壤盐分含量高。

热带沼泽都属于典型富营养沼泽，沼泽微地貌类型也明显地具有富营养沼泽的共有特征。淡水沼泽一般呈平坦或浅洼地状，红树林沼泽从陆地向海洋方向，微地貌呈平坦低洼状，地表微向海倾斜。

我国西部地区多山地，在山地和高原，地形地貌改变了水热条件在地表有规律的分配，因而沼泽湿地未呈现地带性规律，但西部山地和高原冻土普遍发育，受充足的冰川融水补给作用，在新构造运动下沉区，发育了大面积沼泽，成为我国沼泽湿地的另一个集中分布区，数量和面积均多于平原沼泽。而且，西部地区的西北干旱区与青藏高原均发育与东部沼泽生态特征迥然有别的沼泽，并形成了青藏高原沼泽这一世界上独特的高原沼泽类型。

综上所述，我国沼泽湿地资源从分布区域看，主要集中分布在青藏高原和东北平原，包括三江平原、若尔盖高原、长江河源、黄河河源、大兴安岭、小兴安岭和长白山地区，这些区域沼泽集中连片分布，沼泽率在 0.5%~10.6%。尤其是若尔盖泥炭湿地，连片分布且面积极大，在全球温室气体平衡中发挥着重要作用。而内蒙古高原、塔里木盆地、准噶尔盆地、鄂尔多斯高原、黄土高原、科尔沁沙地等区域沼泽呈零星分布，数量极少，仅偶尔分布在山麓地下水溢出带、洼地、湖滨和河谷等地区，沼泽率均在 0.5% 以下。在一些地区，如内蒙古高原、西北地区多发育内陆盐沼，东南沿海地区自鸭绿江河口开始至北仑河口止，呈带状沿着大陆滨海平原低地发育了滨海盐沼，且随着生态环境类型的变化，不同地区盐沼类型呈现有规律的变化。

我国沼泽分布的地带性规律差异也十分明显。东部地貌位于我国第三阶梯，以辽阔的平原和低山丘陵为主，为中国地势最低处，西部处于第一阶梯，地势最高。南北自然地理条件差异也十分明显，受纬度地带性影响，各气候带的水热状况不同，因此自然地理景观与要素如植被、土壤、气候均表现十分明显的水平地带性变化，沼泽作为一个自然地理综合体，其分布也显示出地带性差异，分布规律受自然分异规律制约，在平原区从属于“地带性迭加地带内规律”，在山地从属于垂直地带性规律。

我国沼泽湿地的另一显著特点是沼泽湿地类型的复杂性与特殊性。我国自然地理条件复杂，生态环境多样，影响沼泽发育的环境因子种类繁多，因此导致沼泽发育存在差异，不同地区、不同地段沼泽生态特征各具特色，形成繁多的沼泽类型。我国不仅拥有世界上主要的沼泽类型，而且沼泽类型较任何一个国家复杂得多，富营养、中营养、贫营养沼泽均有发育，泥炭沼泽、无泥炭沼泽可同时出现在平原沼泽区、山地沼泽区、高原沼泽区，而且草本、木本和藓类沼泽都有分布，同时广泛发育了滨海、内陆盐沼和东南沿海红树林沼泽，还发育了独特的青藏高原沼泽湿地。

青藏高原是经过华力西、印支、燕山和喜马拉雅等历次造山运动剧烈褶皱隆起的，受高原独特自然地理环境条件的影响，发育了独特的青藏高原沼泽湿地。其生态特征是：沼泽植物群落种类简单，沼泽植物具有特殊适应性，莎草科嵩草属植物占显著地位。植物区系以北温带分布的种类为主，草本植物是主要生活型，属于矮草类型，群落结构简单，层次分化少，呈单层或上下两层，明显带有高原寒冷、半湿润气候作用的痕迹。藏北嵩草为沼泽的重要组成成分，它是横断山脉、东喜马拉雅区系迁移和就地特化而形成的青藏高原特有植物。青藏高原沼泽土母质多为冰碛物、冰水沉积物和冲洪积物，粗砂砾石多，黏土质地少，草根层或泥炭层直接发育在潜育层之上。沼泽土成土过程中经常受到洪水泛滥、冰湖溃决的影响，甚至在泥炭层中也可见到水平状粉砂夹层。

我国沼泽湿地的第三个特点是泥炭沼泽发育程度较轻，以富营养无泥炭沼泽为主，无泥炭积累沼泽较多。

我国幅员辽阔，自然条件多样化，但大部分地区处于中低纬度，寒冷湿润地区很少，这就决定了我国无泥炭沼泽类型多，集中连片少，分布较零星；泥炭沼泽发育程度较轻，泥炭厚度薄，大多处于富营养阶段，中营养沼泽少，贫营养沼泽更少的特征。与之相反，我国很多地区地表过湿，常年和季节性积水，土层发生严重的潜育化过程，生长着各类沼生植物。沼泽生态系统内植物生长量与泥炭沼泽相差无几，而有机物质积累量与分解量处于动态平衡的状态下，沼泽地表只积累一层厚度<30 厘米的草根层，形成无泥炭积累的沼泽。无泥炭积累的沼泽分布范围广、面积大、多呈集中分布，是代表我国沼泽特色的类型。

我国泥炭沼泽分布不如无泥炭沼泽那样普遍，主要原因之一是有利于泥炭形成积累的环境太少，在沼泽发育的历史进程中，维持泥炭形成并能使之积累的必要环境条件不能长期保证，因而泥炭沼泽发育远不如无泥炭沼泽普遍。

我国沼泽湿地的另一显著特点是生物多样性丰富。由于沼泽是介于水体与陆地之间的过渡客体，是半水半陆独特的生态系统，交互作用强烈。这种独特的生态环境决定其植物群落、动物群落和微生物类群具有明显的水陆相兼性和过渡性。我国沼泽中约有高等植物 1612 种，包括 19 个变种，种的密度为 0.0056 种/平方公里。与世界沼泽丰富的国家相比，我国沼泽植物种的密度较高。

我国疆域广袤，沼泽景观多样性和沼泽生态系统类型十分丰富，在复杂多样的不同自然地理条件下，形成了山地淡水沼泽景观、平原淡水沼泽景观、高原淡水沼泽景观、内陆盐碱沼泽景观、滨海咸水沼泽景观、滨海红树林沼泽景观等多种多样的沼泽景观。形成了富营养、中营养、贫营养沼泽生态系统，泥炭沼泽、潜育沼泽生态系统，山前倾斜平原泥炭沼泽、河漫滩泥炭沼泽、阶地泥炭沼泽，以及山前倾斜平原潜育沼泽、河漫滩潜育沼泽、阶地潜育沼泽和湖滨潜育沼泽生态系统等等。

尽管通过第二次全国湿地资源调查，以及过去几十年中国沼泽学工作者对全国范围内沼泽进行了多次考察，但因沼泽环境恶劣，一些边远地区工作还有待深入。整个沼泽生物种类还远远没有调查清楚，尤其是动物、微生物研究还很薄弱。全国沼泽物种研究也不平衡，东北地区尤其是三江平原沼泽区，若尔盖高原沼泽区、东南滨海红树林沼泽区相对较深入，其他沼泽区则相对较少。

沼泽生物多样性的特征不仅表现在物种数量多，而且具有一大批世界濒危种类、珍贵稀有动物、具有重大科学价值及重要经济价值的类群。这些特点是其他类型生态系统所不能比拟的。东北三江平原、长江中下游两湖平原区、云贵高原、川西北若尔盖高原成为我国沼泽生物多样性关键地区。沼泽生物多样性中，对遗传多样性的了解较为薄弱，我国绝大多数沼泽野生动、植物细胞和分子遗传多样性研究刚刚起步。

人类活动对沼泽环境干扰的严重性是我国沼泽湿地的一个突出特点。沼泽是自然界各种因素综合作用形成的自然综合体，是水陆过渡带形成的一个特殊生态系统。这种半水、半陆的环境为动、植物生长、繁衍创造了有利条件，所以沼泽区蕴藏着丰富的自然资源，加之利于利用，成为人类开发的对象。很长一段时间内，人类在开发沼泽资源的过程中带有很大的盲目性，使沼泽环境遭到人类的严重干扰和破坏。

三江平原曾是我国最大的沼泽区。20 世纪 50 年代以前，沼泽集中连片，到处是茫茫无际的沼泽荒原，素以“北大荒”著称。当时沼泽积水深度多在 50 厘米以上，人畜不易穿行，野生动、植物资源十分丰富，沼泽与其所存在的生态环境相互联系，相互制约，相互依存，保持着自然界沼生环境的生态平衡。70 年代开始大规模开垦沼泽为旱田，发展旱作农业，沼泽面积锐减，耕地面积直线上升。仅 1974 ~ 1978 年的 4 年时间，耕地面积增加了 19.11%，沼泽面积减少了 18.92%，原来沼泽集中连片的境况已不复存在，昔日“北大荒”成了“北大仓”。

第五节 人工湿地资源特点

人工湿地是我国湿地资源中的一个重要类型，面积占到全国湿地面积的 12.63%，是人类利用自然的一种表现形式，是为了某种目的以人工手段改造或建造的湿地类型。按照我国湿地分类，人工湿地共有 5 型，本次调查不包括水稻田湿地型，其余 4 型中库塘湿地型为人工湿地主体，占人工湿地的 45.82%，水产养殖场湿地型为 32.55%，运河/输水河湿地型 13.23%，盐田湿地型比例最小，仅占人工湿地的 8.40%。

库塘湿地主要是人类利用和调控水资源建造的水库坝塘，在发电、灌溉、防洪抗旱，治理洪涝旱灾方面发挥了重要作用，促进了农业发展，保障了粮食生产和水生态安全，拉动了我国经济建设，为我国社会主义建设事业作出了重要贡献。但许多水利枢纽工程缺乏对生态系统的足够重视，忽视了生态流量问题，切断或破坏了流域天然水循环过程及其生态格局，对流域水生态系统、生物多样性产生严重影响。

水产养殖场湿地型在我国较为普遍，无论是沿海的滩涂、海湾，还是内陆湖泊湖滨，水库、河滩，甚或房前屋后都有水产养殖场的分布，尤其是沿海和长江、珠江三角洲更为集中，规模也较大，包括种植水生植物，淡水、海水养殖等类型。我国的水产养殖有着悠久的历史：公元前5世纪已有《养鱼经》问世；宋代已有人工培育珍珠、插竹养牡蛎和藻类养殖的记载；早在2000多年前中国即有莲栽培；菱角是我国的特产水生植物，距今已有3000多年的栽培历史；淡水养殖总产量多年来一直居世界首位。水产养殖是人为控制下繁殖、培育和收获水生动、植物的生产活动，包括靠天然饵料养成水产品的湖泊水库养鱼和浅海养贝、基围养鱼养虾，以及在较小水体中用投饵、施肥甚或采用流水、控温、增氧进行高密度集约化种植、养殖等。如池塘养鱼、网箱养鱼和围栏养殖等。水产养殖是人类与湿地互作中利用湿地生态服务功能的一种常见方式，其水产品是人类生存不可或缺的有机物质。但经济利益的驱使，水产养殖尤其是集约化养殖导致水质严重污染，引发一系列水环境问题。

运河/输水河湿地是人工湿地中另一重要类型，京杭大运河是运河/输水河湿地型的典型代表。京杭大运河闻名于世，是世界上最长的人工河，全长1794公里，也是世界上最古老的运河之一，已有2500多年的历史。运河是我国古代南北经济往来的水路交通大动脉，不仅促进了中国古代商业的发展，对中国南北地区之间的经济、文化发展与交流，特别是对沿线地区工农业经济的发展起到了巨大作用。输水河是长距离输水系统，广义上包括了管道、明渠、暗渠和隧洞等。河南林州的红旗渠(引漳入林灌渠)即是人工开凿的输水渠道，共有干渠、分干渠10条，总长304.1公里，渠底宽8米，渠墙高4.3米，纵坡为1/8000，设计最大流量23立方米/秒；支渠51条，总长524.1公里；斗渠290条，总长697.3公里；农渠4281条，总长2488公里。全部开凿在峰峦叠嶂的太行山腰，在太行山的悬崖峭壁上逢山凿洞，遇沟架桥。红旗渠的建成，改善了林州市人民靠天等雨的恶劣生存环境，解决了56.7万人和37万头家畜吃水问题，54万亩耕地得到灌溉，粮食亩产翻了近5倍，被称之为“人工天河”“生命之渠”。但输水河的目的是输水，许多输水河为了更好更快地输水，不仅通过钢筋水泥工程拉直河道缩短输水距离，而且完全采用三面光形式避免输送水体渗漏损失。可见，运河/输水河最大化地发挥了该湿地型的单一效益，但却淡化了运河/输水河的其他生态功能效益。

盐田是人工湿地中的另一湿地型，实际上是以经营盐业为目的，利用蒸发法制取盐的场地。早在仰韶文化时期(公元前5000年至公元前3000年)就有人类利用海水煮盐的传说，到明朝永乐年间(1403~1424年)，即有了我国开始废锅灶、建盐田，改蒸煮为日晒的文字记载，我国是世界第一产盐大国，年产量达2000万吨。盐田的分布有一定的地带性，与盐湖和海湾及其气候和闭合地形有关，主要分布在沿海和内陆干旱地区。我国沿海盐场有50多个，盐田面积达34.5万公顷，内陆大、中型盐湖有近千个，内蒙古吉兰泰盐湖面积约120平方公里，盐厚达6米，原盐总储量达1.1亿吨，是中国内陆大型盐田之一。

从上述分析可看出，我国人工湿地具有与人类生产活动密切相关，绝对数量大，空间分布不均的特点。库塘湿地、水产养殖场和运河/输水河湿地型主要分布在东部，而盐田多位于西部。此外，人工湿地主要以湿地资源的某项经济功能为目的，突出其经济效益最大化的同时，也引发了许多生态环境问题，这是人工湿地的第二个特征。随着对湿地环境认识的逐步提高，利用人工措施恢复或重建湿地来净化处理生活污水，以及在城市或城市周边恢复或重建湿地，营造人们休闲娱乐场所，已成为人工湿地建设发展的另一个特点。

第二章 湿地资源保护与利用面临的主要问题

随着人口的增加、经济和社会的发展，对湿地资源的需求也不断增加。盲目开垦和转变湿地用途，筑坝、内陆流域的转化，地下水、河水的过量抽取等水资源的不合理利用，湿地产品的不可持续开发，疏浚排水、无序旅游、水质恶化等现象普遍存在，而且湿地资源的不合理利用屡禁不止，湿地面临的威胁有增无减。

第一节 自然湿地面积萎缩或丧失

湿地面积的变化尤其是自然湿地面积的变化最能直观反映湿地生态特征的变化。我国湿地总面积5360.26万公顷，自首次湿地资源调查以来的仅10年时间，在相同口径条件比较发现，我国湿地面积减少了339.63万公顷，减少率为8.82%，其中，自然湿地面积减少了337.62万公顷，减少率为9.33%，年均减少率0.97%。造成湿地面积大幅度减少的主要原因，除了气候变化等一些自然因素外，人类活动占用和改变湿地用途是其主要原因，而围垦和基建占用仍然是导致湿地面积大幅度减少的两个最关键因素，而且我国湿地保护损失较大，未受到保护的湿地面积比例约为57%，受人为影响的湿地范围仍然占有较大比重。这些区域围垦、填埋更为严重，湿地消失较快。

依据2003年公布的首次全国湿地资源调查数据与第二次全国湿地资源调查数据，按可比条件分析，近10年来我国湿地发生了显著变化，湖泊湿地面积减少了58.91万公顷，减少率为7.05%。《全国水资源综合规划》的数据显示，1950年以来的半个世纪，全国面积大于10平方公里的635个湖泊中，目前有231个湖泊发生不同程度的萎缩，其中干涸湖泊89个，湖泊总萎缩面积约1.38万平方公里(含干涸面积0.43万平方公里)，约占现有湖泊面积7.7万平方公里的18%，湖泊储水量减少(不含干涸湖泊)517亿立方米。全国天然陆域湿地面积共计减少约1350万公顷，减少了28%，这种减少中，由于围垦开发造成的湖泊湿地面积减少比重约占81%。新中国成立初期，为了满足粮食需求和防洪需要，对湖泊开始了大规模围垦，20世纪50~80年代围湖造田达到高峰期，如山东南四湖现有湖泊湿地被围垦成荷塘、莲藕塘、水产养殖场等，营造了“万亩荷塘”的壮丽景观。本次调查，南四湖湖泊湿地面积与首次湿地调查相比减少了65.59%。洞庭湖、鄱阳湖和江汉平原湖泊由于大规模围垦，湖泊面积不断缩小，调蓄能力不断降低，湖泊正向沼泽化发展，大部分小湖泊干枯、消亡。据不完全统计，20 世纪 50 年代洞庭湖围垦面积 11.23 万公顷；20 世纪 80 年代江汉平原湖泊面积仅为 50 年代的 43.50%；我国长江中下游 5 大淡水湖的湖泊湿地面积与首次湿地调查相比减少了 6.35%。

1998 年的特大洪水之后，随着湖泊调蓄洪水能力凸显，加之对湿地功能的认知不断深入，国家层面加大了对湖泊等湿地保护力度，实施了一系列“退耕还湖”“退养还湖”政策，抑制了湖泊湿地面积减少趋势。但水灾过后，被退还的湖泊近年又有建堤围堰现象发生，并有不断扩大趋势。

沿海滩涂围垦更为严重。我国沿海地区经济的快速发展，大规模围填海、征用占用海岸线的临港工业和港口码头开发(包括新建和扩建工程)、浅海滩涂水产养殖和盐田开发等造成了我国近海自然湿地的不断萎缩。仅第一次全国湿地资源调查与第二次调查间的 10 年，近海与海岸湿地减少了 136.12 万公顷，减少率为 22.91%，是我国湿地资源消失最为严重的湿地类型。围填海、改变自然湿地用途和占用湿地，是造成我国近海自然湿地面积不断减少的主要原因，导致近海与海岸湿地资源总量和比重不断降低，湿地生态发展空间严重不足。

最近 20 年，中国年均围填海约为 2.85 万公顷，至 2008 年全国围填海总面积累计达 133.80 万公顷。未来 10 年间，我国还计划围填海 57.00 万公顷以上。据我国近海海洋综合专项调查成果显示，与 20 世纪 50 年代相比，中国累计丧失滨海湿地 57%，红树林面积丧失了 73%，珊瑚礁面积减少了 80%，海草场绝大部分消失，2/3 以上海岸遭受侵蚀，沙质海岸侵蚀岸线已逾 2500 公里，两次湿地调查间的 10 年，仅红树林湿地就减少了 20.04%。

特别是进入 21 世纪以来，随着沿海地区工业化和城镇化进程的加快发展，对土地需求量日益加大，在国家严格保护基本农田后，许多地方将建设用地转向了沿海湿地，我国围填海也已从传统的农业用地围垦迅速转变成临海的工业用地、城镇建设用地和基础设施用地。据初步统计，2004~2009 年 5 年间，平均每年用于建设用地的围填海面积达 1.2 万~1.5 万公顷。“十一五”期间，广东省海洋功能区划就规划了围填海造地 1461.02 公顷，相当于 5.5 个澳门特别行政区的面积，上海市仅“十一五”期间圈围海就达 0.53 万公顷，年均圈围海 0.11 万公顷。新中国成立至 2010 年，上海市沿江沿海圈围海每次万亩以上就有 38 次，累计围海造地 10.41 万公顷，平均年围海 0.18 万公顷；沿江沿海围填海使上海市国土面积扩大了 15.80%。

“十五”期间，我国新建沿海港口码头泊位 920 个，其中万吨级以上泊位 188 个，新增港口吞吐能力达 5.4 亿吨，“十一五”期间，沿海港口发展比“十五”期间翻了一番，“十二五期间”的港口建设、经济发展区建设有增无减。

此外，本次调查统计，我国共有 29.56% 的近海湿地已经或正面临着开垦和占用改造的威胁，自然湿地改变用途的浅海滩涂水产养殖场的面积 75.06 万公顷，盐田 38.76 万公顷，二者合计面积达 113.82 万公顷。

沼泽湿地是我国最主要的湿地类型，在涵养和供给水源、固定 CO_2，沉积泥炭，平衡温室气体、调节局地气候、保育生物多样性、降解污染、净化水质、维持老百姓生计、支撑地方经济发展中起着极为重要的作用，由于自然因素和政府保护力度的加大，沼泽面积有增加趋势。第二次全国湿地资源调查数据显示，我国沼泽湿地面积增加了 15.68 万公顷，增加率为 1.14%，其中一个重要因素是湖泊沼泽化。如新疆博斯腾湖沼泽湿地面积增加了 4.87 万公顷，而湖泊面积减少了

9.88万公顷。总的来讲，虽然沼泽湿地面积增加，但历史上对沼泽湿地的围垦开发利用，尤其是缺乏保护地位的沼泽湿地的开发利用极为严重。三江平原曾经是我国沼泽湿地分布最大的区域，数据显示，不算湖滨沼泽围垦消失面积，仅大规模垦殖时期的1974~1978年，三江平原沼泽湿地垦为水稻田的面积就达30万公顷。1975~1985的10年间，沼泽面积减少了10%，随后的不断垦殖，除别拉洪河中上游、沃绿兰河、浓江、七星河、挠力河、嘟噜河下游等河漫滩及兴凯湖湖滨一带还有较大面积沼泽外，其他地区集中连片沼泽已极为罕见。原来一些著名的集中连片的沼泽区，如萝北水城子沼泽、洪河农场、鸭绿河农场附近沼泽等已经消失，被农田所取代。在整个三江平原沿公路两侧的原沼泽地均已变成农田，除洪河自然保护区、三江平原保护区、别拉洪河中上游河漫滩外，该区集中连片的大面积沼泽已几乎不复存在(赵魁义，1999)。

在我国两个沼泽湿地集中分布区之一的高原湿地区，虽然未进行大规模垦殖，但旅游设施建设占用、城镇建设等基础设施占用导致湿地面积减少的现象仍然存在，加之疏浚排水导致的沼泽湿地退化，湿地类型转变，以及沙化威胁等，高原沼泽湿地资源及其质量也不容乐观。若尔盖沼泽曾是连片分布、人迹罕至的沼泽湿地，是红军二万五千里长征经过最艰难的地段，“人陷不见颈，马陷不见头”就是当时沼泽环境的真实写照，其面积约56.80万公顷。而今沼泽景观已发生巨大变化，除在哈丘湖、错拉坚湖、日干乔等大沼泽区还可见到基本保持原始状态的沼泽外，其余地区沼泽均不同程度地受到人类活动的干扰，或破碎化成斑块状分布，或转变为耕地、草地而消失。

此外，穿过湿地的道路、铁路、机场等线状和块状基础设施建设，导致栖息地破碎，使湿地分割为斑块，促进或加快了陆地化进程，加剧了湿地的消失。

自然湿地中的另一重要类型，河流湿地减少了158.27万公顷，减少率为19.28%，仅次于近海与海岸湿地的22.91%。其萎缩减少的形式也是比较严峻的，除了气候变化、河流变迁等自然因素引起的河流湿地面积减少外，导致河流自然湿地面积减少的直接原因是拦河大坝的建设。大坝建设扩大了水面，虽然增加了湿地面积，但自然湿地转为人工湿地使得湿地结构、功能和分布格局发生变化，湿地环境质量恶化。筑坝是全球水资源利用的主要方式之一(World Commission on Dams, 2000; Bird and Wallace, 2001; Pardo et al., 1998)。目前，全球有1/3的国家，19%的电力和30%~40%农田灌溉依赖于筑坝蓄水(Bezuayehu and Leo, 2007; World Commission on Dams, 2000)，筑坝对世界经济社会的发展起着基础保障作用(Bezuayehu and Leo, 2007)。我国江河密布，水能资源丰富，目前，已建或在建的超过15米及以上高度的大坝，包括拦河大坝、水库大坝等占到了全世界的一半以上，是世界上拥有大坝数量最多的国家(Wu et al., 2004)。近20年来，高坝大库巨型水电站日益增多。数据表明，我国因河流闸坝建设的水库面积306.46万公顷，占我国人工湿地总面积的45.44%。截至目前，长江流域建成的水坝约有4.6万座，涵闸7000多座，人工库塘的面积超过了50万公顷，

由于缺乏规划和合理措施，一些水利工程的修建，隔断了自然河流与湖泊等湿地水体之间的天然联系，造成中下游大部分湖泊与江河隔断，引发了许多生态问题。筑坝蓄水迅速改变区域水文条件，致使原有物种数量组成，以及生态系统演替生态学过程发生改变(Pardo et al., 1998)，带来诸如泥沙淤积、滑坡、诱发地震、水温水质改变等物理环境变化，以及野生动植物栖息生境破坏，生物多样性下降，鱼类洄游、繁殖受阻。长江的鱼、蟹、鳗苗种不能进入湖泊，湖区的原

生鱼无法溯江产卵繁殖，使水产资源大大降低，温室气体排放增加等一系列生态环境问题(Bezuayehu and Leo, 2007)。尤其是西部干旱地区筑坝修建水库所产生的影响更为严重。发源于山区的河流流经山前绿洲，被截流灌溉农田、发展工业和提供城市与农村生活用水，虽然改善了局地生存环境，但由于切断或减少了下游水量，结果是地下水位下降，导致流域耐旱植物构建的生态系统受到严重威胁，下游植物因无水而枯死，生态过程受阻或停止。如塔里木河、黑河等重要的内陆河，由于水资源的不合理利用，导致下游缺水，大量植被死亡，绿洲消失、土地沙漠化进程加快，沙尘暴肆虐，沙进人退。另一方面，使得尾间湖泊，如著名的罗布泊和居延海，因上游不合理截留用水而丧失维持湖泊水量平衡的基本水源量而干涸。新疆准噶尔盆地西部的玛纳斯湖，20世纪50年代面积为550平方公里，到了60年代，由于无节制的农业垦荒和截水灌溉，注入该湖的河道从此断流，目前该湖区已变成干涸的盐地和荒漠。因过度从湿地取水或开采地下水，使中国西北、华北部分地区的湿地水文受到威胁，中国西北部地区的湖泊因上游地区超负荷载水灌溉，导致湖泊萎缩，水质咸化，生存环境的极端恶化，威胁着人类生存安全，甚至可能导致干旱区区域经济崩溃。

第二节 湿地生物多样性衰减

湿地是水陆过渡的独特生态系统，兼有水生生态系统和陆地生态系统的特征，生物多样性极为丰富，湿地物种密度是我国物种平均密度的2倍(刘青松，2003)。然而，湿地资源的过度开发，水资源过度利用，超过了湿地调节水循环和降解污染物的阈限，破坏了流域天然水循环支撑的生态格局，导致河道断流、湿地缺水，生境破碎、栖息地丧失，水质污染，水华、赤潮频发，红树林面积下降，海洋生物栖息繁殖地减少，生物多样性降低等一系列生态问题，湿地被深度破坏(王浩，2005)。

湖泊湿地是世界上生物多样性最丰富的地区之一，然而由于强烈的人类活动，包括围垦、修建大量水工建筑、滥捕滥捞、放牧、割草、围网养殖和过度养殖、引进威胁地区生态平衡的新物种等的综合作用，不仅破坏了湖泊生态系统平衡，湖区植被衰退，泥沙淤积，湖周土地沙化，湿地严重萎缩，造成湿地资源减少，湿地生态功能退化，严重制约着资源潜力和功能的发挥，而且使生物多样性遭受到严重的损害，导致湖泊生物多样性锐减，许多特有物种已经多年未见踪迹，高原断陷湖泊鱼类生物多样性的特征之一是有着高比例的特有鱼类，几乎每一个湖泊都有一种甚至几种特有鱼类。由于不合理利用，滇池金线鲃、邛海红鲌等特有种已多年未发现其天然分布。云贵高原的茈碧湖是水生植物茈碧莲的模式产地，昔日满湖的茈碧莲早已不见踪迹。

在内陆湿地生态系统中，河流水能资源的开发，梯级电站的建设，使水生生物受到了严重威胁，洄游性、急流性生境的动物面临灭绝的危险，如白鳍豚、中华鲟、达氏鲟、白鲟、江豚已成为濒危物种。几乎所有湿地都存在鱼类的过度捕捞和捕捞方式不合理现象，鱼类资源尤其是土著鱼类受到严重威胁。由于人们无节制地捕捞和高强度的破坏性捕捞，我国许多海域的经济鱼类年捕获量明显下降，天然经济鱼类资源受到很大破坏，生物资源的过度利用导致资源下降，致使一些物种甚至趋于濒危，导致湿地生物群落结构的改变以及多样性的降低，渔捕物的种类日趋单一，种群结构低龄化、小型化，严重影响了湿地的生态平衡，威胁着其他水生物种的安全。

湿地水禽由于栖息地丧失、水质恶化、毒杀猎捕、人工捡拾鸟蛋等导致种群数量大幅下降。第二次全国湿地资源调查分析数据显示，湿地鸟类资源处于下降态势。与第一次调查相比，10 年的时间，种数减少了 39 种，两次调查均有记录的种类有 203 种，第一次调查记录而第二次调查未记录到的种类有 67 种，第一次调查无记录而本次调查记录到的种类有 28 种。两次调查均有种群数量的种类有 23 种，全部为国家级重点保护物种，在这些物种中，小天鹅、白枕鹤越冬种群有所增长，东方白鹳越冬种群变动不是很大，基本保持稳定状态，白额雁、大天鹅、鸳鸯、灰鹤、黑颈鹤、白琵鹭、丹顶鹤等越冬数量呈下降态势；东方白鹳、白额雁、朱鹮繁殖种群有所增长，其中朱鹮种群的增长主要得益于以陕西汉中朱鹮保护区为中心的汉江区域多年的保护，使得其种群得到较大发展。大天鹅、鸳鸯、灰鹤、黄嘴白鹭、黑颈鹤、遗鸥繁殖种群下降比较明显。在第一次调查有记录而第二次调查未记录到的 67 种鸟类中，海洋性种类有 18 种，占 26.86%。包括潜鸟科的太平洋潜鸟 1 种、信天翁科的短尾信天翁 2 种等，在第一次调查中有数量描述的国家级保护物种有 13 种。

唯一生活在高原上的鹤类黑颈鹤，其种群数量大大减少，分布范围越缩越小，在辖曼自然保护区，数量也仅有 500 只左右，其他地区则很少见到。尽管当地藏族同胞无猎杀黑颈鹤和捡蛋吃蛋的习惯，但极少数外来偷猎人员猎杀黑颈鹤等珍稀动物、捡蛋吃蛋等也直接造成珍稀野生动物群数量减少，同时随着旅游范围扩展，深入沼泽，严重影响野生动物的栖息和繁殖。

中国的红树林由于围垦和砍伐等过度利用，20 世纪 50 年代以来，已有 73% 的天然红树林面积丧失，许多生物失去栖息场所和繁殖地，红树林的海岸防护生态功能大为减弱。海南的珊瑚礁由于过度开采，约有 80% 的珊瑚礁资源被破坏，其结果不仅对依赖珊瑚礁生存的海洋生物造成严重影响，同时也使其丧失了护岸功能和旅游等经济、社会价值。

第三节
湿地功能退化

湿地是人类最重要的生存环境资源，在供给人类物质生活产品，包括淡水资源，以及调节气候、均化洪水、水量平衡，支持生物物种繁衍，丰富人类精神享受等方面有着许多其他生态系统不可替代的服务功能，尤其是降解污染，净化水质方面是湿地生态系统结构功能有别于其他生态系统的表征，被称之为“地球之肾”，然而在全球气候变化环境下和我国工业化、城镇化快速推进的背景下，作为湿地最显著特征的净化水质功能却严重退化。

湿地是流域的汇水区，许多未经处理的生活污水和工业污水直接排入湿地，同时，来自面源污染的大量有机农药、除草剂、化肥等均汇集到湿地中，超过了湿地耐受阈值，导致湿地中的氮、磷浓度逐年升高，富营养化加剧，除少数高山湖泊和上游河流地段外，大部分湖泊和河流下游均受到不同程度的污染，不少湖泊水质已沦为Ⅴ类或劣Ⅴ类，丧失了其作为“地球之肾”的调节功能。几个大型湖泊水质均为Ⅴ类或劣Ⅴ类，不少湖泊还频繁出现水华暴发、水体缺氧等现象。

根据《2008 年中国水环境状况》的数据显示，28 个国家控制重点湖(库)中，满足Ⅱ类水质的 4 个，占 14.3%，Ⅲ类的 2 个，占 7.1%，Ⅳ类的 6 个，占 21.4%，Ⅴ类的 5 个，占 17.9%，劣Ⅴ类的 11 个，占 39.3%，主要污染指标为总氮和总磷。在监测营养状态的 26 个湖(库)中，重度富营养的 1 个，占 3.8%，中度富营养的 5 个，占 19.2%，轻度富营养的 6 个，占 23.0%。在 2007 年调查统计的 43 个湖泊中，有 27 个湖泊处于富营养化状态，其中太湖、巢湖、滇池等 12 个湖泊处于重度富营养化状态，一些水域也因此失去了其资源属性而无法利用。

河流湿地的几大水系均污染严重，我国辽河、海河、淮河、黄河、松花江、珠江、长江等七大水系水质监测结果表明，超过 60% 的河段水质为 Ⅳ 类、Ⅴ 类或劣 Ⅴ 类，失去了饮用水功能。在长江、珠江等上游的云南段 120 个水质监测断面中，仅 12.5% 断面的水质为 Ⅰ~ Ⅱ 类水质。每年有 120 亿吨以上工业废水和生活污水排入长江水系的江湖中，由于工农业废水的排放，三江平原水体 24 个监测站监测结果显示，一些河流的化学耗氧量、酚、氨氮污染严重。在黑龙江的萝北、绥滨、抚远河段化学耗氧量高达 40 毫克/升，在穆棱河坞西河段，酚污染浓度达 0.20 毫克/升，松花江枯水期水中含汞高达 0.1 毫克/升，超标 100 倍，含酚 0.29 毫克/升，超标 140 倍，含氯苯 0.012 毫克/升，也大大超标，一些河流鱼类已近绝迹，在环境污染严重区域，人畜中毒事故时有发生。

近岸海域水体的污染总体呈继续恶化趋势。因水质污染和过度捕捞，近海生物资源量下降，加之近海养殖业自身污染严重，尤其是无机氮、磷污染最为严重，从辽东湾、渤海湾、胶州湾直到江苏、浙江、福建等地的近海海域赤潮频发，而局部海域的油类污染不仅破坏了滨海景观，也直接造成生物多样性丧失(刘青松，2003)。稻田等人工湿地由于大量使用化肥、农药、除草剂等化学产品，已成为湿地的面污染源，进而影响了内陆和沿海的水体质量。目前，尽管直接排污的现象已得到一定控制，但是执法力度还不够，农业面源污染还没有可行的治理措施。

第二次湿地资源调查表明，污染已成为我国湿地面临的最严重威胁。我国的湖泊、河流普遍受到氮磷有机物和重金属污染，富营养化程度严重，已有 2/3 的湖泊受到不同程度的富营养化污染危害，其中，10% 的湖泊达到严重富营养化程度，滇池、太湖、巢湖为湖泊严重富营养化湖泊，20 世纪八九十年代的 10 年间，已有 20% 的湖泊因污染丧失了基本使用功能，湿地整体质量下降。且富营养化趋势仍在加剧，水质不断恶化。

湿地功能退化的另一个表征是人类干扰导致湿地类型转变，湿地人工化趋势加速，自然湿地面积减少、结构改变，生态服务功能下降。湿地生态系统结构决定功能，湿地生态系统的水文因子是湿地结构的关键因素，湿地植被是湿地功能发挥的核心。筑堤修坝建闸改变了自然湿地水文过程，割断了地表水与湿地的水文联系。2009 年在长江干流上建成的三峡水库，将原有长江干流的 4.07 万公顷自然河流湿地，转变成 1044 万公顷的人工库塘湿地，增强了防洪能力，发挥了水能资源的发电功能，但水文过程改变带来的河流湿地结构改变，自然影响到自然湿地多种功能的衰退或丧失，并影响到下游许多水文生态学过程，引起流域功能的减退。而围垦、围网和围堤养殖、破坏了湖滨植被，减少了滞洪纳洪能力，我国由于围垦湖泊而失去调蓄的容积超过了我国现今五大淡水湖面积之和，恶化了湖区的水情，直接减少了对江河来水调蓄的容积，使洪水出现频率升高，增加了洪涝灾害风险，使长江中下游湖泊所具有的调蓄洪水的功能大大减弱。

我国湿地被大量不合理开发，盲目地围垦、取水、围网养殖、筑堤修坝、排污等，造成了湖泊、水库水位下降，湖面不断萎缩、水质恶化、水生动植物大量死亡、生态功能急剧退化等非常严重的状况。过度放牧和无序旅游，植被被践踏和啃食，大量牲畜粪便还对水体造成污染。城市的发展使得湿地被填埋，城市建设往往以防护堤把湿地隔离，阻断了水体与陆地的物质和能量交换。而疏浚排水等人为活动干扰则导致湿地水文变化，不仅排干地表水且导致地下潜水位下降，导致湿地破碎，破坏了湿地生态系统的完整性，加快了部分小面积湖泊的干涸，沼泽趋干，沼泽类型改变，面积大幅度减少，湿地生态环境质量降低，湿地功能衰退。20 世纪 50 年代大规模开发三江平原以前，不能通行的沼泽遍布全区，沼泽区内小型湖泡星罗棋布，漂筏薹草沼泽、毛果薹草沼泽为主要沼泽类型。20 世纪 80 年代以前，沼泽及沼泽化草甸占三江平原面积的 46.7%。近年来，沼泽明显趋干，积水深度达 50 厘米的沼泽极少见到，大多数沼泽积水深度在 20 厘米以下。有些沼泽仅地表呈过湿状态，甚至干化。80 年代中期三江平原沼泽面积减少了 10% 左右，现在沼泽退化更为严重。原来许多集中连片的沼泽区被农田取代或分割成斑块，沼泽所具有的泥炭沉降、蓄水调洪、生物多样性保育等功能严重衰退或丧失，三江平原沼泽发育进入严重的衰退期。若尔盖湿地是我国高原湿地类型的典型代表，其大面积分布的沼泽严重退化，主要表现为沼泽类型的改变，由于多次大规模排水疏干，将一片片涵养水源的沼泽湿地，改造成适合放牧的草场，严重破坏了若尔盖湿地的生态和蓄水功能，过去以木里薹草为主的日干乔沼泽植被，目前呈现木里薹草和乌拉薹草双优势种群落，而很多昔日的沼泽均已转变成为沼泽化草甸或草甸，沼泽地表积水深度很小，沼泽植物群落中中生杂草明显增多，沼泽地下水位下降，很多沼泽湿地仅呈过湿状态。更有甚者沼泽已呈疏干状态，地下水位下降至地表以下数十厘米甚至几米，有的地方甚至出现了严重缺水的状况，不少人家只能靠打井取用地下水来生存。由于生态的不平衡，生物链的断裂，草原上的鼠类没有了天敌，高原鼠类大量繁殖，而沼泽退化后的过度放牧，牧畜践踏，使地表植被严重破坏，加速了土壤盐渍化和沙漠化，且面积逐年扩大，沙漠化土地每年以 2.3% 的速率递增，在四川省红原县瓦切乡、谢马纳也山一带沙漠化极为严重，沙丘高达 10 余米，作为黄河水源涵养和调蓄的功能不断减弱，黄河断流频繁出现，碳沉降功能减弱，鼠害肆掠，温室气体排放增加，生物多样性保育功能衰减，优质牧草减少、标识湿地退化的伴生种大狼毒成为优势种，支撑老百姓生存和地方经济发展的畜牧业受到严重影响。

湿地功能退化的另一表征是泥沙淤积。尽管近年来林业生态工程、水土保持工程的实施已经有效地遏制了森林覆盖率下降的局面，但是历史上过度砍伐森林造成的水土流失还未得到有效治理，影响了江河流域的生态平衡。河流中的泥沙含量增大，造成河床、湖底淤积，湿地面积不断缩小，功能衰退。根据水利部门全国实测河流泥沙资料分析，平均每年约有 12 亿吨的泥沙量淤积在外流区下游平原河道、湖泊和水库中，或被引入灌区以及分洪区内。新中国成立以来，我国建成的大中小型水库库容已淤死约 1/4。海岸侵蚀在中国滨海湿地地区是较普遍的问题。海浪、潮流、飓风、植被破坏、开采矿物和砂石，以及长江上游来水来沙减少等均对海岸造成严重侵蚀。一些沿海湿地的破坏，使许多沿海城镇受到海水的侵蚀和渗透，海水对淡水系统的影响直接威胁着当地的淡水资源供应。

特别值得一提的是，不科学的湿地恢复工程同样引起湿地功能退化。我国在湖泊、沼泽湿地恢复工程中，把筑坝蓄水看作是对湿地补水、恢复退化湿地的有效措施。然而，蓄水扩容恢复退化湿地、缓解用水矛盾、延长了湖泊寿命的同时，导致动物与植物间的稳定生态关系破坏，湖泊生态系统核心组成的植物群落格局及其物种组成的变化，改变了水生生物的食物组成及其数量，影响越冬鸟类觅食行为、隐蔽条件、停歇方式、种群数量及其种类组成，威胁鱼类特别是洄游鱼类的生存和繁殖，生物多样性保育功能减弱或丧失。也许经过长期演替，水生生物可以适应水文变化重新建立与新环境的生态关系，但期间将付出怎样的代价。应用筑坝蓄水工程来利用水资源与维系生态系统服务功能的科学性，是应该认真审视的。

此外，我国通过构建人工湿地来处理水质污染，治理污染湖泊的许多湿地植被恢复工程也应该认真审视。人工湿地构建技术中选择植物来净化水质是目前普遍采用的工程治理措施。植物对污水具有明显的净化效果，且不同的植物对污水的净化效果不一样。对不同植物配置在一起后的净化效果和差异性，植物种与种之间是否存在相互作用，尚缺乏深入研究。但目前的湿地植物选择和配置的不科学性相当普遍，或者从景观营造来选择植物，不考虑植物种与种之间的互作关系，更缺乏对其在生态系统中功能作用的考虑，恢复设计或恢复过程中，不乏引入观赏性较强的外来植物，甚或手头有什么苗就用什么苗来"恢复植被"，不仅达不到预期净化效果，而且管理维护成本较高，一些植物可能在富营养环境中疯长，不及时移出系统则带来二次污染，加速水环境恶化。更为严重的是一些外来物种入侵性极强，存在极大的生态风险。

第四节
湿地资源保护与利用关系平衡的认识偏差

湿地资源是人类生存不可替代的物质基础和环境资源，随着人口膨胀、经济快速发展的刺激，湿地资源保护与利用的关系恶化，而如何有效保护又合理利用湿地资源，找到湿地资源保护与利用的平衡点至关重要。湿地被认为是一个丰富的可利用资源，许多人试图从湿地中获取最大利益而不考虑其可持续的收获，由于缺乏对湿地资源可持续利用的科学把握和正确理解，导致不合理利用湿地资源的现象屡禁不止，其缺失表现在支撑层面、决策层面、实施层面的各个群体，出现了认识上的偏差、科技力量、政策保障、制度建设等方面的缺失，湿地资源的保护与利用矛盾不断加剧，湿地受到的威胁有增无减。

近年来我国对湿地保护的重视程度不断增强，特别是十八大以来，党中央把加强湿地保护提到了前所未有的高度，湿地保护红线、全国湿地保护条例正在推进，已有 23 个省(自治区、直辖市)颁布了《湿地保护条例》，出台了一系列湿地保护管理办法，强化了湿地自然保护区、湿地保护小区、湿地公园保护体系建设，全国湿地保护率提升到了 43.51%。但对湿地生态系统科学性的认识仍存在许多偏差，对湿地生态结构与功能价值的认识不到位，这里有研究基础薄弱、科技支撑不够的原因。我国湿地研究起步较晚，研究技术力量薄弱，尤其是西部和西南的高原湿地区，而在这些地区分布的湿地面积占到了全国湿地面积的近 50%。虽然近些年国家加大了对湿地基础研究的投入，但湿地是一个复杂的生态系统，涉及许多学科和领域，许多科学问题尚在探索之中。针对湿地可持续利用的科学量化仍不清楚，导致保护与利用决策的盲目性。另一方面，对于我国湿地资源的开发利用，很多人在思想认识上存在偏差，这里有宣传教育力度不够的问题。据调查统计，我国仅有 25% 的公众对湿地有所了解，包括我国大多数开展旅游的湿地，甚至国家湿地公园均缺乏必要的宣传教育设施和宣传教育活动。很多人认为湿地就是未利用土地，湿地资源是取之不尽用之不竭的，更有甚者甚至认为发展经济就理应付出资源和环境的代价。不管是盲目围垦种植、基础设施建设填埋占用、围网养殖、滥捕滥捞、修建渠道引水、污水的排放等，都是人们在思想上陷入了误区，以一种掠夺性和毁灭性的方式，造成了不可挽回的损失。

这种认识上的偏差不仅仅存在于公众层面，更为重要的是普遍存在于地方政府决策层面，导致对湿地围垦、占用、不合理利用现象极为普遍。此外，还存在湿地作为一种公共资源其产权和边界不清晰(赵学敏，2005)的问题。由于湿地的责权不清和混乱，以及湿地保护立法滞后、湿地保护管理与能力建设投入不足，在湿地管理队伍中，学历普遍偏低，没有相应的专业技术人才，缺乏先进的管理理念和高效的管理水平，等等。在过去的几十年中，更多地从“头痛医头、脚痛医脚、以水治水、以湖治湖”的角度，通过分割的手段，单独解决水面、陆地以及流域的各种湿地资源开发利用和保护问题，而没有认识到水面、湖周及其流域之间的一致性，没有认识到湿地与流域之间紧密的水文水联系，以及生态系统间的紧密联系，也是导致湿地不合理利用屡禁不止的原因。

湿地保护管理对于我国还是一个新生事物，至今，我国还没有建立起完善的湿地管理法律法规，从而导致我国湿地管理上出现盲区。甚至出现法律真空，导致在某些情况下法律法规管不了，而有些时候又出现了法律的交叉重叠，导致适用法律条文不明晰、不好管。目前，地方出台的湿地保护法律法规和管理办法，一方面由于缺乏上行法，另一方面，没有建立特定的、具体的针对各类湿地生态特征的管理措施。同时，这些管理制度偏重于湿地自身开发、利用和保护活动的管理，而对湿地生态特征、湿地生态系统流域尺度的管理关注不足，从而加剧了湿地的开发利用和保护问题。

各政府职能部门在具体的管理上，仍然存在多头管理，相互协调不够的问题，与湿地关系最为密切的部门之间还没有建立有效的协调机制，上下级之间、部门之间、地区之间协调不够，各自为政现象突出，存在着“水面陆地分散管理，水量水质分别管理，湖岸湖心不同管理，物理、化学和生物单独管理”的问题。湿地是一个复杂的综合生态系统，通过水体联系以及物理、化学和生物过程，湿地将水面和陆地、水量和水质、滨岸带和湖心紧密相连，因而在具体管理措施上，也需要采取综合的管理措施，最重要的是以湿地生态系统完整性或流域为整体综合进行管理，分散、分别和单独的管理模式必然导致湿地开发利用和保护问题，导致湿地不合理利用屡禁不止。

第三章 湿地生态系统评价

第一节 湿地生态系统评价指标体系

一、湿地生态系统评价指标体系逻辑结构分析

湿地生态系统评价是湿地保护和管理的基础，湿地监测与评价政策的合理制定与发展，有利于定量了解人类活动对湿地健康的影响，进而提高人类的湿地保护意识。相对于欧美一些国家，我国对湿地评价的研究起步较晚，且在评价指标体系的构建方面有着不同的侧重点。欧美一些国家和国际组织对湿地评价大都从湿地状态和价值两方面展开，而国内学者则重视湿地生态系统健康和服务功能价值两方面的评价。湿地生态系统健康评价涵盖了湿地生态系统状态评估、湿地生态系统服务功能的整体性、系统性以及湿地生态系统与人类社会和经济系统之间的关系。湿地生态系统功能是湿地的基本属性，是其提供服务的基础和前提。湿地生态系统功能评价通过确定湿地单项功能或总体功能与评价标准的符合程度，可以为制定正确的决策提供依据。湿地的价值是湿地的社会属性，是湿地生态系统服务功能的定量表征。湿地生态系统价值评价不仅可以提高人们对湿地的认识，还能为湿地开发与保护提供可靠的科学依据，确保湿地及其资源持续利用。湿地生态系统健康、功能和价值三者互为统一，相互联系，有包含有交叉但不可相互替代，其逻辑结构如图 4-3-1。

面对中国湿地明显退化、湿地评价工作起步较晚，目前尚没有湿地生态系统评价的部门和行业标准的现状，本章从湿地生态系统健康、功能和价值 3 个方面构建了一套与国际湿地评价接轨的具有中国特色的湿地生态系统评价指标体系，以满足中国不同区域不同类型湿地的评价及比较，规范和促进我国的湿地评价和保护工作，从而全面、快速、准确地掌握我国湿地的现状、空间分布及变化趋势，明确全国及各地湿地保护的重点与方向，为有关湿地主管部门制定合理的湿地保护和利用对策提供科学依据，整体上提高我国的湿地生态环境管理水平。

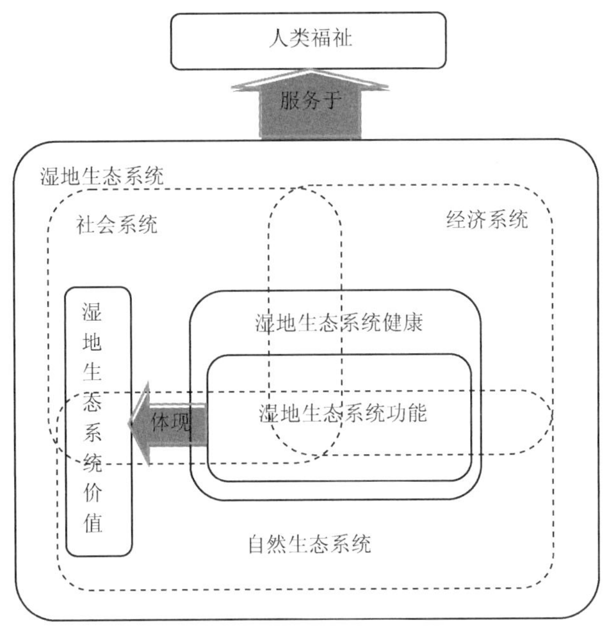

图 **4-3-1**　湿地生态系统评估的逻辑概念框架

二、中国湿地生态系统健康、功能、价值评价指标体系构建流程与方法

构建湿地生态系统评价指标体系必须遵循生态规律、经济规律和社会规律，采用科学的方法和手段，确立的必须是能够通过观察、测试、评议等方式得出明确结论的定性或定量指标。本着构建中国湿地生态系统评价体系的科学性原则，首先对国内外相关研究文献进行广泛深入调研，寻找评价框架划分的理论依据，并总结国内外湿地生态系统评价研究的案例区域划分、指标选择、评价方法等异同，综合平衡各要素，周全考虑，统筹兼顾，通过多参数、多标准、多尺度分析、衡量，从整体的相互作用出发，注重多因素的综合性分析。根据调研和综合分析结果对指标体系进行初步构建，从健康、功能和价值 3 个角度，分别界定概念、确定构建原则和评价方法，分层次对指标体系进行构建，同时将指标体系的各个要素相互联系构成一个有机整体，从而形成《指标体系》。随后选择不同区域不同类型的湿地开展野外验证，验证指标的代表性、科学性和可操作性。对野外验证结果进行总结，并进一步调研文献，针对部分指标从整体层次上把握评价目标的协调程序，以保证评价的全面性和可信度；按照指标间的层次递进关系，尽可能体现层次分明，通过一定的梯度准确反映指标间的支配关系，同时兼顾不同类型湿地的区域性特色指标以及动态性变化规律。整个湿地生态系统评价指标体系构建流程如图 4-3-2。

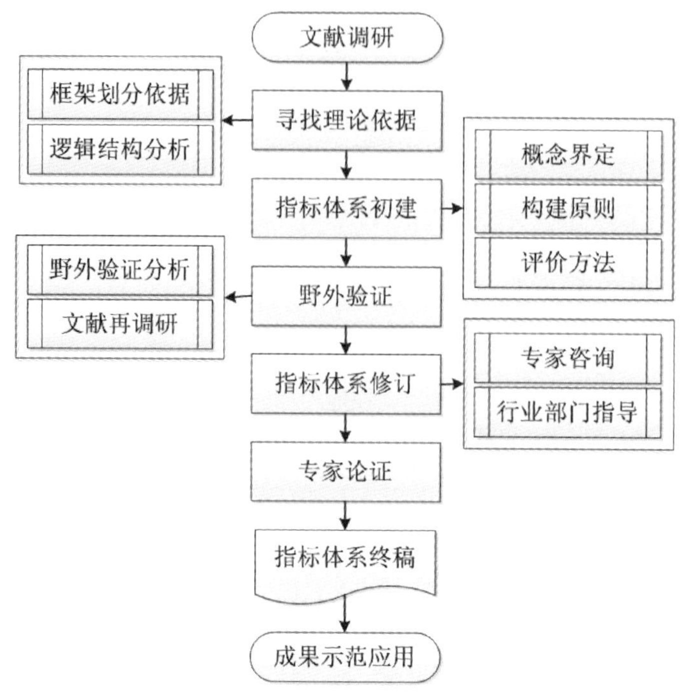

图 **4-3-2** 湿地生态系统评价指标体系构建流程图

三、中国湿地生态系统评价指标体系

（一）湿地生态系统健康评价指标体系

湿地类型多样、分布广泛，不同湿地类型具有不同的特征，但通常情况下，所有湿地都有浅层积水或者土壤饱和，都积累有机物质且分解缓慢，具有多种多样的适应于饱和状态下的动物和植物。因此，水、土壤和湿地植被是湿地的三个最显著的特征（崔保山等，2006）。湿地的水文特征是进出水流量、湿地地形地貌和地下水条件之间平衡的表征，是建立和维持湿地及其过程特有类型的最重要决定因子；湿地土壤既是湿地化学转换发生的中介，也是大多植物可获得的化学物质最初的储存场所；湿地植被有助于减缓水流的速度，也可用于有毒物质和杂质的沉淀和消融。湿地生态系统景观格局变化既是景观尺度上湿地生态系统对于土地利用/覆盖变化的一种具体响应，同时也深刻影响着湿地生态系统在整体上的功能实现。人类是湿地生态系统的重要组成部分之一，湿地生态系统健康既是对湿地生态系统本身而言，也是对人类而言，健康的湿地生态系统不会对周围环境和人类健康造成危害。社会经济指标不仅能反映湿地生态系统对人类的福祉的贡献，也能反映人类活动对湿地生态系统健康的影响。国内湿地生态系统健康评价大都以选定的模型作为分类的基础，以模型评价的几个方面作为所构建指标体系的一级指标，常用的是 Costanza（1992）提出的生态系统健康指数 $H=V\times O\times R$（其中 V 是系统活力，O 是系统组织和结构指标，R 是恢复力指标）以及联合国环境规划署和经济合作与发展组织（OCED）20 世纪 70 年代提出的压力—状态—响应（PSR）模型。本湿地生态系统健康评价指标体系采用新的分类体系，在充分理解 VOR 模型和 PSR 模型内涵的基础上，从湿地发生学的原理出发，以湿地水、土壤和植被三要素为主线，综合考虑景观格局变化及社会经济、人类活动的影响。指标选取以科学性、逻辑性、可操作性、可测量性和可报告性为主要原则，在广泛调研国内外湿地状况评价研究的基础上，选取国内外学者关注度高、在文献中出现频率高的指标作为候选指标，综合考虑我国湖泊、沼泽和滨海等湿地的特点，构建了本湿地生态系统健康评价指标体系，包括水环境指标、土壤指标、生物指标、景观指标和社会指标共5个一级指标、13个二级指标，所选择的指标及其含义见表4-3-1。

表4-3-1　湿地生态系统健康评价指标体系

一级指标	二级指标	指标意义及选取说明
水环境指标	地表水水质	地表水水质表征水环境质量，直接反映湿地的受污染状况，间接反映湿地的净化能力，以此来评价湿地生态系统内部组织的功能状况和系统活力
	水源保证率	水源保证率是湿地最重要的水文指标，表征湿地生态系统的水文状态，是维持湿地生态系统基本功能的保证，体现湿地换水周期、蓄水量和生态需水量的综合作用结果，以此来评价湿地生态系统内部组织的功能状况和系统活力
土壤指标	土壤重金属含量	湿地作为重金属污染物的一个有效汇集库，积累了许多重金属污染物，这些污染物不易被微生物分解，且在一定的物理、化学和生物作用下可释放到上层水体中，使湿地成为一个非常重要的次生污染源。湿地周围土壤和底泥中重金属污染物的含量是评价湿地生态系统健康及其潜在生态危害风险的重要指标之一
	土壤pH值	土壤pH值是湿地土壤重要的化学性质之一，其变化能够直接影响土壤生态系统的物理化学和生物过程，与湿地干湿交替周期、地下潜流、植被生长特征等一起影响湿地土壤中有机质及全氮的空间分布，在一定程度上决定了植被分布及其生物量，反映了湿地生态系统对动植物提供栖息地的适宜度
	土壤含水量	土壤含水量是重要的土壤物理性质，其变化能够直接影响土壤生态系统的物理化学和生物过程，是土壤养分和重金属等污染物有效性和迁移性的重要限制性因素。此外，土壤含水量变化还是湿地退化与否的直接表现因子，可以作为湿地边界确定的参考指标
生物指标	生物多样性	生物多样性是指生命有机体及其赖以生存的生态综合体的多样化和变异性。湿地是自然界富有生物多样性和较高生产力的生态系统，是许多野生物种的全球重要繁殖地和觅食地，在保护生物多样性方面发挥了重要作用。从物种多样性的角度评价湿地的生物多样性特征，能反映湿地实际或潜在支持和保护自然生态系统与生态过程、支持人类活动和保护生命财产的能力，是湿地生态系统健康的重要特征之一
	外来物种入侵度	生物入侵是全球变化的重要组成部分，会导致入侵地区生物多样性减少、生物均匀化和生态系统及其功能的退化，致使原有群落或生态系统优势种、物理特征、营养循环以及生产力等基本生态学特征以及整个生态系统的结构和功能发生改变，造成重大经济损失。外来物种入侵度表征湿地生态系统受到外来物种干扰的程度，间接反映了湿地生态系统组织和功能的状态

（续）

一级指标	二级指标	指标意义及选取说明
景观指标	野生动物栖息地指数	野生动物栖息地指数从植被覆盖度和景观破碎化两方面综合表征湿地对野生动物提供栖息地的适宜度，反映湿地对野生动植物的承载能力。景观提供物种栖息地功能因不同物种而异，景观破碎化直接影响着景观中的生物多样性，因此景观破碎化在功能上对物种的影响最为重要，是评价湿地生态系统健康的重要指标
	湿地面积变化率	湿地面积变化是湿地生态环境变化的直接结果，是湿地健康状况的直观表现。湿地面积变化率以现有湿地面积占前一年同时期湿地面积的百分比来表示，可以反映湿地的动态变化，便于分析影响因素，对湿地资源的合理开发和保护具有重要的意义
	土地利用强度	区域土地利用及其结构变化不仅能够改变自然湿地景观组成，而且改变着景观要素之间的生态过程，进而影响湿地景观格局和功能。土地利用强度是以影响湿地生态系统维持自然状态的土地利用方式所占面积与研究区土地总面积的百分比来表征人类活动和自然界的各种扰动变化对湿地生态系统的压力
社会指标	人口密度	人类活动对湿地生态系统的结构和功能的实现存在潜在威胁，人口密度表征湿地系统所受的人口压力，间接反映人类活动强度，是湿地生态系统健康状况的胁迫指标
	物质生活指数	物质生活指数用人均纯收入衡量当地人们物质生活水平，反映社会经济发展的程度，表征人类社会对湿地生态系统结构和功能的潜在压力
	湿地保护意识	湿地保护意识表征湿地相关知识在湿地周边地区民众中的普及程度，间接反映当地主管部门对湿地认知的宣传程度和湿地保护的重视程度，是湿地生态系统健康的响应指标，能够反映人类社会对维护和改善湿地生态系统状态的资金投入、科技水平及管理能力

湿地生态系统健康由综合健康指数(ICH)表示，ICH是所有标准化后的二级指标值的加权和，各个指标权重由层次分析法(AHP)计算得到。据湿地生态系统综合健康指数的分值将湿地生态系统健康分为好、中、差三个级别(表4-3-2)，湿地生态系统健康评价的最终结果表示为湿地生态系统健康等级，辅以对应健康级别的描述性文字。各个指标计算值与健康级别的对应关系参照以下原则：首先按照国家标准；若没有国家标准，则借鉴评价区多年平均值或相关研究调查成果或公认的数量界限，否则采取模糊评价法计算其区间。各指标权重因评价区而异，可以对单个湿地

表4-3-2 湿地生态系统健康分级表

等 级	分 值	健康状况
好	[7，10]	有充足优质的水源，土壤pH适度、营养丰富极有利于植被生长．生物种类繁多，入侵生物较少，自然景观完整，周边人口较少，居民湿地保护意识很强
中	(3，7)	水源水质一般，土壤受轻微污染，植被生长尚好；生物种类较多，入侵生物种类对系统未构成较大影响；自然景观较多，周边人口适中，居民湿地保护意识较强
差	[0，3]	水源水质很差，土壤受污染严重，极不利于植被生长。生物种类单一，入侵生物种类多、数量大，自然景观受破碎，周边人口众多，居民湿地保护意识不强

生态系统的健康状况进行评价。同区域同类型湿地之间的比较，各指标采用相同的权重，不同湿地之间的比较则需综合考虑湿地类型和区域特征。

(二)湿地生态系统功能评价指标体系

千年生态系统评估(MA)是由前联合国秘书长安南宣布，于2001年6月5日正式启动的。它是世界上第一个针对全球陆地和水生生态系统开展的多尺度、综合性评估项目，其宗旨是针对生态系统变化与人类福祉间的关系，通过整合现有的生态学和其他学科的数据、资料和知识，为决策者、学者和广大公众提供有关信息，改进生态系统管理水平，以保障社会经济的可持续发展。《生态系统与人类福祉：评估框架》是MA诸多报告中最早出版的一部。该报告的重要意义在于明确界定了千年生态系统评估有关的定义，提出了评估框架，为在评估工作中可能出现的各种疑难问题拟定了解决途径，同时明确指出评估工作将会遇到的困难和挑战。本湿地生态系统功能评价指标体系引用了MA中《生态系统与人类福祉：评估框架》(MA，2006)报告对湿地功能的划分结果，将湿地功能划分为供给功能、调节功能、文化功能及支持功能，作为一级指标，以每类功能下的各子功能作为备选二级指标，通过广泛调研国内外湿地功能评价的研究文献，以科学性、逻辑性、可操作性、可测量性和可报告性为原则，筛选出学者们关注度最高的几项核心湿地生态系统功能指标作为二级评价指标。综合国内湿地生态系统服务功能研究的27项案例，归纳其研究的湿地类型和评价的湿地生态系统功能，结果见表4-3-3。

表4-3-3　国内27项湿地生态系统功能评价案例中的功能分类

编号	湿地名称	湿地类型	供给	调节			文化		支持				
			物质生产	气候调节	调蓄洪水	净化水质	休闲与旅游	教育与科研	固定营养物质	降低土壤侵蚀	护岸防灾	成陆造地	保护生物多样性
1	三汊河湿地	河岸	✓✓	✓	✓	✓		✓					✓
2	香格里拉湿地	湖泊、沼泽		✓	✓		✓	✓					✓
3	鄱阳湖湿地	湖泊		✓	✓	✓			✓	✓			✓
4	长江口湿地	滨海	✓	✓	✓	✓	✓	✓				✓	✓
5	洞庭湖湿地	湖泊	✓	✓	✓	✓	✓	✓					✓
6			✓	✓	✓	✓	✓	✓					✓
7	洪泽湖湿地	湖泊	✓	✓	✓		✓			✓			
8	南湖湿地公园	湖泊	✓	✓		✓	✓	✓					✓

（续）

编号	湿地名称	湿地类型	供给	调节			文化		支持				
			物质生产	气候调节	调蓄洪水	净化水质	休闲与旅游	教育与科研	固定营养物质	降低土壤侵蚀	护岸防灾	成陆造地	保护生物多样性
9	白洋淀湿地	湖泊	✓	✓	✓	✓	✓	✓					✓
10	乌梁素海湿地	湖泊	✓	✓	✓	✓	✓	✓					✓
11	洪湖湿地	湖泊		✓	✓	✓							✓
12			✓	✓	✓		✓	✓					✓
13	江苏互花米草海滩	浅海、滩涂	✓	✓		✓			✓		✓	✓	✓
14	盘锦地区湿地	沼泽、滩涂	✓	✓	✓	✓	✓	✓					✓
15	鸭绿江口湿地	沼泽	✓	✓	✓	✓	✓	✓		✓			✓
16	三垟湿地	河流		✓		✓							
17	上海崇明东滩	浅海、滩涂	✓	✓			✓						✓
18	上虞市滩涂	浅海、滩涂	✓		✓	✓	✓						✓
19	乌梁素海湿地	湖泊	✓	✓	✓	✓	✓	✓					✓
20	拉萨拉鲁湿地	沼泽	✓	✓	✓	✓	✓	✓					✓
21	香港米埔湿地	浅海、滩涂	✓	✓		✓	✓	✓					✓
22	向海湿地	河流、湖泊、沼泽	✓	✓	✓	✓	✓		✓				✓
23	大兴安岭湿地	河流、湖泊、沼泽	✓	✓	✓	✓	✓		✓	✓			✓
24	湛江红树林湿地	浅海、滩涂	✓	✓		✓	✓	✓		✓	✓		✓
25	扎龙湿地	湖泊、沼泽	✓	✓	✓	✓	✓	✓		✓			✓
26			✓	✓	✓	✓	✓	✓		✓			✓

（续）

编号	湿地名称	湿地类型	供给	调节			文化		支持				
			物质生产	气候调节	调蓄洪水	净化水质	休闲与旅游	教育与科研	固定营养物质	降低土壤侵蚀	护岸防灾	成陆造地	保护生物多样性
27	漳江口红树林湿地	浅海、滩涂	✓	✓	✓	✓	✓	✓			✓		✓
评级次数			24	26	21	23	22	18	4	7	3	2	25
评价次数百分比（%）			89	96	78	85	81	67	15	26	11	7	93

注：文献中各项功能名称不完全一致，如大气调节、大气组分调节、气候调节都归为气候调节一类。

由表4-3-3可以看出，目前国内学者对湿地生态系统功能的认识已经比较一致，这些研究中，共同关注度在70%左右的湿地生态系统功能是：物质生产、气候调节、调蓄洪水、净化水质、休闲与生态旅游、教育与科研以及保护生物多样性，均侧重湿地生态系统服务功能，因此可以选择这些功能作为湿地生态系统的核心服务功能。

从供给、调节、文化、支持这四大类功能中选出表4-3-3中的核心功能作为二级指标，构建湿地生态系统功能评价指标体系，共包括4个一级指标，7个二级指标，见表4-3-4。

表4-3-4　湿地生态系统功能评价指标体系

一级指标	二级指标	指标意义及选取说明
供给功能	物质生产	湿地生态系统向外界提供大量的产品，包括植物、动物和微生物的大量食物产品，如水产品、禽畜产品、谷物，以及各种原料，如淡水、薪材等。物质生产功能可以评价湿地生态系统向外界供给原料和产品的能力
调节功能	气候调节	在局地尺度上，湿地生态系统土地覆被变化可以对气温和降水产生影响。在全球尺度上，通过吸收和排放温室气体，湿地生态系统对气候具有重要影响。气候调节功能主要用于评价湿地生态系统调节局地气候的能力
	水资源调节	由于湿地植物吸收渗透降水，湿地具有巨大的渗透能力和蓄水能力，在消洪抗旱、调节径流、补充地下水等方面有很重要的作用。水资源调节功能是评价湿地水文功能最重要的指标之一
	净化水质	湿地对氮、磷等营养元素以及重金属元素的吸收转化和滞留有较高效率，能有效降低其在水体中的浓度；湿地通过减缓水流促进颗粒物沉降，从而使其上附着的有毒物质被从水体中去除。净化水质功能是评价湿地生态系统对调节水环境状态的重要指标
文化功能	消遣与生态旅游	人们对空闲时间去处的选择，在一定程度上通常是根据特定区域的自然景观或者栽培景观的特征做出的，消遣与生态旅游指标一定程度上反映了湿地文化功能的强弱
	教育与科研	湿地是人类教育普及科学知识和宣传自然保护的重要场所，湿地丰富的自然资源为教育和科学研究提供了对象、材料和试验基地，因此教育与科研指标是湿地重要的文化功能指标
支持功能	保护生物多样性	湿地独特的自然环境，为各类生物的生存、繁衍提供了栖息地，在保护生物多样性方面发挥了重要作用。以生物多样性指数反映湿地对野生动植物等的支持功能

湿地生态系统功能由综合功能指数(ICF)表示，ICF是所有二级功能指标分值的加权和，各个指标权重由AHP方法计算得到。据湿地生态系统综合功能指数的分值将湿地生态系统功能分为好、中、差3个级别(表4-3-5)，湿地生态系统功能评价的最终结果表示为湿地生态系统功能等级，辅以对应功能级别的描述性文字。指标获取采用定性打分和定量计算相结合的方式，对不能定量表达的指标通过向当地主管部门发放问卷的形式获得指标分值，单个指标的评分标准见表4-3-6。

表4-3-5 湿地生态系统功能分级表

等级	分值	功能状况
好	[7~10]	湿地产品的年收获量增加大于6%；局地小气候现象十分明显；天然状态下，洪水调控能力强；景观美学价值很高；湿地具有很高的科研价值；生物多样性指数大于60
中	(3~7)	湿地产品的年收获量在减少6%和增加6%之间；存在局地小气候现象；须有筑堤，水库和滞洪区配合，才具有较强的调控能力；具有一定的景观美学价值；湿地的科研价值一般，有相关研究；物种较少，特有属、种不多，生物多样性指数位于20~60
差	[0~3]	湿地产品的年收获量减小6%；不存在局地小气候现象；洪水极难控制；景观美学价值很小，没有开发旅游活动；科研价值很小，没有学者以其为研究区进行湿地相关研究；物种贫乏，生态系统类型单一、脆弱，生物多样性极低，生物多样性指数小于20

表4-3-6 湿地生态系统功能评价指标评分标准

一级指标	二级指标	分值		
		[7~10](好)	(3~7)(中)	[0~3](差)
供给功能	物质生产	湿地产品的年收获量增加>6%	湿地产品的年收获量在减少6%和增加6%之间	湿地产品的年收获量减小>6%
调节功能	气候调节	局地小气候现象十分明显，气温日较差较周围地区明显减小，空气湿度明显大于周围地区	存在局地小气候现象，气温日较差较周围地区略有减小，空气湿度略大于周围地区	不存在局地小气候现象，气温和空气湿地与周围地区没有差别
	水资源调节	天然状态下，水资源调节能力强，基本无旱涝灾害和附加工程费用	须有筑堤，水库和滞洪区配合，才具有较强的调节能力	工程附加费大，但不能起到调节水资源的作用，且旱涝灾害发生频率很大
	净化水质	I类、II类水	III类、IV类水	V类、劣V类水
文化功能	消遣与生态旅游	景观美学价值很高，观光旅游日很多，且不断在增加	具有一定的景观美学价值，在特定时间段有观光旅游活动	景观美学价值很小，没有开发旅游活动
	教育与科研	湿地具有很高的科研价值，能进行多方面有特色、代表性的研究，每年有较多的学者以其为研究区进行湿地相关研究	湿地的科研价值一般，与其他同类型湿地相似，有部分学者以其为研究区进行湿地相关研究	湿地没有代表性，科研价值很小，没有学者以其为研究区进行湿地相关研究

（续）

一级指标	二级指标	分　值		
		[7~10](好)	(3~7)(中)	[0~3](差)
支持功能	保护生物多样性	物种高度丰富，特有属、种繁多，生态系统丰富多样，生物多样性指数≥60	物种较少，特有属、种不多，局部地区生物多样性较丰富，但生物多样性总体水平一般，20≤生物多样性指数<60	物种贫乏，生态系统类型单一、脆弱，生物多样性极低，生物多样性指数<20

(三)湿地生态系统价值评价指标体系

目前国内外学者对湿地生态系统价值的分类体系各异，主要有两种，一种是将湿地生态系统价值分为社会价值、经济价值和生态价值，另一种是将湿地生态系统价值分为使用价值和非使用价值。使用价值是指人类为了满足消费或生产目的而使用的生态系统服务价值，它包括有形的生态系统产品与无形的生态系统服务，这些服务在当前可以被直接或间接地使用，或者是在未来可以提供潜在的使用价值，使用价值又分为直接使用价值、间接使用价值。非使用价值又分为选择价值和存在价值，有时也叫作被动使用价值。

1. 直接使用价值

有些生态系统服务是人们为了满足消耗性目的(其他用户可以获取的产品数量减少)或者非消耗性目的(其他用户可以获取的数量没有减少)而直接使用的，如对食物产品、用作薪材或者用于建筑的木材及医药产品的收获，以及用于消费的动物狩猎等。对生态系统服务的非消耗性使用包括欣赏消遣与和文化愉悦，如观赏野生动植物和观鸟、水上运动，以及不需要收获产品的精神和社会效用。

2. 间接使用价值

许多生态系统服务是被用作生产人们使用的最终产品与服务的中间投入，如食物生产过程中所需要的水分、土壤养分，以及授粉与生物控制服务等。此外，另外一些生态系统服务对人们享受其他的最终消费性愉悦产品具有间接的促进作用，如净化水质、同化废弃物，以及通过供给清新空气和洁净水而降低健康风险等其他调节服务。

3. 选择价值

对于许多生态系统服务，尽管人们目前可能还没有从它们当中获得任何效用，但是在为个人(选择价值)或他人以及后代(遗产价值)保存未来使用这些服务的选择机会方面，它们仍然具有价值。准选择价值是一种与选择价值相关的价值，它表示在揭示某些生态系统服务是否具有人类社会目前尚未知道的价值的新信息还未出现之前，由于未采取不可逆转的决策所得到的价值。

4. 存在价值

存在价值是指人们在知道某种资源的存在后(即使他们永远不会使用那种资源)，对其存在而确定的价值。在估算方面，这种价值最为困难，同时也最具争议。

本湿地生态系统价值评价指标体系引用 MA 的《生态系统与人类福祉：评估框架》报告中的分类体系，将湿地价值划分为直接使用价值、间接使用价值、选择价值和存在价值并作为一级指标，以每类价值下面的各项子指标作为备选二级指标，调研国内外湿地价值研究的文献，以科学性、逻辑性、可操作性、可测量性和可报告性为原则，选出学者们关注度最高几项核心指标作为二级评价指标。

目前，国内外学者主要是针对湿地生态系统提供的服务价值进行评价。参考表4-4-3的结果，综合考虑我国近海与海岸，湖泊和沼泽湿地的主要生态系统服务项目，构建湿地生态系统价值评价指标体系，包括直接使用价值、间接使用价值、选择价值、存在价值4个一级指标，其下进一步分为8个二级指标，见表4-3-7。

表4-3-7 湿地生态系统价值评价指标体系

一级指标	二级指标	指标意义及选取说明
直接使用价值	湿地产品	湿地植物、动物和微生物的大量食物产品及从生态系统获得的各种原料，如淡水、鱼类、野生动物、水果、谷物、木材、薪柴、泥炭、饲草和聚合物的经济价值
	休闲娱乐	湿地独特的自然景观为人类提供旅游和休闲活动所创造的经济价值
	环境教育	湿地独特的水陆交互作用地形以及丰富的自然资源具有较高的科研文化价值。该指标表征湿地在为人类提供教育和科研的对象和场所时所产生的经济价值
间接使用价值	调节大气	湿地是地球表层系统中的重要碳汇，通过吸收CO_2和释放O_2来调节大气组分和温室气体含量，对减缓全球气候变暖有重要作用。用湿地吸收CO_2和释放O_2所产生的价值表征湿地调节大气的价值
	调蓄洪水	由于湿地植物吸收渗透降水，而使降水进入江河的时间滞后、入河水量减少，从而减少了洪水径流，调蓄洪水的价值指湿地生态系统减少防洪的支出所产生的经济价值
	净化去污	湿地对氮、磷等营养元素以及重金属元素的吸收转化和滞留使得工业处理污染物的投入减少而产生的经济价值
选择价值	生物多样性	生物多样性是指生命有机体及其赖以生存的生态综合体的多样化和变异性，它是地球上最重要的生命特征。湿地是地球上生物多样性最丰富的区域之一，生物多样性价值表征湿地生态系统中所有生命体的价值
存在价值	生存栖息地	湿地独特的自然环境为各类生物的生存、繁衍提供了丰富的食物资源以及多样化的优良栖息与繁殖条件，生存栖息地指标表征湿地为动植物提供栖息地时产生的生态效益所具有的价值

湿地生态系统价值评价最终表现为经济价值，通过公式计算出每个指标的货币金额。对湿地价值的评价目前常用的方法有：市场价格法、意愿调查价值评估法(CV法)、旅行费用法、享乐价值法、成果参照法、影子工程法、内涵定价法、生产率变动法、碳税法、生态价值法等，根据调研的相关文献(Barbier，1997；Turner et al.，1997；Fennessy et al. 2004；崔丽娟，2004；Maltby & Barker，2009；Springate-Baninski et al.，2009)，分别选择一种学者使用较多的方法作为各个指标的评价方法(表4-3-8)。

表 4-3-8　湿地生态系统价值评价所用方法

一级指标	二级指标	计算方法
直接使用价值	湿地产品	市场价格法
	休闲娱乐	费用支出法
	环境教育	成果参照法
间接使用价值	调节大气	碳税法和制造成本法
	调蓄洪水	影子工程法
	净化去污	影子工程法
选择价值	生物多样性	成果参照法
存在价值	生存栖息地	成果参照法

第二节
湿地生态系统评价案例介绍

湿地生态系统评价指标体系主要针对的湿地类型是近海与海岸，湖泊和沼泽湿地，接下来以 3 个国际重要湿地：湖北洪湖(湖泊湿地)、四川若尔盖(沼泽湿地)和黄河三角洲(滨海湿地)为例，分别介绍湿地生态系统案例评价过程及结果。

一、湖泊湿地生态系统评价案例

(一)研究区基本情况

洪湖湿地自然保护区位于湖北省中南部，长江中游北岸，行政区划隶属荆州市，地跨洪湖市和监利县。其地理位为东经 113°12′~113°26′，北纬 29°40′~29°58′。保护区以洪湖围堤为界，总面积 41412 公顷，其中核心区 12851 公顷，缓冲区 4336 公顷，实验区 24225 公顷，边界线总长度 104.5 公里，湿地面积 39341.46 公顷。洪湖地区气候属于北亚热带湿润季风气候，具有四季分明、光能充足、降水充沛、热量丰富、雨热同季的特点。独特的地理和气候条件，孕育了洪湖湿地极其丰富的野生动植物资源。据调查，保护区内有各种高等植物 472 种 21 变种 1 变型，其中水生高等植物有 158 种 5 变种；现有各类动物 774 种，其中鸟类 138 种，鱼类 62 种，两栖、爬行、兽类共 31 种，浮游动物和底栖动物共计 543 种。另外，洪湖还有丰富的红色旅游资源和丰富优良的水资源，具有重要的保护与开发利用价值。

在洪湖湿地生态环境的演变过程中，人类活动是环境演变的主要影响因素。围湖造田是人类利用湖泊资源、改造湖区环境的主要方式。由于人类过分干扰，洪湖湿地生态平衡受到威胁，湿地生态系统结构简化，组成种类趋于单一，生物多样性降低；系统不稳定性增加，自我调节能力减弱，系统变得更加脆弱，湿地生态的价值减小。

(二)评价所用的数据来源

评价各个指标所用的原始数据有以下四种来源：

(1)统计数据：比如人口数量、人均收入等，一般通过向湿地主管部门收集，或者从当地统计局购买年鉴，或者在统计信息网上获取相应统计资料；

(2)问卷调查数据：包括湿地功能评价问卷和湿地周边居民湿地保护意识调查问卷，前者是向当地湿地主管部门发放，后者是向湿地保护区周边居民发放；

(3)野外采集数据：包括土壤样品、GPS 控制点、土地利用类型、植被覆盖类型等，土壤用品用于直接测定土壤相关指标值，GPS 控制点、土地利用类型、植被覆盖类型用于内业遥感解译的影像校正、分类训练样本选择及结果验证等；

(4)遥感解译/反演数据：用遥感解译和反演得到各种土地利用类型的面积及景观格局数据，用来计算景观指标及部分价值指标。

洪湖湿地生态系统评价各指标所需数据来源及名称见表 4-3-9。

表 4-3-9 洪湖湿地生态系统评价所需数据来源

目标	一级指标	二级指标	数据来源	数据名称
健康	水环境指标	地表水水质	保护区提供	湿地健康评价各指标所需数据列表
		水源保证率	保护区提供	湿地健康评价各指标所需数据列表
	土壤指标	土壤重金属含量	野外采样检验	洪湖土壤检测报告
		土壤 pH 值	野外采样检验	洪湖土壤检测报告
		土壤含水量	野外采样检验	洪湖土壤检测报告
	生物指标	生物多样性	保护区提供	保护区简介、湿地健康评价各指标所需数据列表、洪湖湿地自然保护区动植物名录
		外来物种入侵度	保护区提供	湿地健康评价各指标所需数据列表、洪湖湿地自然保护区动植物名录
	景观指标	野生动物栖息地指数	遥感影像解译	所有湿地类型的有效湿地斑块面积、单位面积湿地斑块数量、植被覆盖度
		湿地面积变化率	遥感影像解译	调查年份和前一年解译所得的湿地面积
		土地利用强度	遥感影像解译	土地利用分类结果中建筑用地、农业用地的面积
	社会指标	人口密度	保护区提供	湿地健康评价各指标所需数据列表
		物质生活指数	保护区提供	湿地健康评价各指标所需数据列表
		湿地保护意识	问卷调查	公众湿地认识及保护意识调查问卷
功能	供给功能	物质生产	统计局网站下载	洪湖市、监利县 2011 年统计公报(渔业、水产品)
	调节功能	气候调节	问卷调查	湿地功能评价调查问卷
		水资源调节	问卷调查	湿地功能评价调查问卷
		净化水质	问卷调查	湿地功能评价调查问卷
	文化功能	消遣与生态旅游	问卷调查	湿地功能评价调查问卷
		教育与科研	问卷调查	湿地功能评价调查问卷
	支持功能	保护生物多样性	保护区提供	湿地健康评价各指标所需数据列表、洪湖湿地自然保护区动植物名录

（续）

目标	一级指标	二级指标	数据来源	数据名称
价值	直接使用价值	湿地产品	保护区提供	湿地价值评价各指标所需数据
		休闲娱乐	荆州新闻网	洪湖接待旅游人次和总收益
		环境教育	遥感影像解译	湿地面积
	间接使用价值	调节大气	查阅文献	湖泊植物带生物量（莫明浩等，2008）；遥感影像解译所得湿地面积
		调蓄洪水	林业局提供补充数据	洪湖蓄水量
		净化去污	遥感影像解译	湿地面积
	选择价值	生物多样性	遥感影像解译	湿地面积
	存在价值	生存栖息地	遥感影像解译	湿地面积

（三）评价指标权重计算

健康和功能评价各指标权重依据有以下 3 个来源：

（1）保护区工作人员提供参考：在实地考察过程中，保护区工作协助填写了一张湿地评价各指标相对重要性征求意见表，根据保护区保护管理人员的工作经验，给出了当地湿地健康和功能各个指标的相对重要性大小；

（2）实地考察及访谈等获取信息：通过实地考察，了解当地湿地的特点及影响湿地生态系统健康和功能实现的因素，从而分析出各个指标的相对重要性；

（3）查阅文献：通过检索当地湿地研究的相关文献，查阅出某些评价指标相对重要性的描述性文字或者类似评价中部分指标的权重大小作为权重设置的参考依据。

结合上述 3 种方法，得到洪湖湿地生态系统健康和功能评价的各指标权重见表 4-3-10。

表 4-3-10　洪湖湿地生态系统健康、功能各指标权重

类　别	一级指标	权　重	二级指标	权　重
健　康	水环境指标	0. 2980	地表水水质	0. 0745
			水源保证率	0. 2235
	土壤指标	0. 3565	土壤重金属含量	0. 1000
			土壤 pH 值	0. 0275
			土壤含水量	0. 0303
	生物指标	0. 3848	生物多样性	0. 1987
			外来物种入侵度	0. 0993
	景观指标	0. 1578	野生动物栖息地指数	0. 0868
			湿地面积变化率	0. 0331
			土地利用强度	0. 0379
	社会指标	0. 0884	人口密度	0. 0098
			物质生活指数	0. 0393
			湿地保护意识	0. 0393

（续）

类 别	一级指标	权 重	二级指标	权 重
功 能	供给功能	0.0974	物质生产	0.0974
	调节功能	0.4013	气候调节	0.1247
			水资源调节	0.0786
			净化水质	0.1980
	文化功能	0.3375	消遣与生态旅游	0.0675
			教育与科研	0.2700
	支持功能	0.1638	保护生物多样性	0.1638

由表4-3-10可以看出，健康指标中水环境指标十分重要，其次是生物指标，土壤指标中土壤重金属含量也对湿地生态系统健康影响较大，社会指标中人口密度对保护区湿地健康影响很小，所占权重最小。功能指标中文化功能中教育与科研功能最为重要，其次是调节功能，保护区在保护生物多样性功能方面也很重要。

（四）湿地生态系统评价结果

将各个评价指标归一化，与权重加权求和即可得到综合健康指数和综合功能指数。洪湖湿地生态系统健康、功能、价值评价结果分别见表4-3-11至表4-3-13。

表4-3-11 洪湖湿地生态系统健康评价结果

一级指标	二级指标	指标归一化值	权 重	综合健康指数
水环境指标	地表水水质	7.00	0.0745	5.05
	水源保证率	4.15	0.2235	
土壤指标	土壤重金属含量	9.14	0.1000	
	土壤pH值	6.22	0.0275	
	土壤含水量	5.08	0.0303	
生物指标	生物多样性	0.51	0.1987	
	外来物种入侵度	9.65	0.0993	
景观指标	野生动物栖息地指数	3.80	0.0868	
	湿地面积变化率	10.00	0.0331	
	土地利用强度	7.74	0.0379	
社会指标	人口密度	9.44	0.0098	
	物质生活指数	3.00	0.0393	
	湿地保护意识	3.52	0.0393	

由表4-3-11可见，洪湖湿地生态系统综合健康指数为5.05，健康等级为中。保护区内水质状况一般，水源保证率比较高，水资源较充足(除极端气候情况)；由于保护区周边部分区域有养殖珍珠现象，局部湿地土壤受到轻微重金属污染；生物多样性总体水平一般，物种不够丰富，存在物种入侵情况；保护区湿地景观较多，湿地面积年际变化小，土地利用强度较小，对野生动物栖息有一定的影响；保护区周边人口密度大，周边居民的湿地保护意识欠缺。建议保护区管理局加强对保护区周边的土地利用管理，控制珍珠养殖对水土质量的污染，并加大对保护区周边的湿地保护意识宣传教育，以提高保护区整体湿地生态系统健康状况。

表 4-3-12　洪湖湿地生态系统功能评价结果

一级指标	二级指标	指标归一化值	权　重	综合功能指数
供给功能	物质生产	6.03	0.0974	6.50
调节功能	气候调节	6.00	0.1247	
	水资源调节	7.00	0.0786	
	净化水质	7.00	0.1980	
文化功能	消遣与生态旅游	8.00	0.0675	
	教育与科研	8.00	0.2700	
支持功能	保护生物多样性	3.20	0.1638	

由表4-3-12可见，洪湖湿地生态系统综合功能指数为6.50，功能等级为中。作为湖北省最大的湖泊，洪湖发挥了很好的教育与科研功能，每年有大量的学者针对洪湖开展研究，中国科学院测地所、华中农业大学、武汉大学、华中师范大学等诸多高校和科研机构在洪湖建立实验实习基地，每年定期去洪湖保护区开展科研和其他实验。歌剧《洪湖赤卫队》更是让洪湖成为家喻户晓的地方，使得洪湖在文化传承、红色旅游和生态旅游方面也发挥了很重要的功能。洪湖在保护生物多样性方面功能很强，是夏候鸟的繁殖地和冬候鸟的停歇、栖息地；此外，洪湖在净化水质及对局地气候调节方面也有很强功能。洪湖每年生产大量水产品，洪湖的物质生产功能较强。建议保护区合理开展生态旅游，加强保护生物多样性。

表 4-3-13　洪湖湿地生态系统价值评价结果(亿元)

一级指标	二级指标	单项价值	小　计	总价值
直接使用价值	湿地产品	35.9900	77.1700	95.45
	休闲娱乐	39.0000		
	环境教育	2.1840		
间接使用价值	调节大气	0.0064	16.4300	
	调蓄洪水	6.0715		
	净化去污	10.3527		
选择价值	生物多样性	1.0881	1.0881	
存在价值	生存栖息地	0.7535	0.7535	

由表4-3-13可见，洪湖湿地具有很高价值，总价值达95.45亿元，其中直接使用价值远远高于其他几项价值，每年全国各地大量游客来洪湖旅游度假，休闲娱乐的直接经济价值高达39亿元。长江中下游地区多旱涝灾害，作为重要的水源地，洪湖受其影响较大，同时也为旱涝灾害的缓解起到重要调节作用，其调蓄洪水的价值也较高。另外，作为重要的鱼米之乡，洪湖在农业生产丰收保障、渔业养殖等方面所发挥的作用十分显著，湿地产品创造的直接价值达35.99亿元。洪湖省级自然保护区单位湿地面积价值为24.26万元/公顷。

二、沼泽湿地生态系统评价案例

(一)研究区基本情况

四川若尔盖湿地自然保护区位于四川省阿坝藏族自治州若尔盖县境内，地理坐标为东经

102°29′~102°59′，北纬 33°25′~34°00′，总面积 166570.6 公顷，湿地面积约 62278.9 公顷。

保护区内湿地生态系统结构完整，生物多样性丰富，特有种多，是我国生物多样性关键地区之一，也是世界高山带物种最丰富的地区之一。据初步统计，区内植物(包括大型真菌类)有 207 种，脊椎动物有 218 种。本区还是重要的水源涵养区，黑河和白河两条黄河上游的支流纵贯全区，但该区生态系统脆弱，一旦破坏后很难恢复。辖曼自然保护区的建立，对于保护高寒湿地生态系统和黑颈鹤等珍稀动物，研究自然环境变迁、古老生物物种保存、繁衍和分化具有重要的意义。

近几十年来，受人类活动及气候变化的影响，若尔盖地区湿地出现了沙化的情况，造成湿地面积急剧减少，湿地功能和效益也有不断下降趋势。

(二)评价所用的数据来源

若尔盖湿地生态系统评价指标所需数据来源及名称见表 4-3-14。

表 4-3-14 若尔盖湿地生态系统评价所需数据来源

目标	一级指标	二级指标	数据来源	数据名称
健康	水环境指标	地表水水质	查阅文献	田应兵，熊明标，2004
		水源保证率	查阅文献	张晓云等，2007
	土壤指标	土壤重金属含量	野外采样检验	若尔盖土壤检测报告
		土壤 pH 值	野外采样检验	若尔盖土壤检测报告
		土壤含水量	野外采样检验	若尔盖土壤检测报告
	生物指标	生物多样性	保护区提供、查阅文献	若尔盖统计数据(郝云庆等，2008)
		外来物种入侵度	保护区提供、查阅文献	若尔盖统计数据(郝云庆等，2008)
	景观指标	野生动物栖息地指数	遥感影像解译	所有湿地类型的有效湿地斑块面积、单位面积湿地斑块数量、植被覆盖度
		湿地面积变化率	遥感影像解译	调查年份和前一年解译所得的湿地面积
		土地利用强度	遥感影像解译	土地利用分类结果中建筑用地、农业用地的面积
	社会指标	人口密度	保护区提供	保护区简介
		物质生活指数	查阅文献	张晓云等，2009
		湿地保护意识	问卷调查	公众湿地认识及保护意识调查问卷
功能	供给功能	物质生产	查阅文献、统计局网站下载	张晓云等，2009；阿坝州 2011 年统计公报
	调节功能	气候调节	问卷调查	湿地功能评价调查问卷
		水资源调节	问卷调查	湿地功能评价调查问卷
		净化水质	问卷调查	湿地功能评价调查问卷
	文化功能	消遣与生态旅游	问卷调查	湿地功能评价调查问卷
		教育与科研	问卷调查	湿地功能评价调查问卷
	支持功能	保护生物多样性	保护区提供、查阅文献	若尔盖统计数据(郝云庆等，2008)

（续）

目标	一级指标	二级指标	数据来源	数据名称
价值	直接使用价值	湿地产品	查阅文献	张晓云等，2009
		休闲娱乐	人民网	若尔盖接待旅游人次和总收益
		环境教育	遥感影像解译	湿地面积
	间接使用价值	调节大气	遥感影像解译	湿地面积
		调蓄洪水	保护区提供数据	若尔盖湿地蓄水量
		净化去污	查阅文献	张晓云等，2009
	选择价值	生物多样性	遥感影像解译	湿地面积
	存在价值	生存栖息地	遥感影像解译	湿地面积

（三）评价指标权重计算

若尔盖湿地生态系统健康和功能评价的各指标权重见表 4-3-15。

表 4-3-15　若尔盖湿地生态系统健康、功能各指标权重

类　别	一级指标	权　重	二级指标	权　重
健　康	水环境指标	0. 3660	地表水水质	0. 1830
			水源保证率	0. 1830
	土壤指标	0. 1787	土壤重金属含量	0. 0964
			土壤 pH 值	0. 0292
			土壤含水量	0. 0531
	生物指标	0. 1249	生物多样性	0. 0833
			外来物种入侵度	0. 0416
	景观指标	0. 2357	野生动物栖息地指数	0. 1272
			湿地面积变化率	0. 0385
			土地利用强度	0. 0700
	社会指标	0. 0947	人口密度	0. 0281
			物质生活指数	0. 0155
			湿地保护意识	0. 0511
功　能	供给功能	0. 2072	物质生产	0. 2072
	调节功能	0. 2928	气候调节	0. 0870
			水资源调节	0. 1580
			净化水质	0. 0478
	文化功能	0. 2072	消遣与生态旅游	0. 1036
			教育与科研	0. 1036
	支持功能	0. 2928	保护生物多样性	0. 2928

由表 4-3-15 可知，健康指标中水环境指标非常重要，其次是景观指标中的野生动物栖息地指数，土壤重金属含量对保护区湿地健康也很重要，由于保护区人口密度小，人口密度和物质生活指数对湿地健康影响较小。功能指标中支持功能最为重要，其余三项功能重要性接近。

（四）湿地生态系统评价结果

若尔盖湿地生态系统健康、功能、价值评价结果见表 4-3-16 至表 4-3-18。

表 4-3-16 若尔盖湿地生态系统健康评价结果

一级指标	二级指标	指标归一化值	权 重	综合健康指数
水环境指标	地表水水质	10	0.183	6.43
	水源保证率	4	0.183	
土壤指标	土壤重金属含量	10	0.0964	
	土壤 pH 值	5.55	0.0292	
	土壤含水量	6.89	0.0531	
生物指标	生物多样性	0.55	0.0833	
	外来物种入侵度	8.33	0.0416	
景观指标	野生动物栖息地指数	3.8	0.1272	
	湿地面积变化率	10	0.0385	
	土地利用强度	9.91	0.07	
社会指标	人口密度	9.35	0.0281	
	物质生活指数	7.65	0.0155	
	湿地保护意识	0.8	0.0511	

由表 4-3-16 可知，若尔盖湿地生态系统综合健康指数为 6.43，健康等级为中。保护区水源优良，水源保证率一般；土壤没有受到重金属污染，且含水量较高，土壤环境较好；保护区生物多样性整体水平一般，生物入侵现象少；保护区湿地面积变化很小，土地利用强度小，但植被覆盖度不高；保护区内人口压力小，但居民对湿地的认知不足，湿地保护意识欠佳。建议保护区加强生物多样性保护和湿地保护意识宣传教育。

表 4-3-17 若尔盖湿地生态系统功能评价结果

一级指标	二级指标	指标归一化值	权 重	综合功能指数
供给功能	物质生产	6.08	0.2072	5.81
调节功能	气候调节	7.20	0.087	
	水资源调节	6.00	0.158	
	净化水质	8.20	0.0479	
文化功能	消遣与生态旅游	7.40	0.1036	
	教育与科研	8.40	0.1036	
支持功能	保护生物多样性	3.22	0.2928	

由表 4-3-17 可知，若尔盖湿地生态系统综合功能指数为 5.81，功能等级为中。保护区文化功能最为突出，若尔盖湿地是我国第一大高原沼泽湿地，也是世界上面积最大、保存最完好的高原泥炭沼泽，同时也是青藏高原高寒湿地生态系统的典型代表，具有很高的教育和科研价值，若尔盖花湖湿地公园具有很高的消遣与生态旅游功能；若尔盖湿地在净化水质方面功能很强，保护区是 I 类水，其对局地气候和水资源也发挥了很高的调节作用；若尔盖湿地在保护生物多样性方面发挥功能稍弱。建议保护区加强生物多样性保护。

表 4-3-18　若尔盖湿地生态系统价值评价结果(亿元)

一级指标	二级指标	单项价值	小　计	总价值
直接使用价值	湿地产品	6.1700	54.1767	126.42
	休闲娱乐	44.5500		
	环境教育	3.4567		
间接使用价值	调节大气	0.0017	69.3268	
	调蓄洪水	67.0000		
	净化去污	2.3300		
选择价值	生物多样性	1.7224	1.7224	
存在价值	生存栖息地	1.1928	1.1928	

由表4-3-18 可知，若尔盖湿地具有很高的价值，总价值达126.42 亿元，其中间接使用价值最高，达69.3268 亿元，作为世界上面积最大、保存最完好的高原泥炭沼泽，泥炭藓沼泽湿地的含水量非常高，加之面积大，且处在青藏高原气候敏感区，因此若尔盖湿地的调蓄洪水的价值非常高，达67 亿元；若尔盖花湖国家湿地公园，被赞为“中国最美的湿地”，其直接创造的休闲娱乐价值高达44.55 亿元，此外湿地提供的湿地产品也具有一定价值。若尔盖国家级自然保护区单位面积湿地价值为20.30 万元/公顷。

三、近海与海岸湿地生态系统评价案例

(一)研究区基本情况

黄河三角洲国家级自然保护区位于山东省东营市东北部的黄河入海口处，北临渤海，东靠莱州湾，与辽东半岛隔海相望，地理坐标为东经 118°32.98′~ 119°20.45′和北纬 37°34.77′~ 38°12.31′，是以黄河口新生湿地生态系统和珍稀濒危鸟类为主要保护对象的湿地类型自然保护区。保护区总面积 15.3 万公顷，其中核心区 5.8 万公顷，缓冲区 1.3 万公顷，实验区 8.2 万公顷。分为南北两个区域，北部区域位于 1976 年改道后的黄河故道入海口，面积 4.85 万公顷；南部区域位于现行黄河入海口，面积 10.45 万公顷。遥感解译得到保护区 2012 年湿地面积 11.77 万公顷，2013 年湿地面积 11.71 万公顷。黄河三角洲国家级自然保护区是中国暖温带保存最完整、最广阔、最年轻的湿地生态系统，是东北亚内陆和环西太平洋鸟类迁徙路线上重要的中转站、越冬地和繁殖地。

黄河三角洲保护区内共有野生动物 1557 种，其中鸟类 298 种，国家 Ⅰ 级保护鸟类有丹顶鹤、白头鹤、白鹤、大鸨、东方白鹳、黑鹳、金雕、白尾海雕、中华秋沙鸭、遗鸥 10 种。国家 Ⅱ 级保护鸟类有灰鹤、大天鹅、鸳鸯等 49 种。共有植物 393 种，其中种子植物 116 种，国家 Ⅱ 级保护植物野大豆 43 平方公里，天然芦苇 270 平方公里，天然草地 120 平方公里。植被覆盖率 55.1%，是中国沿海最大的新生湿地自然植被区。黄河口地形地貌和独特的自然环境形成了以“奇、特、旷、野、新”为主要美学特征的自然景观和生态旅游资源。

1996 年以来，由于生态环境恶化，黄河流域降水量普遍减少。黄河上游用水量急剧增加，尤其是黄河两岸工农业用水、引黄灌溉的发展，使黄河径流量骤减，甚至出现断流，导致黄河入海口的来水量减少。黄河流量减少，导致部分区域湿地退化。同时，自然保护区内存在农业开垦、水产养殖、油田开发等现象，严重破坏了自然景观，影响湿地综合功能发挥。旅游开发在未来可

能会对湿地产生影响。

(二)评价所用的数据来源

黄河三角洲湿地生态系统评价指标所需数据来源及名称见表4-3-19。

表4-3-19 黄河三角洲湿地生态系统评价所需数据来源

<table>
<tr><th>目标</th><th>一级指标</th><th>二级指标</th><th>数据来源</th><th>数据名称</th></tr>
<tr><td rowspan="14">健康</td><td rowspan="2">水环境指标</td><td>地表水水质</td><td>保护区提供</td><td>湿地健康评价各指标所需数据列表</td></tr>
<tr><td>水源保证率</td><td>查阅文献</td><td>杨晓妍，2012</td></tr>
<tr><td rowspan="3">土壤指标</td><td>土壤重金属含量</td><td>野外采样检验</td><td>黄河三角洲土壤检测报告</td></tr>
<tr><td>土壤pH值</td><td>野外采样检验</td><td>黄河三角洲土壤检测报告</td></tr>
<tr><td>土壤含水量</td><td>野外采样检验</td><td>黄河三角洲土壤检测报告</td></tr>
<tr><td rowspan="2">生物指标</td><td>生物多样性</td><td>保护区提供</td><td>湿地健康评价各指标所需数据列表</td></tr>
<tr><td>外来物种入侵度</td><td>保护区提供</td><td>湿地健康评价各指标所需数据列表</td></tr>
<tr><td rowspan="3">景观指标</td><td>野生动物栖息地指数</td><td>遥感影像解译</td><td>所有湿地类型的有效湿地斑块面积、单位面积湿地斑块数量、植被覆盖度</td></tr>
<tr><td>湿地面积变化率</td><td>遥感影像解译</td><td>调查年份和前一年解译所得的湿地面积</td></tr>
<tr><td>土地利用强度</td><td>遥感影像解译</td><td>土地利用分类结果中建筑用地、农业用地的面积</td></tr>
<tr><td rowspan="3">社会指标</td><td>人口密度</td><td>统计局网站下载</td><td>2013年东营统计年鉴</td></tr>
<tr><td>物质生活指数</td><td>保护区提供</td><td>湿地健康评价各指标所需数据列表</td></tr>
<tr><td>湿地保护意识</td><td>问卷调查</td><td>公众湿地认识及保护意识调查问卷</td></tr>
<tr><td rowspan="7">功能</td><td>供给功能</td><td>物质生产</td><td>统计局网站下载</td><td>山东省2011、2013年统计年鉴</td></tr>
<tr><td rowspan="3">调节功能</td><td>气候调节</td><td>问卷调查</td><td>湿地功能评价调查问卷</td></tr>
<tr><td>水资源调节</td><td>问卷调查</td><td>湿地功能评价调查问卷</td></tr>
<tr><td>净化水质</td><td>问卷调查</td><td>湿地功能评价调查问卷</td></tr>
<tr><td rowspan="2">文化功能</td><td>消遣与生态旅游</td><td>问卷调查</td><td>湿地功能评价调查问卷</td></tr>
<tr><td>教育与科研</td><td>问卷调查</td><td>湿地功能评价调查问卷</td></tr>
<tr><td>支持功能</td><td>保护生物多样性</td><td>保护区提供</td><td>湿地健康评价各指标所需数据列表</td></tr>
<tr><td rowspan="8">价值</td><td rowspan="3">直接使用价值</td><td>湿地产品</td><td>东营市情网</td><td>黄河三角洲水产品产值</td></tr>
<tr><td>休闲娱乐</td><td>东营市政府网</td><td>黄河三角洲接待旅游人次和总收益</td></tr>
<tr><td>环境教育</td><td>遥感影像解译</td><td>湿地面积</td></tr>
<tr><td rowspan="2">间接使用价值</td><td>调节大气</td><td>遥感影像统计</td><td>2012年MODIS NPP产品(MOD17A3)，轨道号为h27v05</td></tr>
<tr><td>调蓄洪水</td><td>查阅文献、遥感影像解译</td><td>韩美，张晓慧，2009；湿地面积</td></tr>
<tr><td>选择价值</td><td>净化去污</td><td>遥感影像解译</td><td>湿地面积</td></tr>
<tr><td rowspan="2">存在价值</td><td>生物多样性</td><td>遥感影像解译</td><td>湿地面积</td></tr>
<tr><td>生存栖息地</td><td>遥感影像解译</td><td>湿地面积</td></tr>
</table>

(三)评价指标权重计算

黄河三角洲湿地生态系统健康和功能评价的各指标权重见表4-3-20。

表 4-3-20　黄河三角洲湿地生态系统健康、功能各指标权重

类　别	一级指标	权　重	二级指标	权　重
健康	水环境指标	0.3025	地表水水质	0.1008
			水源保证率	0.2017
	土壤指标	0.1601	土壤重金属含量	0.0961
			土壤 pH 值	0.0320
			土壤含水量	0.0320
	生物指标	0.2633	生物多样性	0.1975
			外来物种入侵度	0.0658
	景观指标	0.1840	野生动物栖息地指数	0.0818
			湿地面积变化率	0.0204
			土地利用强度	0.0818
	社会指标	0.0900	人口密度	0.0360
			物质生活指数	0.0180
			湿地保护意识	0.0360
功能	供给功能	0.2451	物质生产	0.2451
	调节功能	0.2931	气候调节	0.0996
			水资源调节	0.1186
			净化水质	0.0749
	文化功能	0.2167	消遣与生态旅游	0.0972
			教育与科研	0.1195
	支持功能	0.2451	保护生物多样性	0.2451

由表 4-3-20 可知，健康指标中水环境指标非常重要，尤其是水源保证率，其次是生物指标，其中生物多样性非常重要，土壤重金属含量及野生动物栖息地指数和土地利用强度对保护区湿地健康也很重要，社会指标对湿地健康影响较小。功能指标中，黄河三角洲保护区作为重要的候鸟越冬地和水产品盛产地，保护生物多样性和物质生产功能最为重要，此外，水资源调节功能也较重要。

(四)湿地生态系统评价结果

黄河三角洲湿地生态系统健康、功能、价值评价结果分别见表 4-3-21 至表 4-3-23。

由表 4-3-21 可知，黄河三角洲湿地生态系统综合健康指数为 4.71，健康等级为中。保护区水质较好，但水源保证率较差，主要是黄河径流减少造成的，尽管近几年由于黄河小浪底等水利工程使黄河径流增大，但相比于该区域生态需水量仍显不足，目前，已有许多专家学者针对黄河三角洲生态需水量和补水量进行研究；土壤环境整体较差，土壤受到轻微的重金属污染，且盐碱化程度大，pH 值偏高，含水量较低；保护区生物指标状况较好，物种丰富，国家重点保护的生物物种较多，但由于外来入侵物种种类也较多，国家重点保护维管束植物物种、我国特有维管束植物和高等动物物种较少，因此生物多样性指标数值较低，生物入侵程度中等；保护区湿地面积变化很小，土地利用强度适中，野生动物栖息地适宜度中等；保护区内人口密度相对经济发展压力小，居民对湿地的认知不足，湿地保护意识欠佳。建议保护区加强生态环境恢复，提高水源保证率，着力改善土壤环境，并加强生物多样性保护和湿地保护意识宣传教育。

表 4-3-21 黄河三角洲湿地生态系统健康评价结果

一级指标	二级指标	指标归一化值	权 重	综合健康指数
水环境指标	地表水水质	7.00	0.1008	4.71
	水源保证率	1.26	0.2017	
土壤指标	土壤重金属含量	9.92	0.0961	
	土壤 pH 值	1.04	0.0320	
	土壤含水量	2.27	0.0320	
生物指标	生物多样性	3.66	0.1975	
	外来物种入侵度	5.05	0.0658	
景观指标	野生动物栖息地指数	6.80	0.0818	
	湿地面积变化率	9.86	0.0204	
	土地利用强度	5.63	0.0818	
社会指标	人口密度	7.87	0.0360	
	物质生活指数	0.00	0.0180	
	湿地保护意识	4.00	0.0575	

由表 4-3-22 可知，黄河三角洲湿地生态系统综合功能指数为 6.61，功能等级为中。保护区文化功能得分较高，作为中国暖温带保存最完整、最广阔、最年轻的湿地生态系统，且作为“中国最美的六大湿地”之一，黄河三角洲湿地越来越多地得到专家学者和各方游客的关注；保护区调节功能很强，尤其是气候调节，此外，水产品种类丰富的黄河三角洲保护区物质生产功能也很高。建议保护区开展生态旅游的同时，加强保护生物多样性，改善生态环境，进一步发挥湿地的气候、水资源调节功能。

表 4-3-22 黄河三角洲湿地生态系统功能评价结果

一级指标	二级指标	指标归一化值	权 重	综合功能指数
供给功能	物质生产	6.22	0.2451	6.61
调节功能	气候调节	8.83	0.0996	
	水资源调节	6.33	0.1186	
	净化水质	6.67	0.0749	
文化功能	消遣与生态旅游	8.33	0.0972	
支持功能	教育与科研	8.83	0.1195	
	保护生物多样性	4.46	0.2451	

表 4-3-23　黄河三角洲湿地生态系统价值评价结果(亿元)

一级指标	二级指标	单项价值	小计	总价值
直接使用价值	湿地产品	48.7795	55.2100	147.58
	休闲娱乐	0.1692		
	环境教育	6.2623		
间接使用价值	调节大气	2.4595	87.0906	
	调蓄洪水	54.9400		
	净化去污	29.6911		
选择价值	生物多样性	3.1205	3.1205	
存在价值	生存栖息地	2.1609	2.1609	

由表4-3-23 可知，黄河三角洲湿地价值很高，总价值为147.58 亿元，其中间接使用价值高达87.09 亿元，高于其他几项价值，尤其是调蓄洪水、减轻旱涝灾害的影响，间接产生了高达54.94 亿元的价值。其次是直接使用价值48.78 亿元，黄河三角洲保护区水产品丰富，共同创造了巨大的直接经济价值。黄河三角洲的生态旅游还没有真正开展起来，休闲娱乐产生的价值相对最小。黄河三角洲国家级自然保护区单位面积湿地价值为12.60 万元/公顷。

第三节
中国国际重要湿地生态系统评价

自加入国际《湿地公约》以来，中国湿地保护取得了举世瞩目的成就，树立了良好的国际形象。《湿地公约》的一项重要工作是将有特殊价值的湿地纳入《公约》保护框架，成为国际重要湿地，并给予充分、有效的保护。截至2014 年年底，中国已有包括香港米埔-内后海湾在内的46 个湿地列入了《国际重要湿地名录》。被列入该名录是一种荣誉，且被列入名录的湿地越多，证明其国家的保护意识越强。同样如果保护力度不够造成湿地生态退化，也会被列入黑名单。

面对中国湿地退化明显、湿地评价工作起步较晚、缺少湿地生态评价专门部门和行业标准的现状，为了使中国的湿地管理工作有据可依，2009 年国家林业局湿地保护管理中心委托当时的中国科学院遥感应用研究所牵头8 家单位联合研发了一套既科学合理又切实可行的湿地生态系统评价指标体系。指标体系由健康、功能、价值部分组成，其中健康评价共5 类13 个指标、功能评价共4 类7 个指标、价值评价共4 类8 个指标，共计28 个指标构建的指标体系科学合理、可操作性强。湿地办面向林业局提出的“可监测、可报告、可操作”原则，组织研发的湿地生态评价指标体系填补了中国湿地生态系统定量监测评价领域的空白，处于国际领先水平。

为了对2012 年2 月通过林业科技委论证的湿地生态评价指标体系展开全面示范应用，国家林业局湿地保护管理中心组织中国科学院遥感与数字地球研究所、国家林业局西北林业调查规划设计院、国家林业局华东林业调查规划设计院3 家单位首先对中国内地的45 处国际重要湿地(不含香港1处)开展了评价工作。从2012年7月开始到2014年11月，历时2年多在20个省(自治区、直辖市)湿地主管部门和各湿地管理部门的通力协作和大力支持下，深入各国际重要湿地，共收集45处国际重要湿地科考、规划、科研论著、论文及统计、监测、影像数据1000余份，采集化验土壤样品855份，调查获取当地居民有关湿地认识及保护意识问卷2024份、评价区工作人员对湿地功能评价调查问卷413份、评价指标相对重要性调查表45份。通过对收集资料的数据处理和指标计算等评价流程，实现了世界范围内首次在国家水平上对所有国际重要湿地开展生态系统评价。评价结果为中国国际重要湿地的保护管理和履行《湿地公约》等工作提供科学依据。

评价结果显示中国国际重要湿地生态系统综合健康指数为6.07，健康级别为“中”，其中7处健康级别为“好”，38处健康级别为“中”，湿地健康状况总体表现为湿地面积稳定，周边人口适中，地表水水质和土壤环境总体状况良好，湿地为野生动植物提供了较为适宜的生存栖息地；生物种类丰富，景观类型多样。在功能评价方面，45处国际重要湿地生态系统综合功能指数为6.99，功能级别为“中”，其中25处功能级别为“好”，20处功能级别为“中”。湿地供给功能、调节功能、文化功能和支持功能指数分别为1.21、2.70、1.92和1.16，表明湿地调节功能突出，文化功能显著，物质供给能力较强，在保护生物多样性的支持功能方面发挥了重要作用。在二级指标中，湿地的教育与科研、物质生产和保护生物多样性功能突出，水资源调节、气候调节和净化水质功能、消遣与生态旅游功能相对稍弱。在价值评价方面，45处国际重要湿地生态系统总价值达2668.32亿元/年，单位面积湿地价值为11.40万元/(公顷·年)。其中调节大气、调蓄洪水和净化去污等间接使用价值最高，为1715.37亿元/年；其次为湿地产品、休闲娱乐和环境教育等直接使用价值835.26亿元/年；相对较低的为生物多样性价值64.48亿元/年和生存栖息地价值53.21亿元/年，分别占湿地总价值的64.29%、31.30%、2.42%和1.99%。在二级指标中，调蓄洪水价值量最大，为856.19亿元/年，占总价值的32. 09%；其次为净化去污和湿地产品价值，为611.75亿元/年和562.68亿元/年，分别占22.93%和21.09%。

尽管评价表明中国在国际重要湿地保护方面取得了突出成效，但依然存在全球气候变化影响、人为活动干扰、外来物种入侵、有害生物干扰、湿地生态缺水、生物资源过度利用、湿地保护投入不足等一系列问题，影响了湿地生态系统健康水平，削弱了湿地生态系统功能发挥，降低了湿地生态系统各类价值。为此，必须加快湿地保护法制建设，依法保护湿地资源；加强湿地生态系统监测，为湿地的保护与利用提供科学依据；完善防控体系，严防外来物种入侵；制定切实可行的湿地保护与恢复措施，实行流域综合管理，维持湿地生态系统健康；加大保护资金投入力度，减少人为活动干扰，更好地保护中国国际重要湿地及其他重要湿地生态系统，为全面履行《湿地公约》服务，充分发挥中国国际重要湿地生态系统功能和保护示范作用。

第五篇

中国湿地资源利用

第一章 湿地资源利用方式

第一节 湿地种植利用

一、观赏型湿地植物种植利用

随着湿地公园、湿地风景旅游区的建设以及城市湿地保护、恢复的持续推进，公园湿地景观、城市湿地景观越来越受到公众的青睐，观赏湿地植物的需求越来越大。中国地域广阔，气候类型多样，东部大多数区域处于亚热带地区和温带地区，四季分明，雨量丰富，光照充足，气候温暖湿润，适合湿地植物生长。同时全国各区域有着良好的水体环境以及丰富的湿地植物资源及多样性，适宜观赏型湿地植物的种植和利用。

(一)观赏湿地植物概述

观赏湿地植物是指在湿地环境中生长，以其形、色、香、古、奇而成为具有观赏价值的湿地植物。观赏湿地植物不仅可以观叶、赏花、品姿、闻香，还能欣赏映照在水中的倒影，给人清新、舒适的感觉，体现生命的律动和自然的韵律。观赏湿地植物具有多方面的功能，主要表现在：

1. 景观功能

我国有许多颇具特色的观赏湿地植物，具有极高的景观美化效果，如莲(*Nelumbo nucifera*)、睡莲(*Nymphaea tetragona*)、水生美人蕉(*Canna glauca*)、黄花鸢尾(*Iris wilsonii*)、香蒲(*Typha orientalis*)、水葱(*Schoenoplectus tabernaemontani*)等。在湿地公园、湿地风景旅游区、城市水景、河流环境综合整治中利用这些观赏湿地植物，营造观赏湿地植物景观，可以增添这些区域浓厚的湿地野趣，对促进景观建设，完善景观功能，树立风景秀丽的湿地形象，提高区域和城市景观品位，建设美丽中国，具有重要意义。

2. 生态功能

我国的观赏湿地植物除了能够美化、优化景观，提供观赏功能外，还具有重要的环境净化、涵养水源、调节小气候、雨洪控制、生物生境等多重生态功能。香蒲、风车草(*Cyperus alternifolius*)、水生美人蕉、芦苇(*Phragmites australis*)等观赏湿地植物在污水处理中能吸收富集于污水中的重金属等有害物质，摄取利用污水中的营养物质，从而发挥水质净化作用。湿地植物是城市水景、河流、湿地公园等湿地生态系统的重要组成部分。湿地植物能进行光合作用，提供氧气，净化空气，改善微气候，具有调节小气候的作用。观赏湿地植物的枝叶形成的植物环境空间可作为鱼类、两栖类、水生昆虫、水鸟的栖息生境和庇护场所，可以极大地丰富生物多样性。

3. 实用功能

我国丰富的观赏湿地植物，除了具有景观功能、生态功能外，还具有许多实用功能，如食用、药用保健、工业原料等等。有关这些实用功能将在本章的相关部分阐述。

我国湿地植物资源丰富，以其观赏价值可分为：赏花湿地植物、观叶湿地植物、观色湿地植物、观形湿地植物、观果湿地植物、芳香湿地植物等六大类。按照观赏湿地植物生活型划分，则可分为挺水型观赏湿地植物、浮叶型观赏湿地植物、漂浮型观赏湿地植物、沉水型观赏湿地植物、湿生型观赏湿地植物、木本型观赏湿地植物六大类。本书按照观赏湿地植物生活型，进行我国观赏湿地植物种植利用的分析。

（二）不同类型观赏湿地植物及其利用

1. 挺水型观赏湿地植物

挺水型观赏湿地植物植株高大，茎和叶直立挺伸在水面之上，茎下部或基部长于水中，根扎入泥土中生长，多生于靠近岸边的浅水处，大多数植物或花色艳丽、或植株挺拔秀丽、或叶形婀娜多姿。我国的挺水型观赏湿地植物约有 70 余种，主要集中于香蒲科、莎草科、灯心草科、禾本科、鸢尾科、泽泻科、天南星科、美人蕉科、雨久花科、姜科等科。其中，植株较高的挺水植物（100～200 厘米）有花叶芦竹（*Arundo donax* var. *versicolor*）、芦苇、水葱、香蒲、再力花（*Thalia dealbata*）；植株大小中等的挺水植物（40～150 厘米）有荷花、美人蕉（*Canna indica*）、梭鱼草（*Pontederia cordata*）、千屈菜（*Lythrum salicaria*）、旱伞草（*Cyperus alternifolius*）、红蓼（*Polygonum orientale*）、灯心草（*Juncus effusus*）、芋（*Colocasia esculenta*）、茭白（*Zizania latifolia*）；植株较矮的挺水植物（25～80 厘米）有菖蒲（*Acorus calamus*）、黄菖蒲（*Iris pseudacorus*）、箭叶雨久花（*Monochoria hastata*）、水芹（*Oenanthe javanica*）、慈姑（*Sagittaria sagittifolia*）、泽泻（*Alisma orientalis*）、薄荷（*Mentha haplocalyx*）、石菖蒲（*Acorus tatarinowii*）等。按照《第二次全国湿地资源调查报告》，在我国，潜在的挺水型观赏湿地植物超过 100 余种，可开发用于观赏的灯心草科灯心草属植物就有 31 种，香蒲科香蒲属植物 10 余种；潜在的可用于观赏的莎草科、禾本科植物则更多。

2. 浮叶型观赏湿地植物

浮叶型观赏湿地植物叶片能漂浮于水面之上，茎细弱不能直立或无明显地上茎，根状茎较发达，常具有发达的通气组织。浮叶型观赏湿地植物通常花色艳丽，多用于水面景观的打造。我国的浮叶型观赏湿地植物约有十余种，主要集中于睡莲科等科。常见的浮叶型观赏湿地植物如：睡莲科的睡莲、芡实（*Euryale ferox*）、萍蓬草（*Nuphar pumilum*）等。浮叶型观赏湿地植物的叶形多为圆形或近圆形。大型浮叶型观赏湿地植物有王莲（*Victoria amazonica*）、芡实；小型浮叶植物有萍蓬草。大型浮叶型湿地植物常形成壮丽宏大的景观效果，小型浮叶型湿地植物则形成细腻精致的景观效果。

浮叶型观赏湿地植物主要出现在开阔的水面及湿地的明水面等区域。浮叶型观赏湿地植物中，人工栽培的较多，以睡莲等为主。睡莲的栽培品种较多，在我国有数十个栽培品种，常见的有白睡莲(*Nymphaea alba*)、黄睡莲(*Nymphaea mexicana*)、红睡莲(*Nymphaea albs* var. rubra)、香水莲(*Nymphaea odorata*)等。自然生长的乡土浮叶型观赏湿地植物种类较少，由于受人为影响较大，其分布面积、种群数量有减少趋势，应加强针对性的保护。

3. 漂浮型观赏湿地植物

漂浮型观赏湿地植物的植物体全部漂浮在水面上，随着水流漂动。漂浮型观赏湿地植物多数以观叶为主。我国的漂浮型观赏湿地植物约有20余种，主要集中于菱科、浮萍科、龙胆科等科，以及蕨类植物中的苹科、槐叶苹科、满江红科等科。常见的漂浮型观赏湿地植物如：菱科的菱(*Trapa bispinosa*)、四角菱(*Trapa quadrispinosa*)、双角菱(*Trapa bispinosa*)、细果野菱(*Trapa maximowiczii*)等；浮萍科的浮萍(*Lemna minor*)、紫萍(*Spirodela polyrhiza*)；满江红科的满江红(*Azolla imbricata*)；龙胆科的莕菜(*Nymphoides peltata*)、水皮莲(*Nymphoides cristata*)等。这种类型的观赏湿地植物主要出现在开阔的水面及湿地的明水面等区域。除了水面自然生长的浮萍、紫萍、满江红外，目前也多以人工生态浮岛技术种植漂浮型观赏湿地植物，在利用其净化水质的功能的同时，也用于水面景观建设。浮叶型水生观赏湿地植物中，大薸(*Pistia stratiotes*)、凤眼莲(*Eichhornia crassipes*)等属于外来入侵植物，在水体富营养化状况下，常爆发性疯长，破坏生态系统结构和功能，并对人类生活造成各种危害，必须采取控制措施。

4. 沉水型观赏湿地植物

沉水型观赏湿地植物整株植物沉没于水中，通气组织发达，根系不发达，能在水下空气缺乏的环境中进行气体交换，植株各部分均能吸收水体中的养分，叶多为狭长丝状或带状，花较小，以观叶为主。我国的沉水型观赏湿地植物约有30余种，主要集中于眼子菜科、水鳖科、小二仙草科、狸藻科等科。常见的沉水型观赏湿地植物如：眼子菜(*Potamogeton distinctus*)、菹草(*Potamogeton crispus*)、海菜花(*Ottelia acuminata*)、金鱼藻(*Ceratophyllum demersum*)等。按照《第二次全国湿地资源调查报告》，在我国，潜在的沉水型观赏湿地植物可达50~60种，可开发用于观赏的眼子菜科植物就有25种，水鳖科植物17种。在湿地观赏植物中，对挺水型、浮叶型、漂浮型、湿生草本型观赏植物的开发利用较多，而沉水型观赏湿地植物的引种、驯化及应用栽培相对落后。目前，对海菜花、水盾草(*Cabomba caroliniana*)等沉水型观赏湿地植物正在进行引种试验栽培。在我国，青藏高原、云贵高原湖泊的沉水植物种类非常丰富，长江中下游的草型湖泊中沉水植物丰富。在云贵高原沉水型观赏湿地植物以抗污染能力强的红线草分布面积大、数量多。但近年来，由于水体污染，原生沉水植物种类及种群数量有所减少。

5. 湿生草本观赏湿地植物

湿生型观赏湿地植物常生长于水陆交界区域，对环境的水湿条件有较高要求；或处于水生植物与陆生植物的过渡区域，植物生长在季节性静止或流动的水体地段，对湿度有一定要求。我国的湿生型观赏湿地植物类群众多，主要集中于蓼科、莎草科、禾本科、伞形科、百合科、菊科、报春花科、唇形科等科。常见的湿生型观赏湿地植物如：水蓼(*Polygonum hydropiper*)、两栖蓼(*Polygonum amphibium*)、水芹、华凤仙(*Impatiens chinensis*)、五节芒(*Miscanthus floridulus*)、蒲苇(*Cortaderia selloana*)、金钱蒲(*Acorus gramineus*)、狗牙根(*Cynodon dactylon*)、双穗雀稗(*Paspalum distichum*)、大花萱草(*Hemerocallis hybridus*)等。按照《第二次全国湿地资源调查报告》，在我国，潜在的湿生草本观赏湿地植物超过100余种，可开发用于观赏的蓼科蓼属植物就有69种；潜在的可用于观赏的莎草科、禾本科植物更多。

6. 木本型观赏湿地植物

木本型观赏湿地植物是生活在浅水区域或水陆交错地带的灌木、乔木等木本植物，植株高大，树形优美。我国的木本型观赏湿地植物包括生活在淡水、咸水环境的种类，约有40余种，主要包括淡水湿地木本观赏植物20余种，红树林木本植物20余种。淡水湿地木本观赏植物如落羽杉(*Taxodium distichum*)、池杉(*Taxodium ascendens*)、水松(*Glyptostrobus pensilis*)、江南桤木(*Alnus trabeculosa*)、枫杨、垂柳、柽柳(*Tamarix chinensis*)、疏花水柏枝(*Myricaria laxiflora*)、中华蚊母树(*Distylium chinense*)、秋华柳(*Salix variegata*)等；红树林木本植物如海漆(*Excoecaria agallocha*)、秋茄(*Kandelia candel*)、红海榄(*Rhizophora stylosa*)等。目前应用较多的淡水湿地木本观赏植物有水杉(*Metasequoia glyptostroboides*)、落羽杉、池杉、中山杉(*Taxodium hybrid*)、枫杨(*Pterocarya stenoptera*)、垂柳(*Salix babylonica*)、江南桤木、中华蚊母树等。对常用淡水湿地木本观赏植物的驯化、育苗已经形成产业化规模的省份主要是长江中下游区域的湖北、江西、江苏、浙江等省。

木本型观赏湿地植物的观赏特性包括观形、观果、观叶。木本型观赏湿地植物多数树干通直，落羽杉、池杉、水松等植物冬季落叶后，笔直挺拔的树干成片种植，呈树阵状；生在水边的落羽杉、池杉，树干基部常长出膝状呼吸根，形成独特的植物景观。木本型观赏湿地植物的叶具有丰富多彩的形貌，叶形变化万千，不同形状和大小的叶子具有不同的观赏特性。池杉叶呈钻形，螺旋伸展于枝上并向上生长；落羽杉叶在小枝上为二列羽状，近羽毛状的叶丛秀丽。落羽杉、池杉、水松在春夏两季叶色呈绿色，秋季与冬初，叶色由绿变成红棕、红褐色，由冷色调转为暖色调，季相变化明显。

木本型观赏湿地植物常应用于农田林网、河道等防护林带，以及湿地公园、水利风景区等绿化，配置形式常为列植、群植、片植或孤植，形成大面积的湿地木本景观，或与其他植物搭配，形成复层湿地群落景观。在淡水湿地木本型观赏植物中，池杉、落羽杉原产北美，是古老的孑遗植物，为落叶大乔木，树干通直，树形优美，生长迅速，适应性强，便于栽培；无论在体量、形态，还是色彩、质感等方面，都具有独特的观赏价值和园林应用价值，都具有耐水湿生态学特性，所以园林中常应用于水体及其周围或地下水位较高之地，成为湿地一道亮丽的风景线；此外，淡水湿地木本型观赏植物可以涵养水源、防风消浪、美化景观、监测大气污染，其混交造林更有利于增加湿地物种多样性，使其发挥生态效益、经济效益和社会效益，因此落羽杉、池杉、水松、江南桤木、沼生栎(*Quercus palustris*)、垂柳、柽柳、疏花水柏枝、中华蚊母树、秋华柳等淡水湿地木本型观赏植物是值得引种、示范和推广应用的优良湿地景观树种。

红树林是分布在热带和亚热带海湾、河口盐土上的一种常绿阔叶林，被誉为海上森林，景观独特而壮丽。红树林主要由红树科树种组成，是一种独特的森林植被类型。涨潮时林冠在水面浮动，波光潋滟，树木葱茏；退潮后林木在泥滩挺立，千姿百态，鸟语花香。这种具有独特风格的优美的海上森林景观，把我国南方滨海地区装点得绮丽多姿。我国的红树林观赏植物类群众多，约有28种，主要包括红树科、海桑科、楝科、紫金牛科、爵床科等科。常见的红树林观赏植物如：秋茄、红树、红海榄、柱果木榄(*Bruguiera cylindrica*)、海莲(*Bruguiera sexangula*)、杯萼海桑(*Sonneratia alba*)等。我国红树林天然分布区从海南省一直到浙江南部。红树林具有多样性的根系，最引人注目的是红树属植物从树干上长出许多气生根，形成纵横交织的弓状支柱根。板根也是红树林植物的生态特征之一，如木榄(*Bruguiera gymnorhiza*)、角果木(*Ceriops tagal*)等均具有明显的板根，在树干基部膨大、增宽而高可达 30～50 厘米。有些红树林植物具有特殊的呼吸根，如海桑(*Sonneratia caseolaris*)和海榄雌(*Avicennia marina*)，具有大量突出于地面的指状呼吸根，在退潮时可见密布于地上，形成壮观的景象。胎生是红树林植物繁殖的一种特殊现象，在红树科植物中尤为普遍，如柱果木榄、木榄、红树(*Rhizophora apiculata*)、红海榄、秋茄、角果木等，几乎一年四季都有不同成熟期的"胎生"胚轴。即当种子成熟后，在还没有掉离母树的果实中就已开始发芽，生长成为绿色棒状的胚轴，发育到一定时间后就与果实一起下落或脱离果实而坠入淤泥中，成为幼苗，很快扎根出叶形成独立的个体。为了恢复和发展我国南方滨海红树林，一方面，必须管理好现有的红树林，封禁疏残林；另一方面，又要因地制宜，适地适树，实行人工促进天然更新和营造人工林，改造低质红树林，以红树林森林资源，提高滨海地区景观价值和生态服务功能。

(三)观赏湿地植物的种植

1. 观赏湿地植物的种植历史

我国的观赏湿地植物有着悠久的栽培历史。在我国出土文物中，莲至少有 7000 年的历史，如郑州大河村仰韶文化房基遗址(F2 室)中发现有 2 粒炭化莲子；在浙江余姚河姆渡文化遗址中发现有香蒲、莲、菱等水生植物的花粉化石。1923 年和 1951 年，在辽宁普兰店一带泥炭中多次发掘到 1000 多年以前的古莲子。2014 年初山东省梁山县在修建蓼子洼水库，进行库底挖掘时，挖出了大量距今 1000 多年的宋代古莲子，而且能够成功萌发。在《左传》和《诗经》中就已有菖蒲属植物应用和栽培的记载，早期多为药用，后来观赏栽培逐渐发展起来。晋代的《关中记》提到汉武帝在长安上林苑建造扶荔宫，引种了"菖蒲百本；山姜十本；柑蕉十二本；留求子十本；桂百本；蜜香、指甲花百本；龙眼、荔枝、槟榔、橄榄、千岁子、甘橘皆百余本"，其中的菖蒲、山姜都是湿地观赏植物。唐人赵嘏《秋日吴中观贡藕》诗"野艇几西东，清泠映碧空。褰衣来水上，捧玉出泥中。叶乱田田绿，莲余片片红"，是唐代苏州一带对观赏荷花的记载。南宋嘉泰元年(1201 年)浙江《吴兴志》记载：花"红者莲胰而甜，藕硬而淡；白者莲嫩而淡，藕莹而甜"，故以"红荷莲，白荷藕"名贵，说明那个时期就已经开始按花的颜色对莲藕进行划分(即分为红花与白花莲藕)。清代的陈淏子《花镜》(1688 年)将菖蒲分为泥菖、水菖和石菖 3 种，并指出"品之者有六：金钱、牛顶、虎须、剑脊、香苗、台蒲……"，说明清代就已大量种植香蒲。

2. 观赏湿地植物种植的水位要求

不同生活型的湿地植物对水位的要求不同。各种水生植物原产地的生态环境不一样，对水位要求差别也很大。挺水植物及浮叶植物常以 30～100 厘米为宜，而沼生、湿生植物种类只需 5～30 厘米水深。种植时应按照观赏湿地植物的生物学特性，分别设置深水、中水及浅水栽植区，通常深水区离岸较远，渐至岸边分别是中水、浅水和湿生植物栽植区。在观赏型湿地植物的种植中，一定要注意对水位的控制，通过控制水深，达到所需求的景观湿地植物的效果。

3. 观赏湿地植物的种植方式

观赏湿地植物的种植是湿地景观建设成败的关键环节，不仅涉及到湿地景观质量优劣，而且关系到其后的养护管理工作难易程度，目前的趋势是尽可能少人工管理。湿地环境中水流形态多样、流速及水深多样、水文环境多样、水体形态多样，加上湿地微地貌的差异，造成了湿地种植环境、湿地植物种植方式的多样化。根据不同湿地环境、不同湿地景观需求和不同湿地植物种植需要，观赏湿地植物的种植方式有自然式种植、种植床种植、容器种植、浮岛式种植四类。

(1)自然式种植：即把植物直接种植在湿地土壤中，大部分观赏湿地植物的种植均采用此种植方式，同时结合水体驳岸类型，分别采取缓坡入水驳岸、木桩驳岸、部分自然式干砌驳岸，在水陆交界区域种植挺水植物；并根据岸边水深变化和景观需求，从岸边至水体中心，随水深度变化，分别种植不同生活型的观赏湿地植物，形成由漂浮、浮叶、挺水、湿生植物、湿地灌丛木本群落组成的圈带状湿地植物。任何类型的观赏湿地植物都可以采用自然式种植。

(2)种植床种植：把观赏湿地植物限定在一定的生长范围，保持湿地植物景观稳定性。有两种形式的种植床：①在水岸(河岸、湖岸、塘岸)边，结合水岸形态，用石质材料(如卵石、圆石、块石等)围合成一定形态的空间，在其间填充种植土，其内植观赏湿地植物。以此种方式种植的多为挺水型观赏植物，水体、石材与植物有机镶嵌交融，形成丰富、生动而自然的水陆过渡景观。②在水体中央营造湿地植物景观，根据观赏湿地植物对水深的要求，在水下安置植物种植床等设施，如在池底用砌砖或混凝土围合修筑种植床，床内填充土壤，在其内种植观赏湿地植物。

(3)容器种植：利用盆、钵、缸等容器，将观赏湿地植物种植于其中，再将容器沉入水中。容器种植方式限定了植物生长范围，可移动，需要根据湿地植物的生长习性和景观要求布置。该种方式便于应用和管理，利于小型湿地景观营造，适合于不能进行自然式种植或自然式种植不理想的环境。利用容器种植的湿地植物通常有荷花、睡莲等。

(4)浮岛式种植：利用竹木床体结构或高分子复合材料，制作成可以漂浮在水面的床体，将观赏湿地植物种植于床体之上。植物浮岛不仅具有净化水质的功能，还可以为鱼类、水生昆虫、水鸟等水生生物提供栖息生境。目前，可用于浮岛式种植的观赏湿地植物包括黄花鸢尾、水生美人蕉、千屈菜等数十种植物。

二、食用型湿地植物种植利用

(一)食用湿地植物概述

很多湿地植物蛋白质和淀粉含量高，具有较高的食用价值，成为民众喜爱的食用型湿地植物，如各种类型的水生蔬菜和水生作物。水生蔬菜是指在淡水中生长的、可供作蔬菜食用的植物，主要包括莲藕、茭白、荸荠(*Eleocharis dulcis*)、芡实、莼菜(*Brasenia schreberi*)等种类。我国地域广阔，水生蔬菜和水生作物多种多样，如长江中下游水网密布，湿地资源十分丰富，可开垦水域面积达到数千万亩，发展食用型湿地植物空间巨大。本节对我国食用湿地植物的介绍主要针对水生蔬菜。

(二)不同类型水生蔬菜及其利用

1. 水生蔬菜的价值和特点

水生蔬菜是农业的一项特殊种植业，我国是水生蔬菜资源最丰富的国家，人工栽植水生蔬菜历史悠久，至少已有2500多年的栽培历史。据古书记载，我国种植水生蔬菜的历史可追溯到原始时期。目前世界公认的莲藕、芋头、茭白、慈姑、荸荠、水芹、芡实、菱、莼菜、蒲菜(*Typha latifolia*)等水生蔬菜，只有我国广泛种植及周边几个国家少量种植。我国水生蔬菜资源丰富，历史上许多水生蔬菜种类和品种是野生的，经过长期的人工栽培和驯化，不但提高了产量，而且改善了品质，充分发挥了其利用价值。见诸史籍记载、现在仍有栽培的有莲藕、茭白、菱、荸荠、慈姑、莼菜、芡、蒲菜、水芹等。历史上栽培这类蔬菜的经济收益一般较高，特别是一些不适宜栽培水稻的荡田，用来栽培水生蔬菜，其经济收益常常优于稻田。据保守推算，我国水生蔬菜种植面积已超过60多万公顷，产值超过300亿元，位居世界第一。

水生蔬菜大都营养丰富，其中的一些种类富含淀粉，古代常用作灾荒年间救饥佳品。1亩水生蔬菜的产值可达4000～6000元，平均收益在2000～3000元以上，经济效益较高。水生蔬菜不与粮争地，可充分利用湖塘、沼泽低洼地带等水资源和湿地资源。除此之外，水生蔬菜还具有重要的生态价值，在消除和减轻盐碱化、净化水质、改善鱼塘生态环境等方面也能发挥重要作用。同时，水生蔬菜还可结合休闲农业、观光农业、都市农业，带动乡村旅游的发展。

水生蔬菜与其他旱作蔬菜品种相比，具有明显的优势：大部分为我国原产和特有；我国农民有较成熟的栽培经验；污染相对比其他蔬菜及农作物品种低；很多水生蔬菜富含生物活性物质，对人体健康有利。国内蔬菜价格只有国际市场的1/10，水生蔬菜更在1/10以下，国际销售市场前景看好。大力发展水生蔬菜是农业产业结构调整的重要方向。

2. 水生蔬菜的种类及其利用

(1)按食用器官的分类：按照食用器官，可把水生蔬菜分为食叶类水生蔬菜、食茎类水生蔬菜、食果类水生蔬菜、食花类水生蔬菜四大类。

①食叶类水生蔬菜。该类水生蔬菜主要食用植物的嫩叶和新梢，包括莼菜、水蕹菜(*Aponogeton lakhonensis*)、水芹、豆瓣菜(*Nasturtium officinale*)等。

②食茎类水生蔬菜。该类水生蔬菜主要食用植物的茎，可分为地上茎类和地下茎类水生蔬菜两类。地上茎类水生蔬菜食用地上肉质茎和假茎，包括茭白、蒲菜。地下茎类水生蔬菜食用地下根茎和球茎，包括莲、慈姑、水芋(*Calla palustris*)、荸荠等。

③食果类水生蔬菜。该类水生蔬菜主要食用植物果实中的种子，包括莲、菱、芡实等。

④食花类水生蔬菜。该类水生蔬菜主要食用植物的花以及嫩叶，包括海菜花、莲等。

(2)按生态学的分类：按照水生植物的生活型及生态习性要求，可把水生蔬菜分为浮叶型水生蔬菜、浅水湖沼挺水型水生蔬菜、深水湖沼挺水型水生蔬菜、沉水型水生蔬菜四大大类。

①浮叶型水生蔬菜。该类水生蔬菜的植物叶片漂浮于水面之上，茎细弱不能直立或无明显地上茎，根状茎较发达，常具有发达的通气组织，包括菱、莼菜、睡菜、水鳖(*Hydrocharis dubia*)等。

②浅水湖沼挺水型水生蔬菜。该类水生蔬菜的茎和叶直立挺伸在水面之上，茎下部或基部长于水中，根扎入泥土中生长，多生长在靠近岸边的浅水处。这类蔬菜适于在热带、亚热带和温带的浅水沼泽或平原低洼地生长，水深不宜超过20～30厘米，包括慈姑、荸荠、水芋、水蕹菜、水芹、豆瓣菜、莲藕等。

③深水湖沼挺水型水生蔬菜。该类水生蔬菜的茎和叶同样是直立挺伸在水面之上，但适于热带、亚热带和温带的浅水湖荡、河湾和池塘生长，要求水深在80～180厘米，如茭白、蒲菜等。

④沉水型水生蔬菜。该类水生蔬菜植物整株沉没于水中，通常食用植物的茎、叶及花，包括苦草(*Vallisneria natans*)、海菜花等。

3. 我国常见水生蔬菜及其利用

我国栽培的水生蔬菜有莲藕、芡实、茭白、莼菜、菱、两角菱、水芹、蒲菜、荸荠、慈姑、水芋、水蕹菜、豆瓣菜等30余种，大多数为中国原产，且大多数原产地在热带、亚热带区域。这30余种水生蔬菜中，除豆瓣菜在中国栽培只有100多年历史外，其余各种的栽培历史都在1000年以上。其中菱有5000年以上的栽培驯化历史；莲有3000年以上的栽培驯化历史；水芹、芋有2000年以上的栽培驯化历史。这些水生蔬菜经各省市长期栽培和精心选择，创造和保存了很多地方品种，形成了我国特有的水生蔬菜品种资源。

各种水生蔬菜由于起源、演化、繁殖方式及栽培历史的差异，品种资源状况各有不同。莲是被子植物中起源最早的植物之一，原产中国，栽培历史悠久，从华南到华北，各地引种、栽培很广，因此品种资源丰富。慈姑、荸荠原产我国东南部浅水湖沼，其水田栽培、选育和利用较早，引种和分布地域广，因此产生了很多地方品种。芡实、莼菜原产我国东南浅水湖沼，栽培面积小，至今栽培利用和野生采收利用并存，因而地方品种较少。

莲藕在我国长期栽培过程中，由于用途不同而演变为子莲、藕莲及花莲三大栽培类型。其中，只有前两类属于水生蔬菜，这两类在各地长期栽培、选育及利用中，分化出各自不同、各具特色的品种。初步统计表明，在100种以上的栽培品种及野生种质资源(即不同的基因型)中，藕莲占2/3。在藕莲中，有肉质嫩脆、味甜、适于生食的品种，如广州海岸洲藕、杭州白花藕等；有肉质细腻、淀粉含量高、适于熟食的品种，如广西贵县莲藕、苏州慢荷等；有淀粉含量很高，适于加工制粉的品种，如武汉州藕、金华塘藕等。子莲由于分布范围较为狭窄，品种资源相对较少。2005年，王其超和张行言所著《中国荷花品种图志》中的荷花品种分类新系统按观赏植物“二元分法”原则，将荷花共分为3系6群16类48型，暂包括608个品种。

我国作为慈姑的原产地，种质资源非常丰富，由于栽培历史长、栽培区域较广，加上各区域的气候、土壤等环境条件的差异，形成了数十个慈姑品种。现有栽培种按照球茎形态可分为两类：①球茎表皮淡白色或淡黄白色，卵圆形或扁圆形，肉质松脆、微甜，如苏州黄慈姑，分布较广，长江以南各省区均有栽培；②球茎表皮青紫色，圆球形，肉质致密，微有苦味，如宝应紫圆慈姑，主要分布在长江两岸及淮河以南。我国主要的慈姑品种包括宝应紫圆慈姑、苏州黄慈姑、沈荡慈姑、沙姑、白肉慈姑、南昌慈姑、北京本慈姑、高淳红皮等。

菱在植物分类学上有四角菱和两角菱2个种，在我国均有栽培和野生。在长期的栽培、选育中，四角菱分化出无角类型。因此，在栽培学上将菱分为四角菱、两角菱和无角菱三类，其中，四角菱的品种最多。四角菱的品种按照适应的水深，又分为深水型和浅水型两种生态型。深水型四角菱适应水深2~4米，包括小白菱、元宝菱、大青菱、畅角菱等品种；浅水型四角菱适应水深0.5~2米，包括水红菱、邵伯菱等品种。两角菱类包括胭脂菱、扒菱等品种。无角菱类包括南湖菱等品种。

荸荠品种资源较多。品种间植株地上部分形态相似，差别在于地下球茎的色泽、形态。球茎皮色以红色为基本色泽，分为深红色、红褐色、棕红色、红黑色；球茎外部形态有球茎顶芽的尖、钝之分。我国主要的优良荸荠品种包括苏荠(原产于苏州)、界荠(原产江苏高邮、盐城)、余杭荠(原产浙江余杭)、广州水马荠(原产广州市郊区)、桂林马蹄(原产广西桂林市郊区)、孝感荸荠(原产湖北孝感)、虹桥荸荠(原产浙江乐清县)。

茭白栽培历史悠久，各省市引种栽培广泛，故地方品种较多。按照孕茭季节可分为一熟茭(单季茭，如原产杭州的一点红和象牙茭；原产江苏常熟的寒头茭；原产广州的大苗茭和软尾茭；原产江苏丹阳的蒋墅茭)、两熟茭(双季茭，如原产江苏苏州的蜡台茭和两头早；原产江苏无锡的广益茭和刘潭茭)；依孕茭对温度的需求可分为高温孕茭和低温孕茭；按照肉质茎形态分为梭子型茭和蜡台型茭。此外，在华东、华南、华中和西南地区，还有许多富有特色的地方品种，如四川鹅笋、云南绿壳茭瓜、贵州高笋、湖北蓼子茭、湖南麦壳茭、江西萍乡茭笋、福建长汀秃笋等。

芡实的种质资源较少，芡属植物仅芡实1种，分为刺芡和苏芡2个变种。刺芡在南方各地浅水湖沼中都有分布，有野生及栽培。苏芡为栽培变种，植株个体大，有紫花苏芡、白花苏芡2个栽培变种。

我国的水芋品种多样，主要有重庆绿秆芋、宜昌白荷芋、宜昌红荷芋、长沙乌荷芋、宁波光芋、南平金沙芋、无为水芋等。

我国各省份的农民在历代栽培、选育中创造出了众多的水芹品种，这些品种区域性较强。按照小叶形态可分为两类，即圆叶和尖叶，前者包括无锡玉祁水芹、常熟白种水芹等；后者包括扬州长白水芹、庐江高梗水芹等。

我国水蕹菜的地方品种较多，目前在国内栽培较广的地方品种主要有原产广州的白壳(薄壳)、青壳(大骨青)、青中白壳(大鸡白)；主产于重庆万州、江津、梁平、合川等地的四川大叶藤；主产于广西桂平、玉林、北流等地的博白小叶尖；主产于广西柳州的柳州白皮蕹；原产江西南昌三江镇的三江水蕹菜；以及原产江西吉安的吉安大叶蕹，等等。

(三)水生蔬菜种植及产业发展措施

1. 水生蔬菜的种植历史

中国是世界上对水生蔬菜作物采集利用最早、驯化栽培历史最悠久的国家，最少已有2500多年的栽培历史。1973年，我国考古工作者在河南省郑州市郊区大河村发掘的新石器时代仰韶文化遗址中，发现有炭化的粮食和莲子混在一起，测定表明，距今已有5000年。在浙江省余姚市发掘的河姆渡文化遗址中，发现莲、菱和蒲菜等水生植物的花粉化石，经测定，距今有7000年。由此可见，在上古时代，我国黄河和长江中、下游地区，已有水生蔬菜植物的生长和分布。

莲属于睡莲科，是一种古老的被子植物，我国是其起源中心之一。《诗经》“郑风”与“陈风”篇均有颂荷的诗句：“山有扶苏，隰有荷华”“彼泽之陂，有蒲与荷”。郑、陈就是现在黄河和长江中下游地区，包括陕西、河南、安徽等省；荷和荷华都是莲的别名，表明当时莲在中国分布已比较广泛。莲栽培技术的系统记载最早见于公元6世纪的《齐民要术》，其中的“种藕法”和“种莲子法”分别记有“春初掘藕根节，头着鱼池泥中种之，当年即有莲花”，表明栽培技术已达到较高水平。16世纪明代李时珍撰写的《本草纲目》中记有“大抵野生及红花者，莲籽多而藕劣；种植白花者，莲籽少而藕佳；其花白者香，红者艳，千叶(重瓣)者不结实；别有合欢并蒂者；有夜舒荷，夜布昼卷”，表明经过长期栽培和定向选育，当时在莲中已分化出藕莲、子莲和花莲三大类型。

茭白原产于中国，我国古代称菰的颖果为菰米、雕胡、雁膳、雕菰、王子米等，是我国最早的水生谷类作物之一。早期关于菰米的文献记载始于周朝，《周礼》将菰列为六谷之一，作为贡米供帝王食用。中国古代唐宋时期，在文人诗作中常见吟咏雕胡菰米美味的诗句，如李白在《宿五松山媪家》中的“跪进雕胡饭，月光明素盘”。茭白一名最早见于宋代的《图经本草》。《本草纲目》记载“春日生白茅如笋，即菰菜也”。13世纪(元代)有人提出，逐年移栽，所生长出的茭白不变黑。宋代以前的茭白都是一熟茭，咸淳四年(1268年)江苏《毗陵志》首次记载了常州地区的两熟茭：“茭白……春亦生笋，其大者如小儿臂”。

菱原产于我国，史籍中有水栗、沙角等别名，早在先秦时期就被作为珍贵的食品。《礼记·内则》中将菱与鹿脯、桃、枣等相提并论。公元6世纪后，南北朝时期贾思勰所写《齐民要术》已提到菱的栽培方法。公元1270年，元代颁布的《农桑之制》中将菱列为预防灾荒的重要作物。公元14世纪《王祯农书》中对菱的栽培技术有了详细的描述。公元1730年，清代编纂的《江南通府省志》中记载：“江宁大板红菱入口如冰雪，不待咀嚼而化”，表明当时菱的栽培产品已达到很高的水平。

慈姑原产中国，古代有藉姑、白地栗等别名。唐代以前就开始了慈姑的人工栽培。公元6世纪南北朝时梁人陶弘景《名医别录》最早记述了慈姑的生长习性及食药用价值。唐代诗人白居易《履道池上作》首次采用慈姑名称：“渠荒新叶长慈姑”。宋代学者苏颂曾对慈姑的生长习性作过形象的描绘。这些都表明中国栽培慈姑的历史至少已有1000多年。

芡实原产中国，《神农本草经》中称为鸡头、雁喙。公元前3世纪《周礼》中就有“加笾之实，菱芡栗脯”的记载，表明当时已将芡实采集和利用。明代的《吴邑志》有关于“苏州芡实”栽培的详细记载。

荸荠原产我国，古籍中有芍、乌芋、地栗等名称。宋代《物类相感志》《本草衍义》始见对荸荠一名的应用。到公元6世纪后，贾思勰著《齐民要术》中已有关于荸荠栽培方法的记述。1502年明代邝璠编撰出版的《便民图纂》，对荸荠栽培技术有较为系统的记载：“正月留种，种取大而正者，待芽生，埋泥缸内。二三月间，复移水田中，至茂盛，于小暑前分种，每棵离尺五许，冬至前后收起之。耘耥与种稻同，豆饼或粪皆可壅”，其中对荸荠的选留种荠、育苗、移栽、栽植密度、田间管理、施肥和采收等均作了相关记述，至今仍具有参考价值。

水芹在先秦文献中就已提及，如公元前6世纪《诗经》中就有“思乐泮水，薄采其芹”的记载，表明当时已有野生水芹的采集和食用。公元前3世纪的《吕氏春秋》中，还称“菜之美者，有云梦芹”。“云梦泽”即今湖北、湖南境内众多湖泊的统称，可见当时在这一地区人们已将野生水芹进行驯化栽培。

2. 水生蔬菜的生产区域及分布

水生蔬菜的生长大多需要气候温暖、雨量充沛，因此水生蔬菜的分布大部分在热带和亚热带水网地区，即在东经102°33′~120°54′、北纬21°55′~34°39′的广大区域内，包括淮河、长江、钱塘江、闽江、珠江、澜沧江、红水河等江河流域，主要分布在沿长江流域及其以南各省市，以江苏、上海、安徽、湖北、江西、浙江、湖南等省市居多，其中在洞庭湖、鄱阳湖、太湖、巢湖、洪泽湖等大湖周边尤为集中。而淮河以北，则主要在气候较为温和、水源较为充足的地区有种植。

我国以藕和慈姑、荸荠分布最广。莲藕在我国分布极广，北至辽宁，南至海南，各省市均有栽培，以长江流域为主。湖北、江苏、安徽、湖南、福建、江西等省种植面积大。菱角广布于我国南北方，以江苏省苏州、无锡，浙江省嘉兴、杭州、湖州，安徽省巢湖，湖北省孝感、嘉鱼等地种植面积最大。茭白在我国分布较广，北至北京、南至广东均有栽培，主要分布集中在江苏、浙江、上海一带，其次沿长江流域各省市，广东、福建、台湾亦有一定栽培面积。以太湖流域栽培历史最久，品种最多。水芹主要分布在长江流域及以南各省市，尤以江苏、安徽、湖北、浙江、云南、贵州和广东等种植较多。慈姑原产中国，栽培区域主要分布在长江流域及其以南各省，尤以太湖流域及珠江三角洲最多。莼菜商品产区除苏州、杭州外，还包括湖北利川市福宝山、重庆石柱县黄水镇、四川省雷波县马湖地区，以太湖莼菜面积最大。芡实全国各地广泛分布，从黑龙江到海南均有分布。荸荠在南方地区广泛栽培，以长江流域为主。蒲菜在我国分布极广，多为野生、半野生状态。较为著名的人工栽培的有山东省济南市和江苏省淮安市的蒲菜。豆瓣菜在华南地区种植较普遍，并有向长江流域和西南地区发展的趋势。水蕹菜分布在我国中部和南部，适宜在我国南方炎热多雨地区生长，是南方夏秋生产的重要绿叶蔬菜。以华南各省种植最多，近年有向北方发展的趋势。海菜花原产云南、贵州，四川、广东、广西、海南亦有分布，为中国特有植物，曾经广泛分布于我国西南、华南诸省。特别是在广西西南部高原台地的河溪与云南高原湖泊中能形成稳定的沉水植物群落。但20世纪60年代以来由于水体污染及其他因子影响，海菜花分布面积日渐缩小。

目前，我国水生蔬菜种植面积尚不足300万公顷，其中近一半处于粗放的半栽培状态。通过近年来的努力建设，在全国已经建成了一批水生蔬菜生产基地，包括广西灵山县蕹菜种植基地、河南省新郑市沙地节水莲藕生产基地、江苏省苏州市吴中区水芹基地、云南省建水县建水草芽(香蒲科植物的地下匍匐茎)基地，等等。湖北省武汉市各区有种植和消费莲藕的传统，种植面积达2万公顷。上海市以青浦区为主，发展水生蔬菜已近0.5万公顷，经济效益显著。福建、江西、湖南等省大量种植子莲，生产莲子出口或内销。近年来，珠江三角洲一带发展种植茭白等水生蔬菜，利用其气候温暖的特点，加上部分设施栽培，茭白早春即可采收上市。湖北省孝感市大力发展莲藕种植，并利用塑料薄膜覆盖栽培莲藕，以提早上市。江苏省金湖县利用丰富的水面资源，大力发展莲藕、茭白、菱角、芡实等水生蔬菜，并发展乡村湿地生态旅游，为当地农民致富和农业产业化经营奠定了基础。

3. 水生蔬菜栽培技术

(1)栽培方式：

①露地栽培。露地栽培是水生蔬菜的主要栽培方式，茭白、莲藕、慈姑、荸荠、芡实、菱等多为露地栽培。但某些种类，如慈姑、芡实、菱等的苗期或生长早期采用温床或塑料棚内播种育苗，以促进幼苗生长。

②设施栽培。通过筛选应用水生蔬菜设施早熟品种，在水位可控的低洼湿地发展设施农业，大力发展莲藕、茭白等水生蔬菜设施栽培。如芡实在早春实行大棚栽培，增加种植茬次、增加产量、提前上市，从而提高单位面积种植效益，促进农民增收。设施栽培的配套技术包括适宜水生蔬菜种植的设施优化(耐水湿、耐腐蚀的材料选择及处理，提出适合低湿地区水生蔬菜生产的大棚构型)、设施浅水栽培条件下的灌水及施肥等配套管理新技术等。

(2)栽培模式。近年来，水生蔬菜已经形成了一套特色栽培模式，通过巧妙利用不同种类农作物的生长发育时间差进行组合搭配，实行水旱轮作，促进土壤理化特性的修复，既节约用地，又可提高作物产量，开辟了一条发展水生蔬菜的良好途径。

①莲藕晚稻早生蔬菜模式。属于藕田换茬模式。第一茬：莲藕。该模式中，莲藕采用早熟栽培技术，包括选用早熟品种，加大用种量、增加密度、提早定植、采用设施以及及时采收上市等措施。一般7月上中旬藕采收完毕。第二茬：晚稻。7月中下旬栽晚稻，10月中下旬收割。第三茬：早生蔬菜。晚稻收割后，再种一季早生蔬菜。早生蔬菜大田播种或定植，至采收完毕的时期宜在10月下旬至翌年4月上中旬，以不影响第二年的莲藕定植为前提。适宜的早生蔬菜种类有春萝卜、小白菜、芹菜、菠菜等。

②水生蔬菜轮作模式。利用不同水生蔬菜的生长习性和季节需求，在第一茬莲藕采收后，接茬种植水生蔬菜，如慈姑、水芹、豆瓣菜及水蕹菜等，实行水生蔬菜轮作，充分发挥土地的综合效益。

③水生蔬菜鱼(家禽)种养结合模式。养殖和种植有机结合的模式，在塘中养鱼，塘水面上种水生蔬菜。养殖种类包括黄鳝(*Monopterus albus*)、泥鳅(*Misgurnus anguillicaudatus*)、鲫鱼(*Carassius auratus*)、鲤鱼(*Cyprinus carpio*)、鲶鱼(*Silurus asotus*)等；水生蔬菜包括茭白、莲藕等。在茭白田、莲藕塘养鱼、养鳝等，进行茭、鱼、鸭、田螺等立体混合种养技术，实施鱼菜共生技术，增加单位面积产出效益，并获得多功能生态效益。

4. 食用湿地植物产业发展对策

(1)广泛收集种质资源，加强新品种培育。水生蔬菜大多是无性繁殖作物，品种的变异概率较有性繁殖作物低，因此特色品种较少。目前，各省市水生蔬菜生产用种大多数是农家品种，或是异地引种。应广泛搜集种质资源，开展水生蔬菜遗传多样性及重要性状的遗传学研究，培育符合市场需要的新品种。

(2)建立食用湿地植物种苗繁育体系。在有条件的省市及地区开展食用湿地植物示范种植，建立种苗繁殖基地，扩大种植面积。依托大专院校和科研机构，建立食用湿地植物品种引进示范种苗繁育中心，引进示范、繁育适合各省市的莲、茭白、菱、芡实、水芋、水芹、豆瓣菜等水生蔬菜和水生作物品种。

(3)探索科学的栽培采收模式。水生蔬菜往往采收较为困难、费工，生产人力成本普遍较高，使得多年来水生蔬菜种植面积一直难以扩大，传统种植区域水质污染较严重，制约了产业的发展。因此，应从各省市实际出发，鼓励企业走出去，在环境条件良好、人力成本较低的地区，探索合适的栽培模式和开展设施栽培，实现产业的稳步发展。

(4)发展食用湿地植物特色生产基地。利用沿河湖地区低洼易涝的湖沼湿地以及采煤塌陷区湿地，发展食用湿地植物，着重发展抗性强、有生产前景的水生蔬菜优势品种，如芡实、红菱(*Trapa bicornis*)、子莲、水芹等水生蔬菜，既美化生态环境，净化水质，又能稳定生产、增加收入。应不断研发及引进国内优新品种，不断研究栽培新技术，建立芡实、池藕种苗繁育基地，红菱、芡实和浅水藕生产基地，茭白生产基地，子莲生产基地等各类生产示范基地。

(5)打造品牌，拓展销售渠道。开拓新的市场，成立专业公司或合作经济组织，申报无公害农产品或绿色食品，积极推行"公司(或协会)+基地+农户"的形式，由农户生产，公司或协会收购统一销售，将产品重点推销到大中城市，以提高销售价格，提升产品市场影响力。

(6)扶持加工企业，以加工带动生产。大力扶持加工企业，开拓国内和国外市场，发展芡茎速冻，开发藕粉、芡实冲剂等深加工产品，建立稳定的生产原料基地，以订单保护价收购农民的产品，让农民得到稳定的收益，企业与农户形成稳定的利益共同体，达到农户和企业双赢。

三、药用型湿地植物种植利用

(一)药用湿地植物概述

很多湿地植物不仅蛋白质和淀粉含量高，具有较高的食用价值，而且含有丰富、特殊的生物活性物质及有效药理成分，而成为具有治疗和保健作用的药用型湿地植物。根据《第二次全国湿地资源调查报告》和《中华本草》《中药大辞典》及《中国海洋湖沼药物学》等记载，目前，药用湿地植物约有262种。常用的药用湿地植物如泽泻(*Alisma orientalis*)、三棱(*Sparganium stoloniferum*)、香蒲、鱼腥草(*Houttuynia cordata*)、石菖蒲(*Acorus tatarinowii*)、芡实、莲等。

随着经济社会的快速发展，环境污染加剧，湿地生态环境正在遭受破坏，药用湿地植物种类和数量在减少的同时，其药材品质的有效性正在受到影响。

(二)不同类型药用湿地植物及其利用

1. 药用湿地植物的价值和特点

药用湿地植物中的泽泻、三棱、芡实、蒲黄(香蒲属植物的花粉)、香附(*Cyperus rotundus.*)、莲心等等，其主要功效为清热、解毒、止血、利尿、明目、活血止痛、止咳、化痰、平喘、固肾涩精、补脾健胃等功效，临床上广泛用于心脑血管疾病、妇科疾病、呼吸系统疾病、肝肾疾病、癌症等的预防与治疗。药用湿地植物的大部分种类是药食两用，如芡实、莲、菱、慈姑、鱼腥草等；泽泻的花茎、芡实的茎也可食用。以药用湿地植物为主要原料的各种食品、保健品很多，如速溶红枣莲子藕粉、茯苓芡实糕等。

2. 药用湿地植物的类型及利用

我国药用湿地植物资源丰富。目前，约有药用湿地植物262种，其中被子植物62科248种，涉及双子叶植物42科178种，单子叶植物20科70种；裸子植物1科1种；蕨类植物9科13种。

按其功效可分为10类：解表药[如满江红、鱼腥草、三白草(*Saururus chinensis*)等]、清热药[如问荆(*Equisetum arvense*)、节节草(*Equisetum ramosissimum*)、四叶苹(*Marsilea quadrifolia*)、槐叶苹(*Salvinia natans*)、小叶眼子菜(*Potamogeton cristatus*)、眼子菜、矮慈姑、水鳖、苦草等]、祛暑药[如猫爪草(*Ranunculus ternatus*)、石荠苎(*Mosla scabra*)]、祛风湿药(如水蓼、红蓼等)、利水渗湿药[如喜旱莲子草、泽漆、沼生水马齿(*Callitriche palustris*)、泽泻、薏苡等]、开窍药(菖蒲、石菖蒲等)、止咳化痰药(如慈姑等)、理气药(如香附子等)、理血药[如水蕨、齿果酸模、鳢肠(*Eclipta prostrata*)、水烛等]、补益药(如莲、野菱等)、收敛药(如芡实等)。

按照入药部位，则可分为全草入药类湿地植物、根茎类药用湿地植物、叶类药用湿地植物、果实及种子类药用湿地植物、花粉类药用湿地植物、木本药用湿地植物六大类。本书按照药用湿地植物入药部位，进行我国药用湿地植物种植利用的分析。

(1)全草入药类湿地植物：全草入药类湿地植物是指整个植株都可入药的湿地植物，如三白草科的蕺菜(*Houttuynia cordata*)、毛茛科的石龙芮(*Ranunculus sceleratus*)、莎草科的水蜈蚣(*Kyllinga polyphylla*)等。全草入药的湿地植物包括可入药的沉水植物、漂浮植物、浮叶植物、小型挺水植物及湿生植物。全草入药的中药材应在植株生长最旺盛而将要开花前采收，如薄荷、泽兰等。但也有部分品种以开花后秋季采收，其有效成分含量最高。

(2)根茎类药用湿地植物：根茎类药用湿地植物是指用植物的根茎入药的湿地植物，如睡莲科的萍蓬草和睡莲、旋花科的蕹菜、泽泻科的泽泻和矮慈姑、水鳖科的黑藻(*Hydrilla verticillata*)、禾本科的茭白等。

(3)叶类药用湿地植物：叶类药用湿地植物是指用植物的叶子入药的湿地植物，如蓼科的齿果酸模、泽泻科的慈姑等。

(4)果实及种子类药用湿地植物：果实及种子类药用湿地植物是指用植物的果实及种子入药的湿地植物，如睡莲科的芡实、菱科的菱和野菱、爵床科的水蓑衣(*Hygrophila salicifolia*)等。

(5)花粉类药用湿地植物：花粉类药用湿地植物是指用植物的花粉入药的湿地植物，如香蒲科的狭叶香蒲(*Typha angustifolia*)、长苞香蒲(*Typha domingensis*)等。

(6)木本药用湿地植物：木本药用湿地植物是指药用湿地植物中的木本植物，如民间药用的红树植物正红树、红海榄、木榄、海莲、秋茄、角果木、海漆、老鼠簕 (*Acanthus ilicifolius*)、小花老鼠簕(*Acanthus ebracteatus*)、银叶树(*Heritiera littoralis*)、海杧果(*Cerbera manghas*)、黄槿(*Hibiscus tiliaceus*)和海桑等。

(三)药用湿地植物的种植及产业发展措施

1. 药用湿地植物的利用现状

现在，药用湿地植物资源生产主要是野生和栽培两种方法。市场需求量大，可作为中成药原料或药食两用的药用湿地植物，目前以人工栽培为主，其中有些品种已建立了 GPA 基地。如泽泻，在江西、四川、福建、广西、广东等省有大量栽培，在四川栽培的为泽泻，在福建、江西栽培的为东方泽泻。江西广昌自清道光年间开始种植，已有 200 多年历史，现在广昌县是全国最大的泽泻生产基地。全县泽泻种植面积近 1 万亩，种植农户达 4600 余户，单产由 2007 年的 120 公斤/亩提高到 2012 年的 187.5 公斤/亩，年产量达 300 多万公斤，已成为江西省最大的泽泻生产基地。广昌县在 2008 年引导农民成立了泽泻生产农民专业合作社，推进泽泻产业向规模化、组织化、专业化、科技化发展，采取“公司 + 合作社(基地) + 农户”等形式，逐步形成了泽泻种植、收购、加工、销售为一体的产业链，与江西汇仁集团、福建三爱药业、广东三九药业等多家企业建立了稳定的合作关系。同时，广昌县加强与科研机构的联系与合作，对泽泻进行提纯复壮，提升产品质量，并积极实施国家级农业标准化示范区项目，全面推广泽泻标准化种植，有力地推动了广昌泽泻产业的转型升级。至 2012 年，广昌泽泻种植被确定为国家级标准示范区，获国家标准化管理委员会授予的泽泻农业综合生产“国家农业标准化示范区”称号。2012 年，广昌泽泻通过了“国家农产品地理标志登记保护”，从而进一步提升了广昌泽泻的知名度。泽泻在福建省建瓯市吉阳种植已有几百年历史，历代名医极力推荐使用建瓯泽泻，明代李时珍所著《本草纲目》中把“建泽泻”列为正品，而在“建泽泻”中又以建瓯吉阳产的泽泻最佳。2001 年 9 月，福建省科技厅将“建泽泻”列为福建省地道药材 GPA 研究首个重点品种，在建瓯市吉阳镇“建泽泻”传统种植区内建立了泽泻 GPA 生产基地。

鱼腥草在四川省、贵州省、云南省、重庆市、湖南省的栽培面积很大，在四川省雅安市建立了鱼腥草 GPA 基地。1999 年 7 月，四川省药监局将雅安三九药业有限公司的鱼腥草基地列入首批 GPA 试点，该公司按照 GPA 要求建立了鱼腥草 GPA 基地，鱼腥草基地规模达 5000 余亩；自 1998 年起，持续向雅安三九药业供应鱼腥草产品，基地农户的平均产值达 3800 元/亩左右，比种植粮油作物平均纯收入高1200元/亩左右。雅安三九中药材科技产业化有限公司和四川农业大学共同推出了《鱼腥草生产标准操作规程》，对鱼腥草的形态特征、栽培的适宜区域及环境要求、生产管理、采收、外观品质、主要指标性成分含量、农药残留、重金属含量以及运输等进行了相关规定。

此外，莲、芡实、黑三棱、菱等有大面积的栽培。但是，目前大部分药用湿地植物资源仍然以野生采收为主。

虽然我国的药用湿地植物资源种类较多，但对药用湿地植物的认识和利用是开始于食用，如鱼腥草、水香薷(*Elsholtzia kachinensis*)、水蕨菜(*Ceratopteris thalictroides*)、水芹等。大量的采食导致资源数量急剧减少；对那些药用功效明确的种类，民间过度采集，也使其生长没有足够的恢复期，而更多的药用湿地植物却由于没有得到足够的认识和重视，在原生环境中自生自灭，没有得到有效利用，造成资源浪费。加上近年来全球变化导致的极端灾害天气频发，如洪涝、干旱，以及水环境污染等人为干扰，使药用湿地植物的栖息环境逐渐缩小，其生境受到破坏，对资源造成了极大威胁。

2. 药用湿地植物产业发展对策

(1)加强资源保护与引种栽培。必须协调好药用湿地植物资源的开发利用与资源保护再生，任何一种药用湿地植物资源，如果要得到可持续的开发利用，就必须加强保护和促进资源再生。任何一种药用湿地植物，只有在具有足够资源数量的基础上，才能保证可持续开发利用。

药用湿地植物资源的不合理利用以及环境变化的不利影响，导致资源急剧减少，已引起全球范围的普遍关注。对每一种药用湿地植物种质资源必须予以高度重视，尽快启动种质资源保藏政策。种质资源一旦消失，就很难再生，因此加快建设药用湿地植物基因库和种子库，是当前药用湿地植物资源保护的重要前提。但是由于认识不到位以及资金缺乏等原因，药用湿地植物种质资源保护成为当今我国药用湿地植物资源开发利用中的一个薄弱环节。

对药用湿地植物种质资源的保存，除了强调种质资源保护区的建立，加强原生境保护外，要原地保存和易地保存并重，加强对重要药用湿地植物进行引种栽培，加快建设植物园中的药用湿地植物资源基地，根据不同区域的湿地植物资源特点和自然环境状况，分期分批建立一批湿地中药材生产基地和良种繁育基地。

对重要药用湿地植物进行重点引种和栽培研究，以进一步扩大其数量和提高其质量。在药用湿地植物栽培方面，泽泻、鱼腥草等取得了很好的成果。药用湿地植物资源开发利用中，愈来愈要求产品的高质量，特别是中药走向国际市场，严格要求药材合格和低浓度的农药残留量，这方面的工作还需要进一步加强。

(2)发挥资源优势，扩大栽培范围和面积，加强综合利用。对常规应用量较大的药用湿地植物，如鱼腥草、莲、菖蒲、慈姑、泽泻等，应发挥资源优势，扩大栽培范围和面积，扩大资源蕴藏量。对于目前开发利用比较好，且兼有药用、食用、造纸、编织用途的种类，如芡、莲、香蒲、芦苇等，应发挥资源优势，保护资源，提高产量，实现资源的持续利用。一些药用湿地植物资源开发利用不当导致资源浪费，如泽泻茎、叶，芡实的根茎、茎、叶，黑三棱的叶，莲的茎、叶等生物量均很大，但未能得到有效的开发与利用，必须加强其综合利用。健全管理机构和资源开发政策，制定药用湿地植物资源开发利用与保护规划。加强多学科协作，对药用湿地植物进行全面分析研究，多方位、多层次综合开发利用。

(3)加强规范化生产，建立GPA基地。目前，开展药用湿地植物药材生产规范性研究的品种还较少，仅有泽泻、鱼腥草药材的生产有GPA基地(GPA是指《中药材生产质量管理规范》，是将传统中药的优秀特色与现代科学技术相结合，按国际认可的标准规范进行研究、开发、生产和管理)，难以适应中药业发展的需要。现在，全国有几十家生产鱼腥草注射液的企业，但现有的GPA基地生产能力完全不能满足市场对鱼腥草原料药材的需求；此外，鱼腥草注射液严重不良反应时有发生，这与原料药材质量不无关系。如果没有稳定的药用湿地植物原料药材质量，就难以保证药用湿地植物制剂质量的安全和稳定。因此，随着对药品质量要求的不断提高，以及我们面临的湿地资源退化、水污染加剧的现实，开展药用湿地植物药材的规范化生产非常重要和迫切，必须加快推进黑三棱、芡实、石菖蒲、香蒲等一批药用湿地植物资源的GPA基地建设。

(4)开展药用湿地植物资源调查和动态监测。加强药用湿地植物资源调查和整理，摸清资源家底，包括药用湿地植物种类、分布、生态状况、蕴藏量、生产及利用情况和传统使用经验等。对分布广、贮藏量较大、还没有作为药材大力开发利用的湿地植物种类，如水蜈蚣、水蓼、两栖蓼、眼子菜、水葱、鸭舌草(*Monochoria vaginalis*)、雨久花(*Monochoria korsakowii*)、水马齿(*Callitriche stagnalis*)等，要加大调查研究的力度，特别是对其种类、分布、有效成分、种群关系等的调查研究，为合理开发利用提供基础资料和科学依据，不能让这些对人类有益的植物资源白白浪费、自生自灭。目前，因湿地环境的变化较大，全球变化导致的极端灾害天气频发，如洪涝、干旱等，加上水环境污染，使药用湿地植物的生存环境受到极大威胁，从而导致湿地植物种群、数量变化，并进一步影响到药用湿地植物药材的数量和质量。因此，利用现代先进的资源动态监测技术，开展药用湿地植物资源调查和动态监测十分重要。

(5)加强药用湿地植物资源的研究。由于我国对药用湿地资源研究的重视不够，基础研究薄弱，资源采集、监测困难，尚有很多科学问题没有解决。要加强研究药用湿地植物资源与时空间的联系，研究并了解药用湿地植物资源再生和更新的规律和生态条件，研究并了解各种药用湿地植物最适宜的自然综合环境。在此基础上，结合生产需要，完成全国药用湿地植物自然区划工作，做到有计划地发展优质高产的药用湿地植物资源。重视研究药用湿地植物的科属、成分及疗效之间的联系和规律，应用现代科技手段，分析和归纳传统疗效和现在科学研究大量资料所存在的内在联系，用于指导今后的新药寻找、资源利用和质量控制。尤其是要加快开展水环境变化对湿地植物药材品质形成的影响研究。随着经济社会的发展，全球气候变化导致洪涝和干旱等极端灾害天气频发日益加剧，以水污染为主的水环境变化越来越明显，这种巨大的人为干扰对药用湿地植物资源的影响是空前的，必须加强对其种群、群落、重要药用湿地植物、珍稀药用湿地植物品质的影响研究。

四、环保型湿地植物种植利用

(一)环保型湿地植物概述

湿地被誉为“地球之肾”，是因为湿地系统中的湿地植物对污染的净化作用。近年来，对水环境污染的治理越来越多地应用湿地技术，那些具有较强污染净化能力的湿地植物越来越受到环保专家和相关管理部门的关注，环保型湿地植物的需求越来越大。

环保型湿地植物是指具有污染净化能力的湿地植物，这些植物包括能够对污染物进行吸附、降解、转移的挺水植物、浮叶植物、漂浮植物、沉水植物。因此，这些湿地植物大量用于污水处理的人工湿地建设、河流水环境综合治理、湖泊生态修复、城市水景的环境净化，甚至用于城市雨洪控制中雨水花园建设。近年来，国际上倡导的水敏性城市设计（Water Sensitive Urban Design，WSUD）中，大量运用具有污染净化能力、同时具有景观美化效果的湿地植物。

湿地植物对污染具有较强的净化作用，其机理主要表现在以下方面：

（1）湿地植物的吸收净化功能。植物在生长过程中需要氮、磷等植物营养元素，植物通过根、茎、叶吸收湿地沉积物和水体中的营养盐。通过同化作用，进行形态建成，形成自身的组织。然后通过人类收割利用，将营养物移出水体。湿地植物根系吸附、吸收和利用污水中的营养物质，因而在脱氮除磷方面发挥着重要的作用，并能富集重金属和一些有毒有害物质。

（2）微生物的协同净化作用。湿地植物对水体的净化机制主要表现在与微生物协同作用，促进硝化、反硝化作用。在以湿地植物为核心的污水处理系统中，微生物对各种有机污染物和氮分解去除起着重要的作用，系统中微生物数量与净化效果呈显著正相关性。湿地植物根周有大量的微生物群，湿地植物群落为微生物代谢提供了附着基质和栖息场所。湿地植物通过茎叶将氧气输送至根系供植物呼吸，消耗剩余的氧气就会直接释放到水中，在根区和远离根区的底泥中形成好氧和厌氧环境，促进了根区微生物的生长和繁殖，进而促进了对污染物质的降解。

（3）沉降、吸附和过滤，维持着稳定的湿地环境。植物在维持湿地环境方面发挥着重要作用，湿地植物的存在降低了水流速度，为悬浮物沉淀创造了良好条件，减少基质侵蚀和污染物再悬浮的风险，增加了水流和植物表面的接触时间。由于水生植物的生长及覆盖，改变了水体的物理环境，降低近水体表面风速，减小了水中的风浪扰动，有利于水体中悬浮物的沉积，降低沉积物再悬浮的可能性。当根死亡腐烂后，在根区留下的管形孔或沟，增加和稳定了湿地土壤的水力传导性，从而维持了稳定的湿地环境。根系表皮细胞新陈代谢死亡后，在微生物的作用下分解为腐殖质，它们对含各种基团的化合物具有很强的吸附力；当水流经时，水中的悬浮物质和有机碎屑会被根系粘附或吸附而沉降下来。

（二）不同类型污染净化湿地植物及其利用

1. 污染净化型挺水植物

（1）挺水植物在污染净化中的应用。挺水植物是指植物的根、根茎生长在水的底泥之中，茎、叶挺伸出水面；常分布于0～1.5米的浅水处，其中有的种类生长于潮湿的岸边。常见有芦苇、蒲草、荸荠、莲、水芹、茭白、香蒲等。

挺水植物对水体中氮、磷、化学需氧量（COD）、生化需氧量（BOD）有明显的去除效果。挺水植物通过根部可以直接从水层和底泥中吸收氮、磷，并通过同化作用转化为自身的组成物质，从而加快了水体中氮、磷等营养物质的去除。此外，挺水植物对水体污染的净化作用还表现在化感作用、与微生物协同作用等其他几个方面。作为一种争夺阳光、营养物质和生存空间的有效竞争手段，挺水植物释放化感物质到水体，以抑制浮游生物的生长。项俊等学者在黄淮海湿地系统调查的基础上，选取典型挺水植物菖蒲和香蒲，用0.1×Hoagland完全培养液进行种植，利用其种植水培养湿地典型水华藻类铜绿微囊藻和鱼腥藻，研究菖蒲和香蒲的种植水对铜绿微囊藻和鱼腥藻生长的影响，评价挺水植物对水华藻类的化感效应。结果表明，菖蒲种植水对铜绿微囊藻的抑制作用较强；而香蒲种植水对鱼腥藻的抑制作用较强；两种挺水植物的种植水都含有影响水华藻类生长的化感物质。从大型挺水植物芦苇中分离出了2-甲基乙酰乙酸乙酯(EMA)，这种化感物质对铜绿微囊藻和蛋白质小球藻有很强的抑制作用。

不同种类的挺水植物对氮和磷的去除能力存在明显的差异。菖蒲和水葱对氮的去除能力较强；花叶芦竹和水生美人蕉对磷的去除能力较强。黄花鸢尾、水生美人蕉和慈姑体内对氮磷的积累量较高，使水环境中氮、磷含量下降。廖新俤等利用风车草和香根草人工湿地来处理猪场废水，发现挺水植物风车草对废水中的氮和磷有净化效果。袁东海等研究了石菖蒲、灯心草人工湿地对生活污水中COD和TN的去除效果，表明石菖蒲人工湿地的净化效果最好，其次为灯心草人工湿地。利用宽叶香蒲(*Typha latifolia*)人工湿地生态系统来处理铅、锌矿废水，表明宽叶香蒲人工湿地生态系统对COD、固体悬浮物、铅、锌、铜和镉的去除率分别为92.19%、99.62%、93.98%、97.02%、96.87%和96.39%(阳承胜等，2000)。

王春景等学者研究了菰及它们的复合体系对富营养化水体的净化效果，表明菰和菖蒲在供试富营养化水体中均能正常生长，二者单独种植体系或等量混合种植体系对富营养化水体均有一定的净化能力。单独种植的菰和菖蒲及二者的混合种植体系对供试水体中总氮的去除率分别为92.8%、92.7%和94.9%；对氨氮的去除率分别为95.5%、97.4%和96.6%；对总磷的去除率分别为83.9%、94.3%和84.7%；对COD_{Cr}的去除率分别为83.0%、85.5%和86.7%。单独种植的菖蒲对总磷的去除效果明显好于单独种植的菰和二者的混合种植体系。

不同种类的挺水植物高度差别较大，因此，无论是自然界，还是人工湿地群落构建，不同高度的挺水植物形成了复杂的群落结构，增强了群落环境的异质性，为水生生物多样性提供了条件。挺水植物的根系及其地表系统为微生物和微型动物提供了附着基质和栖息场所，这些微型动物通过捕食浮游藻类，调控着藻类种群。

(2)用于污染净化的挺水植物种类。不同种类的挺水植物对污染物质的净化功能不一样。我国目前用于污染净化的挺水型植物约有40余种，主要集中于莎草科、香蒲科、禾本科、天南星科、灯心草科等。目前，常用于污染净化的主要挺水植物包括芦苇、香蒲、菖蒲、藨草(*Scirpus triqueter*)、灯心草、茭白等10余种。

2. 污染净化型浮叶植物

(1)浮叶植物在污染净化中的应用。浮叶植物是指叶片浮于水面，根部扎生于泥中的植物，又称浮叶根生植物，这更形象地描述了其生长特点，如睡莲等。浮叶植物种类较多，花色艳丽多变，历来受到人们的喜爱。浮叶植物通过具一定柔韧性的茎干将根部与叶片连接起来，其茎干长度通常大于水深，这是植物自然调节的好方法。在湖面受风浪等影响而产生水位变化的时候，就能使浮叶植物适应水位上升和下降的需要而上下浮动，并在这种水位经常变化的环境中生存下来。浮叶植物的叶片上表面暴露于空气中，而下表面则与水面接触。

浮叶植物具有净化水体、抑制藻类生长的功能。浮叶植物能从水中吸取多种营养物质和重金属元素，并向水体释放氧气，因此通过打捞的方式，捞取浮叶植物，有助于去除水体中的营养物质和重金属元素。对荇菜净化镉污水的研究发现，荇菜对镉有较强的耐受性和富集能力，表明利用荇菜净化镉污水效果较好。浮叶植物叶片浮生于水面，叶片下表面与水面接触，其幼叶会沉于水中，形成沉水叶(水下叶)，通过竞争养分、阴蔽水面，降低水体中的营养物浓度、降低水温，在一定程度上减少水面光照量，从而抑制藻类生长，控制“水华”现象的发生。包先明利用太湖五里湖污染底泥，在不破坏表层沉积物形态和结构的情况下，利用大口径采样器采集沉积物柱状样，研究浮叶植物荇菜在此底泥上适应性生长情况及其对水体以及沉积物中氮磷的影响。结果表明，荇菜生长使上覆水体中的氮、磷营养水平逐渐降低，藻类生长明显受到克制，水体透明度增加，水质逐渐改善。荇菜通过根系的吸收能够使内源沉积物中的养分水平降低，同时对于内源氮、磷的释放也有一定的抑制作用。恢复和重建以浮叶植物和沉水植物为主的水生植物系统是重建富营养化浅水湖泊生态系统的重要措施。大型浅水湖泊沉积物的再悬浮是湖泊生态系统的重要过程之一，是影响湖泊内源负荷的主要因子。将浮叶植物菱用于沉积物再悬浮的控制，通过测定浮叶植物菱生长区内外的沉积物再悬浮速率、沉积物总氮含量和水中总氮浓度，发现菱对沉积物的再悬浮有良好的抑制作用，降低湖水氮负荷。

(2)用于污染净化的浮叶植物种类。不同种类的浮叶植物对污染物质的净化功能不一样。我国目前用于污染净化的浮叶植物约有十余种，主要集中于睡莲科、龙胆科等。常用于污染净化的主要浮叶植物包括：睡莲、菱、萍蓬草、荇菜等。人们用菱、水蕹、睡莲、荇菜净化富营养化水体，并取得了良好效果。

3. 污染净化型漂浮植物

(1)漂浮植物在污染净化中的应用。漂浮植物又称自由漂浮植物(Free-floating plants)，是指不扎根于泥中，茎叶浮于水面，植株可以随风浪自由漂浮。这类植物的根通常不发达，体内具有发达的通气组织，或具有膨大的叶柄(气囊)，以保证与大气进行气体交换。漂浮植物种类较少，如凤眼莲、大漂、水鳖、满江红、槐叶苹等。它们能吸收水里的矿物质，同时又能遮蔽射入水中的阳光，所以也能够抑制水体中藻类的生长。

飘浮植物是浅水湖泊的初级生产者，与浮游植物之间存在光照和营养竞争作用。飘浮植物会分泌抑藻物质，抑制浮游植物的生长。漂浮植物对环境要求低，耐污染，能在氮磷水平较高的环境生长，特别是一些生长快速的漂浮植物如凤眼莲、浮萍等，被广泛用于治理污水或者被选用于治理富营养化水体，降低水体氮、磷水平，提高水体透明度，从而逐步恢复沉水植物及整个生态环境。不同的漂浮植物在特定的水质条件下对营养盐的去除差异很大。凤眼莲是公认的去除氮磷效果最佳的植物。

浮萍是一种很好的生物吸附剂，能够有效快速地吸附水中的重金属离子，对水体中 Pb、Mn、Cu 3 种重金属的吸附能力按强弱顺序为 $Pb^{2+} > Mn^{2+} > Cu^{2+}$。对紫萍、大漂和凤眼莲 3 种漂浮植物处理富营养化水体的试验表明，3 种漂浮植物对去除富营养化水体中的全 N 和全 P、增加水体中的溶解氧有明显效果，且能有效抑制藻类生长，处理效果大漂 > 凤眼莲 > 紫萍。大漂和凤眼莲均具有较强的环境适应能力，但大漂相对于凤眼莲，其生长繁殖较易控制。凤眼莲除了对富营养化水体有较好的净化作用外，由于其根系上的特征性微生物群，凤眼莲对有机酚的净化能力较强。粉绿狐尾藻(*Myriophyllum aquaticum*)常用来净化处理农村分散生活污水，以粉绿狐尾藻为主的漂浮植物对农村分散生活污水具有较好净化效果。黄花水龙(*Ludwigia peploide*)在富营养化水体中，对 NO_3-N、NH_4-N 去除效果好，去除率能够达到 85.0%、43.5%。此外，黄花水龙在提高水体透明度方面表现最佳。

(2)用于污染净化的漂浮植物种类。不同种类的漂浮植物对污染物质的净化功能不一样。我国目前用于污染净化的漂浮植物约有 10 余种，主要集中于浮萍科、雨久花科、水鳖科等。目前常用于污染净化的主要漂浮植物包括：凤眼莲、大藻、浮萍、紫萍、槐叶苹、满江红、黄花水龙、水鳖、喜旱莲子草(*Alternanthera philoxeroides*)等。

4. 污染净化型沉水植物

(1)沉水植物在污染净化中的应用。沉水植物(Subnergedp1ants)是指植物体全部位于水层下面，营固着生存的大型水生植物。它们的根有时不发达或退化，植物体的各部分都可吸收养料，通气组织特别发达，有利于在水中缺乏氧气的情况下进行气体交换。这类植物的叶大多为带状或丝状，如苦草、金鱼藻、狐尾藻(*Myriophyllum verticillatum*)、黑藻(*Hydrilla verticillata*)等。沉水植物在生长过程中会吸收水体中的营养物质，包括氮、磷等。针对富营养化的湖泊、湿地，可采用每年有计划地收割沉水植物的方式转移水体中过量的营养物质，对缓解水体富营养化起到积极作用。

利用沉水植物净化受污水体，对水域生态系统修复具有重要意义。沉水植物能够净化水质，保持水体美观及改善景观质量。通常我们把沉水植被形象地比喻为“水下森林”，在许多湖泊治理的目标中都提出“让水下长满森林”，其实就是指让沉水植被覆盖水底，让其发挥环境净化功能。沉水植物的茎叶能够吸附、固着和沉降水体中的悬浮物，根部固着底泥，能有效减少底泥的再悬浮，增加水体的透明度。沉水植物为降解微生物提供了良好的栖息场所，植物叶光合作用产生 O_2 可输送至根区，为根周微生物提供多氧环境，有利于微生物的好氧呼吸，从而加强了微生物的生物降解作用。

许多种类的沉水植物都是当地水域的优势物种，并且其根、叶蓄积重金属的能力很强。轮叶黑藻可以蓄积 Fe、Hg、Zn、Cu、Cr 等；金鱼藻、马来眼子菜(*Potamogeton malaianus*)、菹草、苦草可以很好地吸附重金属。

雷泽湘等发现在太湖，沉水植物对水体物理环境的改变作用显著。沉水植被能减缓风浪、固持底泥，有利于保持小颗粒底质的稳定性，增加碎屑的沉积量，提高水体的透明度，降低悬浮物和电导率，降低水体浑浊度。沉水植物通过自身的吸收等作用显著降低水体的营养盐浓度。沉水植物的根部可吸收湖底沉积物中的营养盐，又可通过茎叶吸收水中的营养盐，在营养盐竞争方面明显优于藻类，从而抑制藻类的生长繁殖。

沉水植物对水质和生物群落的影响，表明沉水植物能够对生态系统的稳定起到重要作用，是净化水质的重要因素；在水生生态系统中，合理配置沉水植物，能够促进水生生态系统的稳定和健康。徐留福发现，白洋淀的沉水植物密度为 140～180 克/平方米时，可以较好地保持生态系统的稳定性。

沉水植物菹草对富营养和重金属污染的滇池水体和底泥具有净化作用，吴玉树、余国营发现菹草对水体和底泥中的 N、P、Pb、Zn、Cu、As 等有较强的吸收、富集作用，吸收能力的大小与菹草生物量和群体的覆盖度有关，当菹草的覆盖度为 50% 时，生物量最大，净化效率也达到最大。陈愚等对京密运河白石桥运河段的四种沉水植物——红线草(*Potamogeton pectinatus*)、金鱼藻(*Ceratophyllum demersum*)、黑藻(*Hydrilla*)和菹草进行研究，结果显示沉水植物红线草对重金属镉有较强的抗性，可以吸附或直接吸收运河底泥中镉。陈国梁和林清对广西刁江流域几种常见沉水植物中 Cu、Pb、Cd、Zn 四种重金属元素进行分析，结果显示五种沉水植物对 Cu、Cd、Zn 重金属元素的富集能力顺序依次为：菹草 > 黑藻 > 狐尾藻 > 苦草 > 黄丝草(*Potamogeton maackianus*)，其中对铅的吸收积累能力最强的植物是黄丝草。谷魏等研究汞、镉、铜污染对鱼草细胞膜系统的毒害作用发现，3 种沉水植物菹草、鱼草和轮叶狐尾藻相比，鱼草对铜的抗性更强，能够吸收更多的铜。

沉水植物作为淡水水体中的主要初级生产者，在水生态系统中发挥了重要生态作用。在湖泊生态系统恢复、重建中，重建沉水植被至关重要。沉水植被恢复后，水体透明度增加，溶解氧提高，N、P 及浮游植物叶绿素 a 浓度明显降低，原生动物多样性显著增加。由于沉水植物对于淡水生态系统的重要生态服务功能，在水体修复工程中得到了越来越多的应用，在武汉东湖、云南滇池、洱海、惠州南湖、南京莫愁湖、江苏五里湖、太湖的环境综合整治中，恢复沉水植物，并建立以优化的沉水植物为基础的湖泊生态系统，在治理水体富营养化已经取得了显著成效。在上海世博园后滩湿地公园，专门修建了使用沉水植物去除重金属的功能净化区。

(2)用于污染净化的沉水植物种类。由于沉水植物具有非常强的净化水体能力，吸收降解营养盐类物质、浓缩富集重金属元素，其对水体的净化能力也越来越被人们发现并应用到实际污染治理中。不同种类的沉水植物对污染物质的净化功能不一样。我国目前用于污染净化的沉水植物约有 30 余种，主要集中于眼子菜科、水鳖科等。目前常用于污染净化的主要沉水植物包括：菹草、穗花狐尾藻(*Myriophyllum spicatum*)、粉绿狐尾藻、金鱼藻、轮叶黑藻、黑藻、苦草、伊乐藻(*Elodea canadensis*)、光叶眼子菜(*Potamogeton lucens*)、微齿眼子菜(*Potamogeton maackianus*)、马来眼子菜等 20 余个种类。

5. 污染净化型木本湿地植物

(1)木本湿地植物在污染净化中的应用。木本湿地植物是指生长在淡水、半咸水、咸水水体中和沼泽湿地的木本植物，包括灌木、乔木，在我国分布的森林沼泽、灌丛沼泽、红树林的木本植物种类都属于木本湿地植物。木本湿地植物根系强大，吸收营养物质能力强，常被用于湖泊、水库、河流水环境治理中。

(2)用于污染净化的木本湿地植物种类。不同种类的木本湿地植物对污染物质的净化功能不一样。我国目前用于污染净化的木本湿地植物约有 10 余种，主要集中于红树科、杨柳科、桑科等。目前常用于污染净化的主要木本湿地植物包括海桑(*Sonneratia caseolaris*)、无瓣海桑(*Sonneratia petala*)、桐花树、老鼠簕、秋茄、木榄、桑(*Morus alba*)、蒿柳(*Salix viminalis*)等。

(三)环保型湿地植物的利用措施

(1)在利用湿地植物净化污染时，重视物种间的合理搭配。为了增强湿地植物的污染物净化能力，在污染水体中通常选择一种或几种植物合理搭配栽种，但必须考虑到不同种类的植物之间存在的相互作用。首先必须考虑植物对光、热、水、营养物质等资源的竞争；其次是湿地植物释放化学物质的化感作用、相互影响，如香蒲、芦苇等存在这样的相互作用，研究发现宽叶香蒲、水葱、薹草(*Carex schmidtii*)等植物体腐烂产生的化感物质对芦苇生长、繁殖具有抑制作用。因此，在污染净化选择湿地植物时，一定要考虑植物之间的相互作用，合理搭配，既有利于稳定高效的群落结构的形成，也能发挥强大的污染物净化能力。

(2)在构建污染净化系统时，应综合考虑湿地植物的生态特征。在构建污染净化系统，尤其是在建设人工湿地系统时，必须综合考虑湿地植物的生活习性、适生范围、抗性、去污能力、生物量、景观效应等，从而能够保证湿地植物的正常生长和繁殖，增强及维持人工湿地系统的净化能力及稳定性。

(3)及时收获湿地植物，防止二次污染发生。多数湿地植物在冬季都会进入休眠状态或者枯萎死亡，若对其进行合理收割，不仅可以防止植物腐烂分解造成的二次污染，而且能够有效去除湿地系统中的氮、磷等营养物。大量的湿地植物收割后，不仅可以有效去除污染物质，而且还可作为能源植物加以利用。

(4)充分利用沉水植物的净化功能。选择不同的沉水植物及其组合来净化不同的受污染水体，通过控制沉水植物的种群数量来调控净化能力的大小。利用沉水植物对污水的净化具有很多优点，如成本低，能耗小，治理效果较好，对环境污染小，很少有废物和排放物产生，有利于资源化，有利于整体生态环境的改善。在目前环保投入有限的情况下，利用沉水植物对污染水体进行修复，无疑为我国的水环境修复提供了一个良好的途径，具有广阔的市场和应用前景。

(5)加强对眼子菜的利用。眼子菜科植物起源古老，化石最早见于第三纪始新世。眼子菜科仅有眼子菜一属，该属是水生单子叶植物中种类最为丰富的一个属，有百余种，广布世界各地，以温带和亚热带为多，在中国有 28 种和变种。常见沉水种类主要包括菹草、马来眼子菜、篦齿眼子菜(*Stuckenia pectinata*)、黄丝草等。眼子菜科的常见种类在湖泊、河流中的水生植物的自然演替过程中扮演着重要角色。如何充分利用我国眼子菜种植资源的优势，抑制藻类生长和湖泊的富营养化，将是湖泊水环境治理颇有前景的方向。

第二节
湿地养殖利用

湿地中的水体对于鱼类等水生经济动物来说，是非常重要的栖息生境。因此，对鱼类、虾类、蟹类、贝类、两栖类、爬行类、水生兽类的养殖利用一直是湿地养殖的主要内容。从养殖基质的角度，把湿地养殖分为包括淡水湿地养殖、半咸水湿地养殖、咸水湿地养殖三类。淡水湿地养殖是指利用江河、湖泊、水库、水塘、稻田等淡水湿地进行的湿地经济动物的养殖利用，如在江苏省洪泽湖进行的泥鳅、乌鱼(*Ophiocephalus argus*)、鲫鱼等渔业水产品的立体种养；在陕西省关中平原黄河滩涂上修建鱼塘养殖鲤鱼、鲫鱼、鲢鱼(*Hypophthalmichthys molitrix*)、鳙鱼(*Aristichthys nobilis*)；我国南方广大地区传统的稻田养鱼等。半咸水湿地养殖是指利用入海河口等半咸水湿地进行的湿地经济动物的养殖利用，如利用长江口、闽江口、黄河三角洲等湿地水体进行的湿地经济动物养殖，如在长江口崇明岛广阔的滩涂湿地上修建养殖塘，进行鱼类、虾蟹类养殖；在黄河口、辽河口等河口区域进行的大闸蟹生态养殖等；在辽宁省盘锦市芦苇湿地推出了“一育三养”(即育苇、养鱼、养蟹、养禽)立体生态养殖模式，真正达到了一水多用、一地多收的目的。咸水湿地养殖是指利用近海潮间带滩涂、浅海区域、内陆咸水湖等咸水湿地进行的湿地经济动物的养殖利用，如在江苏省苏北海岸线广阔的滩涂进行的滩涂湿地养殖，包括以紫菜设施养殖、文蛤(*Meretrix meretrix*)和泥螺(*Bullacta exarata*)围栏护养为主的浅海与滩涂养殖区，以缢蛏(*Sinonovacula constrzcta*)、梭子蟹(*Portunus trituberculatus*)、脊尾白虾(*Exopalamon carincauda*)为主的海水池塘养殖区，以河蟹(*Eriocheir sinensis*)、青虾(*Macrobrachium* sp.)、南美白对虾(*Penaeus vannamei*)、罗氏沼虾(*Macrobrachium rosenbergii*)、克氏原螯虾(*Procambarus clarkii*)等为主的淡水池塘养殖区，以养殖银鲫(*Carassius auratus*)、斑点叉尾鮰(*Ietalurus Punetaus*)、梭鱼、草鱼(*Ctenopharyngodon idellus*)为主的河沟和外荡淡水鱼及河蟹育苗；在广东省、海南省的红树林区域，推行滩涂海水种植—养殖耦合系统建设，探讨红树林—水产养殖的循环经济发展模式，在滩涂鱼塘中构筑红树林种植岛，种植秋茄、桐花树、海桑，养殖星洲红鱼、锯缘青蟹(*Scylla serrata*)、斑节对虾(*Penaeus monodon*)，通过植物吸收、土壤吸附和改变系统微环境等作用，有效降低水体中的N、P等营养污染物含量，减少养殖废水排放造成的环境污染，缓解近岸水域的富营养化，水质改善可促进养殖动物生长，这种模式对实现我国海岸湿地养殖业可持续发展具有重要意义。在新疆内陆咸水湖赛里木湖、艾比湖、博斯腾湖等，除了进行传统的卤虫养殖外，又进行大闸蟹养殖，品质优良。从养殖对象的角度，把湿地养殖分为鱼类养殖、虾蟹养殖、贝类养殖、蛙类等两栖类养殖、鳖类等爬行类养殖等类型。

本书不涉及江河、湖泊等淡水养殖及近海等海水养殖，仅重点关注淡水湿地塘养殖、滩涂湿地养殖。

一、淡水湿地塘养殖

(一)淡水湿地塘养殖概述

淡水湿地塘养殖是指利用池塘，饲养和繁殖水生经济动物(鱼、虾、蟹、贝等)，是内陆水产业的重要组成部分。养殖的对象主要为鱼类，养殖的虾类有罗氏沼虾等，养殖的蟹类主要是河蟹。目前，我国淡水湿地塘养殖鱼类主要包括青鱼(*Mylopharyngodon piceus*)、草鱼、鲢、鳙、鲤(*Cyprinus carpio*)、鲫、鳊(*Parabramis pekinensis*)、鲂(*Megalobrama skolkovii*)、鲮(*Cirrhinus molitorella*)等经济性鱼类。

淡水湿地塘养殖一般在面积较小的封闭水体中养殖。这种经常处于静水状态的小型水体，多由人工开挖或天然水潭改造而成，面积一般数亩到数十亩，是中国历史上最早的一种淡水养殖方式。池塘水体较小，水质容易控制，养殖技术也易掌握，是历来群众性养鱼的主要方式。池塘养殖具有静水养鱼的特点，适宜不同栖息习性和食性的种类进行混养，可以充分利用水体诱饵，同时还可以天然饵料培养，适宜于中国的湿地农业现状。

(二)淡水湿地塘鱼类养殖

我国池塘养鱼历史悠久，始于殷而盛于周，距今已有3200多年。公元前5世纪，越国大夫范蠡总结了群众养鲤的经验，写出了著名的《养鱼经》，是我国最古老的养鱼书籍。《诗经·大雅》有《灵台》篇，描述周文王经营西岐(西北黄土高原的甘肃省陇东灵台县)时，为祈求上天保佑，征集民夫建造灵台，同时在其下挖掘一大型池沼，名曰“灵沼”，在其中养殖大量鲤鱼，这就是我国古代人工池塘养鱼的开始。我国大面积池塘养鱼始于汉代，《史记·货殖列传》记载：“水居千石鱼陂”，唐张守节《正义》解释说：“言陂泽养鱼，一岁收得千石鱼卖也”，可见养鱼池塘面积已经很大。宋代和明代，我国池塘养鱼技术得到了全方位的发展，黄省曾的《养鱼经》和徐光启的《农政全书》，详细记载了养鱼全过程，包括鱼池构造、放养密度、混养、轮养、投饵与施肥、鱼病防治等。由此，池塘养鱼由粗养发展到精养。

中国传统的池塘养鱼模式经历了上千年的摸索，总结出了丰富的养鱼经验和技术，提炼出了池塘养鱼八字经“水、种、饵、密、混、轮、防、管”，涉及肉食性鱼类、杂食性鱼类和滤食性鱼类混养；成鱼池套大规格鱼种，形成科学的食物链；上、中、下层鱼类混养，充分利用池塘的立体空间，大幅度提高单产；草肥养鱼，生产成本低；轮捕轮放，捕大留小，捕大补小，有利于调节池塘负荷，均匀上市，提高了池塘养鱼的经济效益。

池塘是鱼类生活的环境，其环境条件好坏，不仅直接影响鱼类的生长发育，而且还对放养和养鱼措施产生直接影响。池塘又是鱼类天然饵料的生产基地，也是有机物氧化分解的场所。池塘养鱼生态系统的物质能量输入主要是以光、温、饲料、鱼苗、水体补充及随水流入物质(包括气体)等形式进入系统。而系统物质能量输出的主要形式是商品鲜鱼、废水排放等。在实际养殖过程中，对系统物质、能量的控制主要是通过养殖场地选择，鱼苗、饵料投放，水体管理，科学捕捞，鱼种结构调控，鱼病控制等途径实现。因此，实现鱼塘物质能量的输入、输出平衡，延长食物链，提高物质、能量利用率和单位面积的产出率，在保证较高的经济产出的条件下，实现池塘养鱼对环境的友好，就必须坚持可持续发展农业的原则要求，在养殖场地选择鱼种结构调控，鱼苗、饵料投放，水体管理，适时、适量捕捞，鱼病控制等方面遵循生态学原理。

目前，我国池塘养殖的鱼类包括青鱼、草鱼、鲢、鳙、鲮、鲤、鲫、罗非鱼(*Oreochromis mossambicus*)、团头鲂(*Megalobrama amblycephala*)、胡子鲶(*Clarias fuscus*)、乌鳢、黄鳝等种类。池塘养殖过程中的家鱼人工繁殖包括亲鱼收集、培育、催产、孵化等技术环节。鱼苗鱼种培育是池塘养殖的重要生产环节，鱼种数量多寡、质量优劣直接影响池塘养鱼产量。因此，培育出数量多、质量好、品种齐全的大规格鱼种，以满足日益发展的养鱼生产需要，对促进池塘养鱼的稳产高产具有重要的意义。

黑龙江省到1990年全省池塘养鱼面积达到81.21万亩，精养池塘平均亩产140余公斤，其中有156.6亩池塘单产达到1000多公斤，平均亩盈利3653.56元，实现了高产高效益。我国的淡水湿地池塘养殖规模近20多年无论从总体还是单位面积的数量都获得了很大发展，形成了精养和散养相结合的格局。在江苏省每亩放50～100克大鱼种1500～2000尾，每亩产出鱼750公斤以上。千湖之省的湖北省，武昌鱼是其池塘养殖名品之一，每亩放养大鱼种1000～1500尾，每亩可产鱼2000公斤。南方广东高端鱼类养殖比较发达，鳜鱼(*Siniperca chuatsi*)每亩放苗1000～1500尾，可产鱼1500公斤；鮰鱼(*Leiocassis longirostris*)每亩放200～250克大鱼种1500尾，可产鱼1500公斤。

(三)淡水湿地塘虾蟹贝养殖

目前，我国的池塘养虾种类包括沼虾类和青虾、罗氏沼虾等，以及螯虾类如红螯螯虾(*Cherax quadricarinatus*)、克氏原螯虾。养虾池塘面积以5～10亩为宜，水深1.2～1.5米。培水即培育天然饵料，清塘后应视所养虾的种类和池塘水质的实际情况，补施有机肥。同时可在池底种植少量的苦草、轮叶黑藻，在水面上种青。种青的植物以凤眼莲、大薸为佳；种青的面积不超过池塘面积的1/4，必须留出3/4的明水面。放养密度一般沼虾类为2万～4万尾/亩，螯虾类为1万～1.5或2万尾/亩。

池塘养蟹是近几年发展起来的新兴的湿地养殖类型，由于市场对河蟹需求量激增，而天然资源又极不稳定，必须寻找一种集约式的人工饲养方法来扩大生产，因此，池塘养蟹一开始便受到重视。池塘养蟹与天然湖泊、河沟中投放蟹苗的粗放式养殖有明显不同，主要是在高密度情况下创造一个良好的栖息环境，并喂以充足的人工饲料，所以要求有一定的池塘设施和工艺技术，尽管生产成本高，但其单产及经济效益要明显高于天然湖泊、河沟中投放蟹苗的粗放式养殖。蟹池结构应力求符合河蟹的生活习性要求，包括适宜的池塘坡度，通常1:2.5的缓坡为宜；要设置蟹窝和栽种水草；池塘面积以2~5亩为宜，最大的不应超过10亩，且应保证水源充足，排灌方便，以保证养殖池塘水质；幼蟹培育常分两阶段进行，前期是蟹苗培育；经20余天培育，蟹苗成长到20000只/公斤左右的规格，即转入蟹种培育阶段，放养密度为30000~40000只/亩；成蟹放养量规格在10克左右的，放养密度为5000~6000只/亩；规格在20克左右的，放养密度为3000~4000只/亩。

贝类一般为滤食性，主要摄食藻类及有机碎屑等，饵料基础丰富。贝类养殖塘常处于一种封闭或半封闭系统中，因此贝类养殖塘受外界干扰较小、稳定性较强。我国的淡水贝类养殖种类主要包括背角无齿蚌(*Anodonta woodiana*)、褶纹冠蚌(*Cristaria plicata*)、三角帆蚌(*Hyriopsis cumingii*)、池蝶蚌(*Hyriopsis schlegelii*)、河蚬(*Corbicula fluminea*)等，最多的养殖种类是背角无齿蚌，俗称河蚌。河蚌生长较快，适应环境能力强，埋栖生活，常群集生活在湖泊、江河、水库、池塘等浅水泥沙区，以滤食小型浮游植物和有机物碎屑为生，能高密度人工养殖，产量可达3~4吨/亩，是淡水湿地养殖致富的好门路。将河蚌养成食用蚌或育珠蚌，一般采取鱼蚌混养模式。池养法将稚蚌、幼蚌、青年蚌直接投放到池底，水深1.5米左右。投放量为稚蚌5万~6万只/亩，1龄幼蚌3万~4万只/亩，2龄青年蚌2万~3万只/亩。混养的鱼类以草鱼、鳊鱼、鳙鱼为主。

(四)淡水湿地塘特种动物养殖

淡水湿地塘特种动物养殖包括以鳖(*Trionyx sinensis*)为主的爬行类养殖、以蛙类为主的两栖类养殖，以及特种水禽养殖和特种水生兽类养殖。本书主要简述以鳖为主的爬行类养殖、以蛙类为主的两栖类养殖。

1. 淡水两栖类养殖

淡水两栖类养殖包括蛙类养殖和大鲵(*Andrias davidianus*)等特种动物养殖。

目前供养殖和食用的主要有黑斑蛙(*Pelophylax nigromaculatus*)、金线蛙(*Rana plancyi*)、牛蛙(*Rana catesbeiana*)、中国林蛙(*Rana chensinensis*)、棘胸蛙(*Quasipaa spinosa*)等种类。根据蛙类的生活习性和各地不同的环境条件，养蛙方式要因地制宜。目前，各地采用的养殖方式主要有4种：塘堰养蛙、稻田养蛙、泉凼养蛙、废弃蓄水池养蛙。塘堰养蛙水深在1.5米左右的，塘堰周围需修筑一圈1.2~1.5米高的防敌围墙。墙内塘堰埂上种植攀爬的瓜蔓植物，以招引昆虫作蛙类的自然饲料，并可起到遮阴作用。蛙苗的繁殖最简单的办法是自然繁殖，在蛙类繁殖季节，即每年4~7月，捕捉冬眠后的种蛙，每亩养蛙池放养300~400对，年产卵可达100多万粒，即可繁殖饲养。但这种自然繁殖法的种蛙产卵率低，蛙卵孵化率不高，蝌蚪成活数量少，没有人工孵化养殖好，目前多用人工繁殖方法。

大鲵是世界上现存最大的珍稀两栖动物，是我国特有物种，主要分布于长江、黄河及珠江中上游支流的山溪河流中，尤以四川、湖北、湖南、河南、贵州、陕西、重庆等省份居多。我国已经将其列为国家Ⅱ类重点保护野生动物。近年来，在南方多个省份，坚持“在保护中发展，在发展中保护”的原则，推动大鲵产业快速健康发展。在开展大鲵人工养殖的区域，仿照大鲵自然界的生活状况人工建造大鲵养殖池，选择山涧溪流和自然洞穴，或者在溪流通过的山壁开挖人工洞穴。大鲵养殖池其放养密度视养殖大鲵规格和养殖场水源、水体、饵料等因素而定。一般情况下，苗种阶段考虑大鲵活动范围较小，摄食能力较弱，放养密度可适当偏大，便于集中管理饲养。在成鲵阶段考虑大鲵活动范围大，摄食能力强，加之有相互攻击性，其放养密度应小。苗种阶段其放养密度为60～100尾/平方米，成鲵阶段5～20尾/平方米。大鲵对环境要求相当高，温度必须长年保持在20℃左右，依据其生态及生活习性，目前在各地大力推进仿生态养殖，充分利用良好的自然生态环境，建设仿生态水渠、山洞、养殖池等，采用人工繁殖和生态繁殖相结合的繁养技术来放养大鲵。据专家预测，在未来20年内，大鲵的市场需求潜力巨大，尤其是大鲵人工繁殖子二代的上市利用，必将成为一项极具竞争优势的朝阳产业。

2. 淡水爬行类养殖

淡水爬行类养殖主要包括中华鳖、龟(*Chinemys reevesii*)、鼋(*Pelochelys cantorii*)、扬子鳄(*Alligator sinensis*)等在池塘中的养殖。

近年来，池塘养殖鳖以占地少、易管理、效益好等特点在我国得到了迅速发展，并成为广大养殖户致富的一条好门路。通常鳖池建造选择背风向阳，水源方便，无污染，僻静的地点。苗种放养亲鳖300～400只/亩，每亩总重量不超过200公斤。成鳖池放养密度在300公斤/亩以内，即250克的鳖放养1000～1200只。亲鳖和成鳖的饵料广泛，除喜食稚幼鳖的饵料外，还喜食螺、蚌、蚕蛹、麦类等。动植物按2∶1比例为宜。根据鳖喜静怕声、喜阳怕风、喜洁怕脏的特点，营造养鳖生态环境，各地试行生态养鳖模式，同时套养花鲢、白鲢、青虾等，一方面以清除杂质，调控水质；另一方面青虾可作为鳖的天然饵料，在养殖过程中饲料以新鲜野杂鱼、螺蛳为主。所产的商品鳖质优味美，深受市场欢迎，发展前景良好。

二、滩涂湿地养殖

沿海滩涂是非常重要的湿地资源。发展滩涂湿地养殖，是滩涂湿地开发利用的一种重要手段。滩涂养殖是指利用潮间带和低潮线以内的水域，直接或经整治改造后从事养殖增殖和护养管养栽培。江苏省大丰市根据滩涂的实际情况，以整体协调循环再生复合生态系统原理为指导思想，提出了实施"一路、二带、五区"的发展规划。大丰市沿海滩涂湿地面积116万亩，其中已围垦42.4万亩，未围潮上带6.1万亩，潮间带67.5万亩，海岸带外围有100多万亩的国辐射沙滩群，且平均高潮线外延速度还在150米/年以上，滩涂湿地平坦开阔，适于发展养殖。大丰市滩涂生物资源丰富，潮间带动物共有156种，主要有文蛤、四角蛤蜊(*Mactra quadrangularis*)、青蛤(*Cyclina sinensis*)、泥螺、双齿围沙蚕(*Perinereis aibuhitensis*)等，主要经济种有文蛤、青蛤、泥螺、大竹蛏(*Solen grandis*)。目前，滩涂湿地养殖建立了水产养殖场、育苗场，育苗种类以虾类、贝类、蟹类、紫菜为主。

辽宁省盘锦市拥有亚洲最大的芦苇湿地，育苇面积80000公顷，芦苇湿地作为一种特殊的生态系统不仅具有巨大的生态价值，同时也能产生很高的经济效益。在盘锦市滩涂芦苇湿地内，河流纵横，苇田坑塘星罗棋布，水资源、动植物资源丰富。盘锦市在滩涂芦苇湿地内推出"一育三养"模式，即育苇养鱼、养蟹、养禽立体生态养殖模式，使芦苇湿地资源由单一利用向综合利用转化，形成高效益、无污染的生态经济模式，养殖规模和经济效益逐年递增，尤其是芦苇湿地

“一育三养”生态模式的推广使芦苇湿地真正达到了一水多用、一地多收的目的，且芦苇湿地河蟹已形成品牌效应。

山东省黄河入海口现有滩涂湿地近30万亩，湿地环境优良，由于芦苇根系、落叶等天然腐殖质的滋养，成为发展绿色天然水产养殖的最佳场所。近年来，通过河蟹生态养殖，取得了良好效益，2004年黄河口河蟹获得无公害农产品产地及产品认证。

三、湿地养殖模式

随着经济快速发展，资源供给短缺和生态环境恶化问题日益突出，大力发展循环经济是解决问题的重要举措。将清洁生产和资源循环利用融为一体、保持人与自然和谐相处的湿地养殖发展新模式，建立在物质不断循环利用基础上，发展“资源—产品—再生资源”的物质循环利用模式，达到资源低投入、高利用和废弃物低排放。从古至今，我国劳动人民通过长期的生产实践，总结了大量优秀的湿地养殖模式。

（一）湿地立体养殖模式

湿地立体养殖是指利用湿地生物间的相互关系，充分利用空间，把不同生态位的生物种群组合起来，多物种共存、多层次配置、多级物质循环利用的立体养殖模式。湿地立体养殖包括池塘立体养殖、稻田立体养殖、滩涂立体养殖等。

我国的池塘鱼虾蟹混养是典型的湿地立体养殖，根据鱼蟹的不同分布水层和不同食性特点，在池塘水域中进行立体、综合养殖，达到充分利用水体、鱼蟹双高产目的。

稻田养鱼在我国的历史比较悠久，但由于稻田养殖的田间规模相对较小，养殖品种相对单一，经济效益不高。随着稻田养殖技术的提高，稻田养殖模式在不断创新，出现了稻田立体高效生态养殖模式。实践证明，稻田立体养殖不仅可以增加水稻产量、水产品种类及产量，还可减少治虫用药、除草用工、追施肥料的支出等，养殖水体得到充分利用。适合稻田立体养殖的鱼类品种有很多，主要包括泥鳅、鲫鱼、草鱼、鲤鱼、鲢、鳙等种类以及甲鱼等，对品种的选择，应考虑鱼类的生活习性、体型大小、食性等多方面。

山东省微山湖实施了湿地藕田鱼、鸭、蟹、鳝立体混养技术。莲藕是多年生宿根植物，种植历史悠久。为了高效利用湿地，提高湖区农民收入，山东省滕州市农业综合开发办公室和滕州市盛世红荷藕业有限公司不断试验探索湿地藕田鱼、鸭、蟹、鳝立体混养模式。在藕池中心以“十”或“井”字形开挖宽、深的鱼、蟹、鳝养殖沟，养殖沟和防护沟用地下管道连通，在与防护沟连通口处设置尼龙网以隔离防护养殖产品。种植莲藕以后可依次放养鱼、蟹、鸭。藕田保持适当的水位、调节好水质，是藕田混养最为重要的管理措施之一。以100亩藕池常年混养计，每年可产莲藕125000公斤，螃蟹3000公斤，鳙鱼30000公斤，黄鳝2500公斤，成鸭1200只，鸭蛋35万枚，同时可采收荷叶1000公斤。该混养模式年产值和纯收入都明显高于传统单独种植莲藕。

事实上，长期生产实践中形成的珠江三角洲的基塘农业，利用江河低洼地挖塘培基，水塘养鱼，基面栽桑、植蔗、种植瓜果蔬菜或饲草，形成“桑基鱼塘”“蔗基鱼塘”或“果基鱼塘”等种植和养殖结合的生态农业系统，就是理想的湿地立体养殖模式。

（二）湿地种养耦合模式

湿地种养耦合模式是将水生高等植物与水产动物共存于同一个养殖系统，通过植物吸收、过滤、吸附、转化等方式减少水环境中污染物，改良养殖生境，促进物质循环与能量流动。我国多省份推行的养殖塘中种植莲能显著减少水体和底泥中的污染物；鱼苇共生复合系统能增加饵料来源，净化水质，减少病虫害，促进鱼和芦苇生长，获得较好的经济效益。在我国具有悠久历史的稻田养鱼就是一种种植—养殖耦合模式。

在广东、海南盛行水产养殖与红树林种植的耦合模式。红树林是生长在热带、亚热带海岸潮间带的木本植物群落，被誉为“潮间带森林”，红树林通过为海洋动物提供栖息、觅食的理想生境与食物来源，净化水环境，为渔业养殖提供有利条件。在水产养殖系统中引入红树植物，实施养殖动物与红树植物共存一体的耦合养殖模式，通过红树植物吸收、土壤吸附和改变系统微环境等作用，有效降低水体中的 N、P 等营养物含量，减少养殖废水排放造成的污染，水质改善可促进养殖动物生长。

第三节
湿地旅游利用

一、湿地旅游概述

作为实现可持续旅游的重要途径——生态旅游，强调以生态学原则为指针，是以生态和自然环境为取向而开展的一种既能获得社会经济效益，又能促进生态环境保护的旅游活动。湿地旅游作为生态旅游的重要组成部分，在国外开展较早，近年来在国内，随着湿地公园建设的持续推进，湿地旅游开始兴旺。湿地旅游是指以具有观赏性和可进入性的湿地自然景观和湿地生态系统为旅游目的地，对湿地景观、物种、生态环境、历史文化等进行观察、体验的旅游活动。旅游者以湿地自然景观为观光、游览对象进行相关旅游活动，这种旅游活动强调旅游者与湿地自然景观的协调一致和有机的生态联系。

目前，我国的湿地旅游形式包括湿地公园旅游、乡村湿地旅游、专题性湿地旅游（如水利风景名胜区旅游）、湿地科考旅游（如在湿地自然保护区实验区内开展的科考旅游，这种形式的湿地旅游目前仅占一小部分）。湿地公园旅游是目前湿地旅游的主要形式，截至 2014 年年底，全国已经批准建立的国家湿地公园建设试点有 569 处，其中验收挂牌的有 52 处。除国家湿地公园外，各省市还建设了大量省级湿地公园，以及其他形式的湿地公园，如国家城市湿地公园。

二、湿地旅游资源分类

旅游资源的分类与评价是旅游资源规划、开发和旅游业政策制定的前提。合理的分类和评价可以促使资源最大限度地实现社会、经济和生态效益。参照《旅游资源调查、分类与评价标准》（GB/T18972—2003），把我国湿地旅游资源分为 7 个大类、23 亚类、70 个基本类型。我国湿地旅游资源分为地文湿地景观、水域湿地风光、湿地生物景观、湿地遗址遗迹、与湿地相关的建筑与设施、湿地旅游商品、湿地人文活动 7 个大类。其中，水域湿地风光包括河段、天然湖泊与池沼、瀑布、泉、库塘、河口与海面、冰雪地等 7 个亚类；天然湖泊与池沼如洞庭湖、三江平原沼泽湿地等。湿地生物景观包括湿地树木、沼泽与沼泽化草甸、湿地花卉地、稻田、湿地野生动物栖息地等5个亚类。湿地树木如分布在长白山的岳桦沼泽林，海南岛东寨港红树林的沼泽林、沼泽灌丛等。我国湿地旅游资源种类丰富，其中自然资源种类齐全，可开发多种旅游项目。

三、湿地旅游利用形式

（一）乡村湿地旅游

乡村旅游是发生在乡村的一种旅游活动。世界旅游组织对乡村旅游的定义是：旅游者在乡村（通常是偏远地区的传统乡村）及其附近逗留、学习、体验乡村生活模式的活动。乡村旅游是现代旅游业向传统农业延伸的新尝试，通过旅游业的推动，将生态农业和生态旅游业有机融合，是一种新型的产业形式。乡村旅游最早起始于欧洲，至今已有100多年的历史。

在我国，湿地乡村旅游作为乡村旅游的一个分支其开展的时间并不长，它是湿地旅游和乡村旅游的综合，是以湿地环境为大背景，依托乡村特有的湿地旅游资源发展起来的融观赏、考察、学习、参与、体验、休闲、娱乐、度假为一体的旅游活动。乡村地域广阔，湿地自然景观多样，且绝大多数地方保持着原有的自然风貌，加上全国各地风格各异的风土人情、乡风民俗，使乡村湿地旅游在活动对象上具有鲜明的特点。乡村优美的湿地自然环境、古朴的水乡民居作坊、天然的湿地农副产品、原始的水乡及稻作形态、悠久的湿地农耕文化和古代的水乡村落建筑，在乡村地域上形成了“古、始、真、土”的独特湿地景观，为游客重返自然、返璞归真提供了条件。乡村和农业已由过于单一的农民自居和农业生产功能，转为集农业生产、生态涵养、观光休闲、农耕体验和教育娱乐等多元功能于一体的乡村生态旅游，其中，乡村湿地旅游是其重要组成部分。我国广大湿地区域拥有原始自然的生态景观和富有湿地风情的乡土文化，为乡村旅游的开发提供了广阔平台。开发湿地乡村旅游不仅能丰富乡村旅游的类型，还能增强湿地地区的整体旅游效益，提高该地区的经济水平。

乡村湿地旅游不仅提高了可参与性，还让游客参与亲水活动项目，加深游客对湿地乡村的认识和对湿地生活、生产的体验；湿地乡村综合了粮、果、蔬、鱼、蟹、草、花等农业资源要素使得旅游产品组合更加丰富，从而能吸引更多的游客，提高当地农民的收入，壮大农村经济实力。当然，在湿地背景下发展乡村旅游必须以不破坏湿地生态系统结构和功能为前提，一切旅游项目都应该首先以不破坏湿地生态系统结构和功能为前提，一切旅游项目都应该首先考虑其对湿地生态系统的影响。

我国的湿地乡村旅游活动主要开展于湿地资源丰富、乡村湿地景观优美的区域，如江西婺源县乡村湿地旅游、山东微山湖乡村湿地旅游等等。

（二）湿地公园旅游

湿地公园是指以良好的湿地生态环境和多样化湿地景观资源为基础，以湿地的科普宣教、湿地功能利用、弘扬湿地文化等为主题，并建有一定规模的旅游休闲设施，可供人们旅游观光、休闲娱乐的生态型主题公园。国家林业局《国家湿地公园管理办法（试行）》（2010）明确指出：湿地公园是以保护湿地生态系统、合理利用湿地资源为目的，可供开展湿地保护、恢复、宣传、教育、科研、监测、生态旅游等活动的特定区域。自2005年2月杭州西溪湿地获批第一个国家湿地公园试点以来，截至2014年年底我国已批准国家湿地公园建设试点569处，其中，有52处通过验收正式获得中国国家湿地公园称号。第一个通过验收的西溪国家湿地公园位于杭州市区西部，距西湖不到5公里。生态资源丰富、自然景观质朴、文化积淀深厚，曾与西湖、西泠并称杭州"三西"，是国内第一个集城市湿地、农耕湿地、文化湿地于一体的国家湿地公园。以其独特的风光和生态，形成了极富吸引力的一种湿地景观旅游资源，是湿地公园保护与旅游产业开发和谐发展的典范。

国家湿地公园倡导在加强湿地资源保护的前提下，开展湿地资源的合理利用，利用的主要形式之一就是湿地生态旅游。目前，国内湿地公园生态旅游开展较好的有西溪国家湿地公园、江苏溱湖湿地公园、湖北省神农架大九湖国家湿地公园、宁夏银川国家湿地公园等。

四、湿地旅游产业发展对策

(1)保护优先，分区、分级、分类开发。湿地旅游开发以不破坏湿地生态系统结构和功能为前提。为了合理地开发湿地旅游，湿地旅游目的地必须坚持分区、分级、分类开发。按照湿地公园的功能区划，即保护保育区、恢复重建区、科普宣教区、合理利用区、管理服务区，分区管理；加强保护保育区的保护，禁止游人进入；在科普宣教区、合理利用区适度开发低强度的旅游项目，但决不能将垃圾和污水不经处理就排放到周围湿地当中去。

(2)综合开发，适度利用。湿地是生产力和经济价值较高的生态系统，在规划和发展湿地旅游时，要注意把旅游与当地原有的湿地产业(如湿地农业)相结合，发展湿地旅游与湿地产业相结合的旅游项目，开发具有湿地特色的多元化湿地产业。这种发展模式，符合湿地旅游可持续发展的原则，其产业形态也是湿地旅游项目的组成部分，吸引游客参观，甚至参与其中。

(3)明确湿地旅游景区旅游环境容量。旅游环境容量是发展旅游业与保护环境之间矛盾的核心问题。旅游环境承载力作为判断旅游活动是否对环境产生负面影响的依据，是随着旅游业的发展而提出的。根据生态环境容量确定合理的游客容量，根据各种污染物的自然净化时间、每一位生态旅游者一天内产生的污染物、平均每一位旅游者所需要的环境补偿费用、旅游区面积与硬件设施条件、游客周转率等因素确定湿地旅游区环境容量，将进入湿地旅游的游客数量控制在安全的阈值范围之内，确保湿地生态系统不发生不可逆转性的破坏。

(4)建立社区参与激励机制。社区参与是解决湿地生态旅游资源保护性开发的有效途径。通过社区参与的方式，提高湿地旅游景区周边居民的生态文明素质、环保意识及生活水平，通过各种形式的参与，让他们享受到湿地旅游的利益回报，社区居民、湿地景区管理者、湿地资源各方协同共生发展。让湿地旅游景区周边居民了解到湿地旅游资源是获取经济效益的基础，保护湿地旅游资源，就是保护他们的经济收入，从而主动参与到湿地生态保护中。

(5)加强旅游过程中的生态环境管理。建立生态环境监测、评估、预警体系，有效预防对湿地的现实与潜在的破坏行为。将生态环境保护作为重要内容列入湿地旅游管理之中，加强对湿地知识的宣传；通过自然学校、湿地博物馆、环保导游等方式对游人开展湿地生态环境保护教育；树立管理者的生态环境意识，使其重视湿地旅游中生态环境保护的重要性，建立生态旅游保护与协调机制。加大湿地旅游生态环境保护的投入，采取多渠道、多途径筹资办法，以保证充足的湿地旅游环境保护经费。

第四节 水资源利用

水是湿地的重要组成成分，也是重要的湿地资源要素。对湿地中水资源的利用包括工农业生产用水，城乡居民生活用水，河、湖、库等生态用水等方面。此外，对水资源的利用形式主要包括水源供给(如提供水源供给功能的各种水库、蓄水池塘)、舟楫航运(水作为舟楫航运的载体)。本书主要涉及作为水源供给地的水库，以及作为舟楫航运载体的运河(在简要叙述内河航运的基础上，分析我国运河建设与利用情况)，并在此基础上总结我国水资源利用方面的生态智慧及与此相关的模式及遗产。

一、水源供给(水库)

水库是通过人工筑坝形成的水体，其早期的功能是防洪、发电、灌溉、航运等。随着全球水资源供需矛盾的加剧，水库供水成为缓解水源供给的最主要途径。水库是人类充分开发利用水资源的产物，它实现了河川径流在时空上的重新分配，成为对水资源综合利用的基础和人类可持续利用的宝贵资源，其地位和作用非常重要。

中国是水资源短缺国家，水库供水在国民经济发展中发挥着不可替代的作用。我国作为一个农业大国，解放后水利建设成为国家主要建设内容之一。我国是世界上水库数量最多的国家，15米以上的高坝水库占全球的46%，拥有三峡水库这样世界上最大的水库水利工程。截至2012年年底，全国已建成各类水库97543座，水库总库容8255亿立方米。其中，大型水库683座，总库容6493亿立方米，占全部总库容的78.7%；中型水库3758座，总库容1064亿立方米，占全部总库容的12.9%；是自然湖泊水量的两倍多。

2012年全国水资源总量29526.9亿立方米，比常年值偏多6.6%；全国平均降水量688.0毫米，比常年值偏多7.1%。截至2012年年底，全国大型水库蓄水总量3240.6亿立方米；中型水库年末蓄水量为415.6亿立方米。全年全国总供水量6131.2亿立方米，其中地表水源占80.8%，地下水源占18.5%，其他水源占0.7%。全国总用水量6131.2亿立方米，其中，生活用水739.7亿立方米(其中城镇生活用水占74.3%)，占总用水量的12.1%；工业用水1380.7亿立方米，占总用水量的22.5%；农业用水3902.5亿立方米，占总用水量的63.6%；生态环境补水108.3亿立方米，占总用水量的1.8%。

在很多省市，水库功能已经由“工程型水利”向“资源型水利”转变。在北方各省市，资源性缺水严重，水库的蓄水和供水成为缓解城市供水矛盾的极其重要的手段，如在相当长的一段时间里，北京市的供水主要依赖官厅水库、密云水库、十三陵水库、怀柔水库等。首先承担起为北京供水任务的是建成最早的官厅水库。该库从建成后就开始为北京市供水，一度成为北京市主要的水源地之一。截至2000年，官厅水库向北京提供工业用水173亿立方米，生活环境用水25亿立方米。密云水库因库容大、水质好，在供水方面发挥了更加显著的作用。该库建成初期除给北京市供水外，兼给河北省和天津市供水，成为北京市民众生活、工业和环境用水的主要来源，被称为京城的“大水缸”。在南方各省市，水质性缺水问题越来越严重，因此，作为水源地的水库，其水质污染及富营养化问题得到了高度重视。

我国水库主要集中分布在长江流域、黄河流域、珠江流域。长江流域是我国各类水库非常集中的地区，全流域已建成各类水库4.8万座，占全国总数的50%，其中大型水库157座，中型水库1025座，水资源极其丰富。近年来，由于水库周边经济的发展，点、面源污染负荷的增加，加速了水库富营养化的进程，使部分水体丧失了原有的功能，影响经济和社会可持续发展。因此，必须加强对水库富营养化的治理。

1949年以前，黄河干支流上没有兴建一座具有一定规模的水利工程。新中国成立后，本着“除害兴利、综合利用”的方针开发治理黄河。截至2010年年底，黄河流域共有大中型水库3100座，总库容高达580亿立方米。黄河干流已建成龙羊峡、刘家峡、盐锅峡、八盘峡、大峡和青铜峡等八大水库，蓄水总量达295.1亿立方米，其中龙羊峡水库蓄水量199亿立方米，占总蓄水量的67%；刘家峡水库和小浪底水库蓄水量分别为29.3亿立方米和44.1亿立方米，占总蓄水量的10%和15%。随着经济快速发展，黄河流域用水需求在逐年增加，导致水资源供需失衡，缺水断流日趋严重。因此，流域水资源管理显得非常重要，必须确定水库的合理运行方式，合理分配有限的水资源，用于不同用水部门和行业，以减少缺水造成的损失，协调各目标之间的关系。

目前，珠江流域内已建有水库14000多座，重要的水库工程有东江水系的新丰江、白盆珠、枫树坝，北江水系的飞来峡、南水，西江水系的龙滩、天生桥、岩滩长洲等水库，这些水库在发挥巨大的供水效益的同时，也对生态环境产生了一定的不利影响，据中国水产科学研究院珠江水产研究所20世纪80年代的调查，珠江水系记录鱼类有385种；有中华白海豚、中华鲟、鼋等国家Ⅰ级保护动物，大头鲤、金线鲃、花鳗鲡等国家Ⅱ级保护动物十几种，还有珍稀鱼类及水生动物淡水赤魟、佛耳丽蚌等。但近年来的调查显示，洄游性、半洄游性鱼类在珠江流域逐年减少，有些品种濒临灭绝。必须加强水生生态保护，严格按照《中国水生生物养护行动纲要》，抢救性保护珍稀濒危水生生物物种。

淮河流域人均水资源量仅为全国平均水平的1/5～1/4，为提高水资源的利用率，流域内修建了大量闸坝。目前淮河流域大中小型水库数量达5700多座，平均不到500平方公里就有1座，水库的数量之多，密度之大，在全国各大流域中都位居前列。它们的主要作用是拦蓄河水，调节地面沟河径流和补充地下水，发展灌溉、供水和航运事业。淮河流域还修建了一系列调水工程，初步形成了一个江、淮、沂沭泗水资源互调互济的网络。20世纪六七十年代兴建的江都水利枢纽抽水能力达500立方米/秒，实现了长江流域和淮河流域间水资源的双向调度。众多水利设施的建成和运营，促进了淮河流域经济和社会的发展，同时，也对水体水情、水生生物、水体水质等产生了较大的影响。

松花江是我国七大江河之一。有两源，西源嫩江发源于大兴安岭伊勒呼里山，南源第二松花江发源于长白山天池。据1988年统计，松花江流域共建成大型水库22座，总库容255亿立方米，中型水库107座，总库容约29亿立方米，小型水库1381座，总库容约16.9亿立方米。松花江流域水资源供需矛盾日益突出，一些城市供水紧张，工业挤占农业用水，盲目超采地下水及河道内外争水等矛盾日益严重。流域水资源开发利用程度低，其主要原因是缺少有调节作用的大型水库工程。应贯彻“全面规划，统筹兼顾，综合利用，讲求效益”的原则，解决流域防洪和水资源开发利用为重点，同建设商品粮基地相结合，并统筹考虑松、辽两个相邻流域的水资源合理利用。

水库生态系统蕴藏着可观的生态资产价值，尤其表现在淡水供应。水库与原河流相比，贮水能力大大加强，淡水供应功能得到强化，并使水供应的时空调节成为可能。我们必须加紧对水库建设生态资产价值进行科学评估。必须加强水库生态系统的形成过程与机制研究，水库建成蓄水后，淹没区内河流等生态系统经过扰动、适应及演替发展，逐渐发育成为一个新的生态系统，从而由河流流域内的原生态系统演变成为新的水库生态系统。在水库生态系统发育中，具体生态过程和形成机制尚不清楚，需要我们进行深入研究，包括水库形成过程的次生生态效应研究，水文要素变化对生物资源影响机理的研究，营养结构和能量流动变化对生产力的影响机理研究，生物多样性及生态系统完整性维持机制研究，水库环境生态学研究等。尽可能发挥水库的生态服务功能，减缓水库的不利环境影响，研究生态水工技术，包括水工建筑物的过鱼设施技术(鱼道、鱼梯、鱼闸)，加强珍稀物种保护，实施鱼类人工繁殖放流，加强人工湿地恢复，实行水库生态调度。

二、内河舟楫航运

作为湿地重要组成部分的水，除了通过水库蓄水满足水源供给功能之外，作为舟楫航运载体，内河(湖)内陆腹地与沿海地区内陆地区之间连接的重要纽带，是综合运输体系和水资源综合利用的重要组成部分。我国江河湖泊众多，大江大河横贯东西，内河支流联通南北，构成了庞大的内河水网，其中流域面积1000平方公里以上的河流有1580条，100平方公里以上的河流有5万多条，河流总长43万公里，此外还有大小湖泊900多个，丰富的水资源是我国发展内河航运的优势。

与其他运输方式相比，内河航运可以利用已有河道，不占地或少占地，并具有运量大、成本低、能耗小、污染少等优势。在平原地区，优势更加明显。内河航运运量大，长江干线(水富至长江口)2008年货运量达12亿吨，京杭运河为2.8亿吨；运输成本低，我国内河航运单位运输成本约为铁路的1/2，公路的1/4；能耗小，污染少，具有资源节约、环境友好的突出优势。近年来，内河航道、港口设施建设取得了显著成绩，内河水运货运量持续增长，运输船舶大型化、标准化趋势明显，内河水运进入了快速发展的较好时期。

经过改革开放30多年的努力，我国内河航运事业取得了较大的发展。初步形成了以长江、珠江、淮河、黑龙江等四大水系为骨干的内河航运体系，并通过京杭运河沟通了长江水系与淮河水系的航运。全国形成了以长江、珠江、京杭运河、淮河、黑龙江和松辽水系为主体的内河水运布局，“两横一纵两网十八线”的格局初步形成。2011年全国内河航道通航总里程为12.46万公里，其中1000吨级以上航道从2001年的8222公里增加到2011年的9460公里，占总里程的7.6%。全国现有船闸847座，升船机42座。2003年世界上最大的长江三峡双线五级3000吨级船闸建成通航，2011年货物通过量超过1亿吨。2010年投资150多亿元的长江口深水航道治理工程建成通航，航道水深从7米提高到12.5米。

长江黄金水道是长江经济带的运输主动脉，与莱茵河-多瑙河水运通道对欧洲的贡献相似。长江作为中国第一、世界第三大河，贯穿我国东中西部地区，主要支流沟通南北，其巨大的运能资源、重要地位及作用都是其他运输方式所不可替代的。近年来，长江航运持续快速发展，货运量、周转量及港口吞吐量保持两位数的年均增长率，超过美国的密西西比河和欧洲的莱茵河，成为目前世界上内河运输最繁忙、运量最大的通航河流。2006 年，长江干线港口完成货物吞吐量 7.8 亿吨，外贸货物吞吐量 9400 万吨。长江航运承担了沿江冶金、电力等企业 70% 以上原材料和产品的运输。

我国内河航道分布不均，密度不大，与其他运输方式相比，航道建设发展较慢。内河航道里程最短，单位国土面积的密度和人均密度最小。因此，我国内河航道还有较大的发展空间。因此，积极倡导发展内河水运，符合建设资源节约型和环境友好型社会的要求。

随着我国经济持续高速发展，经济规模的进一步扩大，城镇化进程的加快以及产业结构和工业布局的调整，运输需求将继续大幅度增长，巨大的运输需求要求内河航运必须快速发展。我国东、中、西部的经济和社会发展存在明显的差异性，内河航道是连接东、中、西部的天然纽带，区域经济协调发展对内河航运的发展提出了更高的要求，借助长江黄金水道、西江黄金水道，东部地区可以加强与中、西部地区的经济合作，向中西部地区实施产业转移，拓展经济腹地，获得更加广阔的发展空间。

当前，我国内河航运存在的问题包括：多数河流仍处于自然状态。这些河流中目前达到通航技术标准的仅 5.7 万公里，其中能通航运 1000 吨级以上船舶的航道不过 6715 公里，仅占通航总里程的 6.1%。内河船只平均吨位小，运输效率低，单位运输成本高，制约了内河航运的发展。水系之间缺乏沟通，水系内干支流航道等级差别较大，难以发展大吨位船舶直达运输。我国内河航运落后的原因中，首先是条块分割的管理体制，由于我国水资源各用户分属不同部门管理，缺少有效的水资源综合利用协调机制，严重阻碍了内陆河流的综合利用；长期以来由于人们对发展内河航运观念上的差异，国家用于内河航运开发建设的资金过少。

要大力发展内河航运，必须加快内河航道基础设施建设，尽快提高内河船舶和基础设施标准化水平；完善航运网络建设，将高等级航道延伸成网，逐步建设长江、珠江、淮河、黑龙江等水系的高等级航道网，发展直达运输，必要时可开凿人工运河，连通各个航道甚至水系，使航道间相互贯通成网；沟通水系，开辟新的入海通道；加快内河港口建设，重点发展内河多用途泊位和集装箱泊位；理顺管理体系，对水资源利用进行综合规划，形成水资源综合利用的有效协调机制。

根据交通部《全国内河航道与港口布局规划》，到 2020 年，将形成长江干线、西江干线、京杭运河、长江三角洲航道网、珠江三角洲航道网 18 条高等级航道（两横一纵两网十八线）和 28 个主要港口的布局，高等级航道里程将明显增加，长江和珠江入海口处航道水深进一步增大，江海联运能力将得到增强。

三、水资源利用的生态智慧

无论是满足水源供给（包括提供水源供给功能的各种水库、蓄水池），还是作为舟楫航运载体、开展内河航运，从古至今，我国劳动人民充分展示了自己的聪明智慧，创造了至今仍在使用的伟大的水资源利用工程，如都江堰、大运河、灵渠、郑国渠、坎儿井，这些伟大的工程，闪耀着生态智慧的光芒，给后世留下了宝贵的人类文化遗产。

（一）都江堰

在这些伟大的水资源利用工程中，延续时间久远、且至今仍在发挥重要功能的，当属建成于春秋战国时期，历经2270年而不衰的世界文化遗产——都江堰。都江堰扼岷江上游与中游交界的咽喉。岷江是长江上游的一大支流，发源于四川与甘肃交界的岷山南麓。流经四川省的松潘县、都江堰市、乐山市，在宜宾市汇入长江。岷江全长793公里，流域面积133500平方公里，落差3560米，年均水量150亿立方米。岷江出岷山山脉，从成都平原西侧向南流去。成都平原地势从岷江出山口的玉垒山，向东南倾斜，都江堰距成都50公里，落差达273米。因此，对整个成都平原而言，都江堰是一条地上悬河，其水患长期祸及成都平原。战国时期，秦国蜀郡太守李冰及其子，吸取前人的治水经验，修建了著名的都江堰水利工程。都江堰的整体规划是将岷江水流分成两条，其中一条水流引入成都平原，这样既可以分洪减灾，又可以引水灌溉、化害为利，最终使成都平原成为富饶的天府之国。

都江堰是一个集灌溉、防洪、提供生产用水等多功能于一体的大型水利枢纽工程，它由鱼嘴、飞沙堰、宝瓶口三大主体工程和百丈堤、人字堤以及遍布于成都平原上的自动引流灌溉渠共同构成。三大主体工程是整个工程的灵魂，也最能够体现都江堰治水思想和理念。都江堰的伟大在于它凝聚了中国古代劳动人民的生态智慧，设计科学、布局合理，成功地解决了鱼嘴分水、飞沙堰泄洪排沙、宝瓶口引水等许多复杂的水利工程问题，既控制了岷江水患，又使水资源得到充分利用。加上“深淘滩，低作堰”的岁修“三字经”，其简便、低廉、高效的维护管理手法，使得都江堰能在2270多年后仍继续发挥作用。

都江堰是中国古代劳动人民留给我们的宝贵的文化遗产，2270多年来一直在造福人民，不愧为一个伟大的水资源利用工程。都江堰利用岷江河势现成的浅滩予以适当的人工改造，即所谓“师法自然”。都江堰渠首三大主体工程的选址和布局完全符合自然之道，它根据“水顺则无败，无败则可久”的治水思路，巧妙利用了岷江出山口处特殊的地形、地势，利用“凹岸取水”“凸岸排沙”的原理，以“鱼嘴”分流分沙，筑“飞沙堰”泄洪排沙，凿“宝瓶口”限洪引水，三大工程相辅相成，浑然一体，协调运行，完成引水灌溉、分洪减灾、排沙防淤的功能。

都江堰是人类宝贵的文化遗产。世界发展到了今天，科学技术日新月异，但我们仍然不能随意地操控自然，就像三峡工程、南水北调等大型工程，如何解决好已经存在的问题，以及避免规划工程的那些弊端，我们应该向都江堰学习。

（二）大运河

京杭大运河是世界上里程最长、工程最大的古代运河，也是最古老的运河之一，并且使用至今，是中国古代劳动人民创造的一项伟大工程，是中国文化地位的象征之一。大运河最初是春秋时期吴国为伐齐国而开凿；隋朝大幅度扩修并贯通至都城洛阳，且连涿郡；元朝翻修时弃洛阳而取直至北京。大运河开掘于春秋时期，完成于隋朝，繁荣于唐宋，取直于元代，疏通于明清。漫长的岁月里，经历三次较大的兴修过程。最后一次的兴修完成才称作“京杭大运河”。从开凿到现在已有2500多年的历史。2014年6月22日，第38届世界遗产大会宣布，中国大运河项目成功入选世界文化遗产名录，成为中国第46个世界遗产项目。

大运河南起余杭（今杭州），北到涿郡（今北京），途经今浙江、江苏、山东、河北4个省及天津、北京两直辖市，贯通海河、黄河、淮河、长江、钱塘江五大水系，全长约1797公里。运河对中国南北地区之间的经济、文化发展与交流，特别是对沿线地区工农业经济的发展起了巨大作用。

大运河遗产包括与大运河主航道密切相关的庞大人工化水网系统。大量相关河道与相关遗产是运河文明核心价值的综合体现，是中国大运河遗产区别于已有世界遗产的特色所在。京杭大运河镇江至杭州段被称为江南运河。这段运河所流经的区域，在地质上属于长江三角洲冲积平原，自古水系众多、河网密布。江南地区自古就适合于人类生活，治水、理水、以水乡为聚落、以水网为通途就是早期江南人民生活的主题。随着社会经济的发展，覆盖全境的自然水系逐渐被改造，一个与江南文明共生的庞大、复杂、多变的人工化水网系统由是而兴。除遗产属性以外，大运河的另外一个重要属性是作为区域城乡生态基础设施。随着南水北调东线工程的启动，运河将承担重要的输水通道功能，作为生命之源的水的输送，将成为继漕粮运输之后的又一个意义非凡的文化景观，由于南水北调东线工程所具有的重大意义，也决定了运河在当代中国水运历史发展中将再次发挥重大作用。灌溉是运河历史上除运输以外的最大功能。其未断流的部分，至今仍是区域农业安全的重要基础；同时，运河也是部分城市工业用水的重要水源。

（三）灵　渠

连通漓、湘二江的灵渠，古称秦凿渠、零渠、陡河、兴安运河、湘桂运河，位于现广西壮族自治区兴安县境内，凿成并通航于公元前 214 年。灵渠流向由东向西，将兴安县东面的海洋河（湘江源头，流向由南向北）和兴安县西面的大溶江（漓江源头，流向由北向南）相连，是世界上最古老的运河之一，被誉为“世界古代水利建筑明珠”，至今仍在使用。

灵渠主体工程由铧嘴、大天平、小天平、南渠、北渠、泄水天平、水涵、陡门、堰坝、秦堤、桥梁等部分组成，尽管兴建时间先后不同，但它们互相关联，成为灵渠不可缺少的组成部分。灵渠的建筑布局体现了中国古代水利技术在世界的领先水平。它的渠首工程主体铧堤（大、小天平）是一座拦河大坝，坝顶全部可溢流，可以控制引水入渠的水位，与现代溢流坝比较，形态上虽有差异，但作用完全相同。灵渠水系由南、北两渠组成。南、北两渠的一系列建筑物安排精巧，其中的陡门是现代多级船闸的雏形，开世界运河史之先河。北渠俗称湘江新道，全由人工开凿而成，大致与湘江故道略成平行，渠槽在田畴间，其水位高过湘江故道，湘江水在分水塘经铧嘴分流和大、小天坪坝引流后，约 7 分水流入北渠，在高塘村与湘江故道相会，全长 3.25 公里，最大引流量为 12 立方米/秒。南渠自南陡口起，过严关，流至溶江镇老街的灵河口入漓江，全长约 33.15 公里，南渠引湘江水约 3 分，最大引流量为 6 立方米/秒。灵渠自越城峤至溶江镇的灵河口一段约 29 公里，主要的自然河流有 4 条。

灵渠的凿通，沟通湘江、漓江，连接了长江和珠江两大水系，构成了遍布华东、华南的水运网，为秦王朝统一岭南提供了重要保证。自秦以来，对加强南北政治、经济、文化的交流，密切各族人民的往来，都起到了积极作用。

已有 2300 余年历史的灵渠，历久不衰，虽经历代修整，依然发挥着重要作用。灵渠工程运用至今，其渠道线路、工程型式及主体工程的位置基本没有大的变动，历代仅对洪水冲毁或日久废弃的建筑进行修复。灵渠的工程规划充分利用了地形特点，结合当时的工程技术水平，在统筹考虑渠首位置、工程量、渠道线路、水流衔接等工程因素方面，选定了最优工程方案。天平、铧嘴、陡门、堰坝等控导建筑物就地取材，型式简单实用，建筑施工和维护更新方便，工程规模小，运行 2000 余年而没有对当地自然环境产生破坏，相反造就了一条优美的生态风景线，充分体现了灵渠工程的科学价值及蕴含于其中的古代生态智慧。

灵渠是一条伟大而古老的人工运河，是一条兼有航运与灌溉功能的渠道，由于其开凿和发展，带来了沿渠两岸灌溉农田的效益。灵渠开凿之初，只为通船运输。自宋代开始，灵渠新增了灌溉供水功能。灵渠延续至今，是我们重要的物质遗产和文化遗产。灵渠工程的建筑物都是为适应自然环境而建，渠首、陡门、堰坝等都是在不对河流自然特性及周边自然环境产生较大改变的条件下，调整而非控制水流以达到人类利用的目的，真正实现了人与自然、人与水的和谐相处。灵渠作为古代水利工程的瑰宝，像一颗光辉夺目的明珠镶嵌在桂林兴安，是桂林山水的组成部分，永远闪耀着生态智慧的光芒。

(四)坎儿井

坎儿井是荒漠地区的特殊灌溉系统，遍布于中国新疆吐鲁番地区。坎儿井，是“井穴”的意思，早在《史记》中便有记载，时称“井渠”，新疆维吾尔语称为“坎儿孜”。坎儿井与万里长城、京杭大运河并称中国古代三大工程。目前，吐鲁番的坎儿井总数达1100多条，全长约5000公里。新疆坎儿井是人类改造和利用自然的巨大成就。

坎儿井是开发利用地下水的一种很古老的水平集水建筑物，适用于山麓、冲积扇缘地带，主要是用于截取地下潜水来进行农田灌溉和居民用水。坎儿井的结构由竖井、地下渠道、地面渠道和出口“涝坝”(小型蓄水池)4部分组成，吐鲁番盆地北部的博格达山和西部的喀拉乌成山，春夏时节有大量积雪和雨水流下山谷，潜入戈壁滩下。人们利用山的坡度，巧妙地建造了坎儿井，引地下潜流灌溉农田。坎儿井不因炎热、狂风而使水分大量蒸发，因而流量稳定，保证了自流灌溉。坎儿井水温稳定，有利于干旱地区农田灌溉。坎儿井本身也是一个独特的生态系统，它不仅是当地很多植被获取水分的主要途径，同时对动物的生存起着特殊的作用。但吐鲁番盆地坎儿井的现状令人担忧。据统计，1957年，吐鲁番盆地坎儿井数量为1237条，径流量达5亿立方米；20世纪60年代，坎儿井减少到1161条；70年代，坎儿井减少到924条；90年代，流水的坎儿井减少到700余条；2004年，流水的坎儿井已减少到355条。

因此，必须加强加强坎儿井的管理，根据吐鲁番盆地坎儿井的分布情况，在坎儿井分布较多的流域建立坎儿井保护区，并对整个保护区进行科学规划，合理调配水资源，上游地表水的开发全部用在坎儿井上游地区，并使用传统的灌溉方法，使灌溉水部分渗入地下以补充坎儿井水源；中游泉水和坎儿井灌区可采用节水新技术。进一步加强坎儿井水资源和当地生态环境的保护工作，使坎儿井这一历史瑰宝不仅能继续完善保存，还能逐步改善吐鲁番盆地的荒漠生态环境。

第五节 湿地产品利用

湿地不仅提供生物多样性、涵养水源、净化水质、美化环境、调节气候等重要生态服务功能，而且还给人类提供水、食物、矿物、纤维等资源产品。湿地的综合效益包含了很广泛的内容，包括直接获取于湿地内的所有动物、植物和矿产物，明显不同于湿地外的“天然产品源”。通常取自于湿地内的产品有泥炭、木材、果蔬、肉类(如鱼虾类和水禽)、建草屋和编席用的苇、药材等。

一、湿地食用产品

湿地不仅提供重要的生态服务功能，还提供鱼、虾、贝类、水生蔬菜等湿地食用产品。湿地食用产品包含未经加工利用的原生态湿地食用产品及经过加工后的食用产品。

食用水生蔬菜是很重要的一类原生态湿地食用产品。水生蔬菜是在淡水中生长的、可供作蔬菜食用的植物，包括莲藕、芋头、茭白、慈姑、荸荠、水芹、菱、莼菜、蒲菜等种类。水生蔬菜大都营养丰富。按照食用器官，把水生蔬菜分为食叶类水生蔬菜、食茎类水生蔬菜、食果类水生蔬菜、食花类水生蔬菜四大类。中国栽培的水生蔬菜有莲藕、芡实、茭白、莼菜、菱、两角菱、水芹、蒲菜、荸荠、慈姑、芋、水蕹菜、豆瓣菜等 30 余种。

很多湿地食用产品经加工后，成为味道鲜美、营养丰富的食品。以莲藕为例，在我国，莲藕制品加工已经初步形成了产业链。莲藕加工后可延长保存期，改善食用口感及风味，提高附加值。我国莲藕加工是在手工家庭作坊制备藕粉和菜肴的基础上发展起来的。20 世纪 90 年代，随着国际果蔬贸易的增加，在江苏、山东、浙江等地逐渐形成了以盐渍藕进而以水煮藕片为主的加工产业，20 世纪 90 年代中期随着我国经济的发展，莲藕饮料的加工有了相应的水平，糯米藕的加工也有了商业化生产。目前我国莲藕加工食品种类主要有水煮藕片、盐渍藕、藕粉、藕汁饮料和糯米藕等。上述加工产品多属于初级加工产品或半成品。

荸荠营养丰富，自古有地下雪梨之美誉，北方人则视之为江南人参，荸荠的食用加工制品包括荸荠脯、清水荸荠罐头、荸荠糖、荸荠蜜饯等，味道醇甜清香。

莼菜以表面裹有一层透明胶质——莼菜多糖，而堪称一绝，历来和鲈鱼、茭白被列为江南三大名菜。莼菜加工品可分为半成品和深加工产品两大类。前者适于进一步加工或烹调后食用，后者可直接食用。在我国，莼菜半成品有莼菜软包装醋渍罐头、莼菜速冻品、莼菜干制品，莼菜软包装醋渍罐头是目前已经商品化的莼菜加工制品。莼菜深加工产品包括莼菜口服液等。

薏苡是一种药食兼用的湿地植物，含有丰富的营养及有效成分，综合利用的价值高于其他保健品。以薏苡为原料，经粉碎和乳酸菌发酵后的乳酸发酵产物及其干燥物，不仅在香味、食感和嗜好性等方面具有很好的饮食性能，而且在保健上亦具有独特的薏苡有效成分。目前，福建、山东、湖南、贵州、广西、四川等省份都有以薏苡为原料生产的产品，广西农业科学院研制出了薏米浸汁、保健酒、姜茶、夹心饼干等产品。

除了食用湿地植物外，食用湿地动物产品也多种多样，包括鱼类、虾蟹类、贝类、蛙类、龟鳖类、养殖水禽等及其加工制品。

湿地食用产品在我国居重要地位，其制品的加工和综合利用是促进相关产业发展的重要途径。目前我国湿地食用产品加工行业整体而言技术水平相对较低，迫切需要通过引进现代先进的食品加工新技术，加强新产品、新技术的开发与应用研究，改进传统产品的生产工艺，建立符合现代食品加工要求的工业化生产体系，实现湿地食用产品的工业化生产和高效增值加工。

二、湿地药用产品

很多湿地动植物不仅蛋白质和淀粉含量高，具有较高的食用价值，而且含有特殊的生活活性物质及有效药理成分，成为具有治疗和保健作用的药用型湿地动植物。按照入药部位，则可分为全草入药类湿地植物、根茎类药用湿地植物、叶类药用湿地植物、果实及种子类药用湿地植物、花粉类药用湿地植物、木本药用湿地植物六大类。常用的药用湿地植物如黑三棱、香蒲、鱼腥草、石菖蒲、芡实、莲子等。

鱼腥草学名蕺菜，被认为具有清热、解毒、利尿、消肿、镇痛等功效，其有效成分为鱼腥草素，蕺菜制成的药剂主要有口服液和注射液。中国人民解放军302医院药物研究所用蕺菜配制成的“康乐酒”，能提高机体内巨噬细胞吞噬活性，具有抗病毒、抗衰老、抗癌效果。目前我国对荷叶进行了初步的开发，有很多的降脂减肥药物都用到了荷叶，如云南盘龙云海药业有限公司生产的排毒养颜胶囊、海军总医院的轻健胶囊等。

到目前为止，湿地动植物药制剂经历了3个发展阶段。第一阶段，是传统的丹、丸、膏、散；第二阶段，是以水醇法或醇水法为主的提取、粗处理技术与现代工业制剂技术相结合而制成中成药；第三阶段，是运用现代分离技术和检测技术精制化和定量化的湿地动植物药。

三、湿地饮用产品

以湿地动植物或植物抽提物为原料经加工或发酵制成饮料制品，是湿地产品开发利用的形式之一。湿地饮用产品类型较多，加工利用最多的包括莲、荸荠、芡实、薏苡等系列饮品。

以湿地植物材料(根、茎、叶等)加工而成的茶饮品属于特种茶产品。荷叶系睡莲属植物莲的叶片，自古以来就是一种药食两用的植物，在1991年11月中华人民共和国卫生部的卫发(1991)第45号文件中，荷叶被列入第2批既是食品又是药品的名单之中，含有黄酮和生物碱等多种活性物质；荷叶应用上最广泛的是荷叶茶及其饮料的开发，不仅风味独特，而且含有丰富的荷叶黄酮和生物碱。目前，全国对荷叶茶的加工利用包括荷叶纯茶及荷叶茶饮料，生产荷叶茶的省市较多，包括江苏、浙江、湖北、湖南、山东、重庆等省份。大量的荷叶弃之不用，不仅没利用荷叶的价值，更给清理荷叶塘带来了负担。加强对荷叶的研究性开发利用，可实现废弃物的资源化利用，还能增加农民收入。荷叶茶的研制能改变国内外天然茶的功能单一状况，为消费者提供一种附加值较高、食用方便并具有保健功能的新型湿地产品。

藕汁饮料是目前我国工业化生产较多的产品，在江苏比较著名的品牌有倾心、荷仙等。

荸荠既可以作为水果食用，又可以作为蔬菜熟食。荸荠加工成饮料，既能起到解渴、防暑的作用，又有清热解烦、祛痰消积、降血压的保健作用。中国荸荠的栽培面积约为2.7万公顷，已成为重要的水生蔬菜之一。国内市场的荸荠饮料包括荸荠爽、荸荠果肉饮料、荸荠、乳酸、发酵饮料、荸荠皮果醋饮料、荸荠、芡实、莲子复合功能饮料等。

广西农科院已研制出薏米浸汁、保健酒、姜茶。中国科学院成都生物所研究出以薏苡仁制造的酒酿，由于薏苡仁脂肪含量高于糯米，使发酵产品中含酯量高于糯米酒酿，感官闻香效果很好。薏苡仁经发酵后所含苡仁酯进入酒酿汁中，使其具有食疗价值，加上薏苡仁酒酿含有的人体必需氨基酸比糯米酒酿高2.5倍，故发酵饮料的营养价值更高。

木贼科植物有多种生理功能和药理作用。民间有将问荆配制成问荆茶的做法，问荆茶有利尿、降糖、降脂、止血等多种功效。

进入21世纪以来，随着我国经济发展，人民生活水平提高，饮食与健康成为一个世界性话题。人们利用现有的自然资源来防治疾病，各种来源的生物活性物质也相继被开发利用，尤其是从湿地动植物的根、茎、叶以及废弃物中寻求新的药食两用加工饮品，实现湿地动植物高效资源化利用，是当今湿地产品开发研究的热点和方向。

四、湿地编织品及工艺产品

植物编织品、动植物材料制作而成的工艺产品，是大众喜爱的用品。在植物制作的编织品以及动植物材料制作而成的工艺产品中，有相当一部分是由湿地动植物制成，这就是湿地编织品及工艺产品。

湿地植物编织品美观、耐用，包括草编、藤编、竹编、棕编、柳编、麻编。据《易经·系辞》记载，旧石器时代，人类即以植物韧皮编织成网罟(网状兜物)，内盛石球，抛出以击伤动物。周代，以蒲草编织莞席已很普遍。汉代以蔺草(学名灯心草)编织为席，产于三辅(今陕西中部)、河东(今山西夏县)等地。唐代，草席生产已很普遍，福建、广东的藤编、河北沧州的柳编等都是著名的手工艺品。宋代，浙江东阳竹编的品种已有龙灯、花灯、走马灯、香篮、花篮等。至明清两代，浙江、江苏、湖南、四川、福建、广东等地的草编、藤编、竹编等生产有了较大发展，并在19世纪末开始出口。编织品的原料如草、藤、竹子大都是一年生或多年生草本植物。

可用于编织品制作的湿地植物包括灯心草、席草(*Cyperus iria*)、芦苇、香蒲、莎草(*Cyperus rotundus*)、芦竹(*Arundo donax*)、杞柳(*Salix integra*)、水竹(*Phyllostachys heteroclada*)等。

席草为多年生宿根性沼泽型草本植物，适于亚热带与暖温带雨量充沛、光照充足、四季分明、气候温和的地区生长。用席草为原料加工的草编产品是人们日常生活的必需品，也是我国出口的重要产品。席草古称“蔺”，在我国栽培和利用历史悠久，浙江河姆渡遗址出土文物中便有席草的残片，已经有7000年历史。春秋战国时期，席草栽培与编制已是吴越农户的一项副业生产。宁席(浙江宁波)早在唐开元年间便出口到朝鲜；关席(苏州浒墅关)早在北宋时便被列为“贡品”。目前，我国的江苏、浙江、上海、安徽、江西、湖南、湖北、四川、重庆、广东、福建、河南等省(直辖市)都有栽培，尤以长江中下游以南为主要栽培和编织区。席草制品除利用短草编织内销的沙发席、枕席外，大多出口日本，品种有：榻榻米、双目席、提草席、花筵席等。近年来，安徽省加强了席草农业标准化示范研究，加工档次不断提高；目前，示范区的席草加工企业由190个发展到833个。通过标准化示范栽培，在不增加投入的情况下，席草平均每亩增产383.8公斤，增收1712元，人均效益358元。广西武鸣县灵马镇王桥村，种1亩席草，经过村民精心培育及加工成草席后，能带来上万元的效益。1亩席草1年可收割2000公斤干席草，平均能编织400～450张草席，其中大张草席70张左右。在当地，1.8米宽的草席收购价为140元左右，1.5米宽的是60元，1.2米宽的是27元。这样，1亩席草编织成草席后产生的效益达到1万～2万元。

杞柳为杨柳科、柳属丛生小灌木，亦称“红皮柳”，生长在溪流两岸沟谷处，耐水湿、耐瘠薄，枝条细长，韧性强，去皮后洁白光滑，是柳编工艺品较好的原材料，主要产地为河北固安及江苏北部、山东南部一带。杞柳可1次栽植多年收条，成本低效益高，精加工可增值2～4倍。杞柳编织技艺是苏北地区汉民族独特的手工技艺，具有浓厚的民族特色和地域性。自汉朝时期，当地居民就有因地制宜，利用杞柳编织多种生活器物的习惯。尤其在衡器没有普及之前，我国中原以东地区主要依靠杞柳编织的“升筐”“斗”“笆子”为称量粮食容器。杞柳编织的3面有沿1面敞口的簸箕、提梁圆笼等都是家庭必备的生活用具。20世纪中期，传统杞柳编织又创新发展为单一条编技艺，所生产的各式各样的提篮、花筐等工艺品，远销美国、日本、马来西亚、新加坡等国家。杞柳编织可以创造经济效益，提高农民收入。同时杞柳在防风固沙、生态建设中也发挥着重要作用。

由于很多湿地植物茎、枝、皮柔韧，是编织品的优秀原材料。植物编织品已经成为人们生活中的必需品，同时一些品种又是工艺品，如各种挂席、地毯席等。随着人民群众生活水平的不断提高，对湿地植物编织品的需求量会越来越大，对编织品的质量和品种的要求也将越来越高，因此，湿地植物编织品及工艺品的生产前途十分广阔。

此外，湿地动物中的螺贝类可以加工制作成各种精美的工艺品。

五、泥　炭

泥炭资源是沼泽地中植物残体经过漫长的生物地球化学过程形成和积累的有机矿产，无菌、无毒、无污染，通气性能好，质轻、持水、保肥、有利于微生物活动，增强生物性能，营养丰富，既是栽培基质，又是良好的土壤调节剂，并含有很高的有机质、腐殖酸及营养成分。泥炭用途广泛，可用于农业，如作为有机肥料和育苗及花卉培植的基质，还可用于工业，如作为燃料发电、化工(从中提取多种原料)、酿酒、医药、制陶以及建筑材料等。我国东北及西南高原的高寒地区有很多高位泥炭的分布，而在华中、华北、东北、西南的低洼地带则有大量低位泥炭的分布。泥炭作为湿地特有的自然资源，其开发利用和保护一直受到广泛的关注。特别是近年来，泥炭地面积的丧失和质量下降的速度更快，泥炭地保护呼声日益增高。全国共有泥炭资源量46.87亿吨，居世界第三位。泥炭资源总是相对集中在水源丰富而稳定的区域中，集中分布于西南的若尔盖高原、云贵高原、东部的长江中下游平原及东北的兴安岭、长白山地和三江平原等地区。资源量超过1亿吨的有四川、云南、甘肃、江苏、西藏、黑龙江、安徽、内蒙古、吉林、新疆等9个省(自治区)，共占全国可用资源量的92%。东北三省和内蒙古泥炭储量分别为1.4亿吨(黑龙江)、1.2亿吨(吉林)、0.34亿吨(辽宁)、1.2亿吨(内蒙古)。根据泥炭的残体组成可以划分为草本泥炭、木本泥炭和藓类泥炭。随着改革开放和现代农业的发展与人们生活水平的不断提高，国内对泥炭资源的需求量逐年上升，人均消耗泥炭资源的数量也在不断增加，从原来的单纯泥炭出口国变成了泥炭进口国。

我国泥炭一般是有机质含量不高(平均53%左右)，中强分解度，纤维含量少，发热量低，虽富氮而贫磷、钾，这就限定了其基本利用方向为农业。我国泥炭资源总量中有98%以上泥炭适宜大量用于农业。泥炭掺入营养元素加工成各种泥炭腐殖酸有机肥料和营养土，在农业上用途颇广，但目前用量有限。用量较大的是把泥炭直接施用于农田，对于那些结板、贫化或盐碱化农田，提高肥力、降低碱性及改良土壤结构作用显著。泥炭以其富含有机质、腐殖质、多种营养元素的特性，并具有较大的持水性、通气性及阳离子代换性，为农作物发育生长创造了良好的土壤、营养和代谢条件。我国泥炭资源在农业方面具有较大的利用空间，可利用泥炭做原料生产有机肥料。近年来，我国对园艺泥炭的研究和应用比较重视，有些地方已经研制出定型的产品，逐步推广应用。试验表明，泥炭营养土用于花卉栽培、室内园林植物培育、蔬菜育苗、植物组织培养等方面，具有促进生长、成活率高、延长花期、缩短育种期等多种功能，是花卉、苗木和蔬菜的优良栽培基质。

与国外多为高位藓类泥炭相比，我国的泥炭资源主要以低位草本泥炭为主，工业泥炭产品开发的成本高，经营效益不佳。大多数裸露泥炭地主要分布在东北山地平原和西北西南高原，而泥炭市场却集中在华北和东南沿海，长距离运输大大提高了产品成本，直接限制了泥炭在我国的应用。目前国内市场简单粗放，宝贵的泥炭资源浪费惊人，缺乏规模化、标准化、产业化，泥炭生产的落后局面严重。

我国泥炭蕴藏丰富，泥炭产业发展的市场潜力巨大。但我们必须科学界定泥炭保护开发界限，促进泥炭开发与环境保护协调发展。作为一种多功能、多用途的自然资源，对泥炭资源的利用和保护必须根据泥炭矿产赋存的实际情况，采取相应的管理对策，实现泥炭资本的储存、泥炭价值的转换和持续增长。泥炭属于不可再生资源，也是很好的碳汇资源，过度采挖会造成水土流失、土地沙化，对生态环境造成严重破坏，因此，泥炭开发利用必须以生态保护为前提，积极保护处于正在积累状态的现代泥炭地，有序开发丧失湿地功能和效益的变更泥炭地。加强泥炭产品创新，提高产品技术附加值，减少泥炭资源消耗和浪费。

第二章 湿地资源可持续利用

第一节 湿地资源利用存在的问题分析

一、存在的问题

(一)现有开发利用层次低，利用规模小

目前，部分省市开展了湿地资源利用，一些地区形成了一定规模的湿地产业，但总体上，湿地资源利用规模偏小，主要的利用方式集中在湿地花卉苗木培育及利用、水生蔬菜种植及利用、淡水鱼类养殖利用等方面。我国长江中下游水生蔬菜资源丰富、栽培历史悠久，但当地农民多是自产自销或者到湖洲采集野生水生蔬菜肩挑担卖，没有形成规模经营。20 世纪七八十年代开始，一些地区有一些食品罐头厂利用野菜做水蕨菜、菱米、水芹菜、芡实罐头等，但没能形成规模生产和销售；90 年代以后，人们对水生蔬菜资源开发利用消费产生了浓厚的兴趣，但水生蔬菜的开发仍处于初级阶段，管理比较粗放，产业化经营规模很小。

(二)大量野生资源处于未利用状态，优良品种缺乏

我国湿地动植物资源丰富，根据《第二次全国湿地资源调查报告》，我国有湿地高等植物 4200 种(其中，苔藓植物 137 种、蕨类植物 185 种、裸子植物 12 种、被子植物 3886 种)，湿地脊椎动物 2312 种(其中，鱼类 1763 种、两栖类 215 种、爬行类 83 种、鸟类 231 种、哺乳类 20 种)，其中具有利用价值、可作为潜在开发利用的种类有数百种，但目前常规利用的湿地植物约 100 种左右，大量野生湿地资源处于未利用状态。目前的湿地资源利用以种养殖为主，大部分产品为初级产品，名特优种养殖产品较少，种养殖模式和方式仍存在不少问题。有些名特优品种的培育技术目前尚未突破，育苗技术不完善、不成熟，远远不能满足生产需求，严重制约了规模化、集约化种养殖的发展。现有种养殖苗种遗传力减弱，抗逆性差，性状退化等问题严重。我国的湿地生物物种多样性较高，但能够形成大规模种养殖生产的仅数十种，许多湿地种养殖种类人工培育繁殖技术尚未过关。

(三)湿地种植、养殖的科技含量较低

湿地种植的高产栽培技术落后，因湿地植物多数采用营养体繁殖，种苗用量大，本地品种因

连年种植，种性严重退化，产量不高，品质下降，高产高效的优良新品种种源少，新品种引进试验示范等资金短缺，加之种植农户对新品种应用积极性不高，新品种更新速度缓慢。湿地养殖如同其他动物养殖一样也会带来环境问题，但湿地养殖造成的环境问题与所养殖的品种和所使用的养殖系统有关，而且对环境影响程度的差别很大。目前，湿地养殖造成的环境影响主要包括：水环境污染、水体富营养化、外来有害物种影响、栖息地破坏等，需要大量的科学研究去解决，同时需要培训大量的养殖技术人才，才能实现对湿地生物资源的合理、有效利用。

(四)湿地产品加工业基础薄弱，技术落后，综合利用率低

湿地产品大多数为初级产品，缺乏深加工利用。加工发展的主要问题是“三低、两少”，即产品附加值低、技术含量低、市场占有率低，品牌少、名优品种少。加工品种单一，精深加工跟不上。在湿地精深产品加工利用方面，不少省市地区还处于空白。现有的湿地产品加工企业规模小，技术落后。

现有利用的湿地动植物，其产品综合利用率很低，如莲藕等湿地植物，利用的只是其中一部分，如花、藕、叶，植物体的其他部分基本上处于未利用状态。大多数湿地植物都是一年生或多年生宿根性植物，到了冬季基本上要枯萎，这些宝贵的资源都没有得到开发利用。

(五)对资源利用的监管力度不够

尽管目前对湿地资源利用的规模小，但从已经开展利用的区域和部门来看，对湿地资源的利用监管力度不够，对进入湿地领域的产业缺乏生态环境影响评价和后期管理，以及资源开发利用过程中的综合监管。现有监管技术手段落后，有效的监管体系尚未建立，没有运用现代先进的科技手段，及时、动态、综合地进行监督、管理。

(六)外来物种入侵的威胁巨大

与湿地资源利用相伴的同时，外来入侵物种已经在一些区域造成明显的危害，在这些入侵物种中，主要以喜旱莲子草、凤眼莲、红花酢浆草、福寿螺、食蚊鱼、克氏原螯虾等危害最为严重，这些已带来严重危害的外来入侵物种的出现给我国湿地资源保护及可持续利用敲响了警钟。但目前大多数省市还没有建立应对湿地外来物种入侵的监测和预警体系，因此，外来物种入侵对湿地的威胁巨大。

二、原因分析

(一)湿地资源利用缺乏大湿地产业理念

湿地资源利用规模偏小，缺乏大湿地产业理念。对湿地资源的利用，没有系统地从湿地农业、湿地苗木产业、湿地产品加工业、湿地生态旅游业等方面系统、综合规划。目前，我国相关省市对湿地资源的利用基本处于初级利用，没有形成上下游产业链条，缺乏综合性湿地产业的长远规划。

(二)湿地资源利用的科技研发力量落后

我国大量野生湿地资源处于未利用状态，原因在于科技研发力量相对落后。目前，我国在湿地基础研究方面投入了比较多的人力、物力，但在湿地资源的利用方面，科技研发力量相对落后，基础研究跟不上利用需求。综合性湿地科技机构少，湿地资源利用科技人才匮乏，湿地资源开发缺乏技术支撑，在湿地资源利用方面缺乏专家指导。相关产业缺乏技术规范，如各类资源湿

地植物的种植技术规范、种养结合及深加工利用技术规范等。另外，湿地资源利用领域的科研经费少，装备差，使得湿地资源开发的力量薄弱。

（三）保护意识薄弱，宣传教育滞后

总体来看，目前湿地保护及可持续利用的意识还比较薄弱，宣传教育不够。就湿地外来物种入侵危害来看，人为造成大量外来物种入侵，这些因素包括：缺乏有效的科学知识与信息、缺乏宣传教育，缺乏对引进物种的利益与风险进行评价，盲目引进，淡薄的生态意识与不顾生态后果的经济利益驱使，有法不依与执法不严。

（四）与湿地资源利用有关的管理体制有待建立和完善

湿地资源利用还没有形成一个完整、合理的开发格局，缺乏全面合理规划和管理。对湿地资源的管理基本上根据湿地自然资源属性及其开发产业，按行业部门进行计划管理，这种管理模式是陆地各种资源开发部门管理职能向湿地领域的延伸，各部门从自身利益考虑湿地资源开发与规划，使得湿地资源的综合优势及潜力不能有效地发挥。对湿地资源的保护和管理涉及到林业、农业、水利、环保、交通、旅游、港航、海事等多个部门，而这些领域分属不同的部门管理，各湿地开发产业条块分割严重，各方缺乏相互间协调，没有建立起有效的纵横向一体化管理协调机制，相关政策、制度跟不上。

第二节 湿地资源合理利用基础

一、湿地生态系统服务

生态系统服务指人类从生态系统获得的所有惠益，包括供给服务(如提供食物和水)、调节服务(如控制洪水和疾病)、文化服务(如精神、娱乐和文化收益)以及支持服务(如维持地球生命生存环境的养分循环)。生态系统提供物质产品(水资源、原料产品、水产品等)是生态系统服务的重要组成部分，这些有形的产品就是资源合理利用的基础。

（一）湿地生态系统服务类型

湿地是全球生产力最高、生物多样性最丰富的生态系统，被誉为“自然之肾”“生物超市”“天然水库”“物种基因库”。湿地生态系统服务是湿地生态系统及所属物种所提供的能够维持人类生活需要的条件和过程，即湿地生态系统发生的各种物理、化学和生物过程为人类提供的各项服务。对湿地生态系统服务价值进行科学评估，不仅有助于提高人们对湿地重要性的认识，而且其研究结果可以为决策者完善湿地资源保护和开发利用规划提供科学依据，有利于湿地生态系统的恢复和可持续发展管理。按照千年生态系统评估(Millenniun Ecosysten Assessnent，2005)的框架体系，将湿地生态系统服务划分为四类：

(1)产品提供服务，包括食物、淡水、纤维、薪柴、生化原料、遗传基因库、药品、水能等产品。

(2)调节服务，包括空气质量调节、气候调节、疾病控制、侵蚀控制、生物控制、风暴控制、

水资源调节、水质净化、授粉等。

(3) 文化服务，包括文化多样性、精神和宗教、休闲旅游、美学、灵感、教育、感知、文化遗产等。

(4) 支持服务，包括初级生产、产氧、土壤形成、氮循环、水循环、生境提供等。

在湿地生态系统提供的有形产品服务方面，包括食物、淡水、药品、纤维等，这些都是湿地资源合理利用的基础。

(二) 湿地生态系统服务价值评估

湿地是地球上具有重要保护利用价值的生态系统。对生态系统服务价值的评估是湿地资源合理利用的基础和前提，为此，国内外许多专家学者和组织在不同国家对不同尺度的湿地生态系统服务功能及其价值评估开展了大量工作。1997 年美国马里兰大学的 Robert Costan - za 等人做的对全球生态系统的功能和自然资本的价值估算，其中湿地生态系统的全球总价值为 48. 79 亿美元/年，每公顷价值为 14785 美元。

通常，湿地生态系统服务功能价值估算采用市场价值法、影子工程法、费用替代法、条件价值法等进行定量评估。市场价值法是指对有市场价格的生态系统产品和功能进行估价的一种方法，一般主要用于对湿地生态系统的物质产品进行评价。碳税法与工业制氧影子价格法系根据光合作用方程式，以干物质生产量来换算固定 CO_2 和释 O_2 的量。根据目前国际上通用的碳税标准与我国造林成本的平均值和工业制氧影子价格法，将生态指标换算成经济指标，得出湿地固定 CO_2 和释 O_2 的经济价值。影子工程法是指以人工建造一个工程来替代生态功能或原来被破坏的生态功能的费用，主要用于对湿地的涵养水源与调蓄洪水价值进行评估。替代法主要用湿地减少土壤肥力流失的价值来代替保护土壤的价值。

二、需求基础

(一) 经济社会发展需求

进入 21 世纪，人口增长、经济社会迅速发展对湿地资源的需求日益增长。人们越来越深切地认识到湿地资源对经济社会发展的重要性。水资源是国民经济发展的重要支撑，从水资源用途而言，农业用水量最大，工业用水量次之，生活用水量最小。湿地中的水资源的有效保障已成为一个地区经济社会可持续发展的先决条件。湿地作为水资源的重要载体和水的作用对象，其重要性日益突显，湿地保护已成为保障水资源可持续利用的关键所在。

(二) 生态文明建设需求

科学保护和利用湿地资源，是建设生态文明的重要内容。党的十八大把生态文明建设纳入中国特色社会主义事业五位一体总布局。建设生态文明，是关系人民福祉、关乎民族未来的长远大计。面对资源约束趋紧、环境污染严重、生态系统退化的严峻形势，必须树立尊重自然、顺应自然、保护自然的生态文明理念，把生态文明建设放在突出地位，融入经济建设、政治建设、文化建设、社会建设各方面和全过程。生态文明是人类为保护和建设美好生态环境而取得的物质成果、精神成果和制度成果的总和，是以资源可持续利用为基础。因此，湿地资源的合理利用是生态文明建设的需要。

(三)人民物质生活需求

随着人民物质生活水平的快速提高，伴随着人均资源需求量的大幅增加，人们对食用、药用资源的需求也日益增加。湿地能够提供优质食品、药品及其他用品，能够部分满足人民的食用需求、药用需求、观赏需求，因此，要把改善生态、改善民生作为湿地保护工作的出发点和落脚点，发挥湿地在改善生态和改善民生中的多种作用，让人民群众充分享受湿地保护与可持续利用的成果。

(四)人居环境优化需求

党的十八大明确提出了美丽中国建设目标。湿地保护及景观建设作为美丽中国建设的细胞工程，对优化城乡人居环境具有重要意义。很多地方通过湿地公园建设、湿地景观建设，大大优化了人居环境，在为老百姓带来切实好处的同时，让土地进一步增值。因此，科学保护和可持续利用湿地资源，是人居环境优化的需求，更是建设美丽中国的重要内容。

三、资源基础

(一)资源蕴藏丰富

中国是世界上湿地资源丰富，面积大的国家。根据《第二次全国湿地资源调查报告》，我国现有湿地面积约 5342.06 万公顷，位居亚洲第一位，世界第四位。其中河流湿地 1055.21 万公顷，湖泊湿地 859.38 万公顷，沼泽湿地 2173.29 万公顷，人工湿地 674.59 万公顷。我国有湿地高等植物 4200 种(其中，苔藓植物 137 种、蕨类植物 185 种、裸子植物 12 种、被子植物 3886 种)，湿地脊椎动物 2312 种(其中，鱼类 1763 种、两栖类 215 种、爬行类 83 种、鸟类 231 种、哺乳类 20 种)。湿地生物资源中有很多是中国所特有，具有重要的经济价值和可开发利用价值。

(二)资源特色明显

我国湿地资源的特色明显，主要表现在：湿地类型多、分布广、区域差异显著、生物多样性丰富。《湿地公约》定义的各类湿地在我国均有分布，是全球湿地类型最丰富的国家。湿地资源分布广，从寒温带到热带，从沿海到内陆，从平原到高原都有分布。湿地资源区域差异显著，东部地区河流湿地多，东北部地区沼泽湿地多，长江中下游和青藏高原湖泊湿地多。湿地生物多样性丰富，湿地生境类型众多，不仅物种数量多，且许多为中国特有。

四、产业发展基础

(一)产业现状基础

目前，我国的湿地资源利用产业已经具有一定的基础。在湿地种植方面，已经开发利用的观赏湿地植物约有 100 余种，食用湿地植物中的水生蔬菜约有 20 ~ 30 种，药用湿地植物约 260 余种。在湿地产品加工方面，如莲藕制品加工已经初步形成了产业链；各地加工生产了系列荸荠饮料；席草系列编织品的生产加工已经在一些区域规模化、标准化。

(二)产业发展优势

产业是国民经济的重要承载体，在区域经济发展中具有极其重要的作用。产业的发展离不开经济——社会——生态环境的有机统一。我国湿地资源丰富，具有独特的发展湿地产业的优势。必须在推进经济实现跨越式发展中，实现经济发展方式的转型，把湿地资源优势转变为产业发展优势。目前，国内外市场需求、湿地资源利用的技术基础，都为湿地资源的利用提供了极好的机遇。

第三节 湿地资源合理利用模式

一、湿地农业

（一）湿地农业的发展背景

湿地农业是通过培育湿地动植物产品，为人类提供生产食品及生产原料的一种农业形态。稻作农业就是传统湿地农业的一种形态，从我国华东地区新石器时代遗址（距今大约7000年前）出土的证据表明，新石器时代人们选择低地沼泽栽培水稻，为了防止稍咸的水定期淹没稻田，人们采用修建堤坝的办法，既能防止洪水时期淹没稻田，又能保留一些含有丰富养分的季节性洪水。在中国传统农耕时代，针对流域面源污染，劳动人民创立了优化流域结构的多塘湿地农业形态。在南方，很早以前，针对多雨特点，在有效排水和农业利用上创造了一系列成功的湿地农业利用方式，如长江中游两湖平原的“湖垸”、长江下游地区的“圩田”、珠江三角洲的“桑基鱼塘”，等等。

在面源污染加剧、流域土地利用结构破坏、洪涝和干旱等极端灾害性天气频发的当代，具有污染净化、储蓄水分、生物生产等多功能效益的湿地农业是可选择的理想途径之一。如果说传统农业的功能在于提供更多的农产品，那么湿地农业的功能就是在保护湿地生态环境的前提下提供更好的多功能生态产品。

（二）湿地农业类型划分

按照湿地农业的功能用途，把湿地农业划分为以下4种类型：

（1）产品型湿地农业：该种类型湿地农业主要以生物生产功能为主，提供多种多样的湿地生物产品，如传统的稻作湿地农业、藕塘农业、水生蔬菜种植业等，都属于产品型湿地农业。

（2）资源保护型湿地农业：该类型湿地农业在兼顾生物生产功能的同时，重在保护丰富的湿地生物资源。

（3）环保型湿地农业：该类型湿地农业着重突出环境净化功能，同时兼顾生物生产功能，如对农村生活污水和流域面源污染的处理，以村庄人工湿地和流域多塘湿地的方式，种植具有经济价值、污染净化功能的水生作物、水生蔬菜等。

（4）观赏型湿地农业：将湿地农业与乡村观光旅游结合，在农业湿地系统中，种植具有观赏价值的水生花卉、水生作物。

（三）湿地农业模式

我国湿地资源丰富，湿地类型多，分布广，区域差异显著，湿地资源独特。在继承我国传统湿地农业文化遗产的基础上，近年来，结合各省市自身的湿地资源特点，在湿地农业方面进行了一系列探索，形成了一系列具有良好经济效益、社会效益和生态效益的湿地农业模式，本书对这些湿地农业模式进行了归纳和总结。

1. 基塘湿地农业模式

基塘农业是珠江三角洲人民根据当地多雨、地势平坦、河涌发育等自然环境特点，创造的一种独特的湿地农业生产方式。将低洼易发洪患之处挖泥成塘，堆泥成基，基上种植经济植物，以经济植物进行养殖和加工利用，产生的物料又可作为饵料投入塘中养鱼，将塘基、经济植物、经济动物、鱼等要素有机联系在一起，既能防洪，又能增加收入，是一种具有明显地方特色的湿地农业经营模式。根据塘基上种植植物的类别(如桑树、甘蔗、果树等)，分别称为桑基鱼塘、蔗基鱼塘、果基鱼塘。基塘农业是珠江三角洲湿地农业的特色和重要的农业文化遗产，集中分布在广东省顺德、南海等市。

(1)桑基鱼塘模式。桑基鱼塘是在珠江三角洲地区，为充分利用土地而创造的一种高效人工生态系统。桑基鱼塘是将低洼地挖深变成水塘，挖出的泥堆置水塘四周为基，基和塘的比例为六比四，六分为基，四分为塘。基上种桑，塘中养鱼，桑叶喂蚕，蚕粪(蚕砂)肥鱼，鱼塘中富含有机质的塘泥又取上来作桑树的底肥。通过这样的物质循环利用，获得了“两利俱全，十倍禾稼”的经济效益。桑基鱼塘是明清时期我国珠江三角洲人民在土地利用方面的一种创造，也是中国建立科学的人工生态农业的开端，合理地利用了水土资源和湿地动植物资源，是宝贵的农业文化遗产。

(2)蔗基鱼塘模式。蔗基鱼塘是指鱼与蔗综合经营，就是在鱼塘塘基上种甘蔗，以蔗叶和蔗尾(顶端幼嫩部分)喂鱼，塘泥作蔗地的肥料，经济效益好、物质循环利用好。这种类型在珠江三角洲较为普遍，该种模式被载入了我国中学地理教科书，是珠三角人民值得自豪的农业文化遗产。

(3)果基鱼塘模式。果基鱼塘是基塘农业形式之一，是利用生物链物质循环的原理，在鱼塘塘基上种植果树，果树可以综合利用，废弃物料可作为鱼类饵料，鱼的排泄物可做果树的肥料，使鱼和果树兼得，有利于渔业和农副业的发展。

随着农业生产部门的多样化和湿地农业产业的发展，源自珠三角的基塘农业也在不断地被赋予新的内容和形式，基塘农业的“基”和“塘”在结构和功能上都发生了新的变化，突出表现在：“基”上作物多样化，“塘”鱼养殖科学化。塘基已经由过去单一的桑基、蔗基、果基变成多功能生态基，基上种植的种类包括各种具有经济价值和生态功能的小型木本植物、多种农作物、蔬菜、花卉、饲料草等。塘内养殖种类已不单纯局限于鱼类，还包括虾蟹、贝类等多种水生经济动物。新的基塘湿地农业模式和科学的方法，使农副产品更多样化，产品质量提高，综合效益更高。此外，重庆大学的研究团队把基塘湿地农业模式引入三峡水库消落带，创造了适应于季节性水位变化的基塘结构、适生性植物，不仅使消落带生态环境得到修复、优化，而且具有明显的经济效益和社会效益。

2. 立体稻作种养模式

稻作农业是对栽培稻耕种的一种湿地农事作业形态，中国是亚洲栽培稻起源地之一，长江中下游地区是中国稻作农业起源地的范围。公元前3000～前2000年的新石器时代末期，史前稻作农业走向成熟，为史前社会的迅速发展提供了丰富的物质基础。水稻种植业是一种劳动密集型农业，劳动强度大，需要投入大量劳动来精耕细作，相对于其他农作物，水稻单产高。但传统的水稻种植业大多属于小农经营，商品率较低。为了提高单位面积的产量和收益，从东汉时期就开始在稻田中放养鱼类，从而把水稻种植业与水产养殖业结合起来，这就是稻田养鱼，是将种稻、养鱼有机结合在同一块农田中的湿地农业生产。

稻田是一个典型的人工生态系统，水稻、杂草、藻类和光合细菌是该系统的主要生产者，通过光合作用合成有机物质，供人类利用。杂草并不给人类提供有益产品，还和水稻争夺光、水和肥料，需要人为排除杂草。另外大量细菌、浮游植物和动物随水流失，造成稻田生态系统物质和能量的损失，而稻田养鱼、养鸭把具有不同生态位的物种有机地结合起来，形成高效的湿地农田生态类型，与原稻田生态系统相比，由生产者水稻、具有固氮能力的浮萍和消费者鱼、鸭构成了一个更为复杂的食物网结构，能量、水、肥利用率有了大幅度提升，生态经济效益明显提高。植根于稻田养鱼的基本原理及技术基础，现在发展了功能更为多样、综合效益更好的"立体稻作种养模式"，该模式是充分利用稻田空间、资源，发展以水稻种植为基础的多层、多级、多样化(种植种类多样化、养殖种类多样化、利用空间多样化)、多功能的复合种养湿地农业，这些模式在全国不同省市各有特色：

(1)稻—萍—鱼—鸭复合生态系统模式。稻田露天养鸭是发展已久的成熟技术，而稻田围栏养鸭则是改进的新技术。稻田养鱼、稻田养萍、稻田养鸭都具有除草、中耕、施肥、防治病虫的作用，而且不降低水稻产量。将稻田养鱼、稻田养萍、稻田养鸭三者结合在一起，即把种植水稻与动物养殖人为地组合在同一生态系统中，利用稻田的立体空间，达到充分利用光、热、水及生物资源的目的，同时也增加了稻田生态系统的能量产出，稻田养鱼、养鸭对水稻病害具有一定的抑制作用，从而产生显著的生态、经济、社会效益。

(2)水稻—水芋、荸荠、慈姑间作种植模式。立体稻作种养模式不仅仅表现在养殖种类的多样化，还包括在水稻之间间作其他经济作物，如水生蔬菜。水稻—水芋、荸荠、慈姑间作种植模式，是将水稻与水芋、荸荠、慈姑等水生蔬菜间作种植。该模式在华南广东等地区稻瘟病、纹枯病多发区的稻田，在不施用任何农药条件下，在早、晚两茬进行水稻—水芋间作、水稻—水蕹菜间作、水稻—慈姑(晚茬)间作、水稻—荸荠(晚茬)间作。这种间作模式使得水稻的叶面积指数明显高于水稻单作，水稻抗病能力提高，土地当量产量和土地当量产值比显著高于单作模式。

(3)"双千田"组合模式。重庆巴南区、渝西地区，人多地少，冬水田比重大，结合当地自然环境及水热特点，提出了"双千田"及其组合模式。如重庆大足区在20世纪80年代就开始试行的"双千田"模式，在传统的稻田养鱼基础上，在大田内或几块田之间，挖掘深水凼(鱼凼，鱼坑)，在鱼凼田中投放草鱼、鲤鱼、鲢鱼、鲫鱼等，这些鱼的食性不同，生活的水层不同，构成了一个完整的群落环境。当地老百姓将这种稻鱼工程模式称为"双千田"，即收获500公斤稻谷，养殖水产品收入1000元。现在"双千田"有了很多组合模式，包括中稻—再生稻+鱼、中稻—再生稻+鱼—萍、中稻—再生稻+鱼—笋、中稻—再生稻+鱼+鸭、中稻—再生稻+鱼+葡萄、中稻+菜、中稻—蘑菇等等模式。

3. 鱼菜共生模式

鱼菜共生系统是一种涉及鱼类和植物的营养生理、环境、理化等学科的湿地农业新技术，根据鱼类和植物的营养、环境和理化特点，将水产养殖和蔬菜种植两种不同的农业技术，通过科学的生态设计，实现"养鱼不换水，种菜不施肥"的一种新型的鱼、水、菜和谐协同共生的湿地农业模式。

（1）池塘鱼菜共生模式。重庆市水产站针对重庆山丘地形特点和重庆渔业水源少、规模小、效益低、污染大等突出问题，探索出了适合重庆当地的池塘鱼菜共生模式，实现净水、增氧、抑病，节水、节电、节地，保障水产品质量安全，生产绿色蔬菜，增加农民收入的目的。在鱼塘水面人工搭建浮床，种植空心菜、水芹菜、豆瓣菜等水生蔬菜，水生蔬菜的根系利用养殖池塘水体中的营养元素，生长过程吸收水中富营养物质，净化了水质，达到净化和改善池塘水质、减少鱼病发生及用药、提高鱼产量等目的。浮床有两层网，水面上的一层是疏网，有利于水生蔬菜生长，水面下的一层是密网，防止鱼把水生蔬菜的根吃掉，浮床面积不超过鱼塘水面的1/10，保证水体充足的光照，不至于影响鱼的生长。通过鱼菜共生系统设施创建和生态化综合种养技术，形成一个鱼菜共生互促的特定生态系统和良性循环机制。自2010年"鱼菜共生"技术在重庆市引育种中心试验示范成功后，在全市范围内大面积推广，取得了较好的经济效益、生态效益和社会效益。实现每公顷产空心菜（丝瓜、水芹菜）36000公斤以上，每公顷增收在30000元以上，2011年全市重点推广面积552.9公顷，实现平均单产蔬菜10722公斤/公顷，单位面积增收达到10920元/公顷，单位面积水产品产量达到16180.5公斤/公顷，较常规养殖方式利润增加23.9%，经济效益显著。重庆市水产站在试验示范、推广应用的基础上，形成了《池塘鱼菜共生生态养殖技术规范》地方标准。

（2）高原湖泊花—鱼—蚌共生模式。中国科学院昆明动物研究所在云南土著和特有鱼类的人工繁育、迁地保护、种群恢复、生物多样性保护方面历经若干年努力攻关，人工繁育并成功投放国家Ⅱ级保护动物、滇池特有的濒危鱼类——滇池金线鲃，筛选出利用滇池土著物种，融生态治理、生物多样性保护、社区经济发展为一体的"花（海菜花）—鱼（金线鲃）—蚌（背角无齿蚌）"三位一体的协同共生模式，即利用"海菜花—金线鲃—无齿蚌"模式，在临近滇池的鱼塘和湿地内种植滇池土著水生植物海菜花，在海菜花中套养金线鲃等土著鱼类，底层饲养背角无齿蚌，形成立体的湿地恢复利用模式，利用水生植物吸附营养物质，动物摄（滤）食浮游生物，促进滇池水生态的恢复。海菜花是一种观赏价值和食用价值兼具的沉水植物，花梗、叶柄可作蔬菜食用。对水体的净化能力强，可吸收水中的氮和磷，具有化感作用，能够抑制藻类，改善水质。海菜花群落的建立能改善水下光照和溶氧，为金线鲃等其他水生生物提供赖以维持的环境基础。背角无齿蚌是滤食生物，典型的污染净化工程物种，被称为"微型污水处理厂"。金线鲃是高原湖泊土著特有鱼类，在维持水生生态系统健康中起到举足轻重的作用，对金线鲃等滇池土著鱼类物种进行挽救和保护，已刻不容缓，而"花—鱼—蚌"协同共生模式则提供了极好的基础，金线鲃本身也具有极高经济价值。"花—鱼—蚌"协同共生模式是"退塘（田）还湖（湿地）"可持续的保障，不仅能形成良好的生态景观，农民还可以采集海菜花、捕捞鱼类和贝类增加收入，而且减少了富含氮、磷等营养盐的养殖废水排放。

4. 多功能种植—养殖耦合模式

（1）一育三养（育苇、养鱼、养蟹、养禽）模式。辽宁省盘锦市芦苇面积广阔，是辽宁省主要的草类纤维造纸原料基地，是盘锦市一大自然资源。针对芦苇生产单一、管理粗放、科技含量低、产量不高、经济效益不显著的状况，结合芦苇湿地的生态结构特征，不仅对生物多样性和环境保护起到重要作用，而且芦苇湿地对苇区的经济发展也能提供重要物质保证。为了永续利用芦苇湿地资源，使湿地资源更多地转化为产品，取得较好的综合开发效果，在盘锦市芦苇湿地推出了“一育三养”(即育苇、养鱼、养蟹、养禽)立体种植养殖耦合模式，即增加苇田工程，把苇田改造成稻田一样的方格，在提高苇田产量的同时，根据生物共生关系，利用苇田中的天然饵料，水面养禽、水中养鱼、水底养蟹，使苇田资源由单一利用向综合利用转化。采用科学育苇技术和以人工复合生态系统为主的芦苇、蟹、鱼、禽配置模式，使芦苇高产优质高效与综合开发利用相结合，资源利用与保护相结合，真正达到了一水多用、一地多收的目的，取得较好的经济、社会、生态效益。从2000年开始，全市苇田开始推广“一育三养”工程，到2005年全市“一育三养”面积达到69.5万亩。实现产值3500万元。不仅如此，湿地环境质量改善后，前来栖息的野生水鸟明显增加，充分发挥了其生物多样性功能。

(2)松嫩平原苏打盐碱芦苇沼泽苇蟹鳜鲴模式。苏打盐碱芦苇沼泽是我国内陆天然湿地的主要生态类型之一，集中分布在东北松嫩平原。在20世纪90年代，中国科学院东北地理与农业生态研究所探索出以常规鱼类(鲢、鳙、鲤、鲫等)养殖为主、种养结合的稻苇鱼、苇鱼禽(畜)、稻苇鱼蒲等生态农业模式，为苏打盐碱芦苇沼泽湿地的可持续利用提供了有效途径。

河蟹、鳜、鲴是我国湖泊、池塘发展优质高效渔业的传统目标品种，针对苏打盐碱芦苇沼泽水环境盐碱度偏高，自然条件下河蟹、鳜、鲴无法适应的问题，通过苗种高盐碱水环境适应性驯化，提高其放养存活率，将以往苏打盐碱芦苇沼泽利用模式中的常规鱼类代之以优质品种，并结合芦苇高产抚育，建立优质高效的苇蟹鳜鲴生态农业模式，为生态优先前提下实现苏打盐碱芦苇沼泽高效可持续利用提供了新途径。

(3)红树林种植养殖耦合模式。在广东省、海南省的红树林区域，盛行水产养殖与红树林种植的耦合模式。红树林是生长在热带、亚热带海岸潮间带的木本植物群落，被誉为“潮间带森林”，红树林通过为海洋动物提供栖息、觅食的理想生境与食物来源，净化水环境，为渔业养殖提供有利条件。在水产养殖系统中引入红树植物，实施养殖动物与红树植物共存一体的耦合养殖模式，通过红树植物吸收、土壤吸附和改变系统微环境等，有效降低水体中的N、P等营养污染物含量，减少养殖废水排放造成的污染，水质改善可促进养殖动物生长。这种滩涂种植养殖耦合系统，在滩涂鱼塘中构筑红树林种植岛，种植秋茄、桐花树、海桑，养殖美国红鱼、星洲红鱼、锯缘青蟹、斑节对虾，通过植物吸收、土壤吸附和改变系统微环境等作用，有效降低水体中的N、P含量，减少养殖废水排放，缓解近岸水域的富营养化，这种模式是一种红树林水产养殖湿地循环经济发展模式，对实现我国海水养殖业可持续发展具有重要意义。

5. 水库消落带多功能湿地农业模式

自2008年以来，重庆大学的湿地研究团队在三峡库区开展了消落带湿地农业研究和示范。针对三峡库区消落带的季节性水位变化，以及消落带面临的环境保护与合理利用问题，进行了多功能湿地农业开发关键技术研究与示范，探索适合水库消落带特殊环境的湿地农业生态修复及生态友好型利用技术，为水库消落带湿地农业可持续发展提供了示范样板。创新性地提出并建立了消落带基塘工程、林泽工程、多功能浮床工程，所筛选的20余种湿地乔木和湿地作物、湿地蔬菜及花卉能够耐受冬季深水淹没，环境效益、生态效益、经济效益和景观效益明显，对国内其他水库消落带的生态修复及生态友好型利用具有重要的参考价值。

(1)消落带基塘模式。借鉴中国传统农业文化遗产的生态智慧，吸取珠江三角洲桑基鱼塘的合理成分，在三峡水库具有季节性水位变动的消落带，设计并实施消落带基塘工程。在三峡水库消落带平缓的土质库岸区域，在坡面上构建水塘系统，塘的大小、深浅、形状根据消落带自然地形和生态特点确定，塘内筛选适应于消落带水位变化(尤其是冬季深水淹没)的植物，主要是具有观赏价值、环境净化功能、经济价值的水生花卉、湿地作物、湿地蔬菜等，充分利用消落带自身丰富的营养物质，构建消落带基塘系统。基塘系统中的湿地植物在生长季节能够发挥环境净化、景观美化及碳汇功能。生长季节结束正值三峡水库开始蓄水，收割后能够进行经济利用，同时避免了冬季淹没在水下厌氧分解的碳排放及二次污染。基塘工程可以运用于三峡水库小于15°的平缓消落带，其产生的生态效益、经济效益和社会效益巨大。

(2)消落带林泽模式。在消落带筛选种植耐淹而且具有经济利用价值的乔木、灌木，形成在冬水夏陆逆境下的林木群落。根据三峡水库消落带的水位变动规律、高程、地形及土质条件等，以高程160米以上的区域作为林泽工程的实施范围，形成宽约15米的生态屏障。通过试验研究，筛选出了耐冬季深水淹没的池杉、落羽杉、水松、乌桕等乔木种类，秋华柳、枸杞、长叶水麻、桑树等灌木种类，发挥了护岸、生态缓冲、景观美化和碳汇功能。经过五年的试验研究，形成了三种类型的基塘工程模式：复层林泽系统、林泽基塘复合系统、林泽碳汇系统。

(3)多功能浮床模式。在三峡水库的库湾、湖汊等水流相对平缓的区域，实施多功能、多效益的生态浮床工程。生态浮床是绿化技术与漂浮技术的结合体，由浮岛框架、植物浮床、水下固定装置以及水生植被组成。浮岛上选择各类适生湿地植物，包括从消落带原生地筛选的耐水淹湿地草本植物。生态浮床的多功能包括：水质净化功能、生物生产功能、生物生境功能、景观优化功能、水生碳汇功能，等等。多效益包括：环境效益、生态效益、经济效益、社会效益。适应于具有季节性水位变动的消落带多功能浮床上的水生植被通过植物根部的吸收和吸附作用，削减富集于水体中的氮、磷及有机物质，从而达到净化水质的效果，创造适宜多种生物生息繁衍的生境条件，在消落带区域重建并恢复水生生态系统，同时创建独特的水上花园立体景观。创新性地将基塘与浮床相结合，浮床以1平方米的单体床体为单元，可以组合形成任意形状。浮床植物采自消落带原生地，模拟消落带原生地1平方米样方内的植物种类组成及数量结构特征，从而提高浮床植物的适生性及浮床植被的生态功能。

6. 湿地轮作模式

湿地轮作模式包括水生蔬菜轮作、水生蔬菜与水生花卉轮作、水旱轮作等模式。

(1)水生蔬菜轮作模式。田藕荸荠轮作：亩产田藕1100公斤，荸荠50公斤，亩产值4300元，亩收入3300元，高产高效栽培，莲藕、荸荠的共同特点是需水需肥量较大，宜选择水源好，黏质壤土，土层深厚肥沃的水稻田或低洼地种植，种植效益显著提高。田藕慈姑轮作：亩产田藕1100公斤，慈姑900公斤，亩产值4400元，亩收入3500元，种植效益显著提高。

(2)水生蔬菜水旱轮作模式。如无锡地区一直有茭白等水生蔬菜水旱轮作生产习惯，包括茭白与稻、麦轮作。方法为：秋茭→夏茭—晚稻—小麦→晚稻—绿肥→夏茭("→"表示年间衔接，"—"表示年内衔接)。这种轮作以4年为一个周期，其中1年半种茭白，2年半种稻、麦和绿肥，养地和用地结合。有的地方在茭白田中套种红菱，以充分利用土地和降低茭田水温，使秋茭早结茭；有的地方采用茭白与水稻套作都取得了较好的效益。此外还有茭白与芋头、毛豆等旱作蔬菜轮作。主要的轮作方式有：①秋茭→夏茭—慈姑→春毛豆—秋菜(叶菜类)—冬菜(叶菜类)→秋茭→夏茭。②秋茭→夏茭—慈姑→冬瓜大白菜→春菜—毛豆—秋甘蓝—冬菜→秋茭→夏茭。③秋茭→夏茭—秋菜→茄果类—大白菜→春菜—毛豆—秋甘蓝—冬菜→秋茭→夏茭。④秋茭→夏茭—大白菜→春菜—茄果类—秋菜→秋茭→夏茭。由于水旱轮作改良了土壤的理化性质，减轻了作物病害，减少了田间杂草，所以增产明显。

7. 山地湿地农业模式

桑基鱼塘、圩田等都是适合于平原地区的湿地农业模式。对广大的山区来说，山地、丘陵区梯田是最常见的一种人工湿地类型，千百年来一直以水稻生产为主，如何综合利用山地梯田湿地资源，并使山区丰富的生物多样性得到保护。地处我国武陵山区的重庆石柱县进行了大胆探索，创造了“山地莼菜黄连湿地农业模式”。武陵山区是中国生物多样性丰富的关键区域，被《全国生态功能区划》划入了50个具有国家生态安全意义的重要生态功能区，即“武陵山山地生物多样性保护重要功能区”。石柱县的黄水镇和冷水乡等乡镇，大量农民外出打工后，该区域大片梯田被荒弃，当地政府组织从湖北利川引进莼菜，种植在被荒弃的梯田。莼菜对水质要求高，种植莼菜后，采取近自然管理方式，不施肥、不使用农药和杀虫剂。莼菜是多年生宿根性水生植物，每年从四月中旬开始采收嫩叶，每半个月采收一次，一直到9月底。调研表明，每亩莼菜田农民的收入可达4000元，加上村落附近的莼菜作坊加工、销售后的收入，每亩莼菜田的收入超过万元。更为可喜的是，在获得莼菜丰产的同时，湿地生物多样性得到了很好的恢复。在莼菜田块的四周种植黄连，黄连的遮阴篷以人工栽种的厚朴作为支撑桩架，以黄连地埂围合莼菜田块，形成了“莼菜黄连复合生态系统”，莼菜湿地田形成的小气候环境有利于黄连的生长。这种多功能、多收益的山地湿地农业模式适用于大多数山地区域。

8. 湿地农业文化遗产模式

我国在湿地农业发展方面进行了长期的积累和创新，给我们留下了一系列宝贵的湿地农业文化遗产，这些农业文化遗产具有数百年至上千年的历史，至今仍在发挥作用，除了具有重要的生态服务功能、文化传承价值外，还在持续不断地为我们提供有形的物质产品。

（1）稻田养鱼模式。稻田养鱼是一种典型的湿地农业模式。在稻田中养鱼，鱼通过食草、吃虫、翻动土壤、搅动水层、排泄粪便而育肥，使水稻增产。通过合理利用稻田土地资源、水面资源、生物资源和非生物资源，达到增粮、增鱼、增肥、增水、节地、节肥、节成本等多功能效果。2005年浙江省青田县的“稻鱼共生系统”成为联合国粮农组织首批全球四个农业文化遗产项目之一。被评为全球重要农业文化遗产的青田县龙现村稻鱼共生系统，是龙现村农民长期适应其所生存的自然环境，经过长期不断的摸索，逐步形成的一套成熟湿地农业生产方式。稻鱼共生系统的生态系统服务价值比常规稻作系统高7447元/公顷，平均每公顷的综合价值高9631元。

（2）桑基鱼塘模式。桑基鱼塘是我国珠江三角洲地区，为充分利用土地而创造的一种挖深鱼塘，垫高基田，塘基植桑，塘内养鱼的高效湿地农业系统。桑基鱼塘是明清时期我国珠江三角洲人民在土地利用方面的一种创造，是宝贵的农业文化遗产。

（3）山地梯田模式。2013年云南元阳红河哈尼族彝族梯田正式被批准成为世界文化遗产。从唐朝开始，由以哈尼族为主的少数民族逐步修造，已经有1300年的耕作历史，集中分布区的面积超过1000平方公里。这些梯田一年365天蓄水，这些水靠成片的森林涵养水源维持，体现了一个特定民族在特定历史时期创造的一种独特的生产、生活方式以及相关的文化风俗，是中国山地湿地农业文化遗产的典型代表。历经上千年的演化，哈尼梯田形成了森林、村寨、梯田、河流“四素同构”的独特生态景观。山腰气候温和，冬暖夏凉，适合修建村落房屋；村后山头分布着森林，涵养水源，使得山泉、溪涧常年有水，保障了人畜用水和梯田灌溉；村下开垦梯田，既便于引水灌溉，又有利于从村中运肥于田间。该系统以水为核心，形成了良好的湿地生态系统。

(4)平原湖区圩田模式。“圩田”是人们在低洼地区四周筑堤防水的田地，筑造长堤短坝，内以围田、外以围水的水利田，属湿地开发模式之一，堤上有涵闸，平时闭闸御水，旱时开闸放水入田，因而旱涝无虑。各地依本地习惯对其有不同称呼。两淮及江南东、西路称“圩田”；浙西路称“围田”，浙东路称“湖田”；两湖平原乃至长江中游地区称“坑田”，另有的地区称“垸田”“垣田”“柜田”“坝田”等。被我国水利界泰斗郑肇经教授誉为“可与四川都江堰相媲美”的湖州古代的“塘浦圩田系统”至今仍在使用，在纵横塘间，利用开挖土方、筑堤建圩，构成位位相接的一种棋盘结构式的水网湿地农田系统，为明清桑基鱼塘的最终形成和现代农业园区的建设打下扎实基础。由于这项自春秋战国始筑，至唐、五代初具雏形的人工湿地农业工程兴起和发展，使拥有高达50%以上面积湖泊湿地和地广人稀的太湖流域，逐渐成为“苏湖熟，天下足”和“国之仓庾”高度发达的鱼米之乡、丝绸之府。塘浦圩田系统在太湖南岸完好保存、发展至今，仍发挥完好的行洪、通航、农业生产等作用。

二、湿地花卉苗木产业

(一)湿地花卉苗木基地建设及市场分析

随着物质生活水平和社会文明程度的提高，生态环境建设和城乡绿化已成为建设美丽中国和改善人民群众生活质量的重要组成部分。湿地花卉苗木基地建设以其巨大的社会效益、生态效益和经济效益，吸引着众多企业和社会力量加入。近年来，我国湿地花卉苗木产业得到了蓬勃发展，正逐渐成为新兴的朝阳产业，备受人们关注。目前，国内的湿地花卉苗木基地主要集中于江苏、浙江、江西、湖北等省。重庆大足雅美佳水生花卉有限公司立足于其丰富的荷花品种资源，多年来一直致力于以荷花为主的综合性湿地产业开发，建立了中国西部荷花种质资源基地，在荷花种质资源培育等方面进行了大量探索，培育了500余种湿地植物新品种，其中有10个荷花优良品种载入《中国荷花品种图志》，有21个荷花优良品种载入《中国荷花新品种图志》，雅美佳公司采取太空育种与野生莲杂交培育的荷花新品种在全国独树一帜，具有抗逆性强、品种性状优良、花色艳丽、花期长等特点，具有极高的观赏价值和经济价值。

目前，我国的水生花卉苗木基地建设明显滞后于形势发展的需求，江苏、浙江、江西、湖北、重庆等省(直辖市)有规模大小不等的湿地花卉苗木基地，整体来说，基地规模偏小，资源种类、总量偏少，良种推广进程缓慢；产业化理念落后，缺乏宏观指导与调控；营销方式单一，服务体系滞后；缺乏市场化运作人才，重技术轻经营、重种植轻应用的传统观念制约了专业技术人员向技术经营复合型人才的转变。

由于湿地公园、城市水景工程建设以及净化污染的人工湿地的建设，带来了湿地花卉苗木的热销，湿地公园、水景工程的持续兴旺也让湿地花卉苗木需求量大增。

(二)湿地花卉苗木种质资源基地建设

(1)做好湿地花卉苗木产业规划，明确产业布局。湿地花卉苗木产业规划要高起点、高质量，立足国内、放眼国际。一个好的规划，不仅是指导花卉苗木产业发展的总纲，也是向国家争取政策和项目支持的重要依据。各省市都要制定适合当地自然条件及市场需求的湿地花卉苗木产业发展规划，明确发展重点，加强政府宏观指导，防止湿地花卉苗木产业盲目发展和低水平重复建设。

(2)建设湿地花卉苗木产业基地。充分利用我国湿地植物资源丰富、特有湿地植物众多的优势，抓住城市景观生态建设和湿地公园建设工程需要大量湿地植物的机遇，建设规模化、专业化的湿地花卉苗木培育基地。分区域、分期建设中国北方湿地花卉苗木基地，长江中下游湿地花卉苗木基地，华南热带、亚热带湿地花卉苗木基地，云贵高原湿地花卉苗木基地，长江上游西南山地湿地植物种质资源基地。重点培育建设像重庆大足雅美佳水生花卉有限公司的中国西部荷花种质资源圃一样的特色湿地花卉苗木基地。

(3)培育发展多样化的湿地花卉苗木。利用我国丰富的湿地植物资源，加快培育湿地花卉苗木新品种。培育沉水植物、浮叶植物、漂浮植物、挺水植物、湿生草本、湿地木本等六大类、系列湿地花卉苗木品种资源。

(4)建立面向全国的湿地花卉苗木销售体系。积极发展湿地花卉苗木产业。在各省市中心城市或重点湿地花卉苗木生产区建立湿地花卉苗木市场，形成大生产、大市场、大流通的格局。加快建设湿地花卉苗木综合性批发市场和专业批发市场，打造区域性的湿地花卉苗木产品集散中心；加快建设各级花卉苗木产业信息网络，为生产者和营销者提供及时、准确的信息服务；同时积极举办各种形式的湿地花卉苗木交易会、推广会，努力打造一批湿地花卉苗木知名品牌，提升湿地花卉苗木产业的整体形象。

三、湿地产品加工业

根据国内外湿地生态产品发展趋势，积极开发原生态湿地健康产品。重点发展保健食品、饮品、药品、编制品、装饰材料、水生花卉等六大类湿地产品。开发“水生花卉产品系列”“水生蔬菜产品系列”“湿地植物饮品系列”“湿地动植物药产品系列”“湿地精深加工产品系列”；积极发展莲荷产品系列(包括莲荷茶、莲荷饮品、莲荷食品、微型荷花等)；培育开发市场前景广阔的微型水生花卉品种。

四、综合性湿地产业

依托骨干企业，重点立足城市郊区，发展集成湿地花卉苗木产业、湿地农业、湿地生态旅游业、湿地产品开发、湿地碳汇交易、湿地创意文化产业(包括湿地文化节庆、湿地文化出版物、湿地文化纪念品、湿地文化创意设计产品)于一体的综合性湿地生态产业，建立湿地生态产业基地，构建湿地生态保护、湿地资源合理利用与湿地产品开发有机结合的复合湿地生态经济示范系统。在规划和发展湿地公园等旅游项目时，要注意把旅游与湿地产业有机结合，发展湿地旅游与湿地产业相结合的旅游项目，开发具有湿地特色的多元化湿地产业。加强湿地生物质能源开发利用，大多数湿地植物为一年生或多年生宿根性草本植物，冬季地上部分植株枯萎死亡，如果不加以利用，是很大的资源浪费，对这些植物进行生物质能源开发利用将是未来湿地产业的一个新的发展方向。

第六篇

中国湿地保护与管理

第一章 中国湿地保护管理体系

第一节 中国湿地的法律地位

一、国家层面湿地法律建设

(一)湿地资源要素相关法律多样，湿地作为完整系统的专门法规缺失

我国湿地保护立法严重滞后，目前，尚无国家层面专门针对湿地的相关法律和行政法规。我国在森林、草原、海洋、湿地等自然生态系统中，唯独湿地没有专门的国家立法。我国湿地相关资源要素的保护和管理，相关法律法规已经作出一些规定，但这些条款大多是从湿地的水、土壤、生物的单一要素来考虑的，多分散在现有不同的法律法规中，没有从保护整个生态系统角度出发考虑湿地保护问题。因此，目前国家层面的湿地法律缺少完整性、针对性和系统性，也给湿地的执法操作性和执行性带来困难。

我国对湿地的法律保护以加入《湿地公约》为界，大致可分为两个阶段(黄锡生、黄亚珍，2005)。加入《湿地公约》以前，我国湿地概念整体不够明确，湿地作为完整的特殊生态系统及其强大的生态功能认识不足，法律法规中没有将湿地作为整体性对象来考虑。1992 年加入《湿地公约》后，我国积极开展了湿地保护的履约工作。1994 年《中华人民共和国自然保护区条例》首次采用了“湿地”一词，其第 10 条第 3 款规定：具有特殊保护价值的海域、海岸、岛屿、湿地、内陆水域、森林、草原和荒漠，应当建立自然保护区。整体而言，目前国家层次的湿地法律法规格局，仍表现为不同法律法规仅针对不同的湿地系统的组成要素，分散在其他自然资源保护的法律规定之中，湿地保护仍处于分散状态。但已颁布了一系列有关自然资源及生态环境保护的法律法规，都涉及到湿地保护和管理的内容，为湿地的保护和管理提供了重要依据。

涉及到的国家层面的主要法律，包括《中华人民共和国森林法》(1983)、《中华人民共和国水污染防治法》(1984)、《中华人民共和国草原法》(1985)、《中华人民共和国土地管理法》(1986)、《中华人民共和国野生动物保护法》(1988)、《中华人民共和国水法》(1988)、《中华人民共和国环境保护法》(1989)、《中华人民共和国水土保持法》(1991)、《中华人民共和国海洋环境保护法》(1999)等。与湿地保护有关的国家层面的主要行政法规有《风景名胜区管理暂行条例》(1985)、

《中华人民共和国海洋石油勘探开发环境保护管理条例》(1990)、《中华人民共和国防止船舶污染海域管理条例》(1990)、《中华人民共和国陆生野生动物保护实施条例》(1992)、《中华人民共和国水生野生动物保护实施条例》(1993)、《中华人民共和国基本农田保护条例》(1994)、《中华人民共和国自然保护区条例》(1994)等。

1996 年，国务院发布《中华人民共和国野生植物保护条例》，为中国第一部有关野生植物保护管理法规(1997 年 1 月实施)。同年，第八届全国人大常委会第十九次会议批准《联合国海洋法公约》。2001 年，第九届全国人民代表大会常务委员会第二十四次会议通过《中华人民共和国海域使用管理法》。2002 年，《中华人民共和国水法》颁布实施。2013 年，国家林业局发布《湿地保护管理规定》(国家林业局令第 32 号)，是中国第一部指导全国范围内湿地保护管理的纲领性文件。目前我国还缺乏一部湿地保护的专门法规，国务院有关部门正在就《中华人民共和国湿地保护条例》草案进行协商。

(二)国家层面湿地立法现状原因分析

我国国家层面将湿地作为完整的生态系统和自然综合体，专门针对湿地的保护法律法规的缺失，有湿地自然属性的复杂性、我国对湿地认识的阶段性及历史局限性和现行管理体制等多种因素。

湿地作为一个独立生态系统概念形成和成熟较晚。例如，我国现行的国土资源对土地利用类型的划分国家标准中，尚没有湿地这一类型的划分。因此，湿地作为完整的生态系统类型，进入法律法规条文的时间较晚。有些法律法规中即便使用了湿地概念，但这些法规仅是针对某个湿地要素的规定，对湿地的整体保护仍缺少可操作性。

我国现行的行政管理体制，采取按资源类型进行部门分类管理的体制，不同资源管理部门都在各自职能范围内对湿地的某些要素具有行政管理职能。这就决定了湿地的管理按照不同的要素，被分隔到水利、环保、土地、林业、海洋和农业等不同的部门中。因此，现有法律法规只是立足于对湿地各构成要素的保护和合理利用的规定，缺乏对湿地生态系统整体保护的考虑。不同湿地管理部门之间的现实利益和对湿地整体性立法的必要性的分歧，也导致了国家层面湿地保护条例的难产。

湿地生态系统作为水陆过渡的复杂生态系统，类型多样，分布广泛，动态变化大。按照《湿地公约》规定，湿地是指天然的或人工的、永久的或暂时的沼泽地、泥炭地、水域地带，带有静止或流动、淡水或半咸水及咸水水体，包括低潮时水深不超过 6 米的海域。我国作为《湿地公约》缔约国，湿地管理部门采用的是该定义。国家林业局《湿地保护管理规定》所指的湿地是指常年或者季节性积水地带、水域和低潮时水深不超过 6 米的海域，包括沼泽湿地、湖泊湿地、河流湿地、滨海湿地等自然湿地，以及重点保护野生动物栖息地或者重点保护野生植物的原生地等人工湿地。湿地的这种多样性，也决定了湿地作为新的生态系统类型的独立管理，存在现实的困难性和具体操作的复杂性。

湿地本身的属性和管理现状，决定了国家层面湿地法律出台的艰巨性。但国家层面湿地法律的出台是有效保障将湿地生态系统作为统一整体进行有效管理的必要手段。

我国湿地保护工作起步较晚，湿地保护宣传教育相对薄弱，与森林、海洋、草原等其他生态系统相比，社会公众对湿地的概念、功能、作用等知识缺乏了解，对保护湿地的重要性认识不到位。

一些地方和部门过度关注湿地的经济属性，忽视湿地的生态属性，不能很好地处理湿地保护与利用的关系，对湿地重取轻予或只取不予，这也是造成湿地单独立法进程缓慢的重要原因之一。

二、地方湿地法规建设

与国家层面湿地立法缺失相比，我国地方湿地立法工作发展快，对地方湿地保护的具体实施起到很好的效果。

2003 黑龙江省率先制定了《黑龙江省湿地保护条例》，开启了省级湿地管理法规建设的局面。截至 2015 年年底，湿地相关法律法规发布情况见表 6-1-1，已有 23 个省份制定了省级湿地保护条例，还有部分省份正在制订之中。2004 年，珠海市政府制定《珠海市珊瑚资源保护管理办法》，为中国第一部由地级城市制定的保护珊瑚资源的条例。随后，不同地市也先后出台了适应各自实际情况的湿地管理条例。同时，国际重要湿地和湿地保护区也相继出台了各自的湿地保护条例，如《江西省鄱阳湖湿地保护条例》，来规范湿地保护管理，提高湿地管理效能。

表 6-1-1 我国现有主要湿地保护法规

法规名称	实施时间
黑龙江省湿地保护条例	2003-8-1
甘肃省湿地保护条例	2004-2-2
湖南省湿地保护条例	2005-10-1
陕西省湿地保护条例	2006-6-1
广东省湿地保护条例	2006-9-1
内蒙古自治区湿地保护条例	2007-9-1
辽宁省湿地保护条例	2007-10-1
宁夏回族自治区湿地保护条例	2008-11-1
四川省湿地保护条例	2010-10-1
吉林省湿地保护条例	2011-3-1
西藏自治区湿地保护条例	2011-3-1
江西省湿地保护条例	2012-5-1
新疆维吾尔自治区湿地保护条例	2012-10-1
浙江省湿地保护条例	2012-12-1
山东省湿地保护办法	2013-3-1
北京市湿地保护条例	2013-5-1
青海省湿地保护条例	2013-9-1
云南省湿地保护条例	2014-1-1
河北省湿地保护规定	2014-2-1
广西壮族自治区湿地保护条例	2015-1-1
河南省湿地保护条例	2015-10-1
安徽省湿地保护条例	2016-1-1
贵州省湿地保护条例	2016-1-1

目前，各个国家湿地公园管理机构已经或正在依据《湿地保护管理规定》等部门规章和法律法规，结合实际，制定各自国家湿地公园管理办法，实现“一园一法”，对国家湿地公园实现制度化管理。

我国部分省份在保护本辖区湿地资源所进行的积极探索，为我国湿地专门立法积累了宝贵的经验。黑龙江省依据《黑龙江省湿地保护条例》，组织开展了全省湿地认证工作，2013 年经湿地认定委员会审定，黑龙江省政府发布了黑龙江省湿地名录(第一批)，依法确定了湿地的独立属性、范围、面积，保障了其法定地位。我国其他省份的湿地保护条例中，也有类似的湿地认证工作规定，相关工作正在开展。部分省份探索建立湿地保护考核奖惩制度；许多省份已经把湿地保护纳入地方政府政绩考核指标，落实地方政府保护责任。

三、国家层面湿地法规的积极进展

2013 年 3 月，国家林业局出台了第一部国家层面的湿地保护部门规章《湿地保护管理规定》，并在 2013 年 5 月 1 日开始实施。《湿地保护管理规定》是中国第一部指导全国范围内湿地保护管理的纲领性文件。《规定》是在总结多年来湿地保护管理实践经验的基础上，系统地规定了林业主管部门在湿地保护管理以及履行国际湿地公约方面的职责和工作范围，对湿地保护管理工作的方针、方式以及工作程序等内容做出了具体规范。

为了保障国家重要湿地的独立地位和有效保护，国家林业局依据《国务院办公厅关于加强湿地保护管理的通知》(国办发〔2004〕50 号)规定“要严格控制开发占用自然湿地，凡是列入国际重要湿地和国家重要湿地名录，以及位于自然保护区内的自然湿地，一律禁止开垦占用或随意改变用途。”和《湿地保护管理规定》(国家林业局令第 32 号)第十三条“国家林业局会同国务院有关部门划定国家重要湿地，向社会公布。国家重要湿地的划分标准，由国家林业局会同国务院有关部门制定。”正在开展国家重要湿地确认的探索。

我国国家层面的湿地立法正在稳步推进，取得新进展：从 1998 年起，国家林业局就开始组织对中国湿地保护有关立法问题进行了系统研究，并在完成前期研究、国内外立法调研的基础上起草了《湿地保护条例》。根据我国湿地保护工作现状，湿地保护立法的基本方针确定为“保护优先、科学恢复、合理利用、持续发展”。立法以保护为核心，强调将湿地作为特殊生态系统从整体上进行保护；在保护的基础上，合理利用湿地，限制湿地无序开发。国务院法制办对《湿地保护条例》非常重视，已决定把湿地立法列入国务院立法计划。

现实要求我国继续加强湿地保护法律法规体系建设，全面推进湿地立法进程，提高我国湿地管理能力。加快出台《湿地保护条例》，明确湿地保护职责权限、管理程序和行为准则。地方层面继续加大省级湿地保护法律法规建设，已建湿地自然保护区、国家湿地公园要实行“一区(园)一法”，使我国湿地资源保护有法可依、有章可循，使我国湿地管理迈进科学的法制管理轨道。

第二节 管理机构

加强机构能力建设是全国湿地保护的重要内容和确保湿地保护成效的重要保障，也是更好履行国际《湿地公约》的要求。

一、国家层面湿地保护机构建设

为加强全国湿地保护管理和国际履约工作，切实加强全国湿地保护，推进工程顺利实施，2005 年 8 月，中央编委批准成立了国家林业局湿地保护管理中心(中华人民共和国国际湿地公约履约办公室)。该中心的建立，标志着我国全国范围内的湿地将实现统一管理。该中心的主要职责包括，组织起草湿地保护的法律法规，研究拟订湿地保护的有关技术标准和规范，拟订全国性、区域性湿地保护规划，并组织实施；组织实施全国湿地资源调查、动态监测和统计；组织实施建立湿地保护小区、湿地公园等保护管理工作；对外代表中华人民共和国开展国际湿地公约的履约工作；开展有关湿地保护的国际合作工作。

2007 年 8 月，经国务院领导批准，组建了由国家林业局牵头共 16 个部门参加的“中国履行《湿地公约》国家委员会”，这是中国第一个国际公约履约“国家委员会”。委员会的成立，加强了国家履约机构建设，有利于加强国内湿地保护和《湿地公约》履约工作。湿地保护工程实施过程中，成立了国家林业局湿地研究中心、国家高原湿地研究中心、国家湿地保护和修复技术中心等一批湿地研究机构，强化了工程项目的技术支撑，并开展了湿地与气候变化、湿地健康价值和功能等研究，为加强湿地保护管理提供了科学依据。

二、地方湿地保护机构建设

近几年来，我国各省为了有效保护湿地资源，加强了湿地保护的组织机构建设。各级自然保护区和湿地公园管理机构建设有所加强，国家级自然保护区和国家湿地公园基本建立了稳定健全的管理机构，为我国湿地保护管理提供了强有力的组织保障。

黑龙江、吉林、江西和云南等 18 个省份建立了省级湿地保护管理专职机构。1999 年 9 月，吉林省湿地研究中心成立，这是我国第一个地方成立的专门针对湿地保护的研究机构。此后，山西省成立了湿地保护管理工作协调领导组，青海省成立了湿地保护管理工作领导小组(副省级湿地保护领导小组)。黑龙江、湖北和宁夏等省份建立了与省级林业厅(局)平级或高于其林业厅(局)的湿地保护管理机构，有效地提高了我国湿地保护管理能力。各级各类湿地保护管理机构正在逐步健全，为全面加强湿地保护管理工作提供了重要的组织保障。

目前我国管理体制下，湿地还没有作为独立的资源或土地利用类型被单独划定。湿地的管理还处于多部门分要素管理的现状下。林业部门作为湿地保护工作的组织、协调、指导和监督部门，成立专门的各级湿地保护管理机构，为有效强化和实施湿地保护管理的组织、协调、指导、监督工作，提高湿地保护管理能力具有重要意义。

第三节
湿地保护体系

近年来，我国采取了一系列措施加强湿地保护管理工作，湿地保护管理机构不断增强，湿地保护面积显著增加。初步建立了以自然保护区为主体，湿地公园和保护小区并存，其他保护形式[①]互为补充的湿地保护体系。在此保护体系的有力支持下，我国大部分重要湿地得到了有效保护，重要区域湿地生态系统的完整性得到维护，湿地的防灾减灾、供水和净化水质等生态功能得到有效发挥。截至2014年年底，全国已经建立46个国际重要湿地和570多个湿地自然保护区。湿地公园建设发展迅速，全国已建立900多个，其中，国家级湿地公园(试点)569个。已建立自然保护小区51个。全国已纳入保护体系的湿地面积2324.32万公顷，湿地保护率[②]43.51%。

一、湿地自然保护区

湿地自然保护区，是指对有代表性的自然湿地生态系统、珍稀濒危湿地野生动植物物种的天然集中分布区、有特殊意义的自然湿地遗迹等保护对象所在的陆地、陆地水体或者海域，依法划出一定面积予以特殊保护和管理的湿地区域。

我国于1994年颁布实施了《中华人民共和国自然保护区条例》。尽管我国早期没有专门针对全国湿地范围的自然保护区整体规划，但以各类湿地及其要素为保护对象的湿地自然保护区的建设，是随着我国自然保护区整体建设而较早就得到重视和发展的。我国于1975年在青海湖建立了第一个湿地鸟类自然保护区；1979年在黑龙江扎龙建立了第一个内陆沼泽湿地自然保护区；1980年，又建立了新疆巴音布鲁克、海南东寨港、吉林莫莫格和向海自然保护区；1982年，在山东长岛建立了第一个海岛湿地型自然保护区。

由于湿地类型的多样性和生态系统的复杂性，以湿地及其要素作为保护对象的保护区，不仅仅包括内陆湿地和水域生态系统类型，也包括部分海洋和海岸生态系统类型，同时在野生生物和自然遗迹中也有湿地生态系统或者湿地生物作为保护对象的保护区(自然保护区类型划分依据GB/T 14529—1993《自然保护区类型与级别划分原则》)。例如“野生动物类型”的扎龙、鸭绿江上游、鄂尔多斯遗鸥等国家级自然保护区，其保护对象分别为丹顶鹤等珍禽及湿地生态系统、珍稀冷水性鱼类及其生境和遗鸥及湿地生态系统，都是典型的湿地保护区，其中扎龙还被录入国际重要湿地名录；“地质遗迹类型”的大布苏国家级自然保护区(位于吉林省乾安县)保护对象为泥林、古生物化石及湿地生态系统，“古生物遗迹类型”的古海岸与湿地国家级自然保护区(位于天津市)，保护对象为贝壳堤、牡蛎滩古海岸遗迹、滨海湿地；“海洋海岸类型”的黄河三角洲国家级自然保护区，属于典型的湿地自然保护区，保护对象为河口湿地生态系统及珍禽。

---

① 其他保护形式是指森林公园、水源保护区等保护形式。

② 湿地保护率是指湿地保护面积占湿地总面积的比例。

二、湿地公园

湿地公园是指以保护湿地生态系统、合理利用湿地资源为目的，可供开展湿地保护、恢复、宣传、教育、科研、监测、生态旅游等活动的特定区域。湿地公园是湿地保护和合理利用的结合体。国家湿地公园有着严格的保护管理措施，在湿地公园的保育区实施与自然保护区同样的保护管理方式。湿地公园是我国湿地生态系统和生物多样性保护的重要举措之一，是我国湿地保护管理体系的重要组成部分。

目前，我国湿地公园分为国家级湿地公园和地方湿地公园。国家林业局依照国家有关规定组织实施建立国家湿地公园，并对其进行指导、监督和管理。县级以上地方人民政府林业主管部门负责本辖区内国家湿地公园的指导和监督。地方湿地公园由地方政府和部门依照国家相关规定负责组织实施。国家湿地公园边界四至与自然保护区、森林公园等不得重叠或者交叉。

国家湿地公园主要在满足以下条件的湿地区建立：湿地生态系统在全国或者区域范围内具有典型性；或者区域地位重要，湿地主体功能具有示范性；或者湿地生物多样性丰富；或者生物物种独特。自然景观优美和(或者)具有较高历史文化价值；或者具有重要或者特殊科学研究、宣传教育价值。

国家湿地公园建设，遵循"保护优先、科学修复、合理利用、持续发展"的基本原则。保护优先原则是指保护湿地生态系统结构和功能的完整性，防止湿地退化，维护湿地生态过程，实现湿地资源的可持续利用。科学恢复原则是指借鉴国内外先进的湿地修复理论和实践经验，结合湿地公园实际，引入先进的恢复技术和措施，使退化湿地得到科学修复。合理利用原则是指在保护湿地生态系统的前提下，合理利用湿地资源。可持续发展原则是指经济建设和社会发展的规模和速度要充分考虑湿地生态系统的承载能力，使湿地资源既能满足当代人经济建设和社会发展的需要，又能满足后代人对湿地资源和生态利用要求的水平，使湿地保护与经济建设和社会发展相互促进，共同发展。

国家湿地公园可分为湿地保育区、恢复重建区、宣教展示区、合理利用区和管理服务区等，实行分区管理。湿地保育区除开展保护、监测等必需的保护管理活动外，不得进行任何与湿地生态系统保护和管理无关的其他活动。恢复重建区仅能开展培育和恢复湿地的相关活动。宣教展示区可开展以生态展示、科普教育为主的活动。合理利用区可开展不损害湿地生态系统功能的生态旅游等活动。管理服务区可开展管理、接待和服务等活动。国家湿地公园应当设置宣教设施，建立和完善解说系统，宣传湿地功能和价值，提高公众的湿地保护意识。同时，一般要求国家湿地公园湿地率不低于30%，保育区和恢复区湿地面积应大于拟建国家湿地公园湿地总面积的60%，合理利用区湿地面积应控制在湿地总面积的20%以内，这样切实保障了湿地公园把保护优先原则落到实处。

三、湿地保护小区和其他保护方式

保护小区是保护湿地自然资源的另一种方式，主要针对有保护价值的湿地生态系统或湿地要素而面积较少的湿地区。我国已经建立湿地自然保护小区51个，保护湿地面积8.48万公顷，保护了0.16%的湿地。"十二五"期间，为了抢救性保护我国湿地区域内的野生稻基因，将在全国范围内建设13个野生稻保护小区。

除上述三种主要方式外，森林公园、风景名胜区、水源保护地、水利风景区、海岸公园等，由于其相应管理办法中均有关于自然生态环境保护的规定，特别是有关水利风景区、水源保护区的管理规定，在一定程度上也起到了保护湿地的作用。

第四节 中国湿地管理特点

近年来，党中央、国务院高度重视湿地保护工作，相继采取了一系列重大举措加强湿地保护与恢复，我国初步形成了较为完善的湿地保护体系。国家林业局制定了全国湿地保护工程长期规划和分阶段实施规划，中央财政投入从“十一五”期间年均3亿元增加到2015年约20亿元。2009年以来，每年的中央1号文件和《政府工作报告》对湿地保护提出明确要求。总的来看，我国湿地保护工作从无到有、从弱到强，已经取得明显成效。在湿地管理和保护的过程中，结合我国行政管理的特点和湿地生态系统自身的属性，湿地管理体系和机制逐渐完善，也形成了具有我国现阶段的湿地管理特点。

一、综合协调管理和分部门实施管理相结合

《国务院办公厅关于印发国家林业局主要职责内设机构和人员编制规定的通知》(国办发〔2008〕93号)(简称“三定”)，明确规定了国家林业局的湿地管理职责：“组织、协调、指导和监督全国湿地保护工作。拟订全国性、区域性湿地保护规划，拟订湿地保护的有关国家标准和规定，组织实施建立湿地保护小区、湿地公园等保护管理工作，监督湿地的合理利用，组织、协调有关国际湿地公约的履约工作”；“组织开展湿地的调查、动态监测和评估，并统一发布相关信息”；“监督检查各产业对湿地的开发利用”和“负责林业系统自然保护区的监督管理、依法指导湿地自然保护区的建设和管理、按分工负责生物多样性保护的有关工作”。

由此，国务院2008年批准的“三定”方案明确了国家林业局在全国湿地管理中的定位，对内负责组织、协调、指导和监督全国湿地保护工作，对外负责组织、协调有关国际湿地公约的履约工作。国家林业局公布的《湿地保护管理规定》也依此发布国家林业局的湿地职责“国家林业局负责全国湿地保护工作的组织、协调、指导和监督，并组织、协调有关国际湿地公约的履约工作”。同时，国土资源部、环保部、农业部、水利部和国家海洋局等相关部委在各自职责范围内，进行与湿地有关的管理工作。不同部委根据国务院“三定”规定，组织、协调和监督各自职责湿地水、土和生物资源等湿地资源要素的规划、利用和保护；不同部委负责各自系统内湿地自然保护区的监督管理等有关工作。

湿地的综合管理与分部门管理相结合的管理体制，在我国湿地自然保护管理中体现尤为突出。国务院环境保护行政主管部门负责全国自然保护区的综合管理。林业、农业、地质矿产、水利、海洋等有关行政主管部门在各自的职责范围内，主管有关的自然保护区保护管理工作。目前我国湿地保护区行政主管部门，也分属到不同部委(局)负责。例如，黑龙江扎龙、内蒙古鄂尔多

斯遗鸥和山东黄河三角洲国家级自然保护区属国家林业局主管湿地保护区，而吉林鸭绿江上游国家级自然保护区属水利部主管，吉林大布苏国家级自然保护区属国土资源部主管，古海岸与湿地国家级自然保护区属国家海洋局主管。地方级自然保护区，也存在和国家级自然保护区相类似的情况。国家林业局《湿地保护管理规定》对于湿地自然保护区的管理，因为之前有相关法规的存在，仅表述为“具备自然保护区设立条件的湿地，应当依法建立自然保护区。自然保护区的设立和管理按照自然保护区管理的有关规定执行”。

湿地系统的复杂性和多样性，使得分要素管理在我国现行管理体系下具有有效性和现实性；同时湿地也是一个完整的生态系统，湿地的保护和管理只有从生态系统完整性角度出发，才能保证系统的稳定性和持续性，湿地管理应当从满足湿地系统的整体性考虑，建立湿地统一组织和协调机制。

湿地综合管理、协调和分部门管理相结合的行政管理体制，与我国现行行政管理体制相吻合，也符合中国湿地保护管理工作宗旨和管理目标。但是在实际运行过程中，国家林业局负责牵头制定湿地保护与合理利用重任，其制定的各种规划，必须在有关部门的大力配合下才能实现，部门利益之间的分歧和冲突往往导致组织和协调工作难以执行（梅宏、王璐，2013）。

因此，在保持水资源、生物资源、土地资源等湿地组成要素管理现状的同时，应强化林业部门从生态系统角度管理湿地的职能。这两者并不矛盾，关键是要推动形成生态系统统一监管、自然资源各负其责的管理格局，全面提升湿地管理合力。

二、条块结合　双重管理

在我国现行条块结合的管理体制下，我国湿地管理体制也具有“条块结合”的特点。条是从中央各部委延续到各级地方政府中的具有湿地组织、协调、指导或监督职能的部门，主要集中在林业系统，同时涉及到环保、农业、国土、水利和海洋等部门。中央部委主要负责湿地管理的宏观组织、调控和监管。纵向关系的各级地方政府对应部门接受上级政府主管部门的业务指导或领导。块是各级地方政府。地方各级湿地管理部门，受地方政府的统一领导。在湿地管理中，按照资源要素管理的现实，特别是湿地缺少专门机构背景下，湿地具体的管理实施，更加需要地方政府进行相关部门的横向联合和调控，进行统一管理和协调。因此，地方湿地管理部门，既受地方政府的统一领导，又受上级政府湿地主管部门的业务指导或领导的双重领导。湿地在各级地方的具体管理实施，为包括纵向的层级结构与横向的功能结构形成的条块结合。

国家林业局《湿地保护管理规定》也体现了我国湿地管理的条块结合特点。例如，第四条规定“国家林业局负责全国湿地保护工作的组织、协调、指导和监督，并组织、协调有关国际湿地公约的履约工作。县级以上地方人民政府林业主管部门按照有关规定负责本行政区域内的湿地保护管理工作。”“第七条　国家林业局会同国务院有关部门编制全国和区域性湿地保护规划，报国务院或者其授权的部门批准。县级以上地方人民政府林业主管部门应当会同同级人民政府有关部门，按照有关规定编制本行政区域内的湿地保护规划，报同级人民政府或者其授权的部门批准。”“第十一条　县级以上人民政府或者林业主管部门可以采取建立湿地自然保护区、湿地公园、湿地保护小区、湿地多用途管理区等方式，健全湿地保护体系，完善湿地保护管理机构，加强湿地保护。”“第十六条　国家林业局对国际重要湿地的保护管理工作进行指导和监督，定期对国际重要湿地的生态状况开展检查和评估，并向社会公布结果。国际重要湿地所在地的县级以上地方人民政府林业主管部门应当会同同级人民政府有关部门对国际重要湿地保护管理状况进行检查，指导国际重要湿地保护管理机构维持国际重要湿地的生态特征。”

目前，根据湿地属性和我国现行管理体制，国家林业局和各级政府不断加强湿地管理职能，完善湿地管理体制，逐渐形成各部门纵向对接畅通，横向高效联动的良好局面。

三、形式多样　分级管理

我国初步建立了以自然保护区为主体，湿地公园和保护小区并存，其他保护形式互为补充的湿地保护体系，且发展迅速，成效显著。国家林业局《湿地保护管理规定》也在湿地保护形式上做出规定说明，“第十一条　县级以上人民政府或者林业主管部门可以采取建立湿地自然保护区、湿地公园、湿地保护小区、湿地多用途管理区等方式，健全湿地保护体系，完善湿地保护管理机构，加强湿地保护。”

按照湿地的面积、分布区域、类型和重要性程度，对于多样形式的保护体制，我国还采取了分级管理的办法。例如，自然保护区分为国家级、省级和市(县)级；重要湿地分为国际重要湿地、国家重要湿地和一般湿地；湿地公园分为国家湿地公园和地方湿地公园等。

《湿地保护管理规定》中对重要湿地进行了相应规定：“第十二条　湿地按照其重要程度、生态功能等，分为重要湿地和一般湿地。重要湿地包括国家重要湿地和地方重要湿地。重要湿地以外的湿地为一般湿地。”“第十三条　国家林业局会同国务院有关部门划定国家重要湿地，向社会公布。国家重要湿地的划分标准，由国家林业局会同国务院有关部门制定。”“第十四条　县级以上地方人民政府林业主管部门会同同级人民政府有关部门划定地方重要湿地，并向社会公布。地方重要湿地和一般湿地的管理办法由省、自治区、直辖市制定。”“第十五条　符合国际湿地公约国际重要湿地标准的，可以申请指定为国际重要湿地。”

湿地分级管理还具体体现在湿地保护区和湿地公园的建设中。例如《湿地保护管理规定》明确：“建立国家湿地公园，由省、自治区、直辖市人民政府林业主管部门向国家林业局提出申请，并提交总体规划等相关材料。”“国家林业局组织开展国家湿地公园的检查和评估工作。”“地方湿地公园的建立和管理，按照地方有关规定办理。”

我国大部分地方湿地立法中也都明确了湿地的分级管理模式。如《北京市湿地保护条例》中，将湿地分为国家重要湿地、市级湿地、区县级湿地和一般湿地，并对国家重要湿地、市级湿地和区县级湿地采取设立湿地自然保护区、湿地公园、湿地自然保护小区等方式予以保护。

第二章
中国湿地保护管理现状

第一节 重要湿地

根据国家林业局《湿地保护管理规定》，湿地按照其重要程度、生态功能等，分为重要湿地和一般湿地。重要湿地包括国家重要湿地和地方重要湿地。重要湿地以外的湿地为一般湿地。对符合国际湿地公约国际重要湿地标准的重要湿地，可以申请指定为国际重要湿地。申请指定国际重要湿地的，由国务院有关部门或者湿地所在地省、自治区、直辖市人民政府林业主管部门向国家林业局提出。国家林业局组织论证、审核，对符合国际重要湿地条件的，在征得湿地所在地省、自治区、直辖市人民政府和国务院有关部门同意后，报国际湿地公约秘书处核准列入《国际重要湿地名录》。

一、国际重要湿地

国际重要湿地名录方式是《湿地公约》要求缔约国采用的一种湿地保护的专门方式。依照《湿地公约》第二条，各缔约国应指定其领土内适当湿地列入《国际重要湿地名录》，并给予充分、有效的保护。截至2013年年底，全世界列入《国际重要湿地名录》的湿地有168个国家的2170处。

(一)中国国际重要湿地名录

我国于1992年7月31日正式加入湿地公约。截至2014年年底，中国已有46处湿地分7批列入了湿地公约的《国际重要湿地名录》。第一批6处是中国1992年加入《湿地公约》时列入的；1997年香港回归祖国，米埔-内后海湾成为中国第7处国际重要湿地；2002年第二批14处；2005年第三批9处；2008年第四批6处；2009年第五批1处；2011年第六批4处和2013年第七批5处分别获得《湿地公约》秘书处认可。46处国际重要湿地湿地面积234.63万公顷(表6-2-1)，约占全国湿地总面积的4.38%。

表 6-2-1 中国国际重要湿地名录

类型	序号	国际重要湿地编号	国际重要湿地名称	位 置	加入时间
濒危物种保护类型	1	1145	江苏大丰麋鹿国际重要湿地	大丰市	2002
	2	1147	辽宁大连斑海豹国际重要湿地	大连市	2002
	3	1150	广东惠东港口海龟国际重要湿地	惠东县	2002
	4	1730	上海长江口中华鲟国际重要湿地	上海市	2008
近海与海岸湿地类型	5	553	海南东寨港国际重要湿地	海口市	1992
	6	750	香港米埔-内后海湾国际重要湿地	香港	1995
	7	1441	辽宁双台河口国际重要湿地	盘锦市	2005
	8	1144	上海崇明东滩国际重要湿地	崇明县	2002
	9	1153	广西山口红树林国际重要湿地	合浦县	2002
	10	1156	江苏盐城国际重要湿地	盐城市	2002
	11	1157	广东湛江红树林国际重要湿地	湛江市	2002
	12	1726	福建漳江口红树林国际重要湿地	云霄县	2008
	13	1727	广东海丰公平大湖国际重要湿地	海丰县	2008
	14	1728	广西北仑河口国际重要湿地	防城港市	2008
	15	2187	山东黄河三角洲国际重要湿地	东营市	2013
内陆湿地类型	16	548	吉林向海国际重要湿地	通榆县	1992
	17	549	黑龙江扎龙国际重要湿地	齐齐哈尔市	1992
	18	550	江西鄱阳湖国际重要湿地	永修县、星子县、新建县	1992
	19	551	湖南东洞庭湖国际重要湿地	岳阳市	1992
	20	552	青海鸟岛国际重要湿地	刚察县、海晏县、共和县	1992
	21	1146	内蒙古达赉湖国际重要湿地	新巴尔虎右旗	2002
	22	1148	内蒙古鄂尔多斯国际重要湿地	鄂尔多斯市	2002

（续）

类型	序号	国际重要湿地编号	国际重要湿地名称	位 置	加入时间
内陆湿地类型	23	1149	黑龙江洪河国际重要湿地	农垦建三江分局	2002
	24	1151	湖南南洞庭湖国际重要湿地	沅江市	2002
	25	1152	黑龙江三江国际重要湿地	抚远县	2002
	26	1154	湖南西洞庭湖国际重要湿地	汉寿县	2002
	27	1155	黑龙江兴凯湖国际重要湿地	密山市	2002
	28	1434	云南碧塔海国际重要湿地	中甸县	2005
	29	1435	云南大山包国际重要湿地	昭通市	2005
	30	1436	青海鄂陵湖国际重要湿地	玛多县	2005
	31	1437	云南拉什海国际重要湿地	丽江纳西族自治县	2005
	32	1438	西藏麦地卡国际重要湿地	嘉黎县	2005
	33	1439	西藏玛旁雍错国际重要湿地	普兰县	2005
	34	1440	云南纳帕海国际重要湿地	中甸县	2005
	35	1442	青海扎陵湖国际重要湿地	玛多县	2005
	36	1729	湖北洪湖国际重要湿地	荆州市	2008
	37	1731	四川若尔盖国际重要湿地	若尔盖县	2008
	38	1867	浙江杭州西溪国际重要湿地	杭州市	2009
	39	1975	甘肃尕海国际重要湿地	碌曲县	2011
	40	1976	黑龙江南瓮河国际重要湿地	加格达奇	2011
	41	1977	黑龙江七星河国际重要湿地	宝清县	2011
	42	1978	黑龙江珍宝岛国际重要湿地	虎林市	2011
	43	2184	湖北沉湖国际重要湿地	武汉市	2013
	44	2185	黑龙江东方红国际重要湿地	虎林市	2013
	45	2186	湖北大九湖国际重要湿地	神农架	2013
	46	2188	吉林莫莫格国际重要湿地	镇赉县	2013

注：表中国际重要湿地按类型和批准列入批次及名单顺序排序。

(二)国际重要湿地类型与面积

我国政府非常重视国际重要湿地的保护管理工作，在第二次全国湿地资源调查(2009～2013年)中，将国际重要湿地作为重点调查对象。根据调查的时间节点，第二次全国湿地资源调查期间，开展了对除香港米埔-内后海湾国际重要湿地外的内地前6批共40处国际重要湿地的调查工作(本部分涉及数字为所调查40处湿地数据)。

1. 类型与面积

全国40处国际重要湿地，湿地面积212.76万公顷，湿地率58.61%。其中，近海与海岸湿地面积35.75万公顷，河流湿地面积3.80万公顷，湖泊湿地面积89.03万公顷，沼泽湿地面积69.16万公顷，人工湿地面积15.02万公顷。国际重要湿地范围内各类湿地面积比例见图6-2-1。

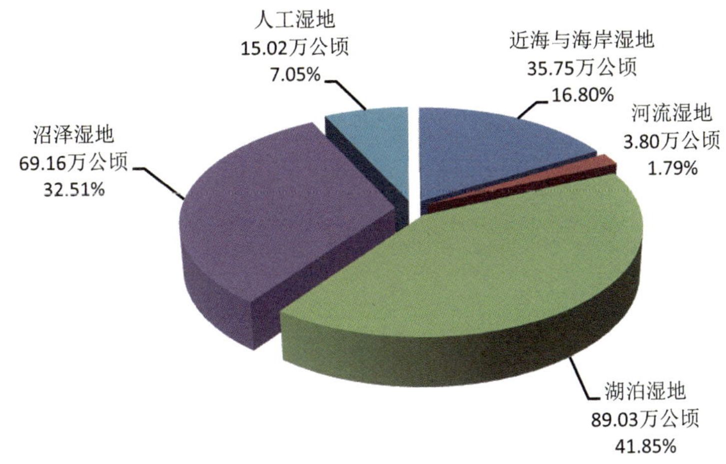

图 **6-2-1**　国际重要湿地的各类湿地面积比例示意图

国际重要湿地的湿地类型，以湖泊湿地为主，占41.85%；其次为沼泽湿地，占32.51%。不同国际重要湿地往往也包含多种湿地类型。全国40处国际重要湿地的总面积及各类湿地面积情况见表6-2-2。

表 6-2-2　中国国际重要湿地各类湿地面积统计表(公顷)

序号	国际重要湿地名称	湿地面积	近海与海岸湿地	河流湿地	湖泊湿地	沼泽湿地	人工湿地
	合　计	2127569.33	357474.98	38000.27	890290.91	691617.88	150185.29
1	黑龙江扎龙国际重要湿地	171066.87	0	0	12147.70	158081.81	837.36
2	吉林向海国际重要湿地	28402.70	0	113.29	1775.20	20639.08	5875.13
3	海南东寨港国际重要湿地	3841.51	3841.51	0	0	0	0
4	青海鸟岛国际重要湿地	40502.40	0	476.79	33265.03	6760.58	0
5	湖南东洞庭湖国际重要湿地	113604.63	0	4502.72	102576.47	4642.31	1883.13
6	江西鄱阳湖国际重要湿地	34962.36	0	0.00	34947.56	14.80	0

（续）

序号	国际重要湿地名称	湿地面积	近海与海岸湿地	河流湿地	湖泊湿地	沼泽湿地	人工湿地
7	上海崇明东滩国际重要湿地	25741.31	24697.31	0	0.00	0	1044.00
8	辽宁大连斑海豹国际重要湿地	24604.32	24487.60	0	0.00	0	116.72
9	江苏大丰麋鹿国际重要湿地	42643.66	30079.19	0.33	0	0.00	12564.14
10	内蒙古达赉湖国际重要湿地	283746.94	0	829.71	224442.36	58164.30	310.57
11	广东湛江红树林国际重要湿地	20282.24	16922.32	621.52	0	0.00	2738.40
12	黑龙江洪河国际重要湿地	21699.28	0	0.00	17.24	21682.04	0.00
13	广东惠东港口海龟国际重要湿地	46.71	46.71	0	0.00	0	0
14	内蒙古鄂尔多斯国际重要湿地	1717.43	0	36.01	388.62	1273.92	18.88
15	黑龙江三江国际重要湿地	55787.09	0	10740.45	1707.87	43321.63	17.14
16	广西山口红树林国际重要湿地	3589.86	3368.44	0	0.00	0	221.42
17	湖南南洞庭湖国际重要湿地	107681.84	0	7212.23	95489.90	480.73	4498.98
18	湖南西洞庭湖国际重要湿地	31559.50	0	602.93	30511.29	0	445.28
19	黑龙江兴凯湖国际重要湿地	172679.18	0	940.48	125731.16	45915.96	91.58
20	江苏盐城国际重要湿地	294273.06	197188.75	2170.62	0	0.00	94913.69
21	辽宁双台河口国际重要湿地	105211.62	44815.44	2045.25	0	45850.67	12500.26
22	云南大山包国际重要湿地	1261.01	0	16.31	0	834.86	409.84
23	云南碧塔海国际重要湿地	257.39	0	0.00	180.37	77.02	0
24	云南纳帕海国际重要湿地	1959.70	0	0.00	382.06	1577.64	0
25	云南拉什海国际重要湿地	1164.74	0	0.00	1073.41	43.76	47.57
26	青海鄂陵湖国际重要湿地	58096.44	0	65.59	57570.59	460.26	0
27	青海扎陵湖国际重要湿地	56634.93	0	344.14	54640.75	1650.04	0
28	西藏麦地卡国际重要湿地	8689.06	0	837.41	1936.83	5914.82	0
29	西藏玛旁雍错国际重要湿地	70271.87	0	814.20	68773.22	684.45	0
30	上海长江口中华鲟国际重要湿地	3977.62	3977.62	0	0.00	0	0
31	广西北仑河口国际重要湿地	3202.31	3045.40	0	0.00	0	156.91
32	福建漳江口红树林国际重要湿地	2359.66	1680.62	0	0.00	0	679.04

（续）

序号	国际重要湿地名称	湿地面积	近海与海岸湿地	河流湿地	湖泊湿地	沼泽湿地	人工湿地
33	湖北洪湖国际重要湿地	42677.56	0	0.00	34353.56	3066.13	5257.87
34	广东海丰公平大湖国际重要湿地	8671.79	3027.38	87.03	0	0.00	5557.38
35	四川若尔盖国际重要湿地	112923.47	0	942.46	2244.12	109736.89	0
36	浙江杭州西溪国际重要湿地	313.66	296.69	6.42	0	10.55	0
37	黑龙江七星河国际重要湿地	16199.38	0	0.00	268.17	15931.21	0
38	黑龙江南瓮河国际重要湿地	78525.06	0	572.27	35.14	77917.65	0
39	黑龙江珍宝岛国际重要湿地	18596.93	0	2018.59	1099.99	15478.35	0
40	甘肃尕海国际重要湿地	58142.24	0	2003.52	4732.30	51406.42	0

2. 国际重要湿地权属与面积

国际重要湿地中，国有湿地面积203.34万公顷，占95.57%；集体所有湿地面积9.42万公顷，占4.43%。40处国际重要湿地的湿地权属情况见表6-2-3。

表6-2-3 中国国际重要湿地的湿地权属统计表

序号	国际重要湿地名称	湿地面积（公顷）	国有面积（公顷）	国有比例（%）	集体面积（公顷）	集体比例（%）
	合 计	2127569.33	2033386.68	95.57	94182.65	4.43
1	黑龙江扎龙国际重要湿地	171066.87	171066.87	100	0	0
2	吉林向海国际重要湿地	28402.70	7216.87	25.41	21185.83	74.59
3	海南东寨港国际重要湿地	3841.51	3841.51	100	0	0
4	青海鸟岛国际重要湿地	40502.40	40502.40	100	0	0
5	湖南东洞庭湖国际重要湿地	113604.63	113371.29	99.79	233.34	0.21
6	江西鄱阳湖国际重要湿地	34962.36	20202.79	57.78	14759.57	42.22
7	上海崇明东滩国际重要湿地	25741.31	25288.68	98.24	452.63	1.76
8	辽宁大连斑海豹国际重要湿地	24604.32	24487.60	99.53	116.72	0.47
9	江苏大丰麋鹿国际重要湿地	42643.66	42643.66	100	0	0
10	内蒙古达赉湖国际重要湿地	283746.94	242777.55	85.56	40969.39	14.44
11	广东湛江红树林国际重要湿地	20282.24	20267.23	99.93	15.01	0.07
12	黑龙江洪河国际重要湿地	21699.28	21699.28	100	0	0

（续）

序号	国际重要湿地名称	湿地面积（公顷）	国有面积（公顷）	国有比例（%）	集体面积（公顷）	集体比例（%）
13	广东惠东港口海龟国际重要湿地	46.71	46.71	100	0	0
14	内蒙古鄂尔多斯国际重要湿地	1717.43	1653.53	96.28	63.90	3.72
15	黑龙江三江国际重要湿地	55787.09	55787.09	100	0	0
16	广西山口红树林国际重要湿地	3589.86	3388.30	94.39	201.56	5.61
17	湖南南洞庭湖国际重要湿地	107681.84	106497.50	98.90	1184.34	1.10
18	湖南西洞庭湖国际重要湿地	31559.50	31371.42	99.40	188.08	0.60
19	黑龙江兴凯湖国际重要湿地	172679.18	172679.18	100	0	0
20	江苏盐城国际重要湿地	294273.06	292233.89	99.31	2039.17	0.69
21	辽宁双台河口国际重要湿地	105211.62	101138.82	96.13	4072.80	3.87
22	云南大山包国际重要湿地	1261.01	453.36	35.95	807.65	64.05
23	云南碧塔海国际重要湿地	257.39	257.39	100	0	0
24	云南纳帕海国际重要湿地	1959.70	382.06	19.50	1577.64	80.50
25	云南拉什海国际重要湿地	1164.74	1164.74	100	0	0
26	青海鄂陵湖国际重要湿地	58096.44	58096.44	100	0	0
27	青海扎陵湖国际重要湿地	56634.93	56634.93	100	0	0
28	西藏麦地卡国际重要湿地	8689.06	8689.06	100	0	0
29	西藏玛旁雍错国际重要湿地	70271.87	70271.87	100	0	0
30	上海长江口中华鲟国际重要湿地	3977.62	3977.62	100	0	0
31	广西北仑河口国际重要湿地	3202.31	3123.71	97.55	78.60	2.45
32	福建漳江口红树林国际重要湿地	2359.66	1680.62	71.22	679.04	28.78
33	湖北洪湖国际重要湿地	42677.56	42677.56	100	0	0
34	广东海丰公平大湖国际重要湿地	8671.79	3114.41	35.91	5557.38	64.09
35	四川若尔盖国际重要湿地	112923.47	112923.47	100	0	0
36	浙江杭州西溪国际重要湿地	313.66	313.66	100	0	0
37	黑龙江七星河国际重要湿地	16199.38	16199.38	100	0	0
38	黑龙江南瓮河国际重要湿地	78525.06	78525.06	100	0	0
39	黑龙江珍宝岛国际重要湿地	18596.93	18596.93	100	0	0
40	甘肃尕海国际重要湿地	58142.24	58142.24	100	0	0

二、国家重要湿地

(一)国家重要湿地名录

根据我国湿地的分布、面积、类型和重要性等实际情况，国家林业局会同科技部、国土部、水利部、农业部、建设部、交通部、科技部、国家环保总局、中国科学院等17个部委，共同编制并实施了《中国湿地保护行动计划》。该行动计划确定了我国173处国家重要湿地名录(表6-2-4)。

第二次全国湿地资源调查，对每处国家重要湿地进行了确界，将区域范围相连或重叠的国家重要湿地进行整合并重新命名。西藏的马泉河流域沼泽与马河沼泽区的范围相同，确认为马泉河流域沼泽；西藏的美马错湿地位于羌塘地区的湖泊湿地内，将其纳入羌塘湿地；河北与内蒙古交界处查干湖和安固里湖湿地因大部分面积包含在张家口坝上湿地，归并为张家口坝上湿地。因此，全国现有国家重要湿地170处。

(二)国家重要湿地类型与面积

第二次全国湿地资源调查(2009~2013年)，共调查了162处内地的国家重要湿地(香港米埔等8处国家重要湿地不在此调查范围内，本部分采用数字为调查范围的数据)。

调查范围内，国家重要湿地的湿地总面积为1600.95万公顷，占全国湿地面积的29.97%。其中自然湿地面积1505.25万公顷，占94.02%；人工湿地面积95.70万公顷，占5.98%。国家重要

表6-2-4　我国国家重要湿地名录

湿地集中分布区	国家重要湿地名称	湿地集中分布区	国家重要湿地名称
Ⅰ东北地区湿地	1. 三江平原东北部湿地 2. 七星河和挠力河流域湿地 3. 七虎林河和阿布沁河中下游湿地 4. 镜泊湖湿地 5. 长吉岗湿地 6. 穆棱河下游月牙湖和虎口湿地 7. 汤旺河流域湿地 8. 兴凯湖湿地 9. 嫩江源头区湿地 10. 乌裕尔河流域湿地 11. 呼玛河湿地 12. 龙江哈拉海湿地 13. 五大连池湿地 14. 长白山熔岩台地沼泽区 15. 松花湖湿地 16. 龙沼沼泽 17. 月亮泡湿地 18. 查干湖湿地 19. 向海湿地 20. 莫莫格湿地 21. 大布苏自然保护区的湿地	Ⅱ华北地区湿地	22. 鸭绿江湿地 23. 辽河三角洲湿地 24. 密云水库湿地 25. 昌黎黄金海岸湿地 26. 天津古海岸湿地 27. 天津北大港湿地 28. 滦河河口湿地 29. 白洋淀湿地 30. 北戴河沿海湿地 31. 沧州南大港湿地 32. 张家口坝上湿地 33. 衡水湖湿地 34. 青铜峡库区湿地 35. 三门峡库区湿地 36. 豫北黄河故道沼泽区湿地 37. 南四湖区湿地 38. 北五湖湿地 39. 荣成湿地 40. 黄河三角洲和莱州湾湿地 41. 庙岛群岛湿地 42. 黄垒河和乳山河河口湿地 43. 大沽夹河河口和胶州湾湿地

（续）

湿地集中分布区	国家重要湿地名称	湿地集中分布区	国家重要湿地名称
Ⅲ华中地区湿地	44. 宿鸭湖湿地 45. 盐城滨海湿地 46. 洪泽湖湿地 47. 高邮湖湿地 48. 崇明岛湿地 49. 金山三岛湿地 50. 长兴岛和横沙岛湿地 51. 太湖湿地 52. 石臼湖湿地 53. 扬子鳄自然保护区的湿地 54. 巢湖湿地 55. 升金湖湿地 56. 太平湖湿地 57. 网湖湿地 58. 洪湖湿地 59. 梁子湖群湿地 60. 石首天鹅洲长江故道区湿地 61. 洞庭湖湿地 62. 鄱阳湖湿地 63. 千岛湖湿地 64. 庵东沼泽区湿地 65. 灵昆岛东滩湿地 66. 南麂列岛自然保护区湿地 67. 三都湾湿地 68. 福清湾湿地 69. 大瑶山自然保护区中的湿地	Ⅴ华南地区湿地	85. 晋江河口和泉州湾湿地 86. 九龙江河口湿地 87. 东山湾湿地 88. 深沪湾湿地 89. 深圳后海湾湿地 90. 珠江三角洲湿地 91. 东寨港湿地 92. 清澜港和文昌湿地 93. 洋浦港湿地 94. 三亚珊瑚礁自然保护区湿地 95. 大洲岛自然保护区湿地 96. 西沙群岛湿地 97. 钦州湾湿地 98. 澄碧河水库湿地 99. 山口红树林区湿地 100. 北仑河口湿地 101. 淡水河河口湿地 102. 兰阳溪河口湿地 103. 大肚溪河口湿地 104. 台南北门湿地 105. 台东大坡池湿地 106. 日月潭湿地 107. 米埔及深圳湾湿地
Ⅳ西南地区湿地	70. 洋县朱鹮栖息区湿地 71. 丹江口库区湿地 72. 红枫湖湿地 73. 威宁草海湿地 74. 滇池湿地 75. 抚仙湖湿地 76. 异龙湖湿地 77. 洱海湿地 78. 程海湿地 79. 泸沽湖湿地 80. 碧塔海湿地 81. 纳帕海湿地 82. 丽江拉市海湿地 83. 昭通大山包湿地 84. 会泽黑颈鹤栖息区湿地	Ⅵ内蒙古地区湿地	108. 乌梁素海湿地 109. 岱海湿地 110. 察干湖和安固里湖湿地 111. 查干诺尔和巴哈湖湿地 112. 达里诺尔湿地 113. 乌拉盖沼泽区湿地 114. 科尔沁湿地 115. 呼伦湖湿地 116. 红碱淖湿地

（续）

湿地集中分布区	国家重要湿地名称
Ⅶ西北地区湿地	117. 居延海湿地
	118. 阿牙克库木湖湿地
	119. 塔里木河下游尉犁湿地
	120. 博斯腾湖湿地
	121. 巴里湖湿地
	122. 巴音布鲁克湿地
	123. 赛里木湖湿地
	124. 艾比湖湿地
	125. 克拉玛依湖湿地
	126. 玛纳斯湖湿地
	127. 喀纳斯湖湿地
	128. 乌伦古湖和吉力湖湿地
	129. 阿尔泰山东南部湿地
	130. 布伦口湖群湿地
	131. 叶尔羌河流域湿地
	132. 阿克苏湿地
	133. 渭干河流域湿地
	134. 伊犁河湿地
	135. 乌鲁木齐河湿地
Ⅷ青藏地区湿地	136. 鲸鱼湖湿地
	137. 阿其克库勒湖湿地
	138. 若尔盖高原沼泽湿地
	139. 尕海湿地
	140. 九寨沟湿地
	141. 青海湖湿地
	142. 茶卡盐湖湿地
	143. 冬给措纳湖湿地
	144. 鄂陵湖湿地
	145. 扎陵湖湿地
	146. 隆宝滩湿地
	147. 依然错湿地
	148. 多尔改错湿地
	149. 卓乃湖湿地
	150. 库赛湖湿地
	151. 哈拉湖湿地
	152. 托素湖和克鲁克湖湿地
	153. 柴达木盆地中的湿地
	154. 苏干湖和小苏干湖湿地
	155. 尕斯库勒湖湿地
	156. 玛多湖湿地
	157. 黄河源区岗纳格玛错湿地
	158. 羌塘地区的湖泊湿地
	159. 美马错湿地
	160. 美卓雍错湿地
	161. 大加错湿地
	162. 马河沼泽区湿地
	163. 玛旁雍错和拉昂错湿地
	164. 班公湖湿地
	165. 大竹卡河沼泽区湿地
	166. 聂荣、安多沼泽区湿地
	167. 那曲沼泽湿地
	168. 班戈湖群沼泽湿地
	169. 色林错沼泽湿地
	170. 马泉河流域沼泽湿地
	171. 乌马曲沼泽湿地
	172. 羊八井沼泽湿地
	173. 纳木错沼泽湿地

湿地中各类湿地面积比例如图 6-2-2。自然湿地中，近海与海岸湿地面积 161.36 万公顷，河流湿地面积 125.21 万公顷，湖泊湿地面积 521.13 万公顷，沼泽湿地面积 697.55 万公顷。

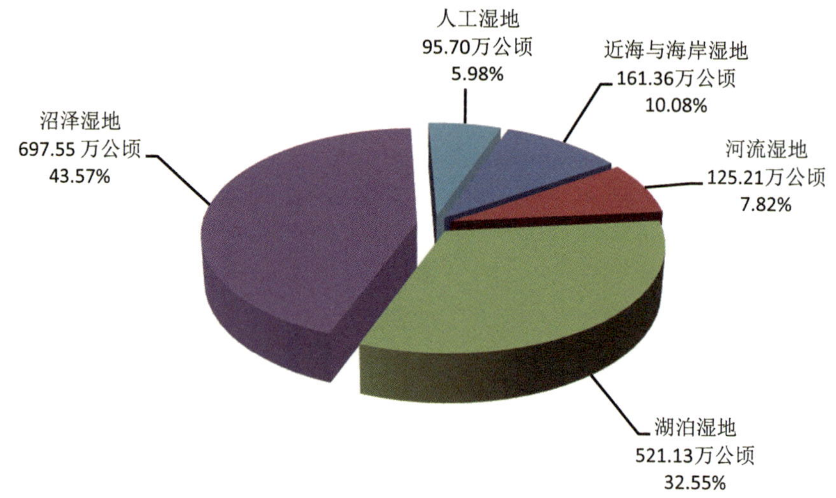

图 **6-2-2** 国家重要湿地的各类湿地面积比例示意图

按照湿地权属分类，国家重要湿地中，国有湿地面积 1499.20 万公顷，占 93.64%；集体所有湿地面积 101.75 万公顷，占 6.36%。国家重要湿地的湿地权属情况见表 6-2-5。

表 6-2-5 国家重要湿地的湿地权属面积及比例统计表

国家重要湿地名称	国有面积(公顷)	国有比例(%)	集体面积(公顷)	集体比例(%)	合计(公顷)
阿尔泰山东南部湿地	2471.66	100			2471.66
阿克苏湿地	74687.60	96.71	2540.56	3.29	77228.16
阿其克库勒湖湿地	59279.47	100			59279.47
阿牙克库木湖湿地	114731.78	100			114731.78
艾比湖湿地	124002.94	99.20	1003.05	0.80	125005.99
庵东沼泽区	21242.42	100			21242.42
巴里坤湖湿地	54865.15	99.98	9.00	0.02	54874.15
巴音布鲁克湿地	133008.67	100			133008.67
白洋淀湿地	25.88	0.13	20375.95	99.87	20401.83
班戈湖群沼泽	109553.11	100			109553.11
班公湖湿地	44473.48	100			44473.48
北戴河沿海湿地	3170.29	79.02	841.51	20.98	4011.80
北仑河口湿地	3123.71	97.55	78.60	2.45	3202.31
北五湖湿地	663.72	2.75	23446.19	97.25	24109.91
碧塔海湿地	257.39	100			257.39

（续）

国家重要湿地名称	国有面积（公顷）	国有比例（%）	集体面积（公顷）	集体比例（%）	合计（公顷）
博斯腾湖湿地	150408.36	99.63	562.42	0.37	150970.78
布伦口湖群湿地	4869.97	100			4869.97
沧州南大港湿地	6983.86	100			6983.86
茶卡盐湖湿地	21874.28	100			21874.28
查干湖湿地	47776.67	80.61	11491.78	19.39	59268.45
查干诺尔和巴哈湖湿地	12507.59	89.96	1395.35	10.04	13902.94
柴达木盆地中的湿地	2518757.31	100			2518757.31
昌黎黄金海岸湿地	18897.58	76.04	5954.90	23.96	24852.48
巢湖湿地	78325.85	99.40	469.68	0.60	78795.53
程海湿地	7589.48	100			7589.48
澄碧河水库湿地	4389.31	98.64	60.59	1.36	4449.90
崇明岛湿地	105300.44	99.57	452.63	0.43	105753.07
达里诺尔湿地	38536.07	100			38536.07
大布苏自然保护区的湿地	5723.72	100			5723.72
大沽夹河河口和胶州湾湿地	14531.30	43.97	18517.12	56.03	33048.42
大加错湿地	10816.52	100			10816.52
大瑶山自然保护区中的湿地	1333.51	94.66	75.30	5.34	1408.81
大洲岛自然保护区湿地	133.47	100			133.47
大竹卡河沼泽区	211.65	100			211.65
岱海湿地	10171.72	99.52	49.13	0.48	10220.85
丹江口水库湿地	104965.98	98.91	1157.99	1.09	106123.97
滇池湿地	29762.84	100			29762.84
东山湾湿地	23803.26	85.02	4193.66	14.98	27996.92
东寨港红树林湿地	3841.51	100			3841.51
冬给措纳湖湿地	30460.13	100			30460.13
洞庭湖湿地	445648.15	95.29	22042.40	4.71	467690.55
多尔改错湿地	28222.10	100			28222.10
鄂陵湖湿地	72695.85	100			72695.85
洱海湿地	25043.45	100			25043.45
福清湾湿地	13722.50	74.35	4735.16	25.65	18457.66
抚仙湖湿地	21604.42	100			21604.42
尕海自然保护区	67417.86	100			67417.86
尕斯库勒湖湿地	109250.86	100			109250.86

（续）

国家重要湿地名称	国有面积(公顷)	国有比例(%)	集体面积(公顷)	集体比例(%)	合计(公顷)
高邮湖湿地	81156.81	73.50	29253.92	26.50	110410.73
哈拉湖湿地	67019.07	100			67019.07
衡水湖湿地	6694.50	100			6694.50
红枫湖湿地	5434.29	100			5434.29
红碱淖湿地	5213.44	100			5213.44
洪湖湿地	42677.56	100			42677.56
洪泽湖湿地	132548.67	77.60	38271.17	22.40	170819.84
呼伦湖湿地	242777.55	85.56	40969.39	14.44	283746.94
呼玛河湿地	503053.87	100			503053.87
黄河三角洲和莱州湾湿地	356360.92	99.30	2512.18	0.70	358873.10
黄河源区岗纳格玛错湿地	15164.90	100			15164.90
黄垒河和乳山河河口湿地	631.62	23.98	2002.42	76.02	2634.04
会泽黑颈鹤栖息地	657.59	91.81	58.66	8.19	716.25
金山三岛湿地	115.46	100			115.46
晋江河口和泉州湾湿地	17337.43	98.68	232.63	1.32	17570.06
鲸鱼湖湿地	30518.16	100			30518.16
镜泊湖湿地	24420.16	100			24420.16
九龙江河口湿地	7847.52	66.80	3901.03	33.20	11748.55
九寨沟沼泽湿地	432.28	100			432.28
居延海湿地	5881.87	100			5881.87
喀纳斯湖湿地	9418.77	100			9418.77
科尔沁湿地	41308.36	100			41308.36
克拉玛依湖湿地	215.24	100			215.24
库赛湖湿地	46668.61	100			46668.61
丽江拉市海湿地	1164.74	100			1164.74
梁子湖群湿地	31835.39	60.75	20571.95	39.25	52407.34
辽河三角洲湿地	101565.95	96.14	4072.80	3.86	105638.75
灵昆岛东滩湿地	2275.87	100			2275.87
龙江哈拉海湿地	14739.48	100			14739.48
龙沼沼泽湿地	83.58	0.08	109824.58	99.92	109908.16
隆宝滩自然保护区湿地	3429.37	100			3429.37
泸沽湖湿地	5661.99	99.61	22.07	0.39	5684.06
滦河河口沼泽区			1142.91	100	1142.91

（续）

国家重要湿地名称	国有面积（公顷）	国有比例（%）	集体面积（公顷）	集体比例（%）	合计（公顷）
马泉河流域沼泽	23178.05	100			23178.05
玛多湖湿地	21115.76	100			21115.76
玛旁雍错和拉昂错湿地	82950.45	100			82950.45
玛纳斯湖湿地	80251.87	96.56	2855.66	3.44	83107.53
美卓雍错湿地	93582.18	100			93582.18
密云水库湿地	8273.67	100			8273.67
庙岛群岛湿地	12820.23	100			12820.23
莫莫格湿地	41839.73	60.94	26817.65	39.06	68657.38
穆棱河下游月牙湖和虎口湿地	10410.10	100			10410.10
那曲沼泽	35253.35	100			35253.35
纳木错沼泽	201803.35	100			201803.35
纳帕海湿地	520.73	16.09	2715.29	83.91	3236.02
南麂列岛自然保护区湿地	759.26	100			759.26
南四湖区湿地	117854.12	98.80	1427.35	1.20	119281.47
嫩江源头区湿地	46839.34	100			46839.34
聂荣、安多沼泽	127387.51	100			127387.51
浓江—沃里兰河湿地	165683.97	100			165683.97
鄱阳湖湿地	200899.99	66.94	99240.35	33.06	300140.34
七虎林河和阿布沁河中下游湿地	47655.24	100			47655.24
七星河和挠力河流域湿地	133546.29	100			133546.29
千岛湖湿地	47872.92	100			47872.92
羌塘地区的湖泊湿地	1758439.27	100			1758439.27
钦州湾湿地	55928.14	84.04	10624.19	15.96	66552.33
青海湖湿地	456210.05	100			456210.05
青铜峡水库湿地	11811.29	100			11811.29
清澜港和文昌湿地	5477.50	100			5477.50
荣成湿地	29769.63	82.18	6457.00	17.82	36226.63
若尔盖高原沼泽区	807153.56	100	25.87		807179.43
赛里木湖湿地	47288.22	100			47288.22
三都湾湿地	50116.62	90.55	5229.83	9.45	55346.45
三门峡库区湿地	100623.60	94.82	5492.93	5.18	106116.53
三亚珊瑚礁自然保护区湿地	647.23	100			647.23
色林错沼泽	679341.23	100			679341.23

（续）

国家重要湿地名称	国有面积（公顷）	国有比例（%）	集体面积（公顷）	集体比例（%）	合计（公顷）
山口红树林区	6880.35	78.76	1855.19	21.24	8735.54
深沪湾湿地	2667.62	100			2667.62
深圳后海湾湿地	3495.69	100			3495.69
升金湖湿地	13260.32	93.13	978.25	6.87	14238.57
石臼湖湿地	10005.89	88.11	1349.91	11.89	11355.80
石首天鹅洲长江故道区湿地	4319.04	97.78	98.22	2.22	4417.26
松花湖湿地	49104.60	90.88	4929.54	9.12	54034.14
苏干湖和小苏干湖湿地	90171.38	100			90171.38
塔里木河下游尉犁湿地	86832.15	99.84	139.75	0.16	86971.90
太湖地区湿地	226165.86	91.70	20469.90	8.30	246635.76
太平湖湿地	8982.65	100			8982.65
汤旺河流域湿地	171243.46	100			171243.46
天津北大港湿地	25008.80	78.64	6792.04	21.36	31800.84
天津古海岸湿地	318.60	6.19	4825.76	93.81	5144.36
托素湖和克鲁克湖湿地	62897.58	100			62897.58
网湖湿地	7694.77	64.88	4165.07	35.12	11859.84
威宁草海湿地	619.86	18.27	2772.88	81.73	3392.74
渭干河流域湿地	10220.36	85.18	1778.16	14.82	11998.52
乌拉盖沼泽区			221560.00	100	221560.00
乌梁素海湿地	37149.52	91.89	3280.84	8.11	40430.36
乌鲁木齐河湿地	16459.64	85.78	2729.20	14.22	19188.84
乌伦古湖和吉力湖湿地	105644.86	99.73	289.69	0.27	105934.55
乌马曲沼泽	9668.42	100			9668.42
乌裕尔河流域湿地	226642.19	100			226642.19
五大连池湿地	44130.45	100			44130.45
向海湿地	7216.87	25.41	21185.83	74.59	28402.70
兴凯湖湿地	172679.18	100			172679.18
宿鸭湖湿地	12894.81	100			12894.81
鸭绿江湿地	112607.59	92.78	8765.04	7.22	121372.63
盐城滨海湿地	636750.47	100			636750.47
扬子鳄自然保护区的湿地	598.78	87.80	83.23	12.20	682.01
羊八井沼泽	270.45	100			270.45
洋浦港湿地	5644.97	100			5644.97

（续）

国家重要湿地名称	国有面积（公顷）	国有比例（%）	集体面积（公顷）	集体比例（%）	合计（公顷）
洋县朱鹮栖息地	2942.58	97.78	66.91	2.22	3009.49
叶尔羌河流域中的湿地	183300.85	99.06	1736.88	0.94	185037.73
伊犁河湿地	105641.83	93.74	7052.49	6.26	112694.32
依然错湿地	104671.55	100			104671.55
异龙湖湿地	3627.51	100			3627.51
豫北黄河故道沼泽区	10683.57	100			10683.57
月亮泡湿地	5113.15	100			5113.15
扎陵湖湿地	67631.88	100			67631.88
张家口坝上湿地	1661.96	1.02	161615.57	98.98	163277.53
长白山熔岩台地沼泽区	4264.94	100			4264.94
长吉岗湿地			4561.49	100	4561.49
长兴岛和横沙岛湿地	66941.33	100			66941.33
昭通大山包湿地	539.97	30.80	1213.09	69.20	1753.06
珠江三角洲湿地	140618.33	100			140618.33
卓乃湖湿地	37376.53	100			37376.53
总　计	14992013.47	93.64	1017469.73	6.36	16011697.33

第二节 湿地自然保护区

我国于1994年颁布实施了《中华人民共和国自然保护区条例》。湿地自然保护区在我国发展早，基础好，是我国湿地保护体系的主体。

一、保护区湿地保护面积

第二次全国湿地资源调查统计表明，全国已纳入保护体系的湿地面积2324.32万公顷，湿地保护率43.51%。其中，自然保护区保护的湿地面积1633.54万公顷，占全国保护湿地的70.28%。各种保护形式保护的湿地面积比例如图6-2-3。

（一）保护区自然湿地面积

调查统计，我国自然湿地的保护面积2115.68万公顷，自然湿地保护率[①]45.33%。其中，自然保护区保护的自然湿地面积1540.40万公顷，占自然湿地保护面积的72.81%。各种保护形式保护的自然湿地面积比例如图6-2-4。

① 自然湿地保护率是指自然湿地保护面积占自然湿地总面积的比例。

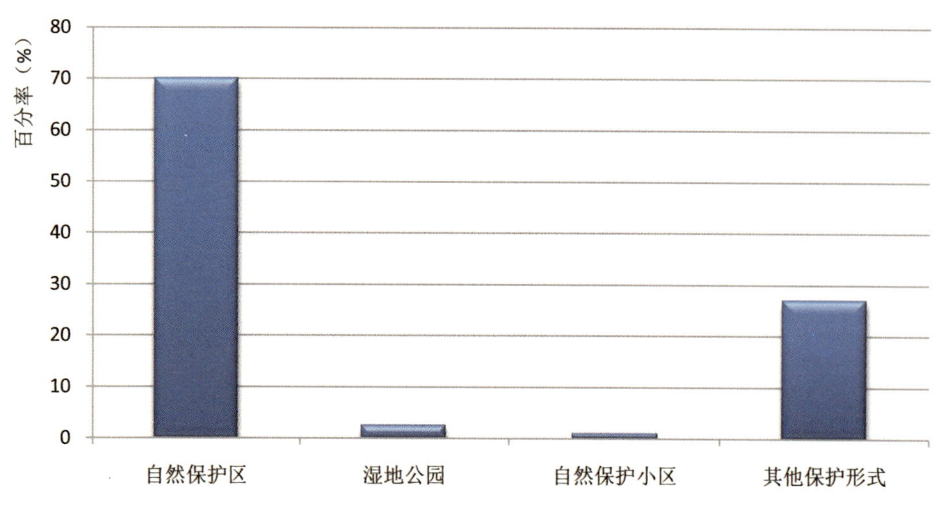

图 **6-2-3** 各种保护形式保护的湿地面积比例示意图

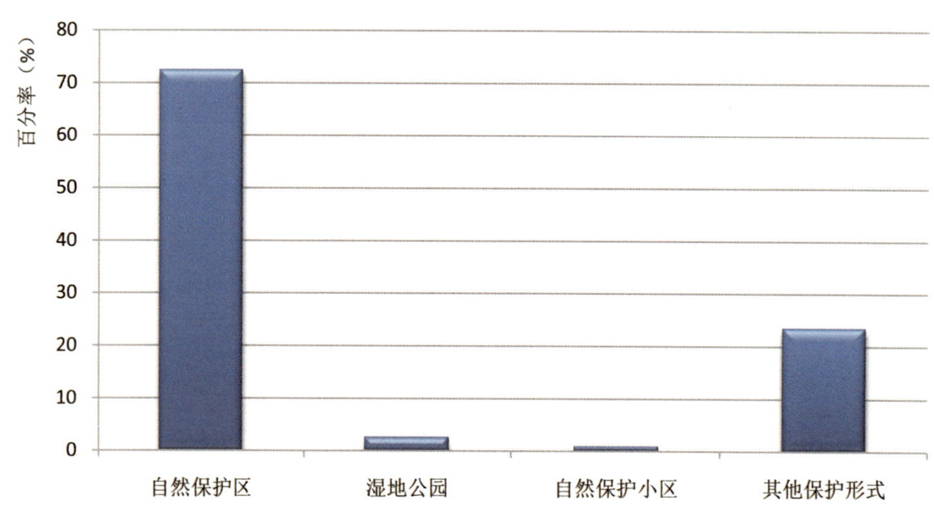

图 **6-2-4** 各种保护形式保护的自然湿地面积比例示意图

(二)保护区人工湿地保护面积

调查统计，全国人工湿地的保护面积 208. 64 万公顷，人工湿地保护率[①] 30. 93%。自然保护区保护的人工湿地面积 97. 47 万公顷，占人工湿地保护面积的 46. 72%。各保护形式保护的人工湿地面积比例如图 6-2-5。

① 人工湿地保护率是指受保护的人工湿地面积占人工湿地总面积的比例。

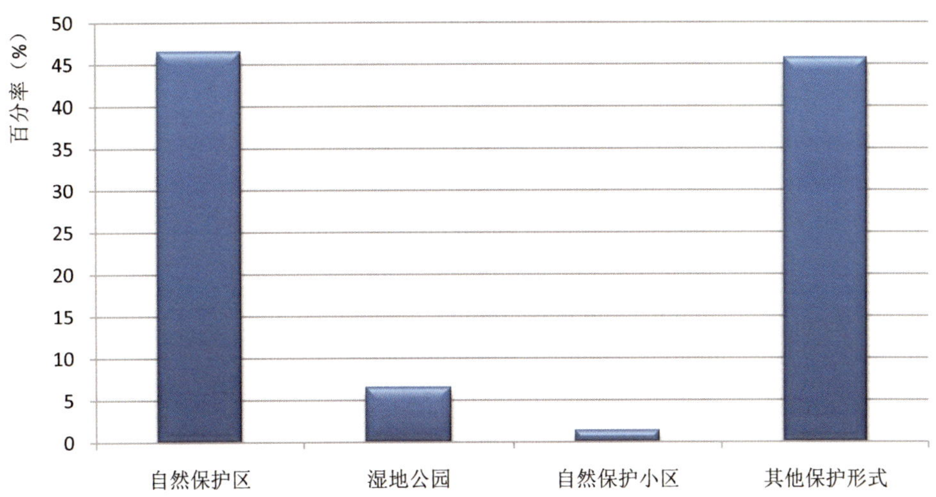

图 **6-2-5**　各种保护形式保护的人工湿地面积比例示意图

二、保护区的区域分布与湿地保护

(一)八大地理分区湿地自然保护区情况

我国湿地八大地理分区中，湿地保护总面积、自然保护区保护的湿地面积及其所占比例见表6-2-6。湿地自然保护区保护湿地面积，占全国湿地保护面积的70.28%，是我国湿地保护的主体形式。

表 6-2-6　各地理分区湿地自然保护区湿地保护情况统计表

区　域	湿地保护面积总计（公顷）	自然保护区保护面积（公顷）	保护区保护面积所占比例（%）
合　计	23243162.09	16335377.15	70.28
东北湿地区	3617154.53	2928116.48	80.95
黄河中下游湿地区	1064435.79	501489.37	47.11
长江中下游湿地区	2030663.26	994479.99	48.97
滨海湿地区	1921065.61	1466020.33	76.31
东南和南部湿地区	116979.51	59236.75	50.64
西南湿地区	550140.68	148514.53	27.00
西北干旱半干旱湿地区	2432144.23	1623118.84	66.74
青藏高原湿地区	11510578.48	8614400.86	74.84

湿地自然保护区面积，以青藏高原湿地区最大，占全国湿地自然保护区总面积的52.73%，其次为东北湿地区，占17.93%。东南和南部湿地区，湿地自然保护区面积最小。

湿地保护区作为主体湿地保护形式，主要体现在东北湿地区、滨海湿地区、青藏高原湿地区、西北干旱半干旱湿地区及东南和南部湿地区(表6-2-5)。其中，东北湿地区，自然保护区占湿地保护面积的 80.95%，在所有区域中，比例最高。而在西南湿地区，湿地自然保护区湿地面积所占比例最低，为 27.0%。因此在西南湿地区，湿地保护区不是主导的湿地保护形式。

(二)水资源分区湿地自然保护区情况

按照水资源分区，西北诸河区的湿地自然保护区面积最大，占全国湿地总面积的 40.54%。

按照水资源分区中，松花江区和辽河区中，自然湿地保护区保护湿地面积占本区湿地保护总面积比例超过 80%。东南诸河区的湿地自然保护区形式保护湿地面积比例较低，为 22.71%。各分区湿地保护区面积情况见表 6-2-7。

表 6-2-7 水资源分区中自然保护区形式保护的湿地面积统计表

水资源一级区	湿地保护面积总计（公顷）	自然保护区保护面积（公顷）	保护区保护面积所占比例（%）
合 计	23243162.09	16335377.15	70.28
东南诸河	371028.35	84248.19	22.71
海河区	432778.36	236886.84	54.74
西南诸河区	959207.99	564535.55	58.85
长江区	4529429.39	2742472.33	60.55
珠江区	521128.79	326318.21	62.62
黄河区	2325713.94	1673650.77	71.96
淮河区	1017854.70	738339.15	72.54
西北诸河区	9040259.79	6621691.42	73.25
松花江区	3276169.44	2656795.23	81.09
辽河区	769591.34	690439.46	89.72

三、各省湿地自然保护区湿地保护面积

全国范围内，湿地自然保护区面积以西藏和青海最大，都超过 300 万公顷，占全国湿地自然保护区比例都超过 20.00%。内蒙古、新疆和黑龙江，都超过 100 万公顷。以上 5 省湿地自然保护区面积占全国湿地保护区总面积的 68.71%。

全国自然保护区湿地面积占湿地保护总面积的 70.28%。调查统计，该比例大于全国平均水平的有西藏、广东、吉林、湖南、天津、黑龙江、内蒙古、陕西、四川、辽宁、江苏和甘肃等 12 省(自治区、直辖市)。其中，自然保护区形式保护湿地面积占总湿地保护面积比例 90% 以上的，有辽宁、江苏和甘肃等 3 省。自然保护区保护湿地比例，一方面反映湿地自然保护建设的成就，另外也一定程度上反映湿地保护形式建设的多样性程度。

各省湿地自然保护区湿地保护情况见表 6-2-8。

表 6-2-8　全国自然保护区保护湿地情况统计表

省(自治区、直辖市)	湿地保护总面积(公顷)	自然保护区保护湿地面积(公顷)	保护区湿地占保护总面积的比例(%)
合　计	23243162.09	16335377.15	70.28
浙江省	241176.86	3190.90	1.32
重庆市	147966.55	14623.07	9.88
贵州省	55645.33	8794.28	15.80
北京市	22423.51	3743.55	16.69
宁夏回族自治区	105590.04	19681.50	18.64
河北省	357919.98	100513.53	28.08
江西省	326108.15	96093.54	29.47
湖北省	561533.38	202401.68	36.04
云南省	203356.87	75027.95	36.89
上海市	234400.35	112197.59	47.87
广西壮族自治区	99896.94	52000.98	52.05
安徽省	355397.59	192373.30	54.13
山东省	631018.30	350265.72	55.51
山西省	80103.91	44870.76	56.02
福建省	134342.55	81254.86	60.48
河南省	237601.87	159375.46	67.08
青海省	5224827.95	3545461.45	67.86
新疆维吾尔自治区	2113079.75	1456959.90	68.95
海南省	102515.31	70934.87	69.19
西藏自治区	4446522.18	3290093.75	73.99
广东省	254095.72	197490.81	77.72
吉林省	365016.26	284863.52	78.04
湖南省	384996.56	302507.19	78.57
天津市	62527.54	50120.18	80.16
黑龙江省	1991792.05	1597130.83	80.19
内蒙古自治区	1567304.19	1334713.35	85.16
陕西省	102878.09	87700.29	85.25
四川省	792168.91	700414.87	88.42
辽宁省	599314.70	544220.76	90.81
江苏省	509521.51	465641.48	91.39
甘肃省	932119.19	890715.23	95.56

第三节 湿地公园

目前，国家湿地公园已经成为我国湿地保护体系的重要组成部分。实践证明国家湿地公园是开展湿地保护与合理利用的有效方式，是抢救性保护湿地和扩大湿地面积的有效措施，也是开展湿地科学研究和宣传教育的重要平台。

一、湿地公园湿地保护面积

第二次全国湿地资源调查统计表明，全国已纳入保护体系的湿地面积2324.32万公顷。其中，截至2012年年底，湿地公园保护的湿地面积61.98万公顷，占全国保护湿地的2.67%（图6-2-3）。

（一）湿地公园自然湿地保护面积

调查统计，我国自然湿地的保护面积2115.68万公顷。其中，湿地公园保护的自然湿地面积48.98万公顷，占自然湿地保护面积的2.32%（图6-2-4）。

（二）湿地公园人工湿地保护面积

调查统计，全国人工湿地的保护面积208.64万公顷。湿地公园保护的人工湿地面积14.29万公顷，占人工湿地保护面积的6.85%（图6-2-5）。

二、湿地公园的区域分布与湿地保护

（一）八大分区湿地公园情况

按照湿地分区，长江中下游湿地区湿地公园面积最大，占全国湿地公园面积的34.26%。东南和南部湿地区、西南湿地区面积较小，占全国比例小于10.00%。

调查统计，我国全国湿地公园保护湿地面积，占全国湿地保护面积的2.67%。由此，可见尽管湿地公园近年来发展迅速，但湿地保护面积比例较小。我国湿地八大分区湿地公园保护湿地情况，见表6-2-9。长江中下游湿地区，湿地公园湿地保护面积占湿地保护总面积的10.46%，在所有区域中，比例最高。青藏高原湿地区，该比例最低，仅为0.94%。

表6-2-9 各地理区湿地公园湿地保护情况统计表

区 域	湿地保护面积总计（公顷）	湿地公园湿地保护面积（公顷）	湿地公园保护面积所占比例（%）
合 计	23243162	619806.97	2.67
青藏高原湿地区	11510578	107873.84	0.94
东北湿地区	3617154.50	71686.11	1.98
西北干旱半干旱湿地区	2432144.20	76613.43	3.15
东南和南部湿地区	116979.51	3815.06	3.26
滨海湿地区	1921065.60	63432.58	3.30

（续）

区 域	湿地保护面积总计（公顷）	湿地公园湿地保护面积（公顷）	湿地公园保护面积所占比例（%）
西南湿地区	550140.68	19432.89	3.53
黄河中下游湿地区	1064435.80	64579.84	6.07
长江中下游湿地区	2030663.30	212373.22	10.46

(二)水资源分区湿地公园情况

按照水资源分区，长江区和西北诸河区面积较大，分别占全国湿地公园总面积的 34.59% 和 23.32% 。目前，辽河区湿地公园面积最小。

湿地公园保护湿地面积占本区湿地保护总面积比例，东南诸河区最高，为 9.05% ；其次为淮河区，为 7.29% 。其他水资源一级区比例都较低。

各分区湿地公园保护面积情况见表 6-2-10。

表 6-2-10 水资源分区中湿地公园形式保护的湿地面积统计表

水资源一级区	湿地保护面积总计（公顷）	湿地公园保护面积（公顷）	湿地公园保护面积所占比例（%）
合 计	23243162.09	619806.97	2.67
辽河区	769591.34	1886.92	0.25
黄河区	2325713.94	33005.42	1.42
西北诸河区	9040259.79	144537.61	1.60
松花江区	3276169.44	69926.29	2.13
西南诸河区	959207.99	20489.21	2.14
珠江区	521128.79	14060.52	2.70
海河区	432778.36	13803.53	3.19
长江区	4529429.39	214367.51	4.73
淮河区	1017854.70	74150.81	7.29
东南诸河	371028.35	33579.15	9.05

三、各省湿地公园湿地保护面积

全国范围内，西藏湿地公园总面积最大，超过 10 万公顷，江西、山东和新疆，都超过 5 万公顷。以上 4 个省湿地公园总面积占全国的 45.94% 。

全国湿地公园保护湿地面积占湿地保护总面积的 2.67% 。调查统计，该比例大于全国平均水平的有新疆、广东、江苏、安徽、湖北、陕西、山东、山西、湖南、浙江、宁夏和江西等 12 个省(自治区、直辖市)。其中，以湿地公园形式保护湿地面积占总湿地保护面积比例 10% 以上的，有江西、宁夏、浙江、湖南和山西等 5 个省(自治区)。江西省比例最高，达到 19.24% 。湿地公园已经在部分省的湿地保护中起到重要作用。

全国湿地公园保护湿地情况统计见表6-2-11。

表6-2-11 全国湿地公园保护湿地情况统计表

省(自治区、直辖市)	湿地保护面积（公顷）	湿地公园湿地（公顷）	湿地公园湿地占保护总面积的比例（%）
合 计	23243162.09	619806.97	2.67
天津市	62527.54	0	0
青海省	5224827.95	2325.21	0.04
甘肃省	932119.19	1265.14	0.14
上海市	234400.35	398.53	0.17
辽宁省	599314.7	1886.92	0.31
北京市	22423.51	72.04	0.32
云南省	203356.87	1408.95	0.69
福建省	134342.55	976.51	0.73
海南省	102515.31	1000.12	0.98
黑龙江省	1991792.05	20249.07	1.02
广西壮族自治区	99896.94	1769.68	1.77
四川省	792168.91	14038.18	1.77
贵州省	55645.33	1077.51	1.94
河南省	237601.87	4812.65	2.03
重庆市	147966.55	3329.81	2.25
西藏自治区	4446522.18	104277.35	2.35
吉林省	365016.26	8672.83	2.38
内蒙古自治区	1567304.19	41066.5	2.62
河北省	357919.98	9419.54	2.63
新疆维吾尔自治区	2113079.75	58828.15	2.78
广东省	254095.72	10236.55	4.03
江苏省	509521.51	32394.7	6.36
安徽省	355397.59	23384.67	6.58
湖北省	561533.38	40345.79	7.18
陕西省	102878.09	8252.9	8.02
山东省	631018.3	58875.21	9.33
山西省	80103.91	8881.36	11.09
湖南省	384996.56	47726.23	12.40
浙江省	241176.86	33626.63	13.94
宁夏回族自治区	105590.04	16458.03	15.59
江西省	326108.15	62750.21	19.24

第四节 湿地保护小区和其他保护形式

目前，我国初步建立了以自然保护区为主，湿地公园和自然保护小区并存，其他保护形式互补的湿地保护体系。建立湿地保护小区，主要是针对我国南方人口稠密地区实施对湿地生物多样性和湿地珍稀动植物栖息地保护的一种有效方法和措施。湿地保护小区的设定，可以在全社会范围内，进一步改善湿地生态保护，提高全民湿地保护意识。其他保护形式是指森林公园、水源保护区等保护形式。

湿地保护小区和其他保护形式，对我国重要湿地，特别是具有特殊保护意义的湿地生物和水源地等特殊生态系统的保护，起到重要作用。

一、保护小区和其他保护形式湿地保护面积

第二次全国湿地资源调查统计，我国已建立湿地保护小区51个，保护湿地面积8.48万公顷，保护了全国0.16%的湿地，占全国湿地保护面积的0.36%。其他保护形式保护的湿地面积620.32万公顷，保护了11.61%的湿地，占全国湿地保护面积的26.69%（图6-2-3）。两者总计占全国湿地保护面积的27.05%。可见其他保护形式和保护小区，在我国湿地保护中也起到重要作用。

（一）自然湿地的保护面积

调查统计，我国自然湿地的保护面积2115.68万公顷。其中，自然保护小区保护的自然湿地面积6.57万公顷，占自然湿地保护面积的0.31%。其他保护形式保护的自然湿地面积519.74万公顷，占自然湿地保护面积的24.57%（图6-2-4）。

（二）人工湿地的保护面积

调查统计，全国人工湿地的保护面积208.64万公顷。自然保护小区保护的人工湿地面积1.91万公顷，占人工湿地保护面积的0.92%。其他保护形式保护的人工湿地面积94.96万公顷，占人工湿地保护面积的45.51%（图6-2-5）。两者总计占全国人工湿地保护面积的46.43%，在人工湿地的保护中是重要的保护形式。

二、保护小区和其他保护形式湿地区域分布

（一）八大分区情况

我国湿地八大分区中，湿地保护小区和其他保护形式保护湿地情况，见表6-2-12。滨海湿地区湿地保护小区面积最大，面积达到4.25万公顷，占全国湿地保护小区总面积的50.12%；其次，东北湿地区占28.27%。其他保护形式，青藏高原湿地区面积最大，占全国其他保护形式总面积的44.93%；长江中下游湿地区、西北干旱半干旱湿地区比例也都超过10.00%。

全国范围内，湿地保护小区和其他保护形式湿地占总保护湿地的27.05%。西南、黄河中下游、东南和南部、长江中下游和西北干旱半干旱等区比例超过全国平均水平。其中，西南湿地区最高，达到69.47%。黄河中下游、东南和南部、长江中下游，比例都超过40%。可见以上各区

中，湿地保护小区和其他保护形式在湿地保护中占重要地位。

表 6-2-12 各地理区湿地保护小区和其他保护形式情况统计表

区 域	湿地保护面积（公顷）	保护小区面积（公顷）	其他保护形式面积（公顷）	所占总比例（%）
合 计	23243162.09	84789.66	6203188.31	27.05
东北湿地区	3617154.53	23973.49	593378.45	17.07
滨海湿地区	1921065.61	42494.23	349118.47	20.39
青藏高原湿地区	11510578.48	1384.72	2786911.41	24.22
西北干旱半干旱湿地区	2432144.23	579.38	731840.23	30.11
长江中下游湿地区	2030663.26	9901.82	813908.23	40.57
东南和南部湿地区	116979.51	641.89	53285.81	46.10
黄河中下游湿地区	1064435.79	2603.17	495763.41	46.82
西南湿地区	550140.68	3210.96	378982.30	69.47

（二）水资源分区情况

按照水资源分区，湿地保护小区主要分布在珠江区、松花江区和长江区，三区总面积占全国的89.73%；其中，珠江区最大，占全国的43.48%。其他保护形式湿地保护面积，主要集中在西北诸河和长江区，占全国的61.74%。

湿地保护小区和其他保护形式湿地保护面积，占全国湿地保护总面积的27.05%。超过全国此比例的水资源分区包括珠江区、长江区和西南诸河区。

按照水资源分区，各分区湿地保护小区和其他保护形式面积见表6-2-13。

表 6-2-13 水资源分区中湿地保护小区和其他保护形式情况统计表

区 域	湿地保护面积（公顷）	保护小区面积（公顷）	其他保护形式面积（公顷）	所占总比例（%）
合 计	23243162.09	84789.66	6203188.31	27.05
辽河区	769591.34	864.01	76400.95	10.04
松花江区	3276169.44	23109.48	526338.44	16.77
淮河区	1017854.70	2743.06	202621.68	20.18
西北诸河区	9040259.79	357.09	2273673.67	25.15
黄河区	2325713.94	343.26	618714.49	26.62
珠江区	521128.79	36870.12	143879.94	34.68
长江区	4529429.39	16105.64	1556483.91	34.72
西南诸河区	959207.99		374183.23	39.01

三、全国湿地保护小区和其他保护形式湿地保护面积

目前，全国51个湿地保护小区主要集中分布在广东等16个省(自治区、直辖市)。其中，广东和黑龙江省都超过2万公顷，海南超过1万公顷。上述三省总面积占全国的68.30%。其他保护形式，以青海和西藏面积最大，都超过100万公顷；新疆超过5万公顷；三省占全国的53.62%。

按照湿地保护小区和其他保护形式湿地保护面积占本区湿地保护总面积的比例统计，重庆、浙江、北京和贵州四省(直辖市)比例较高，超过80.00%。其次为河北、宁夏和云南，都分别超过60.00%。

全国湿地公园保护湿地情况统计表见表6-2-14。

表6-2-14　全国湿地保护小区和其他保护形式情况统计表

省(自治区、直辖市)	湿地保护面积(公顷)	保护小区面积(公顷)	其他保护形式面积(公顷)	所占总比例(%)
合　计	23243162.09	84789.66	6203188.31	27.05
江苏省	509521.51	824.63	10660.70	2.25
甘肃省	932119.19		40138.82	4.31
陕西省	102878.09		6924.90	6.73
辽宁省	599314.70	864.01	52343.01	8.88
湖南省	384996.56		34763.14	9.03
四川省	792168.91	4449.81	73266.05	9.81
内蒙古自治区	1567304.19	589.35	190934.99	12.22
广东省	254095.72	26551.98	19816.38	18.25
黑龙江省	1991792.05	21043.30	353368.85	18.80
吉林省	365016.26	1820.09	69659.82	19.58
天津市	62527.54		12407.36	19.84
西藏自治区	4446522.18		1052151.08	23.66
新疆维吾尔自治区	2113079.75	236.12	597055.58	28.27
海南省	102515.31	10318.14	20262.18	29.83
河南省	237601.87		73413.76	30.90
青海省	5224827.95	120.97	1676920.32	32.10
山西省	80103.91		26351.79	32.90
山东省	631018.30	2743.06	219134.31	35.16
福建省	134342.55		52111.18	38.79
安徽省	355397.59		139639.62	39.29
广西壮族自治区	99896.94		46126.28	46.17

（续）

省（自治区、直辖市）	湿地保护面积（公顷）	保护小区面积（公顷）	其他保护形式面积（公顷）	所占总比例（%）
江西省	326108.15	90.25	167174.15	51.29
上海市	234400.35	1781.27	120022.96	51.96
湖北省	561533.38	8933.15	309852.76	56.77
云南省	203356.87		126919.97	62.41
宁夏回族自治区	105590.04		69450.51	65.77
河北省	357919.98	1412.76	246574.15	69.29
贵州省	55645.33		45773.54	82.26
北京市	22423.51		18607.92	82.98
浙江省	241176.86	3010.77	201348.56	84.73
重庆市	147966.55		130013.67	87.87

第三章
湿地监测与数字化管理

第一节
湿地监测建设

湿地监测是湿地保护和管理的重要内容。特别是，湿地的长期野外定位观测，是揭示湿地生态系统结构与功能变化规律的重要手段，也是湿地科学研究和湿地管理的重要理论和数据基础。但相对于森林、农田和草地等其他生态系统监测而言，目前还处于起步阶段。

一、中国湿地监测体系建设历程概况

中国政府重视湿地保护工作，对湿地生态系统的监测也开展了相关工作。自 20 世纪 80 年代以来，国家林业局、水利部、农业部、环境保护部、国家海洋局和中国科学院等单位在我国湿地重点区域相继建立了一些生态观测站和实验室。

国家林业局，特别是 1992 年加入《湿地公约》以来，非常重视湿地监测体系建设。1995 年成立了国家湿地监测中心，设在国家林业局调查规划设计院，具体负责湿地资源调查、重要湿地专项调查以及湿地监测的技术支撑，指导地方开展湿地常规监测工作。各省也相应成立了地方湿地监测中心(站)、野生动植物和湿地资源监测站和湿地监测点。2000 年颁布实施的《中国湿地保护行动计划》和 2003 年国务院批复实施的《全国湿地保护工程规划(2002～2030 年)》均将“湿地资源监测体系建设”作为一项重要内容。《全国湿地保护工程实施规划(2005～2010 年)》实施完成后，全国已经完成和正在建设的湿地自然保护区管理局 76 处，保护管理站点 401 处，湿地监测站点 245 处，野生动物救护站点 44 处。按照《全国湿地保护工程“十二五”实施规划》，“十二五”期间要加大对湿地资源调查监测体系建设。湿地调查监测，主要内容包括开展全国湿地资源调查，开展国家与省级湿地监测中心建设工程，建立国际、国家重要湿地、国家级和省级湿地自然保护区监测点为构架的湿地调查监测体系，建立全国统一的湿地监测网络，开展湿地的长期监测，同时加强滨海、城市、主要农区的湿地监测和评价。统一管理，实行数据共享。

为了摸清我国湿地资源家底，国家林业局于 1995～2003 年开展了首次全国湿地资源调查工作，基本上获取了我国单块湿地面积 100 公顷以上湿地资源基本情况。为了及时动态掌握我国湿地资源变化状况，2009～2013 年国家林业局又启动了第二次全国湿地资源调查工作，查清了我国

8 公顷以上湿地情况，为我国湿地保护管理和国家政策制定提供了翔实基础数据。

国家林业局湿地资源监测中心于 2002 年 9 月编制了《中国国际重要湿地监测技术规程》，主要内容包括湿地状态指标和影响湿地状态的指标。2012 年实施了《重要湿地监测指标体系》国家标准。为协调、规范全国国际重要湿地监测工作的范围、内容和方法，保证全国国际重要湿地监测工作及其成果汇总顺利完成，同时满足国际重要湿地适应性管理、社区共管、生态补偿等方面的实际需要，2012 年，国家林业局编制《国际重要湿地监测指南》。该指南将为不同类型湿地监测提供标准和指导方法；为各级湿地管理部门湿地资源监测、评估提供指导和为国际重要湿地管理机构的适应性管理提供决策依据。

按照《湿地公约》的标准和要求，国家林业局从 2009 年开始，开展了中国国际重要湿地生态评价。2010 年发布了首次《中国国际重要湿地生态状况公报》。2013 年 6~11 月，中华人民共和国国际湿地公约履约办公室又对中国境内的 41 处国际重要湿地的生态状况进行了评估。

中国科学院和中国林业科学研究院等相关单位在部分国家级自然保护区和重要湿地区建立了生态系统定位监测站，开展了生态状况日常监测活动，基本上掌握了湿地生态现状；科技部、中国科学院和国家林业局等不同部门，也根据各自情况组建了不同的湿地网络平台，加强全国不同尺度的湿地监测工作。

二、湿地资源调查

湿地资源调查的主要任务，是查清我国湿地资源及其环境的现状，了解湿地资源的动态消长规律，建立全国湿地资源数据库和管理信息平台，并逐步实现对全国湿地资源进行全面、客观地分析评价，为湿地资源的保护、管理和合理利用提供统一完整、及时准确的基础资料和决策依据，为加强湿地资源保护与湿地资源管理、履行《湿地公约》及其他有关国际公约或协定以及合理利用湿地资源服务。截至目前，在国家林业局的统一部署下，我国已经完成了两次全国性的湿地资源调查。首次湿地资源调查于 1995~2003 年完成，第二次湿地资源调查于 2009~2013 年完成。

（一）第一次全国湿地资源调查

为了全面掌握湿地资源情况，有效保护和合理利用湿地，国家林业局在财政部等有关部门的大力支持下，1995~2003 年，历时 9 年，开展了新中国成立以来的首次大规模的全国湿地资源调查工作，对全国除香港、澳门特别行政区和台湾省外的 31 个省（自治区、直辖市）面积超过 100 公顷的近海与海岸湿地、河流湿地、湖泊湿地、沼泽湿地和库塘湿地进行了比较全面、系统的调查。

这次调查参考了《湿地公约》的湿地定义和分类系统，根据中国湿地现状对全国湿地共分为 5 类 28 型。首次全面系统地查清了全国面积 100 公顷以上的湿地类型、面积与分布。全面系统地查清了全国湿地高等植物的区系组成、珍稀湿地植物及其分布等。首次全面系统地查清了全国湿地两栖类、爬行类、鸟类、兽类和鱼类资源的区系组成、珍稀种类、地理分布和栖息地状况。

这次湿地调查是采用资料收集和外业调查相结合的方法，一般调查湿地以收集资料为主，重点调查湿地开展外业调查。依据收集的资料和外业调查数据进行汇总。第一次全国湿地资源调查时，考虑到各省（自治区、直辖市）湿地调查的技术力量和专业人员水平参差不齐，对某些不影响全国汇总的调查内容，《全国湿地资源调查与监测技术规程》只作一些原则性规定，各省（自治区、直辖市)可以根据自己的情况，适当调整湿地调查内容和方法。大部分省(自治区、直辖市)的调查方法是按照《规程》的规定采用收集资料结合外业调查的方法，部分省，如河北、浙江、海南、广东等利用卫星遥感资料对湿地类型、面积、分布进行调查，通过地理信息系统求算面积和制图。西藏、新疆、青海、内蒙古等由于面积辽阔，缺少必要的资金保障，难以全面开展外业调查，只能根据现有的资料和部分外业调查资料进行汇总。

首次全国湿地资源调查成果是我国一段时期内，特别是第二次全国湿地资源调查数据公布前的相当长时间内(2003～2013年)，作为我国湿地资源的最为基础的数据，为全国湿地保护、管理与合理利用提供了重要数据支撑。首次调查也为第二次全国湿地资源调查的开展提供了技术参考和资料支持。

(二)第二次全国湿地资源调查

2009～2013年，国家林业局在中央财政等的支持下，开展了第二次全国湿地资源调查工作。这次调查的湿地面积的界定、调查方法和规范等方面，都努力与《湿地公约》规定的湿地调查相接轨。同时第二次调查主要采用先进的3S技术，并结合已有的统计资料，加大调查的科学性和时效性。第二次全国湿地资源调查取得了多项成绩，综合成果达到国际先进水平。

第二次全国湿地资源调查，掌握了调查范围内符合公约标准的各类湿地面积、分布和保护状况，建立了遥感影像和基础数据库。本次调查采用3S技术(遥感技术RS、地理信息系统GIS和全球定位系统GPS的简称)与现地核查相结合的方法。按照《湿地公约》，第二次调查确定起调面积为8公顷(含8公顷)以上的近海与海岸湿地、湖泊湿地、沼泽湿地、人工湿地以及宽度10米以上、长度5公里以上的河流湿地，开展了湿地类型、面积、分布、植被和保护状况调查，对国际重要湿地、国家重要湿地、自然保护区、自然保护小区和湿地公园内的湿地，以及其他特有、分布有濒危物种和红树林等具有特殊保护价值的湿地开展了重点调查，主要包括生物多样性、生态状况、利用和受威胁状况等。

第二次全国湿地资源调查，掌握了国际重要湿地、国家重要湿地、自然保护区、湿地公园和其他重要湿地的生态、野生动植物、保护与利用、社会经济及受威胁状况等。

第二次全国湿地资源调查，掌握了近十年来100公顷以上湿地面积、保护状况和受威胁状况的动态变化情况。一是同口径下湿地面积减少。对两次调查类型相同、范围相同和起调面积相同的湿地进行对比，近十年来我国湿地面积减少了339.63万公顷，其中自然湿地面积减少了337.62万公顷，减少率为9.33%。此外，河流、湖泊湿地沼泽化，河流湿地转为人工库塘等情况也很突出。二是湿地保护面积增加。湿地保护面积增加了525.94万公顷，湿地保护率由30.49%提高到43.51%。新增国际重要湿地25块，新建湿地自然保护区279个，新建湿地公园468个，初步形成了较为完善的湿地保护体系。三是湿地受威胁压力进一步增大。从重点调查湿地对比情况来看，威胁湿地生态状况主要因子已从十年前的污染、围垦和非法狩猎三大因子，转变为现在的污染、过度捕捞和采集、围垦、外来物种入侵和基建占用五大因子，威胁因子出现频次增加了38.72%。主要威胁因素增加，影响频次和面积都呈增加态势。

(三)其他湿地资源调查

除全国范围内对各类湿地资源的统一调查外，我国不同部门也曾先后开展针对沼泽、湖泊、滨海等专项调查。

1. 沼泽和泥炭湿地资源调查

20世纪六七十年代，中国科学院等组织了湿地综合科学考察任务，先后考察了三江平原、松嫩平原、大兴安岭、小兴安岭、长白山区、青藏高原、长江中下游、长江河源、黄河河源、横断山区、新疆及滨海地区沼泽，积累了大量的科考资料。70年代末至80年代初期开展了全国海岸带和海涂资源调查。80年代，国家科技攻关任务，在三江平原和松嫩平原开展沼泽地综合开发试验研究，并建立了中国科学院洪河沼泽湿地生态站，开始了沼泽生态的定位研究。1992~1996年，中国科学院开展了"中国湖沼系统调查与分类系统"研究，并出版了《中国沼泽志》。2013年，为了更好地了解我国沼泽湿地的动态和环境效益，科技基础性工作专项启动了"中国沼泽湿地资源及其主要生态效益综合调查"。项目以中国科学院东北地理与农业生态研究所、东北师范大学、北京林业大学、国家林业局调查规划设计院和西南林业大学等单位联合承担。

1982~1985年原地质矿产部组织开展了目前为止，我国唯一一次全国范围内的泥炭资源调查。数据比较详尽、系统，为了解和把握我国泥炭分布和储量奠定了基础。据此，1991年出版了《中国泥炭资源及其开发利用》，2013年马学慧又根据此数据和其他相关监测，出版了《中国泥炭地碳储量与碳排放》。2013年，为了更好地掌握泥炭湿地的资源状况，国家林业局开始进行全国泥炭湿地的调查工作，下发了《全国泥炭沼泽湿地调查技术规程》和《开展全国湿地泥炭沼泽调查工作方案》。2013年，先期在吉林省和辽宁省开展了调查试点。

2. 湖泊湿地资源调查

1958~1987年，中国科学院联合相关单位开展了第一次全国湖泊资源调查，获得了大量湖泊基础数据，初步摸清了我国湖泊资源家底。1992~1996年，中国科学院开展了"中国湖沼系统调查与分类系统"研究，并出版了《中国湖泊志》。国家"863"计划，先后开展了太湖、滇池项目。

根据《国务院关于落实科学发展观加强环境保护的决定》(国发〔2005〕39号)要求"把淮河、海河、辽河、松花江、三峡水库库区及上游，黄河小浪底水库库区及上游，南水北调水源地及沿线，太湖、滇池、巢湖作为流域水污染治理的重点"。由环境保护部牵头，会同地方政府、国家发改委、水利部共同启动了"全国重点湖泊水库生态安全调查及评估项目"，启动了鄱阳湖、洞庭湖、太湖、洪泽湖、巢湖、滇池、丹江口水库、三峡水库和小浪底水库等湖泊调查和评估工作。该项目到目前已经在全国主要湖泊和水库进行推广实施。

2007~2011年，科技部启动了国家科技基础性工作专项重点项目"中国湖泊水质、水量和生物资源调查"。项目由中国科学院南京湖泊与地理研究所等相关研究所和南京大学主持，项目组织编制了《中国湖泊水质水量生物资源与遥感调查及数据整编规程》；建成了中国湖泊数据库和共享系统；完成《中国湖泊水质水量和生物资源调查报告》；编辑出版了我国第一部《中国湖泊分布地图集》。

3. 海岸带湿地资源调查

从1958年起，在辽宁、山东等地开展了局部地区的海岸带调查。1960年9月，国家科委海洋组制定了全国海岸带综合调查计划，由各省(自治区、直辖市)分期、分批实施，并于1966年中止。调查的范围从海岸线向陆侧延伸10公里，向海延伸至10~15米等深线。调查项目包括海岸带的水文、气象、地质、地貌、海洋化学、生物、环境保护、土壤和土地利用、植被和林业以及社会经济等方面。

1979 年 8 月，国务院批准统一组织的海岸带综合调查和海涂资源综合考察，开启了中国首次进行的大规模海岸带综合普查工作。1980 年 3 月，国务院有关部门和沿海 10 个省(自治区、直辖市)联合成立了全国海岸带和海涂资源调查领导小组。1982 年 4 月，技术指导组审查并通过了《全国海岸带和海涂资源综合调查简明规程》。这次调查从 1980 年开始，至 1985 年底基本结束。此次调查取得大量资料、标本、照片以及录像和影片，形成了《全国海岸带综合调查报告》、综合调查资料汇编和大量图集。

2013 年，国家科技基础性工作专项“热带岛屿和海岸带特有生物资源调查”启动，执行期为 2013~2017 年。此次调查主要由中国科学院华南植物园等相关研究所、沈阳师范大学和广东省微生物研究所等承担，集中了我国动物、植物、真菌资源等方面的优势力量。本项目拟对我国热带岛屿与海岸带进行全面调查，并对广东、广西、海南等省区代表性岛屿以及西沙群岛等南海诸岛岛屿进行重点考察，开展多学科综合性的生物资源调查，准确地反映生物资源的现状和可能发展趋势，完成我国热带岛屿和海岸带生物资源的系统评估。

三、湿地监测制度

(一)湿地监测相关的国家标准和技术规程

目前，针对湿地生态和资源状况，已经颁布了有关湿地监测平台、技术规范和标准体系的相关国家标准和行业标准(表 6-3-1)。

《重要湿地监测指标体系》(GB/T 27648—2011)作为国家标准，确定了重要湿地监测的生态组分指标和影响湿地的因子指标。同时，国家林业局、海洋局、气象局和农业部等部门对不同的湿地类型和湿地监测内容，制定不同的行业标准，来规划和标准湿地监测工作。

《湿地生态系统定位观测指标体系》(LY/T 1707—2007) 是专门针对湿地长期定位台站的监测指标而制定的。而且根据不同的湿地类型对各类指标体系进行了划分，包括湿地资源综合指标、气象常规与梯度观测指标、湿地大气沉降指标、湿地土壤理化指标、湿地生态系统健康指标、湿地水文指标和湿地群落学特征指标。

在此以上各类监测标准的基础上，国家林业局《国际重要湿地监测指南》，对监测指标进行了补充完善，增加了湿地生态过程和生态服务功能的监测指标，同时，制定了湿地监测的一般步骤。

《湿地生态风险评估技术规范》(GB/T 27647—2011)，以开发建设项目可能对湿地生态产生风险的有关因子的作用范围为评估范围制定了国家标准。包括开发建设项目的主体工程、辅助工程、配套工程、公用工程、临时工程及由工程引发的移民和受项目影响而迁建、改建和新建的工程。评估工作包括前期评估和后期评估两部分。前期评估以项目可行性研究报告为工程分析基础，后期评估以项目正常运营 3~5 年后的实际情况为基础。

国家林业局第二次全国湿地资源调查制定的《全国湿地资源调查技术规程》(试行)对全国所有湿地的调查方法和技术体系进行了统一规范，并在全国范围内进行了推广和实施。

表 6-3-1 湿地监测相关的国家标准及规程

序号	标准名称	简 介	发布单位	生效年份
1	GB/T 27648—2011 重要湿地监测指标体系	规定了重要湿地的监测指标及方法	国家质量监督检验检疫局	2012
2	GB/T 27647—2011 湿地生态风险评估技术规范	规定了开发建设项目可能对湿地生态产生风险的有关因子的评估	国家质量监督检验检疫局	2012
3	中国国际重要湿地监测技术规程	规定了国际重要湿地监测工作的范围、内容和方法	国家林业局	2003
4	国际重要湿地的监测指南	规定了国际重要湿地监测的生态组分、生态过程、服务功能和威胁因子等指标，监测的步骤	国家林业局	2012
5	全国湿地资源调查技术规程(试行)	明确了全国湿地资源调查的目的、任务和工作思路，规定了湿地调查分类、调查方法、调查区划、一般调查、重点调查、统计与制图、质量管理和调查材料汇总等技术性、原则性要求	国家林业局	2008
6	生态气象监测指标体系(试行)湿地生态系统	规定了湿地生态系统气象监测的指标及方法	中国气象局	2006
7	LY/T 1707—2007 湿地生态系统定位观测指标体系	规定了湿地生态系统定位观测的指标体系	国家林业局	2007
8	LY/T 1780—2007 湿地生态系统定位研究站建设技术要求	规定湿地生态系统定位研究站建设程序、基础设施和仪器设备等建设内容及技术经济指标	国家林业局	2007
9	LY/T 2021—2012 基于 TM 遥感影像的湿地资源监测方法	规定了 TM 遥感图像的湿地监测方法	国家林业局	2012
10	HY/T 080—2005 滨海湿地生态监测技术规程	规定了滨海湿地生态监测的主要内容、技术要求和方法	国家海洋局	2005
11	HY/T 081—2005 红树林生态监测技术规程	规定了红树林生态监测的主要内容、技术要求和方法	国家海洋局	2005
12	HY/T 085—2005 河口生态系统监测技术规程	规定了河口生态系统监测主要内容、技术要求和方法	国家海洋局	2005
13	SC/T 9102. 3—2007 渔业生态环境监测规范第 3 部分：淡水	适用于淡水渔业水域的水质、沉积物、浮游植物、浮游动物、和底栖动物的常规监测、应急监测和专项监测	农业部	2007
14	SC/T 9102. 2—2007 渔业生态环境监测规范第 2 部分：海洋	适用于海洋渔业水域的水质、沉积物、浮游植物、浮游动物、和底栖动物的常规监测、应急监测和专项监测	农业部	2007

湿地生态系统定位研究站，是以湿地生态系统结构、功能过程及其环境因素等长期观测为基本目标的科学研究平台。在科技部的项目支持下，中国科学院于 2005 年编辑出版了《湿地生态系

统观测方法》和《湖泊生态系统观测方法》。《湿地生态系统定位研究站建设技术要求》(LY/T 1780—2007),规定了湿地生态系统定位研究站建设程序、基础设施和仪器设备建设内容及其技术经济指标。具体包括,站址选择、综合实验基地选择、台站命名、分析实验室建设、湿地气象长期观测设施建设、湿地水文水质长期观测设施建设、湿地土壤理化性质长期观测设施建设、湿地群落学特征长期观测设施建设。一系列标准体系的建设,规范了湿地生态站的运行,保证了样地布设、环境观测、实验监测和数据采集规范性、可靠性。

(二)湿地资源调查监测系列技术规范逐步完善

尽管我国湿地监测的标准化体系的建设刚刚起步,但发挥了重要的作用。标准化体系建设,使我国湿地保护工作进入正规化、有序化,极大地提高了国家对湿地资源的保护和管理能力,保障我国湿地管理和利用有章可循、有理有据。湿地监测体系建设,也将提高我国履行《湿地公约》的能力,扩大中国湿地保护在国际上的影响。

2009~2013年,国家林业局组织的第二次全国湿地资源调查期间,我国逐步形成了完善的湿地资源调查监测系列技术规范。此次调查制定了详细可行的《第二次全国湿地资源调查工作方案》。本次调查以省(自治区、直辖市)为总体,每年完成部分省的调查任务。湿地调查工作分为一般调查和重点调查两种方式进行。一般调查遥感数据处理、判读、信息提取、汇总、成图等任务主要由国家层面组织的技术支撑单位进行,省调查队伍协助技术支撑单位进行遥感现地判读和验证。一般调查中的其他任务由省调查队伍承担。重点调查主要由省调查队伍承担,技术支撑单位提供统一区划的图面资料以及湿地分布和面积等数据,供省调查队伍使用,并进行技术指导。

一般调查和重点调查的数据统一由各省进行汇总,同时,技术支撑单位为各省数据汇总、报告编写提供培训和技术指导,审核各省调查成果。技术支撑单位在对各省调查成果进行审核后,上报国家林业局湿地资源监测中心(国家林业局调查规划设计院)进行汇总,全国湿地调查成果由全国湿地调查工作领导小组组织鉴定和发布。

调查过程中形成了高效成熟的工作技术流程和工作方法、根据需求制订了调查监测系列技术规范,为后续工作提供了坚实基础和良好经验。

四、监测能力建设

我国初步形成了三级湿地监测网络体系的构架,分别有国家湿地监测中心,省、部级湿地监测站和湿地监测点。随着全国湿地保护工程的实施、湿地自然保护区和国际重要湿地的建设加强,我国湿地监测能力不断提高。

2009~2013年,国家林业局组织的第二次全国湿地资源调查的实施,基本建立了我国稳定的湿地资源调查专业队伍。本次全国范围的湿地资源调查,参与本次调查的省级及以上单位203个、技术人员2.2万人。采用3S技术与现地核查相结合的方法,在全国3391个湿地区,1579处重点调查湿地内开展了调查工作。湿地调查过程中成立了国家层面的专家技术委员会。选调了国家层面的技术支撑单位包括国家林业局调查规划设计院、国家林业局中南林业调查规划设计院、清华大学3S中心。国家林业局湿地资源监测中心负责技术支撑单位组织、协调和成果统计汇总工作。各省根据国家工作组织安排,成立了湿地调查组织机构、技术咨询机构和调查队伍,承担相应的组织管理职责和技术任务。省调查队伍直接承担了重点调查和一般调查的实地调查工作。

但相对湿地的保护和恢复等湿地工程而言，湿地监测能力建设相对滞后。湿地监测能力远远不能满足湿地保护和管理的现实需求。监测能力建设是全国湿地保护工程“十二五”建设的重要内容。

根据《全国湿地保护工程“十二五”实施规划》，“十二五”期间，规划将全国湿地资源调查纳入到湿地保护管理的常态化定期调查监测轨道，适时启动国家重要湿地、湿地水鸟、泥炭地等专项调查。加强国家层次湿地资源监测能力的建设，主要依托国家林业局调查规划设计院，建立湿地监测中心，构建全国湿地资源监测体系，配备必要的监测、通讯与信息处理设备，建立湿地资源监测信息管理系统，确保资源数据准确、及时、全面。加强省级湿地监测能力建设，推进省级湿地监测中心建设，作为湿地调查监测工作的主要支撑机构。省级湿地监测中心可以依托现有省级林业调查规划部门的技术力量、人员进行组建。充实、配备必要的调查、监测、通讯与信息处理设备，建立湿地资源监测信息管理系统。加强重要湿地监测能力建设。购置仪器设备，加强人员培训。

同时，“十二五”期间，按照《全国湿地保护工程“十二五”实施规划》将开展湿地专项监测网络建设。一是开展湿地鸟类的专项监测，重点开展“东亚—澳大利西亚涉禽迁徙网络”“东北亚鹤类保护网络”“国际人与生物圈”等国际迁徙保护网络湿地的监测，对这些湿地进行统一的监测布点。二是开展湿地公园专项监测，重点对国家湿地公园进行生态与环境监测和评估。三是加强对湿地水生生物专项监测，规划在全国统一布点，建设200个以湿地鱼类等水生生物监测为主的野外观测站，初步形成覆盖全国湿地水生生物监测网络。四是开展近海与海岸湿地专项监测，以近海与海岸湿地自然保护区为主布设监测网点。

第二节 湿地资源数据库建设

湿地资源数据库和资源信息系统建设，是及时掌握我国区域和全国尺度湿地资源与生态状况的变化情况的重要支撑，也是科学决策的有力基础，是新时期提升湿地保护管理能力的重要建设内容。

一、全国湿地资源数据库的构建

国家林业局作为全国湿地保护工作的组织、协调、指导和监督部门，直接通过各省(自治区、直辖市)湿地监测站和监测点，定期汇总全国湿地资源动态，形成不同时期的相关湿地资源数据库。

特别是通过第二次全国湿地资源调查(2009~2013年)，国家林业局成功构建了全国调查范围的湿地资源数据库。

本次调查采用3S技术与现地核查相结合的方法。全国共区划湿地斑块27.62万块，区划湿地区3391个，重点调查湿地1579处，布设植物调查样方72227个，动物调查样带和样方14044个，获取调查成果数据2.6亿条。涵盖了调查范围内符合公约标准的各类湿地面积、分布和保护状况，建立了遥感影像和基础数据库。按照《湿地公约》，第二次调查确定起调面积为8公顷(含8公顷)

以上的近海与海岸湿地、湖泊湿地、沼泽湿地、人工湿地以及宽度10米以上、长度5公里以上的河流湿地，开展了湿地类型、面积、分布、植被和保护状况调查，对国际重要湿地、国家重要湿地、自然保护区、自然保护小区和湿地公园内的湿地，以及其他分布有濒危物种和红树林等具有特殊保护价值的湿地开展了重点调查，主要包括生物多样性、生态状况、利用和受威胁状况等。

截至2014年年底，已开展了吉林省和辽宁省泥炭沼泽碳库调查，未来将继续完成内蒙古、黑龙江、四川、贵州、云南、西藏、甘肃、青海、新疆等重点省（自治区）泥炭沼泽碳库调查。在此基础上，将开展全国重点省份泥炭沼泽碳库调查数据汇总、分析和成果发布工作，并构建我国重点省份泥炭沼泽碳库数据库。

二、“全国湿地资源管理信息系统”说明

全国湿地资源管理信息系统基于第二次全国湿地资源调查成果数据库开发，是国内首个国家层面的湿地资源信息系统。

系统开发工作于2013年立项，经过需求分析、详细设计、软件开发与调试、数据整理与格式转换、数据平台导入、系统与数据平台集成等开发流程，于2015年完成主要开发工作。系统采用浏览器/服务器架构开发，在纯浏览器运行环境下运行，兼容各种主流浏览器，方便用户使用。

在数据层面，系统包含全国湿地资源数据表、行政区数据表、重点调查湿地数据表、国际重要湿地数据表、国家重要湿地数据表，自然保护区数据表、生态功能区数据表、江河干流数据表、重点区域数据表、重要湖泊数据表以及一二三级流域数据表等关系数据库表。

系统包括地图展示、信息查询、数据统计、空间交互等功能，提供了可针对行政区、国际重要湿地、国家重要湿地、自然保护区、生态功能区、江河干流、重点区域、重要湖泊、重点调查湿地以及流域等不同业务需求模式下的信息管理功能。管理部门可以通过浏览器作为访问终端来浏览全国湿地资源的分布情况和湿地数据的详细信息，方便快捷地获取目标区域（包括各级行政区、重点关注区域以及自定义区域）内湿地资源的综合信息，并可动态实时生成相应的统计图表成果。

第二次全国湿地资源调查信息系统服务于国家湿地保护管理部门的业务需求，可以满足国家层面湿地保护宏观战略规划和管理的需要。除此之外，该系统还可以对国内湿地工作者提供信息服务。

三、中国湿地资源电子图集介绍

第二次全国湿地资源调查查清了我国湿地资源及其环境的现状，了解了湿地资源的动态消长规律，形成了2.6亿条成果数据的庞大湿地资源本底数据库。为了让如此庞大的数据量和调查成果得到全社会更为广泛的关注和应用，产生重要的社会经济价值，唤醒更多的人们了解湿地、关心湿地、保护湿地，国家林业局湿地保护管理中心会同国家林业局调查规划设计院、北京锐宇博图科技有限公司共同研制开发了《中国湿地资源电子图集》。

自2014年4月开始，国家林业局调查规划设计院和北京瑞宇博图科技有限公司投入大量专业技术人员，启动《中国湿地资源电子图集》的研发和制作工作。先后经历了系统分析与设计、软件开发、系统测试、专题图件制作、图件送审等过程。截至2015年12月，已完成系统开发、图件

审查和出版申请等工作，《中国湿地资源电子图集》即将面世。

《中国湿地资源电子图集》由全国湿地资源、重点生态功能区、鸟类迁徙通道、江河干流、其他重点区域、国际重要湿地、国家重要湿地、重点调查湿地、湖泊湿地、流域分区等十个专题部分组成。采用专题地图与文字相结合的表示方式，全方位展示了湿地资源的分布、湿地面积、自然湿地面积、湿地率、湿地保护率以及湿地5类34型统计数据等内容，并且可以快速查询与浏览图文并茂的湿地信息，充分展示了第二次全国湿地资源调查的最新成果。《中国湿地资源电子图集》是国内第一部全面、直观反映全国湿地资源分布和湿地概况等信息的大型综合电子图集，也是目前全国湿地资源最全面翔实的总汇。电子图集的出版发行，为各级政府、相关企事业单位进行宏观决策、科学规划提供了参考依据，也为社会公众、科研机构了解认识、研究分析湿地状况提供了新的窗口。

四、其他相关湿地资源数据库

中国科学院、环保部、水利部和农业部等部门也根据各自的职责和需求，建立了不同的湿地资源数据库。

中国湿地科学数据库，是中国科学院东北地理与农业生态研究所为主体建立的湿地数据库。该数据库本数据库以野外调查获得的湿地属性信息和基于遥感手段获得的湿地空间分布信息为基础，同时也包括其他湿地研究成果，如人类活动对典型区域湿地生态环境影响、湿地专题图件等。该湿地数据库的建立，对于开展我国湿地数据挖掘，特别是沼泽湿地的空间分布及其景观动态变化规律，进行湿地定量研究等具有重要意义。该数据库包括全国湿地分布、典型湿地分布、重点湿地分布、湿地遥感实例、湿地基本知识、湿地开发保护和专题图片图件等多个数据库。

中国湖泊科学数据库是以中国科学院南京地理研究所为主体建立的湖泊湿地数据库。该数据库是在搜集整理南京地理与湖泊研究所太湖野外观测站、鄱阳湖湿地综合研究站多年观测数据、重大科研项目的原始加工数据和产出数据的基础上，形成的中国湖泊数据库。本数据库包含湖泊基础数据库、湖泊动态变化数据库、水质监测数据库、重点湖泊综合数据库、全国湖泊遥感影像数据库、遥感影像反演数据库和蓝藻水华数据库7个子库。其中，湖泊基础数据子库，覆盖全国面积大于1平方公里的所有湖泊2006~2007年空间位置、面积等信息；湖泊动态变化子库，包含全国近几十年来面积变化较大以及部分消亡的湖泊变化情况；水质监测子库，包含太湖14个水质常规监测点1991~2000年的监测数据，太湖3个水质在线监测点2008年的实时监测数据，总记录条数3万余条；重点湖泊综合子库，包含太湖水文气象观测点1970~1985年每日的观测数据，太湖藻类调查点1991~2002年调查数据，鄱阳湖2000~2007年月均水文气象数据，共2万条记录；全国湖泊遥感影像子库，包含全国湖泊2004~2007年校正后的中巴和TM影像数据，数据量达153G；太湖遥感影像反演子库，包含太湖2009年8~10月叶绿素、藻蓝素反演结果；蓝藻水华子库，包含与太湖遥感影像反演子库同期的蓝藻水华反演数据。

第三节 湿地信息化管理平台建设

一、湿地监测网络平台

目前，我国正在运行的湿地监测网络体系构架，主要由三级机构组成：国家湿地监测中心，省、部级湿地监测站和湿地监测点。

国家湿地监测中心，负责制定与完善全国湿地监测技术规程和统一的监测指标；协调和指导各省、部监测体系的建设；汇总分析并提供全国湿地监测信息；开发与维护湿地信息管理数据库及全国湿地信息管理系统软件；为全国湿地管理有关单位提供业务咨询服务。

省、部级湿地监测站，由各省、部级湿地主管部门负责建立。专门负责各省、部级湿地监测技术工作；收集处理各监测点的监测信息；定期向国家湿地监测中心提供监测信息。省级和部级湿地监测站之间也定期相互提供监测信息，分别为全省和部门以及全国提供决策服务。

省、部级湿地监测点，主要任务是负责按监测技术规程所要求的有关办法，根据具体的监测指标，定期采集监测信息，以规范化的表格形式填写数据，并各自分别上报省/部级湿地监测站。省和部级湿地监测点统筹安排，合理布局，分别为上级监测站服务。同时，根据需要，相互之间提供信息，共同为上级监测站提供服务。

未来将不断建立健全全国湿地监测体系。构建由国家层面监测中心—区域湿地监测中心—省级监测中心—野外监测站(点)组成的全国湿地监测体系。国家层面依托国家湿地监测中心(挂靠国家林业局调查规划设计院)，组建八大区湿地监测站，省级的湿地监测中心依靠省级林业调查规划院或其他相关机构的技术人员进行组建，建立以国际、国家重要湿地和国家级、省级湿地自然保护区及国家湿地公园为野外监测站(点)的湿地资源监测体系，对重要湿地资源动态变化进行长期监测，并对其生态健康状况进行综合评价，构建全国湿地资源监测网络体系，对监测数据进行统一管理，实行全国范围内监测数据共享。规划建设期内，加强国家湿地监测中心基础设施建设，对国家、湿地区、省级的监测中心和野外监测站点配置必要的调查监测、信息处理等仪器设备，开展人员技术培训，建立湿地资源监测信息管理系统，确保资源数据科学、准确、及时全面。

二、湿地野外观测台站网络

湿地野外观测台站和网络，为我国湿地生态系统长期定位研究、湿地与全球变化研究、自然资源利用与保护研究提供了野外平台，为跨区域跨学科的联网观测和联网试验提供了必要的野外实验设施、仪器设备和生活设施。这些观测台站和网络，已经成为我国湿地科学野外科学观测、科学实验和科技示范的重要基地、人才培养基地和科普教育基地。

国际湿地生态系统定位观测研究起步较早。20 世纪初，前苏联在爱沙尼亚建立了第一个以沼泽湿地为研究对象的生态研究站。1986 年，中国科学院建立我国第一个湿地定位试验站“三江平原沼泽湿地生态试验站”。我国湿地生态系统观测台站建设发展迅速，中国科学院、国家林业局、中国气象局、水利部、农业部等根据国家需求和行业特点，都建立了野外长期定位观测专业站网。目前已经形成全国范围的湿地生态观测台站网络。目前，我国保护湿地生态系统的观测网络主要包括：中国国家生态系统观测研究网络、中国生态系统观测研究网络和中国陆地生态系统定位研究网络。

（一）中国国家生态系统观测研究网络湿地站

国家生态系统观测研究网络，始建于2004年，是科技部负责组织，有农业部、教育部、水利部、中国科学院、国家林业局以及全国相关科研部门参与的，由国家生态系统野外科学观测研究站（网）、综合研究中心共同组成的网络体系。

目前国家生态系统观测研究网络在全国不同生态区，设立了53个生态系统野外科学观测研究站（网），对农田、森林、草地与荒漠、水体与湿地生态系统进行长期联网观测和研究，并进行技术示范和推广。目前，国家生态系统观测研究网络拥有7个湿地类型的野外观测研究站（表6-3-2），涵盖了湖泊、沼泽和海岸等湿地类型。

表6-3-2 中国国家生态系统观测研究网络中湿地类型站

序号	野外科学观测研究站名称	依托单位	主管部门
1	湖北东湖湖泊生态系统国家野外科学观测研究站	中国科学院水生生物研究所	中国科学院
2	江苏太湖湖泊生态系统国家野外科学观测研究站	中国科学院南京地理与湖泊研究所	中国科学院
3	海南三亚海洋生态系统国家野外科学观测研究站	中国科学院南海海洋研究所	中国科学院
4	广东大亚湾海洋生态系统国家野外科学观测研究站	中国科学院南海海洋研究所	中国科学院
5	山东胶州湾海洋生态系统国家野外科学观测研究站	中国科学院海洋研究所	中国科学院
6	黑龙江三江沼泽湿地生态系统国家野外科学观测研究站	中国科学院东北地理与农业生态研究所	中国科学院
7	湖北梁子湖湖泊生态系统国家野外科学观测研究站	武汉大学	教育部

（二）中国生态系统观测研究网络湿地站

中国科学院最早开展我国生态站建设与研究，自20世纪50年代以来，便陆续在全国主要生态类型区域建立了100多个生态研究站。中国科学院以相关野外台站为基础，自1988年开始筹建中国生态系统研究网络，经过20余年的建设和发展，逐步形成了一个由42个生态站、5个学科分中心和1个综合研究中心构成的生态网络体系，形成了野外观测—数据观测—数据服务一体化的科学数据共享体系。目前，已是中国国家生态系统观测研究网络的骨干成员，也是与美国长期生态研究网络和英国环境变化网络齐名的世界三大国家级生态网络之一。该网络中包括的湿地站有8个，部分和国家生态系统观测研究网络重叠（表6-3-3）。

另外，中国科学院相关不同地区的研究所还根据不同的研究对象和需求，建立了多种湿地类型的不同级别的观测站和研究站。如：①海岸类：小良热带海岸带生态系统研究站、黄河三角洲滨海湿地生态试验站、牟平海岸带环境综合试验站和双台河口滨海湿地研究站；②湖泊类：江汉平原湿地生态试验站、青海湖国家级自然保护区联合科研基地、滇池生态系统野外台站、丹江口湿地生态系统定位研究站；③河流类：伊犁河流域生态系统研究站、三峡水库香溪河生态系统实验站和黑河上游生态—水文试验研究站；④沼泽类：若尔盖高原湿地生态系统研究站、三峡水库消落区湿地定位研究站、申扎高寒草原与湿地生态系统观测试验站、兴凯湖湿地生态研究站和大兴安岭湿地野外科学研究站。这些台站的建设也为不同区域湿地的研究和湿地的保护与管理提供了良好的平台。

表 6-3-3　中国生态系统研究网络的湿地定位观测站

序号	观测站	湿地类型	地理位置	主办、协作单位
1	三江平原沼泽湿地生态试验站	沼泽	黑龙江省建三江 E133°31′，N47°35′	中国科学院东北地理与农业生态研究所
2	东湖湖泊生态系统试验站	湖泊	湖北省武汉市 E114°23′，N30°33′	中国科学院水生生物研究所
3	太湖湖泊生态系统试验站	湖泊	江苏省无锡市 E120°13′，N31°24′	中国科学院南京地理与湖泊研究所
4	洞庭湖湿地生态系统观测研究站	湖泊	湖南省岳阳市君山 E112°48′，N29°30′	中国科学院南京地理与湖泊研究所
5	鄱阳湖湖泊湿地观测研究站	湖泊	江西省九江市星子县 E116°05′，N28°30′	中国科学院亚热带农业生态研究所
6	胶州湾海洋生态系统定位研究站	海湾	山东省青岛市 E120°20′，N36°03′	中国科学院海洋研究所
7	大亚湾海洋生物综合试验站	海湾	广东省深圳市 E114°31′12″，N22°31′27″	中国科学院南海海洋所
8	三亚热带海洋生物实验站	海湾	海南省三亚市 E109°28′30″，N18°13′42″	中国科学院南海海洋所

（三）中国湿地生态系统定位研究网络

为了深入揭示陆地生态系统结构与功能，评估林业在经济社会发展中的作用，从 20 世纪 50 年代末至 60 年代初，原林业部开始建设中国陆地生态系统定位研究网络。该网络主要包括中国森林生态系统定位研究网络、中国湿地生态系统定位研究网络、中国荒漠生态系统定位研究网络。

该湿地生态站网从生态站的建设、观测、数据管理和应用等相应地制定了一系列标准体系，规范了湿地生态站的运行，主要标准有，《湿地生态系统定位研究站建设技术要求》(LY/T 1780—2007)和《湿地生态系统定位观测指标体系》(LY/T 1707—2007)。

国家林业局湿地生态网络建设在《国家林业局陆地生态系统定位研究网络中长期发展规划(2008 ~ 2020 年)》实施前，已完成建立了 5 个湿地生态站，分别为四川若尔盖、青海三江源、江西鄱阳湖、浙江杭州湾和海南东寨港湿地生态站。根据《国家林业局陆地生态系统定位研究网络中长期发展规划(2008 ~ 2020 年)》的规划，2008 ~ 2010 年，在尚未建立湿地生态站的国际重要湿地内优先建站，湿地生态站的建设数量达到 12 个；2011 ~ 2015 年，在没有形成对照观测的国内重要湿地内优先建站，湿地生态站的建设数量达到 30 个；2016 ~ 2020 年，继续加密完善湿地生态站的布局，使湿地生态站网最终达到 50 个站的建设规模。

湿地野外台站网络建设，是国家湿地科学试验基地，是国家科技创新体系的重要组成部分，也是国家野外科学观测与研究平台的重要组成部分。整体而言，我国对湿地生态系统的观测起步较晚，相应的湿地生态网络建设尚不健全，目前还处于起步阶段。由国家林业局、中国科学院及教育部各高校针对各自发展和研究所需而设立的湿地定位研究站点不足以覆盖全国所有的重要和典型湿地区；我国湿地生态网络站还存在研究力量薄弱、基础条件差和支撑资金匮乏等问题。

野外生态系统研究站资源信息化建设，需要开展野外基地资源信息化，样地与样品资源信息化，仪器与设备资源信息化，观测和试验数据资源信息化建设。在建立地面观测数据的同时，充分发挥综合中心的硬件资源、网络的数据共享资源、高性能计算环境，建立地面观测数据、空间数据与模拟模型的融合系统，为不同尺度的生态系统的结构和格局、过程和功能变化的机理分析、模拟和管理提供远程操作平台。

第四章 湿地保护战略

第一节 湿地保护政策

1992 年加入《湿地公约》后，中国政府高度重视湿地保护工作，先后出台了相关政策、通知和制度。国家林业局作为中国政府湿地保护的牵头部门，和其他部门一同努力，陆续采取了一系列保护和合理利用湿地资源的措施和行动计划，并借鉴发达国家经验，结合我国实际制定了湿地保护相关制度。各级政府在湿地保护方面开展了大量卓有成效的工作，根据本地实际制定和实施了相关湿地保护措施。

一、国家层面政策概述

中国政府先后出台了一系列的湿地保护政策，为我国湿地保护创造了良好条件。1994 年，林业部牵头组织成立《中国湿地保护行动计划》编制工作领导小组，外交部、国家计委等 17 个部门参加。2000 年，国家林业局等 17 个部门联合颁布了《中国湿地保护行动计划》，成为各部门和各级政府开展湿地保护工作的行动指南。2003 年，《中共中央 国务院关于加快林业发展的决定》把加强湿地保护作为以生态建设为主的林业发展战略的重要组成部分。2004 年，国务院办公厅《关于加强湿地保护管理的通知》，强调做好湿地保护是各级政府的重要职责，并对加强湿地保护管理提出了明确要求。2005 年，国家林业局下发了《关于做好湿地公园发展建设工作的通知》(林护发〔2005〕118 号)，明确了发展建设湿地公园的意义、原则和条件。2008 年，中央一号文件指出："加强湿地保护，促进生态自我修复"。2008 年，湿地总面积和湿地保护面积两项指标纳入国家资源环境指标体系范畴。2009 年，中央一号文明确启动了"湿地生态效益补偿"工作。从 2010 年开始，中央财政首次设立了湿地保护补助专项资金，用于国际重要湿地、湿地自然保护区和国家湿地公园开展湿地监测和生态恢复项目。2011 年，《湿地保护补助资金管理暂行办法》颁布。2012 年，党的十八大提出"建设生态文明"理念，提出"扩大湖泊、湿地面积，保护生物多样性"。2013 年，国家林业局出台《推进生态文明建设规划纲要》中划定了湿地保护红线，到 2020 年中国湿地面积不少于 8 亿亩。

二、制定和实施国家湿地保护工程规划

1994 年，“中国湿地保护与合理利用”项目被纳入《中国 21 世纪议程》优先项目计划。1995 年，林业部制定《中国 21 世纪议程——林业行动计划》，提出了湿地资源保护与合理利用的目标和行动框架。2001 年，国家计委批准《全国野生动植物保护及自然保护区建设工程总体规划》。2001 年，时任国务院总理朱镕基在四川考察期间，指示国家林业局编制全国湿地保护规划。2003 年，国务院批准了《全国湿地保护工程规划(2002～2030 年)》，标志着我国湿地保护工作进入了新的历史阶段。2005 年，国家林业局会同国家发改委、财政部、环保部、水利部等 10 个部门共同编制的《全国湿地保护工程实施规划(2005～2010)》获国务院批准。2009 年，湿地生态效益补偿试点工作启动。

“十一五”期间，国家林业局会同相关部门认真实施了《全国湿地保护工程实施规划(2005～2010 年)》，中央投资 14 亿元，地方配套投资 16.3 亿元。通过项目实施，全国已经完成和正在建设的湿地自然保护区管理局 76 处，保护管理站点 401 处，湿地监测站点 245 处，野生动物救护站点 44 处，恢复湿地 79162 公顷，湿地污染防治面积 2093 公顷。湿地保护恢复工程已经取得了初步成效，有效促进和改善了项目区退化湿地的生态状况，逐步形成了中国湖泊、沼泽、滨海等多种湿地类型的保护和恢复示范模式，对重要湿地的生态保护和恢复起到了很好的示范作用。

湿地保护在纳入国民经济和社会发展“十二五”规划纲要和《全国生态环境建设规划》后，国务院于 2012 年批准了《全国湿地保护工程“十二五”实施规划》，成为“十二五”时期全国湿地保护工作的纲领性文件。湿地保护也纳入了生态建设、水资源保护、土地利用等行业规划。

三、湿地生态补偿制度

经过探索研究，成功建立并实施了湿地生态补偿制度。2009 年，中央一号文明确启动了“湿地生态效益补偿”工作。《中共中央　国务院关于 2009 年促进农业稳定发展农民持续增收的若干意见》(中发〔2009〕1 号文件)明确要求：“启动草原、湿地、水土保持等生态效益补偿试点。”《国务院办公厅关于落实中共中央国务院关于 2009 年促进农业稳定发展农民持续增收若干意见有关政策措施分工的通知》(国办函〔2009〕16 号)进一步明确：“启动草原、湿地、水土保持等生态效益补偿试点工作，由财政部会同国家林业局、水利部、农业部、环境保护部等部门负责落实。”经过充分调研，目前国家林业局已经在全国开始了湿地生态效益补偿的试点工作，2010、2011 年中央财政专项每年投入 2 亿元资金在国际重要湿地、湿地自然保护区和国家湿地公园开展湿地保护补助工作。截至 2015 年年底，中央财政已经投入湿地生态补偿资金 40.5 亿元，极大地提高了重要湿地保护管理能力。湿地生态效益补偿制度的建立，极大地推动了我国湿地保护事业和我国生态文明的建设。近年来，国家林业局会同有关部委和单位，还启动了湿地生态补水机制研究，并在相关地区进行了调研和示范推广。

四、积极指定国际重要湿地，构建湿地保护体系，加强标准化建设

多年来中国政府采用严格保护、科学修复、合理利用等多项措施，以发挥湿地多功能效益，加强了对现有国际重要湿地的监管。2009 年，中国《国际重要湿地生态状况评价办法》颁布；2010

年和2014年，发布了两次《中国国际重要湿地生态状况公报》。

我国加入《湿地公约》以来，各级政府及其有关部门按照有关法律法规的规定，从抢救性保护湿地的要求出发，采取积极措施在适宜区域分别建立湿地自然保护区、湿地公园、湿地保护小区、湿地多用途管理区等，对湿地实行严格保护，基本形成了完整的湿地保护体系。

另外，我国还建立了三江源、长江中下游湿地保护网络等区域性的保护网络。2005年，时任国务院总理温家宝主持召开国务院常务会议，批准实施《青海三江源自然保护区生态保护与建设总体规划》，为中国在一个区域内实施的最大生态保护和建设规划项目。

2007年，“长江中下游湿地保护网络”在上海崇明东滩成立，为中国第一个流域性湿地保护网络。2014年10月，黄河流域9省(自治区)的湿地管理机构、湿地保护区、湿地公园、湿地研究单位、湿地保护社会团体和湿地国际等，共同成立了黄河流域湿地保护网络。2015年6月，“沿海湿地保护网络”在福建长乐市启动，北至辽宁、南至海南11个沿海省份湿地管理部门联合起来，共同求解沿海保护之道。

国家林业局积极推进标准化建设，有效推动了我国湿地保护的健康有序发展。例如，湿地公园已经成长为我国湿地保护和合理利用重要的保护形式，国家林业局先后出台了《国家湿地公园管理办法》《国家湿地公园总体规划编制导则》和《国家湿地公园验收办法》等国家层面的标准化规则，有效保障了我国湿地公园的有序发展。

五、成立相关湿地科研等支撑机构

国家林业局组建了国家湿地科学技术专家委员会和国家湿地公园专家评审委员会，成立了国家林业局湿地监测中心、国家林业局湿地研究中心、国家高原湿地研究中心以及国家湿地保护与修复技术中心。

国家湿地科学技术专家委员会成立于2009年，并于2013年召开了第二届专家委员会会议。国家湿地科学技术专家委员会专家，涵盖了地球科学、生物学、湿地学、生态学、工程与技术科学基础学、林学、法学等多个学科的不同专业。专家委员会是我国湿地保护管理最高层次的科学决策咨询机构，是广泛依靠和充分发挥各学科优势，支持湿地保护事业的重要组织形式，也是沟通我国湿地保护管理重大需求与学科研究的重要桥梁。专家委员会的建立，目的是加强湿地领域的科技研究和推广，提高科技对湿地保护的贡献率，加快湿地保护管理科学决策进程；充分发挥专家委员会科学咨询作用，全面提高我国湿地保护管理的科学决策水平。国家湿地科学技术专家委员会建立以来，在国家层面重大科研攻关、保护规划编制、调查监测规范制定、法规制度建设、重大敏感问题应对等诸多方面，均发挥了不可或缺的重要作用。

一些科研院所和大专院校也成立了湿地研究机构和设立了湿地学科专业，为湿地保护管理工作提供了强有力的技术支持。1995年，中国科学院成立“湿地研究中心”，挂靠在中国科学院东北地理与农业生态研究所(原长春地理所)。目前，全国有多家单位成了不同层次的湿地研究中心和实验室。2008年，中国第一个保护湿地的基金会——“湖北湿地保护基金会”在武汉成立。这些都为湿地的保护和管理起到很好的支撑作用。

另外，在野外建立了多处研究站、研究基地和定位监测站(点)，开展了大量湿地保护管理、恢复及合理利用研究。

第二节 湿地分区保护

一、国家重点生态功能区

2010 年 12 月国务院正式颁布了《全国主体功能区规划》(国发〔2010〕46 号)。该规划是科学开发国土空间的行动纲领和远景蓝图，是国土空间开发的战略性、基础性和约束性规划。国家主体功能区规划将我国国土空间分为不同的主体功能区。按开发方式，分为优化开发区域、重点开发区域、限制开发区域和禁止开发区域。根据规划，国家级自然保护区、国家级湿地公园、国家级森林公园等区域是禁止开发区。重点生态功能区属于限制开发区域。

《全国主体功能区规划》中，国家重点生态功能区包括大小兴安岭森林生态功能区等 25 个地区，分为水源涵养型、水土保持型、防风固沙型和生物多样性维护型 4 种类型。国家重点生态功能区是保障国家生态安全的重要区域，人与自然和谐相处的示范区。

第二次全国湿地资源调查，专门对这 25 个国家重点生态功能区的湿地区进行了专题统计和调查(表 6-4-1)。分别分析各生态功能区中湿地区的范围、面积、湿地类型和受到威胁等特征信息，为各功能区的有针对性的规划建设奠定了基础。

1. 大小兴安岭森林生态功能区

该区是我国大、小兴安岭共同组成的一条东南—西北走向的狭长地带，包括内蒙古和黑龙江 2 省(自治区)43 个县(市、区)及县域范围内的国有森工、林业局和林场等单位。地理位置为东经 119°28′20″~129°56′44″，北纬 45°52′30″~53°33′42″，总面积为 3581. 29 万公顷。

表 6-4-1 国家重点生态功能区的湿地类型和发展方向

区　域	功能类型	湿地总面积(万公顷)	湿地率(%)	主要自然湿地类型(占湿地总面积的比例,%)	湿地保护率(%)	主要威胁因子	发展方向
大小兴安岭森林生态功能区	水源涵养	474. 36	13. 25	沼泽(92. 37)	24. 43	过度捕捞和采集、围垦、森林过度采伐、过牧	加强湿地保护和植被恢复，大幅度调减木材产量，对生态公益林禁止商业性采伐，植树造林，涵养水源，保护野生动物
长白山森林生态功能区	水源涵养	36. 25	3. 25	沼泽(52. 37)、河流(34. 10)	21. 36	过度捕捞和采集、围垦	禁止非保护性采伐，植树造林，涵养水源，防止水土流失，保护生物多样性

（续）

区　域	功能类型	湿地总面积（万公顷）	湿地率（%）	主要自然湿地类型（占湿地总面积的比例,%）	湿地保护率（%）	主要威胁因子	发展方向
阿尔泰山地森林草原生态功能区	水源涵养	41.06	2.96	湖泊（36.70）、沼泽（35.83）、河流(23.86)、	76.58	污染、围垦、过牧、基建和城市建设、引排水的负面影响	禁止非保护性采伐，合理更新林地。保护天然湿地，以草定畜，增加饲草料供给，实施牧民定居
三江源草原草甸湿地生态功能区	水源涵养	389.98	10.92	沼泽（66.91）、湖泊（18.05）、河流(14.99)	98.50	过牧、非法狩猎、森林过度采伐及沙化	治理退化草原和湿地，减少载畜量，涵养水源，恢复湿地，实施生态移民
若尔盖草原湿地生态功能区	水源涵养	57.44	19.97	沼泽(95.13)	54.85	过牧、沙化、基建和城市建设	停止开垦，禁止过度放牧，恢复湿地植被，保持湿地面积，保护珍稀动物
甘南黄河重要水源补给生态功能区	水源涵养	49.29	15.12	沼泽（87.71）、河流(10.81)	37.06	泥沙淤积、盐碱化、污染、过牧	加强天然林、湿地和高原野生动植物保护，实施退牧还草、退耕还林还草、牧民定居和生态移民
祁连山冰川与水源涵养生态功能区	水源涵养	125.49	6.94	沼泽（68.03）、河流（18.76）、湖泊(12.61)	83.54	过牧、沙化、污染	围栏封育天然植被，降低载畜量，涵养水源，防止水土流失，重点加强石羊河流域下游民勤地区的生态保护和综合治理
南岭山地森林及生物多样性生态功能区	水源涵养	11.33	1.66	河流(72.94)	13.87	基建和城市化、过度捕捞和采集、污染及非法狩猎	禁止非保护性采伐，保护和恢复植被，涵养水源，保护珍稀动物
黄土高原丘陵沟壑水土保持生态功能区	水土保持	11.21	0.99	河流（72.20）、沼泽(10.53)	17.77	过牧、基建和城市建设、污染、泥沙淤积、盐碱化及沙化	控制开发强度，以小流域为单元综合治理水土流失，建设淤地坝
大别山水土保持生态功能区	水土保持	11.47	3.67	河流(50.88)	24.13	泥沙淤积、基建和城市化、污染、过度捕捞、引排水的负面影响、过度捕捞	实施生态移民，降低人口密度，恢复植被

（续）

区 域	功能类型	湿地总面积（万公顷）	湿地率（%）	主要自然湿地类型（占湿地总面积的比例,%）	湿地保护率（%）	主要威胁因子	发展方向
桂黔滇喀斯特石漠化防治生态功能区	水土保持	8.71	1.14	河流(52.62)	15.87	基建和城市化、泥沙淤积、污染、引排水的负面影响、外来物种入侵、过牧围垦及过度捕捞和采集	封山育林育草，种草养畜，实施生态移民，改变耕作方式
三峡库区水土保持生态功能区	水土保持	7.91	2.84	河流(20.42)	80.23	基建和城市化、泥沙淤积、污染、引排水的负面影响、外来物种入侵	巩固移民成果，植树造林，恢复植被，涵养水源，保护生物多样性
塔里木河荒漠化防治生态功能区	防风固沙	80.25	2.03	河流（47.34）、沼泽(39.98)	48.1	围垦、过牧、基建和城市化、污染、引排水的负面影响	合理利用地表水和地下水，调整农牧业结构，加强药材开发管理，禁止过度开垦，恢复天然植被，防止沙化面积扩大
阿尔金草原荒漠化防治生态功能区	防风固沙	75.83	2.18	湖泊（38.87）、沼泽（29.78）、河流(29.16)	67.2	非法狩猎、基建和城市建设、盐碱化、过牧、沙化	控制放牧和旅游区域范围，防范盗猎，减少人类活动干扰
呼伦贝尔草原草甸生态功能区	防风固沙	44.89	9.98	湖泊（53.75）、沼泽(44.97)	68.75	过牧、污染	禁止过度开垦、不适当樵采和超载过牧，退牧还草，防治草场退化沙化
科尔沁草原生态功能区	防风固沙	48.68	4.25	沼泽（70.19）、河流(17.57)	34.95	围垦、过牧、引排水的负面影响、盐碱化、沙化	根据沙化程度采取针对性强的治理措施
浑善达克沙漠化防治生态功能区	防风固沙	74.25	4.54	沼泽（76.35）、湖泊(17.29)	37.65	森林过度采伐、围垦、外来物种入侵、污染、盐碱化、过度捕捞和采集	采取植物和工程措施，加强综合湿地治理
阴山北麓草原生态功能区	防风固沙	29.38	3.03	沼泽（80.24）、河流(14.23)	0.58	围垦、过牧	封育草原，恢复湿地植被，退牧还草、还湿，降低人口密度
川滇森林及生物多样性生态功能区	生物多样性维护	87.76	2.89	沼泽（73.89）、河流(21.57)	43.34	过牧、基建和城市建设、水利负面影响	保护湿地，在已明确的保护区域保护生物多样性和多种珍稀动植物基因库

（续）

区 域	功能类型	湿地总面积（万公顷）	湿地率（%）	主要自然湿地类型（占湿地总面积的比例,%）	湿地保护率（%）	主要威胁因子	发展方向
秦巴生物多样性生态功能区	生物多样性维护	22.43	1.60	河流(68.61)	42.34	污染、引排水的负面影响、基建和城市建设、围垦、过度捕捞和采集、泥沙淤积、非法狩猎、外来物种入侵、森林过度采伐	减少林木采伐，恢复山地和湿地植被，保护野生物种
藏东南高原边缘森林生态功能区	生物多样性维护	7.77	0.80	河流（76.28）、湖泊(18.86)	15.46	基建和城市化、污染、过牧	保护湿地自然生态系统
藏西北羌塘高原荒漠生态功能区	生物多样性维护	257.47	5.18	湖泊(48.04) 沼泽(32.26) 河流(19.70)	74.47	过牧	加强草甸湿地保护，严格草畜平衡，防范盗猎，保护野生动物。
三江平原湿地生态功能区	生物多样性维护	57.99	12.21	沼泽(56.33) 湖泊(22.80) 河流(16.59)	88.49	围垦、污染、森林过度采伐等	扩大保护范围，控制农业开发和城市建设强度，改善湿地环境。
武陵山区生物多样性及水土保持生态功能区	生物多样性维护	10.09	1.54	河流湿地(70.51)	22.73	泥沙淤积、污染、基建和城市化和过度捕捞和采集	扩大天然林和湿地保护范围，巩固退耕还林、还湿成果，恢复森林植被和湿地生物多样性。
海南岛中部山区热带雨林生态功能区	生物多样性维护	1.17	1.65	河流湿地(52.90)	21.85	过度捕捞和采集、狩猎、污染、外来物种入侵	加强热带雨林、河流、湖泊和人工湿地保护，遏制山地生态环境恶化。

注：表格中功能类型和发展方向引自国务院《全国主体功能区规划》。

该区为浅山丘陵地带，平均海拔 1200～1300 米。该区属寒温带大陆性季风气候，年平均气温 -2.8℃，最低温度 -52.3℃，无霜期 90～110 天，年平均降水量 746 毫米。植被具有寒温性和温性混合的特点。

该区湿地 4 类 15 型，湿地总面积为 474.36 万公顷，湿地率为 13.25%。其中自然湿地 469.09 万公顷，占湿地总面积 98.87%，人工湿地 5.27 万公顷，占湿地总面积 1.13%；自然湿地率为 13.10%。从湿地类上看，沼泽湿地面积最大，为 438.17 万公顷，占湿地总面积的 92.37%；其次是河流湿地，面积 30.15 万公顷，占湿地总面积的 6.36%。从湿地型上看，湿地面积最大是草本沼泽，面积 201.05 万公顷，占湿地总面积的 42.38%；其次是森林沼泽，面积 152.39 万公顷，占湿地总面积的 32.13%。

该区湿地特点及其分布规律：区域内湿地类型多样，以沼泽湿地为主；区域内生物多样性丰富，珍稀濒危物种较多；区域湿地分布广，湿地率较高；区域湿地自然特性显著，湿地保护率高，为24.43%。建立了49个各级自然保护区，其中国家级自然保护区10个，省级保护区24个，分布在自然保护区中的湿地受到严格保护，湿地生态状况优良。分布有黑龙江南瓮河国际重要湿地，长吉岗、呼玛河、嫩江源头区、汤旺河流域、乌裕尔河流域和五大连池6个国家重要湿地。

该区湿地主要受围垦、过度捕捞和采集、森林过度采伐和过牧等威胁。未来要加强天然林保护和植被恢复，大幅度调减木材产量，对生态公益林禁止商业性采伐，植树造林，涵养水源，保护野生动物。

2. 长白山森林生态功能区

该区包括吉林、黑龙江2省19个县(市)及县域范围内的林业局、林场等单位。地理位置为东经126°06′48″~131°18′07″，北纬41°21′38″~46°09′33″，国土总面积1116.67万公顷。

该区以山地、台地和平原为主，平均海拔在350~450米之间。该区为大陆性季风气候，年平均气温1.5℃，无霜期为100~120天，年均降雨量为700~1400毫米。地带性植被为中温带针阔叶混交林。

该区湿地4类11型，湿地总面积为36.25万公顷，湿地率为3.25%。其中自然湿地32.67万公顷，占湿地总面积90.11%，人工湿地3.58万公顷，占湿地总面积9.89%。自然湿地率为2.93%。湿地类上，沼泽湿地面积最大，湿地面积为18.99万公顷，占湿地总面积的52.37%；其次是河流湿地，湿地面积12.36万公顷，占湿地总面积的34.10%。湿地型上，面积最大是永久性河流，占湿地总面积的26.00%；其次是草本沼泽，占湿地总面积的20.04%。

该区湿地率较低，但湿地自然状况较好。长白山森林生态功能区湿地总面积36.25万公顷，其中湿地保护面积7.75万公顷，湿地保护率为21.36%；自然湿地保护面积6.60万公顷，自然湿地保护率20.21%。分布有长白山熔岩台地沼泽区、镜泊湖湿地和松花湖湿地3个国家重要湿地。建有14个自然保护区，其中国家级6个，省级4个。建有1个湿地公园。

该区湿地主要受过度捕捞和采集、围垦等威胁。要禁止非保护性采伐，植树造林，涵养水源，防止水土流失，保护生物多样性。

3. 阿尔泰山森林生态功能区

该区位于新疆维吾尔自治区北部阿勒泰地区，是额尔齐斯河和乌伦古河的发源地。位于东经85°31′33″~91°04′18″，北纬44°59′34″~49°10′46″之间，包括阿勒泰地区的7个县市(含新疆生产建设兵团所属团场)。阿尔泰山地森林草原生态功能区总面积为13.89万平方公里。

该区域地貌公认有4级，海拔分别为2900~3000米，2600~2700米，1800~2000米及1400~1600米。垂直分带明显。山前平原及低山区的降水量约为120~200毫米；1500~2000米的中山地带降水量可在500毫米以上。降水量的季节分配特点自西北向东南有很大差异。降水季节分配还比较均匀。

该区湿地有4类15型，湿地总面积41.06万公顷，占该地区国土面积的2.96%。其中自然湿地面积39.58万公顷，占全部湿地面积的96.39%；人工湿地面积1.48万公顷，占全部湿地面积的3.61%。

自然湿地中，河流湿地9.8万公顷，占全部湿地面积的23.86%，占自然湿地面积的

24.75%；湖泊湿地15.07万公顷，占全部湿地面积的36.70%，占自然湿地面积的38.08%；沼泽湿地14.71万公顷，占全部湿地面积的35.83%，占自然湿地面积的37.17%。各湿地型中，面积最大的为永久性淡水湖，面积12.68万公顷，占全部湿地面积的30.88%，其次为草本沼泽，面积11.43万公顷，占全部湿地面积的27.84%。

该区湿地保护面积31.44万公顷，湿地保护率达到76.58%，其中自然湿地保护率为76.80%，人工湿地保护率为70.65%。区内涉及3个国家重要湿地分别为乌伦古湖和吉力湖湿地，阿尔泰山东南部湿地以及喀纳斯湖湿地；包含7个自然保护区，其中国家级自然保护区1个，省级自然保护区6个；包含2个国家级湿地公园。

该区湿地主要受污染、围垦、过牧、基建和城市化、引排水的负面影响、沙化、森林过度采伐等威胁。未来要禁止非保护性采伐，合理更新林地。保护天然草原，以草定畜，增加饲草料供给，实施牧民定居。

4. 三江源草原草甸湿地生态功能区

该区包括青海省20个县(市)及县域范围内的林场、林业局等单位，地理位置为东经89°24′02″~102°15′23″，北纬31°36′03″~36°16′48″。本区为强烈隆起的大高原，呈现出高原大陆性气候特征，年平均气温-3~3℃，年降水量200~800毫米。

该区湿地4类10型，湿地总面积为389.98万公顷，湿地率10.92%。其中自然湿地389.78万公顷，占湿地总面积99.95%，自然湿地率10.92%，人工湿地0.19万公顷，占湿地总面积0.05%。其中，沼泽湿地面积最大，面积为260.94万公顷，占湿地总面积的66.91%；其次是湖泊湿地，湿地面积70.38万公顷，占湿地总面积的18.05%。湿地型中面积最大的是沼泽化草甸湿地，面积260.83万公顷，占湿地总面积的66.88%；其次是永久性河流湿地，面积41.37万公顷，占10.61%。

该区湿地保护面积为384.14万公顷，保护率98.50%，其中自然湿地保护面积为383.94万公顷，占自然湿地总面积的98.50%。区内分布有3个国家级保护区(其中三江源国家级自然保护区包括17个保护分区)，3个国际重要湿地，12个国家重要湿地。

该区湿地主要受非法狩猎、盐碱化、过牧、森林过度采伐、沙化等威胁，其中过牧对湿地的影响范围最广。未来要封育湿地和草原，治理退化湿地，减少载畜量，涵养水源，恢复湿地，实施生态移民。

5. 若尔盖草原湿地功能区

该区位于青藏高原东北缘，包括四川省的阿坝、若尔盖和红原3个县。地理位置为东经101°06′44″~103°39″，北纬31°51′05″~34°18′55″，总面积287.56万公顷。

区域平均海拔3500米。地貌类型主要为低山、丘陵、河谷与阶地。属大陆性季风气候，具有寒温带气候特征。年平均气温0.6~1.2℃，平均年降水量约为600~750毫米。植被以高山草甸、沼泽植被为主。

该区湿地3类7型，湿地总面积为57.44万公顷，占国土面积287.56万公顷的19.97%。湿地率19.97%；所有湿地均为自然湿地。沼泽湿地面积最大，面积54.64万公顷，占湿地总面积的95.13%；其次是河流湿地，面积2.47万公顷，占湿地总面积的4.31%。湿地型中，沼泽化草甸面积最大，面积51.72万公顷，占湿地总面积的90.04%；其次是灌丛沼泽湿地，面积2.81万公顷，占湿地总面积的4.89%。

该区湿地保护面积31.51万公顷，湿地保护率为54.85%。区内有1个国际重要湿地，5个自然保护区。

该区湿地受基建和城市建设、围垦、泥沙淤积、污染、过度捕捞和采集、非法狩猎、引排水的负面影响、盐碱化、外来物种、过牧、森林过度采伐、沙化等威胁。未来要停止湿地开垦，禁止过度放牧，恢复湿地植被，保持湿地面积，保护珍稀动物。

6. 甘南黄河重要水源补给生态功能区

该区地处青藏高原东北边缘，是青藏高原东端面积最大的高原沼泽泥炭湿地。位于东经100°45′41″~104°01′39″，北纬33°06′22″~35°51′44″之间，总面积3.26万平方公里。本区属高原大陆性气候地区，年平均温度普遍低于3℃，年平均降水量在400~700毫米。

该区湿地有4类9型，湿地总面积49.29万公顷，湿地率15.12%。其中自然湿地面积49.04万公顷，占全部湿地面积的99.49%；人工湿地面积0.25万公顷，占全部湿地面积的0.51%。自然湿地中面积最大为沼泽湿地面积43.23万公顷，占总湿地面积的87.71%,；其次是河流湿地面积5.33万公顷，占总湿地面积的10.81%。湿地型中，沼泽化草甸面积最大，面积为42.98万公顷，占全部湿地面积的87.19%；其次为永久性河流，面积为3.23万公顷，占全部湿地面积的6.56%。

该区湿地保护面积为18.27万公顷，湿地保护率为37.06%。区内涉及1个国际重要湿地尕海湿地；2个国家重要湿地分别为若尔盖高原沼泽湿地以及尕海湿地；包含6个自然保护区，其中国家级自然保护区4个，省级自然保护区2个。

该区湿地受盐碱化，泥沙淤积，过度捕捞以及污染等威胁。未来要加强天然林、湿地和高原野生动植物保护，实施退牧还草、退耕还林还草、牧民定居和生态移民。

7. 祁连山冰川与水源涵养生态功能区

该区位于青藏高原的东北边缘，甘肃河西走廊的南侧，青海柴达木盆地的北缘，其范围为东经92°20′15″~104°11′55″，北纬36°11′51″~40°00′33″。全区面积约18.08万平方公里，包括甘肃省10个县和青海省4个县。

属高山峡谷地貌。按地形可分为东、中、西三段。区内大部分区域以西风气流为主，属典型大陆性气候。年平均气温0.2~3.6℃，年降水量200~500毫米。

该区湿地分为4类13型，湿地总面积125.49万公顷，湿地率6.94%。其中，自然湿地面积124.74万公顷，占全部湿地面积的99.4%；人工湿地面积0.75万公顷，占全部湿地面积的0.6%。自然湿地中，河流湿地23.53万公顷，占全部湿地面积的18.75%；湖泊湿地15.83万公顷，占全部湿地面积的12.62%；沼泽湿地85.37万公顷，占全部湿地面积的68.03%。湿地型中，沼泽化草甸面积最大，面积49.59万公顷，占全部湿地面积的39.51%，其次为草本沼泽，面积17.37万公顷，占全部湿地面积的13.84%。

该区湿地保护面积104.84万公顷，湿地保护率为83.54%；自然湿地保护面积104.52万公顷，自然湿地保护率83.79%。区内共有16个自然保护区，其中国家级自然保护区6个，省级自然保护区10个；有国家级湿地公园1个。

该区湿地主要受过牧、沙化、污染等威胁。未来要围栏封育天然植被，降低载畜量，涵养水源，防止水土流失，重点加强石羊河流域下游民勤地区的生态保护和综合治理。

8. 南岭山地森林及生物多样性生态功能区

该区位于长江流域与珠江流域的分水岭，是湘江、赣江、北江、西江等的重要源头区，东经108°34′58″~116°24′44″，北纬23°50′57″~26°48′38″，总面积为6.75万平方公里。涉及广东、广西、湖南和江西4省(自治区)的34县(市)。横亘在湘桂、湘粤、赣粤之间，向东延伸至闽南。大体呈东西向分布，南北坡的水热状况有一定差异，冬温最为明显。

该区湿地包括4类10型，湿地总面积11.18万公顷，湿地率为1.66%。其中自然湿地面积8.22万公顷，占湿地总面积的73.50%；人工湿地2.96万公顷，占湿地总面积的26.50%；自然湿地中，河流湿地为主，面积8.16万公顷，占湿地总面积的72.93%%。湿地型，永久性河流和库塘是南岭山地森林及生物多样性生态功能区的主体，面积分别为8.11万公顷和2.76万公顷，比例分别是72.52%和24.72%。

该区湿地保护面积为1.55万公顷，湿地保护率为13.87%，自然湿地保护率为8.89%。区内共涉及自然保护区10个，湿地公园2个。自然保护区中6个国家级，4个省级自然保护区，湿地公园中国家级、省级各1个。

该区湿地主要受基建和城市化、污染、过度捕捞和采集和非法狩猎等威胁。未来要禁止非保护性采伐，保护和恢复植被，涵养水源，保护珍稀动物。

9. 黄土高原丘陵沟壑水土保持生态功能区

该区位于我国黄土高原的腹地，其范围为东经104°29′53″~112°17′34″，北纬34°44′28″~39°39′39″，面积11.59万平方公里，包含山西、陕西、宁夏、甘肃4省(自治区)，13个地市的48个县(市、区)。是世界上最大的黄土堆积区——黄土高原的一部分。区域内沟壑交错，塬、墚、峁分布广泛。区内属暖温带半湿润至半干旱气候。气温日较差平均在10~16℃，区域内年降水量200~700毫米。

该区湿地分为4类13型，湿地总面积11.45万公顷，湿地率0.99%；其中自然湿地面积10.51万公顷，占全部湿地面积的91.77%，人工湿地面积0.94万公顷，占全部湿地面积的8.23%。自然湿地中，河流湿地8.27万公顷，占全部湿地面积的72.21%；湖泊湿地1.03万公顷，占全部湿地面积的9.03%；沼泽湿地1.21万公顷，占全部湿地面积的10.53%。湿地型中，面积最大的为永久性河流，面积5.85万公顷，占全部湿地面积的51.07%，其次为季节性或间歇性河流，面积2.08万公顷，占全部湿地面积的18.18%。

该区湿地保护面积2.04万公顷，湿地保护率为17.77%；受保护自然湿地面积1.96万公顷，自然湿地保护率18.68%。区内共有11个自然保护区，其中国家级自然保护区5个，省级自然保护区6个。黄土高原丘陵沟壑水土保持生态功能区有6个湿地公园，全部为省级湿地公园。

该区湿地主要受过牧、污染、基建和城市化等威胁。未来要控制开发强度，以小流域为单元综合治理水土流失，建设淤地坝。

10. 大别山水土保持生态功能区

该区位于东经113°48′~117°56′，北纬29°59′~32°06′之间的湖北、河南、安徽三省交界处。面积为31225.46平方公里，行政区涉及3省6市15个县级行政区。

该区湿地4类8型，湿地面积为11.46万公顷，占国土面积比例为3.67%。其中自然湿地的面积为6.59万公顷，占总湿地面积比例为57.51%，人工湿地的面积为4.87万公顷，占湿地面积42.49%。自然湿地中，河流湿地为主，面积5.83万公顷，占湿地总面积的50.88%。湿地型，面积最大的是永久性河流，面积5.09万公顷，占湿地总面积的44.39%，其次是库塘湿地，面积4.39公顷，占湿地总面积的38.27%。

该区湿地保护形式有自然保护区、湿地公园、森林公园、水源保护区以及其他保护形式，湿地保护率分别为5.92%、7.3%和9.36%。区内共有8个自然保护区，其中国家级自然保护区4个，省级自然保护区4个。

该区湿地主要受非法狩猎、过度捕捞和采集、基建和城市化、泥沙淤积、水利工程和引排水的负面影响等威胁，多数湿地遭受多种因素威胁。未来要实施生态移民，降低人口密度，恢复植被。

11. 桂黔滇喀斯特石漠化防治生态功能区

该区由中国西南喀斯特地貌集中分区的26个县(市、区)组成，位于东经103°37′~109°07′，北纬22°39′~27°27′，面积7.63万平方公里。

该区主体属南亚热带、中亚热带季风气候区，局部属亚热带山地气候。年平均降水量1000~1600毫米，年平均气温是10~20℃。

该区湿地4类13型，湿地总面积为8.70万公顷，占国土面积7.632公顷的1.14%。其中自然湿地5.19万公顷，占湿地总面积59.60%，人工湿地3.52万公顷，占湿地总面积40.40%。自然湿地中，河流湿地为主，面积4.58万公顷，占湿地总面积的52.62%。湿地型上，永久性河流面积最大，面积4.45万万公顷；占湿地总面积的51.14%；其次是库塘，面积3.48万公顷，占39.95%。

该区湿地保护面积1.38万公顷，湿地保护率为15.87%，自然湿地保护率14.72%。区内含国家重要湿地1处，湿地自然保护区10处(其中1处与国家重要湿地重叠)，湿地公园1处。

该区湿地主要受基建和城市化、围垦、污染、引排水的负面影响、外来物种入侵、旅游开发等威胁，多数湿地遭受多种因素威胁。未来要封山育林育草，种草养畜，实施生态移民，改变耕作方式。

12. 三峡库区水土保持生态功能区

该区位于东经108°24′31″~111°39′17″，北纬29°56′05″~31°34′20″，包括湖北省的巴东县、五峰土家族自治县、兴山县、夷陵区、长阳土家族自治县、秭归县和重庆市的奉节县、巫山县、云阳县，总面积为2.78万平方公里。

该区地处我国地势第二级阶梯的东缘，地貌类型复杂多样。山地、丘陵分别占总面积的74.00%和21.70%。该区属亚热带季风湿润气候，年平均温度17~19℃，年平均降水量1000~1400毫米。

该区湿地4类7型，湿地总面积7.91万公顷，湿地率为2.84%，其中自然湿地面积1.67万公顷，占湿地总面积的21.10%，人工湿地6.24万公顷，占湿地总面积的78.90%。自然湿地中，河流湿地面积1.62万公顷，占自然湿地面积的96.55%。从湿地型来看，库塘和永久性河流是三峡库区水土保持生态功能区的主体，面积分别为6.24万公顷和1.61万公顷，比例分别是78.80%和20.33%。

该区湿地保护面积为6.35万公顷，湿地保护率为80.23%，自然湿地保护率为17.77%。区内有自然保护区7个，自然保护小区2个。

该区湿地主要受引排水的负面影响、泥沙淤积、污染、外来物种入侵、基建和城市化等威胁。未来要巩固移民成果，植树造林，恢复植被，涵养水源，保护生物多样性。

13. 塔里木河荒漠化防治生态功能区

该区位于东经73°25′52″~84°56′48″，北纬35°13′57″~41°29′43″之间，面积39.47万平方公里，包含4个地(州)的19个县(市)和1个自治区直属的县级市(含新疆生产建设兵团所属团场)。

该区地貌轮廓是由稳定的塔里木盆地、天山、昆仑山地槽褶皱带为主的构造单元组成。本区为干旱炎热的暖温带的荒漠景观。

该区湿地4类16型，湿地总面积80.25万公顷，占国土面积的2.03%。其中自然湿地面积73.38万公顷，占全部湿地面积的91.44%；人工湿地面积6.87万公顷，占全部湿地面积的8.56%。自然湿地中，河流湿地37.99万公顷，占自然湿地面积的51.77%；湖泊湿地3.31万公顷，占自然湿地面积的4.51%；沼泽湿地32.08万公顷占自然湿地面积的43.72%。各湿地型中，永久性河流面积最大，面积21.28万公顷，占全部湿地面积的26.52%，其次为草本沼泽，面积15.11万公顷，占全部湿地面积的18.83%。

该区湿地保护面积38.60万公顷，湿地保护率达到48.1%，其中自然湿地保护率为44.38%，人工湿地保护率为87.93%，区内共涉及3个国家重要湿地分别为阿克苏湿地，叶尔羌河流域湿地以及布伦口湖群湿地；包含5个自然保护区，其中省级自然保护区3个，县级自然保护区2个。

该区湿地主要受围垦，基建与城市化，污染，过牧，引排水的负面影响，沙化以及森林过度采伐等威胁。未来要合理利用地表水和地下水，调整农牧业结构，加强药材开发管理，禁止过度开垦，恢复天然植被，防止沙化面积扩大。

14. 阿尔金草原荒漠化防治生态功能区

该区地处新疆维吾尔自治区东南部，巴音郭楞蒙古自治州境内，位于东经83°24′55″~93°49′07″，北纬35°38′24″~41°20′51″之间，区域的总面积34.71万平方公里，包含若羌县和且末县2个县(含新疆生产建设兵团所属团场)。

该区与塔里木盆地的东南缘相接，东南部和南部为昆仑山的阿尔金山山地，平均高度3000~4000米。区内的气候极为干旱，地表植被稀少，土地沙漠化敏感程度极高。年平均气温11.5℃，年平均降水17毫米，年平均蒸发量2920.2毫米。

该区湿地4类13型，湿地总面积75.83万公顷，占该地区国土面积的2.18%。其中自然湿地面积74.17万公顷，占全部湿地面积的97.81%；人工湿地面积1.66万公顷，仅占全部湿地面积的2.19%。自然湿地中，有河流湿地、湖泊湿地、沼泽湿地类型，其中河流湿地面积22.11万公顷，占自然湿地面积的29.81%；湖泊湿地面积最大为29.47万公顷，占自然湿地面积的39.74%；沼泽湿地面积22.58万公顷，占自然湿地面积的30.45%。区内各湿地型中，面积最大的为永久性咸水湖，面积16.87万公顷，占全部湿地面积的22.24%；其次为草本沼泽，面积14.03万公顷，占全部湿地面积的18.5%。

该区湿地整体保护率较高，为67.2%，其中自然湿地保护率为66.6%，人工湿地保护率较高达到94.6%，区内涉及3个国家重要湿地，包括3个自然保护区，其中国家级自然保护区2个(阿尔金山国家级自然保护区和罗布泊叶落土国家级自然保护区)，省级自然保护区1个(中昆仑省级自然保护区)。

该区湿地主要受盐碱化(地表覆盖的野生植物明显减少)、非法狩猎(体现在藏羚羊等野生动物的减少)、基建和城市化(主要体现在矿产的开发)、过牧以及沙化等威胁。未来要控制放牧和旅游区域范围，防范盗猎，减少人类活动干扰。

15. 呼伦贝尔草原草甸生态功能区

该区位于内蒙古高原东部，包括内蒙古自治区的新巴尔虎左旗和新巴尔虎右旗2个旗。地理位置为东经115°31′13″~120°13′01″，北纬47°19′54″~49°50′45″，总面积449.91万公顷。

该区地势开阔，土地沙化严重。平均年降水量约为300~400毫米，蒸发量1400~1700毫米。呼伦贝尔草原草甸湿地生态功能区地带性植被为草甸草原和典型草原。

该区湿地4类15型，湿地总面积为44.89万公顷，湿地率为9.98%。其中自然湿地44.84万公顷，占湿地总面积99.88%，人工湿地0.05万公顷，占湿地总面积0.12%；自然湿地率为9.97%。从湿地类上看，面积最大是湖泊湿地，面积为24.13万公顷，占湿地总面积的53.75%；其次是沼泽湿地，面积为20.19万公顷，占湿地总面积的44.97%；第三是河流湿地，面积0.52万公顷，占湿地总面积的1.16%；第四是人工湿地，面积为0.05万公顷，占湿地总面积的0.12%。从湿地型上看，面积最大是永久性咸水湖，面积21.45万公顷，占湿地总面积的47.78%；其次是草本沼泽，面积17.09万公顷，占湿地总面积的38.06%。

该区湿地保护面积30.87万公顷，湿地保护率为68.75%；自然湿地保护面积30.84万公顷，自然湿地保护率68.77%。分布有达赉湖国际重要湿地，呼伦湖国家重要湿地(达赉湖和呼伦湖为同一个湖泊)，以及达赉湖国家级自然保护区、古辉河国家级自然保护区和诺门罕湿地自然保护区3个保护区。

该区湿地主要受污染和过牧等威胁。未来要禁止过度开垦、不适当樵采和超载过牧，退牧还草，防治草场退化沙化。

16. 科尔沁草原生态功能区

该区位于内蒙古自治区东部，松辽平原西北端，包括内蒙古、吉林2省(自治区)的11个旗(县)，地理位置为东经117°49′45″~123°42′48″，北纬42°14′25″~46°12′41″，总面积1145.95万公顷。

该区地处半湿润和半干旱过渡性气候带，多年平均降水380毫米，年均蒸发量1935毫米。地带性植被为森林草原和草甸草原。

该区湿地4类15型，湿地总面积为48.68万公顷，占区域国土面积1145.95万公顷的4.25%，其中自然湿地46.13万公顷，占湿地总面积94.78%；人工湿地2.54万公顷，占湿地总面积5.22%，自然湿地率4.03%。其中，沼泽湿地面积最大，湿地面积为34.16万公顷，占湿地总面积的70.19%；其次是河流湿地，湿地面积8.55万公顷，占湿地总面积的17.57%。湿地型中，季节性咸水沼泽湿地面积最大，湿地面积14.70万公顷，占湿地总面积的30.20%；其次是沼泽化草甸湿地，面积10.74万公顷，占湿地总面积的22.07%。

该区湿地保护面积17.01万公顷，湿地保护率为34.95%；自然湿地保护面积15.81万公顷，自然湿地保护率32.25%。科尔沁草原生态功能区有向海湿地1个国际重要湿地，科尔沁湿地、向海湿地2个国家重要湿地，建立了25个自然保护区。已经建立的25个自然保护区中，有6个国家级和4个省级。

该区湿地主要受围垦、引排水的负面影响、盐碱化、过牧和沙化等威胁。未来要根据沙化程度采取针对性强的治理措施。

17. 浑善达克沙漠化防治生态功能区

该区位于锡林郭勒草原南端，西拉木伦河西岸和老哈河之间的三角地带，包括河北、内蒙古的2省(自治区)的15个县。地理位置为东经111°08′29″~118°26′20″，北纬40°43′53″~45°26′14″。面积1635.16万公顷。

该区以高原丘陵为主，平均海拔1300米；气候属温带半干旱、干旱气候。地带性植被为典型草原，向西北逐渐过渡到荒漠化草原，向东南又少量森林草原分布，局部地区还有草甸草原分布。

该区湿地4类16型，湿地总面积为74.25万公顷，湿地率为4.54%。其中自然湿地73.61万公顷，占湿地总面积99.13%；人工湿地0.65万公顷，占湿地总面积0.87%；自然湿地率为4.50%。其中，沼泽湿地面积最大，为56.70万公顷，占湿地总面积的76.35%；其次是湖泊湿地，总面积12.84万公顷，占湿地总面积的17.29%。从湿地型来看，季节性咸水沼泽面积最大，面积是7.60万公顷，占湿地总面积的10.24%；再次是沼泽化草甸，面积15.24万公顷，占总湿地面积的20.52%。

该区湿地保护面积27.96万公顷，湿地保护率为37.65%；自然湿地保护面积27.71万公顷，自然湿地保护率37.65%。分布有查干诸尔和巴哈湖湿地、达里诺尔湿地和张家口坝上湿地3个国家重要湿地，13个自然保护区。已经建立自然保护区13个，其中国家级保护区4个，省级保护区4个。

该区湿地主要受围垦、污染、过度捕捞和采集、非法狩猎、盐碱化、外来物种入侵、过牧、森林过度采伐等威胁。未来要采取湿地植物和工程措施，加强综合治理。

18. 阴山北麓草原生态功能区

该区位于内蒙古自治区中西部，南邻河套地区，东、北与乌兰察布高原接壤，西与阿拉善高原毗邻。包括内蒙古自治区的6个旗，地理位置为东经105°11′50″~113°30′40″，北纬40°41′29″~43°22′33″，总面积970.93万公顷。

地貌以中山和低山丘陵为主，期间有盆地、冲击和洪积平原相间分布，海拔均在2000米以下。当地地处半干旱向干旱的过渡地带，地带性植被为森林草原，并逐渐向干草原、荒漠草原过渡，年降水量250~400毫米，蒸发量1800~2600毫米。

该区湿地4类13型，湿地总面积为29.38万公顷，占阴山北麓草原生态功能区国土面积970.93万公顷的3.03%。其中自然湿地29.14万公顷，占湿地总面积99.18%；人工湿地0.24万公顷，占湿地总面积0.82%。自然湿地率为3.04%。其中，沼泽湿地面积最大，湿地面积为23.57万公顷，占湿地总面积的80.24%；其次是河流湿地，湿地面积4.18万公顷，占湿地总面积的14.23%。湿地型中，内陆盐沼面积最大，湿地面积13.89万公顷，占湿地总面积的47.29%；其次是季节性咸水沼泽，湿地面积8.69万公顷，占总湿地面积的29.57%。

该区湿地保护面积0.17万公顷，湿地保护率为0.58%；自然湿地保护面积0.17万公顷，自然湿地保护率0.58%。

该区湿地主要受围垦和过牧等威胁。未来要封育草原，恢复植被，退牧还草，降低人口密度。

19. 川滇森林及生物多样性生态功能区

该区位于青藏高原东南缘外延部分，地理位置为东经97°20′47″~104°59′47″，北纬21°08′32″~34°12′41″，包括四川省的34个县和云南省的13个县，总面积3038.08万公顷。

该区位于我国由二级阶梯向一级阶梯陡起的大转折区域，是我国两大地貌单元四川盆地和青藏高原的过渡区域，主要地貌为高山、高原和峡谷。气候属东亚季风气候和西南季风的交汇区，年平均气温5℃左右，年降水量600~1000毫米。

该区湿地4类15型，湿地总面积为87.76万公顷，湿地率为2.89%。其中自然湿地87.10万公顷，占湿地总面积99.24%；人工湿地0.67万公顷，占湿地总面积0.76%。自然湿地率为2.87%。湿地类上，沼泽湿地面积最大，湿地面积为64.85万公顷，占湿地总面积的73.89%；其次是河流湿地，湿地面积18.93万公顷，占湿地总面积的21.57%。湿地型上，湿地面积最大是沼泽化草甸，面积为55.11万公顷，占湿地总面积的62.80%；其次是永久性河流，面积为15.26万公顷，占湿地总面积的17.39%；第三是灌丛沼泽，面积为9.25万公顷，占湿地总面积的10.54%。

该区湿地保护面积38.04万公顷，湿地保护率为43.34%；自然湿地保护面积37.88万公顷，自然湿地保护率43.49%。区内分布有若尔盖湿地、纳帕海湿地、碧塔海湿地3个国际重要湿地，若尔盖高原沼泽区、纳帕海湿地、泸沽湖湿地、九寨沟沼泽湿地、碧塔海湿地5个国家重要湿地，云南白马雪山等43个自然保护区。在已建立的43个自然保护区中，国家级保护区14个，省级保护区14个。

该区湿地主要受基建和城市建设、围垦、泥沙淤积、污染、过度捕捞和采集、引排水的负面影响、外来物种侵入、森林过度采伐、沙化等威胁。未来要保护森林、草原植被，在已明确的保护区域保护生物多样性和多种珍稀动植物基因库。

20. 秦巴生物多样性生态功能区

该区位于东经102°54′55″~112°09′04″，北纬31°13′50″~34°22′57″，包括湖北、重庆、四川、陕西和甘肃5省(直辖市)的46个县(市)及县域范围内的林场、林业局等单位，包括我国秦岭主脉和大巴山所在区域，总面积1398.18万公顷。

该区秦岭、巴山两大山脉横贯东西，长江、黄河分岭而走，汉江、丹江穿境而过，两山夹一川的地势特点突出，区间高山绵延，川道狭小。区内气候具有由暖温带向北亚热带过度的特征，年平均气温7~15℃，年平均降水量为700~1000毫米。

该区湿地4类11型，湿地总面积为22.43万公顷，占区域国土面积1398.18万公顷的1.60%，其中自然湿地15.75万公顷，占湿地总面积70.23%；人工湿地6.68万公顷，占湿地总面积29.77%；自然湿地率为1.13%。其中，河流湿地面积最大，湿地面积为15.39万公顷，占湿地总面积的68.61%；其次是人工湿地，湿地面积6.68万公顷，占湿地总面积的29.77%。湿地型中，永久性河流面积最大，湿地面积14.00万公顷，占湿地总面积的62.40%；其次是库塘，湿地面积6.67万公顷，占湿地总面积的29.72%。

该区湿地保护面积9.50万公顷，保护湿地率为42.34%；自然湿地保护面积4.11万公顷，自然湿地保护率26.07%。区内有丹江口水库湿地和洋县朱鹮栖息地2个国家重要湿地，23个自然保护区(其中国家级保护区10个，省级保护区12个)。

该区湿地主要受基建和城市建设、围垦、泥沙淤积、污染、过度捕捞和采集、非法狩猎、引排水的负面影响、外来物种入侵、过牧、森林过度采伐等威胁。未来要减少林木采伐，恢复山地植被，保护野生物种。

21. 藏东南高原边缘森林生态功能区

该区位于东经91°23′~98°45′，北纬26°51′~29°55′，包括西藏自治区中的墨脱县、察隅县、错那县，总面积为9.77万平方公里。

区内地势北高南低，海拔自5000米以上陡然下降至不足100米，水能蕴藏量巨大。同时印度洋暖流北上，与北方寒流汇合，形成了热带、亚热带、温带和寒带并存的特殊气候。

该区湿地4类8型，湿地总面积为7.77万公顷，湿地率为0.80%。其中自然湿地7.76万公顷，占湿地总面积99.93%，人工湿地0.005万公顷(53.58公顷)，占湿地总面积0.07%。自然湿地中，河流湿地面积5.93万公顷，占自然湿地面积的76.33%；湖泊湿地面积1.47万公顷，占自然湿地面积的18.87%。湿地型上，面积最大的是永久性河流，面积5.61万公顷，占湿地总面积的72.16%；其次是永久性淡水湖湿地，面积1.47万公顷，占湿地总面积的18.87%。

该区湿地保护面积0.68万公顷，自然湿地保护面积0.52万公顷。区内主要有2个国家级自然保护区。该区湿地主要受基建和城市化、污染及过牧影响等威胁。未来要保护湿地自然生态系统。

22. 藏西北羌塘高原荒漠生态功能区

该区包括西藏自治区阿里地区的日土县、革吉县、改则县和那曲地区的班戈县、尼玛县，总面积49.44万平方公里。本区域荒漠生态系统保存较为完整，拥有藏羚羊、黑颈鹤等珍稀特有物种。

该区位于干旱、半干旱地区，大部分地区年平均气温低于0℃。平均海拔大于4800米，高寒缺水缺氧，一半以上面积不具备人类生存条件，形成了无人区。植被以高寒草原和荒漠为主，其中高寒草原分布最广，主要是由紫花针茅或羽状针茅、羊茅、早熟禾、沙生针茅等组成。

该区有湿地3类13型，湿地总面积为256.22万公顷，湿地率为5.18%，全部为自然湿地。湿地中河流湿地面积50.46万公顷，占湿地总面积的19.70%；湖泊湿地面积123.09万公顷，占自然湿地面积的48.04%；沼泽湿地面积82.67万公顷，占湿地总面积的32.26%。湿地型中，面积最大的是永久性咸水湖，面积105.52万公顷，占湿地总面积的41.17%；其次是沼泽化草甸，面积为34.42万公顷，占湿地面积的13.43%。

该区湿地保护面积为190万公顷，湿地保护率为74.47%，其中自然保护率61.20%。该区湿地主要受过牧等威胁。

23. 三江平原湿地生态功能区

该区是中国最大的淡水沼泽的分布区。介于北纬45°01′~48°27′56″，东经130°13′~135°05′26″，总面积约475.04万公顷。北起黑龙江、南抵兴凯湖、西邻小兴安岭、东至乌苏里江，行政区域包括黑龙江省的同江市、富锦市、抚远县、饶河县、虎林市、密山市、绥滨县7个县(市)。

该区属温带湿润、半湿润大陆性季风气候，年平均气温1～4℃，年降水量500～600毫米，集中在6～8月，雨热同季，冻结期长达7～8个月。地表长期过湿，积水过多，形成大面积沼泽水体和沼泽化植被、土壤，构成了独特的沼泽景观。

该区湿地4类12型，湿地总面积为57.99万公顷，湿地率12.21%。其中自然湿地55.51万公顷，占湿地总面积95.72%；人工湿地2.48万公顷，占湿地总面积4.28%。自然湿地率为11.69%。湿地类上，沼泽湿地面积为32.67万公顷，占湿地总面积的56.33%；其次是湖泊湿地，面积13.22万公顷，占湿地总面积的22.80%；第三是河流湿地，面积9.62万公顷，占湿地总面积的16.59%；第四是人工湿地，湿地面积为2.48万公顷，占湿地总面积4.28%。湿地型上，草本沼泽面积最大，面积为24.96万公顷，占湿地总面积的43.04%；其次是永久性淡水湖，面积13.11万公顷，占湿地总面积的22.60%；第三是永久性河流，面积8.36万公顷，占14.42%；第四是灌丛沼泽，面积4.09万公顷，占湿地总面积的7.05%。

该区湿地保护面积51.32万公顷，湿地保护率为88.49%；其中自然湿地保护面积50.19万公顷，自然湿地保护率90.41%。区分布有黑龙江珍宝岛、黑龙江兴凯湖、黑龙江三江、黑龙江洪河4个国际重要湿地，七虎林河和阿布沁河中下游湿地、兴凯湖湿地、三江平原东北部湿地4个国家重要湿地。建立了16个自然保护区，其中国家级保护区7个、省级保护区9个。自然保护区是主要保护形式。

该区湿地主要受围垦、污染、森林过度采伐等威胁。今后要继续扩大保护范围，控制农业开发和城市建设强度，改善湿地环境。

24. 武陵山区生物多样性及水土保持生态功能区

该区包括湖南、湖北和重庆3省(直辖市)25县，地理位置为东经107°13′20″～111°32′14″，北纬27°32′03″～30°54′24″，总面积为6.57万平方公里。本区是我国亚热带森林系统核心区、长江流域重要的水源涵养区和生态屏障。生物物种多样，素有“华中动植物基因库”之称。

该区属亚热带向暖温带过渡类型气候。境内有乌江、清江、澧水、沅江、资水等主要河流，水能资源蕴藏量大。自然景观独特。

该区湿地4类11型，湿地总面积10.10万公顷，湿地率为1.54%，其中自然湿地面积7.33万公顷，占湿地总面积的72.6%；人工湿地2.76万公顷，占湿地总面积的27.4%。自然湿地中河流湿地面积7.12万公顷，占湿地总面积的70.51%，占自然湿地面积的97.09%；其次是沼泽湿地和湖泊湿地，分别占自然湿地面积的2.68%和0.23%。湿地型上，永久性河流和库塘是主体，面积分别为6.95万公顷和2.52万公顷，比例分别是68.79%和24.99%。

该区湿地保护面积为2.29万公顷，湿地保护率为22.73%，自然湿地保护率为18.58%。建有自然保护区7个，自然保护小区2个，湿地公园2个。

该区湿地主要受过度捕捞和采集、污染、泥沙淤积、围垦、其他、森林过度采伐、基建和城市化、引排水的负面影响、外来物种入侵等威胁。对重点调查湿地影响频次前四位的分别为：泥沙淤积、污染、基建和城市化和过度捕捞和采集。未来要扩大天然林和湿地保护范围，巩固退耕还林、还湿成果，恢复森林植被和湿地生物多样性。

25. 海南岛中部山区热带雨林生态功能区

该区位于海南岛中南部地区的中山低山及部分丘陵，地理位置位于东经109°01′56″～

110°09′13″，北纬18°23′22″~19°29′19″。范围包括海南省的白沙县、保亭县、琼中县、五指山市，区内总面积为71.17万公顷。

该区属于热带山地气候类型，具有湿润、基本无风害等特点，年平均气温22.3~23℃；年降水量1800~2500毫米。

该区湿地3类6型，湿地总面积为1.18万公顷，湿地率为1.65%。其中自然湿地面积0.62万公顷，占湿地总面积52.97%；人工湿地0.55万公顷，占湿地总面积47.03%。自然湿地中河流湿地面积0.62万公顷，占湿地总面积的52.90%，占自然湿地面积的99.87%。

该区湿地保护总面积0.26万公顷，自然湿地保护面积0.04万公顷，人工湿地保护面积0.21万公顷。湿地保护率21.85%；自然湿地保护率6.98%。目前建有五指山、吊罗山国家级自然保护区2处，黎母山、鹦哥岭省级自然保护区2处。

该区湿地主要受过度捕捞和采集、狩猎、污染、外来物种入侵等威胁。未来要加强热带雨林河流、湖泊和人工湿地保护，遏制生态环境恶化。

二、全国湿地保护工程八大湿地分区保护

中国1992年加入《湿地公约》后，国家林业局作为中国政府湿地保护的牵头部门，陆续采取了一系列保护和合理利用湿地资源的措施，会同有关部门制定并实施了《中国湿地保护行动计划》，编制了《全国湿地保护工程规划(2002~2030年)》(2003年8月国务院批复)。根据全国湿地分布总的特点，考虑到不同区域明显的自然特征，尤其是与湿地形成有关的水文和地质特性、湿地功能、保护和合理利用途径的相似性、行政区域和流域的连续性及实际的可操作性，结合湿地保护管理的需要，将全国湿地资源区划为东北、黄河中下游、长江中下游、滨海、东南和南部、西南、西北干旱半干旱、青藏高原等八大湿地区。

2012年国家林业局联合其他9个湿地相关部门，编制了《全国湿地保护工程"十二五"实施规划》，并得到国务院批复。按照《全国湿地保护工程"十二五"实施规划》和第二次全国湿地资源调查数据，根据不同湿地区的特点，未来有针对性开展建设布局，明确不同区域湿地保护与建设重点，制定主要建设内容；继续实施分区保护战略。

1. 东北湿地区

在三江平原通过退化湿地生态系统恢复工程建设，采取退耕还湿、植被恢复、沙化和盐碱化综合整治、水环境治理等措施恢复已遭受破坏的湿地；在长白山、大小兴安岭等林区开展泥炭沼泽湿地恢复工程，修复泥炭开采迹地生态。通过湿地恢复扩大区内湿地面积，增强湿地生态功能，提高湿地生态系统的自我维持能力，维护区域湿地生态系统的健康；建立健全区域湿地保护体系，加强国家重要湿地、国际重要湿地、湿地自然保护区和国家湿地公园的湿地保护能力建设，提升湿地保护管理水平，满足新时期加强湿地保护管理的需要。

2. 黄河中下游湿地区

在京津冀地区开展退化湿地生态系统恢复工程，实施退耕还湿和湿地生态补水等措施，扩大湿地面积，恢复湿地保水蓄水、补充地下水等生态功能，缓解华北地区水资源紧张现状，确保华北地区水安全和粮食安全。

3. 长江中下游湿地区

通过开展退化湿地生态系统恢复工程，实施退耕还湖、还泽、还滩等措施，扩大湿地面积，增强湿地蓄纳洪水等调蓄功能；通过开展国际重要湿地、国家重要湿地、湿地自然保护区和国家湿地公园的保护项目，加强湿地管护能力建设，同时加强鸟类栖息地生态修复，完善迁徙鸟类保护网络体系，改善湿地生态状况，增强湿地生态功效，充分发挥湿地维护生物多样性等功能。在长江中下游湖泊群开展湿地合理利用示范项目，探索建立湿地保护与合理利用的相互促进的模式，改善民生，实现区域生态惠民，促进地方经济可持续发展。

4. 滨海湿地区

在重要河口湿地和鸟类迁徙重要驿站开展湿地保护与恢复项目，进一步加强红树林湿地生态系统恢复工程建设，充分发挥滨海湿地的鸟类栖息地、抵御风暴潮护岸和维护生物多样性等生态功能，并建立具有良性循环和经济增值的湿地开发利用示范区。

5. 东南和南部湿地区

通过开展湿地保护项目建设，对来自工农业污染实施控制，加强对重要湿地保护力度，完善湿地保护体系，维护湿地生态系统的健康。

6. 西南湿地区

开展典型高原湿地的保护体系项目建设，加强流域综合管理力度，重视国际河流湿地保护；完善高原湿地生态监测体系，建立健全高原湿地科普宣教体系，开展高原湿地生物多样性恢复、水资源综合管理和污染综合治理等研究，为高原湿地生态系统健康发展提供强有力地技术支撑；开展高原湿地资源可持续利用示范项目，促进湿地可持续利用理念推广应用。

7. 西北干旱半干旱湿地区

加强国家重要湿地保护能力建设，完善湿地保护体系，及区域水资源的管理与协调，改善西部干旱荒漠区湿地生态环境，维护湿地生态系统健康，保护区域湿地生物多样性。

8. 青藏高原湿地区

通过湿地保护体系建设，加强对青藏高原湿地保护力度，特别对江河源头区的重要湿地保护，发挥湿地的重要储水和蓄水功能，使高原特有的珍稀野生动植物得以栖息繁衍。重点对若尔盖沼泽湿地生态系统实施湿地恢复工程，及在三江源头和青海湖进行湿地保护与修复建设。

按保护形式统计，不同湿地区各保护形式保护的湿地面积情况详见第二篇第一章第三节。

三、水资源分区湿地保护

按照水资源分区，统计湿地保护情况。水资源分区中，西北诸河区的湿地保护面积904.03万公顷，湿地保护率54.70%；西南诸河区的湿地保护面积95.92万公顷，湿地保护率45.50%；松花江区的湿地保护面积327.62万公顷，湿地保护率35.30%；辽河区的湿地保护面积76.96万公顷，湿地保护率40.04%；淮河区的湿地保护面积101.79万公顷，湿地保护率27.69%；黄河区的湿地保护面积232.57万公顷，湿地保护率59.19%；东南诸河区的湿地保护面积37.10万公顷，湿地保护率19.96%；珠江区的湿地保护面积52.11万公顷，湿地保护率17.32%；长江区的湿地保护面积452.94万公顷，湿地保护率47.90%；海河区的湿地保护面积43.28万公顷，湿地保护率26.19%。

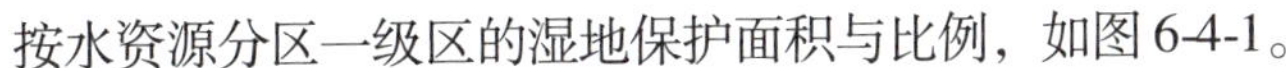

按水资源分区一级区的湿地保护面积与比例，如图 6-4-1。

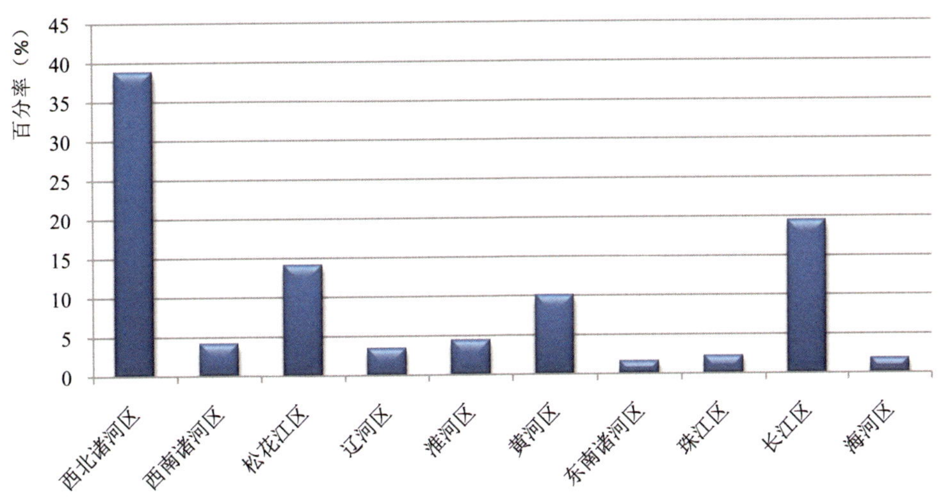

图 **6-4-1**　水资源一级区的湿地保护面积比例示意图

第三节
湿地保护战略

第二次全国湿地资源调查成果显示，我国湿地面积减少幅度较大，生物多样性有所减退，湿地生态状况还没有得到很好改善，湿地生态功能还没有得到有效发挥，湿地保护的空间格局还没有进行合理调整，湿地保护任务非常艰巨，湿地维护生态安全、国土安全、粮食安全、淡水安全和气候安全的作用还未充分发挥，应从下面几方面加强我国湿地保护管理工作：

1. 加强湿地保护法制建设，促进我国湿地保护有法可依

加强湿地保护法律法规体系建设，全面推进湿地立法进程，提高我国湿地管理能力。国家层面加快出台《湿地保护条例》，明确湿地保护职责权限、管理程序和行为准则，明晰湿地主管部门组织协调与多部门分工合作的管理机制，理顺制约湿地保护管理制度和机制问题。地方层面继续加大省级湿地保护法律法规建设，已建湿地自然保护区、国家湿地公园要实行“一区(园)一法”，使我国湿地资源保护有法可依、有章可循，使我国湿地管理迈进科学的法制管理轨道。

2. 健全湿地保护管理制度，形成湿地保护长效机制

完善湿地管理政策，健全湿地保护制度体系，形成湿地保护管理长效机制，实现湿地科学化、制度化管理目标，促进我国湿地生态系统良性循环。抓紧制定维护我国国土空间安全的湿地红线，加快推进生态文明建设，促进我国经济社会可持续发展。尽快制定湿地生态补偿相关政策和制度，形成湿地保护长效机制，实行湿地分类管理，改善民生，实现湿地保护与生态惠民双赢。

3. 实施重大湿地恢复工程，扩大湿地面积

继续实施《全国湿地保护工程“十二五”实施规划》，着重加强重要区域湿地保护、恢复、综合治理等方面建设，扩大湿地面积，改善湿地生态质量。在调查数据成果基础上，进一步谋划构建重大湿地生态修复工程，选择重点区域编制专项规划，优先考虑候鸟迁飞路线和国家重点生态功能区等范围内的重要湿地。

4. 完善湿地保护体系，增强湿地保护能力

强化湿地保护管理，完善湿地保护体系，提高湿地保护管理监督水平，夯实湿地保护管理工作。进一步完善以湿地自然保护区为主体，湿地公园和自然保护小区等为补充的湿地保护体系，加大湿地自然保护区、湿地公园和自然保护小区建设力度，扩大湿地保护范围，提高湿地保护成效。加强各级湿地保护管理机构建设，强化湿地保护管理的组织、协调、指导、监督工作，提高湿地保护管理能力。

5. 加大科技支撑力度，提高湿地保护科技含量

建立健全湿地保护科技支撑体系，加大投入，加强湿地研究能力建设，积极引进人才，提高科研能力，增大湿地保护科技含量。开展湿地重点领域科学研究，依托科研院所对湿地保护与恢复、湿地与气候变化等课题进行攻关。扩大湿地保护与恢复科技试点示范的范围，建立适合不同类型湿地的恢复模式，全面推进湿地保护恢复工作。建立健全科学决策咨询机制，为湿地保护决策提供技术咨询服务。

6. 开展湿地生态监测与评估，提升湿地保护管理水平

开展湿地资源和生态状况的监测与评估，加强国家、省级层次湿地监测能力建设，指导建立重要湿地监测站点，初步建立湿地专项监测网络，建立湿地生态状况、服务功能价值评估体系，构建全国湿地资源信息系统，及时动态掌握我国湿地资源与生态状况的变化情况，为科学决策提供有力支撑，提升湿地保护管理能力。

7. 强化湿地保护宣传教育，提升全民湿地保护意识

加大对公众的湿地保护意识和资源忧患意识的教育，牢固树立“尊重自然、顺应自然、保护自然”的生态文明理念，增强全民生态保护意识，形成全社会保护湿地的良好氛围。常态化开展湿地保护宣传活动，借助“世界湿地日”“爱鸟周”“野生动物保护月”等活动，利用电视、报刊等宣传湿地保护知识，并基于自然保护区和湿地公园等建立湿地科普宣教基地，开展湿地保护、湿地生态功能、湿地服务价值等培训。

附录一

全国湿地调查区域植物名录

序号	科	属	种		生活型	外来
			中文名	拉丁名		
一、苔藓植物						
1	短角苔科	短角苔属	短角苔☆	*Notothylas orbicularis*		
2	角苔科	角苔属	角苔☆	*Anthoceros punctatus*		
3	苞片苔科	苞片苔属	苞叶苔☆	*Calycularia crispula*		
4	带叶苔科	带叶苔属	多形带叶苔☆	*Pallavicinia ambigua*		
5	小叶苔科	小叶苔属	小叶苔☆	*Fossombronia pusilla*		
6	地钱科	地钱属	地钱☆	*Marchantia polymorpha*		
7	花地钱科	花地钱属	花地钱☆	*Corsinia coriandrina*		
8	钱苔科	湿生苔属	湿生苔☆	*Eremonotus myriocarpus*		
9		钱苔属	片叶钱苔☆	*Riccia crystallina*		
10			叉钱苔☆	*Riccia fluitans*		
11			钱苔☆	*Riccia glauca*		
12			肥果钱苔☆	*Riccia sorocarpa*		
13		浮苔属	浮苔☆	*Ricciocarpus natans*		
14	蛇苔科	蛇苔属	蛇苔☆	*Conocephalum conicum*		
15			小蛇苔☆	*Conocephalum Japonicum*		
16	魏氏苔科	毛地钱属	毛地钱☆	*Dumortiera hirsuta*		
17	齿萼苔科	裂萼苔属	双齿裂萼苔☆	*Chiloscyphus latifolius*		
18	齿萼苔科	异萼苔属	四齿异萼苔☆	*Heteroscyphus argutus*		
19		新绒苔属	新绒苔☆	*Neotrichocolea bissetii*		
20	裂叶苔科	裂叶苔属	丛生裂叶苔☆	*Lophozia collaris*		
21	细鳞苔科	细鳞苔属	小叶细鳞苔☆	*Lejeunea parva*		
22	叶苔科	叶苔属	延叶叶苔☆	*Jungermannia fauriana*		
23			疏叶叶苔☆	*Jungermannia laxiphylla*		
24	羽苔科	羽苔属	长叶羽苔☆	*Plagiochila flexuosa*		
25			卵叶羽苔☆	*Plagiochila ovalifolia*		
26			尖齿羽苔☆	*Plagiochila pseudorenitens*		

☆ 表示为湿地植物；

○ 表示《中国植物志》中查不到的植物。

（续）

序号	科	属	种		生活型	外来
			中文名	拉丁名		
27	指叶苔科	指叶苔属	粗指叶苔☆	*Lepidozia robasta*		
28	扭叶藓科	扭叶藓属	扭叶藓☆	*Trachypus bicolor*		
29	水藓科	水藓属	水藓☆	*Fontinalis antipyretica*		
30			狭叶水藓☆	*Fontinalis antipyretica* var. *gracilis*		
31			柔枝水藓☆	*Fontinalis hypnoides*		
32			鳞叶水藓☆	*Fontinalis squamosa*		
33	万年藓科	万年藓属	东亚万年藓☆	*Climacium japonicum*		
34	丛藓科	丛本藓属	阔叶丛本藓☆	*Anoectongium clarum*		
35			扭叶丛本藓☆	*Anoectongium stracheyanum*		
36		红叶藓属	细红叶藓☆	*Bryoerythrophyllum tenerrimum*		
37		链齿藓属	狭叶链齿藓☆	*Desmatodon cernuus*		
38			糙叶链齿藓☆	*Desmatodon eroso-denticulatus*		
39			黑链齿藓☆	*Desmatodon nigrescens*		
40			溪边链齿藓☆	*Desmatodon rivicolus*		
41			灰土链齿藓☆	*Desmatodon tophaceus*		
42			云南链齿藓☆	*Desmatodon yunnanensis*		
43		石灰藓属	暗色石灰藓☆	*Hydrogonium sordidum*		
44		毛氏藓属	大丛藓☆	*Molendoa hornschuchiana*		
45		芮氏藓属	仰叶藓☆	*Reimersia inconspicua*		
46		纽藓属	折叶纽藓☆	*Tortella fragilis*		
47		墙藓属	长蒴墙藓☆	*Tortula leptotheca*		
48			中华墙藓☆	*Tortula sinensis*		
49		毛口藓属	毛口藓☆	*Trichostomum brachydontium*		
50			芒尖毛口藓☆	*Trichostomum zanderi*		
51	凤尾藓科	凤尾藓属	南京凤尾藓☆	*Fissidens adelphinus*		
52			原丝凤尾藓☆	*Fissidens bryoides*		
53			大叶凤尾藓☆	*Fissidens grandifrons*		
54	葫芦藓科	葫芦藓属	葫芦藓☆	*Funaria hygromeirica*		
55			日本葫芦藓☆	*Funaria japonica*		
56		立碗藓属	日本立碗藓☆	*Physcomitrium japonicum*		
57			黄边立碗藓☆	*Physcomitrium limbatulum*		
58			立碗藓☆	*Physcomitrium sphaericum*		
59	灰藓科	灰藓属	大灰藓☆	*Hypnum plumaeforme*		
60		鳞叶藓属	鳞叶藓☆	*Taxiphyllum taxirameum*		
61	绢藓科	绢藓属	狭叶绢藓☆	*Entodon angustifolius*		

（续）

序号	科	属	种		生活型	外来
			中文名	拉丁名		
62	绢藓科	绢藓属	绢藓☆	*Entodon cladorrhizans*		
63	柳叶藓科	湿源藓属	大叶湿原藓☆	*Calliergon giganteum*		
64		镰刀藓属	镰刀藓☆	*Drepanocladus aduncus*		
65			大镰刀藓☆	*Drepanocladus exannulatus*		
66			浮生镰刀藓☆	*Drepanocladus fluitans*		
67			褶叶镰刀藓☆	*Drepanocladus lycopodioides*		
68		水灰藓属	扭叶水灰藓☆	*Hygrohypnum eugyrium*		
69			水灰藓☆	*Hygrohypnum luridum*		
70			褐黄水灰藓☆	*Hygrohypnum ochraceum*		
71		薄网藓属	薄网藓☆	*Leptodictyum riparium*		
72	青藓科	青藓属	灰白青藓☆	*Brachythecium albicans*		
73			卵叶青藓☆	*Brachythecium rutabulum*		
74			脆枝青藓☆	*Brachythecium thraustum*		
75		燕尾藓属	毛尖燕尾藓☆	*Bryhnia trichomitria*		
76		美喙藓属	卵叶美喙藓☆	*Eurhynchium striatum*		
77		鼠尾藓属	鼠尾藓☆	*Myuroclada maximowiczii*		
78	塔藓科	塔藓属	塔藓☆	*Hylocomium splendens*		
79		赤茎藓属	赤茎藓☆	*Pleurozium schreberi*		
80	羽藓科	小羽藓属	细叶小羽藓☆	*Haplocladium microphyllum*		
81		羽藓属	大羽藓☆	*Thuidium cymbifolium*		
82			短肋羽藓☆	*Thuidium kanedae*		
83			羽藓☆	*Thuidium tamariscinum*		
84	金发藓科	仙鹤藓属	波叶仙鹤藓☆	*Atrichum undulatum*		
85		小金发藓属	东亚小金发藓☆	*Pogonatum inflexum*		
86		金发藓属	金发藓☆	*Polytrichum commune*		
87	泥炭藓科	泥炭藓属	长叶泥炭藓☆	*Sphagnum falcatulum*		
88			中位泥炭藓☆	*Sphagnum magellanicum*		
89			多纹泥炭藓☆	*Sphagnum multifibrosum*		
90			尖叶泥炭藓☆	*Sphagnum nemoreum*		
91			秃叶泥炭藓☆	*Sphagnum obtusiusculum*		
92			卵叶泥炭藓☆	*Sphagnum ovatum*		
93			泥炭藓☆	*Sphagnum palustre*		
94			五列泥炭藓☆	*Sphagnum quinquefarium*		
95			丝光泥炭藓☆	*Sphagnum sericeum*		
96			粗叶泥炭藓☆	*Sphagnum squarrosum*		

（续）

序号	科	属	种		生活型	外来
			中文名	拉丁名		
97	泥炭藓科	泥炭藓属	偏叶泥炭藓☆	*Sphagnum subsecundum*		
98			拟尖叶泥炭藓☆	*Sphagnum acutifolioides*		
99			尖叶泥炭藓☆	*Sphagnum acutifolium*		
100			钝叶泥炭藓☆	*Sphagnum amblyphyllum*		
101			截叶泥炭藓☆	*Sphagnum angstroemii*		
102			喙叶泥炭藓☆	*Sphagnum apiculatum*		
103			扭枝泥炭藓☆	*Sphagnum contortum*		
104			狭叶泥炭藓☆	*Sphagnum cuspidatum*		
105			大泥炭藓☆	*Sphagnum cymbifolium*		
106			锈色泥炭藓☆	*Sphagnum fuscum*		
107			白齿泥炭藓☆	*Sphagnum girgensohnii*		
108			毛壁泥炭藓☆	*Sphagnum imbricatum*		
109			泛地泥炭藓☆	*Sphagnum innudatum*		
110			日本泥炭藓☆	*Sphagnum japonicum*		
111			垂枝泥炭藓☆	*Sphagnum jensenii*		
112			暖地泥炭藓☆	*Sphagnum junghuhuianum*		
113			阔叶泥炭藓☆	*Sphagnum platyphyllum*		
114			岸生泥炭藓☆	*Sphagnum riparium*		
115			广舌泥炭藓☆	*Sphagnum russowii*		
116			细叶泥炭藓☆	*Sphagnum teres*		
117			柔叶泥炭藓☆	*Sphagnum tenellum*		
118	白发藓科	白发藓属	白发藓☆	*Leucobryum glaucum*		
119	曲尾藓科	小曲尾藓属	变形小曲尾藓☆	*Dicranella varia*		
120		曲尾藓属	折叶曲尾藓☆	*Dicranum fragilifolium*		
121			硬叶曲尾藓☆	*Dicranum lorifolium*		
122			曲尾藓☆	*Dicranum scoparium*		
123		长蒴藓属	长蒴藓☆	*Trematodon longicollis*		
124	孔雀藓科	孔雀藓属	东亚孔雀藓☆	*Hypopterygium japonicum*		
125	提灯藓科	提灯藓属	尖叶提灯藓☆	*Mnium cuspidatum*		
126			长叶提灯藓☆	*Mnium lycopodioides*		
127			具缘提灯藓☆	*Mnium marginatum*		
128			偏叶提灯藓☆	*Mnium thomsonii*		
129		匐灯藓属	尖叶匐灯藓☆	*Plagiomnium acutum*		
130			树形匐灯藓☆	*Plagiomnium arbusculum*		
131			匐灯藓☆	*Plagiomnium cuspidatum*		

（续）

序号	科	属	种		生活型	外来
			中文名	拉丁名		
132	提灯藓科	匍灯藓属	侧枝匐灯藓☆	*Plagiomnium plagiomnium*		
133			具喙匐灯藓☆	*Plagiomnium rhynchophorum*		
134			大叶匐灯藓☆	*Plagiomnium succulentum*		
135			毛齿匐灯藓☆	*Plagiomnium tezukae*		
136			圆叶匐灯藓☆	*Plagiomnium vesicatum*		
137		疣灯藓属	鞭枝疣灯藓☆	*Trachycystis flagellaris*		
138	真藓科	真藓属	狭网真藓☆	*Bryum algovicum*		
139			真藓☆	*Bryum argenteum*		
140			细叶真藓☆	*Bryum capillare*		
141			刺叶真藓☆	*Bryum lonchocaulon*		
142			灰黄真藓☆	*Bryum pallens*		
143			四川真藓☆	*Bryum setschwanicum*		
144			球蒴真藓☆	*Bryum turbinatum*		
145			云南真藓☆	*Bryum yuennanense*		
146		平蒴藓属	尖叶平蒴藓☆	*Plagiobryum demissum*		
147			日本平蒴藓☆	*Plagiobryum japonicum*		
148		丝瓜藓属	林地丝瓜藓☆	*Pohlia drummondii*		
149			白色丝瓜藓☆	*Pohlia wahlenbergii*		
150		大叶藓属	大叶藓☆	*Rhodobryum roseum*		
151	皱蒴藓科	皱蒴藓属	皱蒴藓☆	*Aulacomnium palustre*		
152	珠藓科	泽藓属	泽藓☆	*Philonotis fontana*		
153	紫萼藓科	砂藓属	狭叶砂藓☆	*Racomitrium angustifolium*		
154			兜叶砂藓☆	*Racomitrium cucullatulum*		
155		裂齿藓属	溪岸连轴藓☆	*Schistidium rivulare*		
156			长齿连轴藓☆	*Schistidium trichodon*		
二、蕨类植物						
1	石杉科	石杉属	皱边石杉☆	*Huperzia crispata*		
2			蛇足石杉	*Huperzia serrata*		
3	石松科	垂穗石松属	石松○	*Palhinhaea japonicum*		
4			蛇足石松○	*Palhinhaea serratum*		
5	卷柏科	卷柏属	蔓出卷柏☆	*Selaginella davidii*		
6			薄叶卷柏	*Selaginella delicatula*		
7			江南卷柏	*Selaginella moellendorffii*		
8			伏地卷柏	*Selaginella nipponica*		
9			中华卷柏	*Selaginella sinensis*		

（续）

序号	科	属	种		生活型	外来
			中文名	拉丁名		
10	卷柏科	卷柏属	卷柏	*Selaginella tamariscina*		
11			翠云草	*Selaginella uncinata*		
12	水韭科	水韭属	中华水韭☆	*Isoetes sinensis*		
13			宽叶水韭	*Isoetes japonica*		
14			高寒水韭	*Isoetes hypsophila*		
15			东方水韭☆	*Isoetes orientalis*		
16			台湾水韭	*Isoetes taiwanensis*		
17			云贵水韭☆	*Isoetes yunguiensis*		
18	木贼科	木贼属	问荆☆	*Equisetum arvense*		
19			披散木贼☆	*Equisetum diffusum*		
20			溪木贼☆	*Equisetum fluviatile*		
21			蔺木贼☆	*Equisetum scirpoides*		
22			林木贼☆	*Equisetum silvaticum*		
23			木贼☆	*Equisetum hyemale*		
24			犬问荆☆	*Equisetum palustre*		
25			草问荆☆	*Equisetum pratense*		
26			节节草☆	*Equisetum ramosissimum*		
27			兴安木贼☆	*Equisetum variegatum*		
28	阴地蕨科	阴地蕨属	薄叶阴地蕨	*Botrychium daucifolium*		
29			扇羽阴地蕨☆	*Botrychium lunaria*		
30			粗壮阴地蕨☆	*Botrychium robustum*		
31			阴地蕨☆	*Botrychium ternatum*		
32		蕨萁属	绒毛假阴地蕨○	*Botrypus lanuginosus*		
33	观音座莲科	观音座莲属	福建莲座蕨☆	*Angiopteris fokiensis*		
34	紫萁科	紫萁属	分株紫萁☆	*Osmunda cinnamomea*		
35			绒紫萁☆	*Osmunda claytoniana*		
36			紫萁☆	*Osmunda japonica*		
37			华南紫萁☆	*Osmunda vachellii*		
38	瘤足蕨科	瘤足蕨属	耳形瘤足蕨	*Plagiogyria stenoptera*		
39	里白科	芒萁属	大芒萁☆	*Dicranopteris ampla*		
40			芒萁☆	*Dicranopteris dichotoma*		
41			铁芒萁☆	*Dicranopteris linearis*		
42		里白属	里白	*Hicriopteris glauca*		
43			光里白☆	*Hicriopteris laevissima*		
44	莎草蕨科	莎草蕨属	莎草蕨	*Schizaea digitata*		

（续）

序号	科	属	种		生活型	外来
			中文名	拉丁名		
45	海金沙科	海金沙属	海南海金沙	*Lygodium conforme*		
46			海金沙	*Lygodium japonicum*		
47			小叶海金沙☆	*Lygodium scandens*		
48	膜蕨科	蕗蕨属	蕗蕨☆	*Mecodium badium*		
49	蚌壳蕨科	金毛狗属	金毛狗☆	*Cibotium barometz*		
50	桫椤科	桫椤属	中华桫椤☆	*Alsophila costularis*		
51			黑桫椤☆	*Alsophila podophylla*		
52			桫椤☆	*Alsophila spinulosa*		
53	陵齿蕨科	陵齿蕨属	日本陵齿蕨	*Lindsaea japonica*		
54		乌蕨属	乌蕨☆	*Stenoloma chusanum*		
55	姬蕨科	碗蕨属	碗蕨☆	*Dennstaedtia scabra*		
56			溪洞碗蕨	*Dennstaedtia wilfordii*		
57		姬蕨属	姬蕨☆	*Hypolepis punctata*		
58		鳞盖蕨属	华南鳞盖蕨☆	*Microlepia hancei*		
59			边缘鳞盖蕨☆	*Microlepia marginata*		
60	蕨科	蕨属	欧洲蕨☆	*Pteridium aquilinum*		
61			蕨☆	*Pteridium aquilinum* var. *latiusculum*		
62			密毛蕨☆	*Pteridium revolutum*		
63	凤尾蕨科	栗蕨属	栗蕨☆	*Histiopteris incisa*		
64		凤尾蕨属	剑叶凤尾蕨☆	*Pteris ensiformis*		
65			溪边凤尾蕨☆	*Pteris excelsa*		
66			全缘凤尾蕨☆	*Pteris insignis*		
67			华中凤尾蕨	*Pteris kiuschiuensis* var. *centrochinensis*		
68			线羽凤尾蕨	*Pteris linearis*		
69			井栏边草	*Pteris multifida*		
70			斜羽凤尾蕨	*Pteris oshimensis*		
71			半边旗☆	*Pteris semipinnata*		
72			中华凤尾蕨○	*Pteris sinensis*		
73			西南凤尾蕨☆	*Pteris wallichiana*		
74	卤蕨科	卤蕨属	卤蕨☆	*Acrostichum aureum*	红树	
75		金粉蕨属	野雉尾金粉蕨☆	*Onychium japonicum*		
76			栗柄金粉蕨☆	*Onychium japonicum* var. *lucidum*		
77		旱蕨属	旱蕨	*Pellaea nitidula*		
78	铁线蕨科	铁线蕨属	铁线蕨☆	*Adiantum capillus-veneris*		
79			鞭叶铁线蕨	*Adiantum caudatum*		

（续）

序号	科	属	种		生活型	外来
			中文名	拉丁名		
80	铁线蕨科	凤丫蕨属	凤丫蕨	*Coniogramme japonica*		
81	水蕨科	水蕨属	粗梗水蕨☆	*Ceratopteris pteridoides*	漂浮	
82			细裂水蕨○	*Ceratopteris siliquosa*	水生	
83			水蕨☆	*Ceratopteris thalictroides*	水生	
84	裸子蕨科	泽泻蕨属	泽泻蕨☆	*Hemionitis arifolia*		
85	书带蕨科	书带蕨属	书带蕨	*Vittaria flexuosa*		
86	蹄盖蕨科	亮毛蕨属	亮毛蕨	*Acystopteris japonica*		
87		短肠蕨属	美丽短肠蕨☆	*Allantodia bella*		
88			薄盖短肠蕨	*Allantodia hachijoensis*		
89			江南短肠蕨	*Allantodia metteniana*		
90		假蹄盖蕨属	毛轴假蹄盖蕨☆	*Athyriopsis peterseni*		
91		蹄盖蕨属	薄叶蹄盖蕨	*Athyrium delicatulum*		
92			溪边蹄盖蕨☆	*Athyrium deltoidofrons*		
93			湿生蹄盖蕨☆	*Athyrium devolii*		
94			无盖蹄盖蕨	*Athyrium exindusiatum*		
95			中华蹄盖蕨	*Athyrium sinense*		
96			禾秆蹄盖蕨	*Athyrium yokoscense*		
97		菜蕨属	菜蕨☆	*Callipteris esculenta*		
98		角蕨属	角蕨☆	*Cornopteris decurrenti – alata*		
99		冷蕨属	冷蕨☆	*Cystopteris fragilis*		
100			贵州冷蕨	*Cystopteris guizhouensis*		
101		双盖蕨属	双盖蕨☆	*Diplazium donianum*		
102		假冷蕨属	假冷蕨	*Pseudocystopteris spinulosa*		
103			三角叶假冷蕨	*Pseudocystopteris subtriangularis*		
104	金星蕨科	星毛蕨属	星毛蕨☆	*Ampelopteris prolifera*		
105		毛蕨属	渐尖毛蕨☆	*Cyclosorus acuminatus*		
106			毛蕨☆	*Cyclosorus interruptus*		
107			闽台毛蕨☆	*Cyclosorus jaculosus*		
108			华南毛蕨☆	*Cyclosorus parasiticus*		
109			截裂毛蕨☆	*Cyclosorus truncatus*		
110		方秆蕨属	方秆蕨	*Glaphyropteridopsis erubescens*		
111		金星蕨属	金星蕨	*Parathelypteris glanduligera*		
112			光脚金星蕨	*Parathelypteris japonica*		
113			中日金星蕨	*Parathelypteris nipponica*		
114		卵果蕨属	延羽卵果蕨○	*Phegopteriis decursive – pinnata*		

（续）

序号	科	属	种		生活型	外来
			中文名	拉丁名		
115	金星蕨科	新月蕨属	新月蕨	*Pronephrium gymnopteridifrons*		
116			红色新月蕨☆	*Pronephrium lakhimpurense*		
117			披针新月蕨☆	*Pronephrium penangianum*		
118		假毛蕨属	普通假毛蕨☆	*Pseudocyclosorus subochthodes*		
119		沼泽蕨属	沼泽蕨☆	*Thelypteris palustris*		
120			鳞片沼泽蕨☆	*Thelypteris squamulosa*		
121	铁角蕨科	铁角蕨属	华中铁角蕨	*Asplenium sarelii*		
122		过山蕨属	过山蕨	*Camptosorus sibiricus*		
123		巢蕨属	巢蕨	*Neottopteris nidus*		
124	球子蕨科	荚果蕨属	东方荚果蕨☆	*Matteuccia orientalis*		
125			荚果蕨☆	*Matteuccia struthiopteris*		
126	乌毛蕨科	乌毛蕨属	乌毛蕨☆	*Blechnum orientale*		
127		狗脊属	狗脊☆	*Woodwardia japonica*		
128			珠芽狗脊☆	*Woodwardia prolifera*		
129			顶芽狗脊☆	*Woodwardia unigemmata*		
130	球盖蕨科	鱼鳞蕨属	鱼鳞蕨☆	*Acrophorus stipellatus*		
131		柄盖蕨属	东亚柄盖蕨	*Peranema cyatheoides* var. *luzonicum*		
132	鳞毛蕨科	复叶耳蕨属	中华复叶耳蕨	*Arachniodes chinensis*		
133			刺头复叶耳蕨	*Arachniodes exilis*		
134			斜方复叶耳蕨	*Arachniodes rhomboidea*		
135		贯众属	刺齿贯众	*Cyrtomium caryotideum*		
136			贯众	*Cyrtomium fortunei*		
137			大羽贯众	*Cyrtomium maximum*		
138		鳞毛蕨属	鳞毛蕨☆	*Dryopteris barbigera*		
139			两色鳞毛蕨○	*Dryopteris bissetiana*		
140			大平鳞毛蕨	*Dryopteris bodinieri*		
141			阔鳞鳞毛蕨	*Dryopteris championii*		
142			中华鳞毛蕨	*Dryopteris chinensis*		
143			迷人鳞毛蕨	*Dryopteris decipiens*		
144			红盖鳞毛蕨	*Dryopteris erythrosora*		
145			黑鳞鳞毛蕨	*Dryopteris lepidopoda*		
146			密鳞鳞毛蕨☆	*Dryopteris pycnopteroides*		
147			无盖鳞毛蕨	*Dryopteris scottii*		
148			神农鳞毛蕨○	*Dryopteris supraspedosorum*		
149			大羽鳞毛蕨	*Dryopteris wallichiana*		

（续）

序号	科	属	种		生活型	外来
			中文名	拉丁名		
150	鳞毛蕨科	鳞毛蕨属	细叶鳞毛蕨	*Dryopteris woodsiisora*		
151		耳蕨属	对生耳蕨	*Polystichum deltodon*		
152			长芒耳蕨☆	*Polystichum longiaristatum*		
153			黑鳞耳蕨☆	*Polystichum makinoi*		
154			革叶耳蕨	*Polystichum neolobatum*		
155			神农耳蕨○	*Polystichum shennongense*		
156			戟叶耳蕨	*Polystichum tripteron*		
157			对马耳蕨	*Polystichum tsus-simense*		
158	叉蕨科	肋毛蕨属	阔鳞肋毛蕨☆	*Ctenitis maximowicziana*		
159		黄腺羽蕨属	黄腺羽蕨	*Pleocnemia winitii*		
160	实蕨科	实蕨属	长叶实蕨	*Bolbitis heteroclita*		
161			华南实蕨☆	*Bolbitis subcordata*		
162		刺蕨属	刺蕨☆	*Egenolfia appendiculata*		
163	骨碎补科	肾蕨属	肾蕨☆	*Nephrolepis auriculata*		
164	水龙骨科	线蕨属	断线蕨☆	*Colysis hemionitidea*		
165			宽羽线蕨○	*Colysis pothifolia*		
166		瓦韦属	瓦韦	*Lepisorus thunbergianus*		
167		星蕨属	江南星蕨○	*Microsorium fortunei*		
168		盾蕨属	盾蕨	*Neolepisorus ovatus*		
169		水龙骨属	友水龙骨	*Polypodiodes amoena*		
170			日本水龙骨	*Polypodiodes niponica*		
171		石韦属	石韦	*Pyrrosia lingua*		
172	槲蕨科	槲蕨属	槲蕨	*Drynaria roosii*		
173	剑蕨科	剑蕨属	匙叶剑蕨	*Loxogramme grammitoides*		
174	苹科	苹属	南国田字草☆	*Marsilea crenata*	浮叶	
175			苹☆	*Marsilea quadrifolia*	浮叶	
176	槐叶苹科	槐叶苹属	槐叶苹☆	*Salvinia natans*	漂浮	
177	满江红科	满江红属	满江红☆	*Azolla imbricata*	漂浮	
			三、裸子植物			
1	松科	松属	湿地松☆	*Pinus elliottii*	外来	
2			海岸松☆	*Pinus pinaster*	外来	
3			偃松	*Pinus pumila*		
4			油松	*Pinus tabulaeformis*		
5			黑松	*Pinus thunbergii*		
6	杉科	水松属	水松☆	*Glyptostrobus pensilis*		

（续）

序号	科	属	种		生活型	外来
			中文名	拉丁名		
7	杉科	水杉属	水杉☆	*Metasequoia glyptostroboides*		
8		落羽杉属	池杉☆	*Taxodium ascendens*	外来	
9			落羽杉☆	*Taxodium distichum*	外来	
四、被子植物						
1	胡桃科	枫杨属	甘肃枫杨☆	*Pterocarya macroptera*		
2			枫杨☆	*Pterocarya stenoptera*		
3			水胡桃☆	*Pterocarya rhoifolia*		
4	杨柳科	钻天柳属	钻天柳☆	*Chosenia arbutifolia*		
5		杨属	响叶杨☆	*Populus adenopoda*		
6			冬瓜杨☆	*Populus purdomii*		
7		柳属	白柳☆	*Salix alba*		
8			二色柳☆	*Salix alberti*		
9			垂柳☆	*Salix babylonica*		
10			云南柳☆	*Salix cavaleriei*		
11			乌柳☆	*Salix cheilophila*		
12			银叶柳☆	*Salix chienii*		
13			灰柳☆	*Salix cinerea*		
14			毛脉柳☆	*Salix delavayana*		
15			长梗柳☆	*Salix dunnii*		
16			绵毛柳☆	*Salix erioclada*		
17			细柱柳☆	*Salix gracilistyla*		
18			川红柳☆	*Salix haoana*		
19			戟柳☆	*Salix hastata*		
20			兴安柳☆	*Salix hsinganica*		
21			杞柳☆	*Salix integra*		
22			朝鲜柳☆	*Salix koreensis*		
23			筐柳☆	*Salix linearistipularis*		
24			粤柳☆	*Salix mesnyi*		
25			小穗柳☆	*Salix microstachya*		
26			蒙古柳	*Salix mongolica*		
27			坡柳☆	*Salix myrtillacea*		
28			越橘柳☆	*Salix myrtilloides*		
29			绢柳☆	*Salix neolapponum*		
30			新紫柳☆	*Salix neowilsonii*		
31			山生柳☆	*Salix oritrepha*		

（续）

序号	科	属	种		生活型	外来
			中文名	拉丁名		
32	杨柳科	柳科	康定柳	*Salix paraplesia*		
33			毛枝康定柳	*Salix paraplesia* var. *pubescence*		
34			左旋柳☆	*Salix paraplesia* var. *subintegra*		
35			五蕊柳☆	*Salix pentandra*		
36			北沙柳	*Salix psammophila*		
37			青皂柳☆	*Salix pseudo – wallichiana*		
38			鹿蹄柳☆	*Salix pyrolifolia*		
39			川滇柳	*Salix rehderiana*		
40			灌柳	*Salix rehderiana* var. *dolia*		
41			房县柳☆	*Salix rhoophila*		
42			粉枝柳☆	*Salix rorida*		
43			细叶沼柳☆	*Salix rosmarinifolia*		
44			沼柳☆	*Salix rosmarinifolia* var. *brachypoda*		
45			南川柳☆	*Salix rosthornii*		
46			龙江柳☆	*Salix sahalinensis*		
47			齿叶柳☆	*Salix serrulatifolia*		
48			山丹柳	*Salix shandanensis*		
49			中国黄花柳	*Salix sinica*		
50			红皮柳☆	*Salix sinopurpurea*		
51			卷边柳☆	*Salix siuzevii*		
52			簸箕柳	*Salix suchowensis*		
53			松江柳☆	*Salix sungkianica*		
54			洮河柳☆	*Salix taoensis*		
55			谷柳	*Salix taraikensis*		
56			四子柳☆	*Salix tetrasperma*		
57			川三蕊柳☆	*Salix triandroides*		
58			吐兰柳☆	*Salix turanica*		
59			秋华柳☆	*Salix variegate*		
60			蒿柳☆	*Salix viminalis*		
61			皂柳☆	*Salix wallichiana*		
62			线叶柳☆	*Salix wilhelmsiana*		
63			紫柳☆	*Salix wilsonii*		
64	桦木科	桤木属	桤木☆	*Alnus cremastogyne*		
65			台湾桤木☆	*Alnus formosana*		
66			日本桤木☆	*Alnus japonica*		

（续）

序号	科	属	种		生活型	外来
			中文名	拉丁名		
67	桦木科	桤木属	东北桤木☆	*Alnus mandshurica*		
68			尼泊尔桤木☆	*Alnus nepalensis*		
69			辽东桤木☆	*Alnus sibirica*		
70			矮赤杨	*Alnus frnticosa*		
71			旱冬瓜☆	*Alnus nepalensis*		
72			辽东桤木☆	*Alnus sibirica*		
73			江南桤木☆	*Alnus trabeculosa*		
74			柴桦☆	*Betula fruticosa*		
75			盐桦☆	*Betula halophila*		
76			甸生桦☆	*Betula humilis*		
77			亮叶桦	*Betula luminifera*		
78			小叶桦	*Betula microphylla*		
79			扇叶桦☆	*Betula middendorffii*		
80			油桦☆	*Betula ovalifolia*		
81			疣枝桦	*Betula pendula*		
82			白桦☆	*Betula platyphylla*		
83			圆叶桦	*Betula rotundifolia*		
84	桑科	榕属	异叶榕	*Ficus heteromorpha*		
85			对叶榕	*Ficus hispida*		
86			壶托榕	*Ficus ischnopoda*		
87			榕树	*Ficus microcarpa*		
88			九丁榕	*Ficus nervosa*		
89			琴叶榕	*Ficus pandurata*		
90			薜荔	*Ficus pumila*		
91			梨果榕	*Ficus pyriformis*		
92			聚果榕☆	*Ficus racemosa*		
93			珍珠莲	*Ficus sarmentosa* var. *henryi*		
94			鸡嗉子榕	*Ficus semicordata*		
95			竹叶榕	*Ficus stenophylla*		
96			地果	*Ficus tikoua*		
97			变叶榕☆	*Ficus variolosa*		
98			绿黄葛树	*Ficus virens*		
99		葎草属	啤酒花	*Humulus lupulus*		
100			葎草	*Humulus scandens*		
101		柘属	柘	*Maclura tricuspidata*		

（续）

序号	科	属	种		生活型	外来
			中文名	拉丁名		
102	桑科	桑属	桑	*Morus alba*		
103			鸡桑	*Morus australis*		
104			华桑	*Morus cathayana*		
105			蒙桑	*Morus mongolica*		
106			长穗桑	*Morus wittiorum*		
107	荨麻科	苎麻属	白面苎麻	*Boehmeria clidemioides*		
108			海岛苎麻	*Boehmeria formosana*		
109			细野麻	*Boehmeria gracilis*		
110			大叶苎麻	*Boehmeria longispica*		
111			水苎麻☆	*Boehmeria macrophylla*		
112			苎麻	*Boehmeria nivea*		
113			长叶苎麻☆	*Boehmeria penduliflora*		
114			束序苎麻	*Boehmeria siamensis*		
115			赤麻	*Boehmeria silvestris*		
116			小赤麻	*Boehmeria spicata*		
117			悬铃叶苎麻	*Boehmeria tricuspis*		
118		微柱麻属	微柱麻	*Chamabainia cuspidata*		
119		水麻属	长叶水麻☆	*Debregeasia longifolia*		
120			水麻☆	*Debregeasia orientalis*		
121			鳞片水麻☆	*Debregeasia squamata*		
122		楼梯草属	渐尖楼梯草	*Elatostema acuminatum*		
123			深绿楼梯草	*Elatostema atroviride*		
124			滇黔楼梯草	*Elatostema backeri*		
125			华南楼梯草	*Elatostema balansae*		
126			短齿楼梯草	*Elatostema brachyodontum*		
127			骤尖楼梯草	*Elatostema cuspidatum*		
128			锐齿楼梯草	*Elatostema cyrtandrifolium*		
129			盘托楼梯草	*Elatostema dissectum*		
130			全缘楼梯草	*Elatostema integrifolium*		
131			楼梯草	*Elatostema involucratum*		
132			多齿楼梯草	*Elatostema lineolatum* var. *majus*		
133			多序楼梯草	*Elatostema macintyrei*		
134			托叶楼梯草	*Elatostema nasutum*		
135			钝叶楼梯草	*Elatostema obtusum*		
136			小叶楼梯草	*Elatostema parvum*		

（续）

序号	科	属	种		生活型	外来
			中文名	拉丁名		
137	荨麻科	楼梯草属	宽叶楼梯草	*Elatostema platyphyllum*		
138			庐山楼梯草	*Elatostema stewardii*		
139		蝎子草属	大蝎子草	*Girardinia diversifolia*		
140			蝎子草	*Girardinia suborbiculata*		
141		糯米团属	糯米团	*Gonostegia hirta*		
142			狭叶糯米团	*Gonostegia pentandra*		
143		艾麻属	珠芽艾麻	*Laportea bulbifera*		
144		假楼梯草属	假楼梯草	*Lecanthus peduncularis*		
145		水丝麻属	水丝麻	*Maoutia puya*		
146		花点草属	花点草	*Nanocnide japonica*		
147		紫麻属	紫麻	*Oreocnide frutescens*		
148		墙草属	墙草	*Parietaria micrantha*		
149		赤车属	赤车	*Pellionia radicans*		
150			绿赤车	*Pellionia viridis*		
151		冷水花属	花叶冷水花	*Pilea cadierei*		
152			翠茎冷水花	*Pilea hilliana*		
153			山冷水花	*Pilea japonica*		
154			急尖冷水花	*Pilea lomatogramma*		
155			大果冷水花	*Pilea macrocarpa*		
156			大叶冷水花	*Pilea martinii*		
157			长序冷水花	*Pilea melastomoides*		
158			冷水花☆	*Pilea notata*		
159			矮冷水花☆	*Pilea peploides*		
160			石筋草	*Pilea plataniflora*		
161			透茎冷水花	*Pilea pumila*		
162			粗齿冷水花	*Pilea sinofasciata*		
163			三角形冷水花	*Pilea swinglei*		
164			疣果冷水花	*Pilea verrucosa*		
165		雾水葛属	狭叶雾水葛	*Pouzolzia angustifolia*		
166			红雾水葛	*Pouzolzia sanguinea*		
167			雾水葛	*Pouzolzia zeylanica*		
168		藤麻属	藤麻	*Procris wightiana*		
169		荨麻属	狭叶荨麻☆	*Urtica angustifolia*		
170			荨麻	*Urtica fissa*		
171			高原荨麻	*Urtica hyperborea*		

（续）

序号	科	属	种		生活型	外来
			中文名	拉丁名		
172	荨麻科	荨麻属	宽叶荨麻☆	*Urtica laetevirens*		
173			滇藏荨麻	*Urtica mairei* var. *mairei*		
174			蜇麻	*Urtica thunbergiana*		
175	檀香科	百蕊草属	百蕊草☆	*Thesium chinense*		
176	蓼科	金线草属	金线草	*Antenoron filiforme*		
177			短毛金线草	*Antenoron filiforme* var. *neofillforme*		
178		荞麦属	金荞麦	*Fagopyrum dibotrys*		
179			荞麦	*Fagopyrum esculentum*		
180			心叶野荞麦☆	*Fagopyrum gilesii*		
181			细柄野荞麦	*Fagopyrum gracilipes*		
182			小野荞	*Fagopyrum leptopodum*		
183			长柄野荞麦	*Fagopyrum statice*		
184			苦荞麦	*Fagopyrum tataricum*		
185		何首乌属	蔓首乌☆	*Fallopia convolvulus*		
186			齿翅蓼☆	*Fallopia dentato – alata*		
187			篱蓼☆	*Fallopia dumetorum*		
188			何首乌☆	*Fallopia multiflora*		
189		冰岛蓼属	冰岛蓼☆	*Koenigia islandica*		
190		蓼属	狐尾蓼☆	*Polygonum alopecuroides*		
191			高山蓼☆	*Polygonum alpinum*		
192			两栖蓼☆	*Polygonum amphibium*		
193			萹蓄☆	*Polygonum aviculare*		
194			毛蓼☆	*Polygonum barbatum*		
195			拳参☆	*Polygonum bistorta*		
196			柳叶刺蓼☆	*Polygonum bungeanum*		
197			钟花蓼☆	*Polygonum campanulatum*		
198			头花蓼☆	*Polygonum capitatum*		
199			火炭母☆	*Polygonum chinense*		
200			毛脉首乌	*Fallopia multiflora* var. *cilinervis*		
201			显花蓼	*Polygonum japonicum* var. *conspicuum*		
202			白花蓼	*Polygonum coriarium*		
203			蓼子草☆	*Polygonum cripolitanum*		
204			大箭叶蓼☆	*Polygonum darrisii*		
205			小叶蓼☆	*Polygonum delicatulum*		
206			二歧蓼☆	*Polygonum dichotomum*		

（续）

序号	科	属	种		生活型	外来
			中文名	拉丁名		
207	蓼科	蓼属	稀花蓼☆	*Polygonum dissitiflorum*		
208			叉分蓼☆	*Polygonum divaricatum*		
209			粘蓼○	*Polygonum viscoferum*		
210			光蓼☆	*Polygonum glabrum*		
211			冰川蓼☆	*Polygonum glaciale*		
212			长箭叶蓼☆	*Polygonum hastato-sagittatum*		
213			硬毛蓼☆	*Polygonum hookeri*		
214			华南蓼☆	*Polygonum huananense*		
215			水蓼☆	*Polygonum hydropiper*		
216			蚕茧草☆	*Polygonum japonicum*		
217			愉悦蓼☆	*Polygonum jucundum*		
218			绵毛马蓼	*Polygonum lapathifolium* var. *salicifolium*		
219			酸模叶蓼☆	*Polygonum lapathifolium*		
220			丽江蓼☆	*Polygonum lichiangense*		
221			长鬃蓼☆	*Polygonum longisetum*		
222			长戟叶蓼☆	*Polygonum maackianum*		
223			圆穗蓼☆	*Polygonum macrophyllum*		
224			大海拳参☆	*Polygonum milletii*		
225			小蓼☆	*Polygonum minus*		
226			绢毛蓼☆	*Polygonum molle* var. *molle*		
227			小蓼花☆	*Polygonum muricatum*		
228			尼泊尔蓼☆	*Polygonum nepalense*		
229			红蓼☆	*Polygonum orientale*		
230			草血竭☆	*Polygonum paleaceum*		
231			掌叶蓼☆	*Polygonum palmatum*		
232			湿地蓼☆	*Polygonum paralimicola*		
233			展枝蓼☆	*Polygonum patulum*		
234			杠板归☆	*Polygonum perfoliatum*		
235			春蓼☆	*Polygonum persicaria*		
236			习见蓼☆	*Polygonum plebeium*		
237			多穗蓼☆	*Polygonum polystachyum*		
238			丛枝蓼☆	*Polygonum posumbu*		
239			疏蓼☆	*Polygonum praetermissum*		
240			伏毛蓼☆	*Polygonum pubescens*		
241			丽蓼☆	*polygonum pulchrum*		

（续）

序号	科	属	种		生活型	外来
			中文名	拉丁名		
242	蓼科	蓼属	羽叶蓼☆	*Polygonum runcinatum*		
243			刺蓼☆	*Polygonum senticosum*		
244			西伯利亚蓼☆	*Polygonum sibiricum*		
245			箭叶蓼☆	*Polygonum sieboldii*		
246			糙毛蓼☆	*Polygonum strigosum*		
247			平卧蓼☆	*Polygonum strindbergii*		
248			支柱蓼☆	*Polygonum suffultum*		
249			细叶蓼☆	*Polygonum taquetii*		
250			戟叶蓼☆	*Polygonum thunbergii*		
251			蓼蓝	*Polygonum tinctorium*		
252			叉枝蓼☆	*Polygonum tortuosum*		
253			荫地蓼☆	*Polygonum umbrosum*		
254			香蓼☆	*Polygonum viscosum*		
255			珠芽蓼☆	*Polygonum viviparum*		
256		翼蓼属	翼蓼	*Pteroxygonum giraldii*		
257		虎杖属	虎杖☆	*Reynoutria japonica*		
258		大黄属	苞叶大黄☆	*Rheum alexandrae*		
259			华北大黄	*Rheum franzenbachii*		
260			药用大黄	*Rheum officinale*		
261			掌叶大黄☆	*Rheum palmatum*		
262			鸡爪大黄	*Rheum tanguticum*		
263			波叶大黄	*Rheum undulatum*		
264		酸模属	酸模☆	*Rumex acetosa*		
265			小酸模☆	*Rumex acetosella*		
266			紫茎酸模☆	*Rumex angulatus*		
267			水生酸模☆	*Rumex aquaticus*		
268			皱叶酸模☆	*Rumex crispus*		
269			齿果酸模☆	*Rumex dentatus*		
270			毛脉酸模☆	*Rumex gmelini*		
271			戟叶酸模☆	*Rumex hastatus*		
272			羊蹄☆	*Rumex japonicus*		
273			刺酸模☆	*Rumex maritimus*		
274			尼泊尔酸模☆	*Rumex nepalensis*		
275			钝叶酸模☆	*Rumex obtusifolius*		
276			巴天酸模☆	*Rumex patientia*		

（续）

序号	科	属	种		生活型	外来
			中文名	拉丁名		
277	蓼科	酸模属	长刺酸模☆	*Rumex trisetifer*		
278	商陆科	商陆属	商陆☆	*Phytolacca acinosa*		
279			垂序商陆	*Phytolacca americana*		
280	紫茉莉科	黄细心属	黄细心	*Boerhavia diffusa*		
281		紫茉莉属	紫茉莉	*Mirabilis jalapa*		
282	番杏科	粟米草属	粟米草	*Mollugo stricta*		
283		海马齿属	海马齿	*Sesuvium portulacastrum*		
284		番杏属	番杏	*Tetragonia tetragonioides*		
285	马齿苋科	马齿苋属	马齿苋	*Portulaca oleracea*		
286		土人参属	土人参	*Talinum paniculatum*		
287	落葵科	落葵薯属	落葵薯	*Anredera cordifolia*		
288		落葵属	落葵	*Basella alba*		
289	石竹科	无心菜属	西南无心菜☆	*Arenaria forrestii*		
290			须花无心菜☆	*Arenaria pogonantha*		
291			青藏雪灵芝☆	*Arenaria roborowskii*		
292			无心菜☆	*Arenaria serpyllifolia*		
293			蚤缀	*Arenaria sperpyllifolia*		
294			具毛无心菜☆	*Arenaria trichophora*		
295		卷耳属	卷耳☆	*Cerastium arvense* subsp. *stictum*		
296			球序卷耳☆	*Cerastium glomeratum*		
297		狗筋蔓属	狗筋蔓	*Cucubalus baccifer*		
298		石竹属	石竹☆	*Dianthus chinensis*		
299			簇茎石竹	*Dianthus repens*		
300			瞿麦☆	*Dianthus superbus*		
301		荷莲豆草属	荷莲豆草	*Drymaria diandra*		
302		石头花属	北方丝石竹	*Gypsophila davurica*		
303			细叶石头花	*Gypsophila licentiana*		
304			长蕊石头花	*Gypsophila oldhamiana*		
305		剪秋罗属	剪秋萝☆	*Lychnis fulgens*		
306		鹅肠菜属	鹅肠菜☆	*Myosoton aquaticum*		
307		白鼓钉属	白鼓钉☆	*Polycarpaea corymbosa*		
308		漆姑草属	漆姑草☆	*Sagina japonica*		
309		蝇子草属	女娄菜	*Silene aprica*		
310			蝇子草	*Silene fortunei*		
311			细蝇子草	*Silene gracilicaulis*		

（续）

序号	科	属	种		生活型	外来
			中文名	拉丁名		
312	石竹科	蝇子草	旱麦瓶草	*Silene jenisseensis*		
313			倒披针叶蝇子草	*Silene oblanceolata*		
314			白玉草	*Silene vulgaris*		
315		拟漆姑属	拟漆姑☆	*Spergularia salina*		
316		繁缕属	中国繁缕☆	*Stellaria chinensis*		
317			偃卧繁缕☆	*Stellaria decumbens*		
318			细叶繁缕☆	*Stellaria filicaulis*		
319			东北繁缕☆	*Stellaria hsinganensis*		
320			繁缕☆	*Stellaria media*		
321			沼生繁缕☆	*Stellaria palustris*		
322			长毛箐姑草☆	*Stellaria pilosa*		
323			垂梗繁缕☆	*Stellaria radians*		
324			湿地繁缕☆	*Stellaria uda*		
325			雀舌草☆	*Stellaria uliginosa*		
326			箐姑草☆	*Stellaria vestita*		
327	藜科	沙蓬属	沙蓬	*Agriophyllum squarrosum*		
328		滨藜属	中亚滨藜☆	*Atriplex centralasiatica*		
329			海滨藜☆	*Atriplex maximowicziana*		
330			滨藜☆	*Atriplex patens*		
331			西伯利亚滨藜☆	*Atriplex sibirica*		
332		轴藜属	轴藜☆	*Axyris amaranthoides*		
333		雾冰藜属	雾冰藜☆	*Bassia dasyphylla*		
334		角果藜属	角果藜	*Ceratocarpus arenarius*		
335		藜属	尖头叶藜☆	*Chenopodium acuminatum*		
336			藜☆	*Chenopodium album*		
337			土荆芥☆	*Chenopodium ambrosioides*		
338			刺藜☆	*Chenopodium aristatum*		
339			菊叶香藜☆	*Chenopodium foetidum*		
340			灰绿藜☆	*Chenopodium glaucum*		
341			小白藜☆	*Chenopodium iljinii*		
342			小藜☆	*Chenopodium ficifolium*		
343			圆头藜☆	*Chenopodium strictum*		
344		虫实属	烛台虫实☆	*Corispermum candelabrum*		
345			绳虫实☆	*Corispermum declinatum*		

（续）

序号	科	属	种		生活型	外来
			中文名	拉丁名		
346	藜科	虫实属	蒙古虫实	*Corispermum mongolicum*		
347			软毛虫实☆	*Corispermum puberulum*		
348		盐节木属	盐节木☆	*Halocnemum strobilaceum*		
349		盐生草属	白茎盐生草☆	*Halogeton arachnoideus*		
350			盐生草☆	*Halogeton glomeratus*		
351		盐穗木属	盐穗木☆	*Halostachys caspica*		
352		盐爪爪属	尖叶盐爪爪☆	*Kalidium cuspidatum*		
353			盐爪爪☆	*Kalidium foliatum*		
354			细枝盐爪爪☆	*Kalidium gracile*		
355			圆叶盐爪爪☆	*Kalidium schrenkianum*		
356		地肤属	伊朗地肤☆	*Kochia iranica*		
357			碱地肤	*Kochia sieversiana*		
358			地肤☆	*Kochia scoparia*		
359		小蓬属	小蓬	*Nanophyton erinaceum*		
360		盐角草属	盐角草☆	*Salicornia europaea*		
361		猪毛菜属	木本猪毛菜	*Salsola arbuscula*		
362			猪毛菜☆	*Salsola collina*		
363			无翅猪毛菜☆	*Salsola komarovii*		
364			珍珠猪毛菜	*Salsola passerina*		
365			刺沙蓬	*Salsola ruthenica*		
366		碱蓬属	南方碱蓬☆	*Suaeda australis*		
367			角果碱蓬☆	*Suaeda corniculata*		
368			碱蓬☆	*Suaeda glauca*		
369			盘果碱蓬☆	*Suaeda heterophylla*		
370			翅碱蓬☆	*Suaeda heteroptera*		
371			辽宁碱蓬☆	*Suaeda liaotungensis*		
372			平卧碱蓬☆	*Suaeda prostrata*		
373			阿拉善碱蓬☆	*Suaeda przewalskii*		
374			盐地碱蓬☆	*Suaeda salsa*		
375			星花碱蓬☆	*Suaeda stellatifolia*		
376		合头草属	合头草☆	*Sympegma regelii*		
377	苋科	牛膝属	土牛膝	*Achyranthes aspera*		
378			牛膝	*Achyranthes bidentata*		
379			柳叶牛膝	*Achyranthes longifolia*		
380		白花苋属	白花苋	*Aerva sanguinolenta*		

（续）

序号	科	属	种		生活型	外来
			中文名	拉丁名		
381	苋科	莲子草属	狭叶莲子草○	*Alternanthera nodiflora*		
382			喜旱莲子草☆	*Alternanthera philoxeroides*		
383			莲子草☆	*Alternanthera sessilis*		
384		苋属	白苋☆	*Amaranthus albus*		
385			尾穗苋	*Amaranthus caudatus*		
386			绿穗苋	*Amaranthus hybridus*		
387			千穗谷	*Amaranthus hypochondriacus*		
388			凹头苋☆	*Amaranthus lividus*		
389			繁穗苋	*Amaranthus paniculatus*		
390			反枝苋	*Amaranthus retroflexus*		
391			腋花苋	*Amaranthus graecizans* subsp. *thellungianus*		
392			刺苋	*Amaranthus spinosus*		
393			合被苋○	*Amaranthus polygonoides*		
394			薄叶苋○	*Amaranthus tenuifolius*		
395			苋	*Amaranthus tricolor*		
396			皱果苋	*Amaranthus viridis*		
397		青葙属	青葙	*Celosia argentea*		
398			鸡冠花	*Celosia cristata*		
399	木兰科	南五味子属	南五味子	*Kadsura longipedunculata*		
400		五味子属	五味子	*Schisandra chinensis*		
401			金山五味子	*Schisandra glaucescens*		
402			铁箍散	*Schisandra propinqua* var. *sinensis*		
403	肉豆蔻科	风吹楠属	风吹楠	*Horsfieldia glabra*		
404	水青树科	水青树属	水青树	*Tetracentron sinense*		
405	毛茛科	乌头属	狭叶乌头○	*Aconitum alatavicum*		
406			短柄乌头☆	*Aconitum brachypodum*		
407			乌头☆	*Aconitum carmichaeli*		
408			露蕊乌头☆	*Aconitum gymnandrum*		
409			华北乌头[y]	*Aconitum jeholense* var. *angustius*		
410			北乌头☆	*Aconitum kusnezoffii*		
411			细叶乌头☆	*Aconitum macrorhynchum*		
412			花亭乌头☆	*Aconitum scaposum*		
413			狭叶高乌头☆	*Aconitum sinomontanum*		
414			甘青乌头☆	*Aconitum tanguticum*		
415			黄草乌☆	*Aconitum vilmorinianum*		

（续）

序号	科	属	种		生活型	外来
			中文名	拉丁名		
416	毛茛科	类叶升麻属	类叶升麻☆	*Actaea asiatica*		
417		银莲花属	阿尔泰银莲花☆	*Anemone altaica*		
418			银莲花☆	*Anemone cathayensis*		
419			展毛银莲花☆	*Anemone demissa*		
420			二歧银莲花☆	*Anemone dichotoma*		
421			裂苞鹅掌草☆	*Anemone flaccida* var. *hofengensis*		
422			打破碗花花☆	*Anemone hupehensis*		
423			叠裂银莲花☆	*Anemone imbricata*		
424			钝裂银莲花☆	*Anemone obtusiloba*		
425			草玉梅☆	*Anemone rivularis*		
426			湿地银莲花☆	*Anemone rupestris*		
427			大花银莲花☆	*Anemone silvestris*		
428			大火草☆	*Anemone tomentosa*		
429			匙叶银莲花☆	*Anemone trullifolia*		
430			阴地银莲花☆	*Anemone umbosa*		
431			野棉花☆	*Anemone vitifolia*		
432		耧斗菜属	耧斗菜☆	*Aquilegia viridiflora*		
433			华北耧斗菜☆	*Aquilegia yabeana*		
434		星果草属	星果草☆	*Asteropyrum peltatum*		
435		水毛茛属	水毛茛☆	*Batrachium bungei*	沉水	
436			小水毛茛☆	*Batrachium eradicatum*	水生	
437			毛柄水毛茛☆	*Batrachium trichophyllum*	沉水	
438		鸡爪草属	鸡爪草☆	*Calathodes oxycarpa*		
439		驴蹄草属	薄叶驴蹄草☆	*Caltha palustris* var. *membranacea*		
440			白花驴蹄草☆	*Caltha natans*		
441			驴蹄草☆	*Caltha palustris*		
442			花葶驴蹄草☆	*Caltha scaposa*		
443		升麻属	兴安升麻☆	*Cimicifuga dahurica*		
444			升麻☆	*Cimicifuga foetidaL.*		
445			单穗升麻☆	*Cimicifuga simplex*		
446		铁线莲属	女萎	*Clematis apiifolia*		
447			粗齿铁线莲☆	*Clematis argentilucida*		
448			短尾铁线莲	*Clematis brevicaudata*		
449			威灵仙☆	*Clematis chinensis*		
450			银叶铁线莲☆	*Clematis delavayi*		

（续）

序号	科	属	种		生活型	外来
			中文名	拉丁名		
451	毛茛科	铁线莲属	铁线莲☆	*Clematis florida*		
452			扬子铁线莲☆	*Clematis ganpiniana*		
453			大叶铁线莲☆	*Clematis heracleifolia*		
454			棉团铁线莲	*Clematis hexapetala*		
455			黄花铁线莲	*Clematis intricata*		
456			锈毛铁线莲	*Clematis leschenaultiana*		
457			大瓣铁线莲	*Clematis macropetala*		
458			绣球藤☆	*Clematis montana*		
459			秦岭铁线莲	*Clematis obscura*		
460			半钟铁线莲	*Clematis ochotensis*		
461			毛茛铁线莲☆	*Clematis ranunculoides*		
462			长花铁线莲☆	*Clematis rehderiana*		
463			甘青铁线莲☆	*Clematis tangutica*		
464		黄连属	黄连	*Coptis chinensis*		
465			短萼黄连	*Coptis chinensis* var. *brevisepala*		
466			云南黄连	*Coptis teeta*		
467		翠雀属	蓝翠雀花☆	*Delphinium caeruleum*		
468			烟台翠雀花	*Delphinium chefoense*		
469			滇川翠雀花☆	*Delphinium delavayi*		
470			翠雀☆	*Delphinium grandiflorum*		
471			腺毛茎翠雀花☆	*Delphinium hirticaule* var. *mollipes*		
472			大通翠雀花☆	*Delphinium pylzowii*		
473			细须翠雀花☆	*Delphinium siwanense*		
474			宝兴翠雀花☆	*Delphinium smithianum*		
475			川甘翠雀花☆	*Delphinium souliei*		
476			康定翠雀☆	*Delphinium tatsienense*		
477		人字果属	蕨叶人字果☆	*Dichocarpum dalzielii*		
478		碱毛茛属	水葫芦苗☆	*Halerpestes cymbalaria*		
479			长叶碱毛茛☆	*Halerpestes ruthenica*		
480			碱毛茛○	*Halerpestes sarmentosa*		
481			三裂碱毛茛☆	*Halerpestes tricuspis*		
482			丝裂碱毛茛☆	*Halerpestes filisecta*		
483			狭叶碱毛茛☆	*Halerpestes lancifolia*		
484		鸦跖花属	鸦跖花☆	*Oxygraphis glacialis*		
485			小鸦跖花☆	*Oxygraphis tenuifolia*		

（续）

序号	科	属	种		生活型	外来
			中文名	拉丁名		
486	毛茛科	芍药属	芍药☆	*Paeonia lactiflora*		
487			牡丹	*Paeonia suffruticosa*		
488		毛茛属	禺毛茛☆	*Ranunculus cantoniensis*		
489			披针毛茛☆	*Ranunculus amurensis*		
490			沼地毛茛☆	*Ranunculus radicans*		
491			长嘴毛茛☆	*Ranunculus tachiroei*		
492			猫抓草☆	*Ranunculus ternatus*		
493			茴茴蒜☆	*Ranunculus chinensis*		
494			楔叶毛茛☆	*Ranunculus cuneifolius*		
495			圆裂毛茛☆	*Ranunculus dongrergensis*		
496			西南毛茛☆	*Ranunculus ficariifolius*		
497			小掌叶毛茛☆	*Ranunculus gmelinii*		
498			哈密毛茛○	*Ranunculus hamiensis*		
499			毛茛☆	*Ranunculus japonicus*		
500			长茎毛茛☆	*Ranunculus longicaulis*		
501			单叶毛茛☆	*Ranunculus monophyllus*		
502			浮毛茛☆	*Ranunculus natans*		
503			裂叶毛茛☆	*Ranunculus pedatifidus*		
504			肉根毛茛☆	*Ranunculus polii*		
505			美丽毛茛☆	*Ranunculus pulchellus*		
506			宽瓣毛茛	*Ranunculus albertii*		
507			新疆毛茛	*Ranunculus songoricus*		
508			毛叶毛茛	*Ranunculus suprasericens*		
509			匍枝毛茛☆	*Ranunculus repens*		
510			石龙芮☆	*Ranunculus sceleratus*		
511			扬子毛茛☆	*Ranunculus sieboldii*		
512			高原毛茛☆	*Ranunculus tanguticus*		
513			猫爪草☆	*Ranunculus ternatus*		
514			棱喙毛茛☆	*Ranunculus trigonus*		
515			云南毛茛☆	*Ranunculus yunnanensis*		
516		唐松草属	高山唐松草☆	*Thalictrum alpinum*		
517			翼果唐松草☆	*Thalictrum aquilegifolium*		
518			唐松草☆	*Thalictrum aquilegiifolium*		
519			贝加尔唐松草☆	*Thalictrum baicalense*		
520			高原唐松草☆	*Thalictrum cultratum*		

（续）

序号	科	属	种		生活型	外来
			中文名	拉丁名		
521	毛茛科	唐松草属	偏翅唐松草☆	*Thalictrum delavayi*		
522			卷叶唐松草	*Thalictrum foeniculaceum*		
523			腺毛唐松草☆	*Thalictrum foetidum*		
524			小果唐松草☆	*Thalictrum microgynum*		
525			瓣蕊唐松草☆	*Thalictrum petaloideum*		
526			粗壮唐松草☆	*Thalictrum robustum*		
527			神农架唐松草○	*Thalictrum shennongjiaense*		
528			箭头唐松草☆	*Thalictrum simplex*		
529			展枝唐松草	*Thalictrum squarrosum*		
530		金莲花属	川陕金莲花☆	*Trollius buddae*		
531			金莲花☆	*Trollius chinensis*		
532			矮金莲花☆	*Trollius farreri*		
533			短瓣金莲花☆	*Trollius ledebouri*		
534			毛茛状金莲花☆	*Trollius ranunculoides*		
535			云南金莲花☆	*Trollius yunnanensis*		
536	小檗科	小檗属	锥花小檗☆	*Berberis aggregata*		
537			硬齿小檗	*Berberis bergmanniae*		
538			贵州小檗	*Berberis cavaleriei*		
539			直穗小檗☆	*Berberis dasystachya*		
540			鲜黄小檗☆	*Berberis diaphana*		
541			刺红珠☆	*Berberis dictyophylla*		
542			黑果小檗☆	*Berberis heteropodf*		
543			川滇小檗☆	*Berberis jamesiana*		
544			豪猪刺☆	*Berberis julianae*		
545			丽江小檗	*Berberis lijiangensis*		
546			显脉小檗○	*Berberis oritrepha*		
547			细叶小檗☆	*Berberis poiretii*		
548			少齿小檗☆	*Berberis potaninii*		
549			四川小檗☆	*Berberis sichuanica*		
550			日本小檗	*Berberis thunbergii*		
551			紫叶小檗	*Berberis thunbergii*		
552			隐脉小檗☆	*Berberis tsarica*		
553			蓝果小檗☆	*Berberis veitchii*		
554			匙叶小檗☆	*Berberis vernae*		
555			庐山小檗☆	*Berberis vingeterum*		

（续）

序号	科	属	种		生活型	外来
			中文名	拉丁名		
556	小檗科	小檗属	梵净小檗☆	*Berberis xanthoclada*		
557		鬼臼属	川八角莲☆	*Dysosma veitchii*		
558			八角莲☆	*Dysosma versipellis*		
559		淫羊藿属	淫羊藿☆	*Epimedium brevicornu*		
560			巫山淫羊藿	*Epimedium wushanense*		
561	木通科	木通属	木通	*Akebia quinata*		
562			三叶木通	*Akebia trifoliata*		
563		猫儿屎属	猫儿屎	*Decaisnea insignis*		
564		八月瓜属	鹰爪枫	*Holboellia coriacea*		
565			牛姆瓜	*Holboellia grandiflora*		
566		大血藤属	大血藤	*Sargentodoxa cuneata*		
567	防己科	木防己属	木防己	*Cocculus orbiculatus*		
568		轮环藤属	轮环藤	*Cyclea racemosa*		
569		蝙蝠葛属	蝙蝠葛	*Menispermum dauricum*		
570		风龙属	风龙	*Sinomenium acutum*		
571		千金藤属	千金藤	*Stephania japonica*		
572			粉防己	*Stephania tetrandra*		
573		青牛胆属	青牛胆	*Tinospora sagittata*		
574	睡莲科	莼属	莼菜☆	*Brasenia schreberi*	浮叶	
575		芡属	芡实☆	*Euryale ferox*	浮叶	
576		莲属	莲☆	*Nelumbo nucifera*	浮叶	
577		萍蓬草属	萍蓬草☆	*Nuphar pumilum*	浮叶	
578			贵州萍蓬草☆	*Nuphar bornetii*		
579			欧亚萍蓬草☆	*Nuphar luteum*		
580			台湾萍蓬草☆	*Nuphar shimadai*		
581			中华萍蓬草☆	*Nuphar sinensis*	浮叶	
582		睡莲属	白睡莲☆	*Nymphaea alba*	浮叶	
583			黄睡莲☆	*Nymphaea mexicana*	浮叶	
584			红睡莲☆	*Nymphaea ruba*	浮叶	
585			睡莲☆	*Nymphaea tetragona*	浮叶	
586		王莲属	王莲☆	*Victoria amazonica*	浮叶	
587	金鱼藻科	金鱼藻属	金鱼藻☆	*Ceratophyllum demersum*	沉水	
588			宽叶金鱼藻☆	*Ceratophyllum inflatum*		
589			五刺金鱼藻☆	*Ceratophyllum oryzetorum*		
590			细金鱼藻☆	*Ceratophyllum submersum*		

（续）

序号	科	属	种		生活型	外来
			中文名	拉丁名		
591	金鱼藻科	金鱼藻科	东北金鱼藻☆	*Ceratophyllum manschuricum*	沉水	
592			五刺金鱼藻☆	*Ceratophyllum oryzelorum*	沉水	
593	三白草科	裸蒴属	裸蒴☆	*Gymnotheca chinensis*		
594		蕺菜属	蕺菜☆	*Houttuynia cordata*		
595		三白草属	三白草☆	*Saururus chinensis*		
596	胡椒科	胡椒属	假蒟☆	*Piper sarmentosum*		
597	金粟兰科	金粟兰属	鱼子兰☆	*Chloranthus elatior*		
598			多穗金粟兰☆	*Chloranthus multistachys*		
599	马兜铃科	马兜铃属	马兜铃☆	*Aristolochia debilis*		
600			贯叶马兜铃☆	*Aristolochia delavayi*		
601			绵毛马兜铃☆	*Aristolochia mollissima*		
602		细辛属	双叶细辛☆	*Asarum caulescens*		
603			杜衡☆	*Asarum forbesii*		
604			细辛☆	*Asarum sieboldii*		
605	猕猴桃科	猕猴桃属	中华猕猴桃☆	*Actinidia chinensis*		
606			革叶猕猴桃	*Actinidia rubricaulis* var. *coriacea*		
607		水东哥属	尼泊尔水东哥	*Saurauia napaulensis*		
608			水东哥	*Saurauia tristyla*		
609	藤黄科	金丝桃属	尖萼金丝桃☆	*Hypericum acmosepalum*		
610			黄海棠☆	*Hypericum ascyron*		
611			赶山鞭☆	*Hypericum attenuatum*		
612			挺茎遍地金☆	*Hypericum elodeoides*		
613			小连翘	*Hypericum erectum*		
614			扬子小连翘☆	*Hypericum faberi*		
615			川滇金丝桃☆	*Hypericum forrestii*		
616			西南金丝桃☆	*Hypericum henryi*		
617			地耳草☆	*Hypericum japonicum*		
618			贵州金丝桃☆	*Hypericum kouytchense*		
619			纤枝金丝桃☆	*Hypericum lagarocladum*		
620			长柱金丝桃☆	*Hypericum longistylum*		
621			单花遍地金☆	*Hypericum monanthemum*		
622			金丝桃☆	*Hypericum monogynum*		
623			金丝梅☆	*Hypericum patulum*		
624			元宝草☆	*Hypericum sampsonii*		
625			密腺小连翘☆	*Hypericum seniavinii*		

（续）

序号	科	属	种		生活型	外来
			中文名	拉丁名		
626	藤黄科	三腺金丝桃属	三腺金丝桃☆	*Triadenum breviflorum*		
627	茅膏菜科	茅膏菜属	圆叶茅膏菜☆	*Drosera rotundifolia*		
628			匙叶茅膏菜☆	*Drosera spathulata*		
629	罂粟科	白屈菜属	白屈菜☆	*Chelidonium majus*		
630		紫堇属	地丁草☆	*Corydalis bungeana*		
631			秦岭紫堇☆	*Corydalis crisata*		
632			飞燕黄堇☆	*Corydalis delphinioides*		
633			紫堇☆	*Corydalis edulis*		
634			纤细黄堇☆	*Corydalis gracillima*		
635			钩距黄堇☆	*Corydalis hamata*		
636			刻叶紫堇	*Corydalis incisa*		
637			蛇果黄堇☆	*Corydalis ophiocarpa*		
638			黄堇☆	*Corydalis pallida*		
639			小花黄堇☆	*Corydalis racemosa*		
640			岩黄连	*Corydalis saxicola*		
641			三裂紫堇☆	*Corydalis trifoliata*		
642			齿瓣延胡索	*Corydalis turtschaninovii*		
643			川鄂紫堇☆	*Corydalis wilsonii*		
644		血水草属	血水草☆	*Eomecon chionantha*		
645		角茴香属	角茴香☆	*Hypecoum erectum*		
646			细果角茴香☆	*Hypecoum leptocarpum*		
647		博落回属	博落回	*Macleaya cordata*		
648			小果博落回	*Macleaya microcarpa*		
649		绿绒蒿属	尼泊尔绿绒蒿☆	*Meconopsis napaulensis*		
650			柱果绿绒蒿	*Meconopsis oliveriana*		
651		罂粟属	野罂粟	*Papaver nudicaule*		
652	白花菜科	白花菜属	黄花草	*Cleome viscosa*		
653	十字花科	南芥属	硬毛南芥☆	*Arabis hirsuta*		
654			垂果南芥☆	*Arabis pendula*		
655		荠属	荠	*Capsella bursa-pastoris*		
656		碎米荠属	光头山碎米荠☆	*Cardamine engleriana*		
657			弯曲碎米荠	*Cardamine flexuosa*		
658			山芥碎米荠☆	*Cardamine griffithii*		
659			碎米荠	*Cardamine hirsuta*		
660			弹裂碎米荠☆	*Cardamine impatiens*		

（续）

序号	科	属	种		生活型	外来
			中文名	拉丁名		
661	十字花科	碎米荠属	白花碎米荠☆	*Cardamine leucantha*		
662			水田碎米荠☆	*Cardamine lyrata*		
663			大叶碎米荠☆	*Cardamine macrophylla*		
664			草甸碎米荠☆	*Cardamine pratensis*		
665			伏水碎米荠☆	*Cardamine prorepens*		
666			紫花碎米荠☆	*Cardamine tangutorum*		
667		臭荠属	臭荠	*Coronopus didymus*		
668		播娘蒿属	播娘蒿	*Descurainia sophia*		
669		葶苈属	葶苈☆	*Draba nemorosa*		
670			云南葶苈☆	*Draba yunnanensis*		
671		糖芥属	糖芥	*Erysimum bungei*		
672			小花糖芥☆	*Erysimum cheiranthoides*		
673		香花芥属	北香花芥	*Hesperis sibirica*		
674		菘蓝属	欧洲菘蓝	*Isatis tinctoria*		
675		独行菜属	独行菜☆	*Lepidium apetalum*		
676			翼果独行菜	*Lepidium campestre*		
677			心叶独行菜☆	*Lepidium cordatum*		
678			碱独行菜○	*Lepidium cartilagineum*		
679			宽叶独行菜☆	*Lepidium latifolium*		
680			钝叶独行菜	*Lepidium obtusum*		
681			北美独行菜	*Lepidium virginicum*		
682		豆瓣菜属	豆瓣菜☆	*Nasturtium officinale*		
683		沙芥属	沙芥	*Pugionium cornutum*		
684		蔊菜属	广州蔊菜☆	*Rorippa cantoniensis*		
685			无瓣蔊菜☆	*Rorippa dubia*		
686			风花菜☆	*Rorippa globosa*		
687			蔊菜☆	*Rorippa indica*		
688			沼生蔊菜☆	*Rorippa palustris*		
689		菥蓂属	菥蓂	*Thlaspi arvense*		
690		念珠芥属	蚓果芥☆	*Neotorularis humilis*		
691	金缕梅科	蜡瓣花属	小果蜡瓣花	*Corylopsis microcarpa*		
692		蚊母树属	小叶蚊母树☆	*Distylium buxifolium*		
693			中华蚊母树☆	*Distylium chinense*		
694			窄叶蚊母树	*Distylium dunnianum*		
695			杨梅叶蚊母树	*Distylium myricoides*		

（续）

序号	科	属	种		生活型	外来
			中文名	拉丁名		
696	金缕梅科	蚊母树属	蚊母树	*Distylium racemosum*		
697		马蹄荷属	马蹄荷	*Exbucklandia populnea*		
698		牛鼻栓属	牛鼻栓	*Fortunearia sinensis*		
699		枫香树属	缺萼枫香	*Liquidambar acalycina*		
700			枫香	*Liquidambar formosana*		
701		檵木属	檵木	*Loropetalum chinense*		
702	景天科	八宝属	八宝☆	*Hylotelephium erythrostictum*		
703			白八宝☆	*Hylotelephium pallescens*		
704		瓦松属	瓦松	*Orostachys fimbriatus*		
705		红景天属	小丛红景天	*Rhodiola dumulosa*		
706			长鞭红景天	*Rhodiola fastigiata*		
707			四裂红景天	*Rhodiola quadrifida*		
708			红景天☆	*Rhodiola rosea*		
709		景天属	费菜☆	*Sedum aizoon*		
710			短尖景天	*Sedum beauverdii*		
711			长丝景天	*Sedum bergeri*		
712			互生叶景天	*Sedum chauveaudii* var. *margaritae*		
713			合果景天	*Sedum concarpum*		
714			细叶景天	*Sedum elatinoides*		
715			凹叶景天☆	*Sedum emarginatum*		
716			堪察加景天	*Sedum kamtschaticum*		
717			佛甲草	*Sedum lineare*		
718			多茎景天	*Sedum multicaule*		
719			齿叶景天	*Sedum odontophyllum*		
720			山景天	*Sedum oreades*		
721			垂盆草	*Sedum sarmentosum*		
722			长药八宝○	*Hylotelepium spectabile*		
723	虎耳草科	落新妇属	落新妇☆	*Astilbe chinensis*		
724			溪畔落新妇	*Astilbe rivularis*		
725		岩白菜属	岩白菜	*Bergenia purpurascens*		
726		金腰属	滇黔金腰	*Chrysosplenium cavaleriei*		
727			锈毛金腰	*Chrysosplenium davidianum*		
728			绵毛金腰	*Chrysosplenium lanuginosum*		
729			大叶金腰☆	*Chrysosplenium macrophyllum*		
730			曼金腰子☆	*Chrysosplerium flagelliferum*		

（续）

序号	科	属	种		生活型	外来
			中文名	拉丁名		
731	虎耳草科	金腰属	多枝金腰子☆	*Chrysosplerium ramosum*		
732			中华金腰子☆	*Chrysosplerium sinicum*		
733		常山属	常山	*Dichroa febrifuga*		
734		绣球属	锈毛绣球☆	*Hydrangea carnea*		
735			中国绣球	*Hydrangea chinensis*		
736			西南绣球	*Hydrangea davidii*		
737			马桑绣球○	*Hydrangea aspera*		
738			莼兰绣球	*Hydrangea longipes*		
739			圆锥绣球	*Hydrangea paniculata*		
740			乐思绣球	*Hydrangea rosthornii*		
741			蜡莲绣球	*Hydrangea strigosa*		
742			柔毛绣球	*Hydrangea villosa*		
743		鼠刺属	鼠刺	*Itea chinensis*		
744			冬青叶鼠刺	*Itea ilicifolia*		
745		梅花草属	短柱梅花草☆	*Parnassia brevistyla*		
746			中国梅花草☆	*Parnassia chinensis*		
747			鸡心梅花草☆	*Parnassia crassifolia*		
748			突隔梅花草☆	*Parnassia delavayi*		
749			长爪梅花草	*Parnassia farreri*		
750			梅花草☆	*Parnassia palustris*		
751			三脉梅花草☆	*Parnassia trineruis*		
752			鸡眼梅花草	*Parnassia wightiana*		
753		扯根菜属	扯根菜☆	*Penthorum chinense*		
754		山梅花属	山梅花	*Philadelphus incanus*		
755			太平花	*Philadelphus pekinensis*		
756		冠盖藤属	冠盖藤	*Pileostegia viburnoides*		
757		茶藨子属	渐尖茶藨子○	*Ribes takare*		
758			美丽茶藨子☆	*Ribes alpester*		
759			刺果茶藨子☆	*Ribes burejense*		
760			冰川茶藨子	*Ribes glaciale*		
761			糖茶藨子	*Ribes himalense*		
762			东北茶藨子	*Ribes mandshuricum*		
763			天山茶藨	*Ribes meyeri*		
764			兴安茶藨子	*Ribes pauciflorum*		
765			水葡萄茶藨☆	*Ribes procumbens*		

（续）

序号	科	属	种		生活型	外来
			中文名	拉丁名		
766	虎耳草科	茶藨子属	美丽茶藨	*Ribes pulchellum*		
767			狭果茶藨子	*Ribes stenocarpum*		
768			细枝茶藨子	*Ribes tenue*		
769		鬼灯檠属	七叶鬼灯檠	*Rodgersia aesculifolia*		
770		虎耳草属	黑虎耳草☆	*Saxifraga atrata*		
771			大海虎耳草○	*Saxifraga dahaiensis*		
772			叉枝虎耳草☆	*Saxifraga divaricata*		
773			线茎虎耳草☆	*Saxifraga filicaulis*		
774			横断山虎耳草○	*Saxifraga hengduanensis*		
775			山地虎耳草☆	*Saxifraga montana*		
776			多叶虎耳草☆	*Saxifraga pallida*		
777			狭瓣虎耳草☆	*Saxifraga pseudohirculus*		
778			小斑虎耳草☆	*Saxifraga punctulata*		
779			金星虎耳草☆	*Saxifraga stella-aurea*		
780			繁缕虎耳草☆	*Saxifraga stellariifolia*		
781			虎耳草☆	*Saxifraga stolonifera*		
782			伏毛虎耳草☆	*Saxifraga strigosa*		
783			近等叶虎耳草☆	*Saxifraga subaequifoliata*		
784			唐古特虎耳草☆	*Saxifraga tangutica*		
785		黄水枝属	黄水枝	*Tiarella polyphylla*		
786	海桐花科	海桐花属	皱叶海桐	*Pittosporum crispulum*		
787			狭叶海桐	*Pittosporum glabratum* var. *neriifolium*		
788			海桐	*Pittosporum tobira*		
789	蔷薇科	龙芽草属	小花龙芽草☆	*Agrimonia nipponica* var. *occidentalis*		
790			龙芽草☆	*Agrimonia pilosa*		
791		羽衣草属	羽衣草☆	*Alchemilla japonica*		
792			天山羽衣草○	*Alchemilla tianschanica*		
793		桃属	榆叶梅	*Amygdalus triloba*		
794		假升麻属	假升麻	*Aruncus sylvester*		
795		樱属	华中樱桃	*Cerasus conradinae*		
796			山樱桃	*Cerasus cyclamina*		
797			尾叶樱桃	*Cerasus dielsiana*		
798			郁李	*Cerasus japonica*		
799			偃樱桃	*Cerasus mugus*		
800			樱桃	*Cerasus pseudocerasus*		

（续）

序号	科	属	种		生活型	外来
			中文名	拉丁名		
801	蔷薇科	樱属	山樱花	*Cerasus serrulata*		
802			刺毛樱桃	*Cerasus setulosa*		
803			东京樱花	*Cerasus yedoensis*		
804		地蔷薇属	地蔷薇	*Chamaerhodos erecta*		
805		无尾果属	湖北无尾果	*Coluria henryi*		
806			无尾果	*Coluria longibolia*		
807		沼委陵菜属	沼委陵菜☆	*Comarum palustre*		
808			西北沼委陵菜☆	*Comarum salesovianum*		
809		栒子属	泡叶栒子	*Cotoneaster bulatus*		
810			木帚栒子	*Cotoneaster dielsianus*		
811			散生栒子	*Cotoneaster divaricatus*		
812			麻核栒子	*Cotoneaster foveolatus*		
813			平枝栒子	*Cotoneaster horizontalis*		
814			湖北栒子	*Cotoneaster hupehensis*		
815			水栒子☆	*Cotoneaster multiflorus*		
816		蛇莓属	蛇莓☆	*Duchesnea indica*		
817		蚊子草属	翻白蚊子草☆	*Filipendula intermedia*		
818			蚊子草☆	*Filipendula palmata*		
819		草莓属	草莓	*Fragaria ananassa*		
820			西南草莓	*Fragaria moupinensis*		
821			黄毛草莓	*Fragaria nilgerrensis*		
822			东方草莓	*Fragaria orientalis*		
823			绿草莓○	*Fragaria sabulosa*		
824			野草莓	*Fragaria vesca*		
825		路边青属	路边青☆	*Geum aleppicum*		
826			柔毛路边青☆	*Geum japonicum* var. *chinense*		
827		棣棠花属	棣棠花	*Kerria japonica*		
828		桂樱属	尖叶桂樱	*Laurocerasus undulata*		
829		绣线梅属	毛叶绣线梅	*Neillia ribesioides*		
830			中华绣线梅	*Neillia sinensis*		
831		稠李属	灰毛稠李	*Padus grayana*		
832			细齿稠李	*Padus obtusata*		
833			稠李	*Padus racemosa*		
834		委陵菜属	星毛委陵菜	*Potentilla acaulis*		
835			东北萎陵菜☆	*Potentilla amurensis*		

（续）

序号	科	属	种		生活型	外来
			中文名	拉丁名		
836	蔷薇科	委陵菜属	皱叶委陵菜	*Potentilla ancistrifolia*		
837			蕨麻☆	*Potentilla anserina*		
838			二裂委陵菜	*Potentilla bifurca*		
839			委陵菜☆	*Potentilla chinensis*		
840			大萼委陵菜☆	*Potentilla conferta*		
841			丛生叶委陵菜☆	*Potentilla coriandrifolia* var. *dumosa*		
842			楔叶委陵菜	*Potentilla cuneata*		
843			滇西委陵菜	*Potentilla delavayi*		
844			翻白草☆	*Potentilla discolor*		
845			匍枝委陵菜☆	*Potentilla flagellaris*		
846			莓叶委陵菜☆	*Potentilla fragarioides*		
847			三叶委陵菜☆	*Potentilla freyniana*		
848			金露梅☆	*Potentilla fruticosa*		
849			西南委陵菜	*Potentilla fulgens*		
850			银露梅	*Potentilla glabra*		
851			柔毛委陵菜	*Potentilla griffithii*		
852			白背委陵菜	*Potentilla hypargyrea*		
853			蛇含委陵菜☆	*Potentilla kleiniana*		
854			银叶委陵菜☆	*Potentilla leuconota*		
855			下江委陵菜☆	*Potentilla limprichtii*		
856			多茎委陵菜☆	*Potentilla multicaulis*		
857			多头委陵菜☆	*Potentilla multiceps*		
858			多裂委陵菜☆	*Potentilla multifida*		
859			小叶金露梅	*Potentilla parvifolia*		
860			总梗委陵菜☆	*Potentilla peduncularis*		
861			华西委陵菜☆	*Potentilla potaninii*		
862			直立委陵菜☆	*Potentilla recta*		
863			匍匐委陵菜☆	*Potentilla reptans*		
864			钉柱委陵菜☆	*Potentilla saundersiana*		
865			绢毛委陵菜☆	*Potentilla sericea*		
866			狭叶委陵菜	*Potentilla stenophylla*		
867			朝天委陵菜☆	*Potentilla supina*		
868			菊叶委陵菜	*Potentilla tanacetifolia*		
869			康定委陵菜☆	*Potentilla tatsienluensis*		
870			密枝委陵菜	*Potentilla virgata*		

（续）

序号	科	属	种		生活型	外来
			中文名	拉丁名		
871	蔷薇科	火棘属	细圆齿火棘	*Pyracantha crenulata*		
872			火棘	*Pyracantha fortuneana*		
873		蔷薇属	刺蔷薇☆	*Rosa acicularis*		
874			白蔷薇	*Rosa alba*		
875			落花蔷薇☆	*Rosa beggerianna*		
876			硕苞蔷薇☆	*Rosa bracteata*		
877			小果蔷薇☆	*Rosa cymosa*		
878			细梗蔷薇	*Rosa graciliflora*		
879			卵果蔷薇☆	*Rosa helenae*		
880			黄蔷薇	*Rosa hugonis*		
881			金樱子☆	*Rosa laevigata*		
882			野蔷薇	*Rosa multiflora*		
883			峨眉蔷薇	*Rosa omeiensis*		
884			宽刺蔷薇	*Rosa platyacantha*		
885			悬钩子蔷薇	*Rosa rubus*		
886			绢毛蔷薇	*Rosa sericea*		
887			川滇蔷薇☆	*Rosa soulieana*		
888			扁刺蔷薇	*Rosa sweginzowii*		
889			黄刺玫	*Rosa xanthina*		
890		悬钩子属	粗叶悬钩子	*Rubus alceaefolius*		
891			周毛悬钩子	*Rubus amphidasys*		
892			北悬钩子☆	*Rubus arcticus*		
893			西南悬钩子	*Rubus assamensis*		
894			粉枝莓☆	*Rubus biflorus*		
895			寒莓	*Rubus buergeri*		
896			尾叶悬钩子	*Rubus caudifolius*		
897			山莓☆	*Rubus corchorifolius*		
898			插田泡☆	*Rubus coreanus*		
899			栽秧泡	*Rubus ellipticus* var. *obcordatus*		
900			攀枝莓	*Rubus flagelliflorus*		
901			弓茎悬钩子☆	*Rubus flosculosus*		
902			凉山悬钩子☆	*Rubus fockeanus*		
903			鸡爪茶	*Rubus henryi*		
904			蓬蘽☆	*Rubus hirsutus*		
905			矮悬钩子○	*Rubus humilifolius*		

（续）

序号	科	属	种		生活型	外来
			中文名	拉丁名		
906	蔷薇科	悬钩子属	葎叶悬钩子○	*Rubus humulifolius*		
907			湖南悬钩子☆	*Rubus hunanensis*		
908			宜昌悬钩子	*Rubus ichangensis*		
909			拟覆盆子	*Rubus idaeopsis*		
910			覆盆子	*Rubus idaeus*		
911			白叶莓☆	*Rubus innominatus*		
912			红花悬钩子☆	*Rubus inopertus*		
913			灰毛泡☆	*Rubus irenaeus*		
914			高粱泡☆	*Rubus lambertianus*		
915			棠叶悬钩子☆	*Rubus malifolius*		
916			库叶悬钩子○	*Rubus matsumuranaus*		
917			喜阴悬钩子☆	*Rubus mesogaeus*		
918			大乌泡☆	*Rubus multibracteatus*		
919			乌泡子☆	*Rubus parkeri*		
920			矛莓	*Rubus parvifolius*		
921			黄泡	*Rubus pectinellus*		
922			多腺悬钩子☆	*Rubus phoenicolasius*		
923			红毛悬钩子☆	*Rubus pinfaensis*		
924			羽萼悬钩子☆	*Rubus pinnatisepalus*		
925			三叶针刺悬钩子○	*Rubus pungens* var. *ternatus*		
926			空心泡☆	*Rubus rosaefolius*		
927			川莓	*Rubus setchuenensis*		
928			木莓☆	*Rubus swinhoei*		
929			刺莓	*Rubus taiwanianus*		
930			灰白毛莓	*Rubus tephrodes*		
931			三花悬钩子☆	*Rubus trianthus*		
932			三对叶悬钩子☆	*Rubus trijugus*		
933			东南悬钩子	*Rubus tsangorum*		
934		地榆属	圆叶地榆○	*Sanguisorba anserina*		
935			矮地榆☆	*Sanguisorba filiformis*		
936			地榆☆	*Sanguisorba officinalis*		
937			大白花地榆☆	*Sangusorba sithchensis*		
938			小白花地榆☆	*Sanguisorba tenuifolia* var. *alba*		
939		鲜卑花属	窄叶鲜卑花	*Sibiraea angustata*		
940			鲜卑花☆	*Sibiraea laevigata*		

（续）

序号	科	属	种		生活型	外来
			中文名	拉丁名		
941	蔷薇科	珍珠梅属	高丛珍珠梅☆	*Sorbaria arborea*		
942			华北珍珠梅	*Sorbaria kirilowii*		
943			珍珠梅☆	*Sorbaria sorbifolia*		
944		花楸属	石灰花楸	*Sorbus folgneri*		
945			湖北花楸	*Sorbus hupehensis*		
946			陕甘花楸	*Sorbus koehneana*		
947			西南花楸	*Sorbus rehderiana*		
948		绣线菊属	高山绣线菊	*Spiraea alpina*		
949			麻叶绣线菊	*Spiraea cantoniensis*		
950			大叶绣线菊	*Spiraea chamaedryfolia*		
951			中华绣线菊	*Spiraea chinensis*		
952			兴山绣线菊○	*Spiraea hingshanensis*		
953			疏毛绣线菊	*Spiraea hirsuta*		
954			粉花绣线菊	*Spiraea japonica*		
955			蒙古绣线菊	*Spiraea mongolica*		
956			细枝绣线菊	*Spiraea myrtilloides*		
957			李叶绣线菊	*Spiraea prunifolia*		
958			土庄绣线菊	*Spiraea pubescens*		
959			绣线菊☆	*Spiraea Salicifolia*		
960			三裂绣线菊	*Spiraea trilobata*		
961		红果树属	红果树	*Stranvaesia davidiana*		
962	豆科	合萌属	合萌	*Aeschynomene indica*		
963		合欢属	山槐	*Albizia kalkora*		
964		紫穗槐属	紫穗槐☆	*Amorpha fruticosa*		
965		两型豆属	两型豆	*Amphicarpaea edgeworthii*		
966		黄耆属	斜茎黄耆	*Astragalus adsurgens*		
967			草珠黄耆	*Astragalus capillipes*		
968			华黄耆	*Astragalus chinensis*		
969			达乌里黄耆☆	*Astragalus dahuricus*		
970			密花黄耆	*Astragalus densiflorus*		
971			单叶黄耆	*Astragalus efoliolatus*		
972			长爪黄耆	*Astragalus hendersonii*		
973			草木犀状黄耆☆	*Astragalus melilotoides*		
974			黄耆☆	*Astragalus membranaceus*		
975			多枝黄耆	*Astragalus polycladus*		

（续）

序号	科	属	种		生活型	外来
			中文名	拉丁名		
976	豆科	黄耆属	紫云英	*Astragalus sinicus*		
977			松潘黄耆	*Astragalus sungpanensis*		
978			皱黄耆	*Astragalus tataricus*		
979			湿地黄耆☆	*Astragalus uliginosus*		
980		羊蹄甲属	鞍叶羊蹄甲	*Bauhinia brachycarpa*		
981			龙须藤	*Bauhinia championii*		
982			粉叶羊蹄甲	*Bauhinia glauca*		
983			羊蹄甲	*Bauhinia purpurea*		
984		云实属	云实	*Caesalpinia decapetala*		
985		木豆属	蔓草虫豆	*Cajanus scarabaeoides*		
986		杭子梢属	滇杭子梢	*Campylotropis yunnanensis*		
987		刀豆属	狭刀豆☆	*Canavalia lineata*		
988		决明属	短叶决明	*Cassia leschenaultiana*		
989			含羞草决明	*Cassia mimosoides*		
990			豆茶决明	*Cassia nomame*		
991			望江南☆	*Cassia occidentalis*		
992			柄腺山扁豆	*Cassia pumila*		
993			黄槐决明	*Cassia surattensis*		
994			决明	*Cassia tora*		
995		紫荆属	紫荆	*Cercis chinensis*		
996		香槐属	翅荚香槐	*Cladrastis platycarpa*		
997		小冠花属	绣球小冠花	*Coronilla varia*		
998		猪屎豆属	翅托叶猪屎豆	*Crotalaria alata*		
999			响铃豆	*Crotalaria albida*		
1000			假苜蓿	*Crotalaria medicaginea*		
1001			猪屎豆	*Crotalaria pallida*		
1002			大托叶猪屎豆	*Crotalaria spectabilis*		
1003			光萼猪屎豆	*Crotalaria trichotoma*		
1004		鱼藤属	鱼藤☆	*Derris trifoliata*		
1005		山蚂蝗属	小槐花☆	*Desmodium caudatum*		
1006			大叶山蚂蝗	*Desmodium gangeticum*		
1007			饿蚂蝗☆	*Desmodium multiflorum*		
1008			长波叶山蚂蝗	*Desmodium sequax*		
1009			三点金	*Desmodium triflorum*		
1010		野扁豆属	长柄野扁豆	*Dunbaria podocarpa*		

（续）

序号	科	属	种		生活型	外来
			中文名	拉丁名		
1011	豆科	野扁豆属	野扁豆	*Dunbaria villosa*		
1012		千斤拔属	河边千斤拔	*Flemingia fluminalis*		
1013		乳豆属	乳豆	*Galactia tenuiflora*		
1014		皂荚属	山皂荚	*Gleditsia japonica*		
1015			野皂荚	*Gleditsia microphylla*		
1016			皂荚	*Gleditsia sinensis*		
1017		大豆属	野大豆☆	*Glycine soja*		
1018		甘草属	胀果甘草☆	*Glycyrrhiza inflata*		
1019			甘草☆	*Glycyrrhiza uralensis*		
1020		米口袋属	狭叶米口袋	*Gueldenstaedtia stenophylla*		
1021			少花米口袋	*Gueldenstaedtia verna*		
1022		铃铛刺属	铃铛刺☆	*Halimodendron halodendron*		
1023		岩黄蓍属	湿地岩黄蓍☆	*Hedysarum inundatum*		
1024			红花岩黄蓍	*Hedysarum multijugum*		
1025		木蓝属	多花木蓝	*Indigofera amblyantha*		
1026			河北木蓝	*Indigofera bungeana*		
1027			庭藤	*Indigofera decora*		
1028			单叶木蓝☆	*Indigofera linifolia*		
1029			马棘	*Indigofera pseudotinctoria*		
1030			穗序木蓝☆	*Indigofera spicata*		
1031			木蓝	*Indigofera tinctoria*		
1032			三叶木蓝	*Indigofera trifoliata*		
1033		鸡眼草属	长萼鸡眼草☆	*Kummerowia stipulacea*		
1034			鸡眼草☆	*Kummerowia striata*		
1035		山黧豆属	华中香豌豆	*Lathyrus dielsianus*		
1036			海滨山黧豆☆	*Lathyrus japonicus*		
1037			山黧豆☆	*Lathyrus quinquenervius*		
1038		胡枝子属	胡枝子☆	*Lespedeza bicolor*		
1039			绿叶胡枝子	*Lespedeza buergeri*		
1040			长叶胡枝子	*Lespedeza caraganae*		
1041			截叶铁扫帚	*Lespedeza cuneata*		
1042			短梗胡枝子	*Lespedeza cyrtobotrya*		
1043			大叶胡枝子	*Lespedeza davidii*		
1044			兴安胡枝子	*Lespedeza davurica*		
1045			多花胡枝子	*Lespedeza floribunda*		

（续）

序号	科	属	种		生活型	外来
			中文名	拉丁名		
1046	豆科	胡枝子属	美丽胡枝子	*Lespedeza formosa*		
1047			尖叶铁扫帚	*Lespedeza hedysaroides*		
1048			阴山胡枝子	*Lespedeza inschanica*		
1049			铁马鞭	*Lespedeza pilosa*		
1050			绒毛胡枝子	*Lespedeza tomentosa*		
1051			细梗胡枝子	*Lespedeza virgata*		
1052		银合欢属	银合欢	*Leucaena leucocephala*		
1053		百脉根属	百脉根☆	*Lotus corniculatus*		
1054			中亚百脉根	*Lotus krylovii*		
1055		仪花属	短萼仪花☆	*Lysidice brevicalyx*		
1056		苜蓿属	野苜蓿☆	*Medicago falcata*		
1057			天蓝苜蓿☆	*Medicago lupulina*		
1058			小苜蓿	*Medicago minima*		
1059			南苜蓿	*Medicago polymorpha*		
1060			花苜蓿	*Medicago ruthenica*		
1061			紫苜蓿	*Medicago sativa*		
1062		草木犀属	白花草木犀☆	*Melilotus alba*		
1063			草木犀☆	*Melilotus officinalis*		
1064		崖豆藤属	香花崖豆藤	*Millettia dielsiana*		
1065			亮叶崖豆藤	*Millettia nitida*		
1066			厚果崖豆藤	*Millettia pachycarpa*		
1067			网络崖豆藤	*Millettia reticulata*		
1068		含羞草属	含羞草	*Mimosa pudica*		
1069			光荚含羞草	*Mimosa bimucronata*		
1070		驴食草属	驴食草	*Onobrychis viciifolia*		
1071		紫雀花属	紫雀花	*Parochetus communis*		
1072		长柄山蚂蝗属	尖叶长柄山蚂蝗☆	*Hylodesmum podocarpum* subsp. *oxyphyllum*		
1073		水黄皮属	水黄皮☆	*Pongamia pinnata*	红树	
1074		黄雀儿属	黄雀儿	*Priotropis cytisoides*		
1075		葛属	葛	*Pueraria montana*		
1076			粉葛	*Pueraria montana* var. *thomsonii*		
1077			三裂叶野葛	*Pueraria phaseoloides*		
1078		鹿藿属	鹿藿	*Rhynchosia volubilis*		
1079		田菁属	田菁☆	*Sesbania cannabina*		
1080		坡油甘属	坡油甘☆	*Smithia sensitiva*		

（续）

序号	科	属	种		生活型	外来
			中文名	拉丁名		
1081	豆科	槐属	苦豆子	*Sophora alopecuroides*		
1082			白刺花	*Sophora davidii*		
1083			苦参	*Sophora flavescens*		
1084			槐	*Sophora japonica*		
1085			砂生槐	*Sophora moorcroftiana*		
1086		密花豆属	密花豆	*Spatholobus suberectus*		
1087		苦马豆属	苦马豆	*Sphaerophysa salsula*		
1088		野决明属	霍州油菜	*Thermopsis chinensis*		
1089			披针叶野决明	*Thermopsis lanceolata*		
1090		高山豆属	高山豆	*Tibetia himalaica*		
1091		车轴草属	大花车轴草☆	*Trifolium eximium*		
1092			野火球☆	*Trifolium lupinaster*		
1093			红车轴草☆	*Trifolium pratense*		
1094			白车轴草☆	*Trifolium repens*		
1095		狸尾豆属	狸尾豆	*Uraria lagopodioides*		
1096		野豌豆属	山野豌豆☆	*Vicia amoena*		
1097			窄叶野豌豆☆	*Vicia angustifolia*		
1098			中华野豌豆☆	*Vicia chinensis*		
1099			广布野豌豆☆	*Vicia cracca*		
1100			大野豌豆☆	*Vicia gigantea*		
1101			小巢菜☆	*Vicia hirsuta*		
1102			东方野豌豆☆	*Vicia japonica*		
1103			救荒野豌豆	*Vicia sativa*		
1104			野豌豆	*Vicia sepium*		
1105			歪头菜☆	*Vicia unijuga*		
1106			柳叶野豌豆☆	*Vicia venosa*		
1107		紫藤属	紫藤	*Wisteria sinensis*		
1108		任豆属	任豆	*Zenia insignis*		
1109		丁癸草属	丁癸草	*Zornia gibbosa*		
1110	酢浆草科	酢浆草属	白花酢浆草	*Oxalis acetosella*		
1111			酢浆草☆	*Oxalis corniculata*		
1112			红花酢浆草☆	*Oxalis corymbosa*		
1113			山酢浆草	*Oxalis griffithii*		
1114			黄花酢浆草	*Oxalis pes-caprae*		
1115	牻牛儿苗科	牻牛儿苗属	牻牛儿苗	*Geranium carolinianum*		

（续）

序号	科	属	种		生活型	外来
			中文名	拉丁名		
1116	牻牛儿苗科	老鹳草属	野老鹳草	*Geranium carolininum*		
1117			五叶老鹳草☆	*Geranium delavayi*		
1118			灰岩紫地榆	*Geranium franchetii*		
1119			湖北老鹳草	*Geranium roshornii*		
1120			突节老鹳草☆	*Geranium krameri*		
1121			尼泊尔老鹳草	*Geranium nepalense*		
1122			毛蕊老鹳草☆	*Geranium platyanthum*		
1123			草地老鹳草☆	*Geranium pratense*		
1124			汉荭鱼腥草	*Geranium robertianum*		
1125			鼠掌老鹳草☆	*Geranium sibiricum*		
1126			大花老鹳草☆	*Geranium transbaicalicum*		
1127			灰背老鹳草☆	*Geranium vlassowianum*		
1128			北方老鹳草☆	*Geranium eriatense*		
1129			毛蕊老鹳草☆	*Geranium eriostemon*		
1130			朝鲜老鹳草☆	*Geranium koreanum*		
1131			甘青老鹳草☆	*Geranium pylzowianum*		
1132			老鹳草☆	*Geranium wilfordii*		
1133	蒺藜科	白刺属	大白刺☆	*Nitraria roborowskii*		
1134	大戟科	铁苋菜属	铁苋菜☆	*Acalypha australis*		
1135		海漆属	海漆☆	*Excoecaria agallocha*	红树	
1136		水柳属	水柳☆	*Homonoia riparia*		
1137	芸香科	白鲜属	白藓☆	*Dictamnus dasyarpus*		
1138		拟芸香属	北芸香	*Haplophyllum dauricum*		
1139		枳属	枳	*Poncirus trifoliata*		
1140		茵芋属	茵芋	*Skimmia reevesiana*		
1141	苦木科	臭椿属	臭椿	*Ailanthus altissima*		
1142		苦树属	苦树	*Picrasma quassioides*		
1143	楝科	浆果楝属	灰毛浆果楝	*Cipadessa cinerascens*		
1144		楝属	楝	*Melia azedarach*		
1145			川楝	*Melia toosendan*		
1146		香椿属	红椿	*Toona ciliata*		
1147			香椿	*Toona sinensis*		
1148		木果楝属	木果楝☆	*Xylocarpus granatum*	红树	
1149	远志科	远志属	小扁豆	*Polygala tatarinowii*		
1150	马桑科	马桑属	马桑	*Coriaria nepalensis*		

（续）

序号	科	属	种		生活型	外来
			中文名	拉丁名		
1151	马桑科	马桑属	草马桑	*Coriaria terminalis*		
1152	漆树科	南酸枣属	南酸枣	*Choerospondias axillaria*		
1153		黄连木属	黄连木	*Pistacia chinensis*		
1154			清香木	*Pistacia weinmannifolia*		
1155		槟榔青属	槟榔青	*Spondias pinnata*		
1156		漆属	木蜡树	*Toxicodendron sylvestre*		
1157			毛漆树	*Toxicodendron trichocarpum*		
1158	无患子科	车桑子属	车桑子	*Dodonaea viscosa*		
1159		掌叶木属	掌叶木	*Handeliodendron bodinieri*		
1160	清风藤科	泡花树属	单叶泡花树	*Meliosma simplicifolia*		
1161		清风藤属	清风藤	*Sabia japonica*		
1162	凤仙花科	凤仙花属	大叶凤仙花	*Impatiens apalophylla*		
1163			水凤仙花☆	*Impatiens aquatilis*		
1164			凤仙花	*Impatiens balsamina*		
1165			睫毛萼凤仙☆	*Impatiens blepharosepala*		
1166			华凤仙☆	*Impatiens chinensis*		
1167			绿萼凤仙花☆	*Impatiens chlorosepala*		
1168			耳叶棒凤仙花☆	*Impatiens claviger* var. *auriculata*		
1169			鸭跖草状凤仙花☆	*Impatiens commellinoides*		
1170			金凤花☆	*Impatiens cyathiflora*		
1171			齿萼凤仙花☆	*Impatiens dicentra*		
1172			毛凤仙花☆	*Impatiens lasiophyton*		
1173			具鳞凤仙花☆	*Impatiens lepida*		
1174			细柄凤仙花☆	*Impatiens leptocaulon*		
1175			路南凤仙花☆	*Impatiens loulanensis*		
1176			齿苞凤仙花☆	*Impatiens martinii*		
1177			蒙自凤仙花☆	*Impatiens mengtszeana*		
1178			水金凤☆	*Impatiens noli – tangere*		
1179			块节凤仙花☆	*Impatiens pinfanensis*		
1180			湖北凤仙花☆	*Impatiens pritzelii*		
1181			辐射凤仙花☆	*Impatiens radiata*		
1182			弯距凤仙花☆	*Impatiens recurvicornis*		
1183			匍匐凤仙花☆	*Impatiens reptans*		
1184			菱叶凤仙花☆	*Impatiens rhombifolia*		
1185			盾萼凤仙花☆	*Impatiens scutisepala*		

（续）

序号	科	属	种		生活型	外来
			中文名	拉丁名		
1186	凤仙花科	凤仙花属	黄金凤☆	*Impatiens siculifer*		
1187			滇水金凤☆	*Impatiens uliginosa*		
1188			婺源凤仙花☆	*Impatiens wuyuanensis*		
1189			金黄凤仙花☆	*Impatiens xanthina*		
1190	卫矛科	南蛇藤属	青江藤	*Celastrus hindsii*		
1191		卫矛属	刺果卫矛	*Euonymus acanthocarpus*		
1192			卫矛	*Euonymus alatus*		
1193			冬青卫矛	*Euonymus japonicus*		
1194			大果卫矛☆	*Euonymus myrianthus*		
1195			中华卫矛☆	*Euonymus nitidus*		
1196			垂丝卫矛☆	*Euonymus oxyphyllus*		
1197		美登木属	刺茶美登木	*Maytenus variabilis*		
1198	省沽油科	野鸦椿属	野鸦椿	*Euscaphis japonica*		
1199	黄杨科	黄杨属	雀舌黄杨	*Buxus bodinieri*		
1200			匙叶黄杨☆	*Buxus harlandii*		
1201			大叶黄杨☆	*Buxus megistophylla*		
1202			锦熟黄杨	*Buxus sempervirens*		
1203			黄杨☆	*Buxus sinica*		
1204			狭叶黄杨☆	*Buxus stenophylla*		
1205		野扇花属	野扇花☆	*Sarcococca ruscifolia*		
1206	鼠李科	鼠李属	长叶冻绿	*Rhamnus crenata*		
1207			鼠李☆	*Rhamnus davurica*		
1208			刺鼠李	*Rhamnus dumetorum*		
1209			亮叶鼠李	*Rhamnus hemsleyana*		
1210			薄叶鼠李☆	*Rhamnus leptophylla*		
1211			小叶鼠李	*Rhamnus parvifolia*		
1212			乌苏里鼠李☆	*Rhamnus ussuriansis*		
1213			冻绿	*Rhamnus utilis*		
1214		雀梅藤属	钩刺雀梅藤	*Sageretia hamosa*		
1215	葡萄科	蛇葡萄属	乌头叶蛇葡萄☆	*Ampelopsis aconitifolia*		
1216			蓝果蛇葡萄☆	*Ampelopsis bodinieri*		
1217			广东蛇葡萄☆	*Ampelopsis cantoniensis*		
1218			三裂叶蛇葡萄	*Ampelopsis delavayana*		
1219			显齿蛇葡萄☆	*Ampelopsis grossedentata*		
1220			异叶蛇葡萄	*Ampelopsis heterophylla*		

（续）

序号	科	属	种		生活型	外来
			中文名	拉丁名		
1221	葡萄科	蛇葡萄属	葎叶蛇葡萄☆	*Ampelopsis humulifolia*		
1222		乌蔹莓属	乌蔹莓	*Cayratia japonica*		
1223		白粉藤属	青紫葛	*Cissus javana*		
1224		地锦属	花叶地锦	*Parthenocissus henryana*		
1225			异叶爬山虎○	*Parthenocissus heterophylla*		
1226			绿叶地锦	*Parthenocissus laetevirens*		
1227			五叶地锦	*Parthenocissus quinquefolia*		
1228			地锦	*Parthenocissus tricuspidata*		
1229		崖爬藤属	崖爬藤	*Tetrastigma obtectum*		
1230		葡萄属	山葡萄☆	*Vitis amurensis*		
1231			蘡薁☆	*Vitis bryoniifolia*		
1232			东南葡萄☆	*Vitis chunganensis*		
1233			葛藟葡萄☆	*Vitis flexuosa*		
1234			毛葡萄☆	*Vitis heyneana*		
1235			变叶葡萄☆	*Vitis piasezkii*		
1236			华东葡萄☆	*Vitis pseudoreticulata*		
1237			小叶葡萄	*Vitis sinocinerea*		
1238	锦葵科	秋葵属	黄蜀葵☆	*Abelmoschus manihot*		
1239			箭叶秋葵☆	*Abelmoschus sagittifolius*		
1240		苘麻属	磨盘草	*Abutilon indicum*		
1241			苘麻☆	*Abutilon theophrasti*		
1242		蜀葵属	蜀葵	*Althaea rosea*		
1243		木槿属	大花秋葵	*Hibiscus grandiflorus*		
1244			海滨木槿	*Hibiscus hamabo*		
1245			木芙蓉	*Hibiscus mutabilis*		
1246			木槿	*Hibiscus syriacus*		
1247			黄槿☆	*Hibiscus tiliaceus*	红树	
1248			野西瓜苗☆	*Hibiscus trionum*		
1249		锦葵属	冬葵	*Malva crispa*		
1250			北锦葵	*Malva mohileviensis*		
1251			锦葵	*Malva sinensis*		
1252			野葵	*Malva verticillata*		
1253			赛葵	*Malvastrum coromandelianum*		
1254		黄花稔属	黄花稔	*Sida acuta*		
1255			长梗黄花稔	*Sida cordata*		

（续）

序号	科	属	种		生活型	外来
			中文名	拉丁名		
1256	锦葵科	黄花稔属	心叶黄花稔	*Sida cordifolia*		
1257			白背黄花稔☆	*Sida rhombifolia*		
1258			拔毒散☆	*Sida szechuensis*		
1259		梵天花属	地桃花	*Urena lobata*		
1260			梵天花	*Urena procumbens*		
1261	椴树科	田麻属	光果田麻	*Corchoropsis psilocarpa*		
1262			田麻	*Corchoropsis tomentosa*		
1263		黄麻属	甜麻	*Corchorus aestuans*		
1264			黄麻	*Corchorus capsularis*		
1265		扁担杆属	扁担杆	*Grewia biloba*		
1266	木棉科	木棉属	木棉	*Bombax ceiba*		
1267	梧桐科	银叶树属	银叶树☆	*Heritiera littoralis*	红树	
1268		马松子属	马松子	*Melochia corchorifolia*		
1269	瑞香科	瑞香属	芫花	*Daphne genkwa*		
1270			瑞香	*Daphne odora*		
1271			甘肃瑞香	*Daphne tangutica*		
1272		结香属	结香	*Edgeworthia chrysantha*		
1273		狼毒属	狼毒	*Stellera chamaejasme*		
1274		荛花属	河朔荛花	*Wikstroemia chamaedaphne*		
1275			一把香	*Wikstroemia dolichantha*		
1276	胡颓子科	胡颓子属	沙枣	*Elaeagnus angustifolia*		
1277			长叶胡颓子	*Elaeagnus bockii*		
1278			多毛羊奶子	*Elaeagnus grijsii*		
1279			宜昌胡颓子	*Elaeagnus henryi*		
1280			披针叶胡颓子	*Elaeagnus lanceolata*		
1281			胡颓子	*Elaeagnus pungens*		
1282			牛奶子	*Elaeagnus umbellata*		
1283		沙棘属	沙棘	*Hippophae rhamnoides*		
1284			西藏沙棘	*Hippophae thibetana*		
1285	大风子科	脚骨脆属	膜叶脚骨脆	*Casearia membranacea*		
1286	堇菜科	堇菜属	鸡腿堇菜☆	*Viola acuminata*		
1287			额穆尔堇菜☆	*Viola amurica*		
1288			溪堇菜	*Viola epipsila*		
1289			东北堇菜	*Viola mandshurica*		
1290			双花堇菜☆	*Viola biflora*		

（续）

序号	科	属	种		生活型	外来
			中文名	拉丁名		
1291	堇菜科	堇菜属	鳞茎堇菜☆	*Viola bulbosa*		
1292			球果堇菜☆	*Viola collina*		
1293			心叶堇菜☆	*Viola concordifolia*		
1294			七星莲☆	*Viola diffusa*		
1295			兴安堇菜☆	*Viola gmeliniana*		
1296			紫花堇菜	*Viola grypoceras*		
1297			光叶堇菜☆	*Viola hossei*		
1298			长萼堇菜☆	*Viola inconspicua*		
1299			犁头草○	*Viola japonica*		
1300			萱☆	*Viola moupinensis*		
1301			白花地丁☆	*Viola patrinii*		
1302			北京堇菜	*Viola pekinensis*		
1303			紫花地丁	*Viola philippica*		
1304			柔毛堇菜☆	*Viola principis*		
1305			早开堇菜☆	*Viola prionantha*		
1306			浅圆齿堇菜☆	*Viola schneideri*		
1307			庐山堇菜☆	*Viola stewardiana*		
1308			斑叶堇菜	*Viola variegata*		
1309			如意草☆	*Viola arcuata*		
1310			悬果堇菜	*Viola pendulicarpa*		
1311	旌节花科	旌节花属	中国旌节花	*Stachyurus chinensis*		
1312			西域旌节花	*Stachyurus himalaicus*		
1313	西番莲科	西番莲属	西番莲	*Passiflora coerulea*		
1314	柽柳科	水柏枝属	宽苞水柏枝☆	*Myricaria bracteata*		
1315			红沙柳○	*Myricaria dahurica*		
1316			秀丽水柏枝☆	*Myricaria elegans*		
1317			疏花水柏枝☆	*Myricaria laxiflora*		
1318			三春水柏枝☆	*Myricaria paniculata*		
1319			匍匐水柏枝☆	*Myricaria prostrata*		
1320			心叶水柏枝☆	*Myricaria pulcherrima*		
1321			具鳞水柏枝☆	*Myricaria squamosa*		
1322			小苞水柏枝☆	*Myricaria wardii*		
1323		红砂属	红砂☆	*Reaumuria songarica*		
1324		柽柳属	密花柽柳☆	*Tamarix arceuthoides*		
1325			甘蒙柽柳☆	*Tamarix austromongolica*		

（续）

序号	科	属	种		生活型	外来
			中文名	拉丁名		
1326	柽柳科	柽柳属	柽柳☆	*Tamarix chinensis*		
1327			长穗柽柳☆	*Tamarix elongata*		
1328			甘肃柽柳☆	*Tamarix gansuensis*		
1329			刚毛柽柳☆	*Tamarix hlspida*		
1330			多花柽柳☆	*Tamarix hohenackeri*		
1331			盐地柽柳☆	*Tamarix karelinii*		
1332			短穗柽柳☆	*Tamarix laxa*		
1333			细穗柽柳☆	*Tamarix leptostachys*		
1334			多枝柽柳☆	*Tamarix ramosissima*		
1335	沟繁缕科	沟繁缕属	三蕊沟繁缕☆	*Elatine triandra*		
1336	秋海棠科	秋海棠属	秋海棠	*Begonia grandis*		
1337			中华秋海棠	*Begonia grandis sinensis*		
1338			盾叶秋海棠	*Begonia peltatifolia*		
1339			裂叶秋海棠☆	*Begonia palmata*		
1340			习水秋海棠	*Begonia xishuiensis*		
1341	葫芦科	盒子草属	盒子草☆	*Actinostemma tenerum*		
1342		绞股蓝属	绞股蓝	*Gynostemma pentaphyllum*		
1343		苦瓜属	木鳖☆	*Momordica cochinchinensis*		
1344		赤瓟属	赤瓟☆	*Thladiantha dubia*		
1345			光叶赤瓟○	*Thladiantha glabra*		
1346			南赤瓟☆	*Thladiantha nudiflora*		
1347		栝楼属	王瓜	*Trichosanthes cucumeroides*		
1348			栝楼	*Trichosanthes kirilowii*		
1349	千屈菜科	水苋菜属	耳基水苋☆	*Ammannia arenaria*		
1350			水苋菜☆	*Ammannia baccifera*		
1351			多花水苋☆	*Ammannia multiflora*	水生	
1352			泽水苋☆	*Ammannia myriophylloides*	水生	
1353		千屈菜属	千屈菜☆	*Lythrum salicaria*		
1354			光千屈菜☆	*Lythrum anceps*		
1355			中型千屈菜☆	*Lythrum intermedium*		
1356			帚枝千屈菜☆	*Lythrum virgatum*		
1357		节节菜属	节节菜☆	*Rotala indica*		
1358			圆叶节节菜☆	*Rotala rotundifolia*		
1359		虾子花属	虾子花	*Woodfordia fruticosa*		
1360	菱科	菱属	无角菱☆	*Trapa acornis*	浮水	

（续）

序号	科	属	种		生活型	外来
			中文名	拉丁名		
1361	菱科	菱属	乌菱☆	*Trapa bicornis*	挺水	
1362			菱☆	*Trapa bispinosa*	浮水	
1363			四角刻叶菱☆	*Trapa incisa*	浮水	
1364			丘角菱☆	*Trapa japonica*	浮水	
1365			冠菱☆	*Trapa litwinowii*	浮水	
1366			四瘤菱☆	*Trapa mammillifera*	浮水	
1367			东北菱☆	*Trapa manshurica*	浮水	
1368			细果野菱☆	*Trapa maximowiczii*	浮水	
1369			欧菱☆	*Trapa natans*	浮水	
1370			四角矮菱☆	*Trapa natans* var. *pumila*	浮水	
1371			格菱☆	*Trapa pseudoincisa*	浮水	
1372			四角菱☆	*Trapa quadrispinosa*	浮水	
1373	桃金娘科	水翁属	水翁☆	*Cleistocalyx operculatus*	水生	
1374		番石榴属	番石榴	*Psidium guajava*		
1375		蒲桃属	丁子香	*Syzygium aromaticum*		
1376			赤楠	*Syzygium buxifolium*		
1377			轮叶蒲桃	*Syzygium grijsii*		
1378			蒲桃☆	*Syzygium jambos*		
1379			洋蒲桃	*Syzygium samarangense*		
1380	海桑科	海桑属	杯萼海桑☆	*Sonneratia alba*	红树	
1381			无瓣海桑○	*Sonneratia apetala*	红树	
1382			海桑☆	*Sonneratia caseolaris*	红树	
1383	野牡丹科	柏拉木属	柏拉木	*Blastus cochinchinensis*		
1384		药囊花属	药囊花	*Cyphotheca montana*		
1385		异药花属	肥肉草☆	*Fordiophyton fordii*		
1386		野牡丹属	多花野牡丹	*Melastoma affine*		
1387			野牡丹	*Melastoma candidum*		
1388			地菍	*Melastoma dodecandrum*		
1389			展毛野牡丹	*Melastoma normale*		
1390		金锦香属	假朝天罐	*Osbeckia crinita*		
1391			朝天罐	*Osbeckia opipara*		
1392		尖子木属	尖子木	*Oxyspora paniculata*		
1393		锦香草属	锦香草	*Phyllagathis cavaleriei*		
1394	红树科	木榄属	木榄☆	*Bruguiera gymnorrhiza*	红树	
1395			柱果木榄☆	*Bruguiera cylindrica*		

（续）

序号	科	属	种		生活型	外来
			中文名	拉丁名		
1396	红树科	木榄属	海莲☆	*Bruguiera sexangula*	红树	
1397			尖瓣海莲☆	*Bruguiera sexangula* var. *rhynchopetala*	红树	
1398		角果木属	角果木☆	*Ceriops tagal*	红树	
1399		秋茄树属	秋茄树☆	*Kandelia candel*	红树	
1400			红茄冬☆	*Rhizophora mucronata*		
1401		红树属	红树☆	*Rhizophora apiculata*	红树	
1402			红海兰☆	*Rhizophora stylosa*	红树	
1403	使君子科	风车子属	风车子☆	*Combretum alfredii*		
1404		对叶榄李属	对叶榄李○	*Laguncularia racemosa*		
1405		榄李属	红榄李☆	*Lumnitzera littorea*	红树	
1406			榄李☆	*Lumnitzera racemosa*	红树	
1407		诃子属	滇榄仁	*Terminalia franchetii*		
1408	柳叶菜科	露珠草属	露珠草☆	*Circaea erubescens*		
1409			谷蓼☆	*Circaea erabescens*		
1410		柳叶菜属	毛脉柳叶菜☆	*Epilobium amurense*		
1411			柳兰☆	*Epilobium angustifolium*		
1412			圆柱柳叶菜☆	*Epilobium cylindricum*		
1413			多枝柳叶菜☆	*Epilobium fastigiatoramosum*		
1414			长柱柳叶菜☆	*Epilobium blinii*		
1415			短叶柳叶菜☆	*Epilobium brevifolium*		
1416			光华柳叶菜☆	*Epilobium cephalostigma*		
1417			柳叶菜☆	*Epilobium hirsutum*		
1418			沼生柳叶菜☆	*Epilobium palustre*		
1419			小花柳叶菜☆	*Epilobium parviflorum*		
1420			长籽柳叶菜☆	*Epilobium pyrricholophum*		
1421			短梗柳叶菜☆	*Epilobium royleanum*		
1422			鳞片柳叶菜☆	*Epilobium sikkimense*		
1423			中华柳叶菜☆	*Epilobium sinense*		
1424			埋鳞柳叶菜☆	*Epilobium williamsii*		
1425		山桃草属	山桃草	*Gaura lindheimeri*		
1426			小花山桃草	*Gaura parviflora*		
1427		丁香蓼属	水龙☆	*Ludwigia adscendens*		
1428			假柳叶菜☆	*Ludwigia epilobioides*		
1429			草龙☆	*Ludwigia hyssopifolia*		
1430			细果草龙○	*Ludwigia leptocarpa*		

（续）

序号	科	属	种		生活型	外来
			中文名	拉丁名		
1431	柳叶菜科	丁香蓼属	毛草龙☆	*Ludwigia octovalvis*		
1432			卵叶丁香蓼☆	*Ludwigia ovalis*		
1433			黄花水龙☆	*Ludwigia peploides*		
1434			丁香蓼☆	*Ludwigia prostrata*		
1435		月见草属	月见草	*Oenothera biennis*		
1436			黄花月见草	*Oenothera glazioviana*		
1437			海边月见草○	*Oenothera drummondii*		
1438			粉花月见草☆	*Oenothera rosea*		
1439	小二仙草科	小二仙草属	小二仙草	*Haloragis Micrantha*		
1440		狐尾藻属	粉绿狐尾藻☆	*Myriophyllum aquaticum*	水生	
1441			二分果狐尾藻☆	*Myriophyllum dicoccum*	水生	
1442			东方狐尾藻☆	*Myriophyllum oguraense*	水生	
1443			乌苏里狐尾藻☆	*Myriophyllum propinquum*	水生	
1444			四蕊狐尾藻☆	*Myriophyllum tetrandrum*		
1445			穗状狐尾藻☆	*Myriophyllum spicatum*	沉水	
1446			狐尾藻☆	*Myriophyllum verticillatum*	沉水	
1447	杉叶藻科	杉叶藻属	杉叶藻☆	*Hippuris vulgaris*	水生	
1448	蓝果树科	喜树属	喜树☆	*Camptotheca acuminata*		
1449	山茱萸科	青荚叶属	青荚叶☆	*Helwingia japonica*		
1450		梾木属	红瑞木	*Swida alba*		
1451			梾木	*Swida macrophylla*		
1452			小梾木☆	*Swida paucinervis*		
1453			光皮梾木	*Swida wilsoniana*		
1454		鞘柄木属	角叶鞘柄木	*Toricellia angulata*		
1455			鞘柄木	*Toricellia tiliifolia*		
1456	五加科	五加属	五加	*Acanthopanax gracilistylus*		
1457			白簕	*Acanthopanax trifoliatus*		
1458		树参属	海南树参	*Dendropanax hainanensis*		
1459		常春藤属	中华常春藤	*Hedera nepalensis* var. *sinensis*		
1460		梁王茶属	异叶梁王茶	*Nothopanax davidii*		
1461		鹅掌柴属	穗序鹅掌柴	*Schefflera delavayi*		
1462	伞形科	羊角芹属	东北羊角芹	*Aegopodium alpestre*		
1463		当归属	黑水当归☆	*Angelica amurensis*		
1464			狭叶当归☆	*Angelica anomala*		
1465			白芷☆	*Angelica daburica*		

（续）

序号	科	属	种		生活型	外来
			中文名	拉丁名		
1466	伞形科	当归属	兴安白芷☆	*Angelica dahurica*		
1467			紫花前胡☆	*Angelica decusiva*		
1468			拐芹☆	*Angelica polymorpha*		
1469		峨参属	峨参	*Anthriscus sylvestris*		
1470		芹属	旱芹	*Apium graveolens*		
1471		细叶旱芹属	细叶旱芹☆	*Cyclospermum leptophyllum*		
1472		天山泽芹属	天山泽芹☆	*Berula erecta*		
1473		柴胡属	川滇柴胡☆	*Bupleurum candollei*		
1474			北柴胡☆	*Bupleurum chinense*		
1475			大叶柴胡	*Bupleurum longiradiatum*		
1476			竹叶柴胡	*Bupleurum marginatum*		
1477			红柴胡	*Bupleurum scorzonerifolium*		
1478			黑柴胡☆	*Bupleurum smithii*		
1479			小柴胡	*Bupleurum tenue*		
1480		山茴香属	山茴香	*Carlesia sinensis*		
1481		葛缕子属	田葛缕子☆	*Carum buriaticum*		
1482			葛缕子☆	*Carum carvi*		
1483		积雪草属	积雪草☆	*Centella asiatica*		
1484		细叶芹属	细叶芹	*Chaerophyllum villosum*		
1485		矮泽芹属	矮泽芹☆	*Chamaesium paradoxum*		
1486			松潘矮泽芹☆	*Chamaesium thalictrifolium*		
1487		毒芹属	毒芹☆	*Cicuta virosa*		
1488			长白高山芹	*Coelopleurum nakaianum*		
1489		蛇床属	蛇床☆	*Cnidium monnieri*		
1490		高山芹属	高山芹☆	*Coelopleurum saxatile*		
1491		芫荽属	芫荽	*Coriandrum sativum*		
1492		鸭儿芹属	鸭儿芹☆	*Cryptotaenia japonica*		
1493		胡萝卜属	野胡萝卜	*Daucus carota*		
1494		马蹄芹属	马蹄芹☆	*Dickinsia hydrocotyloides*		
1495		刺芹属	刺芹☆	*Eryngium foetidum*		
1496		阿魏属	沙茴香	*Ferula bungeana*		
1497		茴香属	茴香	*Foeniculum vulgare*		
1498		珊瑚菜属	珊瑚菜	*Glehnia littoralis*		
1499		细裂芹属	细裂芹☆	*Harrysmithia heterophylla*		
1500		独活属	二管独活	*Heracleum bivittatum*		

（续）

序号	科	属	种		生活型	外来
			中文名	拉丁名		
1501	伞形科	独活属	兴安独活☆	*Heracleum dissectum*		
1502			独活☆	*Heracleum hemsleyanum*		
1503			贡山独活☆	*Heracleum kingdonii*		
1504			裂叶独活☆	*Heracleum millefolium*		
1505			短毛独活☆	*Heracleum moellendorffii*		
1506		天胡荽属	红马蹄草☆	*Hydrocotyle nepalensis*		
1507			天胡荽☆	*Hydrocotyle sibthorpioides*		
1508			香菇草○	*Hydrocotyle vulgaris*		
1509			肾叶天胡荽☆	*Hydrocotyle wilfordii*		
1510		藁本属	尖叶藁本☆	*Ligusticum acuminatum*		
1511			短片藁本☆	*Ligusticum brachylobum*		
1512			蕨叶藁本☆	*Ligusticum pteridophyllum*		
1513			抽葶藁本☆	*Ligusticum scapiforme*		
1514			藁本☆	*Ligusticum sinense*		
1515			岩茴香☆	*Ligusticum tachiroei*		
1516		羌活属	羌活	*Notopterygium incisum*		
1517		水芹属	短辐水芹☆	*Oenanthe benghalensis*	水生	
1518			西南水芹☆	*Oenanthe dielsii*	水生	
1519			高山水芹☆	*Oenanthe hookeri*	水生	
1520			水芹☆	*Oenanthe javanica*	水生	
1521			线叶水芹☆	*Oenanthe linearis*	水生	
1522			卵叶水芹☆	*Oenanthe rosthornii*	水生	
1523			中华水芹☆	*Oenanthe sinensis*	水生	
1524			多裂叶水芹☆	*Oenanthe thomsonii*	水生	
1525		香根芹属	香根芹	*Osmorhiza aristata*		
1526		山芹属	丝叶山芹☆	*Ostericum maximowiczii* var. *filisectum*		
1527			山芹☆	*Ostericum sieboldii*		
1528		前胡属	滨海前胡☆	*Peucedanum japonicum*		
1529			前胡	*Peucedanum praeruptorum*		
1530			云南前胡	*Peucedanum yunnanense*		
1531		滇芎属	丽江滇芎☆	*Physospermopsis forrestii*		
1532		茴芹属	近尖叶药芹☆	*Pimpinella acuminata*		
1533			茴芹	*Pimpinella anisum*		
1534			异叶茴芹☆	*Pimpinella diversifolia*		
1535			东北茴芹☆	*Pimpinella thellungiana*		

（续）

序号	科	属	种		生活型	外来
			中文名	拉丁名		
1536	伞形科	茴芹属	川鄂茴芹☆	*Pimpinella henryi*		
1537		棱子芹属	归叶棱子芹☆	*Pleurospermum angelicoides*		
1538			棱子芹☆	*Pleurospermum camtschaticum*		
1539			丽江棱子芹	*Pleurospermum foetens*		
1540			高山棱子芹	*Pleurospermum handelii*		
1541			西藏棱子芹☆	*Pleurospermum hookeri* var. *thomsonii*		
1542		囊瓣芹属	膜蕨囊瓣芹☆	*Pternopetalum trichomanifolium*		
1543		变豆菜属	变豆菜	*Sanicula chinensis*		
1544			鳞果变豆菜☆	*Sanicula hacquetioides*		
1545			薄片变豆菜☆	*Sanicula lamelligera*		
1546			直刺变豆菜☆	*Sanicula orthacantha*		
1547		防风属	防风	*Saposhnikovia divaricata*		
1548		小芹属	钝瓣小芹	*Sinocarum cruciatum*		
1549			少辐小芹☆	*Sinocarum pauciradiatum*		
1550		泽芹属	中亚泽芹☆	*Sium medium*		
1551			泽芹☆	*Sium suave*		
1552			滇西沼泽芹☆	*Sium frigidum*		
1553			欧泽芹☆	*Sium latifolium*		
1554		迷果芹属	迷果芹	*Sphallerocarpus gracilis*		
1555		伊犁芹属	伊犁芹	*Talassia transiliensis*		
1556		窃衣属	小窃衣☆	*Torilis japonica*		
1557			窃衣☆	*Torilis scabra*		
1558		瘤果芹属	西藏瘤果芹☆	*Trachydium tibetanicum*		
1559	岩梅科	岩梅属	喜马拉雅岩梅	*Diapensia himalaica* var. *himalaica*		
1560	鹿蹄草科	喜冬草属	喜冬草	*Chimaphila japonica*		
1561		鹿蹄草属	鹿蹄草	*Pyrola calliantha*		
1562			红花鹿蹄草	*Pyrola incarnata*		
1563	杜鹃花科	岩须属	岩须	*Cassiope selaginoides*		
1564		地桂属	甸杜☆	*Chamaedaphne calyculata*		
1565		吊钟花属	灯笼树	*Enkianthus chinensis*		
1566			吊钟花	*Enkianthus quinqueflorus*		
1567		白珠树属	苍山白珠	*Gaultheria cardiosepala*		
1568			白珠树	*Gaultheria leucocarpa* var. *cumingiana*		
1569		杜香属	杜香☆	*Ledum palustre*		
1570			宽叶杜香☆	*Ledum palustre* var. *dilatatum*		

（续）

序号	科	属	种		生活型	外来
			中文名	拉丁名		
1571	杜鹃花科	珍珠花属	珍珠花	*Lyonia ovalifolia*		
1572			小果珍珠花	*Lyonia ovalifolia* var. *elliptica*		
1573			毛果珍珠花	*Lyonia ovalifolia* var. *hebecarpa*		
1574		杜鹃花属	桃叶杜鹃	*Rhododendron annae*		
1575			牛皮杜鹃☆	*Rhododendron aureum*		
1576			腺萼马银花	*Rhododendron bachii*		
1577			密枝杜鹃	*Rhododendron fastigiatum*		
1578			云锦杜鹃	*Rhododendron fortunei*		
1579			粉白杜鹃	*Rhododendron hypoglaucum*		
1580			隐蕊杜鹃☆	*Rhododendron intricatum*		
1581			高山杜鹃☆	*Rhododendron lapponicum*		
1582			鹿角杜鹃	*Rhododendron latoucheae*		
1583			猫儿山杜鹃☆	*Rhododendron maoerense*		
1584			照山白	*Rhododendron micranthum*		
1585			南昆杜鹃	*Rhododendron naamkwanense*		
1586			雪层杜鹃☆	*Rhododendron nivale*		
1587			山育杜鹃	*Rhododendron oreotrephes*		
1588			厚叶杜鹃	*Rhododendron pachyphyllum*		
1589			小叶杜鹃	*Rhododendron parvifolium*		
1590			多枝杜鹃☆	*Rhododendron polycladum*		
1591			柔毛杜鹃	*Rhododendron pubescens*		
1592			腋花杜鹃	*Rhododendron racemosum*		
1593			大钟杜鹃	*Rhododendron ririei*		
1594			溪畔杜鹃☆	*Rhododendron rivulare*		
1595			杜鹃	*Rhododendron simsii*		
1596			长蕊杜鹃	*Rhododendron stamineum*		
1597			四川杜鹃	*Rhododendron sutchuenense*		
1598			草原杜鹃☆	*Rhododendron telmateium*		
1599			千里香杜鹃	*Rhododendron thymifolium*		
1600			川滇杜鹃	*Rhododendron traillianum*		
1601			紫丁杜鹃	*Rhododendron violaceum*		
1602			黄杯杜鹃	*Rhododendron wardii*		
1603			毛蕊杜鹃☆	*Rhododendron websterianum*		
1604		越橘属	南烛	*Vaccinium bracteatum*		
1605			小叶南烛	*Vaccinium bracteatum* var. *chinense*		

（续）

序号	科	属	种		生活型	外来
			中文名	拉丁名		
1606	杜鹃花科	越橘属	江南越橘	*Vaccinium mandarinorum*		
1607			小果红莓苔子☆	*Vaccinium microcarpum*		
1608			笃斯越橘☆	*Vaccinium uliginosum*		
1609			越橘☆	*Vaccinium vitis-idaea*		
1610	紫金牛科	蜡烛果属	桐花树☆	*Aegiceras corniculatum*	红树	
1611		紫金牛属	百两金	*Ardisia crispa*		
1612			紫金牛	*Ardisia japonica*		
1613			虎舌红	*Ardisia mamillata*		
1614		杜茎山属	杜茎山	*Maesa japonica*		
1615			鲫鱼胆	*Maesa perlarius*		
1616		铁仔属	铁仔	*Myrsine africana*		
1617		密花树属	密花树	*Rapanea neriifolia*		
1618	报春花科	点地梅属	东北点地梅☆	*Androsace filiformis*		
1619			小点地梅☆	*Androsace gmelini*		
1620			西藏点地梅☆	*Androsace integra*		
1621			垫状点地梅☆	*Androsace tapeta*		
1622			点地梅☆	*Androsace umbellate*		
1623		海乳草属	海乳草☆	*Glaux maritima*		
1624			细梗香草☆	*Lysimachia canpillipes*		
1625		珍珠菜属	狼尾花☆	*Lysimachia barystachys*		
1626			泽珍珠菜☆	*Lysimachia candida*		
1627			过路黄☆	*Lysimachia christinae*		
1628			红线草☆	*Lysimachia circaeoides*		
1629			矮桃☆	*Lysimachia clethroides*		
1630			临时救☆	*Lysimachia congestiflora*		
1631			黄连花☆	*Lysimachia davurica*		
1632			延叶珍珠菜☆	*Lysimachia decurrens*		
1633			星宿菜☆	*Lysimachia fortunei*		
1634			点腺过路黄☆	*Lysimachia hemsleyana*		
1635			三叶香草☆	*Lysimachia insignis*		
1636			山萝过路黄☆	*Lysimachia melampyroides*		
1637			落地梅☆	*Lysimachia paridiformis*		
1638			小叶珍珠菜☆	*Lysimachia parvifolia*		
1639			狭叶珍珠菜	*Lysimachia pentapetala*		
1640			叶头过路黄☆	*Lysimachia phyllocephala*		

（续）

序号	科	属	种		生活型	外来
			中文名	拉丁名		
1641	报春花科	珍珠菜属	点叶落地梅☆	*Lysimachia punctatilimba*		
1642			粗壮珍珠菜	*Lysimachia robusta*		
1643			伞花落地梅	*Lysimachia sciadantha*		
1644			腺药珍珠菜☆	*Lysimachia stenosepala*		
1645			球尾花☆	*Lysimachia thyrsiflora*		
1646		报春花属	乳黄雪山报春☆	*Primula agleniana*		
1647			寒地报春☆	*Primula algida*		
1648			紫晶报春☆	*Primula amethystina*		
1649			穗花报春☆	*Primula deflexa*		
1650			峨眉报春	*Primula faberi*		
1651			葶立钟报春	*Primula firmipes*		
1652			滇藏掌叶报春	*Primula geraniifolia*		
1653			长葶报春☆	*Primula longiscapa*		
1654			报春花☆	*Primula malacoides*		
1655			灰毛报春☆	*Primula mollis*		
1656			麝草报春	*Primula muscarioides*		
1657			天山报春☆	*Primula nutans*		
1658			鄂报春☆	*Primula obconica*		
1659			卵叶报春☆	*Primula ovalifolia*		
1660			羽叶穗花报春	*Primula pinnatifida*		
1661			海仙花☆	*Primula poissonii*		
1662			丽花报春	*Primula pulchella*		
1663			柔小粉报春☆	*Primula pumilio*		
1664			翠南报春☆	*Primula sieboldii*		
1665			西藏粉报春☆	*Primula tibetica*		
1666			钟花报春☆	*Primula sikkimensis*		
1667			暗红紫晶报春☆	*Primula valentiniana*		
1668			高穗花报春☆	*Primula vialii*		
1669		七瓣莲属	七瓣莲	*Trientalis europaea*		
1670	白花丹科	补血草属	黄花补血草☆	*Limonium aureum*		
1671			二色补血草☆	*Limonium bicolor*		
1672			大叶补血草☆	*Limonium gmelinii*		
1673			耳叶补血草☆	*Limonium otolepis*		
1674			补血草☆	*Limonium sinense*		
1675		鸡娃草属	鸡娃草	*Plumbagella micrantha*		

（续）

序号	科	属	种		生活型	外来
			中文名	拉丁名		
1676	山榄科	铁榄属	铁榄	*Sinosideroxylon pedunculatum*		
1677	木犀科	雪柳属	雪柳☆	*Fontanesis philliraeo* subsp. *fortunei*		
1678		梣属	白蜡树	*Fraxinus chinensis*		
1679			苦枥木	*Fraxinus insularis*		
1680			水曲柳	*Fraxinus mandschurica*		
1681			花曲柳	*Fraxinus rhynchophylla*		
1682			小叶白腊	*Fraxinus sogdiana*		
1683			宿柱梣	*Fraxinus stylosa*		
1684		素馨属	清香藤	*Jasminum lanceolarium*		
1685			迎春	*Jasminum nudiflorum*		
1686			川素馨	*Jasminum urophyllum*		
1687			云南素馨☆	*Jasminum yunnanense*		
1688		女贞属	女贞	*Ligustrum lucidum*		
1689			蜡子树☆	*Ligustrum molliculum*		
1690			水腊☆	*Ligustrum obtusifolium*		
1691			小叶女贞☆	*Ligustrum quihoui*		
1692			小蜡☆	*Ligustrum sinense*		
1693			金叶女贞○	*Ligustrum vicaryi*		
1694		木犀属	木犀	*Osmanthus fragrans*		
1695	马钱科	醉鱼草属	巴东醉鱼草	*Buddleja albiflora*		
1696			互叶醉鱼草☆	*Buddleja alternifolia*		
1697			白背枫	*Buddleja asiatica*		
1698			皱叶醉鱼草	*Buddleja crispa*		
1699			大叶醉鱼草☆	*Buddleja davidii*		
1700			醉鱼草☆	*Buddleja lindleyana*		
1701			长穗醉鱼草	*Buddleja macrostachya* var. *macrostachya*		
1702			密蒙花☆	*Buddleja officinalis*		
1703			驳骨丹	*Buddleja asiatica*		
1704	龙胆科	百金花属	百金花☆	*Centaurium pulchellum* var. *altaicum*		
1705		喉毛花属	尖叶喉毛花☆	*Comastoma cyananthiflorum* var. *acutifolium*		
1706			喉毛花☆	*Comastoma pulmonarium*		
1707		龙胆属	阿坝龙胆	*Gentiana abaensis*		
1708			高山龙胆☆	*Gentiana algida*		
1709			七叶龙胆☆	*Gentiana arethusae* var. *delicatula*		
1710			刺芒龙胆☆	*Gentiana aristata*		

（续）

序号	科	属	种		生活型	外来
			中文名	拉丁名		
1711	龙胆科	龙胆属	头花龙胆☆	*Gentiana cephalantha*		
1712			西域龙胆☆	*Gentiana clarkei*		
1713			达乌里秦艽☆	*Gentiana dahurica*		
1714			湖北龙胆○	*Gentiana hupehensis*		
1715			线叶龙胆	*Gentiana lawrencei* var. *farreri*		
1716			蓝白龙胆☆	*Gentiana leucomelaena*		
1717			全萼秦艽☆	*Gentiana lhassica*		
1718			苞叶龙胆	*Gentiana licentii*		
1719			秦艽☆	*Gentiana macrophylla*		
1720			寡流苏龙胆☆	*Gentiana mairei*		
1721			条叶龙胆☆	*Gentiana manshurica*		
1722			小龙胆	*Gentiana parvulaH.*		
1723			鸟足龙胆	*Gentiana pedata*		
1724			着色龙胆☆	*Gentiana picta*		
1725			蓝色龙胆○	*Gentiana pneumonanthe*		
1726			草甸龙胆	*Gentiana praticola*		
1727			假水生龙胆☆	*Gentiana pseudo－aquatica*		
1728			俅江龙胆☆	*Gentiana qiujiangensis*		
1729			河边龙胆☆	*Gentiana riparia*		
1730			滇龙胆草	*Gentiana rigescens*		
1731			龙胆☆	*Gentiana scabra*		
1732			华丽龙胆	*Gentiana sino－ornata*		
1733			匙叶龙胆	*Gentiana spathulifolia*		
1734			麻花艽☆	*Gentiana straminea*		
1735			三花龙胆☆	*Gentiana triflora*		
1736			蓝玉簪龙胆☆	*Gentiana veitchiorum*		
1737			矮龙胆☆	*Gentiana wardii*		
1738		假龙胆属	新疆假龙胆☆	*Gentianella turkestanorum*		
1739		扁蕾属	扁蕾☆	*Gentianopsis barbaba*		
1740			湿生扁蕾☆	*Gentianopsis paludosa*		
1741		花锚属	花锚☆	*Halenia corniculata*		
1742			椭圆叶花锚☆	*Halenia elliptica*		
1743			大花花锚☆	*Halenia elliptica* var. *grandiflora*		
1744		匙叶草属	匙叶草	*Latouchea fokienensis*		
1745		肋柱花属	肋柱花☆	*Lomatogonium carinthiacum*		

（续）

序号	科	属	种		生活型	外来
			中文名	拉丁名		
1746	龙胆科	肋柱花属	长叶肋柱花☆	*Lomatogonium longifolium*		
1747			大花肋柱花☆	*Lomatogonium macranthum*		
1748			辐状肋柱花☆	*Lomatogonium rotatum*		
1749		睡菜属	睡菜☆	*Menyanthes trifoliata*	水生	
1750		荇菜属	水皮莲☆	*Nymphoides cristatum*	浮叶	
1751			金银莲花☆	*Nymphoides indica*	浮叶	
1752			荇菜☆	*Nymphoides peltatum*	浮叶	
1753			水金莲花☆	*Nyumphoides aurantiacum*		
1754			小荇菜☆	*Nyumphoidea coreanum*		
1755			刺种荇菜☆	*Nyumphoidea hydrophyllum*		
1756		獐牙菜属	獐牙菜☆	*Swertia bimaculata*		
1757			西南獐牙菜	*Swertia cincta*		
1758			心叶獐牙菜	*Swertia cordata*		
1759			歧伞獐牙菜☆	*Swertia dichotoma*		
1760			北方獐牙菜	*Swertia diluta*		
1761			东北獐牙菜☆	*Swertia manshurica*		
1762			大籽獐牙菜	*Swertia macrosperma*		
1763			紫红獐牙菜☆	*Swertia punicea*		
1764			大药獐牙菜☆	*Swertia tibetica*		
1765			华北獐牙菜☆	*Swertia wolfangiana*		
1766	夹竹桃科	罗布麻属	罗布麻☆	*Apocynum venetum*		
1767		夹竹桃属	夹竹桃	*Nerium indicum*		
1768		白麻属	大叶白麻☆	*Poacynum hendersonii*		
1769			白麻☆	*Poacynum pictum*		
1770		络石属	紫花络石☆	*Trachelospermum axillare*		
1771			络石	*Trachelospermum jasminoides*		
1772		蔓长春花属	蔓长春花	*Vinca major*		
1773	萝藦科	牛角瓜属	牛角瓜	*Calotropis gigantea*		
1774		鹅绒藤属	牛皮消☆	*Cynanchum auriculatum*		
1775			羊角子草☆	*Cynanchum cathayense*		
1776			鹅绒藤☆	*Cynanchum chinense*		
1777			大理白前☆	*Cynanchum forrestii*		
1778			芫花叶白前	*Cynanchum glaucens*		
1779			白前☆	*Cynanchum glaucescens*		
1780			华北白前	*Cynanchum hancockianum*		

（续）

序号	科	属	种		生活型	外来
			中文名	拉丁名		
1781	萝藦科	鹅绒藤属	老瓜头	*Cynanchum komarovii*		
1782			徐长卿	*Cynanchum paniculatum*		
1783			柳叶白前☆	*Cynanchum stauntonii*		
1784			地梢瓜	*Cynanchum thesioides*		
1785			隔山消	*Cynanchum wilfordii*		
1786		萝藦属	萝藦	*Metaplexis japonica*		
1787		杠柳属	黑龙骨	*Periploca forrestii*		
1788			杠柳	*Periploca sepium*		
1789		娃儿藤属	老虎须	*Tylophora arenicola*		
1790			七层楼	*Tylophora floribunda*		
1791	茜草科	水团花属	水团花☆	*Adina pilulifera*		
1792			细叶水团花☆	*Adina rubella*		
1793		丰花草属	阔叶丰花草	*Spermacoce alata*		
1794		流苏子属	流苏子	*Coptosapelta diffusa*		
1795		狗骨柴属	狗骨柴	*Diplospora dubia*		
1796		拉拉藤属	小叶葎	*Galium adperifolium* var. *sikkimense*		
1797			原拉拉藤☆	*Galium aparine*		
1798			拉拉藤☆	*Galium aparine* var. *echinospermum*		
1799			猪殃殃☆	*Galium aparine* var. *tenerun*		
1800			六叶葎☆	*Galium aperuloides* ssp. *hoffmeisteri*		
1801			楔叶葎☆	*Galium asperifolium*		
1802			北方拉拉藤☆	*Galium boreale*		
1803			四叶葎☆	*Galium bungei*		
1804			大叶猪殃殃☆	*Galium manshuricum*		
1805			东北拉拉藤☆	*Galium manshuriforme*		
1806			车轴草	*Galium odoratum*		
1807			小叶拉拉藤☆	*Galium trifidum*		
1808			蓬子菜☆	*Galium verum*		
1809		栀子属	栀子	*Gardenia jasminoides*		
1810		爱地草属	爱地草	*Geophila herbacea*		
1811		耳草属	耳草	*Hedyotis auricularia*		
1812			厚叶双花耳草○	*Hedyotis biflora* var. *parvifolia*		
1813			金毛耳草	*Hedyotis chrysotricha*		
1814			伞房花耳草☆	*Hedyotis corymbosa*		
1815			脉耳草	*Hedyotis costata*		

（续）

序号	科	属	种		生活型	外来
			中文名	拉丁名		
1816	茜草科	耳草属	白花蛇舌草☆	*Hedyotis diffusa*		
1817			牛白藤	*Hedyotis hedyotidea*		
1818			粗毛耳草	*Hedyotis mellii*		
1819			松叶耳草☆	*Hedyotis pinifolia*		
1820			纤花耳草☆	*Hedyotis tenelliflora*		
1821			长节耳草	*Hedyotis uncinella*		
1822		野丁香属	野丁香	*Leptodermis potanini*		
1823		滇丁香属	滇丁香	*Luculia pinceana*		
1824		玉叶金花属	黐花	*Mussaenda esquirolii*		
1825			玉叶金花☆	*Mussaenda pubescens*		
1826		新耳草属	臭味新耳草	*Neanotis ingrata*		
1827		薄柱草属	薄柱草	*Nertera sinensis*		
1828		蛇根草属	日本蛇根草	*Ophiorrhiza japonica*		
1829		鸡矢藤属	鸡矢藤	*Paederia foetida*		
1830		茜草属	茜草	*Rubia cordifolia*		
1831			长叶茜草☆	*Rubia dolichophylla*		
1832		裂果金花属	裂果金花	*Schizomussaenda dehiscens*		
1833		瓶花木属	瓶花木☆	*Scyphiphora hydrophyllacea*	红树	
1834		白马骨属	六月雪☆	*Serissa japonica*		
1835			白马骨	*Serissa serissoides*		
1836		鸡仔木属	鸡仔木☆	*Sinoadina racemosa*		
1837		水锦树属	水锦树	*Wendlandia uvariifolia*		
1838	花荵科	花荵属	花荵☆	*Polemonium coeruleum*		
1839		心萼薯属	心萼薯	*Aniseia biflora*		
1840		打碗花属	毛打碗花	*Calystegia dahurica*		
1841			打碗花	*Calystegia hederacea*		
1842			柔毛打碗花○	*Calystegia pubescens*		
1843			旋花☆	*Calystegia sepium*		
1844			肾叶打碗花☆	*Calystegia soldanella*		
1845		旋花属	银灰旋花	*Convolvulus ammannii*		
1846			田旋花	*Convolvulus arvensis*		
1847		菟丝子属	菟丝子	*Cuscuta chinensis*		
1848			大菟丝子	*Cuscuta europaea*		
1849			金灯藤	*Cuscuta japonica*		
1850		马蹄金属	马蹄金	*Dichondra repens*		

（续）

序号	科	属	种		生活型	外来
			中文名	拉丁名		
1851	花荵科	土丁桂属	土丁桂	*Evolvulus alsinoides*		
1852		番薯属	蕹菜	*Ipomoea aquatica*		
1853			番薯	*Ipomoea batatas*		
1854			五爪金龙	*Ipomoea cairica*		
1855			裂叶牵牛	*Ipomoea hederacea*		
1856			瘤梗甘薯○	*Ipomoea lacunosa*		
1857			牵牛	*Ipomoea nill*		
1858			厚藤	*Ipomoea pescaprae*		
1859			三裂叶薯	*Ipomoea triloba*		
1860		鱼黄草属	圆叶牵牛	*Ipomoea purpurea*		
1861			篱栏网	*Merremia hederacea*		
1862	紫草科	牛舌草属	牛舌草	*Bothriospermum chinense*		
1863		斑种草属	斑种草	*Bothriospermum chinensis*		
1864			柔弱斑种草☆	*Bothriospermum tenellum*		
1865		琉璃草属	倒提壶☆	*Cynoglossum amabile*		
1866			小花琉璃草	*Cynoglossum lanceolatum*		
1867			琉璃草	*Cynoglossum zeylanicum*		
1868		厚壳树属	厚壳树	*Ehretia thyrsiflora*		
1869		鹤虱属	鹤虱	*Lappula myosotis*		
1870		长柱琉璃草属	长柱琉璃草☆	*Lindelofia stylosa*		
1871		紫草属	田紫草	*Lithospermum arvense*		
1872			紫草	*Lithospermum erythrorhizon*		
1873			梓木草	*Lithospermum zollingeri*		
1874		砂引草属	砂引草	*Messerschmidia sibirica*		
1875		微孔草属	微孔草	*Microula sikkimensis*		
1876		勿忘草属	湿地勿忘草☆	*Myosotis caespitosa*		
1877			承德勿忘草☆	*Myosotis bothriospermoides*		
1878			稀花勿忘草☆	*Myosotis sparsiflora*		
1879			勿忘草☆	*Myosotis silvatica*		
1880		盾果草属	盾果草	*Thyrocarpus sampsonii*		
1881		附地菜属	钝萼附地菜	*Trigonotis amblyosepala*		
1882			朝鲜附地菜☆	*Trigonotis coreana*		
1883			水甸附地菜☆	*Trigonotis myosotidea*		
1884			北附地菜☆	*Trigonotis radicans*		
1885			附地菜	*Trigonotis peduncularis*		

（续）

序号	科	属	种		生活型	外来
			中文名	拉丁名		
1886	马鞭草科	海榄雌属	海榄雌☆	*Avicennia marina*	红树	
1887		紫珠属	紫珠	*Callicarpa bodinieri*		
1888			白棠子树	*Callicarpa dichotoma*		
1889			水金花	*Callicarpa salicifolia*		
1890		莸属	兰香草	*Caryopteris incana*		
1891			单花莸☆	*Caryopteris nepetaefolia*		
1892			光果莸	*Caryopteris tangutica*		
1893		大青属	臭牡丹	*Clerodendrum bungei*		
1894			大青	*Clerodendrum cyrtophyllum*		
1895			苦郎树☆	*Clerodendrum inerme*		
1896			赪桐	*Clerodendrum japonicum*		
1897			浙江大青	*Clerodendrum kaichianum*		
1898			海通	*Clerodendrum mandarinorum*		
1899			海州常山	*Clerodendrum trichotomum*		
1900		假连翘属	假连翘	*Duranta erecta*		
1901		马缨丹属	马缨丹	*Lantana camara*		
1902		过江藤属	过江藤☆	*Phyla nodiflora*		
1903		豆腐柴属	豆腐柴	*Premna microphylla*		
1904		马鞭草属	柳叶马鞭草○	*Verbena bonariensis*		
1905			铺地锦○	*Verbena hybrida*		
1906			马鞭草☆	*Verbena officinalis*		
1907		牡荆属	黄荆	*Vitex negundo*		
1908			牡荆	*Vitex negundo* var. *cannabifolia*		
1909			荆条	*Vitex negundo* var. *heterophylla*		
1910			蔓荆☆	*Vitex trifolia*		
1911			单叶蔓荆☆	*Vitex trifolia* var. *simplicifolia*		
1912	水马齿科	水马齿属	沼生水马齿☆	*Callitriche palustris*	水生	
1913			水马齿☆	*Callitriche stagnalis*	水生	
1914	唇形科	藿香属	藿香	*Agastache rugosa*		
1915		筋骨草属	筋骨草☆	*Ajuga ciliata* var. *ciliata*		
1916			金疮小草☆	*Ajuga decumbens*		
1917			白苞筋骨草	*Ajuga lupulina*		
1918			多花筋骨草☆	*Ajuga multifloar*		
1919			美花圆叶筋骨草	*Ajuga ovalifolia* var. *calantha*		
1920		水棘针属	水棘针☆	*Amethystea caerulea*		

（续）

序号	科	属	种		生活型	外来
			中文名	拉丁名		
1921	唇形科	风轮菜属	风轮菜☆	*Clinopodium chinense*		
1922			邻近风轮菜☆	*Clinopodium confine*		
1923			细风轮菜☆	*Clinopodium gracile*		
1924			寸金草	*Clinopodium megalanthum*		
1925			灯笼草	*Clinopodium polycephalum*		
1926			匍匐风轮菜☆	*Clinopodium repens*		
1927			麻叶风轮菜	*Clinopodium urticifolium*		
1928		青兰属	白花枝子花	*Dracocephalum heterophyllum*		
1929			香青兰☆	*Dracocephalum moldavica*		
1930			岩青兰☆	*Dracocephalum rupestre*		
1931		水蜡烛属	齿叶水蜡烛☆	*Dysophylla sampsonii*	水生	
1932			毛茎水蜡烛☆	*Dysophylla cruciata*		
1933			线叶水蜡烛☆	*Dysophylla linearis*		
1934			五棱水蜡烛☆	*Dysophylla pentagona*		
1935			水虎尾☆	*Dysophylla stellata*		
1936			思茅水蜡烛☆	*Dysophylla szemaoensis*		
1937			水蜡烛☆	*Dysophylla yatabeana*	水生	
1938		香薷属	香薷	*Elsholtzia ciliata*		
1939			野草香	*Elsholtzia cypriani*		
1940			密花香薷☆	*Elsholtzia densa*		
1941			鸡骨柴	*Elsholtzia fruticosa*		
1942			水香薷☆	*Elsholtzia kachinensis*	水生	
1943			淡黄香薷☆	*Elsholtzia luteola* var. *luteola*		
1944			野拔子	*Elsholtzia rugulosa*		
1945			木香薷☆	*Elsholtzia stauntoni*		
1946			球穗香薷	*Elsholtzia strobilifera* var. *strobilifera*		
1947		鼬瓣花属	鼬瓣花	*Galeopsis bifida*		
1948		活血丹属	活血丹☆	*Glechoma longituba*		
1949		锥花属	木锥花	*Gomphostemma arbusculum*		
1950		异野芝麻属	异野芝麻	*Heterolamium debile*		
1951		夏至草属	夏至草	*Lagopsis supina*		
1952		独一味属	独一味☆	*Lamiophlomis rotata*		
1953		野芝麻属	宝盖草☆	*Lamium amplexicaule*		
1954			野芝麻☆	*Lamium barbatum*		
1955		益母草属	益母草	*Leonurus japonicus*		

（续）

序号	科	属	种		生活型	外来
			中文名	拉丁名		
1956	唇形科	益母草属	大花益母草	*Leonurus macranthus*		
1957			细叶益母草	*Leonurus Sibiricus*		
1958		绣球防风属	绣球防风☆	*Leucas ciliata*		
1959			银针七	*Leucas mollissima* var. *scaberula*		
1960		米团花属	米团花	*Leucosceptrum canum*		
1961		地笋属	小叶地笋☆	*Lycopus coreanus*		
1962			欧地笋☆	*Lycopus europaeus*		
1963			小花地笋☆	*Lycopus perviflorus*		
1964			地笋☆	*Lycopus lucidus*		
1965		龙头草属	华西龙头草	*Meehania fargesii*		
1966		蜜蜂花属	蜜蜂花	*Melissa axillaris*		
1967		薄荷属	田野薄荷○	*Mentha arvensis*		
1968			兴安薄荷	*Mentha dahurica*		
1969			假薄荷☆	*Mentha asiatica*		
1970			皱叶留兰香	*Mentha crispata*		
1971			薄荷☆	*Mentha canadensis*		
1972			东北薄荷☆	*Mentha sachalinensis*		
1973			留兰香	*Mentha spicata*		
1974		姜味草属	小香薷	*Micromeria barosma*		
1975		石荠苎属	石香薷	*Mosla chinensis*		
1976			小鱼仙草☆	*Mosla dianthera*		
1977			荠苎	*Mosla grosseserrata*		
1978			石荠苎	*Mosla scabra*		
1979		荆芥属	荆芥	*Nepeta cataria*		
1980		牛至属	牛至	*Origanum vulgare*		
1981		假糙苏属	假糙苏	*Paraphlomis javanica* var. *javanica*		
1982			薄萼假糙苏	*Paraphlomis membranacea*		
1983		糙苏属	深紫糙苏☆	*Phlomis atropurpurea*		
1984			串铃草	*Phlomis mongolica*		
1985			块根糙苏☆	*Phlomis tuberosa*		
1986			糙苏	*Phlomis umbrosa*		
1987		假龙头花属	假龙头花○	*Physostegia virginiana*		
1988		刺蕊草属	水珍珠菜☆	*Pogostemon auricularius*	水生	
1989		夏枯草属	夏枯草	*Prunella vulgaris*		
1990		香茶菜属	香茶菜	*Isodon amethystoides*		

（续）

序号	科	属	种		生活型	外来
			中文名	拉丁名		
1991	唇形科	香茶菜属	细锥香茶菜☆	*Isodon coetsa*		
1992			毛萼香茶菜	*Isodon eriocalyx*		
1993			鄂西香茶菜☆	*Isodon henryi*		
1994			毛叶香茶菜	*Isodon japonicus*		
1995			显脉香茶菜	*Isodon nervosus*		
1996			碎米桠	*Isodon rubescens*		
1997			溪黄草☆	*Isodon serra*		
1998			牛尾草	*Isodon ternifolius*		
1999		迷迭香属	迷迭香	*Rosmarinus officinalis*		
2000		鼠尾草属	贵州鼠尾草	*Salvia cavaleriei*		
2001			华鼠尾草	*Salvia chinensis*		
2002			蓝花鼠尾草○	*Salvia farinacea*		
2003			黄花鼠尾草	*Salvia flava*		
2004			深蓝鼠尾草○	*Salvia guaranitica*		
2005			鼠尾草☆	*Salvia japonica*		
2006			荞麦鼠尾草	*Salvia kiaometiensis*		
2007			鄂西鼠尾草	*Salvia maximowicziana*		
2008			荔枝草☆	*Salvia plebeia*		
2009			甘西鼠尾草☆	*Salvia przewalskii*		
2010			地埂鼠尾草☆	*Salvia scapiformis*		
2011			荫生鼠尾草☆	*Salvia umbratica*		
2012		黄芩属	滇黄芩	*Scutellaria amoena*		
2013			黄芩	*Scutellaria baicalensis*		
2014			半枝莲☆	*Scutellaria barbata*		
2015			纤弱黄芩☆	*Scutellaris dependens*		
2016			莸状黄芩	*Scutellaria caryopteroides*		
2017			尾叶黄芩	*Scutellaria caudifolia*		
2018			连翘叶黄芩	*Scutellaria hypericifolia*		
2019			韩信草	*Scutellaria indica*		
2020			钝叶黄芩☆	*Scutellaria obtusifolia*		
2021			四裂花黄芩	*Scutellaria quadrilobulata*		
2022			狭叶黄芩☆	*Scutellaria regeliana*		
2023			并头黄芩☆	*Scutellaria scordifolia*		
2024		水苏属	蜗儿菜☆	*Stachys arrecta*	湿生	
2025			田野水苏	*Stachys arvensis*	湿生	

（续）

序号	科	属	种		生活型	外来
			中文名	拉丁名		
2026	唇形科	水苏属	毛水苏☆	*Stachys baicalensis*	湿生	
2027			华水苏☆	*Stachys chinensis*	湿生	
2028			地蚕☆	*Stachys geobombycis*	湿生	
2029			水苏☆	*Stachys japonica*	湿生	
2030			西南水苏☆	*Stachys kouyangensis*	湿生	
2031			针筒菜☆	*Stachys obiongifolia*	湿生	
2032			甘露子☆	*Stachys sieboldi*	湿生	
2033			沼生水苏☆	*Stachys palustris*		
2034		香科科属	穗花香科科	*Teucrium japonicum*		
2035			长毛香科科☆	*Teucrium pilosum*		
2036			血见愁	*Teucrium viscidum*		
2037		百里香属	百里香	*Thymus mongolicus*		
2038			地椒	*Thymus quinquecostatus*		
2039	茄科	颠茄属	颠茄	*Atropa belladonna*		
2040		曼陀罗属	曼陀罗	*Datura stramonium*		
2041		天仙子属	天仙子	*Hyoscyamus niger*		
2042		枸杞属	宁夏枸杞	*Lycium barbarum*		
2043			枸杞	*Lycium chinense*		
2044			黑果枸杞	*Lycium ruthenicum*		
2045		假酸浆属	假酸浆	*Nicandra physalodes*		
2046		酸浆属	酸浆	*Physalis alkekengi*		
2047			苦蘵	*Physalis angulata*		
2048			灯笼果	*Physalis peruviana*		
2049		茄属	红果龙葵	*Solanum alatum*		
2050			野茄	*Solanum coagulans*		
2051			苦刺	*Solanum deflexicarpum*		
2052			刺天茄	*Solanum indicum*		
2053			野海茄	*Solanum japonense*		
2054			喀西茄	*Solanum aculeatissimum*		
2055			白英	*Solanum lyratum*		
2056			龙葵	*Solanum nigrum*		
2057			少花龙葵☆	*Solanum americanum*		
2058			冬珊瑚☆	*Solanum pseudocapsicum*		
2059			青杞	*Solanum septemlobum*		
2060			牛茄子	*Solanum capsicoides*		

（续）

序号	科	属	种		生活型	外来
			中文名	拉丁名		
2061	茄科	茄属	水茄☆	*Solanum torvum*	湿生	
2062			假烟叶树	*Solanum erianthum*		
2063			黄果茄	*Solanum virginianum*		
2064	玄参科	金鱼草属	金鱼草	*Antirrhinum majus*		
2065		假马齿苋属	假马齿苋☆	*Bacopa monnieri*		
2066			圆叶假马齿苋○	*Bacopa rotundifolia*		
2067		毛地黄属	毛地黄	*Digitalis purpurea*		
2068		虻眼属	虻眼☆	*Dopatricum junceum*		
2069		幌菊属	幌菊	*Ellisiophyllum pinnatum*		
2070		小米草属	小米草	*Euphrasia pectinata*		
2071			短腺小米草☆	*Euphrasia regelii*		
2072		水八角属	白花水八角☆	*Gratiola japonica*	湿生	
2073			黄花水八角☆	*Gratiola griffithii*		
2074		鞭打绣球属	鞭打绣球	*Hemiphragma heterophyllum*		
2075		兔耳草属	短穗兔耳草	*Lagotis brachystachya*		
2076			全缘兔耳草	*Lagotis integra*		
2077		肉果草属	肉果草	*Lancea tibetica*		
2078		石龙尾属	紫苏草☆	*Limnophila aromatica*		
2079			中华石龙尾☆	*Limnophila chinensis*		
2080			轮叶石龙尾☆	*Limnophila indica*		
2081			异叶石龙尾☆	*Limnophila heterophylla*		
2082			大叶石龙尾☆	*Limnophila rugosa*		
2083			石龙尾☆	*Limnophila sessiliflora*		
2084		水茫草属	水茫草☆	*Limosella aquatica*	水生	
2085		柳穿鱼属	柳穿鱼☆	*Linaria vulgaris*		
2086		母草属	长蒴母草☆	*Lindernia anagallis*		
2087			泥花草☆	*Lindernia antipoda*		
2088			狭叶母草☆	*Lindernia micrantha*		
2089			刺齿泥花草☆	*Lindernia ciliata*		
2090			母草☆	*Lindernia crustacea*		
2091			宽叶母草☆	*Lindernia nummularifolia*		
2092			陌上菜☆	*Lindernia procumbens*		
2093			旱田草	*Lindernia ruellioides*		
2094		通泉草属	纤细通泉草☆	*Mazus gracilis*		
2095			低矮通泉草☆	*Mazus humilis*		

（续）

序号	科	属	种		生活型	外来
			中文名	拉丁名		
2096	玄参科	通泉草属	通泉草☆	*Mazus pumilus*		
2097			长蔓通泉草	*Mazus longipes*		
2098			匍茎通泉草☆	*Mazus miquelii*		
2099			美丽通泉草	*Mazus pulchellus*		
2100			毛果通泉草	*Mazus spicatus*		
2101			弹刀子菜	*Mazus stachydifolius*		
2102		虾子草属	虾子草	*Mimulicalyx rosulatus*		
2103		沟酸浆属	四川沟酸浆☆	*Mimulus szechuanensis*		
2104			沟酸浆☆	*Mimulus tenellus*		
2105		鹿茸草属	沙氏鹿茸草	*Monochasma savatieri*		
2106		疗齿草属	疗齿草☆	*Odontites serotina*		
2107		泡桐属	楸叶泡桐	*Paulownia catalpifolia*		
2108			兰考泡桐	*Paulownia elongata*		
2109			川泡桐	*Paulownia fargesii*		
2110			白花泡桐	*Paulownia fortunei*		
2111			毛泡桐	*Paulownia tomentosa*		
2112		马先蒿属	鸭首马先蒿	*Pedicularis anas*		
2113			埃氏马先蒿	*Pedicularis artselaeri*		
2114			金黄马先蒿	*Pedicularis aurata*		
2115			腋花马先蒿	*Pedicularis axillaris*		
2116			美丽马先蒿☆	*Pedicularis bella*		
2117			碎米蕨叶马先蒿☆	*Pedicularis cheilanthifolia*		
2118			中国马先蒿☆	*Pedicularis chinensis*		
2119			聚花马先蒿	*Pedicularis confertiflora*		
2120			拟紫堇马先蒿	*Pedicularis corydaloides*		
2121			弯管马先蒿	*Pedicularis curvituba*		
2122			密穗马先蒿☆	*Pedicularis densispica*		
2123			野苏子 ☆	*Pedicularis grandiflora*		
2124			沼地马先蒿☆	*Pedicularis palustris*		
2125			细瘦马先蒿☆	*Pedicularis gracilicaulis*		
2126			纤细马先蒿☆	*Pedicularis gracilis*		
2127			狭叶马先蒿○	*Pedicularis heydei*		
2128			矮马先蒿☆	*Pedicularis humilis*		
2129			孱弱马先蒿	*Pedicularis infirma*		
2130			甘肃马先蒿☆	*Pedicularis kansuensis*		

（续）

序号	科	属	种		生活型	外来
			中文名	拉丁名		
2131	玄参科	马先蒿属	拉氏马先蒿☆	*Pedicularis labordei*		
2132			元宝草马先蒿☆	*Pedicularis lamioides*		
2133			丽江马先蒿☆	*Pedicularis likiangensis*		
2134			长花马先蒿☆	*Pedicularis longiflora*		
2135			斑唇马先蒿☆	*Pedicularis longiflora* var. *tubiformis*		
2136			藓状马先蒿	*Pedicularis muscoides*		
2137			欧氏马先蒿☆	*Pedicularis oederi*		
2138			尖果马先蒿☆	*Pedicularis oxycarpa*		
2139			悬岩马先蒿☆	*Pedicularis praeruptorum*		
2140			高超马先蒿☆	*Pedicularis princeps*		
2141			返顾马先蒿☆	*Pedicularis resupinata*		
2142			大王马先蒿☆	*Pedicularis rex*		
2143			拟鼻花马先蒿☆	*Pedicularis rhinanthoides*		
2144			罗氏马先蒿☆	*Pedicularis roylei*		
2145			红色马先蒿	*Pedicularis rubens*		
2146			管花马先蒿☆	*Pedicularis siphonantha*		
2147			穗花马先蒿☆	*Pedicularis spicata*		
2148			红纹马先蒿	*Pedicularis striata*		
2149			四川马先蒿☆	*Pedicularis szetschuanica*		
2150			大山马先蒿☆	*Pedicularis tachanensis*		
2151			华北马先蒿	*Pedicularis tatarinowii*		
2152			西藏马先蒿☆	*Pedicularis tibetica*		
2153			扭旋马先蒿☆	*Pedicularis torta*		
2154			秀丽马先蒿	*Pedicularis venusta*		
2155			轮叶马先蒿☆	*Pedicularis verticillata*		
2156		松蒿属	松蒿	*Phtheirospermum japonicum*		
2157		翅茎草属	杜氏翅茎草	*Pterygiella duclouxii*		
2158		地黄属	地黄	*Rehmannia glutinosa*		
2159		鼻花属	鼻花☆	*Rhinanthus glaber*		
2160		玄参属	北玄参☆	*Scrophularia buergeriana*		
2161			高玄参☆	*Scrophularia elatior*		
2162			高山玄参☆	*Scrophularia hypsophila*		
2163			砾玄参☆	*Scrophularia incisa*		
2164			玄参☆	*Scrophularia ningpoensis*		
2165		阴行草属	阴行草☆	*Siphonostegia chinensis*		

（续）

序号	科	属	种		生活型	外来
			中文名	拉丁名		
2166	玄参科	蝴蝶草属	长叶蝴蝶草☆	*Torenia asiatica*		
2167			毛叶蝴蝶草☆	*Torenia benthamiana*		
2168			光叶蝴蝶草☆	*Torenia glabra*		
2169			紫萼蝴蝶草☆	*Torenia violacea*		
2170		毛蕊花属	毛蕊花	*Verbascum thapsus*		
2171		婆婆纳属	北水苦荬☆	*Veronica anagallis-aquatica*	湿生	
2172			有柄水苦荬☆	*Veronica beccabunga*		
2173			长果婆婆纳☆	*Veronica ciliata*		
2174			大婆婆纳	*Veronica dahurica*		
2175			婆婆纳	*Veronica polita*		
2176			毛果婆婆纳☆	*Veronica eriogyne*		
2177			华中婆婆纳☆	*Veronica henryi*		
2178			疏花婆婆纳☆	*Veronica laxa*		
2179			细叶婆婆纳☆	*Veronica linariifolia*		
2180			兔儿尾苗☆	*Veronica longifolia*		
2181			蚊母草☆	*Veronica peregrina*		
2182			阿拉伯婆婆纳☆	*Veronica persica*		
2183			朝鲜婆婆纳☆	*Veronica rotunda* var. *coreana*		
2184			东北婆婆纳☆	*Veronica rotunda* var. *sudintegra*		
2185			小婆婆纳☆	*Veronica serpyllifolia*		
2186			穗花婆婆纳	*Veronica spicata*		
2187			轮叶婆婆纳☆	*Veronica spuria*		
2188			四川婆婆纳☆	*Veronica szechuanica*		
2189			水苦荬☆	*Veronica undulata*	湿生	
2190		腹水草属	爬岩红	*Veronicastrum axillare*		
2191			宽叶腹水草	*Veronicastrum latifolium*		
2192			草本威灵仙	*Veronicastrum sibiricum*		
2193			腹水草	*Veronicastrum stenostachyum*		
2194		马松蒿属	马松蒿	*Xizangia bartschioides*		
2195	紫葳科	凌霄属	厚萼凌霄	*Campsis radicans*		
2196		角蒿属	两头毛	*Incarvillea arguta*		
2197			角蒿	*Incarvillea sinensis*		
2198	爵床科	老鼠簕属	老鼠簕☆	*Acanthus ilicifolius*	红树	
2199			小花老鼠簕☆	*Acanthus ebracteatus*		
2200		白接骨属	白接骨☆	*Asystasiella neesiana*	湿生	

（续）

序号	科	属	种		生活型	外来
			中文名	拉丁名		
2201	爵床科	黄猄草属	黄猄草	*Championella tetrasperma*		
2202		狗肝菜属	狗肝菜☆	*Dicliptera chinensis*		
2203		金足草属	圆苞金足草	*Goldfussia pentstemonoides*		
2204		水蓑衣属	水蓑衣☆	*Hygrophila salicifolia*	湿生	
2205		枪刀药属	三花枪刀药	*Hypoestes triflora*		
2206		野靛棵属	野靛棵☆	*Mananthes patentiflora*		
2207		观音草属	双萼观音草	*Peristrophe bicalyculata*		
2208			九头狮子草	*Peristrophe japonica*		
2209		山壳骨属	山壳骨	*Pseuderanthemum latifolium*		
2210		马蓝属	翅柄马蓝	*Pteracanthus alatus*		
2211			云南马蓝	*Pteracanthus yunnanensis*		
2212		爵床属	爵床	*Rostellularia procumbens*		
2213		紫云菜属	少花马蓝○	*Strobilanthes oliganthus*		
2214		山牵牛属	山牵牛	*Thunbergia grandiflora*		
2215	胡麻科	茶菱属	茶菱☆	*Trapella sinensis*		
2216	苦苣苔科	粗筒苣苔属	川鄂粗筒苣苔☆	*Briggsia rosthornii*		
2217		唇柱苣苔属	斑叶唇柱苣苔☆	*Chirita pumila*		
2218			麻叶唇柱苣苔☆	*Chirita urticifolia*		
2219		半蒴苣苔属	半蒴苣苔☆	*Hemiboea subcapitata*		
2220		紫花苣苔属	紫花苣苔	*Loxostigma griffithii*		
2221		吊石苣苔属	吊石苣苔	*Lysionotus pauciflorus*		
2222	狸藻科	狸藻属	黄花狸藻☆	*Utricularia aurea*	水生	
2223			南方狸藻☆	*Utricularia australis*	水生	
2224			挖耳草☆	*Utricularia bifida*		
2225			短梗挖耳草☆	*Utricularia caerulea*		
2226			海南挖耳草☆	*Utricularis foveolata*		
2227			少花狸藻 ☆	*Utricularis exoleta*		
2228			禾叶挖耳草☆	*Utricularis graminifolia*		
2229			异枝狸藻 ☆	*Utricularis intermedia*		
2230			长梗挖耳草☆	*Utricularis limosa*		
2231			细叶狸藻☆	*Utricularis minor*		
2232			斜果挖耳草☆	*Utricularis minutissima*		
2233			盾鳞狸藻☆	*Utricularis punctata*		
2234			怒江挖耳草	*Utricularis salwinensis*		
2235			缠绕挖耳草☆	*Utricularis scandens*		

（续）

序号	科	属	种		生活型	外来
			中文名	拉丁名		
2236	狸藻科	狸藻属	圆叶挖耳草☆	*Utricularis striatula*		
2237			齿萼挖耳草☆	*Utricularis uliginosa*		
2238			狸藻☆	*Utricularia vulgaris*	水生	
2239	苦槛蓝科	苦槛蓝属	苦槛蓝☆	*Myoporum bontioides*	红树	
2240	车前科	车前属	蛛毛车前☆	*Plantago arachnoidea*		
2241			车前☆	*Plantago asiatica*		
2242			平车前☆	*Plantago depressa*		
2243			长叶车前☆	*Plantago lanceolata*		
2244			大车前☆	*Plantago major*		
2245			盐生车前☆	*Plantago maritime* ssp. *ciliata*		
2246			北车前☆	*Plantago media*		
2247			小车前☆	*Plantago minuta*		
2248			北美车前☆	*Plantago virginica*		
2249	忍冬科	六道木属	糯米条	*Abelia chinensis*		
2250			南方六道木	*Abelia dielsii*		
2251		双盾木属	云南双盾木	*Dipelta yunnanensis*		
2252		忍冬属	淡红忍冬	*Lonicera acuminata*		
2253			蓝果忍冬☆	*Lonicera caerulea*		
2254			金花忍冬☆	*Lonicera chrysantha*		
2255			北京忍冬	*Lonicera elisae*		
2256			葱皮忍冬	*Lonicera ferdinandii*		
2257			刚毛忍冬	*Lonicera hispida*		
2258			忍冬	*Lonicera japonica*		
2259			女贞叶忍冬	*Lonicera ligustrina*		
2260			金银忍冬	*Lonicera maackii*		
2261			小叶忍冬	*Lonicera microphylla*		
2262			下江忍冬	*Lonicera modesta*		
2263			红脉忍冬	*Lonicera nervosa*		
2264			短柄忍冬	*Lonicera pampaninii*		
2265			蕊帽忍冬☆	*Lonicera pileata*		
2266			岩生忍冬☆	*Lonicera rupicola*		
2267			长白忍冬	*Lonicera ruprechtiana*		
2268			毛药忍冬	*Lonicera serreana*		
2269			四川忍冬	*Lonicera szechuanica*		
2270			唐古特忍冬	*Lonicera tangutica*		

（续）

序号	科	属	种		生活型	外来
			中文名	拉丁名		
2271	忍冬科	忍冬属	新疆忍冬	*Lonicera tatarica*		
2272		接骨木属	血满草	*Sambucus adnata*		
2273			接骨草	*Sambucus chinensis*		
2274		荚蒾属	桦叶荚蒾	*Viburnum betulifolium*		
2275			短序荚蒾	*Viburnum brachybotryum*		
2276			金佛山荚蒾	*Viburnum chinshanense*		
2277			金腺荚蒾	*Viburnum chunii*		
2278			水红木	*Viburnum cylindricum*		
2279			荚蒾	*Viburnum dilatatum*		
2280			细梗淡红荚蒾	*Viburnum erubescens* var. *gracilipes*		
2281			珍珠荚蒾	*Viburnum foetidum* var. *ceanothoides*		
2282			直角荚蒾	*Viburnum foetidum* var. *rectangulatum*		
2283			南方荚蒾	*Viburnum fordiae*		
2284			巴东荚蒾	*Viburnum henryi*		
2285			蒙古荚蒾	*Viburnum mongolicum*		
2286			蝴蝶戏珠花	*Viburnum plicatum* var. *tomentosum*		
2287			球核荚蒾	*Viburnum propinquum*		
2288			皱叶荚蒾	*Viburnum rhytidophyllum*		
2289			鸡树条荚蒾	*Viburnum sargentii*		
2290			茶荚蒾	*Viburnum setigerum*		
2291			烟管荚蒾	*Viburnum utile*		
2292		锦带花属	锦带花	*Weigela florida*		
2293			半边月	*Weigela japonica* var. *sinica*		
2294	败酱科	甘松属	甘松☆	*Nardostachys chinensis*		
2295		败酱属	少蕊败酱	*Patrinia monandra*		
2296			岩败酱☆	*Patrinia rupestris*		
2297			败酱	*Patrinia scabiosaefolia*		
2298			糙叶败酱	*Patrinia scabra*		
2299			白花败酱	*Patrinia villosa*		
2300		缬草属	长序缬草☆	*Valeriana hardwickii*		
2301			黑水缬草☆	*Valeriana amurensis*		
2302			北缬草☆	*Valeriana fauriei*		
2303			缬草☆	*Valeriana officinalis*		
2304	川续断科	川续断属	川续断☆	*Dipsacus asperoides*		
2305			日本续断	*Dipsacus japonicus*		

（续）

序号	科	属	种		生活型	外来
			中文名	拉丁名		
2306	川续断科	川续断属	丽江续断○	*Dipsacus lijiangensis*		
2307		刺续断属	圆萼刺参	*Morina chinensis*		
2308			白花刺参	*Morina nepalensis* var. *alba*		
2309		翼首花属	匙叶翼首花☆	*Pterocephalus hookeri*		
2310		蓝盆花属	华北蓝盆花	*Scabiosa tschiliensis*		
2311		双参属	双参☆	*Triplostegia glandulifera*		
2312	桔梗科	沙参属	华东杏叶沙参	*Adenophora hunanensis*		
2313			细叶沙参	*Adenophora paniculata*		
2314			狭叶沙参	*Adenophora stenophylla*		
2315			沙参	*Adenophora stricta*		
2316			轮叶沙参	*Adenophora tetraphylla*		
2317			锯齿沙参☆	*Adenophora tricuspidata*		
2318		风铃草属	西南风铃草	*Campanula colorata*		
2319			紫斑风铃草☆	*Campanula punctata*		
2320		党参属	管钟党参☆	*Codonopsis bulleyana*		
2321		蓝钟花属	蓝钟花	*Cyananthus hookeri*		
2322			灰毛蓝钟花☆	*Cyananthus incanus*		
2323			胀萼蓝钟花☆	*Cyananthus inflatus*		
2324		半边莲属	半边莲☆	*Lobelia chinensis*		
2325			密毛山梗菜	*Lobelia clavata*		
2326			江南山梗菜	*Lobelia davidii*		
2327			毛萼山梗菜☆	*Lobelia pleotricha* var. *pleotricha*		
2328			西南山梗菜☆	*Lobelia seguinii*		
2329			山梗菜☆	*Lobelia sessilifolia*		
2330		铜锤玉带属	铜锤玉带草	*Pratia nummularia*		
2331		蓝花参属	蓝花参	*Wahlenbergia marginata*		
2332	草海桐科	草海桐属	草海桐	*Scaevola sericea*		
2333	菊科	刺苞果属	刺苞果☆	*Acanthospermum hispidum*		
2334		蓍属	齿叶蓍☆	*Achillea acuminata*		
2335			亚洲蓍☆	*Achillea asiatica*		
2336			蓍☆	*Achillea millefolium*		
2337			短瓣蓍☆	*Achillea ptarmicoides*		
2338			云南蓍	*Achillea wilsoniana*		
2339		顶羽菊属	顶羽菊	*Acroptilon repens*		
2340		和尚菜属	和尚菜☆	*Adenocaulon himalaicum*		

（续）

序号	科	属	种		生活型	外来
			中文名	拉丁名		
2341	菊科	下田菊属	下田菊☆	*Adenostemma lavenia*		
2342		假藿香蓟属	紫茎泽兰○	*Ageratina adenophora*		
2343		藿香蓟属	藿香蓟	*Ageratum conyzoides*		
2344			熊耳草	*Ageratum houstonianum*		
2345		兔儿风属	杏香兔儿风	*Ainsliaea fragrans*		
2346			光叶兔儿风	*Ainsliaea glabra*		
2347			粗齿兔儿风	*Ainsliaea grossedentata*		
2348			长穗兔儿风	*Ainsliaea henryi*		
2349			宽叶兔儿风	*Ainsliaea latifolia* var. *latifolia*		
2350			灯台兔儿风	*Ainsliaea macroclinidioides*		
2351			云南兔儿风	*Ainsliaea yunnanensis*		
2352		亚菊属	灌木亚菊	*Ajania fruticulosa*		
2353			铺散亚菊	*Ajania khartensis*		
2354			亚菊	*Ajania pallasiana*		
2355			细裂亚菊	*Ajania przewalskii*		
2356			柳叶亚菊	*Ajania salicifolia*		
2357			细叶亚菊	*Ajania tenuifolia*		
2358		豚草属	豚草	*Ambrosia artemisiifolia*		
2359			三裂叶豚草	*Ambrosia trifida*		
2360		香青属	黄腺香青	*Anaphalis aureo-punctata*		
2361			二色香青	*Anaphalis bicolor*		
2362			蛛毛香青	*Anaphalis busua*		
2363			中甸香青☆	*Anaphalis chungtienensis*		
2364			萎软香青☆	*Anaphalis flaccida*		
2365			淡黄香青	*Anaphalis flavescens*		
2366			乳白香青☆	*Anaphalis lactea*		
2367			珠光香青	*Anaphalis margaritacea*		
2368			尼泊尔香青	*Anaphalis nepalensis*		
2369			红指香青☆	*Anaphalis rhododactyla*		
2370			香青☆	*Anaphalis sinica*		
2371		牛蒡属	牛蒡	*Arctium lappa*		
2372		木茼蒿属	木茼蒿	*Argyranthemum frutescens*		
2373		蒿属	中亚苦蒿	*Artemisia absinthium*		
2374			阿克塞蒿	*Artemisia aksaiensis*		
2375			碱蒿☆	*Artemisia anethifolia*		

（续）

序号	科	属	种		生活型	外来
			中文名	拉丁名		
2376	菊科	蒿属	莳萝蒿☆	*Artemisia anethoides*		
2377			黄花蒿☆	*Artemisia annua*		
2378			奇蒿	*Artemisia anomala*		
2379			艾	*Artemisia argyi*		
2380			暗绿蒿	*Artemisia atrovirens*		
2381			山蒿	*Artemisia brachyloba*		
2382			茵陈蒿☆	*Artemisia capillaries*		
2383			青蒿☆	*Artemisia carvifolia*		
2384			米蒿	*Artemisia dalailamae*		
2385			沙蒿	*Artemisia desertorum*		
2386			牛尾蒿	*Artemisia dubia*		
2387			南牡蒿	*Artemisia eriopoda*		
2388			冷蒿	*Artemisia frigida*		
2389			滨蒿☆	*Artemisia fukudo*		
2390			华北米蒿	*Artemisia giraldii*		
2391			万年蒿	*Artemisia gmelini*		
2392			盐蒿	*Artemisia halodendron*		
2393			臭蒿☆	*Artemisia hedinii*		
2394			歧茎蒿	*Artemisia igniaria*		
2395			五月艾	*Artemisia indica*		
2396			柳叶蒿☆	*Artemisia integrifolia*		
2397			牡蒿☆	*Artemisia japonica*		
2398			山艾	*Artemisia kawakamii*		
2399			沙地蒿	*Artemisia klementze*		
2400			白苞蒿	*Artemisia lactiflora*		
2401			矮蒿	*Artemisia lancea*		
2402			野艾蒿☆	*Artemisia lavandulaefolia*		
2403			白叶蒿☆	*Artemisia leucophylla*		
2404			粘毛蒿	*Artemisia mattfeldii*		
2405			蒙古蒿	*Artemisia mongolica*		
2406			黑沙蒿	*Artemisia ordosica*		
2407			光沙蒿☆	*Artemisia oxycephala*		
2408			黑蒿☆	*Artemisia palustris*		
2409			魁蒿	*Artemisia princeps*		
2410			柔毛蒿☆	*Artemisia pubescens*		

（续）

序号	科	属	种		生活型	外来
			中文名	拉丁名		
2411	菊科	蒿属	秦岭蒿	*Artemisia qinligensis*		
2412			粗茎蒿☆	*Artemisia robusta*		
2413			灰苞蒿☆	*Artemisia roxburghiana*		
2414			红足蒿☆	*Artemisia rubripes*		
2415			香叶蒿	*Artemisia rutifolia*		
2416			白莲蒿	*Artemisia sacrorum*		
2417			猪毛蒿	*Artemisia scoparia*		
2418			蒌蒿☆	*Artemisia selengensis*		
2419			白蒿	*Artemisia sieversiana*		
2420			线叶蒿☆	*Artemisia subulata*		
2421			阴地蒿	*Artemisia sylvatica*		
2422			川藏蒿☆	*Artemisia tainingensis*		
2423			裂叶蒿☆	*Artemisia tanacetifolia*		
2424			甘青蒿☆	*Artemisia tangutica*		
2425			湿地蒿☆	*Artemisia tournefortiana*		
2426			黄毛蒿	*Artemisia velutina*		
2427			辽东蒿☆	*Artemisia verbenacea*		
2428			南艾蒿	*Artemisia verlotorum*		
2429			毛莲蒿☆	*Artemisia vestita*		
2430			林艾蒿	*Artemisia viridissima*		
2431			藏龙蒿☆	*Artemisia waltonii*		
2432			内蒙古旱蒿	*Artemisia xerophytica*		
2433			藏白蒿	*Artemisia younghusbandii*		
2434		紫菀属	三脉紫菀☆	*Aster ageratoides*		
2435			小舌紫菀	*Aster albescens*		
2436			高山紫菀	*Aster alpinus*		
2437			耳叶紫菀	*Aster auriculatus*		
2438			长叶紫菀☆	*Aster dolichophyllus*		
2439			湿生紫菀☆	*Aster limosus*		
2440			圆苞紫菀☆	*Aster maackii*		
2441			川鄂紫菀☆	*Aster moupinsensis*		
2442			亮叶紫菀	*Aster nitidus*		
2443			美国紫菀○	*Aster novae-angliae*		
2444			石生紫菀	*Aster oreophilus*		
2445			琴叶紫菀☆	*Aster panduratus*		

(续)

序号	科	属	种		生活型	外来
			中文名	拉丁名		
2446	菊科	紫菀属	夏威夷紫菀○	*Aster sandwicensis*		
2447			缘毛紫菀☆	*Aster souliei*		
2448			钻叶紫菀	*Aster subulatus*		
2449			紫菀☆	*Aster tataricus*		
2450			东俄洛紫菀☆	*Aster tongolensis*		
2451		紫菀木属	中亚紫菀木	*Asterothamnus centrali – asiaticus*		
2452		苍术属	苍术	*Atractylodes lancea*		
2453		鬼针草属	婆婆针	*Bidens bipinnata*		
2454			金盏银盘	*Bidens biternata*		
2455			柳叶鬼针草☆	*Bidens cernua*		
2456			大狼杷草☆	*Bidens frondosa*		
2457			小花鬼针草☆	*Bidens parviflora*		
2458			三叶鬼针草	*Bidens pilosa*		
2459			狼杷草☆	*Bidens tripartita*		
2460		金盏花属	金盏菊	*Calendula officinalis*		
2461		飞廉属	节毛飞廉☆	*Carduus acanthoides*		
2462			丝毛飞廉☆	*Carduus crispus*		
2463			飞廉	*Carduus nutans*		
2464		天名精属	天名精☆	*Carpesium abrotanoides*		
2465			烟管头草	*Carpesium cernuum*		
2466			金挖耳	*Carpesium divaricatum*		
2467			贵州天名精	*Carpesium faberi*		
2468			大花金挖耳	*Carpesium macrocephalum*		
2469			四川天名精	*Carpesium szechuanense*		
2470		矢车菊属	矢车菊	*Centaurea cyanus*		
2471		石胡荽属	石胡荽	*Centipeda minima*		
2472		沙苦荬属	沙苦荬菜	*Chorisis repens*		
2473		茼蒿属	茼蒿	*Glebionis coronaria*		
2474		菊苣属	栽培菊苣	*Cichorium endivia*		
2475			菊苣☆	*Cichorium intybus*		
2476		蓟属	刺盖草	*Cirsium bracteiferum*		
2477			两面蓟	*Cirsium chlorolepis*		
2478			贡山蓟☆	*Cirsium eriophoroides*		
2479			莲座蓟☆	*Cirsium esculentum*		
2480			灰蓟	*Cirsium griseum*		

（续）

序号	科	属	种		生活型	外来
			中文名	拉丁名		
2481	菊科	蓟属	骆骑	*Cirsium handelii*		
2482			刺苞蓟☆	*Cirsium henryi*		
2483			蓟☆	*Cirsium japonicum*		
2484			藏蓟☆	*Cirsium lanatum*		
2485			魁蓟☆	*Cirsium leo*		
2486			丽江蓟☆	*Cirsium lidjiangense*		
2487			野蓟☆	*Cirsium maackii*		
2488			马刺蓟	*Cirsium monocephalum*		
2489			烟管蓟☆	*Cirsium pendulum*		
2490			新疆蓟☆	*Cirsium semenovii*		
2491			刺儿菜☆	*Cirsium setosum*		
2492			牛口刺☆	*Cirsium shansiense*		
2493			葵花大蓟☆	*Cirsium souliei*		
2494		白酒草属	一枝蒿	*Conyza blinii*		
2495			香丝草	*Conyza bonariensis*		
2496			小蓬草	*Conyza canadensis*		
2497			白酒草	*Conyza japonica*		
2498			苏门白酒草	*Conyza sumatrensis*		
2499		金鸡菊属	大花金鸡菊	*Coreopsis grandiflora*		
2500			线叶金鸡菊	*Coreopsis lanceolata*		
2501		秋英属	秋英	*Cosmos bipinnatus*		
2502		山芫荽属	芫荽菊☆	*Cotula anthemoides*		
2503		野茼蒿属	野茼蒿☆	*Crassocephalum crepidioides*		
2504			蓝花野茼蒿○	*Crassocephalum rubens*		
2505		垂头菊属	狭叶垂头菊☆	*Cremanthodium angustifolium*		
2506			褐毛垂头菊☆	*Cremanthodium brunneo－pilosum*		
2507			珠芽垂头菊☆	*Cremanthodium bulbilliferum*		
2508			柴胡叶垂头菊☆	*Cremanthodium bupleurifolium*		
2509			钟花垂头菊☆	*Cremanthodium campanulatum*		
2510			喜马拉雅垂头菊☆	*Cremanthodium decaisnei*		
2511			细裂垂头菊☆	*Cremanthodium dissectum*		
2512			车前状垂头菊☆	*Cremanthodium ellisii*		
2513			条叶垂头菊☆	*Cremanthodium lineare*		
2514			侧茎垂头菊○	*Cremanthodium pleurocaule*		
2515			垂头菊☆	*Cremanthodium reniforme*		

（续）

序号	科	属	种		生活型	外来
			中文名	拉丁名		
2516	菊科	垂头菊属	红花垂头菊☆	*Cremanthodium rhodocephalum*		
2517		假还阳参属	滨海假还阳参	*Crepidiastrum lanceolatum*		
2518		还阳参属	藏滇还阳参☆	*Crepis elongata*		
2519			万丈深	*Crepis phoenix*		
2520			还阳参☆	*Crepis rigescens*		
2521		芙蓉菊属	芙蓉菊	*Crossostephium chinensis*		
2522		菊属	小红菊☆	*Chrysanthemum chanetii*		
2523			野菊☆	*Chrysanthemum indicum*		
2524			毛华菊	*Chrysanthemum vestitum*		
2525			紫花野菊☆	*Chrysanthemum zawadskii*		
2526		鱼眼草属	鱼眼草☆	*Dichrocephala integrifolia*		
2527			小鱼眼草☆	*Dichrocephala benthamii*		
2528		多榔菊属	狭舌多榔菊☆	*Doronicum stenoglossum*		
2529		蓝刺头属	蓝刺头	*Echinops latifolius*		
2530		鳢肠属	鳢肠☆	*Eclipta prostrata*		
2531		地胆草属	白花地胆草	*Elephantopus tomentosus*		
2532			地胆草	*Elephantopus scaber*		
2533		一点红属	一点红	*Emilia sonchifolia*		
2534		沼菊属	沼菊☆	*Enydra fluctuans*		
2535		球菊属	球菊	*Epaltes australis*		
2536		飞蓬属	飞蓬☆	*Erigeron acer*		
2537			一年蓬	*Erigeron annuus*		
2538			短葶飞蓬☆	*Erigeron breviscapus*		
2539			长茎飞蓬☆	*Erigeron elongatus*		
2540			费城飞蓬○	*Erigeron philadephicus*		
2541		泽兰属	多须公	*Eupatorium chinense*		
2542			异叶泽兰☆	*Eupatorium heterophyllum*		
2543			白头婆☆	*Eupatorium japonicum*		
2544			林泽兰☆	*Eupatorium lindleyanum*		
2545			飞机草	*Eupatorium odoratum*		
2546		花佩菊属	花佩菊	*Faberia sinensis*		
2547		线叶菊属	线叶菊	*Filifolium sibiricum*		
2548		天人菊属	天人菊	*Gaillardia pulchella*		
2549		牛膝菊属	牛膝菊☆	*Galinsoga parviflora*		
2550			粗毛牛膝菊	*Galinsoga quadriradiata*		

（续）

序号	科	属	种		生活型	外来
			中文名	拉丁名		
2551	菊科	大丁草属	大丁草	*Gerbera anandria*		
2552		鼠麹草属	宽叶鼠麹草	*Gnaphalium adnatum*		
2553			鼠麹草☆	*Gnaphalium affine*		
2554			秋鼠麹草	*Gnaphalium hypoleucum*		
2555			细叶鼠麹草	*Gnaphalium japonicum*		
2556			丝棉草	*Gnaphalium luteo – album*		
2557		田基黄属	田基黄☆	*Grangea maderaspatana*		
2558		裸菀属	裸菀	*Gymnaster piccolii*		
2559		菊三七属	木耳菜	*Gynura cusimbua*		
2560		向日葵属	向日葵	*Helianthus annuus*		
2561			菊芋	*Helianthus tuberosus*		
2562		泥胡菜属	泥胡菜	*Hemistepta lyrata*		
2563		狗娃花属	阿尔泰狗娃花	*Heteropappus altaicus*		
2564			普陀狗哇花	*Heteropappus arenarius*		
2565			青藏狗娃花	*Heteropappus bowerii*		
2566			狗娃花	*Heteropappus hispidus*		
2567			砂狗哇花	*Heteropappus Meyendorffii*		
2568		河西菊属	河西菊	*Hexinia polydichotoma*		
2569		山柳菊属	全光菊	*Hieracium hololeion*		
2570			粗毛山柳菊	*Hieracium virosum*		
2571		猫儿菊属	猫儿菊	*Hypochaeris ciliata*		
2572		旋覆花属	欧亚旋覆花☆	*Inula britanica*		
2573			里海旋覆花☆	*Inula caspica*		
2574			水朝阳旋覆花☆	*Inula helianthus-aquatica*	湿生	
2575			旋覆花☆	*Inula japonica*		
2576			线叶旋覆花☆	*Inula lineariifolia*		
2577			亚洲旋覆花☆	*Inula salicina* var. *asiatiaca*		
2578			蓼子朴	*Inula salsoloides*		
2579		小苦荬属	狭叶小苦荬○	*Ixeridium beauverdianum*		
2580			细叶小苦荬☆	*Ixeridium gracile*		
2581			抱茎小苦荬	*Ixeridium sonchifolium*		
2582		苦荬菜属	中华苦荬菜○	*Ixeris chinensis*		
2583			剪刀股	*Ixeris japonica*		
2584			苦荬菜☆	*Ixeris polycephala*		
2585		马兰属	裂叶马兰☆	*Kalimeris incisa*		

（续）

序号	科	属	种		生活型	外来
			中文名	拉丁名		
2586	菊科	马兰属	马兰	*Kalimeris indica*		
2587			全叶马兰	*Kalimeris integrifolia*		
2588			山马兰	*Kalimeris lautureana*		
2589			毡毛马兰	*Kalimeris shimadai*		
2590		花花柴属	花花柴☆	*Karelinia caspia*		
2591		毛鳞菊属	细莴苣☆	*Melanoseris graciliflora*		
2592		莴苣属	莴苣	*Lactuca sativa*		
2593			野莴苣	*Lactuca seriola*		
2594			北山莴苣☆	*Lactuca sibirica*		
2595			飘带莴苣	*Lactuca undulate*		
2596		六棱菊属	六棱菊	*Laggera alata*		
2597			翼齿六棱菊	*Laggera pterodonta*		
2598		稻槎菜属	稻槎菜	*Lapsana apogonoides*		
2599		火绒草属	松毛火绒草	*Leontopodium andersonii*		
2600			艾叶火绒草☆	*Leontopodium artemisiifolium*		
2601			短星火绒草	*Leontopodium brachyactis*		
2602			美头火绒草☆	*Leontopodium calocephalum*		
2603			山野火绒草	*Leontopodium campestre*		
2604			薄雪火绒草	*Leontopodium japonicum*		
2605			火绒草	*Leontopodium leontopodioides*		
2606			长叶火绒草	*Leontopodium longifolium*		
2607			矮火绒草☆	*Leontopodium nanum*		
2608			弱小火绒草☆	*Leontopodium pusilum*		
2609			华火绒草☆	*Leontopodium sinense*		
2610			绢茸火绒草	*Leontopodium smithianum*		
2611			毛香火绒草☆	*Leontopodium stracheyi*		
2612			钻叶火绒草☆	*Leontopodium subulatum*		
2613		橐吾属	浅苞橐吾☆	*Ligularia cyathiceps*		
2614			舟叶橐吾☆	*Ligularia cymbulifera*		
2615			齿叶橐吾☆	*Ligularia dentata*		
2616			蹄叶橐吾☆	*Ligularia fischeri*		
2617			隐舌橐吾☆	*Ligularia franchetiana*		
2618			鹿蹄橐吾☆	*Ligularia hodgsonii*		
2619			狭苞橐吾☆	*Ligularia intermedia*		
2620			丽江橐吾☆	*Ligularia lidjiangensis*		

（续）

序号	科	属	种		生活型	外来
			中文名	拉丁名		
2621	菊科	橐吾属	全缘橐吾☆	*Ligularia mongolica*		
2622			莲叶橐吾☆	*Ligularia nelumbifolia*		
2623			疏舌橐吾☆	*Ligularia oligonema*		
2624			侧茎橐吾☆	*Ligularia pleurocaulis*		
2625			掌叶橐吾☆	*Ligularia przewalskii*		
2626			褐毛橐吾☆	*Ligularia purdomii*		
2627			箭叶橐吾☆	*Ligularia sagitta*		
2628			橐吾☆	*Ligularia sibirica*		
2629			窄头橐吾☆	*Ligularia stenocephala*		
2630			纤细橐吾☆	*Ligularia tenuicaulis*		
2631			簇梗橐吾☆	*Ligularia tenuipes*		
2632			东俄洛橐吾☆	*Ligularia tongolensis*		
2633			苍山橐吾☆	*Ligularia tsangchanensis*		
2634			黄帚橐吾☆	*Ligularia virgaurea*		
2635			云南橐吾☆	*Ligularia yunnanensis*		
2636		假泽兰属	薇甘菊○	*Mikania micrantha*		
2637		乳苣属	乳苣☆	*Mulgedium tataricum*		
2638		粘冠草属	圆舌粘冠草☆	*Myriactis nepalensis*		
2639			粘冠草☆	*Myriactis wightii*		
2640		蚂蚱腿子属	蚂蚱腿子	*Myripnois dioica*		
2641		栉叶蒿属	栉叶蒿	*Neopallas pectinata*		
2642		大翅蓟属	大翅蓟☆	*Onopordum acanthium*		
2643		太行菊属	太行菊	*Opisthopappus taihangensis*		
2644		黄瓜菜属	黄瓜菜	*Paraixeris denticulata*		
2645			羽裂黄瓜菜	*Paraixeris pinnatipartita*		
2646		假福王草属	假福王草	*Paraprenanthes sororia*		
2647		蟹甲草属	兔儿风花蟹甲草	*Parasenecio ainsliaeflora*		
2648			三角叶蟹甲草	*Parasenecio deltophyllus*		
2649			山尖子	*Parasenecio hastatus*		
2650			丽江蟹甲草	*Parasenecio lidjiangensis*		
2651			掌裂蟹甲草	*Parasenecio palmatisectus*		
2652			深山蟹甲草	*Parasenecio profundorum*		
2653			中华蟹甲草	*Parasenecio sinicus*		
2654		银胶菊属	银胶菊	*Parthenium hysterophorus*		
2655		蜂斗菜属	蜂斗菜	*Petasites japonicus*		

（续）

序号	科	属	种		生活型	外来
			中文名	拉丁名		
2656	菊科	毛连菜属	毛连菜	*Picris hieracioides*		
2657			日本毛连菜☆	*Picris japonica*		
2658		阔苞菊属	阔苞菊☆	*Pluchea indica*	红树	
2659			光梗阔苞菊☆	*Pluchea pteropoda*	红树	
2660		假臭草属	假臭草○	*Praxelis clematidea*		
2661		翅果菊属	台湾翅果菊	*Pterocypsela formosana*		
2662			翅果菊☆	*Pterocypsela indica*		
2663			多裂翅果菊	*Pterocypsela laciniata*		
2664		蚤草属	蚤草	*Pulicaria prostrata*		
2665		匹菊属	川西小黄菊☆	*Pyrethrum tatsienense*		
2666		秋分草属	秋分草☆	*Rhynchospermum verticillatum*		
2667		金光菊属	黑心金光菊☆	*Rudbeckia hirta*		
2668			金光菊☆	*Rudbeckia laciniata*		
2669		风毛菊属	翼茎风毛菊☆	*Saussurea alata*		
2670			草地风毛菊☆	*Saussurea amara*		
2671			龙江风毛菊☆	*Saussurea amurensis*		
2672			百裂风毛菊	*Saussurea centiloba*		
2673			京风毛菊☆	*Saussurea chinnampoensis*		
2674			达乌里风毛菊☆	*Saussurea davurica*		
2675			雪兔子○	*Saussurea gassypiphora*		
2676			鼠麴雪兔子	*Saussurea gnaphalodes*		
2677			长毛风毛菊	*Saussurea hieracioides*		
2678			紫苞雪莲☆	*saussurea iodostegia*		
2679			风毛菊☆	*Saussurea japonica*		
2680			齿叶风毛菊	*Saussurea japoniea*		
2681			裂叶风毛菊☆	*Saussurea laciniata*		
2682			横断山风毛菊	*Saussurea leontodontoides*		
2683			羽叶风毛菊☆	*Saussurea maximowiczii*		
2684			截叶风毛菊	*Saussurea merinoi*		
2685			钝苞雪莲☆	*Saussurea nigrescens*		
2686			美花风毛菊☆	*Saussurea pulchella*		
2687			美丽风毛菊	*Saussurea pulchra*		
2688			紫苞风毛菊	*Saussurea purpurascens*		
2689			倒羽叶风毛菊☆	*Saussurea runcinata*		
2690			盐地风毛菊☆	*Saussurea salsa*		

（续）

序号	科	属	种		生活型	外来
			中文名	拉丁名		
2691	菊科	风毛菊属	披针叶风毛菊	*Saussurea souliei*		
2692			星状雪兔子☆	*Saussurea stella*		
2693			打箭风毛菊	*Saussurea tatsienensis*		
2694			西藏风毛菊☆	*Saussurea tibetica*		
2695		鸦葱属	华北鸦葱	*Scorzonera albicaulis*		
2696			鸦葱☆	*Scorzonera austriaca*		
2697			拐轴鸦葱	*Scorzonera divaricata*		
2698			蒙古鸦葱☆	*Scorzonera mongolica*		
2699		千里光属	湖南千里光☆	*Senecio actinotus*		
2700			麻叶千里光	*Senecio cannabifolius*		
2701			新疆千里光	*Senecio jacobaea*		
2702			菊状千里光	*Senecio laetus*		
2703			林荫千里光☆	*Senecio nemorensis*		
2704			多肉千里光	*Senecio pseudoarnica*		
2705			千里光☆	*Senecio scandens*		
2706			天山千里光☆	*Senecio tianshanicus*		
2707			欧洲千里光	*Senecio vulgaris*		
2708		麻花头属	麻花头☆	*Serratula centauroides*		
2709			多花麻花头	*Serratula polycephala*		
2710		虾须草属	虾须草☆	*Sheareria nana*		
2711		豨莶属	豨莶	*Siegesbeckia orientalis*		
2712			腺梗豨莶☆	*Siegesbeckia pubescens*		
2713		华蟹草属	华蟹甲草☆	*Sinacalia tangutica*		
2714		蒲儿根属	蒲儿根	*Sinosenecio oldhamianus*		
2715		一枝黄花属	加拿大一枝黄花	*Solidago canadensis*		
2716			一枝黄花	*Solidago decurrens*		
2717		裸柱菊属	裸柱菊	*Soliva anthemifolia*		
2718		苦苣菜属	苣荬菜☆	*Sonchus arvensis*		
2719			花叶滇苦菜☆	*Sonchus asper*		
2720			长裂苦苣菜☆	*Sonchus brachyotus*		
2721			苦苣菜☆	*Sonchus oleraceus*		
2722			沼生苦苣菜☆	*Sonchus palustris*		
2723			短裂苦苣菜	*Sonchus uliginosus*		
2724		金钮扣属	金钮扣☆	*Spilanthes paniculata*		
2725		漏芦属	鹿草☆	*Stemmacantha carthamoides*		

（续）

序号	科	属	种		生活型	外来
			中文名	拉丁名		
2726	菊科	漏芦属	漏芦	*Stemmacantha uniflora*		
2727		兔儿伞属	兔儿伞	*Syneilesis aconitifolia*		
2728		合耳菊属	心叶合耳菊	*Synotis cordifolia*		
2729		山牛蒡属	山牛蒡☆	*Synurus deltoides*		
2730		万寿菊属	万寿菊	*Tagetes erecta*		
2731			孔雀草	*Tagetes patula*		
2732		菊蒿属	菊蒿☆	*Tanacetum vulgare*		
2733		蒲公英属	华蒲公英☆	*Taraxacum borealisinense*		
2734			芥叶蒲公英☆	*Taraxacum brassicaefplium*		
2735			粉绿蒲公英☆	*Taraxacum dealbatum*		
2736			多裂蒲公英☆	*Taraxacum dissectum*		
2737			小叶蒲公英☆	*Taraxacum goloskokovii*		
2738			白花蒲公英☆	*Taraxacum leucanthum*		
2739			辽东蒲公英	*Taraxacum liaotungense*		
2740			小果蒲公英☆	*Taraxacum lipskyi*		
2741			川甘蒲公英☆	*Taraxacum lugubre*		
2742			红角蒲公英☆	*Taraxacum luridum*		
2743			灰果蒲公英☆	*Taraxacum maurocarpum*		
2744			蒲公英☆	*Taraxacum mongolicum*		
2745			多葶蒲公英☆	*Taraxacum multiscaposum*		
2746			药蒲公英☆	*Taraxacum officinale*		
2747			东北蒲公英	*Taraxacum ohwianum*		
2748			白缘蒲公英☆	*Taraxacum platypecidum*		
2749			葱岭蒲公英☆	*Taraxacum pseudominutilobum*		
2750			斑叶蒲公英☆	*Taraxacum variegatum*		
2751		狗舌草属	狗舌草☆	*Tephroseris kirilowii*		
2752			湿生狗舌草☆	*Tephroseris palustris*		
2753			黔狗舌草☆	*Tephroseris pseudosonchus*		
2754		肿柄菊属	肿柄菊	*Tithonia diversifolia*		
2755		羽芒菊属	羽芒菊	*Tridax procumbens*		
2756		碱菀属	碱菀☆	*Tripolium vulgare*		
2757		女菀属	女菀	*Turczaninowia fastigiata*		
2758		款冬属	款冬☆	*Tussilago farfara*		
2759		斑鸠菊属	斑鸠菊	*Vernonia esculenta*		
2760			大叶斑鸠菊	*Vernonia volkameriifolia*		

（续）

序号	科	属	种		生活型	外来
			中文名	拉丁名		
2761	菊科	蟛蜞菊属	蟛蜞菊☆	*Wedelia chinensis*		
2762		苍耳属	偏基苍耳	*Xanthium inaequilaterum*		
2763			意大利苍耳○	*Xanthium italicum*		
2764			苍耳	*Xanthium sibiricum*		
2765			刺苍耳○	*Xanthium spinosum*		
2766		黄鹌菜属	红果黄鹌菜	*Youngia erythrocarpa*		
2767			黄鹌菜☆	*Youngia japonica*		
2768			碱黄鹌菜☆	*Youngia stenoma*		
2769		百日菊属	百日菊	*Zinnia elegans*		
2770	泽泻科	泽泻属	窄叶泽泻☆	*Alisma canaliculatum*	水生	
2771			草泽泻☆	*Alisma gramineum*	水生	
2772			东方泽泻☆	*Alisma orientale*	水生	
2773			膜果泽泻☆	*Alisma lanceolatum*		
2774			小泽泻 ☆	*Alisma nanum*		
2775			泽泻☆	*Alisma plantago-aquatica*	水生	
2776		泽薹草属	宽叶泽薹草☆	*Caldesia grandis*	水生	
2777			泽薹草☆	*Caldesia parnassifolia*	水生	
2778		慈姑属	冠果草☆	*Sagittaria guyanensis*	浮叶	
2779			高原慈姑☆	*Sagittaria altigena*		
2780			利川慈姑☆	*Sagittaria lichuanensis*		
2781			腾冲慈姑☆	*Sagittaria tengtsungensis*		
2782			浮叶慈姑☆	*Sagittaria natans*	浮叶	
2783			小慈姑☆	*Sagittaria potamogetifola*	水生	
2784			矮慈姑☆	*Sagittaria pygmaea*	水生	
2785			欧洲慈姑☆	*Sagittaria sagittifolia*	水生	
2786			野慈姑☆	*Sagittaria trifolia*	水生	
2787			剪刀草☆	*Sagittaria trifolia* var. *longiloba*	水生	
2788			慈姑☆	*Sagittaria trifolia* var. *sinensis*	水生	
2789	花蔺科	花蔺属	花蔺☆	*Butomus umbellatus*	水生	
2790		黄花蔺属	黄花蔺☆	*Limnocharis flava*	水生	
2791	水鳖科	水筛属	有尾水筛	*Blyxa echinosperma*	沉水	
2792			无尾水筛☆	*Blyxa aubertii*		
2793			光滑水筛 ☆	*Blyxa leiosperma*		
2794			八药水筛☆	*Blyxa octandra*		
2795			水筛☆	*Blyxa japonica*	沉水	

（续）

序号	科	属	种		生活型	外来
			中文名	拉丁名		
2796	水鳖科	水蕴草属	伊乐藻○	*Elodea nuttallii*	沉水	外来
2797		海菖蒲属	海菖蒲☆	*Enhalus acoroides*	沉水	
2798		喜盐草属	喜盐草☆	*Halophila ovalis*	沉水	
2799			贝克喜盐草☆	*Halophila beccarii*		
2800			小喜盐草☆	*Halophila minor*		
2801		黑藻属	黑藻☆	*Hydrilla verticillata*	沉水	
2802			罗氏黑藻☆	*Hydrilla verticillata* var. *roxburghii*	沉水	
2803		水鳖属	水鳖☆	*Hydrocharis dubia*	漂浮	
2804		水车前属	海菜花☆	*Ottelia acuminata*	沉水	
2805			水菜花☆	*Ottelia cordata*		
2806			出水水菜花☆	*Ottelia emersa*		
2807			波叶海菜花☆	*Ottelia acuminata* var. *crispa*	沉水	
2808			靖西海菜花☆	*Ottelia acuminata* var. *jingxiensis*	沉水	
2809			龙舌草☆	*Ottelia alismoides*	沉水	
2810			贵州水车前☆	*Ottelia sinensis*	沉水	
2811		泰来藻属	泰来藻☆	*Thalassia hemperichii*	沉水	
2812		苦草属	密刺苦草☆	*Vallisneria denseserrulata*	沉水	
2813			苦草☆	*Vallisneria natans*	沉水	
2814			刺苦草☆	*Vallisneria spinulosa*	沉水	
2815	水蕹科	水蕹属	水蕹☆	*Aponogeton lakhonensis*	沉水	
2816	眼子菜科	二药藻属	羽叶二药藻☆	*Halodule pinifolia*	沉水	
2817			二药藻☆	*Halodule unibervis*	沉水	
2818		眼子菜属	菹草☆	*Potamogeton crispus*	沉水	
2819			鸡冠眼子菜☆	*Potamogeton cristatus*	沉水	
2820			眼子菜☆	*Potamogeton distinctus*	沉水	
2821			丝叶眼子菜☆	*Potamogeton filiformis*	沉水	
2822			扁茎眼子菜☆	*Potamogeton filiformis* var. *applanatus*	沉水	
2823			禾叶眼子菜☆	*Potamogeton gramineus*	沉水	
2824			异叶眼子菜☆	*Potamogeton heterophyllus*	沉水	
2825			光叶眼子菜☆	*Potamogeton lucens*	沉水	
2826			微齿眼子菜☆	*Potamogeton maackianus*	沉水	
2827			竹叶眼子菜☆	*Potamogeton malaianus*	沉水	
2828			浮叶眼子菜☆	*Potamogeton natans*	沉水	
2829			小节眼子菜☆	*Potamogeton nodosus*	沉水	
2830			钝叶眼子菜☆	*Potamogeton obtusifolius*	沉水	

（续）

序号	科	属	种		生活型	外来
			中文名	拉丁名		
2831	眼子菜科	眼子菜属	南方眼子菜☆	*Potamogeton octandrus*	沉水	
2832			尖叶眼子菜☆	*Potamogeton oxyphyllus*	沉水	
2833			篦齿眼子菜☆	*Potamogeton pectinatus*	沉水	
2834			铺散眼子菜☆	*Potamogeton pectinatus* var. *diffuses*	沉水	
2835			穿叶眼子菜☆	*Potamogeton perfoliatus*	沉水	
2836			小眼子菜☆	*Potamogeton pusillus*	沉水	
2837		虾海藻属	红纤维虾海藻☆	*Phyllospadix iwatensis*		
2838			黑纤维虾海藻☆	*Phyllospadix japonica*		
2839		川蔓藻属	川蔓藻☆	*Ruppia maritima*	沉水	
2840		针叶藻属	针叶藻☆	*Syringodium isoetifolium*	沉水	
2841		大叶藻属	矮大叶藻☆	*Zostera japonica*	沉水	
2842			大叶藻☆	*Zostera marina*	沉水	
2843			宽叶大叶藻☆	*Zostera asiatica*		
2844			丛生大叶藻☆	*Zostera caespitosa*		
2845			具茎大叶藻☆	*Zostera caulescens*		
2846	水麦冬科	水麦冬属	海韭菜☆	*Triglochin maritimum*	湿生	
2847			水麦冬☆	*Triglochin palustre*	湿生	
2848	冰沼草科	冰沼草属	冰沼草	*Scheuchzeria palustris*		
2849	茨藻科	丝粉藻属	丝粉藻☆	*Cymodocea rotundata*	沉水	
2850		茨藻属	弯果茨藻☆	*Najas ancistrocarpa*	沉水	
2851			多孔茨藻☆	*Najas foveolata*	沉水	
2852			纤细茨藻☆	*Najas gracillima*	沉水	
2853			草茨藻☆	*Najas graminea*	沉水	
2854			大茨藻☆	*Najas marina*	沉水	
2855			小茨藻☆	*Najas minor*	沉水	
2856			高雄茨藻☆	*Najas browniana*		
2857			澳古茨藻☆	*Najas oguraensis*		
2858			东方茨藻☆	*Najas orientalis*	沉水	
2859		角果藻属	角果藻☆	*Zannichellia palustris*	沉水	
2860	百合科	粉条儿菜属	高山粉条儿菜	*Aletris alpestris*		
2861			少花粉条儿菜☆	*Aletris pauciflora*		
2862			短柄粉条儿菜	*Aletris scopulorum*		
2863			粉条儿菜	*Aletris spicata*		
2864		芦荟属	芦荟	*Aloe vera* var. *chinensis*		
2865		天门冬属	攀援天门冬	*Asparagus brachyphyllus*		

（续）

序号	科	属	种		生活型	外来
			中文名	拉丁名		
2866	百合科	天门冬属	天门冬	*Asparagus cochinchinensis*		
2867			戈壁天门冬	*Asparagus gobicus*		
2868			龙须菜	*Asparagus scoberioides*		
2869		蜘蛛抱蛋属	蜘蛛抱蛋	*Aspidistra elatior*		
2870		大百合属	荞麦叶大百合	*Cardiocrinum cathayanum*		
2871			大百合	*Cardiocrinum giganteum*		
2872		铃兰属	铃兰☆	*Convallaria majalis*		
2873		万寿竹属	万寿竹	*Disporum cantoniense*		
2874		萱草属	黄花菜	*Hemerocallis citrina*		
2875			北萱草☆	*Hemerocallis esculenta*		
2876			萱草	*Hemerocallis fulva*		
2877			北黄花菜☆	*Hemerocallis lilio-asphodelus*		
2878			折叶萱草☆	*Hemerocallis plicata*		
2879		肖菝葜属	短柱肖菝葜☆	*Heterosmilax yunnanensis*		
2880		玉簪属	紫萼	*Hosta ventricosa*		
2881		百合属	野百合☆	*Lilium brownii*		
2882			百合	*Lilium brownii* var. *viridulum*		
2883			条叶百合	*Lilium callosum*		
2884			毛百合☆	*Lilium dauricum*		
2885			湖北百合	*Lilium henryi*		
2886			卷丹☆	*Lilium lancifolium*		
2887			宜昌百合☆	*Lilium leucanthum*		
2888			山丹	*Lilium pumilum*		
2889		山麦冬属	山麦冬	*Liriope spicata*		
2890		舞鹤草属	舞鹤草	*Maianthemum bifolium*		
2891		假百合属	假百合☆	*Notholirion bulbuliferum*		
2892		沿阶草属	沿阶草☆	*Ophiopogon bodinieri*		
2893			棒叶沿阶草☆	*Ophiopogon clavatus*		
2894			麦冬☆	*Ophiopogon japonicus*		
2895			西南沿阶草	*Ophiopogon mairei*		
2896		重楼属	北重楼☆	*Paris verticillata*		
2897		黄精属	多花黄精	*Polygonatum cyrtonema*		
2898			玉竹	*Polygonatum odoratum*		
2899			点花黄精	*Polygonatum punctatum*		
2900			黄精	*Polygonatum sibiricum*		

（续）

序号	科	属	种		生活型	外来
			中文名	拉丁名		
2901	百合科	吉祥草属	吉祥草	*Reineckia carnea*		
2902		绵枣儿属	绵枣儿☆	*Scilla scilloides*		
2903		鹿药属	兴安鹿药	*Smilacina dahurica*		
2904			三叶鹿药	*Smilacina trifolia*		
2905		菝葜属	菝葜☆	*Smilax china*		
2906			柔毛菝葜☆	*Smilax chingii*		
2907			土茯苓☆	*Smilax glabra*		
2908			黑果菝葜	*Smilax glaucochina*		
2909			马甲菝葜	*Smilax lanceifolia*		
2910			小叶菝葜	*Smilax microphylla*		
2911			白背牛尾菜☆	*Smilax nipponica*		
2912			牛尾菜	*Smilax riparia*		
2913			短梗菝葜	*Smilax scobinicaulis*		
2914			鞘柄菝葜	*Smilax stans*		
2915			梵净山菝葜	*Smilax vanchingshanensis*		
2916		岩菖蒲属	岩菖蒲	*Tofieldia thibetica*		
2917		郁金香属	老鸦瓣	*Tulipa edulis*		
2918		藜芦属	兴安藜芦☆	*Veratrum dahuricum*		
2919			毛叶藜芦☆	*Veratrum grandiflorum*		
2920			藜芦☆	*Veratrum nigrum*		
2921		丫蕊花属	高山丫蕊花	*Ypsilandra alpinia*		
2922			小果丫蕊花☆	*Ypsilandra cavaleriei*		
2923			云南丫蕊花☆	*Ypsilandra yunnanensis*		
2924		丝兰属	凤尾丝兰○	*Yucca gloriosa*		
2925	石蒜科	龙舌兰属	龙舌兰	*Agave americana*		
2926			剑麻	*Agave sisalana*		
2927		仙茅属	大叶仙茅	*Curculigo capitulata*		
2928			仙茅	*Curculigo orchioides*		
2929		石蒜属	石蒜☆	*Lycoris radiata*		
2930			换锦花	*Lycoris sprengeri*		
2931	蒟蒻薯科	裂果薯属	裂果薯☆	*Schizocapsa plantaginea*		
2932	薯蓣科	薯蓣属	黄独☆	*Dioscorea bulbifera*		
2933			粘山药	*Dioscorea hemsleyi*		
2934			日本薯蓣☆	*Dioscorea japonica*		
2935			穿龙薯蓣☆	*Dioscorea nipponica*		

（续）

序号	科	属	种		生活型	外来
			中文名	拉丁名		
2936	薯蓣科	薯蓣属	薯蓣☆	*Dioscorea opposita*		
2937			褐苞薯蓣	*Dioscorea persimilis*		
2938			山萆薢	*Dioscorea tokoro*		
2939	雨久花科	凤眼蓝属	凤眼蓝☆	*Eichhornia crassipes*	漂浮	外来
2940		雨久花属	雨久花☆	*Monochoria korsakowii*	水生	
2941			箭叶雨久花☆	*Monochoria hastata*		
2942			鸭舌草☆	*Monochoria vaginalis*	水生	
2943		梭鱼草属	梭鱼草☆	*Pontederia cordata*	水生	外来
2944	鸢尾科	射干属	射干☆	*Belamcanda chinensis*		
2945		唐菖蒲属	唐菖蒲	*Gladiolus gandavensis*		
2946		鸢尾属	西南鸢尾☆	*Iris bulleyana*		
2947			金脉鸢尾☆	*Iris chrysographes*		
2948			扁竹兰☆	*Iris confusa*		
2949			野鸢尾	*Iris dichotoma*		
2950			玉蝉花☆	*Iris ensata*		
2951			锐果鸢尾☆	*Iris goniocarpa*		
2952			喜盐鸢尾☆	*Iris halophila*		
2953			常绿水生鸢尾☆	*Iris hexagonus*	水生	
2954			蝴蝶花☆	*Iris japonica*		
2955			白花马蔺	*Iris lactea*		
2956			马蔺☆	*Iris lactea* var. *chinensis*		
2957			燕子花☆	*Iris laevigata*		
2958			黄菖蒲☆	*Iris pseudacorus*	湿生	
2959			矮紫苞鸢尾☆	*Iris ruthenica* var. *nana*		
2960			溪荪☆	*Iris sanguinea*	湿生	
2961			山鸢尾☆	*Iris setosa*		
2962			北陵鸢尾☆	*Iris typhifolia*		
2963			鸢尾☆	*Iris tectorum*		
2964			细叶鸢尾☆	*Iris tenuifolia*		
2965			囊花鸢尾☆	*Iris ventricosa*		
2966			扇形鸢尾☆	*Iris wattii*		
2967			黄花鸢尾☆	*Iris wilsonii*		
2968		庭菖蒲属	庭菖蒲	*Sisyrinchium rosulatum*		外来
2969	田葱科	田葱属	田葱☆	*Philydrum lanuginosum*	水生	
2970	灯心草科	灯心草属	翅茎灯心草☆	*Juncus alatus*	水生	

（续）

序号	科	属	种		生活型	外来
			中文名	拉丁名		
2971			葱状灯心草☆	*Juncus allioides*	水生	
2972			走灯心草☆	*Juncus amplifolium*		
2973			短喙灯心草☆	*Juncus krameri*		
2974			乳头灯心草☆	*Juncus papillosus*		
2975			洮南灯心草☆	*Juncus taonanensis*		
2976			小花灯心草☆	*Juncus articulatus*	水生	
2977			小灯心草☆	*Juncus bufonius*	水生	
2978			栗花灯心草☆	*Juncus castaneus*	水生	
2979			印度灯心草☆	*Juncus clarkei*	水生	
2980			扁茎灯心草☆	*Juncus compressus*	水生	
2981			雅灯心草☆	*Juncus concinnus*	水生	
2982			疏花灯心草☆	*Juncus decipiens*	水生	
2983			星花灯心草☆	*Juncus diastrophanthus*	水生	
2984			东川灯心草☆	*Juncus dongchuanensis*	水生	
2985			水茅草☆	*Juncus effusius*	水生	
2986		灯心草属	灯心草☆	*Juncus effusus*	水生	
2987	灯心草科		丝状灯心草☆	*Juncus filiformis*	水生	
2988			团花灯心草☆	*Juncus gerardii*	水生	
2989			细灯心草☆	*Juncus gracillimus*	水生	
2990			喜马灯心草☆	*Juncus himalensis*	水生	
2991			片髓灯心草☆	*Juncus inflexus*	水生	
2992			甘川灯心草☆	*Juncus leucanthus*	水生	
2993			长苞灯心草☆	*Juncus leucomelas*	水生	
2994			矮灯心草☆	*Juncus minimus*	水生	
2995			多花灯心草☆	*Juncus modicus*	水生	
2996			短茎灯心草☆	*Juncus perpusillus*	水生	
2997			笄石菖☆	*Juncus prismatocarpus*	水生	
2998			长柱灯心草☆	*Juncus przewalskii*	水生	
2999			野灯心草☆	*Juncus setchuensis*	水生	
3000			展苞灯心草☆	*Juncus thomsonii*	水生	
3001			贴苞灯心草☆	*Juncus triglumis*	水生	
3002			竹节灯心草☆	*Juncus turczaninowii*	水生	
3003			土厥灯心草☆	*Juncus turkestanicus*	水生	
3004			针灯心草☆	*Juncus wallichianus*	水生	
3005		地杨梅属	地杨梅☆	*Luzula campestris*	湿生	

（续）

序号	科	属	种		生活型	外来
			中文名	拉丁名		
3006	灯心草科	地杨梅属	火红地杨梅☆	*Luzula rufescens*		
3007			散序地杨梅☆	*Luzula effusa*	湿生	
3008			多花地杨梅☆	*Luzula multiflora*	湿生	
3009	鸭跖草科	鸭跖草属	饭包草☆	*Commelina bengalensis*	湿生	
3010			鸭跖草☆	*Commelina communis*	湿生	
3011			大苞鸭跖草☆	*Commelina paludosa*	湿生	
3012		蓝耳草属	蛛丝毛蓝耳草☆	*Cyanotis arachnoidea*	湿生	
3013			蓝耳草☆	*Cyanotis vaga*	湿生	
3014		聚花草属	聚花草☆	*Floscopa scandens*	湿生	
3015		水竹叶属	根茎水竹叶☆	*Murdannia hookeri*	湿生	
3016			疣草☆	*Murdannia keisak*	湿生	
3017			牛轭草☆	*Murdannia loriformis*		
3018			裸花水竹叶☆	*Murdannia nudiflora*	湿生	
3019			水竹叶☆	*Murdannia triquetra*	湿生	
3020		杜若属	杜若	*Pollia japonica*		
3021		竹叶吉祥草属	竹叶吉祥草	*Spatholirion longifolium*		
3022		竹叶子属	竹叶子	*Streptolirion volubile*		
3023	黄眼草科	黄眼草属	南非黄眼草☆	*Xyris capensis* var. *capensis*		
3024			黄眼草☆	*Xyris indica*		
3025			葱草☆	*Xyris pauciflora*	湿生	
3026	谷精草科	谷精草属	高山谷精草☆	*Eriocaulon alpestre*	水生	
3027			毛谷精草	*Eriocaulon australe*		
3028			蒙自谷精草☆	*Eriocaulon henryanum*		
3029			宽叶谷精草☆	*Eriocaulon robuatius*		
3030			丝叶谷精草☆	*Eriocaulon setaceum*		
3031			云南谷精草☆	*Eriocaulon brownianum*	水生	
3032			谷精草☆	*Eriocaulon buergerianum*	水生	
3033			长苞谷精草☆	*Eriocaulon decemflorum*	水生	
3034			江南谷精草☆	*Eriocaulon faberi*	水生	
3035			光萼谷精草☆	*Eriocaulon leianthum*	水生	
3036			南投谷精草☆	*Eriocaulon nantoense*	水生	
3037			玉龙山谷精草☆	*Eriocaulon rockianum*	水生	
3038			云贵谷精草☆	*Eriocaulon schochianum*	水生	
3039			老谷精草☆	*Eriocaulon senile*	水生	
3040			华南谷精草☆	*Eriocaulon sexangulare*	水生	

（续）

序号	科	属	种		生活型	外来
			中文名	拉丁名		
3041	禾本科	芨芨草属	细叶芨芨草	*Achnatherum chingii*		
3042			远东芨芨草	*Achnatherum extremiorientale*		
3043			醉马草☆	*Achnatherum inebrians*		
3044			京芒草☆	*Achnatherum pekinense*		
3045			芨芨草☆	*Achnatherum splendens*		
3046		酸竹属	福建酸竹○	*Acidosasa notata*		
3047		尖稃草属	尖稃草☆	*Acrachne racemosa*		
3048		山羊草属	节节麦	*Aegilops tauschii*		
3049		獐毛属	小獐毛☆	*Aeluropus pungens*		
3050			獐毛☆	*Aeluropus sinensis*		
3051		冰草属	冰草	*Agropyron cristatum*		
3052			沙芦草	*Agropyron mongolicum*		
3053		剪股颖属	普通剪股颖	*Agrostis canina*		
3054			华北剪股颖☆	*Agrostis clavata*		
3055			巨序剪股颖☆	*Agrostis gigantea*		
3056			剪股颖☆	*Agrostis matsumurae*		
3057			多花剪股颖☆	*Agrostis myriantha*		
3058			泸水剪股颖○	*Agrostis nervosa*		
3059			疏花剪股颖☆	*Agrostis perlaxa*		
3060			西伯利亚剪股颖	*Agrostis sibirica*		
3061			匍茎剪股颖○	*Agrostis stolonifera*		
3062		看麦娘属	看麦娘	*Alopecurus aequalis*		
3063			日本看麦娘☆	*Alopecurus japonicus*		
3064			大看麦娘	*Alopecurus pratensis*		
3065		须芒草属	须芒草☆	*Andropogon yunnanensis*		
3066		水蔗草属	水蔗草☆	*Apluda mutica*	湿生	
3067		三芒草属	三芒草	*Aristida adscensionis*		
3068			短芒草	*Aristida brevissima*		
3069			华三芒草	*Aristida chinensis*		
3070			黄草毛	*Aristida cumingiana*		
3071		燕麦草属	燕麦草	*Arrhenatherum elatius*		
3072		荩草属	贵州荩草	*Arthraxon guizhouensis*		
3073			荩草	*Arthraxon hispidus*		
3074			矛叶荩草	*Arthraxon prionodes*		
3075			小叶荩草	*Arthraxon lancifolius*		

（续）

序号	科	属	种		生活型	外来
			中文名	拉丁名		
3076	禾本科	野古草属	野古草☆	*Arundinella anomala*		
3077			孟加拉野古草☆	*Arundinella bengalensis*		
3078			大花野古草	*Arundinella grandiflora*		
3079			毛秆野古草	*Arundinella hirta*		
3080			西南野古草	*Arundinella hookeri*		
3081			石芒草	*Arundinella nepalensis*		
3082			刺芒野古草	*Arundinella setosa*		
3083			云南野古草☆	*Arundinella yunnanensis*		
3084		芦竹属	芦竹☆	*Arundo donax*		
3085		沟稃草属	沟稃草☆	*Aulacolepis treutleri*		
3086		燕麦属	野燕麦	*Avena fatua*		
3087		地毯草属	地毯草	*Axonopus compressus*		
3088		簕竹属	簕竹	*Bambusa blumeana*		
3089			簕竹	*Bambusa blumeana*		
3090			粉单竹	*Bambusa chungii*		
3091			青丝黄竹	*Bambusa eutuldoides*		
3092			坭竹	*Bambusa gibba*		
3093			绵竹	*Bambusa intermedia*		
3094			藤枝竹	*Bambusa lenta*		
3095			孝顺竹	*Bambusa multiplex*		
3096			观音竹○	*Bambusa multiplex* var. *rivierum*		
3097			长毛米筛竹	*Bambusa pachinensis* var. *hirsutissima*		
3098			撑篙竹	*Bambusa pervariabilis*		
3099			硬头黄竹	*Bambusa rigida*		
3100			木竹	*Bambusa rutila*		
3101			车筒竹	*Bambusa sinospinosa*		
3102			油竹	*Bambusa surrecta*		
3103			青皮竹	*Bambusa textilis*		
3104		巴山木竹属	冷箭竹	*Bashania fangiana*		
3105		茵草属	茵草☆	*Beckmannia syzigachne*		
3106		孔颖草属	臭根子草○	*Bothriochloa intermedia*		
3107			白羊草	*Bothriochloa ischcemum*		
3108			孔颖草	*Bothriochloa pertusa*		
3109		臂形草属	臂形草	*Brachiaria eruciformis*		
3110			四生臂形草	*Brachiaria subquadripara*		

（续）

序号	科	属	种		生活型	外来
			中文名	拉丁名		
3111	禾本科	臂形草属	毛臂形草	*Brachiaria villosa*		
3112		短柄草属	草地短柄草	*Brachypodium pratense*		
3113			短柄草☆	*Brachypodium sylvaticum*		
3114		短穗竹属	短穗竹	*Brachystachyum densiflorum*		
3115		雀麦属	扁穗雀麦	*Bromus catharticus*		
3116			无芒雀麦☆	*Bromus inermis*		
3117			雀麦☆	*Bromus japonicus*		
3118			梅氏雀麦☆	*Bromus mairei*		
3119			疏花雀麦☆	*Bromus remotiflorus*		
3120		扁穗茅属	扁穗草	*Brylkinia caudata*		
3121		野牛草属	野牛草	*Buchloe dactyloides*		
3122		拂子茅属	小叶章☆	*Calamagrostis angustifolia*		
3123			拂子茅☆	*Calamagrostis epigeios*		
2124			假苇拂子茅☆	*Calamagrostis pseudophragmites*		
3125		细柄草属	硬秆子草☆	*Capillipedium assimile*		
3126			细柄草☆	*Capillipedium parviflorum*		
3127		沿沟草属	沿沟草☆	*Catabrosa aquatica*		
3128		山涧草属	无芒山涧草☆	*Chikusichloa mutica*		
3129		寒竹属	狭叶方竹	*Chimonobambusa angustifolia*		
3130			刺竹子	*Chimonobambusa pachystachys*		
3131			方竹	*Chimonobambusa quadrangularis*		
3132			金佛山方竹	*Chimonobambusa utilis*		
3133		虎尾草属	异序虎尾草	*Chloris anomala*		
3134			台湾虎尾草	*Chloris formosana*		
3135			虎尾草	*Chloris virgata*		
3136		金须茅属	竹节草	*Chrysopogon aciculatus*		
3137		隐子草属	丛生隐子草	*Cleistogenes caespitosa*		
3138			中华隐子草	*Cleistogenes chinensis*		
3139			包鞘隐子草	*Cleistogenes foliosa*		
3140			细弱隐子草	*Cleistogenes gracilis*		
3141			朝阳隐子草	*Cleistogenes hackeli*		
3142			北京隐子草	*Cleistogenes hancei*		
3143			无芒隐子草	*Cleistogenes songorica*		
3144			糙隐子草	*Cleistogenes squarrosa*		
3145		薏苡属	薏米	*Coix chinensis*		

（续）

序号	科	属	种		生活型	外来
			中文名	拉丁名		
3146	禾本科	薏苡属	薏苡☆	*Coix lacryma-jobi*		
3147		蒲苇属	蒲苇	*Cortaderia selloana*		
3148		隐花草属	隐花草☆	*Crypsis aculeata*		
3149			蔺状隐花草	*Crypsis schoenoides*		
3150		香茅属	柠檬草	*Cymbopogon citratus*		
3151			橘草	*Cymbopogon goeringii*		
3152		狗牙根属	狗牙根	*Cynodon dactylon*		
3153		弓果黍属	弓果黍	*Cyrtococcum patens*		
3154		鸭茅属	鸭茅	*Dactylis glomerata*		
3155		龙爪茅属	龙爪茅	*Dactyloctenium aegyptium*		
3156		绿竹属	绿竹	*Dendrocalamopsis oldhami*		
3157		牡竹属	龙竹	*Dendrocalamus giganteus*		
3158			麻竹	*Dendrocalamus latiflorus*		
3159			黄竹	*Dendrocalamus membramaceus*		
3160			黔竹	*Dendrocalamus tsiangii*		
3161		发草属	发草☆	*Deschampsia caespitosa*		
3162			滨发草☆	*Deschampsia littoralis*		
3163		野青茅属	小叶章☆	*Deyeuxia angustifolia*		
3164			疏花野青茅☆	*Deyeuxia arundinacea* var. *laxiflora*		
3165			野青茅☆	*Deyeuxia arundunacea*		
3166			高原野青茅☆	*Deyeuxia compacta*		
3167			散穗野青茅☆	*Deyeuxia diffusa*		
3168			房县野青茅☆	*Deyeuxia henryi*		
3169			大叶章☆	*Deyeuxia langsdorffii*		
3170			小花野青茅☆	*Deyeuxia neglecta*		
3171			糙野青茅☆	*Deyeuxia scabrescens*		
3172			会理野青茅☆	*Deyeuxia stenophylla*		
3173			兴安野青茅☆	*Deyeuxia turczaninowii*		
3174		龙常草属	法利龙常草☆	*Diarrhena fauriei*		
3175		马唐属	毛马唐	*Digitaria ciliaris* var. *chrysoblephara*		
3176			升马唐	*Digitaria ciliaris*		
3177			十字马唐	*Digitaria cruciata*		
3178			止血马唐	*Digitaria ischaemum*		
3179			海南马唐	*Digitaria setigera*		
3180			马唐	*Digitaria sanguinalis*		

（续）

序号	科	属	种		生活型	外来
			中文名	拉丁名		
3181	禾本科	马唐属	紫马唐	*Digitaria violascens*		
3182		双稃草属	双稃草☆	*Diplachne fusca*		
3183		镰序竹属	爬竹	*Drepanostachyum scandeus*		
3184		油芒属	油芒	*Eccoilopus cotulifer*		
3185		稗属	长芒稗☆	*Echinochloa caudata*		
3186			光头稗☆	*Echinochloa colonum*		
3187			稗☆	*Echinochloa crusgalli*		
3188			孔雀稗☆	*Echinochloa cruspavonis*	水生	
3189			湖南稗子	*Echinochloa frumentacea*		
3190			硬稃稗☆	*Echinochloa glabrescens*		
3191			旱稗☆	*Echinochloa hispidula*		
3192			水田稗☆	*Echinochloa oryzoides*	水生	
3193			水稗☆	*Echinochloa phyllopogon*	水生	
3194			牛筋草	*Eleusine indica*		
3195		披碱草属	短颖披碱草○	*Elymus burchan-buddae*		
3196			圆柱披碱草	*Elymus cylindricus*		
3197			披碱草	*Elymus dahuricus*		
3198			肥披碱草	*Elymus excelsus*		
3199			直穗披碱草○	*Elymus geminatus*		
3200			垂穗披碱草	*Elymus nutans*		
3201			老芒麦	*Elymus sibiricus*		
3202			高山鹅观草○	*Roegneria tschimganica*		
3203		偃麦草属	偃麦草☆	*Elytrigia repens*		
3204		画眉草属	鼠妇草☆	*Eragrostis atrovirens*		
3205			秋画眉草	*Eragrostis autumnalis*		
3206			大画眉草	*Eragrostis cilianensis*		
3207			知风草	*Eragrostis ferruginea*		
3208			乱草☆	*Eragrostis japonica*		
3209			小画眉草	*Eragrostis minor*		
3210			黑穗画眉草	*Eragrostis nigra*		
3211			画眉草	*Eragrostis pilosa*		
3212			鲫鱼草	*Eragrostis tenella*		
3213			牛虱草	*Eragrostis unioloides*		
3214			长画眉草	*Eragrostis zeylanica*		
3215		蜈蚣草属	假俭草☆	*Eremochloa ophiuroides*		

（续）

序号	科	属	种		生活型	外来
			中文名	拉丁名		
3216	禾本科	蜈蚣草属	马陆草	*Eremochloa zeylanica*		
3217		旱茅属	旱茅	*Eremopogon delavayi*		
3218		鹧鸪草属	鹧鸪草	*Eriachne pallescens*		
3219		蔗茅属	蔗茅	*Erianthus rufipilus*		
3220		野黍属	高野黍	*Eriochloa procera*		
3221			野黍	*Eriochloa villosa*		
3222		黄金茅属	金茅	*Eulalia speciosa*		
3223		拟金茅属	拟金茅	*Eulaliopsis binata*		
3224		箭竹属	棉花竹	*Fargesia fungosa*		
3225			贡山箭竹☆	*Fargesia gongshanensis*		
3226			华西箭竹	*Fargesia nitida*		
3227			箭竹	*Fargesia spathacea*		
3228			云南箭竹○	*Fargesia yunnanensis*		
3229		羊茅属	高山羊茅☆	*Festuca arioides*		
3230			苇状羊茅☆	*Festuca arundinacea*		
3231			高羊茅	*Festuca elata*		
3232			微药羊茅☆	*Festuca nitidula*		
3233			羊茅☆	*Festuca ovina*		
3234			小颖羊茅☆	*Festuca parvigluma*		
3235			草甸羊茅☆	*Festuca pratensis*		
3236			紫羊茅☆	*Festuca rubra*		
3237			黑穗羊茅☆	*Festuca tristis*		
3238			藏滇羊茅☆	*Festuca vierhapperi*		
3239		甜茅属	假鼠妇草☆	*Glyceria leptolepis*		
3240			水甜茅☆	*Glyceria maxima*	湿生	
3241			折甜茅☆	*Glyceria plicata*		
3242			狭叶甜茅☆	*Glyceria spiculosa*		
3243			卵花甜茅☆	*Glyceria tonglensis*		
3244			东北甜茅☆	*Glyceria triflora*		
3245		异燕麦属	云南异燕麦	*Helictotrichon delavayi*		
3246			异燕麦☆	*Helictotrichon schellianum*		
3247			藏异燕麦☆	*Helictotrichon tibeticum*		
3248			变绿异燕麦☆	*Helictotrichon virescens*		
3249		牛鞭草属	牛鞭草☆	*Hemarthria altissima*		
3250			扁穗牛鞭草	*Hemarthria compressa*		

（续）

序号	科	属	种		生活型	外来
			中文名	拉丁名		
3251	禾本科	假蛇尾草属	假蛇尾草	*Heteropholis cochinchinensis*		
3252		黄茅属	黄茅	*Heteropogon contortus*		
3253		茅香属	光稃香草☆	*Hierochloe glabra*		
3254		大麦属	布顿大麦草☆	*Hordeum bogdanii*		
3255			短芒大麦草☆	*Hordeum brevisubulatum*		
3256			芒颖大麦草	*Hordeum jubatum*		
3257			紫大麦草☆	*Hordeum violaceum*		
3258		水禾属	水禾☆	*Hygroryza aristata*	漂浮	
3259		苞茅属	苞茅☆	*Hyparrhenia bracteata*		
3260		白茅属	白茅☆	*Imperata cylindrica*		
3261			丝茅	*Imperata koenigii*		
3262		箬竹属	阔叶箬竹	*Indocalamus latifolius*		
3263			箬叶竹	*Indocalamus longiauritus*		
3264			箬竹	*Indocalamus tessellatus*		
3265		大节竹属	摆竹	*Indosasa shibataeoides*		
3266		柳叶箬属	白花柳叶箬☆	*Isachne albens*		
3267			柳叶箬☆	*Isachne globosa*		
3268			细弱柳叶箬☆	*Isachne tenuis*		
3269			平颖柳叶箬	*Isachne truncata*		
3270		鸭嘴草属	毛鸭嘴草☆	*Ischaemum antephoroides*		
3271			有芒鸭嘴草☆	*Ischaemum aristatum*		
3272			纤毛鸭嘴草☆	*Ischaemum indicum*		
3273			田间鸭嘴草☆	*Ischaemum rugosum*		
3274		仲彬草属	硬秆以礼草○	*Kengyilia rigidula*		
3275		落草属	落草	*Koeleria cristata*		
3276		假稻属	李氏禾☆	*Leersia hexandra*		
3277			假稻☆	*Leersia japonica*	湿生	
3278			蓉草☆	*Leersia oryzoides*		
3279			秕壳草☆	*Leersia sayanuka*		
3280		千金子属	千金子☆	*Leptochloa chinensis*		
3281			虮子草	*Leptochloa panicea*		
3282		赖草属	羊草	*Leymus chinensis*		
3283			滨麦	*Leymus mollis*		
3284			宽穗赖草	*Leymus ovatus*		
3285			毛穗赖草☆	*Leymus paboanus*		

（续）

序号	科	属	种		生活型	外来
			中文名	拉丁名		
3286	禾本科	赖草属	赖草	*Leymus secalinus*		
3287		扇穗茅属	扇穗茅☆	*Littledalea racemosa*		
3288		黑麦草属	多花黑麦草	*Lolium multiflorum*		
3289			黑麦草	*Lolium perenne*		
3290			毒麦	*Lolium temulentum*		
3291		淡竹叶属	淡竹叶	*Lophatherum gracile*		
3292		臭草属	大花臭草	*Melica grandiflora*		
3293			甘肃臭草☆	*Melica przewalskyi*		
3294			臭草	*Melica scabrosa*		
3295			大臭草	*Melica turczaninowiana*		
3296		月月竹属	月月竹○	*Menstruocalamus sichuanensis*		
3297		莠竹属	二型莠竹☆	*Microstegium biforme*		
3298			刚莠竹☆	*Microstegium ciliatum*		
3299			莠竹☆	*Microstegium nodosum*		
3300			竹叶茅☆	*Microstegium nudum*		
3301			蔓生莠竹	*Microstegium vagans*		
3302			柔枝莠竹☆	*Microstegium vimineum*		
3303		粟草属	粟草☆	*Milium effusum*		
3304		芒属	五节芒	*Miscanthus floridulus*		
3305			芒	*Miscanthus sinensis*		
3306			紫芒	*Miscanthus purpurascens*		
3307		麦氏草属	拟麦氏草☆	*Molinia hui*		
3308		乱子草属	乱子草☆	*Muhlenbergia hugelii*		
3309			日本乱子草☆	*Muhlenbergia japonica*		
3310			多枝乱子草☆	*Muhlenbergia ramosa*		
3311		河八王属	河八王	*Narenga porphyrocoma*		
3312		慈竹属	慈竹	*Neosinocalamus affinis*		
3313		类芦属	山类芦	*Neyraudia montana*		
3314			类芦	*Neyraudia reynaudiana*		
3315		少穗竹属	屏南少穗竹	*Oligostachyum glabrescens*		
3316			肿节少穗竹	*Oligostachyum oedogonatum*		
3317		蛇尾草属	蛇尾草	*Ophiuros exaltatus*		
3318		求米草属	竹叶草	*Oplismenus compositus*		
3319			求米草	*Oplismenus undulatifolius*		
3320		固沙草属	固沙草	*Orinus thoroldii*		

（续）

序号	科	属	种		生活型	外来
			中文名	拉丁名		
3321	禾本科	稻属	野生稻☆	*Oryza rufipogon*		
3322			疣粒稻☆	*Oryza granulata*		
3323			药用稻☆	*Oryza officinalis*		
3324		落芒草属	中华落芒草	*Oryzopsis chinensis*		
3325		黍属	糠稷	*Panicum bisulcatum*		
3326			短叶黍	*Panicum teypheron*		
3327			旱黍草	*Panicum bisulcatum*		
3328			大黍	*Panicum maximum*		
3329			稷	*Panicum miliaceum*		
3330			心叶稷	*Panicum notatum*		
3331			水生黍☆	*Panicum paludosum*	水生	
3332			细柄黍	*Panicum psilopodium*		
3333			铺地黍☆	*Panicum repens*		
3334		假牛鞭草属	假牛鞭草☆	*Parapholis incurva*		
3335		雀稗属	两耳草☆	*Paspalum conjugatum*		
3336			毛花雀稗	*Paspalum dilatatum*		
3337			双穗雀稗	*Paspalum distichum*		
3338			长叶雀稗☆	*Paspalum longifolium*		
3339			百喜草	*Paspalum natatu*		
3340			圆果雀稗	*Paspalum orbiculare*		
3341			鸭嶋草☆	*Paspalum scrobiculatum*		
3342			雀稗☆	*Paspalum thunbergii*		
3343			海雀稗☆	*Paspalum vaginatum*		
3344		狼尾草属	狼尾草	*Pennisetum alopecuroides*		
3345			白草	*Pennisetum centrasiaticum*		
3346			长序狼尾草	*Pennisetum longissimum*		
3347			象草☆	*Pennisetum purpureum*		
3348		束尾草属	束尾草☆	*Phacelurus latifolius*		
3349		显子草属	显子草☆	*Phaenosperma globosa*		
3350		虉草属	虉草☆	*Phalaris arundinacea*		
3351		梯牧草属	鬼蜡烛☆	*Phleum paniculatum*		
3352			梯牧草	*Phleum pratense*		
3353		芦苇属	芦苇☆	*Phragmites australis*		
3354			卡开芦☆	*Phragmites karka*		
3355		刚竹属	斑竹	*Phyllostachys bambusoides*		

（续）

序号	科	属	种		生活型	外来
			中文名	拉丁名		
3356	禾本科	刚竹属	淡竹	*Phyllostachys glauca*		
3357			水竹☆	*Phyllostachys heteroclada*	湿生	
3358			毛竹	*Phyllostachys edulis*		
3359			红竹	*Phyllostachys lrideseens*		
3360			毛环竹	*Phyllostachys meyeri*		
3361			篌竹	*Phyllostachys nidularia*		
3362			紫竹	*Phyllostachys nigra*		
3363			灰竹	*Phyllostachys nuda*		
3364			浙江金竹	*Phyllostachys parvifolia*		
3365			早竹	*Phyllostachys praecox*		
3366			高节竹	*Phyllostachys prominens*		
3367			桂竹○	*Phyllostachys reticulata*		
3368			河竹☆	*Phyllostachys rivalis*		
3369			芽竹	*Phyllostachys robustiramea*		
3370			红边竹	*Phyllostachys rubromarginata*		
3371			金竹	*Phyllostachys sulphurea*		
3372			刚竹○	*Phyllostachys viridis*		
3373			乌哺鸡竹	*Phyllostachys vivax*		
3374			云和哺鸡竹	*Phyllostachys yunhoensis*		
3375		大明竹属	苦竹	*Pleioblastus amarus*		
3376		早熟禾属	白顶早熟禾☆	*Poa acroleuca*		
3377			高原早熟禾☆	*Poa alpigena*		
3378			高山早熟禾☆	*Poa alpina*		
3379			细叶早熟禾☆	*Poa angustifolia*		
3380			早熟禾☆	*Poa annua*		
3381			华灰早熟禾☆	*Poa attenuata*		
3382			冷地早熟禾☆	*Poa crymoptila*		
3383			华东早熟禾☆	*Poa faberi*		
3384			阔叶早熟禾☆	*Poa grandis*		
3385			堇色早熟禾	*Poa ianthina*		
3386			昆仑早熟禾○	*Poa litminowiana*		
3387			毛稃早熟禾☆	*Poa ludens*		
3388			蒙古早熟禾☆	*Poa mongolica*		
3389			林地早熟禾	*Poa nemoralis*		
3390			云生早熟禾☆	*Poa nubigena*		

（续）

序号	科	属	种		生活型	外来
			中文名	拉丁名		
3391	禾本科	早熟禾属	泽地早熟禾☆	*Poa palustris*		
3392			波伐早熟禾☆	*Poa poophagorum*		
3393			草地早熟禾☆	*Poa pratensis*		
3394			光稃早熟禾☆	*Poa psiolepis*		
3395			雪地早熟禾☆	*Poa rangkulensis*		
3396			西伯利亚早熟禾☆	*Poa sibirica*		
3397			硬质早熟禾	*Poa sphondylodes*		
3398			散穗早熟禾☆	*Poa subfastigiata*		
3399			唐氏早熟禾	*Poa tangii*		
3400			西藏早熟禾☆	*Poa tibetica*		
3401			新疆早熟禾☆	*Poa versicolor*		
3402			胎生早熟禾○	*Poa vivipara*		
3403		金发草属	金丝草☆	*Pogonatherum crinitum*		
3404			金发草☆	*Pogonatherum paniceum*		
3405		棒头草属	棒头草☆	*Polypogon fugax*		
3406			长芒棒头草☆	*Polypogon monspeliensis*		
3407		新麦草属	华山新麦草	*Psathyrostachys huashanica*		
3408			新麦草	*Psathyrostachys juncea*		
3409		伪针茅属	瘦脊伪针茅☆	*Pseudoraphis spinescens* var. *depauperata*		
3410		矢竹属	茶竿竹	*Pseudosasa amabilis*		
3411		细柄茅属	细柄茅☆	*Ptilagrostis mongholica*		
3412		碱茅属	朝鲜碱茅☆	*Puccinellia chinampoensis*		
3413			碱茅☆	*Puccinellia distans*		
3414			鹤甫碱茅☆	*Puccinellia hauptiana*		
3415			喜马拉雅碱茅☆	*Puccinellia himalaica*		
3416			光稃碱茅☆	*Puccinellia leiolepis*		
3417			微药碱茅☆	*Puccinellia micrandra*		
3418			小碱茅☆	*Puccinellia minuta*		
3419			帕米尔碱茅☆	*Puccinellia pamirica*		
3420			斯碱茅☆	*Puccinellia schischkinii*		
3421			藏北碱茅☆	*Puccinellia stapfiana*		
3422			星星草☆	*Puccinellia tenuiflora*		
3423		筇竹属	平竹	*Qiongzhuea communis*		
3424		鹅观草属	毛节毛盘草☆	*Roegneria barbicalla* var. *pubinodis*		
3425			钙生鹅观草☆	*Roegneria calcicola*		

（续）

序号	科	属	种		生活型	外来
			中文名	拉丁名		
3426	禾本科	鹅观草属	纤毛鹅观草☆	*Roegneria ciliaris*		
3427			大颖草☆	*Roegneria grandiglumis*		
3428			竖立鹅观草	*Roegneria japonensis*		
3429			鹅观草☆	*Roegneria kamoji*		
3430			东瀛鹅观草	*Roegneria mayebarana*		
3431			垂穗鹅观草☆	*Roegneria nutans*		
3432			缘毛鹅观草☆	*Roegneria pendulina*		
3433			百花山鹅观草☆	*Roegneria turczaninovii*		
3434		筒轴茅属	筒轴茅	*Rottboellia exaltata*		
3435		甘蔗属	斑茅☆	*Saccharum arundinaceum*		
3436			竹蔗	*Saccharum sinense*		
3437			甜根子草☆	*Saccharum spontaneum*		
3438		囊颖草属	囊颖草☆	*Sacciolepis indica*		
3439		赤竹属	赤竹	*Sasa longiligulata*		
3440		硬草属	硬草	*Sclerochloa dura*		
3441			耿氏硬草	*Sclerochloa kengiana*		
3442		狗尾草属	大狗尾草	*Setaria faberii*		
3443			西南莩草☆	*Setaria forbesiana*		
3444			金色狗尾草	*Setaria pumila*		
3445			谷子	*Setaria italica*		
3446			褐毛狗尾草☆	*Setaria pallidifusca*		
3447			棕叶狗尾草	*Setaria palmifolia*		
3448			皱叶狗尾草	*Setaria plicata*		
3449			狗尾草	*Setaria viridis*		
3450		倭竹属	鹅毛竹	*Shibataea chinensis*		
3451		高粱属	石茅☆	*Sorghum halepense*		
3452			苏丹草	*Sorghum sudanense*		
3453		米草属	互花米草☆	*Spartina alterniflora*	水生	外来
3454			大米草☆	*Spartina anglica*	水生	外来
3455		稗荩属	稗荩☆	*Sphaerocaryum malaccense*		
3456		鬣刺属	老鼠芳☆	*Spinifex littoreus*		
3457		大油芒属	大油芒	*Spodiopogon sibiricus*		
3458		鼠尾粟属	鼠尾粟☆	*Sporobolus fertilis*		
3459			盐地鼠尾粟☆	*Sporobolus virginicus*		
3460		针茅属	狼针草	*Stipa baicalensis*		

（续）

序号	科	属	种		生活型	外来
			中文名	拉丁名		
3461	禾本科	针茅属	短花针茅	*Stipa breviflora*		
3462			长芒草	*Stipa bungeana*		
3463			针茅	*Stipa capillata*		
3464			沙生针茅	*Stipa glareosa*		
3465			西北针茅○	*Stipa sareptana* var. *krylovii*		
3466			紫花针茅	*Stipa purpurea*		
3467			天山针茅	*Stipa tianschanica*		
3468		菅属	苇菅	*Themeda arundinacea*		
3469			苞子草	*Themeda caudata*		
3470			西南菅草	*Themeda hookeri*		
3471			黄背草	*Themeda japonica*		
3472			阿拉伯黄背草	*Themeda triandra*		
3473			菅	*Themeda villosa*		
3474		粽叶芦属	粽叶芦	*Thysanolaena maxima*		
3475		锋芒草属	锋芒草	*Tragus racemosus*		
3476		荻属	南荻☆	*Triarrhena lutarioriparia*		
3477			岗柴☆	*Triarrhena lutarioriparia* var. *gongchai*		
3478			刹柴☆	*Triarrhena lutarioriparia* var. *shachai*		
3479			荻☆	*Triarrhena sacchariflora*		
3480		三角草属	三角草☆	*Trikeraia hookeri*		
3481			三毛草☆	*Trisetum bifidum*		
3482			长穗三毛草☆	*Trisetum clarkei*		
3483			湖北三毛草	*Trisetum henryi*		
3484			穗三毛☆	*Trisetum spicatum*		
3485		尾稃草属	雀稗尾稃草	*Urochloa paspaloides*		
3486			尾稃草	*Urochloa reptans*		
3487			元谋尾稃草○	*Urochloa yuanmouensis*		
3488		香根草属	香根草	*Vetiveria zizanioides*		
3489		玉山竹属	仁昌玉山竹	*Yushania chingii*		
3490			鄂西玉山竹	*Yushania confusa*		
3491			海竹☆	*Yushania qiaojiaensis*		
3492		菰属	菰☆	*Zizania latifolia*		
3493		结缕草属	结缕草☆	*Zoysia japonica*		
3494			大穗结缕草☆	*Zoysia macrostachya*		
3495			沟叶结缕草☆	*Zoysia matrella*		

（续）

序号	科	属	种		生活型	外来
			中文名	拉丁名		
3496	禾本科	结缕草属	中华结缕草☆	*Zoysia sinica*		
3497			细叶结缕草☆	*Zoysia tenuifolia*		
3498	棕榈科	水椰属	水椰☆	*Nypa fructicans*	红树	
3499		刺葵属	海枣	*Phoenix dactylifera*		外来
3500		棕竹属	棕竹	*Rhapis excelsa*		
3501		棕榈属	棕榈	*Trachycarpus fortunei*		
3502	天南星科	菖蒲属	菖蒲☆	*Acorus calamus*	水生	
3503			金钱蒲☆	*Acorus gramineus*	水生	
3504			茴香菖蒲☆	*Acorus macrospadiceus*	水生	
3505			长苞菖蒲☆	*Acorus rumphianus*	水生	
3506			石菖蒲☆	*Acorus tatarinowii*	水生	
3507		海芋属	尖尾芋☆	*Alocasia cucullata*		
3508			海芋☆	*Alocasia macrorrhiza*		
3509		磨芋属	魔芋☆	*Amorphophallus rivieri*		
3510		天南星属	一把伞南星	*Arisaema erubescens*		
3511			象头花	*Arisaema franchetianum*		
3512			天南星	*Arisaema heterophyllum*		
3513			花南星	*Arisaema lobatum*		
3514		水芋属	水芋☆	*Calla palustris*	水生	
3515		芋属	野芋☆	*Colocasia antiquorum*	湿生	
3516			大野芋☆	*Colocasia gigantea*		
3517			紫芋☆	*Colocasia tonoimo*		
3518		龟背竹属	龟背竹	*Monstera deliciosa*		
3519		半夏属	半夏	*Pinellia ternata*		
3520		大薸属	大薸☆	*Pistia stratiotes*	漂浮	
3521		崖角藤属	爬树龙	*Rhaphidophora decursiva*		
3522		斑龙芋属	斑龙芋	*Sauromatum venosum*		
3523		犁头尖属	犁头尖	*Typhonium divaricatum*		
3524			独角莲☆	*Typhonium giganteum*	湿生	
3525		马蹄莲属	马蹄莲☆	*Zantedeschia aethiopica*	湿生	
3526	浮萍科	浮萍属	浮萍☆	*Lemna minor*	漂浮	
3527			稀脉浮萍☆	*Lemna perpusilla*	漂浮	
3528		紫萍属	紫萍☆	*Spirodela polyrrhiza*	漂浮	
3529		芜萍属	芜萍☆	*Wolffia arrhiza*	漂浮	
3530	露兜树科	露兜树属	小露兜☆	*Pandanus austrosinensis*		

（续）

序号	科	属	种		生活型	外来
			中文名	拉丁名		
3531	露兜树科	露兜树属	露兜☆	*Pandanus tectorius*		
3532	黑三棱科	黑三棱属	穗状黑三棱☆	*Sparganium confertum*	水生	
3533			线叶黑三棱☆	*Sparganium angustifolium*		
3534			曲轴黑三棱☆	*Sparganium fallax*		
3535			无柱黑三棱☆	*Sparganium hyperboreum*		
3536			沼生黑三棱☆	*Sparganium limosum*		
3537			矮黑三棱☆	*Sparganium minimum*		
3538			云南黑三棱☆	*Sparganium yunnanense*		
3539			短序黑三棱☆	*Sparganium glomeratum*	水生	
3540			小果黑三棱☆	*Sparganium microcarpum*	水生	
3541			小黑三棱☆	*Sparganium simplex*	水生	
3542			黑三棱☆	*Sparganium stoloniferum*	水生	
3543	香蒲科	香蒲属	长苞香蒲☆	*Typha angustata*	水生	
3544			水烛☆	*Typha angustifolia*	水生	
3545			象蒲☆	*Typha elephantina*		
3546			达香蒲☆	*Typha davidiana*	水生	
3547			短序香蒲☆	*Typha gracilis*	水生	
3548			宽叶香蒲☆	*Typha latifolia*	水生	
3549			无苞香蒲☆	*Typha laxmannii*	水生	
3550			小香蒲☆	*Typha minima*	水生	
3551			香蒲☆	*Typha orientalis*	水生	
3552			球序香蒲☆	*Typha pallida*	水生	
3553			普香蒲☆	*Typha przewalskii*	水生	
3554	莎草科	扁穗草属	华扁穗草☆	*Blysmus sinocompressus*		
3555			扁穗草☆	*Blysmus compressus*		
3556		球柱草属	球柱草☆	*Bulbostylis barbata*		
3557			丝叶球柱草☆	*Bulbostylis densa*		
3558		薹草属	团穗薹草☆	*Carex agglomerata*		
3559			葱岭薹草○	*Carex alajica*		
3560			葱状薹草	*Carex alliiformis*		
3561			窄果薹草○	*Carex angustifructus*		
3562			短鳞薹草○	*Carex angustinowiczii*		
3563			狭果薹草	*Carex angustiutricula*		
3564			灰脉薹草☆	*Carex appendiculata*		
3565			北疆薹草☆	*Carex arcatica*		

（续）

序号	科	属	种		生活型	外来
			中文名	拉丁名		
3566	莎草科	薹草属	阿齐薹草☆	*Carex argyi*		
3567			干生薹草☆	*Carex aridula*		
3568			具芒薹草☆	*Carex aristulifera*		
3569			黑褐薹草○	*Carex atrofusca* subsp. *minor*		
3570			浆果薹草☆	*Carex baccans*		
3571			滨海薹草☆	*Carex bodinieri*		
3572			卷柱头薹草	*Carex bostrichostigma*		
3573			青绿薹草☆	*Carex breviculmis*		
3574			短尖薹草☆	*Carex brevicuspis*		
3575			褐果薹草☆	*Carex brunnea*		
3576			褐穗薹草○	*Carex brunnescens*		
3577			丛生薹草☆	*Carex caespititia*		
3578			丛薹草☆	*Carex caespitosa*		
3579			发秆薹草☆	*Carex capillacea*		
3580			龙奇薹草☆	*Carex chinensis* var. *longkiensis*		
3581			绿穗薹草☆	*Carex chlorostachys*		
3582			灰化薹草☆	*Carex cinerascens*		
3583			密花薹草☆	*Carex confertiflora*		
3584			十字薹草☆	*Carex cruciata*		
3585			二形鳞薹草☆	*Carex dimorpholepis*		
3586			皱果薹草☆	*Carex dispalata*		
3587			单行薹草○	*Carex divisa*		
3588			长穗薹草☆	*Carex dolichostachya*		
3589			签草☆	*Carex doniana*		
3590			镰喙薹草☆	*Carex drepanorhyncha*		
3591			寸草☆	*Carex duriuscula*		
3592			无脉薹草☆	*Carex enervis*		
3593			箭叶薹草☆	*Carex ensifolia*		
3594			川东薹草☆	*Carex fargesii*		
3595			簇穗薹草☆	*Carex fastigiata*		
3596			蕨状薹草☆	*Carex filicina*		
3597			丝柄薹草☆	*Carex filipes* var. *rouyana*		
3598			亮绿薹草☆	*Carex finitima*		
3599			亲族薹草☆	*Carex gentilis*		
3600			穹隆薹草☆	*Carex gibba*		

（续）

序号	科	属	种		生活型	外来
			中文名	拉丁名		
3601	莎草科	薹草属	长梗薹草☆	*Carex glossostigma*		
3602			叉齿薹草☆	*Carex gotoi*		
3603			大舌薹草	*Carex grandiligulata*		
3604			双脉囊薹草☆	*Carex handelii*		
3605			亨氏薹草☆	*Carex henryi*		
3606			异鳞薹草☆	*Carex heterolepis*		
3607			异穗薹草	*Carex heterostachya*		
3608			长安薹草☆	*Carex heudesii*		
3609			湿薹草☆	*Carex humida*		
3610			矮丛薹草	*Carex humilis*		
3611			垂穗薹草○	*Carex inclinis*		
3612			鸭绿薹草☆	*Carex jaluensis*		
3613			日本薹草☆	*Carex japonica*		
3614			甘肃薹草☆	*Carex kansuensis*		
3615			多花薹草☆	*Carex karoi*		
3616			筛草☆	*Carex kobomugi*		
3617			明亮薹草☆	*Carex laeta*		
3618			假尖嘴薹草☆	*Carex laevissima*		
3619			大披针薹草	*Carex lanceolata*		
3620			毛薹草☆	*Carex lasiocarpa*		
3621			弯喙薹草☆	*Carex laticeps*		
3622			膨囊薹草☆	*Carex lehmanii*		
3623			尖嘴薹草☆	*Carex leiorhyncha*		
3624			舌叶薹草☆	*Carex ligulata*		
3625			沼薹草☆	*Carex limosa*		
3626			长穗柄薹草☆	*Carex longipes*		
3627			城口薹草☆	*Carex luctuosa*		
3628			卵果薹草☆	*Carex maackii*		
3629			斑点果薹草☆	*Carex maculata*		
3630			乳突薹草☆	*Carex maximowiczii*		
3631			黑花薹草☆	*Carex melanantha*		
3632			尤尔都斯薹草○	*Carex melananthiformis*		
3633			凹脉薹草☆	*Carex melanostachya*		
3634			乌拉草☆	*Carex meyeriana*		
3635			尖苞薹草☆	*Carex microglochin*		

（续）

序号	科	属	种		生活型	外来
			中文名	拉丁名		
3636	莎草科	薹草属	褐叶鞘薹草○	*Carex minuta*		
3637			柔叶薹草☆	*Carex miyabei*		
3638			毛果薹草☆	*Carex miyabei* var. *maopengensis*		
3639			青藏薹草☆	*Carex moorcroftii*		
3640			木里薹草☆	*Carex muliensis*		
3641			条穗薹草☆	*Carex nemostachys*		
3642			翼果薹草☆	*Carex neurocarpa*		
3643			云雾薹草☆	*Carex nubigena*		
3644			针叶薹草☆	*Carex onoei*		
3645			圆囊薹草☆	*Carex orbicularis*		
3646			直穗薹草☆	*Carex orthostachys*		
3647			帕米尔薹草☆	*Carex pamirensis*		
3648			小薹草☆	*Carex parva*		
3649			柄状薹草	*Carex pediformis*		
3650			镜子薹草☆	*Carex phacota*		
3651			毛缘薹草	*Carex pilosa*		
3652			扁秆薹草☆	*Carex planiculmis*		
3653			多叶薹草○	*Carex polyphylla*		
3654			类白穗薹草☆	*Carex polyschoenoides*		
3655			粉被薹草☆	*Carex pruinosa*		
3656			红棕薹草☆	*Carex przewalski*		
3657			漂筏薹草☆	*Carex pseudo – curaica*		
3658			无味薹草☆	*Carex Pseudofoetida*		
3659			矮生薹草☆	*Carex pumila*		
3660			锥囊薹草☆	*Carex radde*		
3661			丝引薹草☆	*Carex remotiuscula*		
3662			大穗薹草☆	*Carex rhynchophysa*		
3663			细叶薹草☆	*Carex rigescens*		
3664			书带薹草☆	*Carex rochebrunii*		
3665			灰珠薹草☆	*Carex rostrata*		
3666			大理薹草☆	*Carex rubrobrunnea* var. *taliensis*		
3667			粗脉薹草☆	*Carex rugulosa*		
3668			糙叶薹草☆	*Carex scabrifolia*		
3669			糙喙薹草☆	*Carex scabrirostris*		
3670			瘤囊薹草☆	*Carex schmidtii*		

（续）

序号	科	属	种		生活型	外来
			中文名	拉丁名		
3671	莎草科	薹草属	川滇薹草☆	*Carex schneideri*		
3672			仙台薹草☆	*Carex sendaica*		
3673			宽叶薹草☆	*Carex siderosticta*		
3674			柄囊薹草☆	*Carex stenophylla*		
3675			中亚薹草○	*Carex stenophylloides*		
3676			山薹草☆	*Carex subtransversa*		
3677			塔头薹草☆	*Carex tato*		
3678			藏薹草☆	*Carex thibetica*		
3679			陌上菅☆	*Carex thunbergii*		
3680			三穗薹草☆	*Carex tristachya*		
3681			单性薹草☆	*Carex unisexualis*		
3682			乌苏里薹草☆	*Carex ussuriensis*		
3683			膜囊薹草☆	*Carex vesicaria*		
3684			沙坪薹草☆	*Carex wui*		
3685			雅江薹草☆	*Carex yajiangensis*		
3686			云南薹草☆	*Carex yunnanensis*		
3687		克拉莎属	华克拉莎☆	*Cladium chinense*		
3688		莎草属	风车草☆	*Cyperus alternifolius*		
3689			阿穆尔莎草	*Cyperus amuricus*		
3690			扁穗莎草	*Cyperus compressus*		
3691			长尖莎草☆	*Cyperus cuspidatus*		
3692			异型莎草☆	*Cyperus difformis*		
3693			疏穗莎草	*Cyperus distans*		
3694			云南莎草☆	*Cyperus duclouxii*		
3695			移穗莎草☆	*Cyperus eleusinoides*		
3696			高秆莎草☆	*Cyperus exaltatus*		
3697			褐穗莎草☆	*Cyperus fuscus*		
3698			头状穗莎草☆	*Cyperus glomeratus*		
3699			畦畔莎草☆	*Cyperus haspan*		
3700			迭穗莎草☆	*Cyperus imbricatus*		
3701			碎米莎草☆	*Cyperus iria*		
3702			茳芏☆	*Cyperus malaccensis*		
3703			旋鳞莎草☆	*Cyperus michelianus*		
3704			具芒碎米莎草☆	*Cyperus microiria*		
3705			白鳞莎草	*Cyperus nipponicus*		

（续）

序号	科	属	种		生活型	外来
			中文名	拉丁名		
3706	莎草科	莎草属	垂穗莎草☆	*Cyperus nutans*		
3707			三轮草☆	*Cyperus orthostachyus*		
3708			纸莎草○	*Cyperus papyrus*		
3709			毛轴莎草☆	*Cyperus pilosus*		
3710			香附子☆	*Cyperus rotundus*		
3711			粗根茎莎草☆	*Cyperus stoloniferus*		
3712			窄穗莎草	*Cyperus tenuispica*		
3713		羊胡子草属	丛毛羊胡子草	*Eriophorum comosum*		
3714			东方羊胡子草☆	*Eriophorum polystachion*		
3715			红毛羊胡子草☆	*E. russeolum*		
3716			东方羊胡子草○	*Eriophorum polystachion*		
3717			羊胡子草○	*Eriophorum scheuchzeri*		
3718			白毛羊胡子草☆	*Eriophorum vaginatum*		
3719		飘拂草属	夏飘拂草☆	*Fimbristylis aestivalis*		
3720			复序飘拂草☆	*Fimbristylis bisumbellata*		
3721			扁鞘飘拂草☆	*Fimbristylis complanata*		
3722			两歧飘拂草☆	*Fimbristylis dichotoma*		
3723			拟二叶飘拂草☆	*Fimbristylis diphylloides*		
3724			锈鳞飘拂草☆	*Fimbristylis ferrugineae*		
3725			球穗飘拂草☆	*Fimbristylis globulosa*		
3726			宜昌飘拂草☆	*Fimbristylis henryi*		
3727			金色飘拂草	*Fimbristylis hookeriana*		
3728			长穗飘拂草☆	*Fimbristylis longispica*		
3729			短尖飘拂草☆	*Fimbristylis makinoana*		
3730			水虱草☆	*Fimbristylis miliacea*		
3731			五棱秆飘拂草☆	*Fimbristylis quinquangularis*		
3732			结壮飘拂草	*Fimbristylis rigidula*		
3733			绢毛飘拂草	*Fimbristylis sericea*		
3734			畦畔飘拂草☆	*Fimbristylis Squarrosa*		
3735			烟台飘拂草☆	*Fimbristylis stauntoni*		
3736			匍匐茎飘拂草☆	*Fimbristylis stolonifera*		
3737			双穗飘拂草☆	*Fimbristylis subbispicata*		
3738			西南飘拂草	*Fimbristylis thomsonii*		
3739		芙兰草属	芙兰草☆	*Fuirena umbellata*		
3740		荸荠属	紫果蔺☆	*Heleocharis atropurpurea*	湿生	

（续）

序号	科	属	种		生活型	外来
			中文名	拉丁名		
3741	莎草科	荸荠属	密花荸荠☆	*Heleocharis congesta*	湿生	
3742			荸荠☆	*Heleocharis dulcis*	水生	
3743			木贼状荸荠☆	*Heleocharis equisetina*	水生	
3744			中间型荸荠☆	*Heleocharis intersita*	水生	
3745			刘氏荸荠	*Heleocharis liouana*	湿生	
3746			江南荸荠	*Heleocharis migoana*		
3747			槽秆荸荠○	*Heleocharis mitracarpa*	水生	
3748			少花荸荠☆	*Heleocharis pauciflora*	水生	
3749			透明鳞荸荠☆	*Heleocharis pellucida*	水生	
3750			野荸荠☆	*Heleocharis plantagineiformis*	水生	
3751			卵穗荸荠☆	*Heleocharis soloniensis*	水生	
3752			龙师草☆	*Heleocharis tetraquetra*	水生	
3753			三面秆荸荠☆	*Heleocharis trilateralis*	水生	
3754			单鳞苞荸荠☆	*Heleocharis uniglumis*	水生	
3755			具槽秆荸荠☆	*Heleocharis valleculosa*	水生	
3756			羽毛荸荠☆	*Heleocharis wichurai*	水生	
3757			牛毛毡☆	*Heleocharis yokoscensis*	水生	
3758			云南荸荠☆	*Heleocharis yunnanensis*	水生	
3759		割鸡芒属	割鸡芒○	*Hypolytrum nemorum*		
3760		水莎草属	花穗水莎草☆	*Juncellus pannonicus*	水生	
3761			水莎草☆	*Juncellus serotinus*	水生	
3762		嵩草属	线叶嵩草☆	*Kobresia capillifolia*		
3763			截形嵩草☆	*Kobresia cuneata*		
3764			藏西嵩草☆	*Kobresia deasyi*		
3765			囊状嵩草☆	*Kobresia fragilis*		
3766			禾叶嵩草☆	*Kobresia graminifolia*		
3767			矮生嵩草☆	*Kobresia humilis*		
3768			甘肃嵩草☆	*Kobresia kansuensis*		
3769			藏北嵩草☆	*Kobresia littledalei*		
3770			大花嵩草☆	*Kobresia macrantha*		
3771			嵩草☆	*Kobresia myosuroides*		
3772			尼泊尔嵩草☆	*Kobresia nepalensis*		
3773			小嵩草○	*Kobresia parva*		
3774			高原嵩草☆	*Kobresia pusilla*		
3775			高山嵩草☆	*Kobresia pygmaea*		

（续）

序号	科	属	种		生活型	外来
			中文名	拉丁名		
3776	莎草科	嵩草属	粗壮嵩草☆	*Kobresia robusta*		
3777			喜马拉雅嵩草☆	*Kobresia rogleana*		
3778			赤箭嵩草☆	*Kobresia schoenoides*		
3779			四川嵩草☆	*Kobresia setchwanensis*		
3780			西藏嵩草☆	*Kobresia tibetica*		
3781			钩状嵩草☆	*Kobresia uncinoides*		
3782		水蜈蚣属	短叶水蜈蚣☆	*Kyllinga brevifolia*	水生	
3783			圆筒穗水蜈蚣☆	*Kyllinga cylindrica*	水生	
3784			单穗水蜈蚣☆	*Kyllinga monocephala*	水生	
3785		湖瓜草属	华湖瓜草☆	*Lipocarpha chinensis*	湿生	
3786			湖瓜草☆	*Lipocarpha microcephala*	湿生	
3787		砖子苗属	密穗砖子苗☆	*Mariscus compactas*		
3788			砖子苗☆	*Mariscus umbellatus*		
3789		扁莎属	球穗扁莎☆	*Pycreus globosus*	湿生	
3790			槽鳞扁莎○	*Pycreus korshinskyi*		
3791			红鳞扁莎☆	*Pycreus sanguinolentus*	湿生	
3792		刺子莞属	白喙刺子莞☆	*Rhynchospora brownii*		
3793			华刺子莞☆	*Rhynchospora chinensis*		
3794			三俭草☆	*Rhynchospora corymbosa*		
3795			细叶刺子莞☆	*Rhynchospora faberi*		
3796			刺子莞☆	*Rhynchospora rubra*		
3797		藨草属	茸球藨草☆	*Scirpus asiaticus*	水生	
3798			双柱头藨草☆	*Scirpus distigmaticus*	水生	
3799			硕大藨草☆	*Scirpus grossus*	水生	
3800			萤蔺☆	*Scirpus juncoides*	水生	
3801			华东藨草☆	*Scirpus karuizawensis*	水生	
3802			庐山藨草○	*Scirpus lushanensis*	水生	
3803			三棱秆藨草☆	*Scirpus mattfeldianus*	水生	
3804			北水毛花☆	*Scirpus mucronatus*	水生	
3805			东方藨草○	*Scirpus orientalis*	水生	
3806			扁杆藨草☆	*Scirpus planiculmis*	水生	
3807			矮藨草☆	*Scirpus pumilus*	水生	
3808			荣成藨草○	*Scirpus rongchengensis*	水生	
3809			百球藨草☆	*Scirpus rosthornii*	水生	
3810			滇水葱☆	*Scirpus schoofii*	水生	

（续）

序号	科	属	种		生活型	外来
			中文名	拉丁名		
3811	莎草科	藨草属	细杆藨草☆	*Scirpus setaceus*	水生	
3812			球穗藨草☆	*Scirpus strobilinus*	水生	
3813			类头状花序藨草☆	*Scirpus subcapitatus*	水生	
3814			羽状刚毛藨草☆	*Scirpus subulatus*	水生	
3815			仰卧秆藨草☆	*Scirpus supinus*	水生	
3816			水毛花☆	*Scirpus triangulatus*	水生	
3817			藨草☆	*Scirpus triqueter*	水生	
3818			水葱☆	*Scirpus validus*	水生	
3819			猪毛草☆	*Scirpus wallichii*	水生	
3820			荆三棱☆	*Scirpus yagara*	水生	
3821		珍珠茅属	二花珍珠茅☆	*Scleria biflora*		
3822			毛果珍珠茅	*Scleria herbecarpa*		
3823			光果珍珠茅☆	*Scleria laeviformis*		
3824			高杆珍珠茅○	*Scleria terrestris*		
3825		断节莎属	断节莎	*Torulinium ferax*		
3826		蔺藨草属	双柱头针蔺○	*Trichophorum distigmaticum*		
3827	芭蕉科	芭蕉属	小果野蕉☆	*Musa acuminata*		
3828			野蕉	*Musa balbisiana*		
3829			芭蕉	*Musa basjoo*		
3830			大蕉	*Musa sapientum*		
3831			树头芭蕉	*Musa wilsonii*		
3832	姜科	山姜属	华山姜	*Alpinia chinensis*		
3833			红豆蔻	*Alpinia galanga*		
3834			山姜	*Alpinia japonica*		
3835			四川山姜○	*Alpinia sichuanensis*		
3836		豆蔻属	野草果	*Amomum koenigii*		
3837			草果	*Amomum tsaoko*		
3838		距药姜属	距药姜	*Cautleya gracilis*		
3839		闭鞘姜属	闭鞘姜	*Costus speciosus*		
3840		姜黄属	郁金	*Curcuma aromatica*		
3841		舞花姜属	舞花姜	*Globba racemosa*		
3842		姜花属	姜花	*Hedychium coronarium*		
3843			黄姜花	*Hedychium flavum*		
3844			圆瓣姜花	*Hedychium forrestii*		
3845		象牙参属	大花象牙参	*Roscoea humeana*		

（续）

序号	科	属	种		生活型	外来
			中文名	拉丁名		
3846	姜科	象牙参属	昆明象牙参○	*Roscoea kunmingensis*		
3847			无柄象牙参○	*Roscoea schneideriana*		
3848		姜属	蘘荷	*Zingiber mioga*		
3849			姜	*Zingiber officinale*		
3850			阳荷	*Zingiber striolatum*		
3851	美人蕉科	美人蕉属	蕉芋	*Canna edulis*		
3852			大花美人蕉	*Canna generalis*		
3853			水生美人蕉☆	*Canna glauca*	水生	
3854			美人蕉	*Canna indica*		
3855	竹芋科	柊叶属	柊叶	*Phrynium capitatum*		
3856			尖苞柊叶	*Phrynium placentarium*		
3857		再力花属	再力花○	*Thalia dealbata*		
3858	兰科	竹叶兰属	竹叶兰☆	*Arundina graminifolia*		
3859		凹舌兰属	凹舌兰	*Coeloglossum viride*		
3860		白及属	白及	*Bletilla striata*		
3861		虾脊兰属	虾脊兰	*Calanthe discolor*		
3862		兰属	春兰	*Cymbidium goeringii*		
3863			寒兰	*Cymbidium kanran*		
3864		杓兰属	黄囊杓兰○	*Cypripedium calcolus*		
3865			大花杓兰	*Cypripedium macranthum*		
3866		天麻属	天麻	*Gastrodia elata*		
3867		斑叶兰属	斑叶兰	*Goodyera schlechtendaliana*		
3868		手参属	短距手参	*Gymnadenia crassinervis*		
3869			手参☆	*Gymnadenia conopsea*		
3870			西南手参☆	*Gymnadenia orchidis*		
3871		玉凤花属	毛葶玉凤花	*Habenaria ciliolaris*		
3872			线叶十字兰☆	*Habenaria linearifolia*		
3873			鹅毛玉凤花	*Habenaria dentata*		
3874			橙黄玉凤花	*Habenaria rhodocheila*		
3875		鸟足兰属	缘毛鸟足兰☆	*Satyrium ciliatum*		
3876		绶草属	绶草☆	*Spiranthes sinensis*		
3877		笋兰属	笋兰	*Thunia alba*		
3878		香荚兰属	香荚兰	*Vanilla fragrans*		

附录二 全国湿地调查区域动物名录

序号	目	科	属	种	
				中文名	拉丁名
一、两栖动物					
1	无尾目	角蟾科	掌突蟾属	高山掌突蟾	*Leptolalax alpinus*
2				福建掌突蟾	*Leptolalax liui*
3				峨山掌突蟾	*Leptolalax oshanensis*
4				蟼掌突蟾	*Leptolalax pelodytoides*
5				三岛掌突蟾	*Leptolalax sangi*
6				腹斑掌突蟾	*Leptolalax ventripunctatus*
7			拟髭蟾属	沙巴拟髭蟾	*Leptobrachium chapaense*
8				广西拟髭蟾	*Leptobrachium guangxiense*
9				海南拟髭蟾	*Leptobrachium hainanense*
10				华深拟髭蟾	*Leptobrachium huashen*
11			齿蟾属	川北齿蟾	*Oreolalax chuanbeiensis*
12				棘疣齿蟾	*Oreolalax granulosus*
13				景东齿蟾	*Oreolalax jingdongensis*
14				凉北齿蟾	*Oreolalax liangbeiensis*
15				利川齿蟾	*Oreolalax lichuanensis*
16				大齿蟾	*Oreolalax major*
17				点斑齿蟾	*Oreolalax multipunctatus*
18				南江齿蟾	*Oreolalax nanjianggensis*
19				峨眉齿蟾	*Oreolalax omeimontis*
20				秉志齿蟾	*Oreolalax pingii*
21				宝兴齿蟾	*Oreolalax popei*
22				普雄齿蟾	*Oreolalax puxiongensis*
23				红点齿蟾	*Oreolalax rhodostigmatus*
24				疣刺齿蟾	*Oreolalax rugosus*
25				无蹼齿蟾	*Oreolalax schmidti*
26				魏氏齿蟾	*Oreolalax weigoldi*
27				乡城齿蟾	*Oreolalax xiangchengensis*
28			齿突蟾属	胸腺猫眼蟾	*Aelurophryne glandulatus*
29				贡山猫眼蟾	*Aelurophryne gongshanensis*
30				九龙猫眼蟾	*Aelurophryne jiulongensis*
31				刺胸猫眼蟾	*Aelurophryne mammatus*
32				木里猫眼蟾	*Aelurophryne muliensis*
33				圆疣猫眼蟾	*Aelurophryne tuberculatus*

（续）

序号	目	科	属	种	
				中文名	拉丁名
34	无尾目	角蟾科	齿突蟾属	西藏齿突蟾	*Scutiger boulengeri*
35				金顶齿突蟾	*Scutiger chintingensis*
36				六盘齿突蟾	*Scutiger liupanensis*
37				花齿突蟾	*Scutiger maculatus*
38				宁陕齿突蟾	*Scutiger ningshanensis*
39				林芝齿突蟾	*Scutiger nyingchiensis*
40				平武齿突蟾	*Scutiger pingwuensis*
41				皱纹齿突蟾	*Scutiger ruginosus*
42				锡金齿突蟾	*Scutiger sikimmensis*
43				王朗齿突蟾	*Scutiger wanglangensis*
44			髭蟾属	哀牢髭蟾	*Vibrissaphora ailaonica*
45				峨眉髭蟾	*Vibrissaphora boringii*
46				雷山髭蟾	*Vibrissaphora leishanensis*
47				崇安髭蟾	*Vibrissaphora liui*
48				崇安髭蟾指名亚种	*Vibrissaphora liui liui*
49				崇安髭蟾瑶山亚种	*Vibrissaphora liui yaoshanensis*
50				原髭蟾	*Vibrissaphora promustache*
51			短腿蟾属	宽头短腿蟾	*Brachytarsophrys carinensis*
52				川南短腿蟾	*Brachytarsophrys chuannanensis*
53				费氏短腿蟾	*Brachytarsophrys feae*
54				平顶短腿蟾	*Brachytarsophrys platyparietus*
55			角蟾属	抱龙角蟾	*Megophrys baolongensis*
56				宾川角蟾	*Megophrys binchuanensis*
57				炳灵角蟾	*Megophrys binlingensis*
58				淡肩角蟾	*Megophrys boettgeri*
59				短肢角蟾	*Megophrys brachykolos*
60				尾突角蟾	*Megophrys caudoprocta*
61				大围山角蟾	*Megophrys daweimontis*
62				大花角蟾	*Megophrys gigantica*
63				腺角蟾	*Megophrys glandulosa*
64				黄山角蟾	*Megophrys huangshanensis*
65				景东角蟾	*Megophrys jingdongensis*
66				挂墩角蟾	*Megophrys kuatunensis*
67				大角蟾	*Megophrys major*
68				莽山角蟾	*Megophrys mangshanensis*
69				墨脱角蟾	*Megophrys medogensis*
70				小角蟾	*Megophrys minor*
71				南江角蟾	*Megophrys nankiangensis*
72				峨眉角蟾	*Megophrys omeimontis*
73				凸肛角蟾	*Megophrys pachyproctus*
74				粗皮角蟾	*Megophrys palpebralespinosa*
75				凹顶角蟾	*Megophrys parva*

（续）

序号	目	科	属	种	
				中文名	拉丁名
76	无尾目	角蟾科	角蟾属	桑植角蟾	*Megophrys sangzhiensis*
77				沙坪角蟾	*Megophrys shapingensis*
78				水城角蟾	*Megophrys shuichengensis*
79				棘指角蟾	*Megophrys spinata*
80				瓦屋山角蟾	*Megophrys wawuensis*
81				无量山角蟾	*Megophrys wuliangshanensis*
82				巫山角蟾	*Megophrys wushanensis*
83				张氏角蟾	*Megophrys zhangi*
84			拟角蟾属	小口拟角蟾	*Ophryophryne microstoma*
85				突肛拟角蟾	*Ophryophryne pachyproctus*
86		姬蛙科	娟蛙属	德力娟蛙	*Micryletta inornata*
87				台湾娟蛙	*Micryletta steinegeri*
88			小狭口蛙属	云南小狭口蛙	*Calluella yunnanensis*
89			细狭口蛙属	花细狭口蛙	*Kalophrynus interlineatus*
90				孟连细狭口蛙	*Kalophrynus menglienicus*
91			狭口蛙属	北方狭口蛙	*Kaloula borealis*
92				花狭口蛙	*Kaloula pulchra*
93				花狭口蛙海南亚种	*Kaloula pulchra hainana*
94				花狭口蛙指名亚种	*Kaloula pulchra pulchra*
95				四川狭口蛙	*Kaloula rugifera*
96				多疣狭口蛙	*Kaloula verrucosa*
97			姬蛙属	粗皮姬蛙	*Microhyla butleri*
98				大姬蛙	*Microhyla fowleri*
99				小弧斑姬蛙	*Microhyla heymonsi*
100				合征姬蛙	*Microhyla mixtura*
101				饰纹姬蛙	*Microhyla fissipes*
102				花姬蛙	*Microhyla pulchra*
103			小姬蛙属	德力小姬蛙	*Micryletta inornata*
104				史氏小姬蛙	*Micryletta steinegeri*
105		蛙科	湍蛙属	阿尼桥湍蛙	*Amolops aniqiaoensis*
106				片马湍蛙	*Amolops bellulus*
107				沙巴湍蛙	*Amolops chapaensis*
108				崇安湍蛙	*Amolops chunganensis*
109				戴云湍蛙	*Amolops daiyunensis*
110				小耳湍蛙	*Amolops gerbillus*
111				棘皮湍蛙	*Amolops granulosus*
112				海南湍蛙	*Amolops hainanensis*
113				香港湍蛙	*Amolops hongkongensis*
114				金江湍蛙	*Amolops jinjiangensis*
115				康定湍蛙	*Amolops kangtingensis*
116				凉山湍蛙	*Amolops liangshanensis*
117				理县湍蛙	*Amolops lifanensis*

（续）

序号	目	科	属	种	
				中文名	拉丁名
118	无尾目	蛙科	湍蛙属	棕点湍蛙	*Amolops loloensis*
119				四川湍蛙	*Amolops mantzorum*
120				西域湍蛙	*Amolops marmoratus*
121				墨脱湍蛙	*Amolops medogensis*
122				山湍蛙	*Amolops monticola*
123				长吻湍蛙	*Amolops nasicus*
124				华南湍蛙	*Amolops ricketti*
125				小湍蛙	*Amolops torrentis*
126				扁疣湍蛙	*Amolops tuberodepressus*
127				绿点湍蛙	*Amolops viridimaculatus*
128				武夷湍蛙	*Amolops wuyiensis*
129			拟湍蛙属	多齿拟湍蛙	*Pseudoamolops multidenticulatus*
130				台湾拟湍蛙	*Pseudoamolops sauteri*
131			隆肛蛙属	隆肛蛙	*Feirana quadranus*
132				太行隆肛蛙	*Feirana taihangnica*
133			陆蛙属	海陆蛙	*Fejervarya cancrivora*
134				泽陆蛙	*Fejervarya multistriata*
135			虎纹蛙属	虎纹蛙	*Hoplobatrachus rugulosus*
136			大头蛙属	版纳大头蛙	*Limnonectes bannaensis*
137				脆皮大头蛙	*Limnonectes fragilis*
138				福建大头蛙	*Limnonectes fujianensis*
139				大头蛙	*Limnonectes kuhlii*
140			舌突蛙属	高山舌突蛙	*Liurana alpinus*
141				刘氏舌突蛙	*Liurana liui*
142				墨脱舌突蛙	*Liurana medogensis*
143				网纹舌突蛙	*Liurana reticulata*
144				西藏舌突蛙	*Liurana xizangensis*
145			倭蛙属	高山倭蛙	*Nanorana parkeri*
146				倭蛙	*Nanorana pleskei*
147				腹斑倭蛙	*Nanorana ventripunctata*
148			棘蛙属	布兰福棘蛙	*Paa blanfordii*
149				棘腹蛙	*Paa boulengeri*
150				察隅棘蛙	*Paa chayuensis*
151				错那棘蛙	*Paa conaensis*
152				小棘蛙	*Paa exilispinosa*
153				眼斑棘蛙	*Paa feae*
154				九龙棘蛙	*Paa jiulongensis*
155				棘臂蛙	*Paa liebigii*
156				无声囊棘蛙	*Paa liuii*

（续）

序号	目	科	属	种 中文名	种 拉丁名
157	无尾目	蛙科	棘蛙属	花棘蛙	*Paa maculosa*
158				墨脱棘蛙	*Paa medogensis*
159				波留宁棘蛙	*Paa polunini*
160				合江棘蛙	*Paa robertingeri*
161				棘侧蛙	*Paa shini*
162				四川棘蛙	*Paa sichuanensis*
163				棘胸蛙	*Paa spinosa*
164				多疣棘蛙	*Paa verrucospinosa*
165				双团棘胸蛙	*Paa yunnanensis*
166			棘肛蛙属	棘肛蛙	*Unculuana unculuanus*
167			肛刺蛙属	叶氏肛刺蛙	*Yerana yei*
168			浮蛙属	北浮蛙	*Occidozyga borealis*
169				尖舌浮蛙	*Occidozyga lima*
170				圆舌浮蛙	*Occidozyga martensii*
171			蟾舌蛙属	北蟾舌蛙	*Phrynoglossus borealis*
172				圆蟾舌蛙	*Phrynoglossus martensii*
173			腺蛙属	小腺蛙	*Glandirana minima*
174			水蛙属	黑带水蛙	*Hylarana nigrovittata*
175				长趾纤蛙	*Hylarana macrodactyla*
176				台北纤蛙	*Hylarana taipehensis*
177				弹琴蛙	*Nidirana adenopleura*
178				仙琴蛙	*Nidirana daunchina*
179				海南琴蛙	*Nidirana hainanensis*
180				林琴蛙	*Nidirana lini*
181				竖琴蛙	*Nidirana psaltes*
182				版纳水蛙	*Sylvirana bannanica*
183				沼水蛙	*Sylvirana guentheri*
184				河口水蛙	*Sylvirana hekouensis*
185				阔褶水蛙	*Sylvirana latouchii*
186				茅索水蛙	*Sylvirana maosonensis*
187				勐腊水蛙	*Sylvirana menglaensis*
188				黑耳水蛙	*Sylvirana nigrotympanica*
189				细刺水蛙	*Sylvirana spinulosa*
190			臭蛙属	小竹叶蛙	*Bamburana exiliversabilis*
191				鸭嘴竹叶蛙	*Bamburana nasuta*
192				竹叶蛙	*Bamburana versabilis*
193				云南臭蛙	*Odorrana andersonii*
194				安龙臭蛙	*Odorrana anlungensis*
195				无指盘臭蛙	*Odorrana grahami*
196				海南臭蛙	*Odorrana hainanensis*

（续）

序号	目	科	属	种	
				中文名	拉丁名
197	无尾目	蛙科	臭蛙属	合江臭蛙	*Odorrana hejiangensis*
198				景东臭蛙	*Odorrana jingdongensis*
199				筠连臭蛙	*Odorrana junlianensis*
200				光雾臭蛙	*Odorrana kuangwuensis*
201				大绿臭蛙	*Odorrana graminea*
202				龙胜臭蛙	*Odorrana lungshengensis*
203				绿臭蛙	*Odorrana margaretae*
204				南江臭蛙	*Odorrana nanjiangensis*
205				花臭蛙	*Odorrana schmackeri*
206				棕背臭蛙	*Odorrana swinhoana*
207				台岛臭蛙	*Odorrana taiwaniana*
208				滇南臭蛙	*Odorrana tiannanensis*
209				凹耳臭蛙	*Odorrana tormota*
210				务川臭蛙	*Odorrana wuchuanensis*
211				宜章臭蛙	*Odorrana yizhangensis*
212			侧褶蛙属	福建侧褶蛙	*Pelophylax fukienensis*
213				湖北侧褶蛙	*Pelophylax hubeiensis*
214				黑斜线侧褶蛙	*Pelophylax nigrolineatus*
215				黑斑侧褶蛙	*Pelophylax nigromaculatus*
216				金线侧褶蛙	*Pelophylax plancyi*
217				滇侧褶蛙	*Pelophylax pleuraden*
218				胫腺侧褶蛙	*Pelophylax shuchinae*
219				中亚侧褶蛙	*Pelophylax terentievi*
220			趾沟蛙属	越南趾沟蛙	*Pseudorana johnsi*
221				桑植趾沟蛙	*Pseudorana sangzhiensis*
222				台湾趾沟蛙	*Pseudorana sauteri*
223				威宁趾沟蛙	*Pseudorana weiningensis*
224			林蛙属	阿尔泰林蛙	*Rana altaica*
225				黑龙江林蛙	*Rana amurensis*
226				中亚林蛙	*Rana asiatica*
227				版纳蛙	*Rana bannanica*
228				牛蛙	*Rana catesbeiana*
229				昭觉林蛙	*Rana chaochiaoensis*
230				中国林蛙	*Rana chensinensis*
231				峰斑林蛙	*Rana chevronta*
232				东北林蛙	*Rana dybowskii*
233				福建蛙（金线蛙）	*Rana fukienensis*
234				寒露林蛙	*Rana hanluica*
235				桓仁林蛙	*Rana huanrenensis*
236				越南蛙	*Rana johnsi*

（续）

序号	目	科	属	种	
				中文名	拉丁名
237	无尾目	蛙科	林蛙属	高原林蛙	*Rana kukunoris*
238				昆嵛林蛙	*Rana kunyuensis*
239				阔褶蛙	*Rana latouchii*
240				江城蛙	*Rana lini*
241				长肢林蛙	*Rana longicrus*
242				长趾蛙	*Rana macrodactyla*
243				小山蛙	*Rana minima*
244				多齿蛙	*Rana multidenticulata*
245				黑斜线蛙	*Rana nigrolineata*
246				黑斑蛙	*Rana nigromaculata*
247				峨眉林蛙	*Rana omeimontis*
248				滇蛙	*Rana pleuraden*
249				竖琴蛙	*Rana psaltes*
250				腾格里蛙	*Rana tenggerensis*
251				中亚蛙	*Rana terentievi*
252				明全蛙	*Rana zhengi*
253				镇海林蛙	*Rana zhenhaiensis*
254			粗皮蛙属	东北粗皮蛙	*Rugosa emeljanovi*
255				天台粗皮蛙	*Rugosa tientaiensis*
256		树蛙科	水树蛙属	白斑水树蛙	*Aquixalus albopunctatus*
257				粗皮水树蛙	*Aquixalus asper*
258				背崩水树蛙	*Aquixalus baibungensis*
259				黑眼睑水树蛙	*Aquixalus gracilipes*
260				海南水树蛙	*Aquixalus hainanus*
261				面天水树蛙	*Aquixalus idiootocus*
262				金秀水树蛙	*Aquixalus jinxiuensis*
263				肯氏水树蛙	*Aquixalus kempii*
264				陇川水树蛙	*Aquixalus longchuanensis*
265				墨脱水树蛙	*Aquixalus medogensis*
266				勐腊水树蛙	*Aquixalus menglaensis*
267				吻水树蛙	*Aquixalus naso*
268				眼斑水树蛙	*Aquixalus ocellatus*
269				锯腿水树蛙	*Aquixalus odontotarsus*
270				白颊水树蛙	*Aquixalus palpebralis*
271				红吸盘水树蛙	*Aquixalus rhododiscus*
272				罗默水树蛙	*Aquixalus romeri*
273				疣水树蛙	*Aquixalus tuberculatus*
274			溪树蛙属	日本溪树蛙	*Buergeria japonica*
275				海南溪树蛙	*Buergeria oxycephala*
276				壮溪树蛙	*Buergeria robusta*

（续）

序号	目	科	属	种	
				中文名	拉丁名
277	无尾目	树蛙科	跳树蛙属	背条跳树蛙	*Chirixalus doriae*
278				面天跳树蛙	*Chirixalus idiootocus*
279				白颊小跳树蛙	*Chirixalus palpebralis*
280				侧条跳树蛙	*Chirixalus vittatus*
281			琉球原指树蛙属	琉球原指树蛙	*Kurixalus eiffingeri*
282			小树蛙属	白斑小树蛙	*Philautus albopunctatus*
283				安氏小树蛙	*Philautus andersoni*
284				黑眼睑小树蛙	*Philautus gracilipes*
285				金秀小树蛙	*Philautus jinxiuensis*
286				陇川小树蛙	*Philautus longchuanensis*
287				墨脱小树蛙	*Philautus medogensis*
288				勐腊小树蛙	*Philautus menglaensis*
289				眼斑小树蛙	*Philautus ocellatus*
290				锯腿小树蛙	*Philautus odontotarsus*
291				红吸盘小树蛙	*Philautus rhododiscus*
292				罗默小树蛙	*Philautus romeri*
293			泛树蛙属	经甫泛树蛙	*Polypedates chenfui*
294				大泛树蛙	*Polypedates dennysii*
295				越南泛树蛙	*Polypedates duboisi*
296				宝兴泛树蛙	*Polypedates dugritei*
297				棕褶泛树蛙	*Polypedates feae*
298				昭觉泛树蛙	*Polypedates hui*
299				洪佛泛树蛙	*Polypedates hungfuensis*
300				斑腿泛树蛙	*Polypedates megacephalus*
301				无声囊泛树蛙	*Polypedates mutus*
302				峨眉泛树蛙	*Polypedates omeimontis*
303			树蛙属	诸罗树蛙	*Rhacophorus arvalis*
304				橙腹树蛙	*Rhacophorus aurantiventris*
305				双斑树蛙	*Rhacophorus bipunctatus*
306				经甫树蛙	*Rhacophorus chenfui*
307				大树蛙	*Rhacophorus dennysi*
308				宝兴树蛙	*Rhacophorus dugritei*
309				棕褶树蛙	*Rhacophorus feae*
310				贡山树蛙	*Rhacophorus gongshanensis*
311				洪佛树蛙	*Rhacophorus hungfuensis*
312				黑蹼树蛙	*Rhacophorus kio*
313				老山树蛙	*Rhacophorus laoshan*
314				白线树蛙	*Rhacophorus leucofasciatus*
315				白颌大树蛙	*Rhacophorus maximus*
316				侏树蛙	*Rhacophorus minimus*

（续）

序号	目	科	属	种	
				中文名	拉丁名
317	无尾目	树蛙科	树蛙属	台湾树蛙	*Rhacophorus moltrechti*
318				黑点树蛙	*Rhacophorus nigropunctatus*
319				峨眉树蛙	*Rhacophorus omeimontis*
320				翡翠树蛙	*Rhacophorus prasinatus*
321				红蹼树蛙	*Rhacophorus rhodopus*
322				台北树蛙	*Rhacophorus taipeianus*
323				横纹树蛙	*Rhacophorus translineatus*
324				圆疣树蛙	*Rhacophorus tuberculatus*
325				疣足树蛙	*Rhacophorus verrucopus*
326				瑶山树蛙	*Rhacophorus yaoshanensis*
327				鹦哥岭树蛙	*Rhacophorus yinggelingensis*
328			棱皮树蛙属	马来疣斑树蛙	*Theloderma asperum*
329				广西棱皮树蛙	*Theloderma kwangsiensis*
330				棘棱皮树蛙	*Theloderma moloch*
331		铃蟾科	铃蟾属	东方铃蟾	*Bombina orientalis*
332				强婚刺铃蟾	*Grobina fortinuptialis*
333				利川铃蟾	*Grobina lichuanensis*
334				大蹼铃蟾	*Grobina maxima*
335				微蹼铃蟾	*Grobina microdeladigitora*
336		蟾蜍科	蟾蜍属	哀牢蟾蜍	*Bufo ailaoanus*
337				盘谷蟾蜍	*Bufo bankorensis*
338				隐耳蟾蜍	*Bufo cryptotympanicus*
339				隆枕蟾蜍	*Bufo cyphosus*
340				头盔蟾蜍	*Bufo galeatus*
341				中华蟾蜍	*Bufo gargarizans*
342				华西蟾蜍（或中华蟾蜍华西亚种）	*Bufo gargarizans andrewsi*
343				中华蟾蜍指名亚种	*Bufo gargarizans gargarizans*
344				中华蟾蜍岷山亚种	*Bufo gargarizans minshanicus*
345				喜山蟾蜍	*Bufo himalayanus*
346				沙湾蟾蜍	*Bufo kabischi*
347				乐东蟾蜍	*Bufo ledongensis*
348				黑眶蟾蜍	*Bufo melanostictus*
349				岷山蟾蜍	*Bufo minshanicus*
350				塔里木蟾蜍	*Bufo pewzowi*
351				塔里木蟾蜍指名亚种	*Bufo pewzowi pewzowi*
352				塔里木蟾蜍北疆亚种	*Bufo pewzowi strauchi*
353				花背蟾蜍	*Bufo raddei*
354				史氏蟾蜍	*Bufo stejnegeri*
355				帕米尔蟾蜍	*Bufo taxkorensi*

（续）

序号	目	科	属	种	
				中文名	拉丁名
356	无尾目	蟾蜍科	蟾蜍属	西藏蟾蜍	*Bufo tibetanus*
357				圆疣蟾蜍	*Bufo tuberculatus*
358				卧龙蟾蜍	*Bufo wolongensis*
359				札达蟾蜍	*Bufo zamdaensis*
360			小蟾属	鳞皮小蟾	*Parapelophryne scalpta*
361			溪蟾属	无棘溪蟾	*Torrentophryne aspinia*
362				缅甸溪蟾	*Torrentophryne burmanus*
363				疣棘溪蟾	*Torrentophryne pageoti*
364		雨蛙科	雨蛙属	中国雨蛙	*Hyla chinensis*
365				华西雨蛙	*Hyla gongshanensis*
366				华西雨蛙川西亚种	*Hyla gongshanensis chuanxiensis*
367				华西雨蛙指名亚种	*Hyla gongshanensis gongshanensis*
368				华西雨蛙景东亚种	*Hyla gongshanensis jingdongensis*
369				华西雨蛙腾冲亚种	*Hyla gongshanensis tengchongensis*
370				华西雨蛙武陵亚种	*Hyla gongshanensis wulingensis*
371				无斑雨蛙	*Hyla immaculata*
372				三港雨蛙	*Hyla sanchiangensis*
373				华南雨蛙	*Hyla simplex*
374				华南雨蛙海南亚种	*Hyla simplex hainanensis*
375				华南雨蛙指名亚种	*Hyla simplex simplex*
376				秦岭雨蛙	*Hyla tsinlingensis*
377				东北雨蛙	*Hyla ussuriensis*
378				昭平雨蛙	*Hyla zhaopingensis*
379	有尾目	隐鳃鲵科	大鲵属	大鲵	*Andrias davidianus*
380		小鲵科	山溪鲵属	弱唇褶山溪鲵	*Batrachuperus cochranae*
381				龙洞山溪鲵	*Batrachuperus longdongensis*
382				山溪鲵	*Batrachuperus pinchonii*
383				西藏山溪鲵	*Batrachuperus tibetanus*
384				盐源山溪鲵	*Batrachuperus yenyuanensis*
385			小鲵属	安吉小鲵	*Hynobius amjiensis*
386				阿里山小鲵	*Hynobius arisanensis*
387				中国小鲵	*Hynobius chinensis*
388				台湾小鲵	*Hynobius formosanus*
389				挂榜山小鲵	*Hynobius guabangshanensis*
390				东北小鲵	*Hynobius leechii*
391				猫儿山小鲵	*Hynobius maoershanensis*
392				楚南小鲵	*Hynobius sonani*
393				义乌小鲵	*Hynobius yiwuensis*
394				豫南小鲵	*Hynobius yunanicus*

（续）

序号	目	科	属	种	
				中文名	拉丁名
395	有尾目	小鲵科	爪鲵属	爪鲵	*Onychodactylus fischeri*
396			肥鲵属	商城肥鲵	*Pachyhynobius shangchengensis*
397			拟小鲵属	黄斑拟小鲵	*Pseudohynobius flavomaculatus*
398				宽阔水拟小鲵	*Pseudohynobius kuankuoshuiensis*
399				水城拟小鲵	*Pseudohynobius shuichengensis*
400				秦巴拟小鲵	*Pseudohynobius tsinpaensis*
401			北鲵属	巫山北鲵	*Ranodon shihi*
402				新疆北鲵	*Ranodon sibiricus*
403			极北鲵属	极北鲵	*Salamandrella keyserlingii*
404			原鲵属	普雄原鲵	*Protohynobius puxiongensis*
405		蝾螈科	蝾螈属	呈贡蝾螈	*Cynops chenggongensis*
406				蓝尾蝾螈	*Cynops cyanurus*
407				蓝尾蝾螈楚雄亚种	*Cynops cyanurus chuxiongensis*
408				蓝尾蝾螈指名亚种	*Cynops cyanurus cyanurus*
409				东方蝾螈	*Cynops orientalis*
410				潮汕蝾螈	*Cynops orphicus*
411			棘螈属	琉球棘螈	*Echinotriton andersoni*
412				镇海棘螈	*Echinotriton chinhaiensis*
413			滇螈属	滇螈	*Hypselotriton wolterstorffi*
414			肥螈属	黑斑肥螈	*Pachytriton brevipes*
415				无斑肥螈	*Pachytriton labiatus*
416			瘰螈属	尾斑瘰螈	*Paramesotriton caudopunctatus*
417				中国瘰螈	*Paramesotriton chinensis*
418				富钟瘰螈	*Paramesotriton fuzhongensis*
419				广西瘰螈	*Paramesotriton guangxiensis*
420				香港瘰螈	*Paramesotriton hongkongensis*
421				龙里瘰螈	*Paramesotriton longliensis*
422				织金瘰螈	*Paramesotriton zhijinensis*
423			疣螈属	细痣疣螈	*Tylototriton asperrimus*
424				海南疣螈	*Tylototriton hainanensis*
425				贵州疣螈	*Tylototriton kweichowensis*
426				红瘰疣螈	*Tylototriton shanjing*
427				大凉疣螈	*Tylototriton taliangensis*
428				棕黑疣螈	*Tylototriton verrucosus*
429				文县疣螈	*Tylototriton wenxianensis*
430	蚓螈目	鱼螈科	鱼螈属	版纳鱼螈	*Ichthyophis bannanicus*

（续）

序号	目	科	种	
			中文名	拉丁名
			二、湿地爬行动物	
1	龟鳖目	平胸龟科	平胸龟	*Platysternon megacephalum*
2		淡水龟科	大头乌龟	*Chinemys megalocephala*
3			黑颈乌龟	*Chinemys nigricans*
4			乌龟	*Chinemys reevesii*
5			黄缘盒龟	*Cistoclemmys flavomarginata*
6			黄额盒龟	*Cistoclemmys galbinifrons*
7			金头闭壳龟	*Cuora aurocapitata*
8			百色闭壳龟	*Cuora mccordi*
9			潘氏闭壳龟	*Cuora pani*
10			三线闭壳龟	*Cuora trifasciata*
11			云南闭壳龟	*Cuora yunnanensis*
12			周氏闭壳龟	*Cuora zhoui*
13			齿缘龟	*Cyclemys dentata*
14			地龟	*Geoemyda spengleri*
15			艾氏拟水龟	*Mauremys iversoni*
16			黄喉拟水龟	*Mauremys mutica*
17			腊戌拟水龟	*Mauremys pritchardi*
18			中华花龟	*Ocadia sinensis*
19			锯缘龟	*Pyxidea mouhotii*
20			眼斑龟	*Sacalia bealei*
21			拟眼斑龟	*Sacalia pseudocellata*
22			四眼斑龟	*Sacalia quadriocellata*
23		海龟科	蠵龟	*Caretta caretta*
24			海龟	*Chelonia mydas*
25			玳瑁	*Eretmochelys imbricata*
26			丽龟	*Lepidochelys olivacea*
27		棱皮龟科	棱皮龟	*Dermochelys coriacea*
28		鳖科	山瑞鳖	*Palea steindachneri*
29			鼋	*Pelochelys cantorii*
30			砂鳖	*Pelodiscus axenaria*
31			东北鳖	*Pelodiscus maackii*
32			小鳖	*Pelodiscus parviformis*
33			鳖	*Pelodiscus sinensis*
34			斑鳖	*Rafetus swinhoei*
35	有鳞目	鬣蜥科	长鬣蜥	*Physignathus cocincinus*
36		鳄蜥科	鳄蜥	*Shinisaurus crocodilurus*

（续）

序号	目	科	种	
			中文名	拉丁名
37	有鳞目	巨蜥科	孟加拉巨蜥	*Varanus bengalensis*
38			圆鼻巨蜥	*Varanus salvator*
39		石龙子科	岩岸岛蜥	*Emoia atrocostata*
40			缅甸棱蜥	*Tropidophorus berdmorei*
41			广西棱蜥	*Tropidophorus guangxiensis*
42			海南棱蜥	*Tropidophorus hainanus*
43			中国棱蜥	*Tropidophorus sinicus*
44		瘰鳞蛇科	瘰鳞蛇	*Acrochordus granulatus*
45		游蛇科	无颞鳞腹链蛇	*Amphiesma atemporale*
46			黑带腹链蛇	*Amphiesma bitaeniatum*
47			白眉腹链蛇	*Amphiesma boulengeri*
48			锈链腹链蛇	*Amphiesma craspedogaster*
49			棕网腹链蛇	*Amphiesma johannis*
50			卡西腹链蛇	*Amphiesma khasiensis*
51			瓦屋山腹链蛇	*Amphiesma metusium*
52			台北腹链蛇	*Amphiesma miyajimae*
53			腹斑腹链蛇	*Amphiesma modestum*
54			八线腹链蛇	*Amphiesma octolineatum*
55			丽纹腹链蛇	*Amphiesma optatum*
56			双带腹链蛇	*Amphiesma parallelum*
57			平头腹链蛇	*Amphiesma platyceps*
58			坡普腹链蛇	*Amphiesma popei*
59			棕黑腹链蛇	*Amphiesma sauteri*
60			草腹链蛇	*Amphiesma stolatum*
61			缅北腹链蛇	*Amphiesma venningi*
62			东亚腹链蛇	*Amphiesma vibakari*
63			白眶蛇	*Amphiesmoides ornaticeps*
64			滇西蛇	*Atretium yunnanensis*
65			黄链蛇	*Dinodon flavozonatum*
66			粉链蛇	*Dinodon rosozonatum*
67			赤链蛇	*Dinodon rufozonatum*
68			白链蛇	*Dinodon septentrionale*
69			黑斑水蛇	*Enhydris bennettii*
70			腹斑水蛇	*Enhydris bocourti*
71			中国水蛇	*Enhydris chinensis*
72			水蛇	*Enhydris enhydris*
73			铅色水蛇	*Enhydris plumbea*
74			水游蛇	*Natrix natrix*
75			棋斑水游蛇	*Natrix tessellata*

（续）

序号	目	科	种	
			中文名	拉丁名
76	有鳞目	游蛇科	红纹滞卵蛇	*Oocatochus rufodorsatus*
77			香港后棱蛇	*Opisthotropis andersonii*
78			横纹后棱蛇	*Opisthotropis balteata*
79			莽山后棱蛇	*Opisthotropis cheni*
80			广西后棱蛇	*Opisthotropis guangxiensis*
81			沙坝后棱蛇	*Opisthotropis jacobi*
82			挂墩后棱蛇	*Opisthotropis kuatunensis*
83			侧条后棱蛇	*Opisthotropis lateralis*
84			黄斑后棱蛇	*Opisthotropis maculosa*
85			山溪后棱蛇	*Opisthotropis latouchii*
86			福建后棱蛇	*Opisthotropis maxwelli*
87			老挝后棱蛇	*Opisthotropis praemaxillaris*
88			紫沙蛇	*Psammodynastes pulverulentus*
89			海南颈槽蛇	*Rhabdophis adleri*
90			喜山颈槽蛇	*Rhabdophis himalayanus*
91			缅甸颈槽蛇	*Rhabdophis leonardi*
92			黑纹颈槽蛇	*Rhabdophis nigrocinctus*
93			颈槽蛇	*Rhabdophis nuchalis*
94			九龙颈槽蛇	*Rhabdophis pentasupralabialis*
95			红脖颈槽蛇	*Rhabdophis subminiatus*
96			台湾颈槽蛇	*Rhabdophis swinhonis*
97			虎斑颈槽蛇	*Rhabdophis tigrinus*
98			环纹华游蛇	*Sinonatrix aequifasciata*
99			赤链华游蛇	*Sinonatrix annularis*
100			乌华游蛇	*Sinonatrix percarinata*
101			西藏温泉蛇	*Thermophis baileyi*
102			四川温泉蛇	*Thermophis zhaoermii*
103			黄斑渔游蛇	*Xenochrophis flavipunctatus*
104			渔游蛇	*Xenochrophis piscator*
105			乌梢蛇	*Zaocys dhumnades*
106			黑线乌梢蛇	*Zaocys nigromarginatus*
107		眼镜蛇科	金环蛇	*Bungarus fasciatus*
108			银环蛇	*Bungarus multicinctus*
109			蓝灰扁尾海蛇	*Laticauda colubrina*
110			扁尾海蛇	*Laticauda laticaudata*
111			半环拟扁尾海蛇	*Pseudolaticauda semifasciata*
112			棘眦海蛇	*Acalyptophis peronii*
113			棘鳞海蛇	*Astrotia stokesii*

（续）

序号	目	科	种	
			中文名	拉丁名
114	有鳞目	眼镜蛇科	龟头海蛇	*Emydocephalus ijimae*
115			青灰海蛇	*Hydrophis caerulescens*
116			青环海蛇	*Hydrophis cyanocinctus*
117			环纹海蛇	*Hydrophis fasciatus*
118			小头海蛇	*Hydrophis gracilis*
119			黑头海蛇	*Hydrophis melanocephalus*
120			淡灰海蛇	*Hydrophis ornatus*
121			截吻海蛇	*Kerilia jerdonii*
122			平颏海蛇	*Lapemis curtus*
123			长吻海蛇	*Pelamis platurus*
124			海蝰	*Praescutata viperina*
125	鳄目	鼍科	鼍(扬子鳄)	*Alligator sinensis*
三、湿地鸟类				
1	潜鸟目	潜鸟科	红喉潜鸟	*Gavia stellata*
2			太平洋潜鸟	*Gavia pacifica*
3			黑喉潜鸟	*Gavia arctica*
4			白嘴潜鸟	*Gavia adamsii*
5	䴙䴘目	䴙䴘科	小䴙䴘	*Tachybaptus ruficollis*
6			角䴙䴘	*Podiceps auritus*
7			黑颈䴙䴘	*Podiceps nigricollis*
8			凤头䴙䴘	*Podiceps cristatus*
9			赤颈䴙䴘	*Podiceps grisegena*
10	鹱形目	信天翁科	短尾信天翁	*Diomedea albatrus*
11			黑脚信天翁	*Diomedea nigripes*
12		鹱科	暴风鹱	*Fulmarus glacialis*
13			白额鹱	*Puffinus leucomelas*
14			曳尾鹱	*Puffinus pacificus*
15			灰鹱	*Puffinus griseus*
16			短尾鹱	*Puffinus tenuirostris*
17			钩嘴圆尾鹱	*Pterodroma rostrata*
18			点额圆尾鹱	*Pterodroma hypoleuca*
19			纯褐鹱	*Bulweria bulwerii*
20			白腰叉尾海燕	*Oceanodroma leucorhoa*
21			黑叉尾海燕	*Oceanodroma monorhis*
22	鹈形目	鹲科	短尾鹲	*Phaethon aethereus*

（续）

序号	目	科	种	
			中文名	拉丁名
23	鹈形目	鹲科	红尾鹲	*Phaethon rubricauda*
24			白尾鹲	*Phaethon lepturus*
25		鹈鹕科	白鹈鹕	*Pelecanus onocrotalus*
26			斑嘴鹈鹕	*Pelecanus philippensis*
27		鲣鸟科	红脚鲣鸟	*Sula sula*
28			褐鲣鸟	*Sula leucogaster*
29		鸬鹚科	[普通]鸬鹚	*Phalacrocorax carbo*
30			斑头(绿)鸬鹚	*Phalacrocorax capillatus*
31			海鸬鹚	*Phalacrocorax pelagicus*
32			红脸鸬鹚	*Phalacrocorax urile*
33			黑颈鸬鹚	*Phalacrocorax niger*
34		军舰鸟科	小军舰鸟	*Fregata minor*
35			白腹军舰鸟	*Fregata andrewsi*
36			白斑军舰鸟	*Fregata ariel*
37	鹳形目	鹭科	苍鹭	*Ardea cinerea*
38			草鹭	*Ardea purpurea*
39			绿鹭	*Butorides striata*
40			池鹭	*Ardeola bacchus*
41			牛背鹭	*Bubulcus ibis*
42			白颈黑鹭	*Egretta picata*
43			大白鹭	*Egretta alba*
44			白鹭	*Egretta garzetta*
45			黄嘴白鹭	*Egretta eulophotes*
46			岩鹭	*Egretta sacra*
47			中白鹭	*Egretta intermedia*
48			夜鹭	*Nycticorax nycticorax*
49			栗头虎斑鳽	*Gorsachius goisagi*
50			海南虎斑鳽	*Gorsachius magnificus*
51			黑冠虎斑鳽	*Gorsachius melanolophus*
52			小苇鳽	*Ixobrychus minutus*
53			黄苇鳽	*Ixobrychus sinensis*
54			紫背苇鳽	*Ixobrychus eurhythmus*
55			栗苇鳽	*Ixobrychus cinnamomeus*
56			黑鳽	*Ixobrychus flavicollis*
57			大麻鳽	*Botaurus stellaris*
58			白腹鹭	*Ardea insignis*
59			白脸鹭	*Egretta novaehollandiae*
60		鹳科	彩鹳	*Mycteria leucocephala*

（续）

序号	目	科	种	
			中文名	拉丁名
61	鹳形目	鹳科	白鹳	*Ciconia ciconia*
62			东方白鹳	*Ciconia boyciana*
63			黑鹳	*Ciconia nigra*
64			秃鹳	*Leptoptilos javanicus*
65			钳嘴鹳	*Anastomus oscitans*
66			白颈鹳	*Ciconia episcopus*
67		鹮科	[黑头]白鹮	*Threskiornis melanocephalus*
68			黑鹮	*Pseudibis papillosa*
69			朱鹮	*Nipponia nippon*
70			彩鹮	*Plegadis falcinellus*
71			白琵鹭	*Platalea leucorodia*
72			黑脸琵鹭	*Platalea minor*
73	红鹳目	红鹳科	大红鹳	*Phoenicopterus ruber roseus*
74	雁形目	鸭科	黑雁	*Branta bernicla*
75			红胸黑雁	*Branta ruficollis*
76			鸿雁	*Anser cygnoides*
77			豆雁	*Anser fabalis*
78			白额雁	*Anser albifrons*
79			小白额雁	*Anser erythropus*
80			灰雁	*Anser anser*
81			斑头雁	*Anser indicus*
82			雪雁	*Anser caerulescens*
83			大天鹅	*Cygnus cygnus*
84			小天鹅	*Cygnus columbianus*
85			疣鼻天鹅	*Cygnus olor*
86			[栗]树鸭	*Dendrocygna javanica*
87			赤麻鸭	*Tadorna ferruginea*
88			翘鼻麻鸭	*Tadorna tadorna*
89			针尾鸭	*Anas acuta*
90			绿翅鸭	*Anas crecca*
91			花脸鸭	*Anas formosa*
92			罗纹鸭	*Anas falcata*
93			绿头鸭	*Anas platyrhynchos*
94			斑嘴鸭	*Anas poecilorhyncha*
95			赤膀鸭	*Anas strepera*
96			赤颈鸭	*Anas penelope*
97			白眉鸭	*Anas querquedula*
98			琵嘴鸭	*Anas clypeata*

（续）

序号	目	科	种	
			中文名	拉丁名
99	雁形目	鸭科	云石斑鸭	*Marmaronetta angustirostris*
100			赤嘴潜鸭	*Netta rufina*
101			帆背潜鸭	*Aythya valisineria*
102			红头潜鸭	*Aythya ferina*
103			白眼潜鸭	*Aythya nyroca*
104			青头潜鸭	*Aythya baeri*
105			凤头潜鸭	*Aythya fuligula*
106			斑背潜鸭	*Aythya marila*
107			鸳鸯	*Aix galericulata*
108			棉凫	*Nettapus coromandelianus*
109			瘤鸭	*Sarkidiornis melanotos*
110			小绒鸭	*Polysticta stelleri*
111			黑海番鸭	*Melanitta nigra*
112			斑脸海番鸭	*Melanitta fusca*
113			丑鸭	*Histrionicus histrionicus*
114			长尾鸭	*Clangula hyemalis*
115			鹊鸭	*Bucephala clangula*
116			白头硬尾鸭	*Oxyura leucocephala*
117			斑头秋沙鸭	*Mergus albellus*
118			中华秋沙鸭	*Mergus squamatus*
119			红胸秋沙鸭	*Mergus serrator*
120			普通秋沙鸭	*Mergus merganser*
121			葡萄胸鸭	*Anas americana*
122			加拿大雁	*Branta canadensis*
123	隼形目	鹗科	鹗	*Pandion haliaetus*
124		鹰科	白尾海雕	*Haliaeetus albicilla*
125			玉带海雕	*Haliaeetus leucoryphus*
126			虎头海雕	*Haliaeetus pelagicus*
127			白腹海雕	*Haliaeetus leucogaster*
128			渔雕	*Ichthyophaga humilis*
129			栗鸢	*Haliastur indus*
130	鹤形目	鹤科	灰鹤	*Grus grus*
131			黑颈鹤	*Grus nigricollis*
132			白头鹤	*Grus monacha*
133			沙丘鹤	*Grus canadensis*
134			丹顶鹤	*Grus japonensis*
135			白枕鹤	*Grus vipio*
136			白鹤	*Grus leucogeranus*

（续）

序号	目	科	种	
			中文名	拉丁名
137	鹤形目	鹤科	赤颈鹤	*Grus antigone*
138			蓑羽鹤	*Anthropoides virgo*
139		秧鸡科	普通秧鸡	*Rallus aquaticus*
140			蓝胸秧鸡	*Rallus striatus*
141			红腿斑秧鸡	*Rallina fasciata*
142			白喉斑秧鸡	*Rallina eurizonoides*
143			长脚秧鸡	*Crex crex*
144			白眉田鸡	*Porzana cinerea*
145			姬田鸡	*Porzana parva*
146			小田鸡	*Porzana pusilla*
147			斑胸田鸡	*Porzana porzana*
148			红胸田鸡	*Porzana fusca*
149			斑胁田鸡	*Porzana paykullii*
150			棕背田鸡	*Porzana bicolor*
151			花田鸡	*Porzana exquisite*
152			红脚苦恶鸟	*Amaurornis akool*
153			白胸苦恶鸟	*Amaurornis phoenicurus*
154			董鸡	*Gallicrex cinerea*
155			黑水鸡	*Gallinula chloropus*
156			紫水鸡	*Porphyrio porphyrio*
157			白骨顶	*Fulica atra*
158	鸻形目	水雉科	铜翅水雉	*Metopidius indicus*
159			水雉	*Hydrophasianus chirurgus*
160		彩鹬科	彩鹬	*Rostratula benghalensis*
161		蛎鹬科	蛎鹬	*Haematopus ostralegus*
162		鸻科	凤头麦鸡	*Vanellus vanellus*
163			灰头麦鸡	*Vanellus cinereus*
164			肉垂麦鸡	*Vanellus indicus*
165			距翅麦鸡	*Vanellus duvaucelii*
166			灰斑鸻	*Pluvialis squatarola*
167			金[斑]鸻	*Pluvialis fulva*
168			剑鸻	*Charadrius hiaticula*
169			长嘴剑鸻	*Charadrius placidus*
170			金眶鸻	*Charadrius dubius*
171			环颈鸻	*Charadrius alexandrinus*
172			蒙古沙鸻	*Charadrius mongolus*
173			铁嘴沙鸻	*Charadrius leschenaultii*
174			红胸鸻	*Charadrius asiaticus*

（续）

序号	目	科	种	
			中文名	拉丁名
175	鸻形目	鸻科	东方鸻	*Charadrius veredus*
176			小嘴鸻	*Eudromias morinellus*
177			黄颊麦鸡	*Vanellus gregarius*
178		鹬科	小杓鹬	*Numenius minutus*
179			中杓鹬	*Numenius phaeopus*
180			白腰杓鹬	*Numenius arquata*
181			红腰杓鹬	*Numenius madagascariensis*
182			黑尾塍鹬	*Limosa limosa*
183			斑尾塍鹬	*Limosa lapponica*
184			红脚鹤鹬	*Tringa erythropus*
185			红脚鹬	*Tringa totanus*
186			泽鹬	*Tringa stagnatilis*
187			青脚鹬	*Tringa nebularia*
188			白腰草鹬	*Tringa ochropus*
189			林鹬	*Tringa glareola*
190			小青脚鹬	*Tringa guttifer*
191			小黄脚鹬	*Tringa flavipes*
192			灰鹬	*Tringa incana*
193			矶鹬	*Tringa hypoleucos*
194			灰尾漂鹬	*Heteroscelus brevipes*
195			漂鹬	*Heteroscelus incanus*
196			翘嘴鹬	*Xenus cinereus*
197			翻石鹬	*Arenaria interpres*
198			长嘴鹬	*Limnodromus scolopaceus*
199			半蹼鹬	*Limnodromus semipalmatus*
200			孤沙锥	*Gallinago solitaria*
201			澳南沙锥	*Gallinago hardwickii*
202			林沙锥	*Gallinago nemoricola*
203			针尾沙锥	*Gallinago stenura*
204			大沙锥	*Gallinago megala*
205			扇尾沙锥	*Gallinago gallinago*
206			丘鹬	*Scolopax rusticola*
207			姬鹬	*Lymnocryptes minimus*
208			红腹滨鹬	*Calidris canutus*
209			大滨鹬	*Calidris tenuirostris*
210			红胸滨鹬	*Calidris ruficollis*
211			西方滨鹬	*Calidris mauri*
212			长趾滨鹬	*Calidris subminuta*

（续）

序号	目	科	种	
			中文名	拉丁名
213	鸻形目	鹬科	小滨鹬	*Calidris minuta*
214			乌脚滨鹬	*Calidris temminckii*
215			尖尾滨鹬	*Calidris acuminata*
216			岩滨鹬	*Calidris ptilocnemis*
217			黑腹滨鹬	*Calidris alpina*
218			弯嘴滨鹬	*Calidris ferruginea*
219			斑胸滨鹬	*Calidris melanotos*
220			三趾滨鹬	*Calidris alba*
221			勺嘴鹬	*Eurynorhynchus pygmeus*
222			阔嘴鹬	*Limicola falcinellus*
223			高跷鹬	*Micropalama himantopus*
224			黄胸鹬	*Tryngites subruficollis*
225			流苏鹬	*Philomachus pugnax*
226		鹮嘴鹬科	鹮嘴鹬	*Ibidorhyncha struthersii*
227		反嘴鹬科	黑翅长脚鹬	*Himantopus himantopus*
228			反嘴鹬	*Recurvirostra avosetta*
229		鹬科	红颈瓣蹼鹬	*Phalaropus lobatus*
230			灰瓣蹼鹬	*Phalaropus fulicarius*
231		石鸻科	大石鸻	*Esacus recurvirostris*
232		燕鸻科	普通燕鸻	*Glareola maldivarum*
233			灰燕鸻	*Glareola lactea*
234			领燕鸻	*Glareola pratincola*
235			黑翅燕鸻	*Glareola nordmanni*
236	鸥形目	贼鸥科	中贼鸥	*Stercorarius pomarinus*
237			大贼鸥	*Catharacta skua*
238			短尾贼鸥	*Stercorarius parasiticus*
239			长尾贼鸥	*Stercorarius longicaudus*
240			麦氏贼鸥	*Catharacta maccormicki*
241		鸥科	西伯利亚银鸥	*Larus vegae*
242			黄腿银鸥	*Larus cachinnans*
243			叉尾鸥	*Xema sabini*
244			黑尾鸥	*Larus crassirostris*
245			海鸥	*Larus canus*
246			银鸥	*Larus argentatus*
247			灰背鸥	*Larus schistisagus*
248			灰翅鸥	*Larus glaucescens*
249			北极鸥	*Larus hyperboreus*
250			渔鸥	*Larus ichthyaetus*

（续）

序号	目	科	种	
			中文名	拉丁名
251	鸥形目	鸥科	遗鸥	*Larus relictus*
252			红嘴鸥	*Larus ridibundus*
253			棕头鸥	*Larus brunnicephalus*
254			细嘴鸥	*Larus genei*
255			小鸥	*Larus minutus*
256			黑嘴鸥	*Larus saundersi*
257			三趾鸥	*Rissa tridactyla*
258			楔尾鸥	*Rhodostethia rosea*
259			须浮鸥	*Chlidonias hybrida*
260			白腰燕鸥	*Sterna aleutica*
261			小黑背银鸥	*Larus fuscus*
262			白鸥	*Pagophila eburnea*
263		燕鸥科	白翅浮鸥	*Chlidonias leucopterus*
264			黑浮鸥	*Chlidonias niger*
265			鸥嘴噪鸥	*Gelochelidon nilotica*
266			红嘴巨鸥	*Hydroprogne caspia*
267			黄嘴河燕鸥	*Sterna aurantia*
268			普通燕鸥	*Sterna hirundo*
269			粉红燕鸥	*Sterna dougallii*
270			黑枕燕鸥	*Sterna sumatrana*
271			黑腹燕鸥	*Sterna acuticauda*
272			褐翅燕鸥	*Sterna anaethetus*
273			乌燕鸥	*Sterna fuscata*
274			白额燕鸥	*Sterna albifrons*
275			大凤头燕鸥	*Thalasseus bergii*
276			小凤头燕鸥	*Thalasseus bengalensis*
277			黑嘴端凤头燕鸥	*Thalasseus bernsteini*
278			白顶黑燕鸥	*Anous stolidus*
279			白燕鸥	*Gygis alba*
280		剪嘴鸥科	剪嘴鸥	*Rynchops albicollis*
281		海雀科	扁嘴海雀	*Synthiboramphus antiquus*
282			斑海雀	*Brachyramphus marmoratus*
283			角嘴海雀	*Cerorhinca monocerata*
284			冠海雀	*Synthliboramphus wumizusume*
285	鸮形目	鸱鸮科	毛腿渔鸮	*Ketupa blakistoni*
286			褐渔鸮	*Ketupa zeylonensis*
287			黄脚渔鸮	*Ketupa flavipes*
288	佛法僧目	翠鸟科	冠鱼狗	*Megaceryle lugubris*

（续）

序号	目	科	种	
			中文名	拉丁名
289	佛法僧目	翠鸟科	斑鱼狗	*Ceryle rudis*
290			普通翠鸟	*Alcedo atthis*
291			赤翡翠	*Halcyon coromanda*
292			白胸翡翠	*Halcyon smyrnensis*
293			蓝翡翠	*Halcyon pileata*
294			斑头大翠鸟	*Alcedo hercules*
295			蓝耳翠鸟	*Alcedo meninting*
296			三趾翠鸟	*Ceyx erithacus*
297			白领翡翠	*Halcyon chloris*
298			鹳嘴翡翠	*Pelargopsis capensis*
299	雀形目	河乌科	河乌	*Cinclus cinclus*
300			褐河乌	*Cinclus pallasii*
301		雀科	苇鹀	*Emberiza pallasi*
302			芦鹀	*Emberiza schoeniclus*
303			红颈苇鹀	*Emberiza yessoensis*
304		鹟科	白顶溪鸲	*Chaimarrornis leucocephalus*
305			黑背燕尾	*Enicurus immaculatus*
306			斑背燕尾	*Enicurus maculatus*
307			灰背燕尾	*Enicurus schistaceus*
308			小燕尾	*Enicurus scouleri*
309			白冠燕尾	*Enicurus leschenaulti*
310			紫啸鸫	*Myophonus caeruleus*
311			台湾紫啸鸫	*Myophonus insularis*
312			震旦鸦雀	*Paradoxornis heudei*
313			红尾水鸲	*Rhyacornis fuliginosus*
314		莺科	水蒲苇莺	*Acrocephalus schoenobaenus*
315			远东苇莺	*Acrocephalus tangorum*
316			芦苇莺	*Acrocephalus scirpaceus*
317			布氏苇莺	*Acrocephalus dumetorum*
318			厚嘴苇莺	*Acrocephalus aedon*
319			稻田苇莺	*Acrocephalus agricola*
320			大苇莺	*Acrocephalus arundinaceus*
321			黑眉苇莺	*Acrocephalus bistrigiceps*
322			钝翅稻田苇莺	*Acrocephalus concinens*
323			东方大苇莺	*Acrocephalus orientalis*
324			细纹苇莺	*Acrocephalus sorghophilus*
325			噪大苇莺	*Acrocephalus stentoreus brunnescens*
326			沼泽大尾莺	*Megalurus palustris toklao*
327			斑背大尾莺	*Megalurus pryeri*

（续）

序号	目	科	种	
			中文名	拉丁名
四、湿地兽类				
1	翼手目	蝙蝠科	大足鼠耳蝠	*Myotis pilosus*
2	食虫目	鼩鼱科	喜马拉雅水麝鼩	*Chimarrogale himalayica*
3			灰腹水鼩	*Chimarrogale styani*
4			蹼麝鼩	*Nectogale elegans*
5			水鼩鼱	*Neomys fodiens*
6	食肉目	鼬科	水獭	*Lutra lutra*
7			江獭	*Lutra perspicillata*
8			小爪水獭	*Aonyx cinerea*
9			水貂	*Mustla vison*
10		猫科	渔猫	*Felis viverrina*
11		海狮科	海狗	*Callorhinus ursinus*
12			北海狮	*Eumetopias jubatus*
13		海豹科	西太平洋斑海豹	*Phoca largha*
14			环海豹	*Phoca hispida*
15			髯海豹	*Erignathus barbatus*
16	海牛目	儒艮科	儒艮	*Dugong dugon*
17	偶蹄目	鹿科	水鹿	*Cervus unicolor*
18			麋鹿	*Elaphurus davidianus*
19			河獐	*Hydropotes inermis*
20	啮齿目	河狸科	河狸	*Castor fiber*
21		仓鼠科	水䶄	*Arvicola terrestris*
22			麝鼠	*Ondatra zibethicus*
23			东方田鼠	*Microtus fortis*
24			莫氏田鼠	*Microtus maximowiczii*
25	鲸目	白鳍豚科	白鳍豚	*Lipotes vexillifer*
26		鼠海豚科	江豚	*Neophocaena phocaenoides*
27		海豚科	长喙真海豚	*Delphinus capensis*
28			中华白海豚	*Sousa chinensis*

附录三

全国重点调查湿地信息表

单位：公顷

序号	重点调查湿地名称	所在行政区	湿地面积	各类湿地面积				
				近海与海岸	河流	湖泊	沼泽	人工
1	白河堡水库县级自然保护区	北京市延庆县	373.99	0	27.71	0	0	346.28
2	翠湖国家城市湿地公园	北京市海淀区	72.04	0	0	0	0	72.04
3	汉石桥市级湿地自然保护区	北京市顺义区	279.79	0	27.70	0	237.51	14.58
4	怀沙怀九河市级水生野生动物自然保护区	北京市怀柔区	220.48	0	220.48	0	0	0
5	金牛湖县级自然保护区	北京市延庆县	80.31	0	7.16	0	0	73.15
6	拒马河市级水生野生动物自然保护区	北京市房山区	420.85	0	420.85	0	0	0
7	密云水库	北京市密云县	8273.67	0	0	0	0	8273.67
8	野鸭湖市级湿地自然保护区	北京市延庆县	2368.13	0	109.77	0	1009.10	1249.26
9	北大港湿地	天津市大港区	31800.84	1929.59	5685.86	0	971.77	23213.62
10	大黄堡湿地	天津市武清区	7397.35	0	249.58	0	1625.40	5522.37
11	七里海湿地	天津市宁河县	5144.36	0	272.03	670.70	3603.07	598.56
12	团泊洼湿地	天津市静海县、西青区	5777.63	0	1743.02	1916.40	2118.21	0
13	白洋淀湿地	河北省安新县、任丘市、容城县、雄县	20401.83	0	450.41	0	19951.42	0
14	北戴河沿海湿地	河北省北戴河区、抚宁县	3675.26	3675.26	0	0	0	0
15	沧州南大港湿地	河北省黄骅市	6983.86	0	0	0	5710.54	1273.32
16	昌黎黄金海岸湿地	河北省昌黎县	24852.48	22414.96	0	0	0	2437.52
17	潮白河	河北省赤城县、崇礼县、丰宁满族自治县、沽源县、怀来县、滦平县	9957.97	0	9438.43	44.22	142.17	333.15
18	海兴、黄骅近海与海岸湿地	河北省海兴县、黄骅市	133549.45	82441.72	0	0	0	51107.73
19	河北坝上闪电河国家湿地公园	河北省沽源县	3755.2	0	119.80	617.26	2411.94	606.20
20	河北北戴河国家湿地公园及周边湿地	河北省北戴河区	336.54	116.34	0	0	0	220.20
21	河北丰宁滦河源省级湿地公园	河北省丰宁满族自治县	49.84	0	0	0	49.84	0
22	河北海留图国家湿地公园	河北省丰宁满族自治县	2050.9	0	93.61	0	1957.29	0
23	河北海兴湿地和鸟类省级自然保护区	河北省海兴县	15403.13	0	210.03	0	2029.91	13163.19
24	河北康巴诺尔省级湿地公园	河北省康保县	325.71	0	0	180.18	145.53	0
25	河北辽河源省级自然保护区	河北省平泉县	98.81	0	79.55	0	19.26	0
26	河北滦河上游国家级自然保护区	河北省围场满族蒙古族自治县	327.96	0	265.80	0	62.16	0

（续）

序号	重点调查湿地名称	所在行政区	湿地面积	各类湿地面积				
				近海与海岸	河流	湖泊	沼泽	人工
27	河北南宫群英湖省级湿地公园	河北省南宫市	252.93	0	9.67	0	57.06	186.20
28	河北青塔湖省级湿地公园	河北省涉县	42.33	0	0	0	0	42.33
29	河北清凉湾省级湿地公园	河北省井陉矿区	99.07	0	0	0	99.07	0
30	河北清水河省级湿地公园	河北省桥东区、桥西区、宣化县	359.82	0	359.82	0	0	0
31	河北塞罕坝国家级自然保护区	河北省围场满族蒙古族自治县	5892.52	0	1703.83	0	4188.69	0
32	河北唐海湿地和鸟类省级自然保护区	河北省唐海县	10210.89	0	233.18	0	2944.64	7033.07
33	河北洋河河谷省级湿地公园	河北省下花园区	63.77	0	63.77	0	0	0
34	河北滏泉湖省级湿地公园	河北省磁县	1218.9	0	0	0	46.24	1172.66
35	河北永年洼省级湿地公园	河北省永年县	817.16	0	54.60	0	762.56	0
36	河北玉泉湖省级湿地公园	河北省涉县	30.87	0	0	0	0	30.87
37	河北御道口自然保护区	河北省围场满族蒙古族自治县	8403.89	0	16.23	90.78	8278.41	18.47
38	衡水湖湿地	河北省冀州市、桃城区	6694.5	0	663.12	2669.14	3068.58	293.66
39	涞源县拒马源湿地公园	河北省涞源县	130.66	0	121.52	0	9.14	0
40	乐亭近海与海岸湿地	河北省乐亭县	56600.43	33693.57	77.61	0	0	22829.25
41	滦河	河北省承德县、丰宁满族自治县、宽城满族自治县、隆化县、滦平县、平泉县、迁西县、青龙满族自治县、双滦区、双桥区、围场满族蒙古族自治县、兴隆县、鹰手营子矿区	38744.44	0	31179.72	50.78	1014.12	6499.82
42	滦河河口湿地	河北省昌黎县、乐亭县	1142.91	1142.91	0	0	0	0
43	滦河三角洲	河北省昌黎县	3750.59	1183.83	0	0	0	2566.76
44	滦南近海与海岸湿地	河北省丰南区、滦南县	108434.32	59293.34	89.16	0	7882.88	41168.94
45	平山王母黑鹳觅食地自然保护小区	河北省平山县	717.8	0	717.80	0	0	0
46	平山下槐、小觉黑鹳觅食地自然保护小区	河北省平山县	415.94	0	415.94	0	0	0
47	平山冶河黑鹳觅食地自然保护小区	河北省平山县	279.02	0	279.02	0	0	0
48	河北冶河省级湿地公园	河北省平山县	694.96	0	694.96	0	0	0
49	闪电河两岸	河北省丰宁满族自治县、沽源县	15315.05	0	336.47	235.56	14743.02	0
50	石臼坨鸟类省级自然保护区	河北省乐亭县	2484.86	2484.86	0	0	0	0
51	唐海近海与海岸湿地	河北省滦南县、唐海县	28925.5	14591.83	219.21	0	0	14114.46
52	洋河	河北省崇礼县、怀安县、怀来县、桥西区、尚义县、万全县、下花园区、宣化区、宣化县、涿鹿县	11384.31	0	8246.03	0	2159.55	978.73
53	张家口坝上湿地	河北省沽源县、康保县、尚义县、张北县	163277.53	0	4000.13	22369.28	135985.61	922.51
54	山西安泽县府城省级湿地公园	山西省安泽县	127.13	0	127.13	0	0	0

(续)

序号	重点调查湿地名称	所在行政区	湿地面积	各类湿地面积				
				近海与海岸	河流	湖泊	沼泽	人工
55	山西八缚岭省级自然保护区	山西省榆次区	68.59	0	68.59	0	0	0
56	山西昌源河国家湿地公园	山西省祁县	155.15	0	98.27	0	23.11	33.77
57	山西超山省级自然保护区	山西省平遥县	55.28	0	55.28	0	0	0
58	山西臭冷杉省级自然保护区	山西省繁峙县	135.11	0	135.11	0	0	0
59	山西大同市文瀛湖省级湿地公园	山西省南郊区	496.15	0	0	0	0	496.15
60	山西大同县土林省级湿地公园	山西省大同县	84.19	0	84.19	0	0	0
61	山西方山县南阳沟省级湿地公园	山西省方山县	17.83	0	3.83	0	0	14.00
62	山西汾河上游省级自然保护区	山西省娄烦县	81.12	0	81.12	0	0	0
63	山西高平市丹河省级湿地公园	山西省高平市	130.84	0	125.68	0	5.16	0
64	山西古城国家湿地公园	山西省垣曲县	1544.51	0	183.28	0	0	1361.23
65	山西关帝林局梅洞沟省级湿地公园	山西省方山县	9.26	0	9.26	0	0	0
66	山西管头山省级自然保护区	山西省吉县	53.26	0	53.26	0	0	0
67	山西韩信岭省级自然保护区	山西省灵石县	16.75	0	16.75	0	0	0
68	山西贺家山省级自然保护区	山西省保德县	29.5	0	29.50	0	0	0
69	山西黑茶山国家级自然保护区	山西省临县、兴县	231.94	0	134.71	0	0	97.23
70	山西红泥寺省级自然保护区	山西省安泽县	277.47	0	277.47	0	0	0
71	山西侯马市香邑湖省级湿地公园	山西省侯马市	272.81	0	35.09	0	52.64	185.08
72	山西壶流河湿地省级自然保护区	山西省广灵县	581.4	0	26.53	0	313.70	241.17
73	山西浑源县神溪省级湿地公园	山西省浑源县	237.33	0	12.66	0	53.82	170.85
74	山西霍山省级自然保护区	山西省古县、洪洞县	35.86	0	35.86	0	0	0
75	山西交城县华鑫湖省级湿地公园	山西省交城县	127.23	0	0	109.21	18.02	0
76	山西介休市汾河省级湿地公园	山西省介休市	14.03	0	0	0	0	14.03
77	山西离石区东川河省级湿地公园	山西省离石区	21.72	0	21.72	0	0	0
78	山西历山国家级自然保护区	山西省沁水县、阳城县、翼城县、垣曲县	148.39	0	119.06	0	0	29.33
79	山西灵丘黑鹳省级自然保护区	山西省灵丘县	445.18	0	445.18	0	0	0
80	山西凌井沟省级自然保护区	山西省阳曲县	51.75	0	51.75	0	0	0
81	山西柳林县三川河省级湿地公园	山西省柳林县	62.37	0	62.37	0	0	0
82	山西芦芽山国家级自然保护区	山西省宁武县、五寨县	279.48	0	273.63	0	5.85	0
83	山西孟信垴省级自然保护区	山西省左权县	49.19	0	49.19	0	0	0

（续）

序号	重点调查湿地名称	所在行政区	湿地面积	各类湿地面积				
				近海与海岸	河流	湖泊	沼泽	人工
84	山西绵山省级自然保护区	山西省介休市	26	0	26.00	0	0	0
85	山西南方红豆杉省级自然保护区	山西省陵川县	164.27	0	128.80	0	0	35.47
86	山西宁武县马营海省级湿地公园	山西省宁武县	253.21	0	55.44	94.52	20.90	82.35
87	山西庞泉沟国家级自然保护区	山西省方山县、交城县	73.39	0	73.39	0	0	0
88	山西平顺县太行水乡省级湿地公园	山西省平顺县	411.51	0	410.21	0	0	1.30
89	山西平遥县惠济省级湿地公园	山西省平遥县	226.75	0	0	0	77.39	149.36
90	山西千泉湖国家湿地公园	山西省沁县	450.54	0	39.37	0	35.19	375.98
91	山西曲沃县浍河省级湿地公园	山西省曲沃县	476.07	0	0	0	0	476.07
92	山西人祖山省级自然保护区	山西省吉县	15.21	0	15.21	0	0	0
93	山西桑干河省级自然保护区	山西省大同县、怀仁县、南郊区、山阴县、朔城区、应县	2942.71	0	1973.68	0	818.05	150.98
94	山西神池县西海子省级湿地公园	山西省神池县	29.58	0	0	0	0	29.58
95	山西朔城区恢河省级湿地公园	山西省朔城区	599.02	0	7.02	0	263.26	328.74
96	山西四县垴省级自然保护区	山西省祁县	23.41	0	23.41	0	0	0
97	山西涑水河源头省级自然保护区	山西省绛县	113.8	0	89.44	0	0	24.36
98	山西太谷县棋盘山省级湿地公园	山西省太谷县	156.24	0	26.35	0	0	129.89
99	山西太行林局海眼寺省级湿地公园	山西省和顺县	1.45	0	1.45	0	0	0
100	山西太宽河省级自然保护区	山西省夏县	109.66	0	109.66	0	0	0
101	山西太岳林局七里峪省级湿地公园	山西省霍州市	14.78	0	14.78	0	0	0
102	山西太岳林局沁河源省级湿地公园	山西省沁源县	37.28	0	37.28	0	0	0
103	山西天龙山省级自然保护区	山西省晋源区	18.59	0	18.59	0	0	0
104	山西铁桥山省级自然保护区	山西省和顺县	330.84	0	207.14	0	0	123.70
105	山西屯留县绛河省级湿地公园	山西省屯留县	376.84	0	183.89	0	108.36	84.59
106	山西蔚汾河省级自然保护区	山西省兴县	160.72	0	142.23	0	0	18.49
107	山西文水县世泰湖省级湿地公园	山西省文水县	57.02	0	0	46.86	10.16	0
108	山西五鹿山国家级自然保护区	山西省蒲县、隰县	60.89	0	41.04	0	0	19.85
109	山西襄汾县双龙湖省级湿地公园	山西省襄汾县	410.11	0	0	0	0	410.11
110	山西忻府区滹沱河省级湿地公园	山西省忻府区	834.52	0	830.60	0	0	3.92
111	山西新绛县汾河省级湿地公园	山西省新绛县	323.77	0	312.31	0	0	11.46

（续）

序号	重点调查湿地名称	所在行政区	湿地面积	各类湿地面积				
				近海与海岸	河流	湖泊	沼泽	人工
112	山西薛公岭省级自然保护区	山西省离石区、中阳县	30.31	0	30.31	0	0	0
113	山西崦山省级自然保护区	山西省阳城县	19.82	0	19.82	0	0	0
114	山西阳城蟒河猕猴国家级自然保护区	山西省阳城县	60.77	0	57.86	0	0	2.91
115	山西阳泉市桃河省级湿地公园	山西省阳泉市城区、阳泉市郊区、阳泉市矿区	171.56	0	171.56	0	0	0
116	山西尧都区东郭省级湿地公园	山西省尧都区	33.67	0	0	0	0	33.67
117	山西药林寺冠山省级自然保护区	山西省平定县	8.77	0	8.77	0	0	0
118	山西应县南山省级自然保护区	山西省应县	26.05	0	26.05	0	0	0
119	山西盂县梁家寨省级湿地公园	山西省盂县	401.63	0	270.86	0	0	130.77
120	山西榆次区田家湾省级湿地公园	山西省榆次区	65.57	0	0	0	24.54	41.03
121	山西云顶山省级自然保护区	山西省娄烦县	133.84	0	133.84	0	0	0
122	山西云中山省级自然保护区	山西省忻府区	334.97	0	218.46	0	45.42	71.09
123	山西运城湿地省级自然保护区	山西省河津市、临猗县、平陆县、芮城县、万荣县、夏县、盐湖区、永济市、垣曲县	37257.69	0	15544.28	1366.19	4099.76	16247.46
124	山西泽州猕猴省级自然保护区	山西省泽州县	389.44	0	249.06	0	0	140.38
125	山西中阳县陈家湾省级湿地公园	山西省中阳县	104.43	0	73.43	0	0	31.00
126	山西浊漳河源头省级自然保护区	山西省沁县	29.34	0	29.34	0	0	0
127	山西左云县十里河省级湿地公园	山西省左云县	145.26	0	145.26	0	0	0
128	阿伦河	内蒙古自治区阿荣旗	8083.93	0	1137.42	0	6946.51	0
129	阿木牛河	内蒙古自治区牙克石市、扎兰屯市	2878.93	0	531.88	0	2347.05	0
130	巴图湾湿地	内蒙古自治区乌审旗	906.75	0	0	0	65.74	841.01
131	霸王河	内蒙古自治区集宁区	109.76	0	109.76	0	0	0
132	保安河	内蒙古自治区额尔古纳市	2645.14	0	0	0	2645.14	0
133	布日敦－博隆克湿地	内蒙古自治区翁牛特旗	954.86	0	766.94	177.93	0	9.99
134	柴河	内蒙古自治区扎兰屯市	1024.86	0	217.13	0	807.73	0
135	绰尔河	内蒙古自治区扎兰屯市	958.17	0	958.17	0	0	0
136	大杨气河湿地	内蒙古自治区加格达奇	12346.55	0	102.09	0	12244.46	0
137	得尔布耳河	内蒙古自治区额尔古纳市	10216.72	0	368.08	0	9848.64	0
138	德岭山水库	内蒙古自治区乌拉特中旗	226.32	0	0	0	0	226.32
139	多布库尔河源头湿地	内蒙古自治区加格达奇	30941.91	0	188.52	8.58	30744.81	0
140	多布库尔河中游湿地	内蒙古自治区加格达奇	18851.24	0	290.54	6.72	18553.98	0
141	多伦大河口水库	内蒙古自治区多伦县	3496.22	0	137.32	0	1825.44	1533.46

（续）

序号	重点调查湿地名称	所在行政区	湿地面积	各类湿地面积				
				近海与海岸	河流	湖泊	沼泽	人工
142	额尔古纳河	内蒙古自治区陈巴尔虎旗、额尔古纳市、新巴尔虎左旗	44641.13	0	3008.55	310.09	41322.49	0
143	额根河	内蒙古自治区额尔古纳市	3240.59	0	75.07	0	3165.52	0
144	甘河	内蒙古自治区莫力达瓦达斡尔族自治旗	5992.11	0	2060.68	0	3931.43	0
145	甘河湿地	内蒙古自治区鄂伦春自治旗、加格达奇	28450.03	0	1739.28	19.59	26666.39	24.77
146	格尼河	内蒙古自治区阿荣旗、莫力达瓦达斡尔族自治旗	11801.23	0	950.47	0	10850.76	0
147	根河	内蒙古自治区额尔古纳市、根河市	10563.98	0	604.80	0	9959.18	0
148	古利库河湿地	内蒙古自治区加格达奇	53795.24	0	480.17	0	53315.07	0
149	固里河	内蒙古自治区扎兰屯市	3454.28	0	28.17	0	3426.11	0
150	哈布气河	内蒙古自治区扎兰屯市	1155.44	0	126.51	0	1028.93	0
151	哈日朝鲁宽甸子湿地	内蒙古自治区扎鲁特旗	519.75	0	0	0	519.75	0
152	哈乌尔河	内蒙古自治区额尔古纳市	4684.31	0	0	0	4684.31	0
153	海拉尔河	内蒙古自治区陈巴尔虎旗、鄂温克族自治旗、海拉尔区、新巴尔虎左旗、牙克石市	102984.67	0	8253.73	310.33	94420.61	0
154	黑龙江多布库尔省（部）级自然保护区湿地	内蒙古自治区加格达奇	28871.34	0	848.86	20.35	28002.13	0
155	黑龙江南瓮河国家级自然保护区湿地	内蒙古自治区加格达奇	78525.06	0	572.27	35.14	77917.65	0
156	红海子湿地	内蒙古自治区伊金霍洛旗	851.94	0	0	274.24	577.70	0
157	红山水库湿地	内蒙古自治区敖汉旗、翁牛特旗	2795.58	0	0	0	147.71	2647.87
158	黄河湿地	内蒙古自治区阿拉善左旗、达拉特旗、磴口县、东河区、鄂托克旗、海勃湾区、海南区、杭锦后旗、杭锦旗、九原区、临河区、清水河县、土默特右旗、托克托县、乌达区、乌拉特前旗、五原县、准格尔旗	64728.16	0	44794.94	1310.03	18372.95	250.24
159	吉尔布干河	内蒙古自治区额尔古纳市	1043.14	0	60.21	0	982.93	0
160	加格达河湿地	内蒙古自治区鄂伦春自治旗、加格达奇	1775.21	0	27.42	21.67	1726.12	0
161	教来河湿地	内蒙古自治区敖汉旗	2279.44	0	2109.75	0	0	169.69
162	居延海湿地	内蒙古自治区额济纳旗	5881.87	0	25.74	3466.20	2389.93	0
163	砍都河源头湿地	内蒙古自治区加格达奇	10673.93	0	0	0	10673.93	0
164	库力河	内蒙古自治区额尔古纳市	2903.52	0	0	0	2903.52	0
165	昆都仑水库	内蒙古自治区昆都仑区、乌拉特前旗	222.5	0	0	0	24.56	197.94
166	老哈河湿地	内蒙古自治区敖汉旗、松山区、翁牛特旗	1769.88	0	1563.77	0	19.36	186.75
167	孟王栓海子	内蒙古自治区五原县	249.17	0	0	187.02	62.15	0

（续）

序号	重点调查湿地名称	所在行政区	湿地面积	各类湿地面积				
				近海与海岸	河流	湖泊	沼泽	人工
168	漠河沟水库	内蒙古自治区库伦旗	102.5	0	55.94	0	0	46.56
169	牧羊海湿地	内蒙古自治区乌拉特中旗	2743.01	0	0	27.68	2715.33	0
170	那都里河上游湿地	内蒙古自治区加格达奇	23104.69	0	166.97	0	22937.72	0
171	那都里河下游湿地	内蒙古自治区加格达奇	11353.58	0	655.73	0	10697.85	0
172	那都里河中游湿地	内蒙古自治区加格达奇	23385.15	0	363.65	0	23009.79	11.71
173	内蒙古阿北冻土湿地	内蒙古自治区根河市	24529.74	0	371.53	0	24158.21	0
174	内蒙古阿尔山省部级自然保护区湿地	内蒙古自治区阿尔山市、鄂温克族自治旗、扎兰屯市	9988.47	0	55.92	789.02	9143.53	0
175	内蒙古阿鲁科尔沁国家级自然保护区	内蒙古自治区阿鲁科尔沁旗	23327.98	0	3017.99	2493.68	17796.94	19.37
176	内蒙古阿鲁省部级自然保护区湿地	内蒙古自治区根河市	8608.78	0	278.77	0	8330.01	0
177	内蒙古八大莲池自然保护区	内蒙古自治区科尔沁左翼后旗	315.9	0	0	61.70	197.82	56.38
178	内蒙古巴丹吉林沙漠湖泊自治区级自然保护区	内蒙古自治区阿拉善右旗	5836.22	0	0	2240.85	3595.37	0
179	内蒙古巴湖塔湿地自然保护区	内蒙古自治区科尔沁左翼后旗	289.08	0	0	238.97	50.11	0
180	内蒙古巴雅斯古楞自然保护区	内蒙古自治区科尔沁左翼后旗	999.78	0	0	932.39	67.39	0
181	内蒙古白音敖包国家级自然保护区	内蒙古自治区克什克腾旗	828.8	0	31.73	0	673.22	123.85
182	内蒙古白音库伦遗鸥自治区级自然保护区	内蒙古自治区锡林浩特市	3649.72	0	0	880.97	2768.75	0
183	内蒙古北大河重点湿地	内蒙古自治区鄂伦春自治旗	50023.14	0	1224.47	110.24	48688.43	0
184	内蒙古毕拉河省部级自然保护区湿地	内蒙古自治区鄂伦春自治旗	10787.6	0	544.04	440.20	9803.36	0
185	内蒙古蔡木山自然保护区	内蒙古自治区多伦县	593.48	0	0	0	593.48	0
186	内蒙古柴河自治区级自然保护区	内蒙古自治区扎兰屯市	2024.52	0	0	0	2024.52	0
187	内蒙古绰尔河湿地自然保护区	内蒙古自治区扎赉特旗	15777.07	0	4774.04	0	8170.24	2832.79
188	内蒙古绰尔河重点湿地	内蒙古自治区牙克石市、扎兰屯市	29032.52	0	1043.51	11.76	27977.25	0
189	内蒙古达赉湖国家级自然保护区	内蒙古自治区满洲里市、新巴尔虎右旗、新巴尔虎左旗	283746.94	0	829.71	224442.36	58164.30	310.57
190	内蒙古达里诺尔国家级自然保护区	内蒙古自治区克什克腾旗	38536.07	0	308.46	22209.06	16018.55	0
191	内蒙古大黑山国家级自然保护区	内蒙古自治区敖汉旗	823.65	0	823.65	0	0	0
192	内蒙古大冷山自然保护区	内蒙古自治区林西县	631.39	0	39.42	0	591.97	0
193	内蒙古大青沟国家级自然保护区	内蒙古自治区科尔沁左翼后旗	73.11	0	18.32	0	0	54.79
194	内蒙古岱海自治区级自然保护区	内蒙古自治区凉城县	10220.85	0	92.41	7929.64	2121.85	76.95
195	内蒙古都尔本新草甸、沼泽湿地保护区	内蒙古自治区扎赉特旗	1640.15	0	300.23	0	1339.92	0
196	内蒙古都斯图河自治区级自然保护区	内蒙古自治区鄂托克旗	4694.02	0	525.10	621.50	3492.16	55.26

（续）

序号	重点调查湿地名称	所在行政区	湿地面积	各类湿地面积				
				近海与海岸	河流	湖泊	沼泽	人工
197	内蒙古多布库尔河重点湿地	内蒙古自治区鄂伦春自治旗、加格达奇	35345.96	0	3201.03	214.94	31844.50	85.49
198	内蒙古额尔古纳国家级自然保护区湿地	内蒙古自治区额尔古纳市	9273.92	0	2235.50	11.22	7027.20	0
199	内蒙古额尔古纳湿地自治区级自然保护区	内蒙古自治区额尔古纳市	45876.37	0	1409.06	15.84	44451.47	0
200	内蒙古鄂尔多斯遗鸥国家级自然保护区	内蒙古自治区东胜区、伊金霍洛旗	1717.43	0	36.01	388.62	1273.92	18.88
201	内蒙古恩格尔河湿地自然保护区	内蒙古自治区苏尼特左旗	6897.84	0	0	499.07	6398.77	0
202	内蒙古二卡湿地鸟类自然保护区	内蒙古自治区满洲里市	6805.9	0	59.79	311.64	6396.61	37.86
203	内蒙古甘河上游重点湿地	内蒙古自治区鄂伦春自治旗	30783.51	0	533.91	0	30249.60	0
204	内蒙古高格斯台罕乌拉国家级自然保护区	内蒙古自治区阿鲁科尔沁旗	11458.79	0	926.83	0	10531.96	0
205	内蒙古根河重点湿地	内蒙古自治区根河市、牙克石市	91345.96	0	2093.40	0	89252.56	0
206	内蒙古古日格斯台自治区级自然保护区	内蒙古自治区西乌珠穆沁旗	8425.28	0	54.49	0	8370.79	0
207	内蒙古哈日干图晌水泉自然保护区	内蒙古自治区奈曼旗	15	0	0	0	0	15.00
208	内蒙古哈素海自治区级自然保护区	内蒙古自治区土默特右旗、土默特左旗	4161.54	0	0	1494.34	1534.75	1132.45
209	内蒙古海拉尔西山自治区级自然保护区	内蒙古自治区海拉尔区	800.81	0	0	135.10	665.71	0
210	内蒙古海力锦湿地自然保护区	内蒙古自治区科尔沁左翼中旗	38385.69	0	0	226.16	38078.60	80.93
211	内蒙古罕山自治区级自然保护区	内蒙古自治区扎鲁特旗	1394.04	0	265.32	0	1128.72	0
212	内蒙古汗马国家级自然保护区湿地	内蒙古自治区根河市	35436.22	0	272.52	8.92	35154.78	0
213	内蒙古杭锦淖尔自治区级自然保护区	内蒙古自治区杭锦旗、乌拉特前旗	23303.05	0	11028.73	676.09	10993.75	604.48
214	内蒙古荷花湖自然保护区	内蒙古自治区库伦旗	91.14	0	82.64	0	8.50	0
215	内蒙古荷叶花湿地水禽自治区级自然保护区	内蒙古自治区扎鲁特旗	6894.22	0	548.08	668.38	5677.76	0
216	内蒙古贺斯格淖尔湿地自治区级自然保护区	内蒙古自治区东乌珠穆沁旗	17927.84	0	40.85	113.58	17773.41	0
217	内蒙古黑风河自然保护区	内蒙古自治区正蓝旗	9407.67	0	186.15	1046.04	8175.48	0
218	内蒙古黑里河国家级自然保护区	内蒙古自治区宁城县	143.99	0	121.02	0	0	22.97
219	内蒙古红花尔基樟子松国家级自然保护区	内蒙古自治区鄂温克族自治旗	346.72	0	0	0	346.72	0
220	内蒙古呼和车勒湿地自然保护区	内蒙古自治区奈曼旗	22.72	0	0	0	22.72	0
221	内蒙古呼日查干淖尔和恩格尔河湿地自然保护区	内蒙古自治区阿巴嘎旗、苏尼特左旗	13902.94	0	0	12587.43	1315.51	0
222	内蒙古胡地气重点湿地	内蒙古自治区鄂伦春自治旗	11067.66	0	0	0	11067.66	0
223	内蒙古胡列也吐湿地自然保护区	内蒙古自治区陈巴尔虎旗	22865.15	0	530.43	3965.78	18368.94	0
224	内蒙古桦木沟和乌兰布统自治区级自然保护区	内蒙古自治区克什克腾旗	19312.44	0	34.44	80.40	19197.60	0

（续）

序号	重点调查湿地名称	所在行政区	湿地面积	各类湿地面积				
				近海与海岸	河流	湖泊	沼泽	人工
225	内蒙古黄岗梁自治区级自然保护区	内蒙古自治区克什克腾旗	690.2	0	164.91	0	438.87	86.42
226	内蒙古黄旗海自治区级自然保护区	内蒙古自治区察哈尔右翼前旗、集宁区	13896.69	0	323.04	6145.65	7247.62	180.38
227	内蒙古潢源自然保护区	内蒙古自治区克什克腾旗	190.22	0	39.46	0	0	150.76
228	内蒙古辉河国家级自然保护区	内蒙古自治区陈巴尔虎旗、鄂温克族自治旗、新巴尔虎左旗	109335.49	0	249.67	4272.10	104253.26	560.46
229	内蒙古金、阿、满苔藓湿地	内蒙古自治区根河市	105969.93	0	2438.08	23.09	103508.76	0
230	内蒙古金江沟地热湿地	内蒙古自治区阿尔山市	1982.61	0	65.48	150.49	1766.64	0
231	内蒙古镜湖湿地自然保护区	内蒙古自治区临河区	559.79	0	0	10.09	149.56	400.14
232	内蒙古科尔沁国家级自然保护区	内蒙古自治区科尔沁右翼中旗	18047.04	0	155.59	554.82	17336.63	0
233	内蒙古库都尔重点湿地	内蒙古自治区牙克石市	58185.73	0	472.26	0	57713.47	0
234	内蒙古奎勒河省部级自然保护区湿地	内蒙古自治区鄂伦春自治旗	10779.13	0	144.72	0	10634.41	0
235	内蒙古莲花吐自然保护区	内蒙古自治区科尔沁左翼后旗	28.78	0	0	12.52	0	16.26
236	内蒙古孟家段水库自然保护区	内蒙古自治区奈曼旗	2864.38	0	0	0	338.38	2526.00
237	内蒙古莫力庙水库自然保护区	内蒙古自治区科尔沁区	2165.23	0	0	0	0	2165.23
238	内蒙古南海子自治区级自然保护区	内蒙古自治区东河区	1308.25	0	86.80	352.11	869.34	0
239	内蒙古诺门罕湿地自然保护区	内蒙古自治区新巴尔虎左旗	346.66	0	0	142.37	204.29	0
240	内蒙古赛罕乌拉国家级自然保护区	内蒙古自治区巴林右旗	1747.9	0	79.77	0	1631.20	36.93
241	内蒙古三道沟自然保护区	内蒙古自治区多伦县	1717.93	0	236.76	23.19	1457.98	0
242	内蒙古舍利虎水库自然保护区	内蒙古自治区奈曼旗	1421.26	0	0	0	0	1421.26
243	内蒙古室韦自治区级自然保护区	内蒙古自治区额尔古纳市	9789.15	0	293.24	20.95	9474.96	0
244	内蒙古双合尔山自然保护区	内蒙古自治区科尔沁左翼后旗	1745.36	0	0	696.04	1049.32	0
245	内蒙古松树山自然保护区	内蒙古自治区翁牛特旗	2910.18	0	349.92	478.28	1977.00	104.98
246	内蒙古索伦河流、草甸湿地保护区	内蒙古自治区科尔沁右翼前旗	1103.6	0	0	0	1103.60	0
247	内蒙古塔拉干水库自然保护区	内蒙古自治区开鲁县	1442.69	0	61.20	0	0	1381.49
248	内蒙古洮儿河、归流河河流湿地保护小区	内蒙古自治区科尔沁右翼前旗、乌兰浩特市	1038.65	0	1038.65	0	0	0
249	内蒙古天鹅湖自然保护区	内蒙古自治区察哈尔右翼后旗	1151.52	0	0	703.55	447.97	0
250	内蒙古图里河鹤类栖息湿地	内蒙古自治区牙克石市	43529.69	0	619.02	0	42910.67	0
251	内蒙古图牧吉国家级自然保护区	内蒙古自治区扎赉特旗	21585.66	0	0	2516.14	16722.86	2346.66
252	内蒙古旺业甸自然保护区	内蒙古自治区喀喇沁旗	97.78	0	0	0	97.78	0

（续）

序号	重点调查湿地名称	所在行政区	湿地面积	各类湿地面积				
				近海与海岸	河流	湖泊	沼泽	人工
253	内蒙古维纳河自治区级自然保护区	内蒙古自治区鄂温克族自治旗	18443.16	0	260.34	25.08	18157.74	0
254	内蒙古卧罗河重点湿地	内蒙古自治区鄂伦春自治旗	10715.41	0	0	0	10715.41	0
255	内蒙古乌尔旗汉重点湿地	内蒙古自治区牙克石市	61838.11	0	846.17	0	60991.94	0
256	内蒙古乌拉盖湿地自治区级自然保护区	内蒙古自治区东乌珠穆沁旗	221560	0	60.74	41915.09	179584.17	0
257	内蒙古乌兰坝－石棚沟自治区级自然保护区	内蒙古自治区巴林左旗、西乌珠穆沁旗	1959.59	0	1837.19	0	122.40	0
258	内蒙古乌兰河自然保护区	内蒙古自治区科尔沁右翼前旗	5093.09	0	0	0	5093.09	0
259	内蒙古乌力胡舒自治区级自然保护区	内蒙古自治区科尔沁右翼中旗	14591.08	0	57.30	675.54	13858.24	0
260	内蒙古乌梁素海自治区级自然保护区	内蒙古自治区乌拉特前旗	40460.65	0	12.44	10557.66	29849.10	41.45
261	内蒙古乌玛自治区级自然保护区湿地	内蒙古自治区额尔古纳市	14793.67	0	3849.14	0	10944.53	0
262	内蒙古五岔沟湿地自然保护区	内蒙古自治区阿尔山市、扎赉特旗	2738.81	0	0	0	2738.81	0
263	内蒙古小塔子水库自然保护区	内蒙古自治区科尔沁区	752.84	0	0	0	107.49	645.35
264	内蒙古兴安里自治区级自然保护区湿地	内蒙古自治区牙克石市	16615.14	0	131.47	0	16483.67	0
265	内蒙古伊敏河源头湿地自然保护区	内蒙古自治区鄂温克族自治旗	2010.9	0	185.85	0	1789.22	35.83
266	内蒙古伊图里河重点湿地	内蒙古自治区牙克石市	21005.56	0	345.69	0	20659.87	0
267	内蒙古银江沟地热湿地	内蒙古自治区阿尔山市	919.35	0	0	0	919.35	0
268	内蒙古扎文其汗重点湿地	内蒙古自治区鄂伦春自治旗	9266.52	0	0	0	9266.52	0
269	内蒙古自治区阿拉善黄河国家湿地公园	内蒙古自治区阿拉善左旗	62.11	0	62.11	0	0	0
270	内蒙古自治区白狼国家湿地公园	内蒙古自治区阿尔山市	949.47	0	0	0	949.47	0
271	嫩江源头湿地	内蒙古自治区鄂伦春自治旗、加格达奇	13866.61	0	364.19	26.93	13475.49	0
272	尼尔基水库	内蒙古自治区莫力达瓦达斡尔族自治旗	17984.63	0	0	0	0	17984.63
273	诺敏河	内蒙古自治区莫力达瓦达斡尔族自治旗	13086.96	0	9044.47	0	4042.49	0
274	欧肯河	内蒙古自治区鄂伦春自治旗、莫力达瓦达斡尔族自治旗	1547.55	0	58.24	0	1489.31	0
275	三泡子湿地	内蒙古自治区霍林郭勒市、扎鲁特旗	487.95	0	0	335.55	152.40	0
276	石碑水库	内蒙古自治区柰曼旗	38.8	0	15.87	0	0	22.93
277	乌尔根河	内蒙古自治区额尔古纳市	1736.56	0	0	0	1736.56	0
278	乌兰敖道湿地	内蒙古自治区科尔沁左翼后旗	136.04	0	20.05	106.48	9.51	0
279	乌力吉沐沦河湿地	内蒙古自治区巴林左旗	1381.82	0	1349.71	0	32.11	0
280	乌耶勒格其河	内蒙古自治区额尔古纳市	1222.78	0	0	0	1222.78	0
281	务大哈气河	内蒙古自治区扎兰屯市	760.68	0	24.46	0	736.22	0

（续）

序号	重点调查湿地名称	所在行政区	湿地面积	各类湿地面积				
				近海与海岸	河流	湖泊	沼泽	人工
282	西拉木伦河湿地	内蒙古自治区阿鲁科尔沁旗、巴林右旗、克什克腾旗、林西县、翁牛特旗	31428.3	0	20703.48	84.37	10416.98	223.47
283	新开河湿地	内蒙古自治区阿鲁科尔沁旗	1298.74	0	1298.74	0	0	0
284	雅鲁河	内蒙古自治区牙克石市、扎兰屯市	5935.31	0	3151.59	0	2783.72	0
285	伊敏河	内蒙古自治区鄂温克族自治旗、海拉尔区	18351.09	0	1562.83	41.22	15000.78	1746.26
286	音河	内蒙古自治区阿荣旗、扎兰屯市	2835.36	0	233.50	0	2601.86	0
287	阿尔乡湿地保护小区	辽宁省彰武县	615.63	0	0	615.63	0	0
288	鞍山大麦科省级自然保护区	辽宁省盘山县、台安县	2710.09	0	2710.09	0	0	0
289	白石水库湿地县级自然保护区	辽宁省北票市	5334.11	0	1230.95	0	644.94	3458.22
290	本溪市林家崴子湿地	辽宁省平山区	23.49	0	23.49	0	0	0
291	昌图县红山水库自然保护区	辽宁省昌图县	196.82	0	0	0	0	196.82
292	朝阳苍鹭自然保护区	辽宁省朝阳县	30.36	0	30.36	0	0	0
293	朝阳小凌河中华鳖省级自然保护区	辽宁省朝阳县	1496.88	0	1496.88	0	0	0
294	丹东红铜沟白鹭自然保护区	辽宁省宽甸满族自治县	35.94	0	35.94	0	0	0
295	丹东双江河自然保护区	辽宁省宽甸满族自治县	2726.3	0	2726.30	0	0	0
296	丹东鸭绿江口湿地国家级自然保护区	辽宁省东港市	121372.63	107362.52	1134.12	0	4110.95	8765.04
297	丹东玉龙湖自然保护区	辽宁省凤城市	742.6	0	0	0	0	742.60
298	凤城蒲石河自然保护区	辽宁省凤城市	13.15	0	13.15	0	0	0
299	甘井子区柳树沟湿地	辽宁省甘井子区	144.07	0	0	0	0	144.07
300	宫山咀苍鹭自然保护区	辽宁省建昌县	588.12	0	0	0	0	588.12
301	观音阁水库湿地	辽宁省本溪满族自治县	5272.25	0	295.13	0	0	4977.12
302	海城三岔河县级自然保护区	辽宁省大洼县、海城市、盘山县、台安县	13888.93	0	9535.44	0	4353.49	0
303	葫芦岛狗河入海口湿地	辽宁省绥中县	4869.02	4595.85	0	0	0	273.17
304	葫芦岛六股河入海口滨海湿地自然保护区	辽宁省绥中县	1011.32	423.52	0	0	0	587.80
305	桓仁水库湿地	辽宁省桓仁满族自治县	7499.8	0	0	0	0	7499.80
306	浑河辽阳段湿地	辽宁省灯塔市、辽中县	3287.58	0	3287.58	0	0	0
307	锦州大亚湿地	辽宁省北镇市	981.95	0	0	0	981.95	0
308	锦州市凌河口湿地市级自然保护区	辽宁省凌海市	93082.15	67747.7	657.21	0	6240.55	18436.69
309	辽河湿地森林公园	辽宁省兴隆台区	1124.1	0	212.01	0	912.09	0
310	辽宁大伙房饮用水源保护区	辽宁省抚顺县	6185.05	0	0	0	0	6185.05
311	辽宁大连斑海豹国家级自然保护区	辽宁省甘井子区、金州区、旅顺口区、瓦房店市	71593.46	64869.7	0	0	0	6723.76
312	辽宁凡河湿地与水源林省级自然保护区	辽宁省铁岭县、银州区	1456.05	0	803.88	0	0	652.17

（续）

序号	重点调查湿地名称	所在行政区	湿地面积	各类湿地面积				
				近海与海岸	河流	湖泊	沼泽	人工
313	辽宁蛇岛老铁山国家级自然保护区	辽宁省旅顺口区	705.98	574.37	0	0	0	131.61
314	辽宁省黑山绕阳河市级湿地自然保护区	辽宁省黑山县	3569.1	0	3569.10	0	0	0
315	辽宁双台河口国家级自然保护区	辽宁省大洼县、盘山县	105211.62	44815.44	2045.25	0	45850.67	12500.26
316	辽宁王宝河市级自然保护区	辽宁省绥中县	281.57	0	281.57	0	0	0
317	辽宁仙人洞国家级自然保护区	辽宁省庄河市	155.05	0	155.05	0	0	0
318	辽宁章古台省级自然保护区	辽宁省彰武县	338.72	0	260.02	29.16	0	49.54
319	辽阳双河市级自然保护区	辽宁省灯塔市、弓长岭区、辽阳县	3234.61	0	0	0	0	3234.61
320	辽阳汤河饮用水源保护区	辽宁省弓长岭区、辽阳县	2993.89	0	0	0	0	2993.89
321	凌源青龙河省级自然保护区	辽宁省凌源市	1302.45	0	1249.74	0	19.72	32.99
322	六股河赤麻鸭、绿翅鸭自然保护区	辽宁省建昌县	861.53	0	861.53	0	0	0
323	龙潭水库湿地	辽宁省北票市	144.94	0	0	0	0	144.94
324	盘锦辽河湿地公园	辽宁省双台子区、兴隆台区	427.13	0	105.40	0	0	321.73
325	普兰店城子坦湿地	辽宁省普兰店市	13171.26	5840.39	23.24	0	0	7307.63
326	清河水库湿地	辽宁省清河区	3007.03	0	0	0	0	3007.03
327	沈阳獾子洞水库湿地	辽宁省法库县	1834.61	0	0	0	414.54	1420.07
328	沈阳市丁香湖湿地公园	辽宁省于洪区	235.49	0	0	0	0	235.49
329	沈阳市仙子湖自然保护区	辽宁省辽中县、新民市	4433.13	0	47.63	0	1043.36	3342.14
330	沈阳卧龙湖省级自然保护区	辽宁省康平县	6457.79	0	39.80	1533.25	4884.74	0
331	石佛寺水库湿地	辽宁省沈北新区	2910.83	0	0	0	0	2910.83
332	水丰水库湿地	辽宁省宽甸满族自治县	21439.16	0	0	0	0	21439.16
333	铁甲水库湿地	辽宁省东港市	1766.91	0	0	0	0	1766.91
334	铁岭莲花湖国家级湿地公园	辽宁省铁岭县	880.17	0	0	0	633.80	246.37
335	铁岭县鹭鹭湿地生态保护小区	辽宁省铁岭县	95.56	0	0	0	0	95.56
336	铁岭县吊龙湾湿地保护小区	辽宁省铁岭县	152.82	0	0	0	0	152.82
337	瓦房店三台湿地	辽宁省瓦房店市	6805.19	140.26	341.85	0	0	6323.08
338	乌金塘水库湿地	辽宁省南票区	1007.95	0	32.49	0	0	975.46
339	营口西炮台湿地公园	辽宁省西市区	127.1	0	0	0	127.10	0
340	营口永远角湿地	辽宁省西市区	454.68	105.57	0	0	257.54	91.57
341	彰武县那木斯莱县级自然保护区	辽宁省彰武县	102.3	0	0	102.30	0	0
342	庄河滨海湿地	辽宁省庄河市	123629.63	106857.5	0	0	0	16772.13
343	包拉温都湿地	吉林省通榆县	11947.73	0	0	11.24	11936.49	0
344	波罗湖湿地	吉林省农安县	6819.21	0	22.20	5081.22	1335.22	380.57
345	查干湖湿地	吉林省大安市、前郭尔罗斯蒙古族自治县、乾安县	59268.45	0	0	32230.32	27014.37	23.76

（续）

序号	重点调查湿地名称	所在行政区	湿地面积	各类湿地面积				
				近海与海岸	河流	湖泊	沼泽	人工
346	大布苏湿地	吉林省乾安县	5723.72	0	0	3257.41	2466.31	0
347	扶余湿地	吉林省扶余县	5700.88	0	4685.42	649.95	41.53	323.98
348	哈泥湿地	吉林省柳河县	1935.83	0	176.60	0	1759.23	0
349	黄泥河湿地	吉林省敦化市	1995.04	0	752.26	0	1242.78	0
350	敬信湿地	吉林省珲春市	3624.74	0	1489.06	496.38	270.14	1369.16
351	靖宇湿地	吉林省靖宇县	3202.64	0	81.51	39.34	3081.79	0
352	龙湾湿地	吉林省辉南县	509.93	0	168.94	226.89	114.10	0
353	龙沼湿地	吉林省大安市	109908.16	0	0	7104.22	102788.16	15.78
354	磨盘湖湿地	吉林省梅河口市	1421.22	0	0	0	0	1421.22
355	莫莫格湿地	吉林省镇赉县	68657.38	0	31242.54	5424.22	28263.19	3727.43
356	牛心套保湿地	吉林省大安市、通榆县	3027.78	0	0	76.77	2951.01	0
357	三湖湿地	吉林省抚松县、桦甸市、吉林市市辖区、蛟河市、靖宇县	54885.65	0	20499.95	0	1723.76	32661.94
358	沙河庄湿地	吉林省敦化市	16155.03	0	773.74	0	14909.21	472.08
359	双岗湿地	吉林省通榆县	500	0	0	0	500.00	0
360	向海湿地	吉林省通榆县	28402.7	0	113.29	1775.20	20639.08	5875.13
361	沿江泡湿地	吉林省大安市	6982.93	0	0	2892.62	4090.31	0
362	雁鸣湖湿地	吉林省敦化市	7167.75	0	1627.24	0	4379.42	1161.09
363	园池湿地	吉林省安图县	825.15	0	254.42	3.12	567.61	0
364	月亮湖湿地	吉林省大安市	5113.15	0	43.97	0	0	5069.18
365	长白山熔岩台地沼泽区	吉林省安图县	4292.11	0	1192.40	0	3013.94	85.77
366	长白山湿地	吉林省安图县、抚松县、长白朝鲜族自治县	3185.42	0	2236.66	419.82	528.94	0
367	阿吉羊河湿地	黑龙江省呼中区、塔河县	12826.72	0	0	0	12826.72	0
368	大凌河湿地	黑龙江省漠河县	34365.64	0	478.45	0	33887.19	0
369	大西尔根气河湿地	黑龙江省塔河县	40727.76	0	275.00	0	40452.76	0
370	额木尔河上游湿地	黑龙江省漠河县	108816.63	0	883.00	0	107933.63	0
371	干部河湿地	黑龙江省新林区	12474.2	0	0	0	12474.20	0
372	古莲河湿地	黑龙江省漠河县	29762.67	0	121.84	0	29640.83	0
373	古龙干河湿地	黑龙江省呼玛县	11857.63	0	107.09	0	11750.54	0
374	黑龙江八岔岛国家级自然保护区	黑龙江省同江市	13858.29	0	7217.66	101.66	6538.97	0
375	黑龙江白渔泡湿地公园	黑龙江省哈尔滨市	290.37	0	0	0	165.48	124.89
376	黑龙江宝清七星河国家级自然保护区	黑龙江省宝清县	16199.38	0	0	268.17	15931.21	0
377	黑龙江北安省级自然保护区	黑龙江省北安市	8451.67	0	0	0	8423.37	28.30
378	黑龙江北极村省(部)级自然保护区	黑龙江省漠河县	15240.06	0	3439.86	0	11800.20	0
379	黑龙江绰纳河省(部)级自然保护区	黑龙江省呼玛县	14578.96	0	713.73	0	13865.23	0
380	黑龙江翠北湿地自然保护区	黑龙江省逊克县	6695.68	0	17.99	0	6677.69	0
381	黑龙江大佳河省级自然保护区	黑龙江省饶河县	9586.43	0	2731.20	50.76	6684.27	120.20

（续）

序号	重点调查湿地名称	所在行政区	湿地面积	各类湿地面积				
				近海与海岸	河流	湖泊	沼泽	人工
382	黑龙江大庆龙凤湿地自然保护区	黑龙江省大庆市	2976.05	0	0	0	2945.70	30.35
383	黑龙江大沾河湿地自然保护区	黑龙江省逊克县	112844.03	0	263.64	0	112580.39	0
384	黑龙江带岭碧水自然保护区	黑龙江省伊春市	157.98	0	91.67	0	66.31	0
385	黑龙江东方红湿地自然保护区	黑龙江省虎林市	28880.23	0	1630.36	0	27249.87	0
386	黑龙江嘟噜河湿地自然保护区	黑龙江省萝北县、汤原县	11007.29	0	1246.04	11.43	9749.82	0
387	黑龙江富锦沿江湿地自然保护区	黑龙江省富锦市	14844.65	0	10279.54	46.03	4519.08	0
388	黑龙江公别拉河省级自然保护区	黑龙江省黑河市	15010.96	0	0	0	14660.92	350.04
389	黑龙江哈拉海自然保护区	黑龙江省龙江县	14739.48	0	0	1326.90	13412.58	0
390	黑龙江黑瞎子岛湿地省级自然保护区(拟建)	黑龙江省抚远县	23404.52	0	5727.57	894.93	16782.02	0
391	黑龙江红星湿地自然保护区	黑龙江省黑河市、逊克县	33649.77	0	925.99	0	32348.90	374.88
392	黑龙江洪河国家级自然保护区	黑龙江省抚远县、同江市	21699.28	0	0	17.24	21682.04	0
393	黑龙江呼兰河口湿地省级自然保护区	黑龙江省呼兰区	17516.84	0	16800.83	133.48	466.36	116.17
394	黑龙江呼中国家级自然保护区	黑龙江省呼中区	29620.98	0	1107.37	0	28513.61	0
395	黑龙江桦川湿地省级自然保护区	黑龙江省桦川县	15881.33	0	5202.84	0	10678.49	0
396	黑龙江集贤安邦河湿地自然保护区	黑龙江省集贤县	1056.82	0	71.41	260.17	686.08	39.16
397	黑龙江佳木斯沿江湿地省级保护区	黑龙江省佳木斯市	10637.76	0	7443.88	0	3073.88	120.00
398	黑龙江嘉荫平阳河湿地自然保护区	黑龙江省嘉荫县	6790.99	0	2705.20	42.21	4043.58	0
399	黑龙江库尔滨河湿地自然保护区	黑龙江省逊克县	27986.02	0	94.41	0	27891.61	0
400	黑龙江岭峰省(部)级自然保护区	黑龙江省漠河县	10404.99	0	32.12	0	10372.87	0
401	黑龙江美人湖自然保护区(拟建)	黑龙江省双鸭山市	1648.68	0	72.47	0	908.60	667.61
402	黑龙江明水湿地省级自然保护区	黑龙江省明水县	33003.08	0	0	0	33003.08	0
403	黑龙江南北河湿地自然保护区	黑龙江省北安市	42070.8	0	350.31	0	41720.49	0
404	黑龙江挠力河国家级自然保护区	黑龙江省宝清县、富锦市、饶河县	78694.78	0	3751.72	765.37	74177.69	0
405	黑龙江讷谟尔河湿地省级自然保护区	黑龙江省讷河市	19612.64	0	633.11	385.32	18541.65	52.56
406	黑龙江努敏河湿地自然保护区	黑龙江省绥棱县	11222.34	0	0	0	11222.34	0
407	黑龙江盘中省(部)级自然保护区	黑龙江省塔河县	11554.69	0	162.66	0	11392.03	0
408	黑龙江勤得利自然保护区	黑龙江省同江市	12600.43	0	8542.00	515.98	2375.66	1166.79
409	黑龙江三环泡省级自然保护区	黑龙江省富锦市	20437.7	0	429.76	417.55	19590.39	0

（续）

序号	重点调查湿地名称	所在行政区	湿地面积	各类湿地面积				
				近海与海岸	河流	湖泊	沼泽	人工
410	黑龙江三江国家级自然保护区	黑龙江省抚远县、同江市	55787.09	0	10740.45	1707.87	43321.63	17.14
411	黑龙江省宝清东升自然保护区	黑龙江省宝清县	8592.96	0	0	309.99	8282.97	0
412	黑龙江省黑鱼泡省级自然保护区	黑龙江省汤原县	14726.28	0	8876.28	76.41	5773.59	0
413	黑龙江省虎口湿地省级自然保护区	黑龙江省虎林市	10410.1	0	1736.64	723.51	7949.95	0
414	黑龙江双河国家级自然保护区	黑龙江省塔河县	13016.11	0	2258.61	16.02	10741.48	0
415	黑龙江水莲省级自然保护区	黑龙江省萝北县	6039.05	0	0	0	5851.92	187.13
416	黑龙江绥滨两江湿地省级自然保护区	黑龙江省绥滨县	35997.9	0	20196.82	203.48	15597.60	0
417	黑龙江孙吴红旗湿地自然保护区	黑龙江省孙吴县	7644.27	0	19.99	0	7624.28	0
418	黑龙江太阳岛湿地公园	黑龙江省哈尔滨市	8144.31	0	6769.90	37.23	1318.09	19.09
419	黑龙江乌苏里江自然保护区	黑龙江省抚远县	406.53	0	406.53	0	0	0
420	黑龙江乌伊岭湿地自然保护区	黑龙江省逊克县、伊春市	6948.6	0	0	0	6948.60	0
421	黑龙江乌裕尔河省级自然保护区	黑龙江省富裕县	29865.14	0	591.55	620.14	28509.38	144.07
422	黑龙江乌裕尔河－双阳河省级自然保护区	黑龙江省依安县	17522.3	0	2789.42	0	12164.95	2567.93
423	黑龙江五大连池山口省级自然保护区	黑龙江省北安市、五大连池市	14316.7	0	0	0	9331.64	4985.06
424	黑龙江五大连池省级自然保护区	黑龙江省五大连池市	10343.78	0	90.11	2036.62	8116.16	100.89
425	黑龙江西洼荒湿地省级自然保护区	黑龙江省望奎县	5168.09	0	0	0	4299.98	868.11
426	黑龙江细鳞河自然保护区	黑龙江省鹤岗市	3262.35	0	78.15	0	2656.97	527.23
427	黑龙江小北湖省级自然保护区	黑龙江省宁安市	4872.59	0	73.02	684.77	4114.80	0
428	黑龙江新青白头鹤自然保护区	黑龙江省嘉荫县	14580.21	0	11.71	0	14568.50	0
429	黑龙江新青国家级湿地公园	黑龙江省伊春市	2600.52	0	41.52	0	2559.00	0
430	黑龙江兴凯湖国家级自然保护区	黑龙江省虎林市、密山市	172679.18	0	940.48	125731.16	45915.96	91.58
431	黑龙江友好自然保护区	黑龙江省逊克县、伊春市	13443.93	0	0	0	13443.93	0
432	黑龙江扎龙国家级自然保护区	黑龙江省杜尔伯特蒙古族自治县、富裕县、林甸县、齐齐哈尔市、泰来县	171066.87	0	0	12147.70	158081.81	837.36
433	黑龙江肇东沿江省级自然保护区	黑龙江省肇东市	41830.43	0	29687.47	9372.14	2770.82	0
434	黑龙江肇源沿江湿地自然保护区	黑龙江省肇源县	33047.1	0	25075.12	2935.53	5036.45	0
435	黑龙江珍宝岛湿地国家级自然保护区	黑龙江省虎林市	18596.93	0	2018.59	1099.99	15478.35	0
436	加格达河湿地	黑龙江省呼玛县	11362.3	0	0	51.36	11310.94	0
437	龙河湿地	黑龙江省漠河县	44560.38	0	1743.86	25.31	42791.21	0
438	嫩江源头湿地	黑龙江省呼玛县	46839.34	0	374.63	23.54	46441.17	0
439	塔河中游湿地	黑龙江省新林区	55151.37	0	1468.45	0	53682.92	0

（续）

序号	重点调查湿地名称	所在行政区	湿地面积	各类湿地面积				
				近海与海岸	河流	湖泊	沼泽	人工
440	汤旺河流域湿地	黑龙江省嘉荫县、铁力市、逊克县、伊春市	168484.96	0	7910.42	43.11	160475.83	55.60
441	外倭勒根河湿地	黑龙江省呼玛县、新林区	21714.62	0	0	0	21714.62	0
442	倭勒根河湿地	黑龙江省呼玛县、新林区	42042.77	0	679.26	0	41363.51	0
443	小西尔根气河上游湿地	黑龙江省塔河县	15382.76	0	129.41	0	15253.35	0
444	亚里河湿地	黑龙江省呼中区	18800.23	0	309.45	0	18490.78	0
445	依沙溪河湿地	黑龙江省呼玛县、塔河县	34705.02	0	0	0	34705.02	0
446	陈行水库	上海市宝山区	343.78	0	0	0	0	343.78
447	崇明岛周缘湿地	上海市崇明县	33366.81	33250.86	0	0	115.95	0
448	崇明东滩国际重要湿地	上海市崇明县	25828.9	24697.31	0	0	0	1131.59
449	崇明西沙湿地公园	上海市崇明县	305.81	144.97	0	0	160.84	0
450	淀山湖区	上海市青浦区	5584.51	0	0	5576.46	8.05	0
451	金山三岛湿地	上海市金山区	115.46	115.46	0	0	0	0
452	九段沙湿地国家级自然保护区	上海市浦东新区	41281.72	41281.72	0	0	0	0
453	南汇东滩野生动物禁猎区	上海市浦东新区	1781.27	0	0	0	1250.16	531.11
454	青草沙水库	上海市崇明县	6495.82	0	0	0	2440.05	4055.77
455	长江口中华鲟国际重要湿地	上海市崇明县	3977.62	3977.62	0	0	0	0
456	长江口中华鲟自然保护区	上海市崇明县	42273.93	42273.93	0	0	0	0
457	长兴岛和横沙岛周缘湿地	上海市崇明县	66941.33	66941.33	0	0	0	0
458	崇明东滩鸟类国家级自然保护区	上海市崇明县	26134.71	24842.28	0	0	160.84	1131.59
459	金山三岛海洋生态自然保护区	上海市金山区	115.46	115.46	0	0	0	0
460	白马湖	江苏省宝应县、洪泽县、淮安市市辖区、金湖县	10870.8	0	0	4970.46	0	5900.34
461	高宝邵伯湖	江苏省高邮市、江都市、扬州市市辖区	10945.44	0	0	7843.18	1183.12	1919.14
462	滆湖	江苏省常州市市辖区、宜兴市	25657.53	0	0	17311.82	0	8345.71
463	洪泽湖	江苏省洪泽县、淮安市市辖区、泗洪县、泗阳县、宿迁市市辖区、盱眙县	84373.19	0	0	65282.63	144.61	18945.95
464	江苏大丰麋鹿国家级自然保护区	江苏省大丰市	43520.34	30107.21	0	0	0	13413.13
465	江苏高邮东湖省级湿地公园	江苏省高邮市	282.7	0	0	0	79.91	202.79
466	江苏洪泽湖东部湿地自然保护区	江苏省洪泽县、盱眙县	46704.19	0	0	34113.92	561.14	12029.13
467	江苏建湖九龙口自然保护区	江苏省建湖县	2061.57	0	25.83	0	521.83	1513.91
468	江苏江都渌洋湖湿地自然保护区	江苏省江都市	1570.96	0	0	0	0	1570.96
469	江苏江宁铜井洲地湿地自然保护区	江苏省南京市市辖区	2123.98	0	2123.98	0	0	0
470	江苏姜堰溱湖国家湿地公园	江苏省泰州市市辖区	858.4	0	187.19	570.78	52.69	47.74

（续）

序号	重点调查湿地名称	所在行政区	湿地面积	各类湿地面积				
				近海与海岸	河流	湖泊	沼泽	人工
471	江苏金仓湖省级湿地公园	江苏省太仓市	129.89	0	0	0	0	129.89
472	江苏金湖高邮湖北部县级湿地自然保护区	江苏省金湖县	25390.57	0	0	17755.52	912.22	6722.83
473	江苏溧阳市天目湖湿地自然保护区	江苏省溧阳市	963.91	0	0	938.27	0	25.64
474	江苏涟漪湖黄嘴白鹭自然保护区	江苏省涟水县	29.01	0	0	29.01	0	0
475	江苏南京固城湖省级湿地公园	江苏省高淳县	4291.55	0	0	4291.55	0	0
476	江苏南京绿水湾省级湿地公园	江苏省南京市市辖区	1659.26	0	615.96	0	0	1043.30
477	江苏邳州市黄墩湖湿地自然保护区	江苏省邳州市	1568.27	0	305.65	0	320.79	941.83
478	江苏启东长江口（北支）湿地省级自然保护区	江苏省启东市	21470.5	21470.5	0	0	0	0
479	江苏如东沿海野生动物县级保护区	江苏省如东县	6723.29	3628.88	0	0	0	3094.41
480	江苏泗洪洪泽湖湿地国家级自然保护区	江苏省泗洪县	39742.46	0	0	31300.07	0	8442.39
481	江苏苏州荷塘月色省级湿地公园	江苏省苏州市市辖区	149.22	0	0	149.22	0	0
482	江苏苏州太湖湖滨国家湿地公园	江苏省苏州市市辖区	254.54	0	0	0	254.54	0
483	江苏苏州太湖省级湿地公园	江苏省苏州市市辖区	542.51	0	0	0	0	542.51
484	江苏吴江肖甸湖省级湿地公园	江苏省吴江市	632.49	0	0	376.06	0	256.43
485	江苏新沂骆马湖省级湿地公园	江苏省新沂市	4726.75	0	0	1245.94	0	3480.81
486	江苏兴化里下河市级沼泽湿地自然保护区	江苏省兴化市	2030.69	0	0	0	113.45	1917.24
487	江苏宿迁市骆马湖市级湿地自然保护区	江苏省宿迁市市辖区	6439.9	0	146.11	6293.79	0	0
488	江苏盱眙天泉湖省级湿地公园	江苏省盱眙县	577.94	0	0	0	0	577.94
489	江苏盱眙县陡湖自然保护区	江苏省盱眙县	3897.22	0	0	0	0	3897.22
490	江苏盐城湿地珍禽国家级自然保护区	江苏省滨海县、大丰市、东台市、射阳县、响水县	189007.63	111794.72	139.80	0	0	77073.11
491	江苏扬州宝应湖国家湿地公园	江苏省宝应县	215.9	0	215.90	0	0	0
492	江苏扬州润扬省级湿地公园	江苏省扬州市市辖区	35.91	0	0	0	0	35.91
493	江苏扬州市高宝邵伯湖湿地保护区	江苏省宝应县、高邮市、扬州市市辖区	52606.15	0	8156.81	39152.64	379.65	4917.05
494	江苏震泽省级湿地公园	江苏省吴江市	539.82	0	0	462.34	0	77.48
495	江苏镇江长江豚类自然保护区	江苏省镇江市市辖区	4197.96	0	4197.96	0	0	0
496	连云港近海与海岸湿地	江苏省赣榆县、灌云县、连云港市市辖区	112479.07	108130.31	0	0	0	4348.76
497	骆马湖	江苏省新沂市、宿迁市市辖区	17120.8	0	601.81	14963.29	0	1555.70
498	南通近海与海岸湿地	江苏省海安县、海门市、启东市、如东县、通州市	351413.61	329253	0	0	0	22160.61
499	石臼湖	江苏省高淳县、溧水县	11934.23	0	0	9148.68	0	2785.55

（续）

序号	重点调查湿地名称	所在行政区	湿地面积	各类湿地面积				
				近海与海岸	河流	湖泊	沼泽	人工
500	太湖	江苏省常州市市辖区、苏州市市辖区、无锡市市辖区、吴江市、宜兴市	245411.03	0	0	209351.06	16052.92	20007.05
501	盐城近海与海岸湿地	江苏省滨海县、大丰市、东台市、射阳县、响水县	404222.5	390616.51	0	0	0	13605.99
502	阳澄湖	江苏省昆山市、苏州市市辖区	13107.29	0	14.13	11783.73	0	1309.43
503	长江	江苏省常熟市、常州市市辖区、丹阳市、海门市、江都市、江阴市、靖江市、句容市、南京市市辖区、启东市、如皋市、太仓市、泰兴市、通州市、扬中市、扬州市市辖区、仪征市、张家港市、镇江市市辖区	160303.61	92532.21	59396.50	0	4500.01	3874.89
504	安吉竹溪湿地公园	浙江省安吉县	10.69	0	10.69	0	0	0
505	庵东沼泽区湿地	浙江省慈溪市、余姚市	21242.42	21242.42	0	0	0	0
506	常山县同弓太公山鸟类自然保护区	浙江省常山县	21.53	0	0	0	0	21.53
507	淳安千亩田山地沼泽湿地	浙江省淳安县	30.63	0	0	0	30.63	0
508	岱山县官山岛和秀山岛自然保护区	浙江省岱山县	2932.08	2932.08	0	0	0	0
509	德清下渚湖国家湿地公园	浙江省德清县	419.25	0	88.30	64.22	40.41	226.32
510	定海五峙山鸟类栖息和繁殖保护区	浙江省定海区	118.03	118.03	0	0	0	0
511	东阳东白山高山湿地公园	浙江省东阳市	16.95	0	0	0	8.54	8.41
512	杭州湾海岸湿地	浙江省北仑区、慈溪市、海盐县、平湖市、余姚市、镇海区	62375.41	62375.41	0	0	0	0
513	湖州双林漾湿地	浙江省南浔区、吴兴区	123.78	0	0	123.78	0	0
514	嘉善汾湖湿地	浙江省嘉善县	445.57	0	0	445.57	0	0
515	嘉兴市石臼漾湿地公园	浙江省秀洲区	63.15	0	0	0	42.38	20.77
516	京杭古运河（杭州段）湿地	浙江省拱墅区、江干区、下城区、余杭区	511.32	0	0	0	0	511.32
517	景宁望东垟高山湿地自然保护区	浙江省景宁畲族自治县	16.51	0	0	0	16.51	0
518	韭山列岛自然保护区	浙江省象山县	1914.74	1914.74	0	0	0	0
519	乐清湾海岸湿地	浙江省洞头县、乐清市、温岭市、玉环县	30802.48	30530.76	0	0	0	271.72
520	丽水九龙国家湿地公园	浙江省莲都区	993.97	0	993.97	0	0	0
521	临海三江湿地	浙江省临海市	264.15	217	47.15	0	0	0
522	灵昆岛东滩湿地	浙江省龙湾区	2275.87	767.69	0	0	0	1508.18
523	龙游绿葱湖湿地公园	浙江省龙游县	82.45	0	0	0	82.45	0
524	南麂列岛自然保护区湿地	浙江省平阳县、瑞安市	759.26	759.26	0	0	0	0
525	宁波东钱湖湿地	浙江省鄞州区	1914.42	1914.42	0	0	0	0
526	千岛湖湿地	浙江省淳安县、建德市	47872.92	0	0	0	0	47872.92
527	钱江源湿地公园	浙江省开化县	201.63	0	55.10	0	0	146.53
528	青田鼋自然保护区	浙江省青田县	353.58	0	353.58	0	0	0

（续）

序号	重点调查湿地名称	所在行政区	湿地面积	各类湿地面积				
				近海与海岸	河流	湖泊	沼泽	人工
529	衢州乌溪江国家湿地公园	浙江省衢江区	2484.42	0	206.51	0	0	2277.91
530	三门湾海岸湿地	浙江省宁海县、三门县、象山县	49341.53	47735.12	47.20	0	0	1559.21
531	绍兴市镜湖湿地	浙江省越城区	671.62	230.85	240.90	0	32.79	167.08
532	台州市鉴洋湖湿地	浙江省黄岩区	106.49	106.49	0	0	0	0
533	太湖	浙江省吴兴区、长兴县	427.68	0	0	427.68	0	0
534	桐乡永秀白荡漾湿地生态自然保护区	浙江省桐乡市	26.53	0	0	26.53	0	0
535	温州湾海岸湿地	浙江省苍南县、洞头县、乐清市、龙湾区、平阳县、瑞安市	117437.62	117292.54	0	0	0	145.08
536	西湖湿地	浙江省西湖区	640.26	640.26	0	0	0	0
537	西溪国家湿地公园	浙江省西湖区、余杭区	966.62	926	30.05	0	10.57	0
538	象山港海岸湿地	浙江省北仑区、奉化市、宁海县、象山县、鄞州区	23678.13	23581.25	0	0	0	96.88
539	玉环漩门湾湿地公园	浙江省玉环县	1935.05	1783.55	27.28	0	77.54	46.68
540	长兴仙山湖国家湿地公园	浙江省长兴县	530.9	0	10.23	0	56.75	463.92
541	长兴扬子鳄自然保护区	浙江省长兴县	28.78	0	0	0	0	28.78
542	舟山群岛海岸湿地	浙江省岱山县、定海区、普陀区、嵊泗县	59719.21	59571.25	0	0	0	147.96
543	诸暨白塔湖	浙江省诸暨市	981.2	702.53	37.71	0	0	240.96
544	安徽安庆沿江水禽省级自然保护区	安徽省枞阳县、太湖县、桐城市、望江县、宿松县、宜秀区、迎江区	110253.63	0	1532.58	95761.13	7194.81	5765.11
545	安徽当涂石臼湖省级自然保护区	安徽省当涂县	11355.8	0	0	5687.22	154.25	5514.33
546	安徽砀山黄河故道市级自然保护区	安徽省砀山县	143	0	143.00	0	0	0
547	安徽迪沟国家湿地公园	安徽省颍上县	506.43	0	62.00	334.12	0	110.31
548	安徽固镇县两河湿地市级自然保护区	安徽省固镇县、濉溪县、埇桥区	3351.01	0	2450.06	128.66	772.29	0
549	安徽贵池十八索省级自然保护区	安徽省贵池区	1633.76	0	190.73	1314.68	30.71	97.64
550	安徽花亭湖国家湿地公园	安徽省太湖县	5361.09	0	830.38	0	14.73	4515.98
551	安徽怀远县四方湖市级自然保护区	安徽省怀远县	4291.77	0	3184.02	1107.75	0	0
552	安徽徽州区鸳鸯湖县级自然保护区	安徽省徽州区	65.77	0	65.77	0	0	0
553	安徽霍邱东西湖省级自然保护区	安徽省霍邱县	15157.48	0	120.96	12131.75	1315.24	1589.53
554	安徽焦岗湖国家湿地公园	安徽省凤台县	3064.3	0	0	2590.64	325.12	148.54
555	安徽明光女山湖省级自然保护区	安徽省明光市	14173.66	0	0	12328.18	71.64	1773.84
556	安徽清凉峰国家级自然保护区野猪塘湿地	安徽省绩溪县	8.24	0	0	0	8.24	0
557	安徽秋浦河源国家湿地公园	安徽省石台县	400.01	0	400.01	0	0	0

（续）

序号	重点调查湿地名称	所在行政区	湿地面积	各类湿地面积				
				近海与海岸	河流	湖泊	沼泽	人工
558	安徽三汊河国家湿地公园	安徽省淮上区	493.01	0	129.04	0	329.33	34.64
559	安徽沙颍河国家湿地公园	安徽省太和县	261.47	0	241.04	0	0	20.43
560	安徽升金湖国家级自然保护区	安徽省东至县、贵池区	14238.57	0	288.72	11520.43	885.84	1543.58
561	安徽石龙湖国家湿地公园	安徽省泗县	149.32	0	12.32	0	0	137.00
562	安徽泗县沱河市级自然保护区	安徽省泗县	1167.33	0	816.78	176.16	120.17	54.22
563	安徽太平湖国家湿地公园	安徽省黄山区、泾县	8421.97	0	1040.03	0	0	7381.94
564	安徽铜陵淡水豚国家级自然保护区	安徽省铜陵市郊区	18.55	0	0	0	0	18.55
565	安徽芜湖县和平鹭鸟县级自然保护区	安徽省芜湖县	739.77	0	583.74	92.51	0	63.52
566	安徽芜湖县陶辛水韵县级自然保护区	安徽省芜湖县	924.82	0	264.83	0	90.52	569.47
567	安徽五河沱湖省级自然保护区	安徽省五河县	5759.64	0	0	5353.13	406.51	0
568	安徽萧县黄河故道市级自然保护区	安徽省萧县	332.66	0	332.66	0	0	0
569	安徽扬子鳄国家级自然保护区	安徽省广德县、泾县、郎溪县、南陵县、宣州区	682.01	0	99.58	26.23	0	556.20
570	安徽黟县清溪县级自然保护区	安徽省黟县	58.56	0	58.56	0	0	0
571	安徽颍上八里河省级自然保护区	安徽省颍上县	7062.39	0	3524.91	2006.45	0	1531.03
572	安徽颍州西湖国家湿地公园	安徽省颍州区	392.1	0	0	0	196.65	195.45
573	安徽颍州西湖省级自然保护区	安徽省颍泉区、颍州区	954.88	0	728.08	8.17	0	218.63
574	巢湖湿地	安徽省包河区、巢湖市、肥东县、肥西县、庐江县	78795.53	0	0	78186.17	311.84	297.52
575	淮河干流安徽段	安徽省八公山区、大通区、凤台县、凤阳县、阜南县、怀远县、淮上区、霍邱县、龙子湖区、明光市、潘集区、寿县、田家庵区、五河县、谢家集区、颍上县、禹会区	46091.73	0	40496.49	1590.79	2393.42	1611.03
576	南漪湖湿地	安徽省郎溪县、宣州区	18262.16	0	37.58	13862.55	220.59	4141.44
577	平天湖湿地	安徽省贵池区	1133.56	0	0	1097.72	0	35.84
578	瓦埠湖湿地	安徽省寿县、田家庵区、谢家集区	15874.37	0	0	15707.07	167.30	0
579	新安江干流安徽段	安徽省屯溪区、歙县、休宁县	2616.97	0	2616.97	0	0	0
580	长江干流安徽段	安徽省枞阳县、大观区、当涂县、东至县、繁昌县、贵池区、和县、怀宁县、金家庄区、镜湖区、鸠江区、三山区、铜官山区、铜陵市郊区、铜陵县、望江县、无为县、宿松县、弋江区、迎江区、雨山区	110819.94	0	93432.36	1293.09	14997.14	1097.35
581	东山湾湿地	福建省东山县、云霄县、漳浦县	25637.26	22122.64	0	0	0	3514.62

（续）

序号	重点调查湿地名称	所在行政区	湿地面积	各类湿地面积				
				近海与海岸	河流	湖泊	沼泽	人工
582	东溪水库湿地	福建省武夷山市	371. 08	0	0	0	0	371. 08
583	东圳水库湿地	福建省城厢区	1516. 73	0	0	0	0	1516. 73
584	峰头水库湿地	福建省云霄县	610. 38	0	0	0	0	610. 38
585	福建东山珊瑚礁省级自然保护区	福建省东山县	1807. 37	1807. 37	0	0	0	0
586	福建福鼎台山列岛市级自然保护区	福建省福鼎市	375. 08	375. 08	0	0	0	0
587	福建福宁湾水禽县级自然保护区	福建省霞浦县	13785. 34	13699. 17	0	0	0	86. 17
588	福建福清东张水库鸟类县级自然保护区	福建省福清市	1306. 04	0	0	0	0	1306. 04
589	福建福清兴化湾鸟类县级自然保护区	福建省福清市	1200. 01	714. 14	0	0	0	485. 87
590	福建古田人工湖市级自然保护区	福建省古田县	3183. 37	0	0	0	0	3183. 37
591	福建环三都澳湿地水禽红树林市级自然保护区	福建省福安市、蕉城区、霞浦县	2406. 23	2379. 64	0	0	0	26. 59
592	福建九龙江河口湿地公园	福建省龙海市	219. 5	219. 5	0	0	0	0
593	福建龙海九龙江口红树林省级自然保护区	福建省龙海市	420. 1	420. 1	0	0	0	0
594	福建闽江河口湿地省级自然保护区	福建省马尾区、长乐市	3128. 97	3108. 48	0	0	0	20. 49
595	福建宁德东湖国家湿地公园	福建省蕉城区	565. 52	297. 45	0	0	0	268. 07
596	福建宁德官井洋大黄鱼繁育增殖保护区	福建省蕉城区、连江县、罗源县、霞浦县	2069. 48	2069. 48	0	0	0	0
597	福建平潭三十六脚湖省级自然保护区	福建省平潭县	120. 58	120. 58	0	0	0	0
598	福建清流九龙溪县级自然保护区	福建省清流县	407. 78	0	407. 78	0	0	0
599	福建泉州湾河口湿地省级自然保护区	福建省丰泽区、惠安县、晋江市、洛江区、石狮市	6652. 62	6584. 45	43. 46	0	0	24. 71
600	福建厦门海洋珍稀物种国家级自然保护区	福建省海沧区、湖里区、集美区、思明区、同安区、翔安区	28526. 5	27483. 74	0	0	0	1042. 76
601	福建深沪湾海底古森林遗迹国家级自然保护区	福建省晋江市、石狮市	2667. 62	2667. 62	0	0	0	0
602	福建寿宁小托水库县级自然保护区	福建省寿宁县	28. 45	0	0	0	0	28. 45
603	福建泰宁金湖县级自然保护区	福建省泰宁县	3252. 12	0	888. 74	0	0	2363. 38
604	福建永安安砂湿地县级自然保护区	福建省永安市	1073. 47	0	0	0	0	1073. 47
605	福建漳江口红树林国家级自然保护区	福建省云霄县	2359. 66	1680. 62	0	0	0	679. 04
606	福建漳浦眉力鸟类县级自然保护区	福建省漳浦县	156. 24	0	0	0	0	156. 24
607	福建长乐海蚌资源增殖保护区	福建省长乐市	19671. 53	19671. 53	0	0	0	0
608	福建长乐闽江河口国家湿地公园	福建省长乐市	191. 49	106. 17	0	0	0	85. 32
609	福清湾湿地	福建省福清市、平潭县、长乐市	18457. 66	12886. 83	0	0	0	5570. 83
610	洪口水库湿地	福建省蕉城区	796. 1	0	0	0	0	796. 10

（续）

序号	重点调查湿地名称	所在行政区	湿地面积	各类湿地面积				
				近海与海岸	河流	湖泊	沼泽	人工
611	街面水库湿地	福建省大田县、德化县、尤溪县	2543.64	0	0	0	0	2543.64
612	九龙江河口湿地	福建省龙海市	11108.95	7207.92	0	0	0	3901.03
613	旧镇港湿地	福建省漳浦县	9552.36	5766.21	0	0	0	3786.15
614	罗源湾湿地	福建省连江县、罗源县	19220.51	13970.23	0	0	0	5250.28
615	湄洲湾湿地	福建省城厢区、惠安县、泉港区、仙游县、秀屿区	37314.34	29661.16	0	0	0	7653.18
616	棉花滩水库湿地	福建省上杭县、永定县	4881.04	0	0	0	0	4881.04
617	闽江河口湿地	福建省仓山区、鼓楼区、晋安区、连江县、马尾区、闽侯县、台江区、长乐市	37840.01	36256.33	0	0	0	1583.68
618	平海湾湿地	福建省秀屿区	10266.36	7772.94	0	0	0	2493.42
619	泉州湾湿地	福建省丰泽区、惠安县、晋江市、洛江区、石狮市	10917.44	10572.37	0	0	0	345.07
620	三都湾湿地	福建省福安市、蕉城区、霞浦县	52374.7	46954.46	0	0	0	5420.24
621	沙埕港湿地	福建省福鼎市	7043.08	5636.48	0	0	0	1406.60
622	山美水库湿地	福建省南安市	1413.35	0	0	0	0	1413.35
623	山仔水库湿地	福建省晋安区、连江县	379.77	0	0	0	0	379.77
624	水口水库湿地	福建省古田县、闽清县、延平区	7487.75	0	0	0	0	7487.75
625	万安水库湿地	福建省新罗区	557.66	0	0	0	0	557.66
626	围头湾湿地	福建省晋江市、南安市	16921.68	15542.96	0	0	0	1378.72
627	兴化湾湿地	福建省福清市、涵江区、荔城区、秀屿区	60109.15	48960.12	0	0	0	11149.03
628	诏安湾湿地	福建省东山县、云霄县、诏安县	23792.87	17875.24	0	0	0	5917.63
629	插旗洲湖	江西省余干县	8804.54	0	0	0	33.19	8771.35
630	赤湖	江西省九江县、瑞昌市	4812.13	0	0	4528.33	21.97	261.83
631	德兴泊水河省级湿地公园	江西省德兴市	218.4	0	218.40	0	0	0
632	都昌候鸟省级自然保护区	江西省都昌县、新建县、永修县	30499.63	0	0	30362.06	53.42	84.15
633	丰城玉龙河省级湿地公园	江西省丰城市	32.69	0	32.69	0	0	0
634	奉新华林省级湿地公园	江西省奉新县	41.77	0	0	0	0	41.77
635	抚河干流	江西省丰城市、金溪县、进贤县、临川区、南昌县	10459.66	0	10404.77	0	54.89	0
636	赣江干流	江西省丰城市、吉安县、吉水县、吉州区、南昌市市辖区、南昌县、青原区、泰和县、万安县、峡江县、新干县、新建县、樟树市	37176.57	0	36812.06	130.85	222.37	11.29
637	高安瑞州省级湿地公园	江西省高安市	18.09	0	0	18.09	0	0
638	官山国家级自然保护区	江西省铜鼓县、宜丰县	31.01	0	31.01	0	0	0
639	洪门水库	江西省黎川县、南城县	6644.71	0	0	0	0	6644.71
640	吉安庐陵湖省级湿地公园	江西省吉州区	114.45	0	114.45	0	0	0
641	江口水库	江西省分宜县、渝水区	4701.7	0	0	0	0	4701.70

（续）

序号	重点调查湿地名称	所在行政区	湿地面积	各类湿地面积				
				近海与海岸	河流	湖泊	沼泽	人工
642	江西大湖江国家湿地公园	江西省赣县、章贡区	5248.19	0	4372.28	0	0	875.91
643	江西东江源国家湿地公园	江西省安远县	234.98	0	234.98	0	0	0
644	江西东鄱阳湖国家湿地公园	江西省鄱阳县	33929.83	0	900.90	32985.51	0	43.42
645	江西孔目江国家湿地公园	江西省渝水区	103.02	0	85.17	0	0	17.85
646	江西潋江国家湿地公园	江西省兴国县	1968	0	480.61	0	0	1487.39
647	江西庐山西海国家湿地公园	江西省武宁县	4135.98	0	2510.61	0	0	1625.37
648	江西傩湖国家湿地公园	江西省南丰县	202.36	0	11.25	0	0	191.11
649	江西省桃红岭梅花鹿国家级自然保护区	江西省彭泽县	234.92	0	88.80	0	0	146.12
650	江西武夷山国家级自然保护区	江西省铅山县	55.91	0	55.91	0	0	0
651	江西修河国家湿地公园	江西省永修县	2511.58	0	2187.35	324.23	0	0
652	江西修河源国家湿地公园	江西省修水县	3217.4	0	1682.30	0	0	1535.10
653	江西药湖国家湿地公园	江西省丰城市	1022.64	0	67.14	537.37	0	418.13
654	焦潭湖	江西省都昌县	2431.44	0	0	2431.44	0	0
655	金溪白马湖省级湿地公园	江西省金溪县	340.75	0	36.59	0	0	304.16
656	井冈山国家级自然保护区	江西省井冈山市	176.24	0	113.74	0	0	62.50
657	九连山国家级自然保护区	江西省龙南县	102.66	0	82.13	0	0	20.53
658	军山湖	江西省进贤县	14617.44	0	0	14617.44	0	0
659	乐安龙潭省级湿地公园	江西省乐安县	15.46	0	15.46	0	0	0
660	莲花莲江省级湿地公园	江西省莲花县	55.19	0	55.19	0	0	0
661	芦溪山口岩省级湿地公园	江西省芦溪县	90.25	0	90.25	0	0	0
662	马头山国家级自然保护区	江西省资溪县	105.37	0	105.37	0	0	0
663	南岸洲	江西省都昌县	19909.86	0	0	19909.86	0	0
664	南丰潭湖省级湿地公园	江西省南丰县	371.52	0	0	0	0	371.52
665	泥湖大道	江西省都昌县	3303.39	0	0	3281.99	0	21.40
666	宁都梅江省级湿地公园	江西省宁都县	853.03	0	853.03	0	0	0
667	鄱阳湖	江西省都昌县、共青城、湖口县、进贤县、庐山区、南昌县、鄱阳县、新建县、星子县、永修县、余干县	167785.67	0	1436.76	140278.35	20642.60	5427.96
668	鄱阳湖国家级自然保护区	江西省新建县、星子县、永修县	34962.36	0	0	34947.56	14.80	0
669	鄱阳湖南矶湿地国家级自然保护区	江西省都昌县、新建县	32443.45	0	0	32443.45	0	0
670	青岚湖省级自然保护区	江西省进贤县	1610.59	0	59.34	1551.25	0	0
671	全南桃江省级湿地公园	江西省全南县	279.96	0	151.05	0	0	128.91
672	饶河干流	江西省鄱阳县	573.93	0	573.93	0	0	0

（续）

序号	重点调查湿地名称	所在行政区	湿地面积	各类湿地面积				
				近海与海岸	河流	湖泊	沼泽	人工
673	瑞金绵江省级湿地公园	江西省瑞金市	618.53	0	249.81	0	0	368.72
674	赛城湖(赛湖)	江西省九江县	2594.77	0	0	2594.77	0	0
675	上饶槠溪省级湿地公园	江西省上饶县	275.3	0	275.30	0	0	0
676	遂川遂川江省级湿地公园	江西省遂川县	346.08	0	346.08	0	0	0
677	万安水库	江西省万安县	4825.34	0	0	0	0	4825.34
678	万年珠溪省级湿地公园	江西省万年县	106.1	0	106.10	0	0	0
679	婺源饶河源省级湿地公园	江西省婺源县	211.63	0	211.63	0	0	0
680	下巢湖	江西省瑞昌市	138.68	0	0	138.68	0	0
681	信江干流	江西省广丰县、贵溪市、横峰县、进贤县、铅山县、上饶县、信州区、弋阳县、余干县、余江县、玉山县、月湖区	10936.94	0	10936.94	0	0	0
682	宜丰新昌湖省级湿地公园	江西省宜丰县	16.51	0	0	0	0	16.51
683	宜黄百鹭洲省级湿地公园	江西省宜黄县	79.55	0	79.55	0	0	0
684	于都长征源省级湿地公园	江西省于都县	802.71	0	802.71	0	0	0
685	余江白塔河省级湿地公园	江西省余江县	397.8	0	397.80	0	0	0
686	鸳鸯湖省级自然保护区	江西省婺源县	112.53	0	0	0	0	112.53
687	长江干流	江西省湖口县、九江县、庐山区、彭泽县、瑞昌市、浔阳区	19066.53	0	19066.53	0	0	0
688	柘林水库	江西省武宁县、永修县	24229.05	0	0	0	0	24229.05
689	安丘拥翠湖国家湿地公园	山东省安丘市	2010.77	0	117.19	0	0	1893.58
690	岸堤水库	山东省蒙阴县	4631.16	0	0	0	0	4631.16
691	滨州贝壳堤岛与湿地自然保护区	山东省无棣县	26330.8	2502.87	612.21	0	0	23215.72
692	博兴麻大湖省级湿地公园	山东省博兴县	692.04	0	0	0	692.04	0
693	曹县黄河故道省级湿地公园	山东省曹县	575.59	0	0	0	0	575.59
694	昌乐仙月湖省级湿地公园	山东省昌乐县	798.88	0	0	798.88	0	0
695	昌邑柽柳林省级湿地公园	山东省昌邑市	18708.63	10644.41	0	0	1878.95	6185.27
696	大沽夹河自然保护区	山东省福山区、海阳市、莱山区、牟平区、栖霞市、芝罘区	1416.71	0	1381.83	0	0	34.88
697	东明黄河省级湿地公园	山东省东明县	246.39	0	0	12.21	165.14	69.04
698	东明庄子湖省级湿地公园	山东省东明县	140.43	0	0	0	31.88	108.55
699	东平湖自然保护区	山东省东平县	19098.47	0	168.66	13898.30	1940.60	3090.91
700	海阳小孩儿口省级湿地公园	山东省海阳市	264.47	0	264.47	0	0	0

（续）

序号	重点调查湿地名称	所在行政区	湿地面积	各类湿地面积				
				近海与海岸	河流	湖泊	沼泽	人工
701	寒亭禹王省级湿地公园	山东省寒亭区	41.71	0	3.88	0	0	37.83
702	黄河三角洲国家级自然保护区	山东省河口区、垦利县	111724.57	65160.02	2841.69	0	27788.92	15933.94
703	黄垒河和乳山河河口湿地	山东省乳山市、文登市	2634.04	631.62	110.37	0	0	1892.05
704	黄水河河口自然保护区	山东省龙口市	500.08	257.26	177.66	0	0	65.16
705	会宝岭水库	山东省苍山县	1957.61	0	62.75	0	0	1894.86
706	济南白云湖省级湿地公园	山东省历城区、章丘市	2316.77	0	0	254.81	0	2061.96
707	济南名泉源头湿地	山东省历城区	630.39	0	188.09	0	0	442.30
708	济南遥墙清荷省级湿地公园	山东省历城区	224	0	0	0	0	224.00
709	济西湿地	山东省槐荫区、长清区	941.14	0	0	0	459.41	481.73
710	济阳澄波湖省级湿地公园	山东省济阳县	75.01	0	0	0	0	75.01
711	济阳燕子湾省级湿地公园	山东省济阳县	25.48	0	25.48	0	0	0
712	金乡彭越湖省级湿地公园	山东省金乡县	84.03	0	11.68	0	0	72.35
713	崆峒岛省级自然保护区	山东省芝罘区	396.8	396.8	0	0	0	0
714	莱州湾自然保护区	山东省莱州市	9169.42	0	0	0	0	9169.42
715	梁山水泊省级湿地公园	山东省梁山县	244.22	0	0	0	56.26	187.96
716	临朐巨洋湖省级湿地公园	山东省临朐县	1254.6	0	0	0	0	1254.60
717	临沂祊河省级湿地公园	山东省兰山区	281.88	0	281.88	0	0	0
718	临沂沭河省级湿地公园	山东省临沭县	710.51	0	691.37	0	0	19.14
719	临沂武河国家湿地公园	山东省郯城县	102.29	0	102.29	0	0	0
720	龙口市王屋水库湿地公园	山东省龙口市	883.29	0	12.65	0	0	870.64
721	马踏湖湿地	山东省桓台县	1197.49	0	0	0	1197.49	0
722	牟平区养马岛湿地公园	山东省牟平区	1560.4	0	9.26	0	0	1551.14
723	南四湖自然保护区	山东省任城区、滕州市、微山县、鱼台县	118254.62	0	1266.91	44551.18	2033.13	70403.40
724	蟠龙河国家湿地公园	山东省薛城区	544.72	0	544.72	0	0	0
725	蓬莱平畅河省级湿地公园	山东省蓬莱市	408.41	0	128.40	0	0	280.01
726	平阴玫瑰湖湿地	山东省平阴县	644.27	0	0	0	0	644.27
727	栖霞白洋河省级湿地公园	山东省栖霞市	868.94	0	401.56	467.38	0	0
728	青岛胶州湾湿地自然保护区	山东省城阳区、黄岛区、胶州市、四方区	31930.43	24282.2	103.37	0	0	7544.86
729	青岛少海国家湿地公园	山东省胶州市	569.79	0	0	0	0	569.79
730	曲阜崇文湖省级湿地公园	山东省曲阜市	378.41	0	0	0	0	378.41
731	曲阜孔子湖省级湿地公园	山东省曲阜市	1806.43	0	911.65	894.78	0	0

（续）

序号	重点调查湿地名称	所在行政区	湿地面积	各类湿地面积				
				近海与海岸	河流	湖泊	沼泽	人工
732	荣成大天鹅国家级自然保护区	山东省荣成市	753.09	753.09	0	0	0	0
733	桑沟湾国家城市湿地公园	山东省荣成市	763.99	0	60.10	0	167.00	536.89
734	商河大沙河省级湿地公园	山东省商河县	239.97	0	239.97	0	0	0
735	寿光滨海公园	山东省寿光市	697.57	0	0	0	291.04	406.53
736	泗水青源省级湿地公园	山东省泗水县	53.73	0	0	0	0	53.73
737	泗水尹城省级湿地公园	山东省泗水县	154.78	0	0	139.82	0	14.96
738	台儿庄运河国家湿地公园	山东省台儿庄区	395.97	0	80.37	0	0	315.60
739	滕州滨湖国家湿地公园	山东省滕州市	618.15	0	0	0	0	618.15
740	微山湖国家湿地公园	山东省微山县	643.31	0	79.86	0	0	563.45
741	潍坊峡山湖国家湿地公园	山东省安丘市、昌邑市、高密市、诸城市	11190.61	0	91.67	0	803.61	10295.33
742	汶上大汶河省级湿地公园	山东省汶上县	941.8	0	933.32	0	0	8.48
743	汶上莲花湖省级湿地公园	山东省汶上县	193.39	0	43.40	149.99	0	0
744	五龙河省级湿地公园	山东省莱阳市	1760.59	455.66	1304.93	0	0	0
745	兖州兴隆省级湿地公园	山东省兖州市	1387.72	0	346.55	0	0	1041.17
746	沂河湿地	山东省沂水县	3961.36	0	1040.80	0	0	2920.56
747	峄城古运荷乡省级湿地公园	山东省台儿庄区、峄城区	503.38	0	0	0	0	503.38
748	银湖自然保护区	山东省福山区	1927.71	0	87.96	0	0	1839.75
749	鱼台鹿洼省级湿地公园	山东省鱼台县	451.32	0	29.68	0	0	421.64
750	枣庄九龙湾国家湿地公园	山东省枣庄市中区	145.19	0	145.19	0	0	0
751	枣庄月亮湾国家湿地公园	山东省山亭区	309.89	0	309.89	0	0	0
752	沾化海岸带自然保护区	山东省沾化县	18685.85	308.61	1798.19	0	899.51	15679.54
753	长岛国家级自然保护区	山东省长岛县	12820.23	12820.23	0	0	0	0
754	邹城北宿省级湿地公园	山东省邹城市	480.81	0	25.16	0	0	455.65
755	邹城太平省级湿地公园	山东省邹城市	459.78	0	69.94	0	0	389.84
756	邹城香城省级湿地公园	山东省邹城市	97.47	0	0	0	0	97.47
757	白墙水库	河南省孟州市	222.7	0	0	0	0	222.70
758	丹江口库区湿地	河南省淅川县	51426.31	0	89.15	0	0	51337.16
759	河南白龟山库区湿地省级自然保护区	河南省鲁山县、湛河区	6347.17	0	346.40	0	52.69	5948.08
760	河南董寨鸟类国家级自然保护区	河南省罗山县	803.96	0	401.33	0	0	402.63

（续）

序号	重点调查湿地名称	所在行政区	湿地面积	各类湿地面积				
				近海与海岸	河流	湖泊	沼泽	人工
761	河南伏牛山国家级自然保护区	河南省鲁山县、栾川县、南召县、内乡县、嵩县、西峡县	345.15	0	345.15	0	0	0
762	河南固始淮河湿地省级自然保护区	河南省固始县	507.09	0	431.94	0	0	75.15
763	河南鹤壁淇河国家湿地公园	河南省淇滨区、淇县	68.99	0	68.99	0	0	0
764	河南淮滨淮南湿地省级自然保护区	河南省淮滨县	2047.07	0	1051.31	0	0	995.76
765	河南黄河湿地国家级自然保护区	河南省湖滨区、吉利区、济源市、孟津县、孟州市、渑池县、陕县、新安县	23800.63	0	5710.47	0	0	18090.16
766	河南开封柳园口湿地省级自然保护区	河南省金明区、开封县、兰考县、龙亭区	15950.27	0	15339.23	600.76	0	10.28
767	河南林州万宝山省级自然保护区	河南省林州市	150.18	0	74.77	0	0	75.41
768	河南洛阳熊耳山省级自然保护区	河南省栾川县、洛宁县、嵩县、宜阳县	348.18	0	339.69	0	0	8.49
769	河南内乡湍河湿地省级自然保护区	河南省内乡县	1715.45	0	1715.45	0	0	0
770	河南濮阳黄河湿地省级自然保护区	河南省濮阳县	1020.17	0	1020.17	0	0	0
771	河南商城金刚台省级自然保护区	河南省商城县	33.58	0	33.58	0	0	0
772	河南商城鲇鱼山省级自然保护区	河南省商城县	3551.36	0	0	0	0	3551.36
773	河南省淮阳龙湖国家湿地公园	河南省淮阳县	491.88	0	0	256.45	235.43	0
774	河南省漯河市沙河国家湿地公园	河南省舞阳县、郾城区、源汇区	307.58	0	294.95	0	0	12.63
775	河南省南阳市白河国家城市湿地公园	河南省宛城区、卧龙区	1169.4	0	1169.40	0	0	0
776	河南省平顶山白龟湖国家湿地公园	河南省平顶山市新华区、湛河区	522.59	0	0	0	0	522.59
777	河南省平顶山市白鹭洲城市湿地公园	河南省平顶山市新华区	21.76	0	0	0	21.76	0
778	河南省郑州黄河国家湿地公园	河南省惠济区	1358.01	0	1204.09	0	0	153.92
779	河南太行山猕猴国家级自然保护区	河南省博爱县、辉县市、济源市、沁阳市、修武县、中站区	1131.29	0	987.74	0	0	143.55
780	河南小秦岭国家级自然保护区	河南省灵宝市	145.85	0	145.85	0	0	0
781	河南新县连康山国家级自然保护区	河南省新县	75.91	0	75.91	0	0	0
782	河南新乡黄河湿地鸟类国家级自然保护区	河南省封丘县、金明区、长垣县	10683.57	0	10028.48	120.07	349.46	185.56
783	河南信阳四望山省级自然保护区	河南省浉河区	105.61	0	105.61	0	0	0
784	河南偃师伊洛河国家湿地公园	河南省偃师市	872.44	0	872.44	0	0	0
785	河南郑州黄河湿地省级自然保护区	河南省巩义市、惠济区、金水区、温县、荥阳市、中牟县	35137.15	0	33288.84	19.50	60.55	1768.26
786	卢氏大鲵自然保护区	河南省卢氏县	584.99	0	584.99	0	0	0

（续）

序号	重点调查湿地名称	所在行政区	湿地面积	各类湿地面积				
				近海与海岸	河流	湖泊	沼泽	人工
787	洛河（卢氏县）	河南省卢氏县	1153.16	0	1153.16	0	0	0
788	南阳恐龙蛋化石群古生物国家级自然保护区	河南省邓州市、内乡县、西峡县、镇平县	5667.82	0	4092.15	11.10	0	1564.57
789	盘石头水库	河南省林州市、淇滨区	551.58	0	0	0	0	551.58
790	三门峡库区湿地	河南省湖滨区、灵宝市、陕县	11980.83	0	5550.69	0	386.01	6044.13
791	嵩县大鲵自然保护区	河南省嵩县	613.89	0	595.34	0	0	18.55
792	汤河水库	河南省山城区、汤阴县	309.53	0	0	0	0	309.53
793	小南海水库	河南省安阳县	137.3	0	0	0	0	137.30
794	宿鸭湖湿地	河南省汝南县	12894.81	0	370.52	12.90	2009.12	10502.27
795	彰武水库	河南省安阳县、龙安区	171.89	0	0	0	0	171.89
796	巴东神农溪省级自然保护区	湖北省巴东县	37.85	0	37.85	0	0	0
797	白庙白鹭自然保护小区	湖北省利川市	15.25	0	0	0	0	15.25
798	藏龙岛省级湿地公园	湖北省江夏区	91	0	0	91.00	0	0
799	崔家营省级湿地公园	湖北省樊城区、襄城区、襄州区	2183.28	0	2183.28	0	0	0
800	大九湖湿地省级自然保护区	湖北省神农架林区	99.57	0	0	0	0	99.57
801	大冶保安湖国家湿地公园	湖北省大冶市	4354.52	0	0	3826.53	0	527.99
802	丹江口库区湿地	湖北省丹江口市、郧西县、郧县	54680.59	0	5497.41	0	0	49183.18
803	杜公湖省级湿地公园	湖北省东西湖区	297.81	0	0	210.47	0	87.34
804	斧头湖湿地	湖北省嘉鱼县、江夏区、咸安区	14662.98	0	0	7949.19	32.97	6680.82
805	高坝州库区	湖北省宜都市、长阳土家族自治县	2395.34	0	0	0	0	2395.34
806	隔河岩库区	湖北省长阳土家族自治县	6881.57	0	0	0	0	6881.57
807	葛洲坝库区湿地	湖北省点军区、西陵区、夷陵区	2787.58	0	0	0	0	2787.58
808	汉江干流（丹江口－钟祥皇庄段）	湖北省丹江口市、樊城区、谷城县、老河口市、襄城区、襄州区、宜城市、钟祥市	31588.94	0	30660.29	0	919.98	8.67
809	汉江干流（钟祥皇庄以下段）	湖北省蔡甸区、东西湖区、汉川市、汉阳区、江汉区、潜江市、硚口区、沙洋县、天门市、仙桃市、钟祥市	23559.02	0	23117.23	17.34	204.64	219.81
810	汉南武湖湿地自然保护区	湖北省汉南区	958.88	0	79.07	205.81	190.66	483.34
811	洪湖湿地	湖北省洪湖市、监利县	42677.56	0	0	34353.56	3066.13	5257.87
812	后官湖省级湿地公园	湖北省蔡甸区	1687.74	0	0	1655.66	0	32.08
813	湖北大别山自然保护区	湖北省罗田县、英山县	102.47	0	86.87	0	0	15.60
814	湖北堵河源省级自然保护区	湖北省竹山县	222.24	0	222.24	0	0	0

（续）

序号	重点调查湿地名称	所在行政区	湿地面积	各类湿地面积				
				近海与海岸	河流	湖泊	沼泽	人工
815	湖北九宫山国家级自然保护区	湖北省通山县	132.51	0	132.51	0	0	0
816	湖北龙感湖国家级自然保护区	湖北省黄梅县	13667.81	0	272.74	4717.36	4987.06	3690.65
817	湖北七姊妹山国家级自然保护区	湖北省宣恩县	1180.42	0	205.96	0	974.46	0
818	湖北赛武当省级自然保护区	湖北省茅箭区	144.99	0	144.99	0	0	0
819	湖北三峡库区湿地	湖北省巴东县、兴山县、夷陵区、秭归县	16221.81	0	0	0	0	16221.81
820	湖北神农架国家级自然保护区	湖北省神农架林区	574.48	0	295.43	0	241.03	38.02
821	湖北十八里长峡省级自然保护区	湖北省竹溪县	146.32	0	146.32	0	0	0
822	湖北十堰野人谷省级自然保护区	湖北省房县	45.81	0	45.81	0	0	0
823	湖北五道峡省级自然保护区	湖北省保康县	73.34	0	73.34	0	0	0
824	湖北五峰后河国家级自然保护区	湖北省五峰土家族自治县	251.43	0	241.80	0	9.63	0
825	湖北武汉沉湖省级湿地自然保护区	湖北省蔡甸区	6917.04	0	285.24	3045.33	2465.08	1121.39
826	湖北星斗山国家级自然保护区	湖北省恩施市、利川市、咸丰县	399.24	0	310.40	0	0	88.84
827	湖北宜昌大老岭省级自然保护区	湖北省夷陵区	320.61	0	66.04	0	254.57	0
828	湖北长江天鹅洲故道区湿地	湖北省石首市	2800.29	0	1616.95	0	1110.97	72.37
829	荒冲鸟类自然保护小区	湖北省安陆市	23.98	0	0	0	0	23.98
830	黄陂草湖珍稀水禽湿地自然保护区	湖北省黄陂区	1246.29	0	0	419.64	0	826.65
831	黄冈蕲春赤龙湖国家湿地公园	湖北省蕲春县	3475.55	0	17.46	2857.50	0	600.59
832	黄州遗爱湖国家湿地公园	湖北省黄州区	345.8	0	0	320.41	0	25.39
833	江夏上涉湖湿地自然保护区	湖北省江夏区	865.77	0	0	865.77	0	0
834	借粮湖自然保护小区	湖北省潜江市	700.42	0	0	700.42	0	0
835	京山惠亭湖国家湿地公园	湖北省京山县	2124.28	0	8.20	0	0	2116.08
836	荆门漳河国家湿地公园	湖北省东宝区	8200.89	0	0	0	0	8200.89
837	荆州市长湖湿地自然保护区	湖北省荆州区、沙市区、沙洋县	13113.02	0	0	13113.02	0	0
838	沮河保护区	湖北省远安县	955.48	0	935.39	0	0	20.09
839	卷桥自然保护小区	湖北省公安县	190.58	0	0	0	0	190.58
840	老河口市梨花湖湿地自然保护区	湖北省老河口市	2401.22	0	2401.22	0	0	0
841	李家洲鹭鸟自然保护小区	湖北省黄州区	531.14	0	531.14	0	0	0
842	梁子湖湿地	湖北省大冶市、鄂城区、华容区、江夏区、梁子湖区	52407.34	0	775.15	39718.02	1890.77	10023.40

（续）

序号	重点调查湿地名称	所在行政区	湿地面积	各类湿地面积				
				近海与海岸	河流	湖泊	沼泽	人工
843	骡马河大鲵自然保护小区	湖北省宣恩县	9.65	0	9.65	0	0	0
844	麻城浮桥河国家湿地公园	湖北省麻城市	2607.55	0	103.41	0	0	2504.14
845	南漳香水河自然保护区	湖北省南漳县	135.37	0	135.37	0	0	0
846	圈椅淌自然保护小区	湖北省夷陵区	70.16	0	0	0	70.16	0
847	沙湖省级湿地公园	湖北省仙桃市	3878.58	0	105.16	116.43	3619.84	37.15
848	神农架大九湖国家湿地公园	湖北省神农架林区	956.24	0	0	211.16	745.08	0
849	石首麋鹿国家级自然保护区	湖北省石首市	1439.29	0	1407.36	0	0	31.93
850	水布垭库区	湖北省巴东县、恩施市、建始县、宣恩县	7101.36	0	0	0	0	7101.36
851	万江河大鲵省级自然保护区	湖北省竹溪县	9.18	0	9.18	0	0	0
852	网湖湿地	湖北省阳新县	11859.84	0	1165.26	7983.53	204.63	2506.42
853	淹水自然保护小区	湖北省松滋市	3016.24	0	0	0	0	3016.24
854	吴岭鹭鸟自然保护小区	湖北省京山县	490.27	0	0	0	0	490.27
855	武汉城市湖泊群	湖北省蔡甸区、汉阳区、洪山区、江夏区、武昌区	12948.93	0	0	12948.93	0	0
856	武汉东湖国家湿地公园	湖北省洪山区	1001.66	0	0	1001.66	0	0
857	武汉市涨渡湖湿地自然保护区	湖北省新洲区	5074.43	0	0	5074.43	0	0
858	武山湖省级湿地公园	湖北省武穴市	1972.47	0	0	1972.47	0	0
859	咸丰县二仙岩省级湿地自然保护区	湖北省咸丰县	28.96	0	0	0	20.61	8.35
860	咸宁赤壁陆水湖国家湿地公园	湖北省赤壁市	4211.43	0	0	0	0	4211.43
861	襄樊谷城汉江国家湿地公园	湖北省谷城县	602.79	0	517.89	0	0	84.90
862	襄樊南河省级自然保护区	湖北省谷城县	149.73	0	149.73	0	0	0
863	熊口返湖自然保护小区	湖北省潜江市	537.61	0	0	537.61	0	0
864	巡店鹭鸟自然保护小区	湖北省安陆市	221.88	0	125.60	15.78	0	80.50
865	洋澜湖省级湿地公园	湖北省鄂城区	422.8	0	0	422.80	0	0
866	野猪湖鸟类自然保护小区	湖北省孝南区	2130.92	0	0	2130.92	0	0
867	宜昌市崩尖子省级自然保护区	湖北省长阳土家族自治县	106.52	0	106.52	0	0	0
868	宜都天龙湾国家湿地公园	湖北省宜都市	427.52	0	0	0	0	427.52
869	淤泥湖自然保护小区	湖北省公安县	1498.21	0	0	1498.21	0	0
870	渔洋关大鲵自然保护小区	湖北省五峰土家族自治县	27.98	0	27.98	0	0	0
871	枣阳市熊河水系湿地自然保护区	湖北省枣阳市	1493.19	0	0	0	0	1493.19

（续）

序号	重点调查湿地名称	所在行政区	湿地面积	各类湿地面积				
				近海与海岸	河流	湖泊	沼泽	人工
872	长江干流（葛洲坝以下）	湖北省蔡甸区、点军区、鄂城区、公安县、汉南区、汉阳区、洪山区、华容区、黄陂区、黄梅县、黄石港区、黄州区、嘉鱼县、监利县、江岸区、江汉区、江陵县、江夏区、荆州区、蕲春县、青山区、沙市区、石首市、松滋市、团风县、伍家岗区、武昌区、武穴市、西陵区、西塞山区、浠水县、新洲区、阳新县、宜都市、枝江市	144054. 2	0	137166. 24	0	6405. 55	482. 41
873	长江天鹅洲白鱀豚国家级自然保护区	湖北省石首市	1783. 66	0	1783. 66	0	0	0
874	长江新螺段白鱀豚国家级自然保护区	湖北省赤壁市、洪湖市、嘉鱼县	20633. 8	0	20633. 80	0	0	0
875	长江宜昌中华鲟省级自然保护区	湖北省猇亭区	844. 76	0	844. 76	0	0	0
876	忠建河大鲵省级自然保护区	湖北省咸丰县	154. 41	0	154. 41	0	0	0
877	钟祥莫愁湖国家湿地公园	湖北省钟祥市	2951. 78	0	9. 50	1460. 44	0	1481. 84
878	大通湖湖泊湿地	湖南省南县	7842. 81	0	0	7842. 81	0	0
879	凤滩水库湿地	湖南省保靖县、古丈县、永顺县、沅陵县	3080. 54	0	1252. 15	0	0	1828. 39
880	挂榜山山地湿地	湖南省祁阳县	36. 27	0	0	0	36. 27	0
881	湖南东洞庭湖国家级自然保护区	湖南省华容县、君山区、汨罗市、岳阳楼区、岳阳县、云溪区	113604. 63	0	4502. 72	102576. 47	4642. 31	1883. 13
882	湖南东江湖国家湿地公园	湖南省资兴市	14308. 89	0	0	0	0	14308. 89
883	湖南横岭湖省级自然保护区	湖南省湘阴县	34006. 47	0	0	34006. 47	0	0
884	湖南衡南江口鸟洲省级自然保护区	湖南省衡南县	122. 12	0	122. 12	0	0	0
885	湖南湖里湿地省级自然保护区	湖南省茶陵县	13. 73	0	0	0	13. 73	0
886	湖南华容集成垸麋鹿省级自然保护区	湖南省华容县	2139. 09	0	1214. 65	111. 77	705. 29	107. 38
887	湖南黄盖湖县级自然保护区	湖南省临湘市	4380. 11	0	0	4277. 58	102. 53	0
888	湖南吉首峒河国家湿地公园	湖南省吉首市	849. 72	0	849. 72	0	0	0
889	湖南酒埠江国家湿地公园	湖南省攸县	1125. 89	0	0	0	0	1125. 89
890	湖南毛里湖县级自然保护区	湖南省津市市	3728. 73	0	0	3728. 73	0	0
891	湖南汨罗江国家湿地公园	湖南省汨罗市	2748. 21	0	1592. 11	1088. 94	67. 16	0
892	湖南南洞庭湖省级自然保护区	湖南省赫山区、南县、沅江市、资阳区	107681. 84	0	7212. 23	95489. 90	480. 73	4498. 98
893	湖南宁乡金洲湖国家湿地公园	湖南省宁乡县	361. 79	0	361. 79	0	0	0
894	湖南千龙湖国家湿地公园	湖南省望城县	403. 94	0	0	233. 25	0	170. 69

（续）

序号	重点调查湿地名称	所在行政区	湿地面积	各类湿地面积				
				近海与海岸	河流	湖泊	沼泽	人工
895	湖南水府庙国家湿地公园	湖南省双峰县、湘乡市	3051.44	0	0	82.50	0	2968.94
896	湖南西洞庭湖省级自然保护区	湖南省汉寿县	31559.5	0	602.93	30511.29	0	445.28
897	湖南湘阴洋沙湖—东湖国家湿地公园	湖南省湘阴县	1323.95	0	551.85	502.53	109.02	160.55
898	湖南张家界大鲵国家级自然保护区	湖南省桑植县	20.75	0	20.75	0	0	0
899	韭菜岭山地湿地	湖南省道县	14.35	0	0	0	14.35	0
900	浪畔湖山地湿地	湖南省宜章县	17.55	0	0	0	17.55	0
901	柳叶湖湖泊湿地	湖南省鼎城区	2017.85	0	0	2017.85	0	0
902	欧阳海水库湿地	湖南省桂阳县	2514.25	0	0	0	0	2514.25
903	三浪田山地湿地	湖南省城步苗族自治县	19.62	0	0	0	19.62	0
904	珊珀湖湖泊湿地	湖南省安乡县	2596.11	0	0	2267.89	0	328.22
905	桃源洞山地湿地	湖南省炎陵县	197.62	0	0	0	197.62	0
906	团结水库湿地	湖南省中方县	17.99	0	0	0	0	17.99
907	团头湖湖泊湿地	湖南省望城县	339.43	0	0	339.43	0	0
908	五强溪水库湿地	湖南省沅陵县	13809.66	0	13384.41	0	0	425.25
909	仰天湖山地湿地	湖南省北湖区	88.7	0	0	21.38	67.32	0
910	岳阳南湖湖泊湿地	湖南省岳阳楼区	1193.35	0	0	1156.53	0	36.82
911	柘溪水库湿地(含湖南雪峰湖国家湿地公园)	湖南省安化县、新化县	9742.74	0	0	0	0	9742.74
912	北部湾浅海水域	广东省雷州市、遂溪县	78350.78	78350.78	0	0	0	0
913	潮安凤凰山天池	广东省潮安县	8.1	0	0	8.10	0	0
914	电白红树林自然保护区	广东省电白县	1542.75	1070.53	0	0	0	472.22
915	广东大亚湾海洋生态省级自然保护区	广东省惠东县、惠阳市	1029.73	1029.73	0	0	0	0
916	广东海丰鸟类自然保护区	广东省海丰县	8671.79	3027.38	87.03	0	0	5557.38
917	广东河源新丰江水库	广东省东源县、河源市市辖区	31062.88	0	95.13	0	0	30967.75
918	广东惠东港口海龟自然保护区	广东省惠东县	46.71	46.71	0	0	0	0
919	广东惠东莲花山白盆珠省级自然保护区	广东省惠东县	3522.26	0	27.98	0	57.36	3436.92
920	广东蕉岭长潭省级自然保护区	广东省蕉岭县	298.56	0	298.56	0	0	0
921	广东雷州珍稀海洋生物国家级自然保护区	广东省雷州市	521.69	521.69	0	0	0	0
922	广东连南板洞省级自然保护区	广东省怀集县、连南瑶族自治县、阳山县	65.82	0	32.38	0	0	33.44

（续）

序号	重点调查湿地名称	所在行政区	湿地面积	各类湿地面积				
				近海与海岸	河流	湖泊	沼泽	人工
923	广东连南大鲵省级自然保护区	广东省连南瑶族自治县	32.33	0	32.33	0	0	0
924	广东龙川枫树坝省级自然保护区	广东省龙川县	3803.67	0	0	0	0	3803.67
925	广东罗坑省级自然保护区	广东省曲江县	452.49	0	94.57	0	140.62	217.30
926	广东南澳候鸟湿地	广东省南澳县	265.42	265.42	0	0	0	0
927	广东内伶仃福田国家级自然保护区	广东省深圳市	474.94	474.94	0	0	0	0
928	广东西江珍稀鱼类省级自然保护区	广东省封开县	433.12	0	433.12	0	0	0
929	广东徐闻珊瑚礁国家级自然保护区	广东省徐闻县	3208.53	3208.53	0	0	0	0
930	广东阳江南鹏列岛海洋生态省级自然保护区	广东省阳江市市辖区	553.68	553.68	0	0	0	0
931	广东湛江红树林国家级自然保护区	广东省东海岛、雷州市、廉江市、遂溪县、吴川市、徐闻县、湛江市市辖区	20282.24	16922.32	621.52	0	0	2738.40
932	广州南沙湿地	广东省番禺区、广州市辖区	672.87	233.17	0	0	0	439.70
933	黄茅海浅海水域	广东省斗门区、台山市	45720.24	45720.24	0	0	0	0
934	惠东红树林自然保护区	广东省惠东县	330.21	330.21	0	0	0	0
935	江城平冈红树林自然保护区	广东省阳江市市辖区	232.98	232.98	0	0	0	0
936	江门镇海湾浅海水域	广东省台山市	12410.45	12410.45	0	0	0	0
937	雷州湾浅海水域	广东省雷州市、徐闻县、湛江市市辖区	91891.92	91891.92	0	0	0	0
938	廉江鹤地水库	广东省化州市、廉江市	9422.75	0	0	0	0	9422.75
939	茂名大洲岛省级湿地公园	广东省电白县	380.69	340.87	0	0	0	39.82
940	茂名浅海水域	广东省电白县	21785.18	21785.18	0	0	0	0
941	琼州海峡浅海水域	广东省徐闻县	22458.64	22458.64	0	0	0	0
942	饶平柘林湾浅海水域	广东省饶平县	10257.9	10257.9	0	0	0	0
943	乳源南水水库	广东省乳源瑶族自治县	3254.96	0	0	0	0	3254.96
944	汕头海岸湿地	广东省潮阳市、澄海区、揭东县、饶平县、汕头市市辖区	9646.04	6840.11	0	0	0	2805.93
945	台山、恩平镇海湾红树林自然保护区	广东省恩平市、江门市市辖区、台山市	1420.51	1420.51	0	0	0	0
946	台山广海湾浅海水域	广东省台山市	25910.09	25910.09	0	0	0	0
947	吴川浅海水域	广东省吴川市	16272.18	16272.18	0	0	0	0
948	阳江北津港浅海水域	广东省阳东县、阳江市市辖区	30979.14	30979.14	0	0	0	0
949	阳西红树林湿地	广东省阳西县	1940.78	1914.21	0	0	0	26.57

（续）

序号	重点调查湿地名称	所在行政区	湿地面积	各类湿地面积				
				近海与海岸	河流	湖泊	沼泽	人工
950	阳西浅海水域	广东省阳西县	10181.97	10181.97	0	0	0	0
951	湛江大东海浅海水域	广东省湛江市市辖区	38613.37	38613.37	0	0	0	0
952	湛江港浅海水域	广东省湛江市市辖区	22910.69	22910.69	0	0	0	0
953	湛江湖光红树林湿地公园	广东省湛江市市辖区	367.56	367.56	0	0	0	0
954	肇庆星湖国家湿地公园	广东省肇庆市市辖区	641.89	0	0	641.89	0	0
955	珠海磨刀门浅海水域	广东省斗门区、珠海市市辖区	22121.64	22121.64	0	0	0	0
956	珠海淇澳红树林湿地	广东省珠海市市辖区	7005.59	7005.59	0	0	0	0
957	珠海市斗门黄杨河华发水郡省级湿地公园	广东省斗门区	51.08	51.08	0	0	0	0
958	珠江口河口水域	广东省东莞市、番禺区、深圳市、中山市、珠海市市辖区	102040.16	102040.16	0	0	0	0
959	珠江口中华白海豚自然保护区	广东省珠海市市辖区	38578.17	38578.17	0	0	0	0
960	百色水利枢纽库区湿地	广西壮族自治区田林县、右江区	7823.33	0	189.79	0	0	7633.54
961	北部湾北部浅海水域湿地	广西壮族自治区东兴市、防城区、港口区、海城区、合浦县、钦南区、铁山港区、银海区	170263.98	168245.34	0	0	19.21	1999.43
962	北海滨海国家湿地公园	广西壮族自治区银海区	1769.68	1737.85	0	0	0	31.83
963	澄碧河水库湿地（含澄碧河自然保护区）	广西壮族自治区右江区	4449.9	0	348.94	0	0	4100.96
964	大王滩水库湿地	广西壮族自治区江南区、良庆区	3356.47	0	133.32	0	0	3223.15
965	党江红树林湿地	广西壮族自治区海城区、合浦县	4466.2	3485.41	55.40	0	0	925.39
966	防城港东西湾红树林湿地	广西壮族自治区防城区、港口区	1610.68	1318.5	0	0	0	292.18
967	凤亭河水库湿地	广西壮族自治区良庆区、上思县	4448.54	0	0	0	0	4448.54
968	广西百东河市级自然保护区	广西壮族自治区田阳县、右江区	782.27	0	362.02	0	0	420.25
969	广西邦亮东黑冠长臂猿自治区级自然保护区	广西壮族自治区靖西县	22.81	0	22.81	0	0	0
970	广西北仑河口国家级自然保护区	广西壮族自治区东兴市、防城区	3202.31	3045.4	0	0	0	156.91
971	广西岑王老山国家级自然保护区	广西壮族自治区凌云县、田林县	58.15	0	58.15	0	0	0
972	广西崇左白头叶猴自治区级自然保护区	广西壮族自治区江州区	13	0	13.00	0	0	0
973	广西春秀－青龙山县级自然保护区	广西壮族自治区龙州县	270.53	0	180.73	0	0	89.80
974	广西达洪江县级自然保护区	广西壮族自治区平果县	341.27	0	0	0	0	341.27
975	广西大明山国家级自然保护区	广西壮族自治区马山县、上林县、武鸣县	123.35	0	95.69	0	14.13	13.53
976	广西大容山自治区级自然保护区	广西壮族自治区北流市、桂平市、玉州区	508.59	0	38.82	0	0	469.77

（续）

序号	重点调查湿地名称	所在行政区	湿地面积	各类湿地面积				
				近海与海岸	河流	湖泊	沼泽	人工
977	广西大王岭自治区级自然保护区	广西壮族自治区右江区	171.37	0	119.53	0	0	51.84
978	广西大瑶山国家级自然保护区	广西壮族自治区金秀瑶族自治县、荔浦县	187.69	0	112.39	0	0	75.30
979	广西恩城自治区级自然保护区	广西壮族自治区大新县	134.45	0	134.45	0	0	0
980	广西防城港金花茶国家级自然保护区	广西壮族自治区防城区	51.86	0	8.88	0	0	42.98
981	广西姑婆山自治区级自然保护区	广西壮族自治区八步区	20.24	0	20.24	0	0	0
982	广西古龙山县级自然保护区	广西壮族自治区德保县、靖西县	61.15	0	18.43	0	0	42.72
983	广西古修自治区级自然保护区	广西壮族自治区蒙山县	315.32	0	59.36	0	0	255.96
984	广西海洋山自治区级自然保护区	广西壮族自治区恭城瑶族自治县、灌阳县、灵川县、全州县、兴安县	607.3	0	452.00	0	0	155.30
985	广西合浦儒艮国家级自然保护区	广西壮族自治区合浦县	14413.08	14321.11	0	0	0	91.97
986	广西红水河来宾段珍稀鱼类自治区级自然保护区	广西壮族自治区象州县、兴宾区	1374.03	0	1374.03	0	0	0
987	广西花坪国家级自然保护区	广西壮族自治区临桂县、龙胜各族自治县	50.94	0	50.94	0	0	0
988	广西滑水冲自治区级自然保护区	广西壮族自治区八步区	128.84	0	128.84	0	0	0
989	广西黄连山－兴旺自治区级自然保护区	广西壮族自治区德保县	40.63	0	40.63	0	0	0
990	广西架桥岭自治区级自然保护区	广西壮族自治区荔浦县、阳朔县、永福县	1598.01	0	846.93	0	0	751.08
991	广西建新自治区级自然保护区	广西壮族自治区龙胜各族自治县	47.63	0	47.63	0	0	0
992	广西金秀老山自治区级自然保护区	广西壮族自治区金秀瑶族自治县	30.94	0	30.94	0	0	0
993	广西金钟山黑颈长尾雉国家级自然保护区	广西壮族自治区隆林各族自治县、西林县	706.71	0	54.36	0	0	652.35
994	广西九万山国家级自然保护区	广西壮族自治区环江毛南族自治县、罗城仫佬族自治县、融水苗族自治县	245.89	0	185.45	0	8.12	52.32
995	广西拉沟县级自然保护区	广西壮族自治区鹿寨县	140	0	140.00	0	0	0
996	广西老虎跳自治区级自然保护区	广西壮族自治区那坡县	75.89	0	75.89	0	0	0
997	广西龙虎山自治区级自然保护区	广西壮族自治区隆安县	27.7	0	27.70	0	0	0
998	广西龙山自治区级自然保护区	广西壮族自治区上林县	46.53	0	31.37	0	0	15.16
999	广西龙滩自治区级自然保护区	广西壮族自治区天峨县	3855.36	0	66.36	0	0	3789.00
1000	广西猫儿山国家级自然保护区	广西壮族自治区兴安县	182.08	0	41.24	0	140.84	0
1001	广西茅尾海红树林自治区级自然保护区	广西壮族自治区合浦县、钦南区	5007.25	4756.36	0	0	0	250.89
1002	广西木论国家级自然保护区	广西壮族自治区环江毛南族自治县	37.36	0	37.36	0	0	0
1003	广西那林自治区级自然保护区	广西壮族自治区博白县	1327.07	0	163.21	0	0	1163.86

（续）

序号	重点调查湿地名称	所在行政区	湿地面积	各类湿地面积				
				近海与海岸	河流	湖泊	沼泽	人工
1004	广西那佐苏铁自治区级自然保护区	广西壮族自治区西林县	53.96	0	0	0	0	53.96
1005	广西七冲自治区级自然保护区	广西壮族自治区昭平县	87.77	0	87.77	0	0	0
1006	广西千家洞国家级自然保护区	广西壮族自治区灌阳县	56.4	0	56.40	0	0	0
1007	广西青狮潭自治区级自然保护区	广西壮族自治区灵川县	2737.2	0	363.15	0	0	2374.05
1008	广西三锁县级自然保护区	广西壮族自治区融安县	23.2	0	23.20	0	0	0
1009	广西山口红树林国家级自然保护区	广西壮族自治区合浦县	7594.81	6736.07	0	0	0	858.74
1010	广西十万大山国家级自然保护区	广西壮族自治区防城区、上思县	474.72	0	319.83	0	0	154.89
1011	广西寿城自治区级自然保护区	广西壮族自治区临桂县、永福县	722.24	0	694.35	0	0	27.89
1012	广西泗涧山大鲵自治区级自然保护区	广西壮族自治区融水苗族自治县	41.44	0	41.44	0	0	0
1013	广西泗水河自治区级自然保护区	广西壮族自治区凌云县	964.47	0	915.92	0	0	48.55
1014	广西王子山雉类自治区级自然保护区	广西壮族自治区西林县	49.15	0	38.94	0	0	10.21
1015	广西涠洲岛自治区级自然保护区	广西壮族自治区银海区	410.33	229.87	0	0	157.34	23.12
1016	广西五福宝顶自治区级自然保护区	广西壮族自治区全州县	156.45	0	13.43	0	0	143.02
1017	广西西大明山自治区级自然保护区	广西壮族自治区大新县、扶绥县、隆安县	58.21	0	34.58	0	0	23.63
1018	广西西岭山自治区级自然保护区	广西壮族自治区富川瑶族自治县	111.29	0	87.75	0	0	23.54
1019	广西下雷自治区级自然保护区	广西壮族自治区大新县	146.2	0	146.20	0	0	0
1020	广西雅长兰科植物国家级自然保护区	广西壮族自治区乐业县	27.31	0	9.75	0	0	17.56
1021	广西银殿山自治区级自然保护区	广西壮族自治区恭城瑶族自治县	364.83	0	364.83	0	0	0
1022	广西左江佛耳丽蚌自治区级自然保护区	广西壮族自治区江州区、龙州县	700.35	0	700.35	0	0	0
1023	龟石水库湿地	广西壮族自治区富川瑶族自治县	3352.58	0	0	0	0	3352.58
1024	漓江湿地	广西壮族自治区叠彩区、灵川县、平乐县、七星区、兴安县、雁山区、阳朔县	4078.53	0	4078.53	0	0	0
1025	临桂会仙湿地	广西壮族自治区临桂县	932.49	0	50.03	35.60	227.06	619.80
1026	龙滩水库湿地	广西壮族自治区乐业县、天峨县	7177.92	0	710.52	0	0	6467.40
1027	钦州湾湿地	广西壮族自治区防城区、港口区、合浦县、钦南区	61087.17	48248.78	189.67	0	26.27	12622.45
1028	天生桥水库湿地	广西壮族自治区隆林各族自治县、西林县	5661.55	0	10.53	0	0	5651.02
1029	铁山港红树林湿地	广西壮族自治区合浦县	2434.86	2265.58	0	0	0	169.28
1030	涠洲岛－斜阳岛浅海珊瑚礁湿地	广西壮族自治区银海区	2458.86	2458.86	0	0	0	0
1031	西津水库湿地	广西壮族自治区横县	9649.31	0	0	0	34.72	9614.59

（续）

序号	重点调查湿地名称	所在行政区	湿地面积	各类湿地面积				
				近海与海岸	河流	湖泊	沼泽	人工
1032	星岛湖湿地	广西壮族自治区合浦县、灵山县、钦南区	6696.92	0	0	0	0	6696.92
1033	浔江－西江湿地	广西壮族自治区苍梧县、蝶山区、桂平市、平南县、藤县、万秀区、长洲区	16999.47	0	16911.32	0	0	88.15
1034	资源十万古田沼泽湿地	广西壮族自治区资源县	247.91	0	0	0	247.91	0
1035	彩桥红树林县级自然保护区	海南省临高县	1263.37	1263.37	0	0	0	0
1036	大田国家级自然保护区	海南省东方市	19.79	0	11.21	0	0	8.58
1037	大洲岛国家级自然保护区	海南省万宁市	133.47	133.47	0	0	0	0
1038	吊罗山国家级自然保护区	海南省保亭县、陵水县	59.97	0	59.97	0	0	0
1039	东方黑脸琵鹭省级自然保护区	海南省东方市	1053.89	972.76	0	0	0	81.13
1040	东海岸湿地	海南省陵水县、龙华区、美兰区、琼海市、三亚市、万宁市、文昌市、秀英区	64719.11	63956.56	32.57	0	0	729.98
1041	东寨港国家级自然保护区	海南省美兰区	3841.51	3841.51	0	0	0	0
1042	番加省级自然保护区	海南省儋州市	1326.95	0	0	0	0	1326.95
1043	甘什岭省级自然保护区	海南省三亚市	34.18	0	0	0	0	34.18
1044	海尾县级湿地公园	海南省昌江县	17.43	0	0	0	0	17.43
1045	会山省级自然保护区	海南省琼海市	435.59	0	5.86	0	0	429.73
1046	尖峰岭国家级自然保护区	海南省乐东县	58.95	0	12.00	0	0	46.95
1047	尖岭省级自然保护区	海南省万宁市	8.28	0	0	0	0	8.28
1048	黎母山省级自然保护区	海南省琼中县	105.06	0	61.13	0	0	43.93
1049	磷枪石岛珊瑚礁市级自然保护区	海南省儋州市	4100.76	4100.76	0	0	0	0
1050	名人山鸟类市级自然保护区	海南省文昌市	9.4	0	0	0	0	9.40
1051	南丽湖国家级湿地公园	海南省定安县	643.67	0	0	0	0	643.67
1052	七洲列岛湿地	海南省文昌市	3954.35	3954.35	0	0	0	0
1053	青皮林省级自然保护区	海南省万宁市	59.51	57.6	1.91	0	0	0
1054	清澜港省级自然保护区	海南省文昌市	5477.5	5183.08	0	0	0	294.42
1055	琼海麒麟菜省级自然保护区	海南省琼海市	3602.06	3602.06	0	0	0	0
1056	三亚河红树林市级自然保护区	海南省三亚市	418.45	133.37	258.12	0	0	26.96
1057	三亚珊瑚礁国家级自然保护区	海南省三亚市	647.23	647.23	0	0	0	0
1058	三亚市青梅港红树林市级自然保护区	海南省三亚市	81.16	53.35	27.81	0	0	0

（续）

序号	重点调查湿地名称	所在行政区	湿地面积	各类湿地面积				
				近海与海岸	河流	湖泊	沼泽	人工
1059	三亚铁炉港红树林市级自然保护区	海南省三亚市	35.55	35.55	0	0	0	0
1060	上溪省级自然保护区	海南省万宁市	354.43	0	17.73	0	0	336.70
1061	松涛水库	海南省白沙县、儋州市	10298.35	0	0	0	0	10298.35
1062	文昌麒麟菜省级自然保护区	海南省文昌市	3274.9	3274.9	0	0	0	0
1063	五指山国家级自然保护区	海南省琼中县	5.46	0	5.46	0	0	0
1064	西海岸湿地	海南省昌江县、澄迈县、儋州市、东方市、乐东县、临高县	103062.82	102334.2	0	0	0	728.62
1065	新村港与黎安港海草特别保护区	海南省陵水县	2570.18	2331.33	0	0	0	238.85
1066	新英湾红树林市级自然保护区	海南省儋州市	78.84	78.84	0	0	0	0
1067	新盈红树林国家级湿地公园	海南省儋州市	406.67	406.67	0	0	0	0
1068	洋浦港湿地	海南省儋州市	5566.13	5305.8	17.76	0	0	242.57
1069	鹦哥岭省级自然保护区	海南省白沙县、乐东县	164.84	0	147.20	0	0	17.64
1070	安澜鹭类自然保护区	重庆市巴南区	12.99	0	12.99	0	0	0
1071	璧山县黄岭鹭类自然保护区	重庆市璧山县	33.14	0	33.14	0	0	0
1072	大洪湖	重庆市长寿区	1017.54	0	0	0	0	1017.54
1073	开县雪宝山自然保护区	重庆市开县	62.84	0	62.84	0	0	0
1074	三多桥鹭类自然保护区	重庆市九龙坡区	8.34	0	0	0	0	8.34
1075	长寿湖	重庆市垫江县、长寿区	4396.75	0	0	0	0	4396.75
1076	中山白鹭自然保护区	重庆市江津区	26.18	0	26.18	0	0	0
1077	重庆阿蓬江国家湿地公园	重庆市黔江区、酉阳土家族苗族自治县	1447.77	0	1290.11	0	0	157.66
1078	重庆彩云湖国家湿地公园	重庆市九龙坡区	16.83	0	0	0	0	16.83
1079	重庆大巴山国家级自然保护区	重庆市城口县	1370	0	1318.19	0	0	51.81
1080	重庆皇华岛国家湿地公园	重庆市忠县	909.3	0	0	0	0	909.30
1081	重庆金佛山国家级自然保护区	重庆市南川区	132.37	0	132.37	0	0	0
1082	重庆开县澎溪河湿地自然保护区	重庆市开县	2098.23	0	0	0	0	2098.23
1083	重庆濑溪河国家湿地公园	重庆市荣昌县	193.33	0	184.92	0	0	8.41
1084	重庆龙水湖湿地公园	重庆市大足县、双桥区	291.99	0	0	0	0	291.99
1085	重庆青山湖湿地公园	重庆市万盛区	51.18	0	0	0	0	51.18
1086	重庆三峡库区丰都段湿地自然保护区	重庆市丰都县	579.29	0	284.83	0	0	294.46

（续）

序号	重点调查湿地名称	所在行政区	湿地面积	各类湿地面积				
				近海与海岸	河流	湖泊	沼泽	人工
1087	重庆三峡库区江津段湿地自然保护区	重庆市江津区	862.19	0	862.19	0	0	0
1088	重庆三峡库区石柱段湿地自然保护区	重庆市石柱土家族自治县	2224.28	0	0	0	0	2224.28
1089	重庆三峡库区巫山段湿地自然保护区	重庆市巫山县	2978.26	0	83.71	0	0	2894.55
1090	重庆三峡库区忠县段湿地自然保护区	重庆市忠县	49.48	0	49.48	0	0	0
1091	重庆三峡水库湿地	重庆市巴南区、北碚区、大渡口区、丰都县、奉节县、涪陵区、江北区、九龙坡区、开县、南岸区、沙坪坝区、万州区、巫山县、巫溪县、武隆县、渝北区、渝中区、云阳县、长寿区、忠县	77734.7	0	0	0	0	77734.70
1092	重庆三峡阳水河湿地自然保护区	重庆市武隆县	171.92	0	103.08	0	0	68.84
1093	重庆小安溪湿地公园	重庆市合川区	25.41	0	25.41	0	0	0
1094	重庆小南海湿地自然保护区	重庆市黔江区	299.34	0	35.85	263.49	0	0
1095	重庆迎凤湖国家湿地公园	重庆市垫江县	50.22	0	0	0	0	50.22
1096	重庆酉水河国家湿地公园	重庆市酉阳土家族苗族自治县	320.74	0	320.74	0	0	0
1097	重庆云雾山国家湿地公园	重庆市璧山县	23.04	0	0	0	0	23.04
1098	重庆长江三峡云阳小江湿地自然保护区	重庆市云阳县	3062.66	0	0	0	0	3062.66
1099	重庆长寿湖湿地自然保护区	重庆市垫江县	651.56	0	0	0	0	651.56
1100	马湖湿地	四川省雷波县	731.06	0	0	701.63	0	29.43
1101	邛海湿地	四川省西昌市	2870.14	0	8.69	2644.45	0	217.00
1102	若尔盖重点调查湿地	四川省阿坝县、红原县、壤塘县、若尔盖县、松潘县	247414.48	0	13653.38	472.74	233288.36	0
1103	四川阿须县级湿地自然保护区	四川省德格县	2994.84	0	2994.84	0	0	0
1104	四川百草坡省级自然保护区	四川省金阳县	184.15	0	21.07	0	163.08	0
1105	四川柏林湖国家湿地公园	四川省元坝区	132.65	0	0	0	0	132.65
1106	四川柏林省级湿地公园	四川省渠县	216.07	0	0	0	0	216.07
1107	四川宝兴河市级自然保护区	四川省宝兴县	180.35	0	180.35	0	0	0
1108	四川察青松多国家级自然保护区	四川省白玉县	9014.89	0	388.96	143.58	8482.35	0
1109	四川赤水河市级自然保护区	四川省古蔺县、合江县、叙永县	1133.71	0	1133.71	0	0	0
1110	四川翠云廊古柏省级自然保护区	四川省剑阁县	8.09	0	0	0	0	8.09
1111	四川措普沟县级自然保护区	四川省巴塘县	4051.43	0	142.29	241.29	3667.85	0

（续）

序号	重点调查湿地名称	所在行政区	湿地面积	各类湿地面积				
				近海与海岸	河流	湖泊	沼泽	人工
1112	四川大瓦山国家湿地公园	四川省金口河区	229.57	0	0	229.57	0	0
1113	四川大小兰沟省级自然保护区	四川省南江县	37.83	0	37.83	0	0	0
1114	四川杜苟拉市级自然保护区	四川省壤塘县	2159.54	0	77.55	41.90	2040.09	0
1115	四川二滩鸟类省级自然保护区	四川省盐边县	1961.41	0	1961.41	0	0	0
1116	四川嘎金雪山县级自然保护区	四川省得荣县	345.91	0	0	0	345.91	0
1117	四川格木县级自然保护区	四川省理塘县	2414.37	0	276.09	9.64	2128.64	0
1118	四川贡嘎山国家级自然保护区	四川省九龙县、康定县、石棉县	805.75	0	377.57	290.65	137.53	0
1119	四川贡杠岭省级自然保护区	四川省九寨沟县、若尔盖县	1513.39	0	187.79	118.25	1207.35	0
1120	四川构溪河	四川省阆中市	381.98	0	0	0	0	381.98
1121	四川构溪河湿地县级自然保护区	四川省阆中市	424.01	0	0	0	0	424.01
1122	四川观雾山省级自然保护区	四川省江油市	184.36	0	171.96	0	0	12.40
1123	四川滚巴县级自然保护区	四川省稻城县	1833.39	0	0	220.30	1613.09	0
1124	四川海子山国家级自然保护区	四川省稻城县、理塘县	32456.04	0	473.89	4867.17	27114.98	0
1125	四川护安省级湿地公园	四川省广安区	2740.16	0	0	0	0	2740.16
1126	四川黄龙省级自然保护区	四川省松潘县	49.91	0	0	0	49.91	0
1127	四川嘉陵江源市级自然保护区	四川省朝天区	1319.97	0	1319.97	0	0	0
1128	四川剑阁西河市级湿地自然保护区	四川省剑阁县	1612.45	0	567.28	0	0	1045.17
1129	四川九寨沟国家级自然保护区	四川省九寨沟县	432.28	0	0	335.43	96.85	0
1130	四川喀哈尔乔湿地县级自然保护区	四川省阿坝县、若尔盖县	100914.68	0	3001.49	96.98	97816.21	0
1131	四川卡娘县级自然保护区	四川省炉霍县	5081.54	0	861.27	34.78	4185.49	0
1132	四川卡沙湖省级自然保护区	四川省炉霍县	124.23	0	18.90	105.33	0	0
1133	四川乐安州级自然保护区	四川省布拖县	152.3	0	125.59	0	26.71	0
1134	四川莲宝叶则省级湿地公园	四川省阿坝县	1400.44	0	44.81	58.13	1297.50	0
1135	四川龙女湖省级湿地公园	四川省武胜县	3175.75	0	140.83	0	0	3034.92
1136	四川泸沽湖州级自然保护区（泸沽湖国家重要湿地）	四川省盐源县	3062.29	0	22.07	2509.86	530.36	0
1137	四川曼则塘省级湿地自然保护区	四川省阿坝县	39295.89	0	581.07	0	38714.82	0
1138	四川米仓山国家级自然保护区	四川省旺苍县	126.65	0	126.65	0	0	0
1139	四川南河国家湿地公园	四川省利州区	91.84	0	0	0	0	91.84

（续）

序号	重点调查湿地名称	所在行政区	湿地面积	各类湿地面积				
				近海与海岸	河流	湖泊	沼泽	人工
1140	四川南莫且省级自然保护区	四川省壤塘县	10123.6	0	149.49	93.78	9880.33	0
1141	四川泥拉坝县级自然保护区	四川省色达县	19063.28	0	914.90	0	18148.38	0
1142	四川诺水河珍稀水生动物国家级自然保护区	四川省通江县	2262.22	0	2262.22	0	0	0
1143	四川彭州湔江	四川省彭州市	1502.84	0	1386.77	0	0	116.07
1144	四川七仙湖省级湿地公园	四川省高县	120.78	0	0	0	0	120.78
1145	四川恰朗多吉市级自然保护区	四川省木里县	9.04	0	0	9.04	0	0
1146	四川日巴雪山县级自然保护区	四川省新龙县	191.43	0	191.43	0	0	0
1147	四川日干乔湿地州级自然保护区	四川省红原县	57204.23	0	0	0	57204.23	0
1148	四川若尔盖国家湿地公园	四川省若尔盖县	1213.15	0	1151.39	61.76	0	0
1149	四川若尔盖湿地国家级自然保护区(若尔盖国际重要湿地)	四川省若尔盖县	112923.47	0	942.46	2244.12	109736.89	0
1150	四川三岔湖县级自然保护区	四川省简阳市	2148.99	0	45.15	26.61	0	2077.23
1151	四川三台白鹳及湿地县级自然保护区	四川省三台县	4677.83	0	3215.83	13.91	59.82	1388.27
1152	四川射洪中华涪江湿地走廊市级自然保护区	四川省射洪县	2939.6	0	2893.98	0	0	45.62
1153	四川神仙山省级自然保护区	四川省雅江县	4610.77	0	0	25.64	4585.13	0
1154	四川升钟湖省级湿地公园	四川省剑阁县、阆中市、南部县	3510.37	0	0	0	0	3510.37
1155	四川驷马省级自然保护区	四川省平昌县	1870.75	0	1563.69	0	0	307.06
1156	四川桫椤湖国家湿地公园	四川省犍为县	154.64	0	154.64	0	0	0
1157	四川太和鹭鸟市级自然保护区	四川省嘉陵区	299.42	0	281.52	0	0	17.90
1158	四川唐家河国家级自然保护区	四川省青川县	141.8	0	141.80	0	0	0
1159	四川天全河省级自然保护区	四川省天全县	557.89	0	557.89	0	0	0
1160	四川五通桥湿地县级自然保护区	四川省五通桥区	2070.32	0	2070.32	0	0	0
1161	四川新路海省级自然保护区	四川省德格县	1770.8	0	11.28	261.62	1497.90	0
1162	四川雄龙西州级自然保护区	四川省新龙县	18351.92	0	86.80	1179.76	17085.36	0
1163	四川鸭子河湿地县级自然保护区	四川省广汉市	534.39	0	534.39	0	0	0
1164	四川鸭嘴省级自然保护区	四川省木里县	311.38	0	0	0	311.38	0
1165	四川亚丁国家级自然保护区	四川省稻城县	670.89	0	0	184.74	486.15	0
1166	四川盐亭白鹤县级自然保护区	四川省盐亭县	394.18	0	86.89	0	0	307.29
1167	四川亿比措省级自然保护区	四川省道孚县、康定县、雅江县	19289.64	0	220.12	34.47	19035.05	0

（续）

序号	重点调查湿地名称	所在行政区	湿地面积	各类湿地面积				
				近海与海岸	河流	湖泊	沼泽	人工
1168	四川游仙水禽湿地县级自然保护区	四川省游仙区	810.56	0	234.75	0	0	575.81
1169	四川友谊县级自然保护区	四川省新龙县	14421.38	0	283.47	303.69	13834.22	0
1170	四川云台湖省级湿地公园	四川省南溪县	60.51	0	0	0	0	60.51
1171	四川扎嘎神山县级自然保护区	四川省理塘县	9612.22	0	354.17	103.84	9154.21	0
1172	四川长江上游珍稀特有鱼类国家级自然保护区	四川省翠屏区、合江县、江安县、江阳区、龙马潭区、泸县、纳溪区、南溪县、长宁县	16344.76	0	16344.76	0	0	0
1173	四川长沙贡马国家级自然保护区	四川省石渠县	181711.91	0	2598.13	6280.34	172833.44	0
1174	四川周公河省级自然保护区	四川省雨城区	315.07	0	315.07	0	0	0
1175	四川孜龙河坝县级自然保护区	四川省道孚县	176.74	0	176.74	0	0	0
1176	九寨沟国家重要湿地	四川省九寨沟县	1945.67	0	187.79	453.68	1304.20	0
1177	百花湖湿地	贵州省清镇市、乌当区	1252.7	0	67.76	0	0	1184.94
1178	百里杜鹃省级自然保护区	贵州省大方县、黔西县	148.9	0	88.91	0	0	59.99
1179	北盘江湿地	贵州省安龙县、册亨县、关岭县、六枝特区、盘县、普安县、晴隆县、水城县、望谟县、西秀区、兴仁县、贞丰县、镇宁县、紫云县	12497.47	0	8671.82	0	0	3825.65
1180	草海国家级自然保护区	贵州省威宁县	3238.78	0	0	1146.63	1675.15	417.00
1181	大沙河省级自然保护区	贵州省道真县	123.73	0	123.73	0	0	0
1182	都柳江湿地	贵州省从江县、丹寨县、独山县、黎平县、榕江县、三都县	8400.55	0	8257.01	0	0	143.54
1183	梵净山国家级自然保护区	贵州省江口县、松桃县、印江县	416.21	0	416.21	0	0	0
1184	佛顶山省级自然保护区	贵州省施秉县、石阡县、余庆县	87.96	0	87.96	0	0	0
1185	贵定岩下省级保护区	贵州省贵定县	27.97	0	27.97	0	0	0
1186	贵州安龙招堤绿海湿地	贵州省安龙县	202.44	0	36.50	61.06	0	104.88
1187	贵州龙里南部沼泽化草甸湿地	贵州省龙里县	8770.59	0	30.72	0	8739.87	0
1188	赫章雨帽山湿地	贵州省赫章县	235.61	0	39.13	0	196.48	0
1189	红枫湖湿地	贵州省平坝县、清镇市	5434.29	0	63.47	0	0	5370.82
1190	红水河湿地	贵州省罗甸县、望谟县	2712.45	0	137.04	0	0	2575.41
1191	花溪十里河滩城市湿地公园	贵州省花溪区	516.3	0	125.20	0	0	391.10
1192	金沙冷水河县级保护区	贵州省大方县、金沙县	331.22	0	233.80	0	0	97.42

（续）

序号	重点调查湿地名称	所在行政区	湿地面积	各类湿地面积				
				近海与海岸	河流	湖泊	沼泽	人工
1193	宽阔水国家级自然保护区	贵州省绥阳县	337.34	0	289.92	0	0	47.42
1194	雷公山国家级自然保护区	贵州省剑河县、雷山县、榕江县、台江县	417.84	0	377.74	0	40.10	0
1195	龙滩库区湿地	贵州省罗甸县	5074.05	0	515.29	0	0	4558.76
1196	麻阳河国家级自然保护区	贵州省务川县、沿河县	314.22	0	314.22	0	0	0
1197	茂兰国家级自然保护区	贵州省荔波县	74.94	0	27.41	0	39.20	8.33
1198	南盘江湿地	贵州省安龙县、册亨县	3403.6	0	3403.60	0	0	0
1199	盘县大麦塘湿地	贵州省盘县	25.4	0	0	25.40	0	0
1200	盘县娘娘山湿地	贵州省盘县、水城县	167.07	0	0	0	167.07	0
1201	普安下厂河县级保护区	贵州省普安县	102.58	0	102.58	0	0	0
1202	黔西渭河县级保护区	贵州省黔西县	138.29	0	138.29	0	0	0
1203	三板溪库区湿地	贵州省剑河县、锦屏县、黎平县	5344.55	0	5331.36	13.19	0	0
1204	石阡鸳鸯湖国家湿地公园（试点）	贵州省石阡县	407.25	0	353.73	0	0	53.52
1205	绥阳双河溶洞县级保护区	贵州省绥阳县	115.61	0	115.61	0	0	0
1206	天生桥电站库区湿地	贵州省安龙县、兴义市	6558.52	0	241.88	0	0	6316.64
1207	桐梓柏箐县级保护区	贵州省桐梓县	526.52	0	526.52	0	0	0
1208	威宁锁黄仓国家湿地公园（试点）	贵州省威宁县	153.96	0	14.67	139.29	0	0
1209	乌江思南以上河段湿地	贵州省凤冈县、金沙县、开阳县、六枝特区、湄潭县、纳雍县、平坝县、普定县、黔西县、清镇市、石阡县、水城县、思南县、威宁县、瓮安县、西秀区、息烽县、修文县、余庆县、织金县、钟山区、遵义县	13614.74	0	7041.65	9.78	0	6563.31
1210	乌江思南以下河段湿地	贵州省德江县、思南县、沿河县	4595.88	0	4581.68	0	0	14.20
1211	舞阳河湿地	贵州省岑巩县、黄平县、江口县、施秉县、石阡县、万山区、玉屏县、镇远县	5406.51	0	4749.20	0	0	657.31
1212	习水国家级自然保护区	贵州省赤水市、习水县	431.25	0	419.19	0	0	12.06
1213	云贵水韭保护点湿地	贵州省平坝县	73.03	0	61.54	0	0	11.49
1214	长江上游珍稀特有鱼类国家级自然保护区	贵州省赤水市、金沙县、仁怀市、习水县	1943.29	0	1934.78	0	0	8.51
1215	贞丰龙头大山州级保护区	贵州省安龙县、贞丰县	17.63	0	17.63	0	0	0
1216	阿姆山省级自然保护区	云南省红河县	32.24	0	0	0	0	32.24

（续）

序号	重点调查湿地名称	所在行政区	湿地面积	各类湿地面积				
				近海与海岸	河流	湖泊	沼泽	人工
1217	哀牢山国家级自然保护区	云南省楚雄市、景东彝族自治县、双柏县、新平彝族傣族自治县、镇沅彝族哈尼族拉祜族自治县	374.72	0	145.91	0	110.35	118.46
1218	白马雪山国家级自然保护区	云南省德钦县、维西傈僳族自治县	1203.44	0	728.11	18.73	456.60	0
1219	碧塔海国际重要湿地	云南省香格里拉县	257.39	0	0	180.37	77.02	0
1220	昌宁澜沧江县级自然保护区	云南省昌宁县	2089.04	0	5.13	0	0	2083.91
1221	程海国家重要湿地	云南省永胜县	7589.48	0	0	7589.48	0	0
1222	大山包国际重要湿地	云南省昭阳区	1261.01	0	16.31	0	834.86	409.84
1223	大山包黑颈鹤国家级自然保护区	云南省昭阳区	492.05	0	97.53	0	394.52	0
1224	大围山国家级自然保护区	云南省个旧市、河口瑶族自治县、蒙自市、屏边苗族自治县	145.89	0	145.89	0	0	0
1225	德钦梅里雪山沼泽湿地	云南省德钦县	291.71	0	149.33	0	142.38	0
1226	滇池国家重要湿地	云南省呈贡区、官渡区、晋宁县、西山区	29762.84	0	0	29762.84	0	0
1227	洱海国家重要湿地	云南省大理市	25043.45	0	0	24948.13	95.32	0
1228	洱源茈碧湖州级自然保护区	云南省洱源县	832.82	0	0	832.82	0	0
1229	洱源海西海州级自然保护区	云南省洱源县	440.73	0	0	440.73	0	0
1230	洱源西湖国家湿地公园	云南省洱源县	319.22	0	9.01	282.20	28.01	0
1231	抚仙湖国家重要湿地	云南省澄江县、华宁县、江川县	21604.42	0	0	21604.42	0	0
1232	高黎贡山国家级自然保护区	云南省福贡县、贡山独龙族怒族自治县、隆阳区、泸水县、腾冲县	2850.93	0	1989.71	275.80	585.42	0
1233	观音山省级自然保护区	云南省元阳县	41.84	0	41.84	0	0	0
1234	广南八宝省级自然保护区	云南省广南县	273.29	0	183.55	8.87	0	80.87
1235	哈巴雪山省级自然保护区	云南省香格里拉县	143.27	0	98.28	34.95	10.04	0
1236	河口南溪河水生野生动物州级自然保护区	云南省河口瑶族自治县	165.08	0	165.08	0	0	0
1237	鹤庆母屯海州级自然保护区	云南省鹤庆县	98.58	0	0	98.58	0	0
1238	红河干流	云南省楚雄市、个旧市、河口瑶族自治县、红河县、建水县、金平苗族瑶族傣族自治县、蒙自市、弥渡县、南华县、南涧彝族自治县、石屏县、双柏县、巍山彝族回族自治县、新平彝族傣族自治县、元江哈尼族彝族傣族自治县、元阳县	9319.92	0	5907.24	0	0	3412.68

（续）

序号	重点调查湿地名称	所在行政区	湿地面积	各类湿地面积				
				近海与海岸	河流	湖泊	沼泽	人工
1239	黄连山国家级自然保护区	云南省绿春县	528.14	0	493.64	0	0	34.50
1240	会泽黑颈鹤栖息区国家重要湿地	云南省会泽县	716.25	0	29.45	0	33.36	653.44
1241	剑川剑湖省级自然保护区	云南省剑川县	676.79	0	26.98	548.80	0	101.01
1242	轿子山国家级自然保护区	云南省禄劝彝族苗族自治县	25.04	0	0	0	25.04	0
1243	金平分水岭国家级自然保护区	云南省金平苗族瑶族傣族自治县	141.39	0	141.39	0	0	0
1244	拉市海国际重要湿地	云南省玉龙纳西族自治县	1164.74	0	0	1073.41	43.76	47.57
1245	兰坪云岭省级自然保护区	云南省兰坪白族普米族自治县	528.48	0	340.48	0	75.21	112.79
1246	澜沧江干流	云南省昌宁县、德钦县、凤庆县、景东彝族自治县、景谷傣族彝族自治县、景洪市、兰坪白族普米族自治县、澜沧拉祜族自治县、临翔区、隆阳区、勐海县、勐腊县、南涧彝族自治县、宁洱哈尼族彝族自治县、双江拉祜族佤族布朗族傣族自治县、思茅区、巍山彝族回族自治县、维西傈僳族自治县、漾濞彝族自治县、永平县、云龙县、云县、镇沅彝族哈尼族拉祜族自治县	60058.45	0	6602.38	0	0	53456.07
1247	丽江老君山沼泽湿地	云南省玉龙纳西族自治县	2151.9	0	428.79	0	1715.33	7.78
1248	临沧澜沧江省级自然保护区	云南省凤庆县、耿马傣族佤族自治县、临翔区、双江拉祜族佤族布朗族傣族自治县、云县	3064.1	0	81.74	0	0	2982.36
1249	龙陵小黑山省级自然保护区	云南省龙陵县	132.4	0	132.40	0	0	0
1250	泸沽湖国家重要湿地	云南省宁蒗彝族自治县	2621.77	0	0	2621.77	0	0
1251	陆良县沼泽湿地	云南省陆良县	273.45	0	0	273.45	0	0
1252	罗平多依河鱼类市级自然保护区	云南省罗平县	43.37	0	43.37	0	0	0
1253	罗平牛街河鱼类市级自然保护区	云南省罗平县	49.24	0	49.24	0	0	0
1254	麻栗坡老山省级自然保护区	云南省麻栗坡县	98.31	0	98.31	0	0	0
1255	勐梭龙潭县级自然保护区	云南省西盟佤族自治县	64.4	0	10.49	53.91	0	0
1256	墨江西歧桫椤省级自然保护区	云南省墨江哈尼族自治县	20.05	0	20.05	0	0	0
1257	纳板河流域国家级自然保护区	云南省景洪市、勐海县	573.08	0	73.84	0	0	499.24
1258	纳帕海重点调查湿地	云南省香格里拉县	3236.02	0	0	520.73	2715.29	0
1259	南滚河国家级自然保护区	云南省沧源佤族自治县、耿马傣族佤族自治县	301.33	0	229.45	0	0	71.88

（续）

序号	重点调查湿地名称	所在行政区	湿地面积	各类湿地面积				
				近海与海岸	河流	湖泊	沼泽	人工
1260	南涧大龙潭州级自然保护区	云南省南涧彝族自治县	25.91	0	0	0	0	25.91
1261	宁蒗县沼泽湿地	云南省宁蒗彝族自治县	1493.13	0	19.22	0	1473.91	0
1262	怒江干流	云南省福贡县、贡山独龙族怒族自治县、龙陵县、隆阳区、泸水县、芒市、施甸县、永德县、云龙县、镇康县	8403.91	0	8403.91	0	0	0
1263	糯扎渡省级自然保护区	云南省澜沧拉祜族自治县、思茅区	43.05	0	43.05	0	0	0
1264	普洱五湖国家湿地公园	云南省思茅区	314.04	0	18.27	0	0	295.77
1265	杞麓湖	云南省通海县	3671.63	0	0	3671.63	0	0
1266	巧家马树县级自然保护区	云南省巧家县	63.93	0	0	0	41.87	22.06
1267	丘北普者黑国家湿地公园	云南省丘北县	775.69	0	0	0	123.03	652.66
1268	丘北普者黑省级自然保护区	云南省丘北县	2308.9	0	0	1532.70	242.05	534.15
1269	曲靖牛栏江鱼类市级自然保护区	云南省会泽县、宣威市、沾益县	1960.87	0	1559.62	0	0	401.25
1270	师宗大堵水库县级自然保护区	云南省师宗县	13.34	0	0	0	0	13.34
1271	师宗东风水库县级自然保护区	云南省师宗县	149.13	0	0	0	0	149.13
1272	师宗五洛河鱼类市级自然保护区	云南省师宗县	53.9	0	53.90	0	0	0
1273	太阳河省级自然保护区	云南省思茅区	66.29	0	66.29	0	0	0
1274	腾冲北海湿地省级自然保护区	云南省腾冲县	222.33	0	0	158.93	63.40	0
1275	铜壁关省级自然保护区	云南省陇川县、瑞丽市、盈江县	881.84	0	680.66	0	201.18	0
1276	驮娘江省级自然保护区	云南省富宁县	434.26	0	93.76	0	18.90	321.60
1277	威远江省级自然保护区	云南省景谷傣族彝族自治县	49.6	0	49.60	0	0	0
1278	文山国家级自然保护区	云南省文山市	63.51	0	37.97	0	0	25.54
1279	乌蒙山省级自然保护区	云南省大关县、彝良县	475.05	0	76.27	0	340.25	58.53
1280	无量山国家级自然保护区	云南省景东彝族自治县、南涧彝族自治县	42.7	0	31.20	0	11.50	0
1281	西双版纳国家级自然保护区	云南省景洪市、勐海县、勐腊县	2739.69	0	1969.57	0	0	770.12
1282	香格里拉千湖山沼泽湿地	云南省香格里拉县	1617.06	0	31.66	304.90	1280.50	0
1283	星云湖	云南省江川县	3527.2	0	0	3527.20	0	0
1284	宣威北盘江鱼类市级自然保护区	云南省宣威市	496.85	0	496.85	0	0	0
1285	寻甸黑颈鹤市级自然保护区	云南省寻甸回族彝族自治县	251.73	0	5.12	0	246.61	0
1286	阳宗海	云南省呈贡区、澄江县、宜良县	3141.95	0	0	3141.95	0	0

（续）

序号	重点调查湿地名称	所在行政区	湿地面积	各类湿地面积				
				近海与海岸	河流	湖泊	沼泽	人工
1287	药山国家级自然保护区	云南省巧家县	1673.8	0	26.11	0	1647.69	0
1288	伊洛瓦底江干流	云南省贡山独龙族怒族自治县	651.62	0	651.62	0	0	0
1289	异龙湖国家重要湿地	云南省石屏县	3627.51	0	0	2377.67	1249.84	0
1290	永德大雪山国家级自然保护区	云南省永德县	66.51	0	58.28	0	8.23	0
1291	玉龙雪山省级自然保护区	云南省玉龙纳西族自治县	941.41	0	151.11	0	790.30	0
1292	元江国家级自然保护区	云南省元江哈尼族彝族傣族自治县	208.58	0	55.94	0	0	152.64
1293	云龙天池国家级自然保护区	云南省云龙县	239.74	0	12.21	118.52	109.01	0
1294	沾益海峰省级自然保护区	云南省沾益县	725.13	0	29.22	394.79	161.47	139.65
1295	长江干流	云南省宾川县、大姚县、德钦县、东川区、古城区、鹤庆县、华坪县、禄劝彝族苗族自治县、宁蒗彝族自治县、巧家县、水富县、绥江县、维西傈僳族自治县、武定县、香格里拉县、永仁县、永善县、永胜县、玉龙纳西族自治县、元谋县、昭阳区	20113.61	0	18135.87	0	0	1977.74
1296	长江上游珍稀特有鱼类国家级自然保护区	云南省威信县、镇雄县	717.77	0	717.77	0	0	0
1297	镇康南捧河省级自然保护区	云南省镇康县	142.95	0	142.95	0	0	0
1298	珠江干流	云南省澄江县、华宁县、建水县、开远市、泸西县、陆良县、罗平县、弥勒县、麒麟区、丘北县、师宗县、宜良县、沾益县	7221.11	0	3558.89	0	0	3662.22
1299	珠江源省级自然保护区	云南省宣威市、沾益县	2547.91	0	238.67	225.09	0	2084.15
1300	紫溪山省级自然保护区	云南省楚雄市	101.12	0	93.05	0	0	8.07
1301	阿毛藏布及昂拉仁错	西藏自治区改则县、革吉县、仲巴县	57024.33	0	632.75	51859.41	4532.17	0
1302	班戈东部湖区	西藏自治区班戈县	109553.11	0	7974.77	47090.02	54488.32	0
1303	仓木错沼泽湿地	西藏自治区改则县	18991.19	0	1021.66	10649.02	7320.51	0
1304	查木错、塔若错	西藏自治区改则县、仲巴县	109051.92	0	5815.22	71373.22	31863.48	0
1305	达瓦错	西藏自治区措勤县	12834.4	0	0	11523.46	1310.94	0
1306	达则错	西藏自治区尼玛县、双湖县	29092.36	0	0	28554.46	537.90	0
1307	打加错	西藏自治区昂仁县、措勤县	10816.52	0	0	10764.93	51.59	0
1308	大竹卡	西藏自治区日喀则市	211.65	0	211.65	0	0	0
1309	多尔索洞错湖群	西藏自治区安多县、双湖县	109495.57	0	3237.41	80287.78	25970.38	0

（续）

序号	重点调查湿地名称	所在行政区	湿地面积	各类湿地面积				
				近海与海岸	河流	湖泊	沼泽	人工
1310	多格错仁湖	西藏自治区安多县、双湖县	44931.84	0	8.62	44923.22	0	0
1311	贡觉沼泽湿地	西藏自治区贡觉县	9965.01	0	246.68	15.87	9702.46	0
1312	古木错	西藏自治区革吉县	3081.4	0	477.11	2604.29	0	0
1313	果芒错	西藏自治区申扎县	11106.15	0	0	11106.15	0	0
1314	果普错沼泽湿地	西藏自治区改则县	5990.18	0	0	5990.18	0	0
1315	杰萨错	西藏自治区措勤县	14784.93	0	0	14784.93	0	0
1316	结则茶卡	西藏自治区日土县	17528.99	0	0	11404.00	6124.99	0
1317	拉果错东南沼泽	西藏自治区改则县	12101.03	0	0	12101.03	0	0
1318	马泉河	西藏自治区革吉县、普兰县、仲巴县	23178.05	0	9230.66	3360.42	10586.97	0
1319	玛尔盖茶卡	西藏自治区尼玛县	14684.77	0	0	14684.77	0	0
1320	姆错丙尼	西藏自治区昂仁县	14781.76	0	0	14781.76	0	0
1321	那曲沼泽（怒江源）	西藏自治区安多县	35253.35	0	858.44	1686.47	32708.44	0
1322	聂荣、安多沼泽	西藏自治区安多县、聂荣县	127387.51	0	3527.24	1103.84	122756.43	0
1323	帕度错	西藏自治区双湖县	9432.43	0	0	6923.27	2509.16	0
1324	帕龙错	西藏自治区仲巴县	14392.82	0	0	14392.82	0	0
1325	普莫雍错	西藏自治区浪卡子县	31889.49	0	2174.55	28859.63	855.31	0
1326	其香错	西藏自治区双湖县	18389.98	0	0	17800.46	589.52	0
1327	仁青休布错	西藏自治区仲巴县	18771.58	0	0	18771.58	0	0
1328	乌马曲沼泽湿地	西藏自治区当雄县	9668.42	0	443.80	0	9224.62	0
1329	西藏昂仁塔格架地热间歇喷泉群自然保护区	西藏自治区昂仁县	157.76	0	0	10.54	147.22	0
1330	西藏昂孜拉错－玛尔下错湖泊湿地自然保护区	西藏自治区昂仁县、尼玛县	45186.2	0	0	44099.60	1086.60	0
1331	西藏班公湖湿地自然保护区	西藏自治区日土县	44473.48	0	0	44145.42	328.06	0
1332	西藏察隅慈巴沟国家级自然保护区	西藏自治区察隅县	758.66	0	484.01	209.65	65.00	0
1333	西藏当惹雍错国家湿地公园	西藏自治区尼玛县	84421.4	0	288.41	83777.00	355.99	0
1334	西藏洞错湿地自然保护区	西藏自治区改则县、尼玛县	34317.39	0	53.83	12784.45	21479.11	0
1335	西藏多庆错国家湿地公园	西藏自治区康马县、亚东县	8164.64	0	0	4706.29	3458.35	0
1336	西藏嘎朗国家湿地公园	西藏自治区波密县	1513.54	0	1513.54	0	0	0
1337	西藏工布自然保护区	西藏自治区工布江达县、朗县、林芝县、米林县	38567.07	0	24856.93	9944.51	3765.63	0

（续）

序号	重点调查湿地名称	所在行政区	湿地面积	各类湿地面积				
				近海与海岸	河流	湖泊	沼泽	人工
1338	西藏嘉乃玉错国家湿地公园	西藏自治区嘉黎县	1249.12	0	105.22	1109.10	34.80	0
1339	西藏拉鲁湿地国家级自然保护区	西藏自治区城关区	672.62	0	0	0	672.62	0
1340	西藏类乌齐马鹿国家级自然保护区	西藏自治区类乌齐县	1378.37	0	1378.37	0	0	0
1341	西藏玛旁雍错湿地自然保护区	西藏自治区普兰县	82950.45	0	1998.51	70381.87	10570.07	0
1342	西藏麦地卡湿地自然保护区	西藏自治区比如县、嘉黎县	31935.47	0	2921.57	4789.39	24224.51	0
1343	西藏纳木错自然保护区	西藏自治区班戈县、当雄县	201803.35	0	0	200884.85	918.50	0
1344	西藏羌塘国家级自然保护区	西藏自治区安多县、改则县、革吉县、尼玛县、日土县、双湖县	1683464.61	0	458550.31	777800.34	447113.96	0
1345	西藏然乌湖湿地自然保护区	西藏自治区八宿县	1320.23	0	33.05	1287.18	0	0
1346	西藏桑桑湿地自然保护区	西藏自治区昂仁县	1603.32	0	10.09	10.17	1583.06	0
1347	西藏色林错黑颈鹤国家级自然保护区	西藏自治区安多县、班戈县、当雄县、那曲县、尼玛县、申扎县、双湖县	679341.23	0	20240.46	515352.39	143748.38	0
1348	西藏雅鲁藏布大峡谷国家级自然保护区	西藏自治区波密县、林芝县、米林县、墨脱县	14193.35	0	10653.23	2996.72	525.15	18.25
1349	西藏雅鲁藏布江中游河谷黑颈鹤国家级自然保护区	西藏自治区城关区、达孜县、堆龙德庆县、贡嘎县、拉孜县、浪卡子县、林周县、墨竹工卡县、南木林县、日喀则市、萨迦县、谢通门县	118052.7	0	54540.09	50491.25	12456.18	565.18
1350	西藏雅尼国家湿地公园	西藏自治区林芝县、米林县	8928.65	0	8928.65	0	0	0
1351	西藏扎日南木错湿地自然保护区	西藏自治区昂仁县、措勤县	120345.62	0	2849.84	101829.51	15666.27	0
1352	西藏珠穆朗玛峰国家级自然保护区	西藏自治区定结县、定日县、吉隆县、聂拉木县	104601.74	0	27184.82	46719.98	30674.51	22.43
1353	夏嘎错沼泽湿地	西藏自治区改则县	18434.74	0	9.17	2557.04	15868.53	0
1354	许如错	西藏自治区昂仁县	20946.16	0	0	20946.16	0	0
1355	羊八井沼泽湿地	西藏自治区当雄县	270.45	0	0	0	270.45	0
1356	泽错	西藏自治区日土县	11703.4	0	0	11703.40	0	0
1357	扎普西沼泽	西藏自治区日土县	19328.67	0	37.38	4056.22	15235.07	0
1358	哲古错	西藏自治区措美县	9056.28	0	176.06	6907.33	1972.89	0
1359	兹格塘错	西藏自治区安多县	22832.81	0	0	22832.81	0	0
1360	安康瀛湖省级湿地自然保护区	陕西省汉滨区	3113.55	0	0	0	0	3113.55
1361	淳化冶峪河国家湿地公园	陕西省淳化县	106.52	0	106.52	0	0	0

（续）

序号	重点调查湿地名称	所在行政区	湿地面积	各类湿地面积				
				近海与海岸	河流	湖泊	沼泽	人工
1362	丹江湿地	陕西省商南县、商州区	2391	0	2058.00	0	0	333.00
1363	汉江湿地	陕西省白河县、汉滨区、汉阴县、岚皋县、石泉县、西乡县、旬阳县、洋县、紫阳县	6824.29	0	5987.35	0	0	836.94
1364	黄河湿地	陕西省府谷县、韩城市、佳县、清涧县、神木县、绥德县、潼关县、吴堡县、延川县、延长县、宜川县	11910.32	0	11910.32	0	0	0
1365	嘉陵江湿地	陕西省凤县、略阳县、宁强县	1872.78	0	1872.78	0	0	0
1366	陕西丹凤丹江国家湿地公园	陕西省丹凤县	1830.8	0	1786.44	0	0	44.36
1367	陕西凤县嘉陵江国家湿地公园	陕西省凤县	1134.26	0	1134.26	0	0	0
1368	陕西汉江湿地自然保护区	陕西省城固县、汉台区、勉县、南郑县、西乡县	5751.83	0	5751.83	0	0	0
1369	陕西汉中朱鹮湿地自然保护区	陕西省洋县	3009.49	0	2810.98	0	0	198.51
1370	陕西黄河湿地自然保护区	陕西省大荔县、韩城市、合阳县、华阴市、潼关县	50322.8	0	43296.40	0	3142.12	3884.28
1371	陕西泾渭湿地自然保护区	陕西省高陵县、临潼区、西安市辖区	1838.08	0	1762.46	0	0	75.62
1372	陕西洛河湿地自然保护区	陕西省大荔县、蒲城县	938.97	0	938.97	0	0	0
1373	陕西洛南大鲵自然保护区	陕西省洛南县	1241.5	0	1241.50	0	0	0
1374	陕西宁强汉水源国家湿地公园	陕西省宁强县	574.89	0	574.89	0	0	0
1375	陕西蒲城卤阳湖国家湿地公园	陕西省蒲城县	1462.8	0	0	0	1462.80	0
1376	陕西千湖湿地省级自然保护区	陕西省陈仓区、凤翔县、千阳县	1335.53	0	0	0	0	1335.53
1377	陕西千阳千湖国家湿地公园	陕西省千阳县	496.05	0	496.05	0	0	0
1378	陕西秦岭细鳞鲑自然保护区	陕西省陇县	1163.05	0	1081.10	0	18.05	63.90
1379	陕西三原清峪河国家湿地公园	陕西省三原县	684.12	0	570.73	0	0	113.39
1380	陕西太白石头河国家湿地公园	陕西省太白县	443.99	0	318.39	0	0	125.60
1381	陕西太白湑水河水生野生动物自然保护区	陕西省太白县	570.99	0	570.99	0	0	0
1382	陕西铜川赵氏河国家湿地公园	陕西省耀州区	507.5	0	408.93	0	0	98.57
1383	陕西无定河湿地省级自然保护区	陕西省横山县	747.19	0	706.19	0	41.00	0
1384	陕西旬河源国家湿地公园	陕西省宁陕县	689.16	0	689.16	0	0	0
1385	陕西周至黑河湿地省级自然保护区	陕西省周至县	1276.03	0	930.21	0	47.95	297.87
1386	神木红碱淖自然保护区	陕西省神木县	4407.36	0	0	3020.21	1387.15	0

（续）

序号	重点调查湿地名称	所在行政区	湿地面积	各类湿地面积				
				近海与海岸	河流	湖泊	沼泽	人工
1387	渭河湿地	陕西省陈仓区、大荔县、扶风县、高陵县、户县、华县、华阴市、金台区、临潼区、临渭区、眉县、岐山县、秦都区、潼关县、渭滨区、渭城区、武功县、西安市辖区、兴平市、杨凌区、周至县	31483.3	0	31190.01	0	0	293.29
1388	无定河湿地	陕西省靖边县、米脂县、清涧县、绥德县、榆阳区	1982.57	0	1971.05	0	11.52	0
1389	西安浐灞国家湿地公园	陕西省西安市辖区	322.81	0	16.07	0	0	306.74
1390	中营盘湿地自然保护区	陕西省榆阳区	119.98	0	0	0	0	119.98
1391	安南坝野骆驼国家级自然保护区	甘肃省阿克塞哈萨克族自治县	494.1	0	164.50	0	329.60	0
1392	安西极旱荒漠国家级自然保护区	甘肃省瓜州县	2913.01	0	2913.01	0	0	0
1393	白水江国家级自然保护区	甘肃省文县	1166.58	0	1166.58	0	0	0
1394	博峪河省级自然保护区	甘肃省文县、舟曲县	81.83	0	81.83	0	0	0
1395	插岗梁省级自然保护区	甘肃省舟曲县	1182.66	0	852.34	0	330.32	0
1396	昌马河省级自然保护区	甘肃省玉门市	2454.23	0	1003.76	0	458.07	992.40
1397	大苏干湖省级自然保护区	甘肃省阿克塞哈萨克族自治县	51946	0	524.36	6512.75	44908.89	0
1398	敦煌西湖国家级自然保护区	甘肃省敦煌市	96942.14	0	4655.16	0	92286.98	0
1399	敦煌阳关国家级自然保护区	甘肃省敦煌市	21652.38	0	2672.62	0	18882.66	97.10
1400	尕海则岔国家级自然保护区	甘肃省碌曲县	58149.89	0	2011.17	4732.30	51406.42	0
1401	干海子省级自然保护区	甘肃省玉门市	516.93	0	0	353.22	163.71	0
1402	黄河靖远段省级自然保护区	甘肃省景泰县、靖远县、平川区	5945.23	0	5556.01	126.92	55.04	207.26
1403	黄河兰州段省级自然保护区	甘肃省安宁区、白银区、皋兰县、红古区、兰州市城关区、七里河区、西固区、永登县、永靖县、榆中县	7029.27	0	6673.95	0	0	355.32
1404	黄河三峡省级自然保护区	甘肃省东乡族自治县、积石山保安族东乡族撒拉族自治县、临夏县、永靖县	14455	0	2771.83	396.46	0	11286.71
1405	黄河首曲省级自然保护区	甘肃省玛曲县	114190.26	0	429.05	0	113761.21	0
1406	兰州秦王川湿地	甘肃省永登县	444.28	0	0	444.28	0	0
1407	兰州市国家湿地公园	甘肃省安宁区	42.5	0	42.50	0	0	0
1408	连城国家级自然保护区	甘肃省永登县	197.57	0	169.63	0	0	27.94
1409	莲花山国家级自然保护区	甘肃省康乐县、临潭县	267.32	0	267.32	0	0	0

（续）

序号	重点调查湿地名称	所在行政区	湿地面积	各类湿地面积				
				近海与海岸	河流	湖泊	沼泽	人工
1410	民勤连古城国家级自然保护区	甘肃省民勤县	12302.55	0	0	0	12302.55	0
1411	岷县狼渡滩省级自然保护区	甘肃省岷县	2460.14	0	76.97	0	2383.17	0
1412	祁连山国家级自然保护区	甘肃省甘州区、古浪县、凉州区、民乐县、山丹县、肃南裕固族自治县、天祝藏族自治县、永昌县	196038.29	0	53548.18	505.83	140308.76	1675.52
1413	疏勒河中下游省级自然保护区	甘肃省瓜州县	78257.07	0	468.65	0	77495.40	293.02
1414	太统－崆峒山国家级自然保护区	甘肃省崆峒区	280.17	0	189.91	0	0	90.26
1415	太子山国家级自然保护区	甘肃省合作市、和政县、康乐县、临夏县	563.74	0	468.95	0	0	94.79
1416	洮河国家级自然保护区	甘肃省迭部县、合作市、临潭县、卓尼县	6516.66	0	3037.84	0	3478.82	0
1417	洮河临洮段省级自然保护区	甘肃省东乡族自治县、广河县、临洮县	2917.64	0	2875.52	0	0	42.12
1418	小陇山国家级自然保护区	甘肃省徽县、两当县	1052.69	0	207.33	0	845.36	0
1419	小苏干湖省级自然保护区	甘肃省阿克塞哈萨克族自治县	34337.18	0	128.31	1208.08	33000.79	0
1420	兴隆山国家级自然保护区	甘肃省榆中县	477.91	0	101.72	0	364.41	11.78
1421	盐池湾国家级自然保护区	甘肃省阿克塞哈萨克族自治县、肃北蒙古族自治县	150393.88	0	4634.36	0	145759.52	0
1422	裕河省级自然保护区	甘肃省武都区	553.9	0	553.90	0	0	0
1423	张掖黑河流域国家级自然保护区	甘肃省甘州区、高台县、临泽县	24979.01	0	13355.82	0	9103.16	2520.03
1424	张掖市国家湿地公园	甘肃省甘州区	962.35	0	0	0	962.35	0
1425	阿尼玛卿保护分区	青海省玛多县、玛沁县、兴海县	20639.28	0	2785.62	0	17853.66	0
1426	昂赛保护分区	青海省杂多县	2193.45	0	818.07	0	1375.38	0
1427	白扎保护分区	青海省囊谦县、杂多县	14772.5	0	6577.90	0	8194.60	0
1428	茶卡盐湖湿地	青海省共和县、乌兰县	21874.28	0	7.89	10635.08	10127.51	1103.80
1429	柴达木盆地中的湿地	青海省大柴旦行委、都兰县、格尔木市、冷湖行委、茫崖行委	141118.81	0	0	141118.81	0	0
1430	当曲保护分区	青海省安多县、巴青县、聂荣县、杂多县	423146.07	0	28740.73	11607.72	382797.62	0
1431	党河源保护分区	青海省德令哈市	1189.17	0	694.06	397.43	97.68	0
1432	东仲保护分区	青海省玉树县	3252.97	0	1674.98	92.48	1485.51	0
1433	冬给措纳湖湿地	青海省玛多县	30460.13	0	17.53	23761.55	6681.05	0
1434	多可河保护分区	青海省班玛县	694.76	0	320.85	0	373.91	0
1435	尕海湖湿地	青海省德令哈市	4726.98	0	0	3271.26	1455.72	0

（续）

序号	重点调查湿地名称	所在行政区	湿地面积	各类湿地面积				
				近海与海岸	河流	湖泊	沼泽	人工
1436	尕斯库勒湖湿地	青海省茫崖行委	109250.86	0	11.77	12450.68	93886.74	2901.67
1437	格拉丹东保护分区	青海省安多县	69718.15	0	10736.11	43141.99	15840.05	0
1438	公伯峡水库	青海省化隆县、尖扎县、循化县	2342.44	0	0	0	0	2342.44
1439	果宗木查保护分区	青海省杂多县	83377.2	0	13933.62	48.43	69395.15	0
1440	哈拉湖湿地	青海省德令哈市、天峻县	67019.07	0	1228.29	60204.68	5586.10	0
1441	黑河源保护分区	青海省祁连县	374.04	0	374.04	0	0	0
1442	黑泉水库	青海省大通县	467.47	0	0	0	0	467.47
1443	黄藏寺－芒扎保护分区	青海省祁连县	540.81	0	540.81	0	0	0
1444	积石峡水库	青海省民和县、循化县	342.69	0	13.01	0	0	329.68
1445	江西保护分区	青海省囊谦县、玉树县	3516.67	0	2091.22	0	1425.45	0
1446	康杨水库	青海省化隆县、尖扎县	636.27	0	0	0	0	636.27
1447	拉西瓦水库	青海省贵德县、贵南县	706.22	0	0	0	0	706.22
1448	李家峡水库	青海省化隆县、尖扎县	2875.2	0	0	0	0	2875.20
1449	龙羊峡水库	青海省共和县、贵南县、兴海县	38875.06	0	0	0	0	38875.06
1450	玛可河保护分区	青海省班玛县、久治县	3732.48	0	1541.20	0	2191.28	0
1451	麦秀保护分区	青海省泽库县	11775.35	0	2000.16	0	9750.61	24.58
1452	年保玉则保护分区	青海省班玛县、甘德县、久治县	28550.33	0	2225.00	1584.54	24740.79	0
1453	青海柴达木梭梭林自然保护区	青海省德令哈市、都兰县、乌兰县	20250.22	0	945.61	0	19304.61	0
1454	青海大通北川河源区自然保护区	青海省大通县	1535.31	0	1399.58	0	135.73	0
1455	青海格尔木胡杨林自然保护区	青海省格尔木市	2001.46	0	293.03	0	1708.43	0
1456	青海贵德黄河清湿地公园	青海省贵德县	2325.21	0	1467.95	0	857.26	0
1457	青海湖北部河流上游沼泽	青海省刚察县、天峻县	120111.73	0	16662.85	637.63	102811.25	0
1458	青海湖自然保护区	青海省刚察县、共和县、海晏县	456210.05	0	1668.70	435083.95	19364.88	92.52
1459	青海可可西里自然保护区	青海省治多县	605110.45	0	98900.08	303978.55	202231.82	0
1460	青海可鲁克－托素湖自然保护区	青海省德令哈市	62897.58	0	697.01	19941.50	42259.07	0
1461	青海隆宝自然保护区	青海省玉树县	3426.19	0	186.52	1535.92	1703.75	0
1462	青海孟达自然保护区	青海省循化县	183.08	0	161.81	21.27	0	0
1463	青海诺木洪自然保护区	青海省都兰县	93477.79	0	3.82	0	93473.97	0

（续）

序号	重点调查湿地名称	所在行政区	湿地面积	各类湿地面积				
				近海与海岸	河流	湖泊	沼泽	人工
1464	三河源保护分区	青海省祁连县、天峻县	129462.42	0	14417.81	836.28	114208.33	0
1465	三江源以下黄河干流	青海省共和县、贵德县、贵南县、化隆县、尖扎县、循化县	878.26	0	462.40	0	0	415.86
1466	石羊河保护分区	青海省门源县、祁连县	383.67	0	285.96	0	97.71	0
1467	苏志水库	青海省化隆县、循化县	587.96	0	0	0	0	587.96
1468	索加曲麻河保护分区	青海省安多县、曲麻莱县、杂多县、治多县	772427.79	0	152521.28	29426.39	590480.12	0
1469	通天河保护分区	青海省称多县、曲麻莱县、玉树县、治多县	40081.83	0	10860.12	0	29221.71	0
1470	团结峰保护分区	青海省天峻县	925.44	0	842.98	51.73	30.73	0
1471	仙米保护分区	青海省门源县	312.8	0	312.80	0	0	0
1472	星星海保护分区	青海省达日县、玛多县、玛沁县	115728.65	0	22052.78	22011.46	71664.41	0
1473	油葫芦保护分区	青海省祁连县	532.87	0	532.87	0	0	0
1474	约古宗列保护分区	青海省曲麻莱县	91709.92	0	3263.88	669.36	87776.68	0
1475	扎陵湖鄂陵湖保护分区	青海省称多县、都兰县、玛多县、曲麻莱县	475747.25	0	11760.68	128698.03	333669.84	1618.70
1476	中铁军功保护分区	青海省河南县、玛沁县、同德县、兴海县	5596.73	0	4834.96	17.06	744.71	0
1477	祁连山自然保护区	青海省祁连、天峻、门源	133721.22	0	18001.33	1285.44	114434.45	0
1478	三江源自然保护区	青海省玉树、果洛、海南、黄南、唐古拉山镇	2166661.38	0	278739.16	237297.46	1648981.48	1643.28
1479	哈巴湖国家级自然保护区	宁夏回族自治区盐池县	10720.88	0	201.99	3294.29	7224.60	0
1480	鹤泉湖湿地	宁夏回族自治区永宁县	667	0	0	252.38	280.55	134.07
1481	黄沙古渡国家湿地公园	宁夏回族自治区兴庆区	2265.68	0	1781.24	0	484.44	0
1482	鸣翠湖湿地	宁夏回族自治区兴庆区、永宁县	1344.09	0	0	240.39	328.60	775.10
1483	青铜峡湿地	宁夏回族自治区青铜峡市、中宁县	11811.29	0	8645.27	1361.35	0	1804.67
1484	沙湖自然保护区	宁夏回族自治区贺兰县、平罗县	8602.23	0	0	3409.64	4057.30	1135.29
1485	石嘴山星海湖国家湿地公园	宁夏回族自治区大武口区	3283.91	0	0	2426.25	538.68	318.98
1486	腾格里荒漠湿地	宁夏回族自治区沙坡头区	3226.34	0	0	1149.16	1846.83	230.35
1487	天河湾湿地	宁夏回族自治区惠农区、平罗县	23110.51	0	23110.51	0	0	0
1488	天湖湿地	宁夏回族自治区红寺堡区、中宁县	2956.08	0	0	742.28	2213.80	0
1489	卫宁平原湿地	宁夏回族自治区沙坡头区、中宁县	12374.91	0	11623.96	585.04	0	165.91
1490	吴忠黄河湿地	宁夏回族自治区利通区、灵武市、青铜峡市	5401.26	0	4484.95	916.31	0	0
1491	西吉党家岔“震湖”湿地自然保护区	宁夏回族自治区西吉县	358.39	0	0	272.53	85.86	0

（续）

序号	重点调查湿地名称	所在行政区	湿地面积	各类湿地面积				
				近海与海岸	河流	湖泊	沼泽	人工
1492	银川平原湿地	宁夏回族自治区贺兰县、灵武市、兴庆区、永宁县	16269. 1	0	15984. 96	284. 14	0	0
1493	阅海湿地	宁夏回族自治区贺兰县、金凤区、兴庆区	3198. 37	0	0	2038. 09	492. 99	667. 29
1494	阿尔金山国家级自然保护区	新疆维吾尔自治区且末县、若羌县	127697. 91	0	90458. 20	15344. 39	21895. 32	0
1495	阿尔泰山东南部湿地	新疆维吾尔自治区青河县	2471. 66	0	0	435. 40	2036. 26	0
1496	阿尔泰山两河源头自然保护区	新疆维吾尔自治区福海县、富蕴县、青河县	12646. 23	0	4691. 28	2167. 35	5787. 60	0
1497	阿克萨伊湖湿地	新疆维吾尔自治区和田县	23013. 47	0	1849. 60	21163. 87	0	0
1498	阿克苏湿地	新疆维吾尔自治区阿克苏市、阿瓦提县	29210. 39	0	5355. 88	2313. 80	15352. 64	6188. 07
1499	阿克苏市阿克苏河湿地自然保护区	新疆维吾尔自治区阿克苏市	10925. 77	0	8724. 63	1762. 39	306. 63	132. 12
1500	阿勒泰科克苏湿地自然保护区	新疆维吾尔自治区阿勒泰市	40047. 88	0	0	0	40047. 88	0
1501	阿其克库木湖湿地	新疆维吾尔自治区若羌县	59279. 47	0	0	44304. 39	14975. 08	0
1502	阿瓦提县胡杨林野生动物自然保护区	新疆维吾尔自治区阿瓦提县	24045. 22	0	13547. 92	0	10399. 23	98. 07
1503	阿苇滩水库	新疆维吾尔自治区阿勒泰市	717. 68	0	0	0	0	717. 68
1504	阿牙克库木湖湿地	新疆维吾尔自治区若羌县	114731. 78	0	0	87429. 91	27301. 87	0
1505	艾比湖湿地国家级自然保护区	新疆维吾尔自治区精河县	125005. 99	0	523. 19	49490. 83	73988. 92	1003. 05
1506	艾丁湖湿地	新疆维吾尔自治区鄯善县、吐鲁番市	19369. 53	0	0	1355. 15	17568. 20	446. 18
1507	巴里坤湖湿地	新疆维吾尔自治区巴里坤哈萨克自治县	54874. 15	0	129. 87	3957. 93	46414. 16	4372. 19
1508	巴音布鲁克国家级自然保护区	新疆维吾尔自治区和静县	133008. 67	0	4831. 92	0	128176. 75	0
1509	巴音沟河湿地自然保护区	新疆维吾尔自治区沙湾县	2484. 66	0	762. 85	0	571. 77	1150. 04
1510	白杨河湿地	新疆维吾尔自治区额敏县、和布克赛尔蒙古自治县、托里县、乌尔禾区	22980. 17	0	7340. 25	6567. 92	8570. 43	501. 57
1511	拜城县木扎提河湿地自然保护区	新疆维吾尔自治区拜城县	17575. 83	0	13494. 28	0	195. 98	3885. 57
1512	博斯腾湖湿地	新疆维吾尔自治区博湖县、和静县、和硕县、焉耆回族自治县	150970. 78	0	0	98846. 36	51562. 00	562. 42
1513	布尔根河狸自然保护区	新疆维吾尔自治区青河县	2099. 68	0	2099. 68	0	0	0
1514	布伦口湖群湿地	新疆维吾尔自治区阿克陶县	4869. 97	0	0	762. 16	4107. 81	0
1515	柴窝堡湖国家湿地公园	新疆维吾尔自治区达坂城区	3300. 15	0	0	2912. 80	387. 35	0
1516	顶山水库	新疆维吾尔自治区福海县	1899. 91	0	0	0	0	1899. 91
1517	东方红水库	新疆维吾尔自治区福海县	372. 28	0	0	0	0	372. 28
1518	多浪河国家湿地公园	新疆维吾尔自治区阿克苏市	224. 44	0	0	14. 21	0	210. 23

（续）

序号	重点调查湿地名称	所在行政区	湿地面积	各类湿地面积				
				近海与海岸	河流	湖泊	沼泽	人工
1519	额尔齐斯河科克托海湿地自然保护区	新疆维吾尔自治区哈巴河县	20215.01	0	9419.36	972.41	9823.24	0
1520	额尔齐斯河湿地	新疆维吾尔自治区阿勒泰市、布尔津县、福海县、富蕴县、哈巴河县	57175.67	0	47672.48	1937.39	6228.30	1337.50
1521	额尔齐斯河与乌伦古湖平原湿地自然保护区	新疆维吾尔自治区阿勒泰市、福海县	8072.56	0	0	2745.17	4967.60	359.79
1522	额敏河湿地	新疆维吾尔自治区额敏县、塔城市、裕民县	7420.71	0	2990.95	107.95	3480.93	840.88
1523	甘家湖梭梭林国家级自然保护区	新疆维吾尔自治区精河县、乌苏市	3579.13	0	90.96	0	3488.17	0
1524	哈密东天山生态功能自然保护区	新疆维吾尔自治区巴里坤哈萨克自治县、哈密市、伊吾县	8744.88	0	7949.79	70.75	474.51	249.83
1525	哈纳斯国家级自然保护区	新疆维吾尔自治区布尔津县、哈巴河县	4920.16	0	222.15	1979.80	2718.21	0
1526	和布克河湿地	新疆维吾尔自治区和布克赛尔蒙古自治县	19229.81	0	1092.14	0	17677.24	460.43
1527	鲸鱼湖湿地	新疆维吾尔自治区若羌县	30518.16	0	0	30518.16	0	0
1528	喀纳斯湖湿地	新疆维吾尔自治区布尔津县	4498.61	0	0	4498.61	0	0
1529	卡拉麦里山有蹄类自然保护区	新疆维吾尔自治区福海县、富蕴县、吉木萨尔县、奇台县、青河县	19062.17	0	1479.70	11227.90	6354.57	0
1530	克拉玛依湖湿地	新疆维吾尔自治区白碱滩区	215.24	0	0	59.55	155.69	0
1531	克兰河国家湿地公园	新疆维吾尔自治区阿勒泰市	2027.93	0	317.81	1710.12	0	0
1532	克孜勒海英沼泽湿地	新疆维吾尔自治区哈巴河县	1078.28	0	0	0	1078.28	0
1533	孔雀河湿地自然保护区	新疆维吾尔自治区库尔勒市、尉犁县	7618.59	0	4537.60	397.31	1998.85	684.83
1534	库车县大小龙池自然保护区	新疆维吾尔自治区库车县	1344.69	0	1146.89	157.59	25.15	15.06
1535	库车县塔里木河中游湿地自然保护区	新疆维吾尔自治区库车县	17137.77	0	8549.44	1570.94	6227.21	790.18
1536	奎屯河流域湿地自然保护区	新疆维吾尔自治区独山子区、奎屯市、乌苏市	13618.23	0	6668.48	0	1898.32	5051.43
1537	罗布泊湿地	新疆维吾尔自治区若羌县	65947.09	0	0	0	50335.41	15611.68
1538	罗布泊野骆驼国家级自然保护区	新疆维吾尔自治区哈密市、若羌县、鄯善县、吐鲁番市、尉犁县	31443.67	0	1194.75	2553.13	24747.60	2948.19
1539	玛纳斯河湿地	新疆维吾尔自治区玛纳斯县	5233.39	0	2504.48	0	1188.49	1540.42
1540	玛纳斯河流域中上游鸟类湿地自然保护区	新疆维吾尔自治区玛纳斯县、沙湾县、石河子市	8971.08	0	1047.82	0	0	7923.26
1541	玛纳斯湖湿地	新疆维吾尔自治区和布克赛尔蒙古自治县	83107.53	0	0	0	80251.87	2855.66
1542	玛依格勒自然保护区	新疆维吾尔自治区白碱滩区、克拉玛依区	15968.23	0	0	0	15968.23	0
1543	米兰河湿地	新疆维吾尔自治区若羌县	385.76	0	385.76	0	0	0
1544	木扎尔特河湿地自然保护区	新疆维吾尔自治区昭苏县	9397.76	0	348.95	0	9048.81	0

（续）

序号	重点调查湿地名称	所在行政区	湿地面积	各类湿地面积				
				近海与海岸	河流	湖泊	沼泽	人工
1545	帕米尔高原湿地自然保护区	新疆维吾尔自治区阿克陶县	31671.14	0	1909.30	700.31	29061.53	0
1546	青格达湖鸟类湿地自然保护区	新疆维吾尔自治区五家渠市	4073.55	0	141.13	952.14	1294.75	1685.53
1547	赛里木湖国家湿地公园	新疆维吾尔自治区博乐市	47288.22	0	824.37	46463.85	0	0
1548	沙雅县塔里木河上游湿地自然保护区	新疆维吾尔自治区沙雅县	86715.65	0	20244.14	202.44	52036.65	14232.42
1549	塔城巴尔鲁克山自然保护区	新疆维吾尔自治区托里县、裕民县	569.05	0	409.10	8.28	151.67	0
1550	塔城北山湿地	新疆维吾尔自治区塔城市	1805.29	0	0	0	1805.29	0
1551	塔里木河上游三河汇流处湿地自然保护区	新疆维吾尔自治区阿拉尔市、阿瓦提县	32703.87	0	13707.62	179.23	349.28	18467.74
1552	塔里木河下游尉犁湿地	新疆维吾尔自治区尉犁县	86971.9	0	26780.52	368.51	45819.86	14003.01
1553	塔里木胡杨林国家级自然保护区	新疆维吾尔自治区库尔勒市、轮台县、尉犁县	57808.83	0	9320.16	0	47301.94	1186.73
1554	塔什库尔干自然保护区	新疆维吾尔自治区塔什库尔干塔吉克自治县	78898.76	0	37601.39	7.89	41289.48	0
1555	台特玛湖湿地	新疆维吾尔自治区若羌县	26937.47	0	0	26937.47	0	0
1556	天池自然保护区	新疆维吾尔自治区阜康市	431.36	0	144.16	287.20	0	0
1557	托木尔峰国家级自然保护区	新疆维吾尔自治区温宿县	310.58	0	310.58	0	0	0
1558	渭干河流域湿地	新疆维吾尔自治区库车县、沙雅县、新和县	11998.52	0	1581.37	435.31	3692.31	6289.53
1559	温泉中亚北鲵自然保护区	新疆维吾尔自治区温泉县	113.02	0	68.24	0	44.78	0
1560	温宿县库玛里克河湿地自然保护区	新疆维吾尔自治区温宿县	8790.17	0	8790.17	0	0	0
1561	乌拉斯台水库	新疆维吾尔自治区塔城市	60.63	0	0	0	0	60.63
1562	乌鲁木齐河湿地	新疆维吾尔自治区昌吉市、达坂城区、米东区、沙依巴克区、水磨沟区、天山区、头屯河区、乌鲁木齐市新市区、乌鲁木齐县	15888.69	0	4012.46	4728.69	3084.15	4063.39
1563	乌伦古河湿地	新疆维吾尔自治区福海县、富蕴县、青河县	25611.5	0	23225.05	1011.04	1375.41	0
1564	乌伦古湖和吉力湖湿地	新疆维吾尔自治区福海县	105934.55	0	0	103899.55	1745.31	289.69
1565	乌奇里克河源国家湿地公园	新疆维吾尔自治区阿勒泰市	2516.95	0	306.06	491.18	1719.71	0
1566	乌什水水库	新疆维吾尔自治区额敏县	604.18	0	147.27	0	239.27	217.64
1567	乌什县托什干河湿地自然保护区	新疆维吾尔自治区乌什县	11123.52	0	10352.82	0	770.70	0
1568	乌尊硝湿地	新疆维吾尔自治区若羌县	13894.12	0	0	0	13894.12	0
1569	西昆仑藏羚羊自然保护区	新疆维吾尔自治区民丰县	23711.02	0	3475.06	13372.38	6863.58	0
1570	西天山国家级自然保护区	新疆维吾尔自治区巩留县	131.29	0	131.29	0	0	0
1571	夏尔希里自然保护区	新疆维吾尔自治区博乐市	105.47	0	105.47	0	0	0

（续）

序号	重点调查湿地名称	所在行政区	湿地面积	各类湿地面积				
				近海与海岸	河流	湖泊	沼泽	人工
1572	新和县依干库勒湿地自然保护区	新疆维吾尔自治区新和县	9295.28	0	128.39	1154.22	8012.67	0
1573	新井子水库湿地	新疆维吾尔自治区阿克苏市	4995.29	0	0	0	3297.56	1697.73
1574	叶尔羌河流域湿地	新疆维吾尔自治区阿克陶县、巴楚县、麦盖提县、莎车县、图木舒克市、泽普县	137383.56	0	81664.15	3221.99	33360.35	19137.07
1575	叶尔羌河中下游湿地自然保护区	新疆维吾尔自治区巴楚县、麦盖提县、图木舒克市	47654.17	0	11073.39	0	12210.31	24370.47
1576	伊犁河湿地	新疆维吾尔自治区察布查尔锡伯自治县、巩留县、霍城县、尼勒克县、特克斯县、新源县、伊宁市、伊宁县、昭苏县	102159.02	0	65885.98	0	23845.71	12427.33
1577	伊犁小叶白腊自然保护区	新疆维吾尔自治区伊宁县	1755.7	0	1755.70	0	0	0
1578	于什盖水库	新疆维吾尔自治区和布克赛尔蒙古自治县	790.34	0	0	0	431.17	359.17
1579	中昆仑自然保护区	新疆维吾尔自治区且末县	57654.5	0	24297.90	19340.78	14015.82	0

参考文献

[1]安树青．湿地生态工程[M]．北京：化学工业出版社，2003.

[2]白虎志，董文杰，马振锋．青藏高原及邻近地区的气候特征[J]．高原气象，2004，23(6)：890－897.

[3]包先明，陈开宁，范成新．浮叶植物重建对富营养化湖泊氮磷营养水平的影响[J]．生态环境，2005，14(6)：807－811.

[4]柴岫．中国泥炭的形成与分布规律的初步探讨[J]．地理学报，1981，36(3)：237－253.

[5]陈国梁，林清．广西刁江流域不同沉水植物对重金属富集产生的环境修复[J]．广西师范学院学报(自然科学版)，2008，25(4)：57－65.

[6]陈克林．黄渤海湿地与迁徙水鸟研究[M]．北京：中国林业出版社，2006.

[7]陈愚．镉对沉水植物硝酸还原酶和超氧化物歧化酶活性的影响[J]．环境科学学报，1998，18(3)：313－317.

[8]崔保山，杨志峰．湿地学[M]．北京：北京师范大学出版社，2006.

[9]崔丽娟．鄱阳湖湿地生态系统服务功能价值评估研究[J]．生态学杂志，2004，23：47－51.

[10]国家林业局．第二次全国湿地资源调查报告(2009－2013年)[R]．2014.

[11]丁平，陈水华．中国湿地水鸟[M]．北京：中国林业出版社，2008.

[12]傅立国．中国植物红皮书——稀有濒危植物(第一册)[M]．北京：科学出版社，1992.

[13]关道明．中国滨海湿地[M]．北京：海洋出版社，2012.

[14]国家林业局．LY/T1755—2008．国家湿地公园建设规范[S]．北京：中国标准出版社，2008.

[15]国家林业局．LY/T1754—2008．国家湿地公园评估标准[S]．北京：中国标准出版社，2008.

[16]国家林业局．LY/T 1707—2007．湿地生态系统定位观测指标体系[S]．北京：中国标准出版社，2007.

[17]国家林业局．LY/T1780—2007．湿地生态系统定位研究站建设技术要求[S]．北京：中国标准出版社，2007.

[18]国家林业局，等．中国湿地保护行动计划[M]．北京：中国林业出版社，2000.

[19]国家林业局．国家林业局陆地生态系统定位研究网络中长期发展规划(2008－2020年)[R]．2008.

[20]国家林业局．全国湿地保护工程规划(2002－2030年)[R]．2006.

[21]国家林业局．全国湿地保护工程“十二五”实施规划[R]．2012.

[22]国家林业局．全国湿地保护工程实施规划(2005－2010年)[R]．2006.

[23]国家林业局．全国湿地资源调查总报告[R]．2003.

[24]国家林业局．全国首次湿地资源调查[J]．新安全，2004，2(9)：24－25.

[25]国家林业局《湿地公约》履约办公室．湿地公约履约指南[M]．北京：中国林业出版社，2001.

[26]国家林业局．中国重点陆生野生动物资源调查[M]．北京：中国林业出版社，2009.

[27]国务院．全国主体功能区划[R]．2010.

[28]韩美，张晓慧．黄河三角洲湿地主导生态服务功能价值估算[J]．中国人口·资源与环境，2009，6：37－43.

[29]郝云庆，王新，刘少英，等．若尔盖湿地保护区生物多样性评价[J]．中国水土保持科学，2008，S1：35－40.

[30]何文珊．中国滨海湿地[M]．北京：中国林业出版社，2008.

[31]环境保护部，中国科学院．全国生态功能区划[Z]．2008.

[32]黄桂林，何平，侯盟．中国河口湿地研究现状及展望[J]．应用生态学报．2006，17(9)：1751－1756.

[33]黄锡畴．中国沼泽研究[M]．北京：科学出版社，1988：227－235.

[34]黄锡生，黄亚珍．我国湿地保护的法律思考[J]．中国人口·资源与环境，2005，15(6)：126－129.

[35]贾治邦．生态文明建设的基石——三个系统一个多样性[M]．北京：中国林业出版社，2011.

[36]雷泽湘，黄沛生，潘宏凯，等．太湖沉水和浮叶植被及其水环境效应研究[J]．生态环境，2006，15(2)：239－243.
[37]李扬帆，刘青松．湿地与湿地保护[M]．北京：中国环境科学出版社，2003.
[38]廖新俤，骆世明．香根草和风车草人工湿地对猪场废水氮磷处理效果的研究[J]．应用生态学报，2002，13(6)：719－722.
[39]林光辉，林鹏．中国红树林研究与管理论文集[M]．厦门：厦门大学出版社，2010.
[40]林鹏．中国红树林生态系[M]．北京：科学出版社，1997：65.
[41]刘兴土，等．东北湿地[M]．北京：科学出版社，2005.
[42]刘兴土，等．沼泽学概论[M]．长春：吉林科学技术出版社，2006.
[43]刘兴土，马学慧．三江平原自然环境变化与生态保育[M]．北京：科学出版社，2002.
[44]吕宪国．湿地生态系统保护与管理[M]．北京：化学工业出版社，2004.
[45]吕宪国．中国湿地与湿地研究[M]．石家庄：河北科学技术出版社，2008.
[46]马学慧．我国泥炭性质及发育的探讨[J]．地理科学，1982，2(2)：106－116.
[47]马学慧，夏玉梅，王瑞山．我国泥炭形成时期的探讨[J]．地理研究，1987，6(1)：31－42.
[48]梅宏，王璐．湿地保护法规检讨[J]．中国改革，2013，7：88－90.
[49]莫明浩，任宪友，王学雷，等．洪湖湿地生态系统服务功能价值及经济损益评估[J]．武汉大学学报(理学版)，2008，6：725－731.
[50]牛振国，等．1978－2008年中国湿地类型变化[J]．科学通报，2012，57(16)：1400－1411.
[51]苏守德．石羊河流域末次冰消期以来环境变化研究[D]．兰州：兰州大学，2005.
[52]孙广友．试论沼泽综合分类系统[J]．地理学报，1988，43(增刊)：141－148.
[53]孙广友，张文芬，等．若尔盖高原沼泽生态环境及其合理开发的研究．//中国科学院长春地理研究所．中国沼泽研究[M]．北京：科学出版社，1988.
[54]田应兵，熊明标．若尔盖湿地国家级自然保护区水质评价[J]．湖北农学院学报，2004，24(3)：161－165.
[55]王兵，等．生态系统长期观测与研究网络[M]．北京：中国科学技术出版社，2003.
[56]王春景，杨海军，刘国经，等．菰和菖蒲对富营养化水体净化效率的比较[J]．植物资源与环境学报，2007，16(1)：40－44.
[57]王丽荣，赵焕庭．中国河口湿地的一般特点[J]．海洋通报，2000，19(5)：47－54.
[58]王苏民，窦鸿身，等．中国湖泊志[M]．北京：科学出版社，1998
[59]吴玉树，余国营．根生沉水植物菹草(*Potamogeton crispus*)对滇池水体的净化作用[J]．环境科学学报，1991，11(4)：411－416.
[60]项俊，栗茂腾，吴耿，等．黄淮海湿地系统典型挺水植物对水华藻类的化感效应[J]．生态环境，2008，17(2)：506－510.
[61]杨晓妍．黄河三角洲国家级自然保护区湿地生态需水研究[D]．济南：山东师范大学，2012.
[62]尹善春．中国泥炭资源及其开发利用[M]．北京：地质出版社，1991
[63]张孚允，杨若莉．中国鸟类迁徙研究．北京：中国林业出版社，1997.
[64]张晓云，吕宪国，沈松平，等．若尔盖高原湿地区主要生态系统服务价值评价[J]．湿地科学，2008，4：466－472.
[65]赵可夫，李法曾．中国盐生植物[M]．北京：科学出版社，1999.
[66]赵魁义，孙广友，杨永兴．中国沼泽志[M]．北京：科学出版社，1999.
[67]赵学敏．湿地：人与自然和谐共存的家园[M]．北京：中国林业出版社，2005.
[68]郑光美，王岐山．中国濒危动物红皮书：鸟类[M]．北京：科学出版社，1998.
[69]郑光美．中国鸟类分类与分布名录[M]．北京：科学出版社，2011.
[70]中国河湖大典编纂委员会．中国河湖大典[M]．北京：中国水利水电出版社，2010.

[71]中国科学院长春地理研究所沼泽研究室. 三江平原沼泽[M]. 北京：科学出版社，1983.
[72]中国绿色时报. 2014 我国湿地保护创新不断精彩纷呈[N]. 特刊·全国湿地保护管理专题，2015-1-1.
[73]中国湿地植被编辑委员会. 中国湿地植被[M]. 北京：科学出版社，1999.
[74]中国植物志编委会. 中国植物志[EB/OL]. http：//frps. eflora. cn，2014.
[75]中华人民共和国国家质量监督检验检疫总局，中国国家标准化管理委员会. GB/T 26535—2011 国家重要湿地确定指标[S]. 北京：中国标准出版社，2011.
[76]中华人民共和国国家质量监督检验检疫总局，中国国家标准化管理委员会. GB/T 24708—2009 湿地分类[S]. 北京：中国标准出版社，2011.
[77]中华人民共和国国家质量监督检验检疫总局，中国国家标准化管理委员会. GB/T 27647—2011 湿地生态风险评估技术规范[S]. 北京：中国标准出版社，2011.
[78]中华人民共和国国家质量监督检验检疫总局，中国国家标准化管理委员会. GB/T 27648—2011 重要湿地监测指标体系[S]. 北京：中国标准出版社，2011.
[79]朱建国. 中国湿地保护立法研究[M]. 北京：法律出版社，2004.
[80]朱琳，赵英伟，刘黎明. 鄱阳湖生态系统功能评价及其利用保护对策[J]. 水土保持学报，2004，18(2)：196－200.
[81]Barbier E B. Economic Valuation of Wetland [M]. Switzerland：Ramsar Convention Bureau. Gland，1997.
[82]Bezuayehu T，Leo S. Integrated watershed management：A planning methodology for construction of new dams in Ethiopia[J]. Lakes and Reservoirs Res Mana，2007，12：247－259.
[83]Bird J，Wallace P. Dams and development-an insight to the report of the World Commission on Dams[J]. Irrigation and Drainage，2001，50：53－64.
[84]Bird Life International. IUCN Red List of Threatened Species[EB/OL]. <www. iucnredlist. org>. 2015.
[85]Costanza R，Norton B G，Haskell B D. Ecosystem Health：New Goals for Environment Management[M]. Washington D C：Island Press. 1992，1－75.
[86]Cowardin L M，Carter V，Golet F C，LaRoe E T. Classification of wetlands and deepwater habitats of the United States. U. S. Department of the Interior，Fish and Wildlife Service，Washington，D. C，1979：131.
[87]Fennessy M S，Jacobs A D，Kentula M E. Review of rapid methods for assessing wetland condition[M]. US Environmental Protection Agency：Washington，D. C. EPA/620/R-04/009，2004.
[88]Jumaag H Adam，Edy Muslim，Abdul Halim Hasgim，et al. Pitcher plants recorded from Bris forest in jambu Bongkok，kuala Trengganu，Malaysia[J]. Wetland Science，2005，3(3)：183－189.
[89]Maltby E，Barker T. The Wetlands Handbook[M]. Blackwell Publishing Ltd，2009.
[90]MA. 千年生态系统评估(Millennium Ecosystem Assessment)评估框架(生态系统与人类福祉)[M]. 2006.
[91]Pardo I，Campbell I C，Brittain J E. Influence of dam operation on mayfly assemblage structure and life histories in two south-eastern Australian streams[J]. Regulated Rivers：Research and Management，1998，14：285－295.
[92]Springate-Baninski O，Allen D，Darwall W. An integrated wetland assessment toolkit[M]. IUCN，Gland，Switzerland and IUCN Species Programme，Cambridge，UK，2009.
[93]Wetlands International. Waterbird Population Estimates (Fifth Edition)[M]. Wetlands International，Wageningen，The Netherlands. 2012.
[94]World Commission on Dams (WCD). Dams and Development：A New Framework for Decision-Making[M]. London：Earthscan，2000.
[95]Wu J G，Huang J H，Han X G，et al. The Three Gorges Dam：an ecological perspective[J]. Front Ecol Environ，2004，2(5)，241－248.